厦门大学哲学社会科学
繁荣计划资助项目

厦门大学科技哲学与科技思想史文库

主编 曹志平 陈喜乐

厦门大学“双一流”建设学科“马克思主义理论”建设项目

宋元福建科技史研究

贺威 著

厦门大学出版社 XIAMEN UNIVERSITY PRESS
国家一级出版社
全国百佳图书出版单位

图书在版编目(CIP)数据

宋元福建科技史研究/贺威著.—厦门:厦门大学出版社,2019.2

(厦门大学科技哲学与科技思想史文库)

ISBN 978-7-5615-6877-4

Ⅰ.①宋… Ⅱ.①贺… Ⅲ.①科学技术—技术史—研究—福建—宋元时期

Ⅳ.①N092

中国版本图书馆 CIP 数据核字(2018)第 232021 号

出 版 人 郑文礼
责任编辑 文慧云
封面设计 夏 林
技术编辑 朱 楷

出版发行 厦门大学出版社
社 址 厦门市软件园二期望海路 39 号
邮政编码 361008
总 编 办 0592-2182177 0592-2181406(传真)
营销中心 0592-2184458 0592-2181365
网 址 http://www.xmupress.com
邮 箱 xmup@xmupress.com
印 刷 厦门集大印刷厂

开本 720 mm×1 000 mm 1/16
印张 43
字数 707 千字
插页 2
版次 2019 年 2 月第 1 版
印次 2019 年 2 月第 1 次印刷
定价 168.00 元

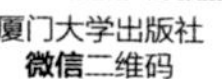

厦门大学出版社
微信二维码

厦门大学出版社
微博二维码

目　　录

序　编　福建科技源远流长

一、远古时期 …… 1

(一)旧石器漳州莲花池山文化 …… 1

(二)新石器闽侯昙石山文化 …… 3

(三)原始技术的探索与发展 …… 5

二、先　秦 …… 24

(一)闽文化的崛起及其交流 …… 24

(二)领先的陶瓷烧造技术 …… 32

(三)青铜冶铸业的兴起与纺织技术的发展 …… 41

(四)农业与其他手工技术的进步 …… 46

三、秦汉魏晋南朝 …… 53

(一)社会变革与科技进步 …… 53

(二)闽越王城的科技成就 …… 59

(三)青瓷技术的演变:仿制到创新 …… 70

(四)其他技术及与台湾的往来 …… 78

四、隋唐五代 …… 86

(一)闽汉交融与新福建科技发展之路 …… 86

(二)农业开发技术的进步 …… 91
(三)纺织技术的重大进步 …… 100
(四)陶瓷业的发展及其技术创新 …… 105
(五)矿冶业的复兴及其技术进步 …… 114
(六)其他行业及其技术发展 …… 118

第一编　实用科学的兴起与发展

第一章　农　学 …… 129
第一节　北苑茶书的茶学知识 …… 129
第二节　蔡襄《荔枝谱》及其影响 …… 142
第三节　其他重要著作与思想 …… 146
第二章　医　学 …… 153
第一节　民间名医吴本 …… 153
第二节　苏颂《本草图经》及其科学成就 …… 158
第三节　朱端章的《卫生家宝产科备要》 …… 163
第四节　《洗冤集录》及其法医学成就 …… 169
第五节　杰出民间医学家杨士瀛 …… 180
第六节　其他重要医家医著 …… 189
第三章　天文学 …… 197
第一节　水运仪象台及其世界性贡献 …… 197
第二节　《新仪象法要》及其科学价值 …… 209
第三节　民间天文学研究群体 …… 220
第四章　数学与其他学科 …… 230
第一节　工程数学与音律研究的兴起以及学派数学教育 …… 230
第二节　域外地理知识的拓展 …… 240
第三节　风水学中的科学知识 …… 242
第四节　墓葬保护和工程科学成就 …… 246

第五节　志书笔记中的科学记载 ………………………………… 249

第二编　港口贸易与技术进步(上)

第五章　泉州港:东方崛起的巨人 ………………………………… 258
第一节　泉州港的繁荣与鼎盛 ………………………………… 258
第二节　港市建设及其技术创新 ………………………………… 261
第三节　建筑与石刻:中外交往的见证者 ……………………… 267
第四节　中外药物交流的兴盛及其影响 ……………………… 275
第六章　宋元海船的先进制造技术 ………………………………… 284
第一节　泉州湾出土的宋代海船 ………………………………… 284
第二节　宋元刺桐海船的多项创新 ……………………………… 289
第三节　发达的民营造船业及其技术特点 …………………… 298
第七章　闻名世界的桥梁建造技术 ………………………………… 304
第一节　天下第一桥——洛阳桥 ………………………………… 304
第二节　先进的石梁桥建造技术 ………………………………… 313
第三节　宋元福建石梁桥的地位及其影响 …………………… 324

第三编　港口贸易与技术进步(下)

第八章　航海成就与发达的航海技术 ……………………………… 337
第一节　创辟东洋航线 ………………………………………… 339
第二节　拓展西洋航线 ………………………………………… 341
第三节　发达的航海技术 ……………………………………… 344
第九章　制瓷技艺的大幅提高 ……………………………………… 352
第一节　陶瓷业的跨越式发展 ………………………………… 352
第二节　建窑黑瓷的工艺成就 ………………………………… 358
第三节　德化白瓷的技术进步 ………………………………… 367

第四节　同安窑系青瓷的特色 …………………………… 372
第五节　繁盛的瓷器贸易及对世界文明的贡献 ……………… 376
第十章　纺织业的兴盛与纺织技术的发展 …………………… 384
第一节　海上丝绸之路和官办纺织手工业 …………………… 384
第二节　丝绸纺织技术跻身全国先进行列 …………………… 388
第三节　植棉纺织技术的创新与推广 ………………………… 398

第四编　农业及其加工技术的发展

第十一章　垦田与水利科技的发展 ……………………………… 407
第一节　垦田热及其科技进步 ………………………………… 407
第二节　水利的大开发及其特点 ……………………………… 413
第三节　著名水利工程木兰陂及其科技成就 ………………… 425
第十二章　农作物及其耕种技术的跃进 ………………………… 437
第一节　粮油作物的引种与栽培 ……………………………… 437
第二节　经济作物的勃兴 ……………………………………… 441
第三节　耕种技术的大跃进 …………………………………… 448
第十三章　北苑茶的技术成就及其影响 ………………………… 457
第一节　北苑茶的兴起与鼎盛 ………………………………… 457
第二节　龙凤团茶的采制工艺 ………………………………… 462
第三节　北苑贡茶对后世的影响 ……………………………… 468
第十四章　食品加工技术的重大进步 …………………………… 472
第一节　制糖技术的巨大进步 ………………………………… 472
第二节　盐业的勃兴与海盐晒法的出现 ……………………… 480
第三节　其他食品加工技术 …………………………………… 487

第五编　建筑与手工业技术的重大进步

第十五章　独具特色的建筑工艺技术 …………………………… 494
第一节　福州城:福建城市建设的典范…………………………… 494
第二节　寺塔建筑的技术成就 …………………………………… 511
第三节　民居及其他重要建筑 …………………………………… 526
第十六章　建本与造纸印刷技术的勃兴 ………………………… 534
第一节　宋元建本与科技发展 …………………………………… 534
第二节　雕版印刷技术的进步 …………………………………… 555
第三节　造纸业与竹纸制造技术 ………………………………… 578
第十七章　矿冶业的繁盛与先进的冶铸技术 …………………… 590
第一节　矿冶业的繁盛及其特点 ………………………………… 590
第二节　先进的冶炼技术 ………………………………………… 596
第三节　发达的铜铁铸造业 ……………………………………… 603

第六编　闽籍学者的科技思想

第十八章　曾公亮的军事科技思想 ……………………………… 613
第一节　曾公亮与《武经总要》 ………………………………… 613
第二节　重视武备制度中的科技含量 …………………………… 616
第三节　强化冷兵器制造攻防系统 ……………………………… 621
第四节　奠定火器时代的科技基础 ……………………………… 625
第十九章　苏颂的科技创新思想 ………………………………… 630
第一节　苏颂:公元11世纪的科技巨星 ………………………… 630
第二节　善于继承,勇于创新,重视科学规律 ………………… 632
第三节　知人善任,科学组织,重视团队精神 ………………… 635
第四节　科技人文,兼蓄并重,重视融合创新 ………………… 637

第二十章　宋慈的法医学思想及其影响 ………………………… 640
第一节　恤刑慎狱,直理刑正 ………………………… 641
第二节　由表及里,系统观察 ………………………… 643
第三节　以因求果,重视实验 ………………………… 644
第四节　对后世的深远影响 ………………………… 646
第二十一章　朱熹的科学思想及其成就 ………………………… 650
第一节　提出具有力学性质的以气为起点的宇宙演化学说 …… 651
第二节　确立新浑天说地位的地以气悬空于宇宙的
宇宙结构学说 ………………………… 653
第三节　重塑与初现的天有九重以及天体运行轨道思想 ……… 655
第四节　敏锐观察和精湛思辨的大地表面升降变化规律 ……… 657

参考书目 ………………………… 660

序　编　福建科技源远流长

科技需要创新，也需要积累。经过旧石器中晚期到隋唐五代的漫长发展，福建科技既形成了自己独特的体系和进步模式，也在与外界的不断交流中快速提升自己的实力，更在追赶的征途上孕育了勇于探索的精神。这些宝贵的物质财富和精神财富为宋元福建科技的高度发展打下了良好的基础。

一、远古时期

科技是伴随着人类经济活动和文化发展而萌发的，人类的科技活动正是从生产工具的制造开始的。早在20万年前的旧石器时代，福建先民就开始了石器打造的探索活动，迨至新石器时代，福建在石器加工、陶瓷制作、造筏航海及渔业、手工纺织、原始农业生产和住所建筑等技术领域已形成独特的地域风格。

（一）旧石器漳州莲花池山文化

1987年，漳州市有关部门将从东山岛渔民手中收集到的一批哺乳类动物化石送到北京鉴定，从中发现了一件距今1万年前后的人类右侧肱骨残段化石，被命名为“东山人”[①]。“东山人”的发现，揭开了福建旧石器时代考古的序幕。

1989年年底，考古工作者首次在福建境内发现了大规模的旧石器文化遗址——漳州芗城莲花池山旧石器时代遗址（参见图0-1）。经过1990年的试发掘，发现了距今1.3万～0.9万年的“漳州文化”遗存和距今8万～4万年的旧石器文化层，出土文化特征明显的石器标本1400多件，分砍砸器、刮削器、尖状器、石镞、石钻（锥）、杵形器、雕刻器等7大类。这次试发掘，被认为“不仅填补了福建省旧石器时代考古的一项空白，而且为闽台史前时期关系的研究提供了新的资料”[②]，并确认该遗址上层“代表福建沿海地区旧石器时代和新石器时代的一个过渡阶段的文化”[③]。

除漳州莲花池山遗址外，福建各地还陆续发现了不少旧石器文化遗存。如被列为2000年全国十大考古新发现榜首的三明万寿岩旧石器时代遗址，把古人类在福建生活的历史推至距今20万～18万年前[④]；1988—1989年，在清流县沙芜乡洞口村狐狸洞相继发现距今约1万年的“清流人”牙齿化石6枚，这是福建省首次发现的有地点、有地层的古人类化石[⑤]；20世纪末，石狮渔民在台湾海峡捕鱼时打捞出距今2.6万～1.1万年的“海峡人”右肱骨化石和右胫骨化石；2008年，三明宁化发现距今4万年的古人类牙齿化石；2010年年底，考古学者在龙岩武平县岩前镇赖屋村一个名叫猪仔笼洞的山洞内，发现了27种哺乳动物化石和4颗人类牙齿化石，其中两颗人牙化石距今已有7万～6万年，是福建迄今发现最早的人

---

① 尤玉柱：《东山海域人类遗骨和哺乳动物化石的发现及其学术价值》，载《福建文博》1988年第1期。

② 尤玉柱：《漳州史前文化》，福建人民出版社1991年版，第156页。

③ 尤玉柱：《漳州史前文化》，福建人民出版社1991年版，第59页。

④ 福建省博物馆等：《三明万寿岩发现旧石器时代遗址》，载《福建文博》2002年第2期。

⑤ 尤玉柱等：《福建清流发现的人类牙齿化石》，载《人类学学报》1989年第3期。

类化石[①]。还有，在诏安的龙山岩、漳浦的水含山、长泰的七宝铜山、厦门的海沧，以及宁德的霍童、浦城的龙子湾、武夷山的黄泥山等地，都先后发现了旧石器时代的打制石器。福建旧石器时代的文化面貌正在一步步揭开。

图 0-1 漳州莲花池山旧石器地点远景(左)与石器地点剖面一角

资料来源：尤玉柱《漳州史前文化》插页图六、图七。

(二)新石器闽侯昙石山文化

漳州莲花池山和三明万寿岩的考古发现，表明旧石器时代闽地即有先民生息。迨至新石器时代前中期(距今 7000～5000 年)，福建滨海地区和沿海的一些大岛屿出现了一批文化面貌相近的居民聚落，目前发现的有平潭的壳坵头[②]、西营、湖埔乾、祠堂后、南厝场[③]，闽侯的昙石山遗址下层和溪头遗址下层[④]，漳州市郊的覆船山、诏安的腊州山[⑤]等 10 余处，学术界统称为“壳坵头文化”。

到了新石器时代晚期(距今 5000～3000 年)，人类的活动地域已不再局限于东部沿海地区，而是沿着江河向西溯流而上，扩展到闽中、闽西腹

① 《龙岩发现 4 颗人类牙齿化石，距今六七万年——这是福建迄今发现的最早人类化石》，载《厦门日报》2011-01-05(19)。

② 福建省博物馆：《福建平潭壳坵头遗址发掘简报》，载《考古》1991 年第 7 期。

③ 吴春明：《闽江流域先秦两汉文化的初步研究》，载《考古学报》1995 年第 2 期。

④ 福建省博物馆：《闽侯昙石山遗址发掘新收获》，载《考古》1983 年第 12 期；福建省博物馆：《闽侯溪头遗址第二次发掘报告》，载《考古学报》1984 年第 4 期。

⑤ 尤玉柱：《漳州史前文化》，福建人民出版社 1991 年版，第 69～77 页。

地，形成以闽江中下游昙石山文化[①]、闽东以黄瓜山遗址为典型代表的东张中层文化（亦称“黄瓜山类型文化”）[②]、闽北以牛鼻山遗址为代表的文化遗存[③]、闽南以蚁山遗址为代表的文化遗存[④]、闽西南以南山塔洞居址为代表的文化遗存[⑤]等相互交融又各具特色的区域文化。其中以闽江中下游为中心连接闽台两省的昙石山文化，以其文化的典型性和内涵的丰富性，成为福建古文化的摇篮和先秦闽族的发源地，是我国东南地区最典型的新石器文化遗存之一。（参见图 0-2）

图 0-2　昙石山遗址博物馆遗址厅

资料来源：昙石山文化网。另展示的是 1997 年第八次考古发掘出土的 18 座墓葬、2 条壕沟、5 座陶窑以及部分祭祀遗迹。

---

① 福建省博物馆：《闽侯昙石山遗址第六次发掘报告》，载《考古学报》1976 年第 1 期。

② 福建省文物管理委员会：《福建福清东张新石器时代遗址发掘报告》，载《考古》1965 年第 2 期；福建省博物馆：《福建霞浦黄瓜山遗址发掘报告》，载《福建文博》1994 年第 1 期。

③ 福建省博物馆：《福建浦城县牛鼻山新石器时代遗址第一、二次发掘》，载《考古学报》1996 年第 2 期。

④ 林聿亮等：《福建惠安涂岭新发现的古文化遗址》，载《考古》1990 年第 2 期。

⑤ 福建省博物馆等：《明溪县南山史前洞穴遗址》，载《中国考古学年鉴（1989 年）》（文物出版社 1990 年版）；陈存洗：《福建史前考古三题》，载《福建文博》1990 年增刊。

(三)原始技术的探索与发展

漳州莲花池山和闽侯昙石山遗址发掘表明,石器时代居住在八闽大地的先民是以渔猎为生的,同时也种植谷物和狩猎,从中探索制造并使用一些简单的工具,萌发出各种原始技术,其中尤以石器、陶器、航海和纺织等最为突出。随着技术进步和生态变化,新石器时代的福建居民已进行原始农业生产,并在住所建筑方面有所突破。

1.石器加工技术

石器是更新世人类的主要生活和生产工具,也是我们考察这一时期人类技术进步的客观依据。从漳州莲花池山等遗址出土情况看,福建旧石器时代的石器加工技术,无论是在材质、器型方面,还是台面、打击点、放射线、疤痕、刃缘修理等构成石器打制工艺特征的诸要素方面,都取得了相当的成就。

三明万寿岩遗址灵峰洞地点发现的距今约 20 万年的砍砸器[参见图 0-3(左)],其原料采自河滩砾石,属大中型石器,采用锤击法单向加工而成,是中国南方砾石石器系统早期打制技术的代表作。莲花池山下层出土的距今 8 万～4 万年的单边厚直刃刮削器,属石英结晶体打制的小型石器(参见图 0-3)。器型呈不规则四边形,略似菱形。腹部平坦,可以清楚看到由砸击产生的劈裂纹。刃口是由石器最宽一边由腹面向背面加工而成,刃口陡直,被加工的刃口长达 22 毫米。[①] 不过,从整体上看,像单边厚直刃刮削器这样修理精致的石器,在莲花池山遗址下层并不多见,显示这一时期的石器制作技术还处于初始的探索阶段。

① 尤玉柱:《漳州史前文化》,福建人民出版社 1991 年版,第 25 页。

图 0-3　万寿岩石砍砸器(左)与莲花池山单边厚直刃刮削器

资料来源:福建博物院;尤玉柱《漳州史前文化》插页图十七。

双凹缺刮器、斧形石刀和龟背状尖状器是漳州文化的典型器物,其制作技术有相当的代表性。与下层文化不同的是,这些石器大都采用既从背面向腹面加工,又从腹面向背面加工的双向加工方法,在斧形石刀的周边甚至可见处处加工痕迹,加工之精细由此可见一斑。在两侧边各有一内凹缺刃口的双凹缺刮器,其右侧边和前端相接处还加工出一长尖,可作石锥使用,做到一器两用[参见图 0-4(左)]。龟背状尖状器则采用工具加工方法,不仅有石核加工痕迹,而且右侧角有一明显锥疤,这显然比磨制石器前进了一大步。斧形石刀不但加工精细,而且器型设计和制作工艺也颇高明。整个器物上边短直,长度仅约为下边的 1/3。两侧边均加工成内凹外撇弧线,下边则为外凸弧形刃缘,从而形成刃品厚重的特色石制工具。值得一提的是,若将具有明显的第二步加工的痕迹并有使用目的的石制品归入石器类,则漳州文化全部石制品(1457 件)中的石器(531 件)占比为 36.4%,“这在史前遗址中比例是较高的,说明当时居住在漳州一带的居民,在原料紧缺的情况下,充分利用打下的石片”[①]。

石器磨光是新石器时代的一项重大技术成就,也是新石器时代主要标

① 尤玉柱:《漳州史前文化》,福建人民出版社 1991 年版,第 46 页。

图 0-4 “漳州文化”双凹缺刮器

资料来源：尤玉柱《漳州史前文化》插页图三十六。

志之一。石器经过磨光，特别是刃部或锋部的磨光，不仅可以增加石器的锋利度，还可以减少石器与加工物体的摩擦力，减轻人力消耗，增强劳动工效。石器磨光技术的产生是人们在农业劳动中不断掘土得到的启示，初期只是刃部或者锋部磨光，后来才发展到通体磨光。在福建，新石器时代前中期的壳坵头文化时期，石器的磨光技术已被广泛使用，经过磨光的石器（主要是锛）已占石器总数的 2/3 以上。但从技术细节上看，壳坵头遗址出土的石器磨制还比较粗糙，往往只在刃锋部经过仔细磨光，其他部位还保留打制疤痕。①

新石器时代福建石器制作技术的进步还表现在石器种类的增多，新出现的生产工具种类有石锛、穿孔石斧、穿孔石刀、石杵、石臼和石球等。石锛在新石器时代前中期已被广泛使用，各地发现很多，形式也多种多样，常见的有长方形、梯形和三角形。穿孔石斧，是在斧身上方中间钻孔，并安装木柄，作为一种复合工具使用，可增加挖掘力度。石刀，多数通体磨光，中

① 福建省博物馆：《福建平潭壳坵头遗址发掘简报》，载《考古》1991 年第 7 期。

间穿孔，一般用作农业收割工具。石杵和石臼则是专用的谷物加工工具。石球是利用圆形或椭圆形河卵石略加工而成，在平潭壳坵头遗址发现很多。[①] 石球是一种名叫“飞石索”的狩猎工具附件，使用时将石球套在绳索上，然后用力甩出去，可杀伤或绊倒奔跑中的猎物。

有段石锛是新石器时代福建区域文化的重要特征之一。据研究[②]，有段石锛是由常型石锛演变而来的，其发展通常有三个阶段：一是初级阶段，石锛已经有了一个中脊，从而将背面分为厚薄一样的两段，手提不装柄（如壳坵头下层类型和昙石山下层类型文化）；二是成熟阶段，石锛有明显分段，有脊或有沟，可以装柄使用（如昙石山中层后段类型文化）；三是高级阶段，是用石锯将有段石锛的后部装柄处锯成深凹，使后段比前段薄而棱角整齐，成为一种精致又便于装柄的新石器农具。从昙石山等地出土的有段石锛看，虽然器形普遍偏小（长不足 2 厘米，厚不足 0.5 厘米），但有部分比较狭长的石锛显然是装在有曲叉的木柄上，用绳将有段石锛的后段和木柄扎连在一起，形成扎柄的有段石锛。也就是说，新石器时代福建有段石锛已从成熟阶段迈向高级阶段，从而带动了整个石器业的发展。

此外，石器加工专业化也是新石器时代福建石器制作技术进步的重要体现。据调查[③]，在诏安腊州山遗址周围，至今仍俯地可见大量的石器、石器坯料及石核，说明山上某处曾是新石器时代的一个石器加工场所。从全省发现的大量石器看，相信这样的石器加工场所应不止一处。从器形选择看，这一时期福建各地保持旧石器漳州文化小石器的一贯特点，大中型器形较为罕见。制作手法以粗磨器居多，以粗磨器身和刃部为特征，有石锛、石斧、石刀、石镰、石镞、石凿等形制，说明随着渔猎、农耕和手工业的发展，生产工具已上升为石器制作的主要对象。唯通体磨光的精磨器较少，一则反映当时福建石器业整体处于较为原始水平，另则显示新石器时代晚期福

① 福建省博物馆：《福建平潭壳坵头遗址发掘简报》，载《考古》1991 年第 7 期。

② 林惠祥：《中国东南区新石器文化特征之一：有段石锛》，载《考古学报》1958 年第 3 期；吴春明：《闽江流域先秦两汉文化的初步研究》，载《考古学报》1995 年第 2 期。

③ 福建省博物馆等：《福建诏安考古调查简报》，载《福建文博》1987 年第 1 期。

建技术探索热点已转向陶器。

值得一提的是，考古工作者还从平和县一农民手中采集到一件新石器时代中晚期的砾石人头雕像（参见图 0-5）。用石质工具透雕的头像只限于面部，为一男性，梳发，眉粗，眼大而圆，鼻部突出，张牙咧嘴，脸形修长，形象狰狞，极富宗教色彩，是一件相当完美且罕见的史前艺术作品。[①]

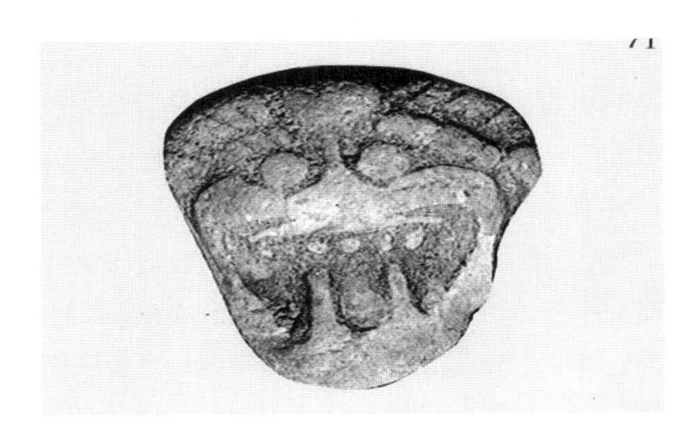

图 0-5　新石器时代中晚期砾石人头雕像

资料来源：尤玉柱《漳州史前文化》插页图七十一。

2.陶器制作技术

以水和泥，火窑成器。陶器是土和火的艺术，是人类改变自然物质形态与属性的首批杰作，也是衡量石器时代人类智慧和技术发展水平的重要参照物。

考古发现表明，早在旧石器时代末期，福建先民就懂得拿起陶刀去烧陶窑。迨至新石器时代前中期的壳坵头文化，制陶业已全面走入先民的生产领域。不过，由于这一时期烧制的夹砂陶陶土一般未经淘洗，致使陶土中含三氧化二铁等夹杂物较多，“露烧”的地穴窑烧成温度也不够高，致使陶器呈色多不纯正，陶质松软，有器壁厚薄不均现象，加上纹饰与器型均较简单，显见陶器生产仍处于初创阶段。[②]

随着农业的发展和社会生活需求的多样化，新石器时代晚期福建制陶

---

① 尤玉柱：《漳州史前文化》，福建人民出版社 1991 年版，第 154 页。

② 福建省博物馆：《福建平潭壳坵头遗址发掘简报》，载《考古》1991 年第 7 期。

技术已十分先进，这一点在闽侯昙石山遗址中层表现得尤为突出。一是器型增多，器形演化规律明显。昙石山遗址出土陶器除常见的釜、罐、豆、簋等圈足器和圆底器外，还新出现了鼎、壶、杯、盉、碗等器物，形成新石器时代前中期未曾有过的炊食具（如釜、罐、鼎、甗、碗、钵、豆、盂、簋等）、盛水器、酒器、储存粮食等器类用途分工细化现象，说明制陶技术已走出初创阶段并加速演进。其中尤以釜、簋、豆、杯、碗等墓葬陶器的早晚（即一至四期）演进规律明显：釜由矮领、深腹、粗绳纹演变为宽沿、浅腹、细绳纹；一期簋豆不分，二期簋豆难分，三期簋代替碗，四期大量用簋；二期出现大圈足豆，三四期出现高圈足镂孔豆；斜直口矮折腹杯是一、二期昙石山文化的显著特征，三、四期出现直筒杯和带把镂孔高圈足杯；一、二期有碗，三、四期碗被簋代替。其中，昙石山文化四期的大陶簋、高喇叭口陶壶、高圈足豆和镂孔圈足带把杯等已显现青铜时代的特征。[①]

二是陶器质地有很大改进。一方面，陶土的选择更加精心，制作炊具的陶土特意羼和一定比例的砂粒或贝屑，以提高其耐火性能；另一方面，制作食具和盛水器的陶土，一般都经精心淘洗，使之纯净细腻，以降低其吸水性，有的陶器表面还抹上一层细泥，再经细心打磨，使器表更加光泽美观。随着时间的推移，在昙石山遗址出土陶器中，这种经淘洗的泥质磨光陶呈现日益趋多现象（参见图 0-6）。值得一提的是，在距今 4000～3500 年的霞浦黄瓜山文化遗址，曾出土大量介于夹砂陶和泥质陶之间的橙黄色陶，这种橙黄陶的陶土虽未经淘洗，

图 0-6　昙石山遗址出土的磨光灰陶簋

资料来源：福建博物院。

① 欧潭生：《闽豫考古集》，海潮摄影艺术出版社 2002 年版，第 325～326 页。

但由于烧成温度较高，其硬度介于软陶和硬陶之间，是一种具有过渡性质的陶器品类。[①]

三是轮制技术的出现。轮制陶器，不仅制作速度快，而且器形浑圆规整，器壁厚薄均匀，造型美观耐用，是人类制陶史上的一项重大革新。在福建，轮制技术萌发于新石器时代前中期的壳坵头文化，所烧制的夹砂陶已手制和轮制兼用，轮修多用于口部。[②] 到了新石器时代晚期的昙石山文化，轮制技术又有新的发展，出土的陶器不仅大都造型匀称，胎壁厚薄均匀，而且有的泥质陶壁薄仅 0.1 厘米左右，且通体满布整齐的旋纹，说明该种薄陶器应是快轮制作的产物。[③]

四是器表纹饰丰富，拍印与彩陶始现。在闽侯昙石山遗址，出土陶器有篮纹、堆纹、镂孔、凹点纹、曲尺纹、圆圈纹、斜方格纹、叶脉纹和双圆圈纹等多种样式，同时在条纹、交错条纹及绳纹装饰的器物上还出现了拍印手法。有的陶器上还加绘简单的竖条纹、宽条纹、卵点纹等红彩彩绘（参见图 0-7），只是这类彩陶色彩容易剥落，说明尚处于探索阶段。作为新石器时代末期最突出的装饰工艺，霞浦黄瓜山遗址还存在着大量的陶器表面施衣和彩绘现象（参见图 0-8），其数量约占陶器、陶片总量的 50％。[④] 彩绘纹样中较普遍的是以线条构成的几何形图案，常见的有方格纹、网格纹、云雷纹、曲折纹、斜线三角纹等，地方色彩浓厚。

---

① 福建省博物馆：《福建霞浦黄瓜山遗址发掘报告》，载《福建文博》1994 年第 1 期。

② 福建省博物馆：《福建平潭壳坵头遗址发掘简报》，载《考古》1991 年第 7 期。

③ 福建省文管会：《闽侯昙石山新石器时代遗址探掘报告》，载《考古学报》1955 年第 2 期；吴春明：《闽江流域先秦两汉文化的初步研究》，载《考古学报》1995 年第 2 期。

④ 福建省博物馆：《福建霞浦黄瓜山遗址发掘简报》，载《福建文博》1994 年第 1 期。

拍印粗绳纹壶　拍印粗绳纹鼎　彩绘簋　彩绘壶

图 0-7　昙石山遗址出土的陶器

资料来源:福建博物院。

图 0-8　黄瓜山遗址出土的彩陶片

资料来源:徐晓望《福建通史(第一卷)·远古至六朝》扉页。

图 0-9　昙石山遗址的陶窑群

资料来源:徐晓望《福建通史(第一卷)·远古至六朝》扉页。

五是烧成技术的重大改进。昙石山中层新石器时代晚期遗址曾发掘出5座残窑基组成的一处陶窑群(参见图0-9),窑址均利用斜坡地势直接挖成,窑穴的平面呈瓢形,由窑室、火膛和窑口组成,窑室直径70～80厘米,深50～60厘米,无窑箅,火膛在窑室前方,呈斜坡,与窑室相连。利用这种被称之为"无箅式横穴窑"烧结的陶器,由于烧成温度的提高(窑温可达1000℃左右)，加上火力更加均匀，使陶器烧结得更加坚硬，质量得到明显改善，出现了始创的几何印纹硬陶，成为福建新石器时代制陶技术进步的最大亮点。[①]

六是高水平典型器物的增多和专业制陶者的出现。无论是设计合理、造型奇特的"中华第一灯"，还是大小配套的18件陶釜以及提线陶篮等(参见图0-10)，这些器物在国内同期文化遗址中十分罕见，显示新石器时代后期福建制陶技术具有先进性和独创性。[②] 尤为值得重视的是，作为我国东南地区考古发现年代最早的窑群，昙石山遗址发现的5座陶窑全部集中在10平方米左右的地方，它们相互毗邻，连成一体，每次可焙烧陶器50多件，显见是同一制陶者管理下的规模化焙烧工场，也是迄今为止福建发现的最早专业手工作坊，对这一时期福建陶瓷技术进步有重要意义。

图0-10 昙石山遗址中华第一灯(左)和成套陶釜

资料来源：新浪平阳欧氏博客《从昙石山到三坊七巷》。

① 福建省博物馆：《闽侯昙石山遗址发掘新收获》，载《考古》1983年第12期。

② 欧潭生：《闽豫考古集》，海潮摄影艺术出版社2002年版，第327页。

陶器是随着农业经济和定居生活的发展，谷物的贮藏和饮水的搬运而大量出现，成为新石器时代社会生产力发展水平的重要衡量标准。与黄河流域的仰韶文化比较，无论是窑址的形状和结果，还是轮制陶器的出现与成就，以昙石山人为代表的福建均毫不逊色。特别是快轮制陶所达到的技术水准，表明新石器时代后期的闽地先民已进入手工业与农业分离的新时代。

3.造筏航海及渔业技术

福建地处东南沿海，航海活动和航海技术是福建先民谋生求发展的重要组成部分。近年来有人根据东山竹筏考古提出一种猜测，认为远古闽南人曾驾竹筏远航美洲，波利尼西亚祖先可能来自中国。[①] 我们不妨将这一猜测称之为"美洲说"。

提出美洲说的是美国考古专家、夏威夷大学教授白瑞·罗莱和哈佛大学博士焦天龙。他们的主要依据是在漳州东山进行南岛语族起源调查时发现了"东山竹筏"。现存于东山县古代船模研究所的竹筏模型长约 0.7 米，宽约 0.2 米，是实体竹筏的 1/8。结构看上去十分简单，以 9 根毛竹绑成筏身，有主舵、副舵，桨的长度几乎与筏身等长。整座模型没有一件铁零件，用藤条将毛竹和横杆紧紧捆绑在一起，而锚是随处可见的石头。据考证，竹筏是当地最古老的航海工具，从古至今变化不大，在东山现今仍有人使用。东山竹筏结构简单，航海性能却很好，可撑帆，也可划桨，要是翻了，可再翻过来，永不沉没，宛若"不倒翁"，20 世纪还有人驾着这种竹筏漂到台湾。正是有了这种安全可靠的航海工具，早在距今 5000～3000 年的新石器时代晚期，东山居民就已能吃到深海大鱼。[②]

东山竹筏的发现和东山大帽山新石器时代贝丘文化遗物的出土，似乎

---

① 《远古闽南人驾竹筏远航美洲？——东山竹筏为波利尼西亚文化起源提供线索，竹筏模型将赴夏威夷展示》，载《厦门晚报》2006-12-06(3)。

② 徐起浩：《福建东山县大帽山发现新石器时代贝丘遗址》，载《考古》1988 年第 2 期。

证明了这样一个说法:分布在南太平洋到印度洋的上百个岛国的“南岛语族”(即马来—波利尼西亚语系)的祖先可能来自中国福建,福建人在远古尚未发明船的时代,借助竹筏和风向向外漂流,在一个又一个岛屿上生活、繁衍。无独有偶,2011 年 12 月台湾学者在马祖的军事管制区亮岛,成功发掘出一具约 7900 年前的完整人骨骸,命名为“亮岛人”(参见图 0-11)。据报道,“‘亮岛人’不但是台湾所发现最早的人骨,也是闽江流域发现最早的新石器时代人骨,更可能是所发现的南岛语族最早的人骨”①。

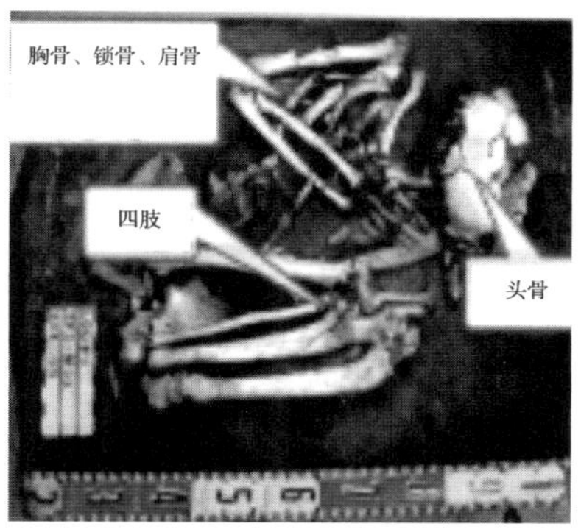

图 0-11　马祖“亮岛人”挖掘现场及完整人骨骸

资料来源:《厦门日报》2012-04-03(9);《厦门晚报》2012-02-04(A10)。

在造筏航海拓展海洋利用广度的同时,新石器时代福建先民也在不断向海滨滩涂进军。考古工作者曾在平潭壳坵头遗址发现了一件形制很特别的贝壳器,它是利用大型的牡蛎壳磨制而成的,形似铲,器体微弧,两侧平齐,圆顶,下端有锋利的宽刃,有人称之为“贝耜”②,也有人称为“贝铲”③,为海滨滩涂扒挖贝类的工具。这种发轫于新石器时代前期,流行于新石器时代后期的贝壳器,是福建沿海地区先民因地制宜独创的生产工

① 《马祖挖出 7900 年前人骨骨骸》,载《厦门日报》2012-04-03(9)。

② 福建省博物馆:《福建平潭壳坵头遗址发掘简报》,载《考古》1991 年第 7 期。

③ 吴春明:《闽江流域先秦两汉文化的初步研究》,载《考古学报》1995 年第 2 期。

具，是原始渔业技术进步的重要标志。

4.手工纺织技术

衣食住行，堪称科技发展原动力。以漳州莲花池山和闽侯昙石山遗址为代表的石器时代福建先民的活动，为手工纺织技术的诞生奠定了物质和思想基础。

由横木或纺轮和一根纺杆（拈捍）组成的纺坠可能是严格意义上的第一批纺织工具，也是我们考察这一时期纺织生产情况的重要实物依据。从各地遗址特别是平潭壳坵头和昙石山下层遗址出土的陶纺轮看，在距今7000～5000 年的新石器时代前中期，福建先民的“轮纺”已普遍存在。距今 5000～3000 年的新石器时代晚期，福建手工纺织技术已达到国内先进水平，这一点从福清东张乙区遗址可见一斑。[1] 该遗址曾先后发掘出土陶纺轮 226 枚，形制可分为矩形、鼓形、算珠形和梯形数种，几及我国早期纺轮形制的全貌，说明至迟在公元前 20 世纪，福建人民对纺坠纺纱原理和技术已有相当的理解和熟练的运用。而陶纺轮占下、中、上各层出土陶工具的比例分别约为 72％、92％和 95％，这一事实表明，随着时间的推移，纺织业在这一地区生产中的比重逐步增大，纺织原料的加工和成缕技术日趋成熟，并有可能形成相当规模的区域性纺织中心。值得注意的是，T3 探方（5×5平方米）中层（相当于殷或周初）出土的纺轮有 36 枚之多，占整个乙区 14 个探方中层出土总数的 27％左右。如此集中的陶纺轮分布，推断此时福清东张地区已有原始家庭纺织手工作坊存在。这批出土纺轮的另一个显著特点是，下层早期的纺轮器型普遍偏小（其中一枚直径仅 25 毫米），而中、上层则圆盘较薄，外径较大（直径可达 50 毫米），这种纺轮制成的纺坠转动延续的时间长，成纱支数高而均匀，操作也比较省力，说明福建先民在长期的纺纱实践中已逐渐认识到纺坠的工作效率与纺坠外径和重量之间的关系。此外，与中原各地出土的同期纺轮相比较，东张乙区的纺轮普

---

① 福建省文物管理委员会：《福建福清东张新石器时代遗址发掘报告》，载《考古》1965 年第 2 期。

遍偏重，突显出福建地区以刚度大的粗硬麻、葛纤维为主要原料的纺织特点。与新石器时代前中期不同的是，这一时期福建各地先民普遍重视对纺轮的装饰，通常在纺轮外表施划纹、篦纺和彩绘。这种纹饰不单为了美观，还有在旋转加捻时比较容易判断捻向而起到匀捻的作用，这无疑是一种工艺上的改良。

新石器时代晚期福建手工纺织技术进步的另一重要标志，是人们已懂得利用植物油加固纺织品。20 世纪 50 年代，考古工作者曾在福清东张遗址发现 7 粒植物籽伴随一段纤维绳共存。经鉴定①，植物籽系桐树籽，纤维绳是用棕榈树纤维捻成。由于桐树籽含有丰富油脂，可制成桐油，蘸和在植物纤维或织品上，使之具有防水耐磨经用的性能。可以推断，作为渔业发达和桐树资源丰富地区，闽地沿海居民曾率先把桐油用到保护渔网乃至纺织品上，这是我国纺织技术进步史上的一件大事。

5.原始农业生产

石器和陶器制作技术的进步，为农业生产提供了强大支持。造筏航海技术的发展，则开阔了福建先民的视野。考古发现表明，在新石器时代前中期，福建的原始农业已经存在。到新石器时代晚期，福建农业已从“刀耕火种”向“锄耕农业”过渡。

平潭壳坵头遗址发现的穿孔石斧、穿孔石刀、石锛、石杵和石臼，无疑是早期农业进行“刀耕火种”的工具和谷物加工工具。石斧和石锛刃部崩裂，证明其曾多次用于砍伐或掘土；石刀背部略弧便于手握，且刃部有明显使用于收割的痕迹；石杵和石臼是谷物加工工具，一般用于谷物的脱皮或捣碎硬壳果实。此外，在壳坵头遗址居民区内，还发现不少圆形窖穴，深 1 米左右，口大底小，呈袋状，穴壁及底整治平整，推断应是储存农产品的地窖。不过，从石器加工水平看，虽然壳坵头遗址出现了石器磨光技术，但磨光石器所占比重不大，通常也只在刃部磨光，而且磨光也不精细，表面常留

---

① 陈国强等：《福清东张镇白豸寺新石器时代遗址第 11—39 探方发掘报告》，载《厦门大学学报》1959 年第 1 期。

有打制的疤痕，表明壳坵头文化时期的农业尚处在初始阶段。[①]

农业的出现是人类历史上划时代的伟大创举，农业技术发展则是新石器时代的最强音。与既不翻土也不中耕除草的刀耕火种劳作方式不同，新石器时代晚期福建农业进入了土地熟荒种植即“锄耕农业”探索阶段，主要表现在以下几个方面：一是翻土和中耕除草农具的出现。将器身修长的石锛和石斧特意磨成“有段”或者“有肩”，使用时可以捆缚在带有弯曲的木柄上，类似今日的铁镐，既便于翻土，又可增强力度，提高劳动工效。石锄和石镰则是这一时期新出现的中耕除草和收割农具。二是高产粮食作物水稻的普遍种植。在福清东张、南安狮子山、永春九兜山以及三明明溪等新石器时代晚末期遗址，都先后发现稻粒、稻穗和稻秆的遗迹。如在福清东张，发现了“研磨器及烧土中稻草痕迹”[②]；在南安狮子山遗址中的草泥硬土块，由断面可看到“稻草壳的痕迹”[③]；在永春九兜山出土的印纹大陶瓮，陶器内壁多处印有明显的粟粒痕和稻蒿痕，形状与今天的作物很相像，“可以证明当时已能种稻”[④]；特别是在三明明溪南山遗址的一个洞穴内，发现了大量碳化的稻谷，“这在新石器遗址中是非常少见的，在当地更是首次”[⑤]。三是粮食储藏设施的大量出现。常见的是一种口小底大的袋状灰坑，深度 1～2 米，口径 1.5 米左右，坑壁修治工整，坑内常放置大型陶瓮和陶罐之类容器，当是盛放谷物的地下“仓库”。四是家畜饲养的兴起。在猪、狗、牛、羊、鸡等家畜中，由于猪易于驯化，繁殖力又强，生长快，最受先民青睐。如在闽侯昙石山、白沙溪头村、福清东张等处遗址，都发现有猪的

---

① 福建省博物馆：《福建平潭壳坵头遗址发掘简报》，载《考古》1991 年第 7 期。

② 福建省文物管理委员会：《福建福清东张新石器时代遗址发掘报告》，载《考古》1965 年第 2 期。

③ 泉州海交馆等：《福建丰州狮子山新石器时代遗址》，载《考古》1961 年第 4 期。

④ 林惠祥：《1956 年厦大考古实习队报告》，载《厦门大学学报》1956 年第 6 期。

⑤ 《索马里海域附近发现明代德化瓷——福建博物院还公布有关考古成果》，载《厦门日报》2013-02-26(11)。

骨骼。经鉴定[①],仅在昙石山遗址第六次发掘中,就发现11只个体家猪留下的大量遗骨。除猪外,在昙石山遗址还发现了水牛肢骨2件。

刀耕火种农业向锄耕农业过渡,这是农业发展史上的第一次重大变革。不过,由于地理环境及自然条件的差异,以闽侯昙石山为代表的贝丘遗址居民,和以福清东张为代表的山地遗址居民,在这一变革中的历史进程有所不同。

除通体磨光的长方形锛、有段石锛、凹刃石镰、长方形石刀、石铲、石斧等耕作和收割农具外,昙石山中层遗址还出现了双孔耜和陶杵这类独特器物(参见图0-12)。前者用长牡蛎壳制成,有明显使用痕迹,可能是当时的一种扒挖及收割的多用农具;后者呈圆柱状,残长9厘米,径2厘米,一端已残,另一端呈球状隆起,有明显舂研痕迹,当是舂米的工具。[②] 不过,无论从遗址堆积物还是生产工具看,新石器时代晚期福建贝丘遗址居民是过着以渔猎和捞贝为主、农业和家畜为辅的经济生活。

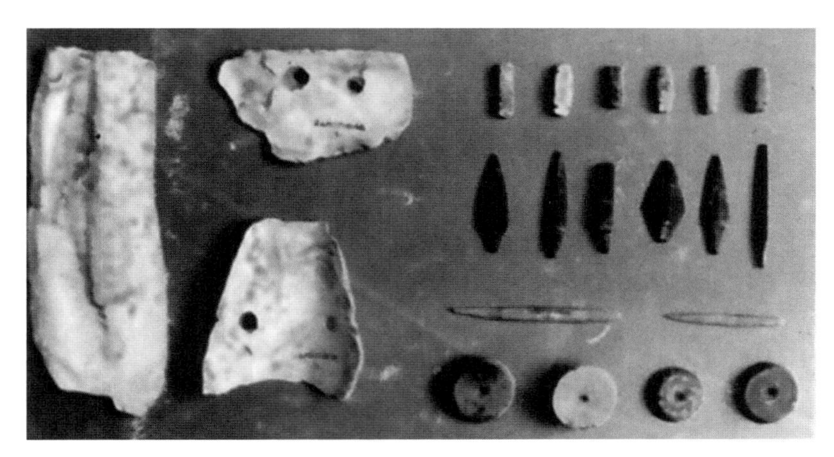

图0-12 闽侯昙石山遗址出土的生产工具

资料来源:唐文基《福建古代经济史》扉页。

---

① 祁国琴:《福建闽侯昙石山新石器时代遗址中出土的兽骨》,载《古脊椎动物与古人类》1977年第4期。

② 福建省博物馆:《闽侯昙石山遗址发掘新收获》,载《考古》1983年第12期。

以福清东张下层和浦城牛鼻山遗址为代表的山地居民，垦种稻谷类粮食作物的积极性更高，农业生产占据更为重要的地位。在闽北金钗岗和福清东张遗址，出土了刃长宽分别为17.9厘米×7.2厘米和13厘米×9.2厘米的罕见巨型石斧。[①] 在永春九兜山遗址，曾发现高51.5厘米、腰径为46.5厘米的大陶瓮，可装数十斤稻谷。[②] 尤为重要的是，与同期贝丘遗址相比，山地遗址面积较大，一般在2万平方米左右，居所建筑也较先进。东张中层遗址发现了用石块叠筑的长方形墙基，地面为草泥土层上抹黄泥浆并经烧烤而成；黄土仑的房屋残迹也反映了草拌泥黄泥抹面烧烤的地面建筑形态[③]。这些定居性聚落甚至村落的出现，没有稳定发展的农业为基础是无法实现的。在生产工具方面，山地遗址的农业生产工具所占比例比贝丘遗址大，而渔猎工具较后者少，充分反映了山地遗址居民以采集植物和农业为主、渔猎为辅的生产方式，其农业生产较贝丘遗址发达。[④]

不过，无论是闽西的武平和长汀，闽南的永春和南安，还是闽东的福安与闽北的武夷山，这些新石器时代晚期山地遗址所发现的石类生产工具器形普遍较小，更未出现石犁这类农具，说明虽然这些地区农业生产活动较为频繁，但似乎尚未进入犁耕阶段，整个福建还处于较原始的农业状态。

6.住所建筑技术

旧石器时代的人类居住地，一般选择在近水、向阳、高阜区域，其住所通常是利用自然岩洞或岩荫，有的则用树枝搭盖简单的“窝棚”以栖身。如距今3万～1万年的三明万寿岩船帆洞遗址[⑤]，其高程为3米，整个石灰岩洞穴宽30米，高3米，进深30米，洞内不仅遗留大量的石制品和骨角器，

① 福建省文物管理委员会:《建瓯和建阳新石器时代遗址调查》，载《考古》1961年第4期；福建省文物管理委员会:《福建福清东张新石器时代遗址发掘报告》，载《考古》1965年第2期。

② 林惠祥:《1956年厦大考古实习队报告》，载《厦门大学学报》1956年第6期。

③ 福建省博物馆:《福建闽侯黄土仑遗址发掘简报》，载《文物》1984年第4期。

④ 吴春明:《闽江流域先秦两汉文化的初步研究》，载《考古学报》1995年第2期。

⑤ 福建省博物馆等:《三明万寿岩发现旧石器时代遗址》，载《福建文博》2002年第2期。

还有人工铺筑的河卵石居住面，面积约150平方米，选址和建筑水平之高，在我国乃至世界范围内都极为罕见。又如被评为“2011年度全国十大考古新发现”的福建漳平奇和洞遗址（参见图0-13）[①]，是从旧石器时代晚期向新石器时代早、中期过渡的洞穴遗址，距今17000年～7000年，洞内遗留下大量烧石、烧土、烧骨、灰烬和被遗弃的各种食物残迹等。

图0-13　福建漳平奇和洞遗址

资料来源:《厦门日报》2012-04-16(17)。

随着渔猎和农业技术进步，新石器时代福建先民的定居生活有了更为可靠的物质保障。其住所形式也多种多样，综合起来主要有以下四种不同结构：一是岩棚，系利用天然岩棚经人工修治而成。如明溪南山塔洞遗址发现的一处岩棚住所，位于临河的一座小山岗，岩棚口朝东，高出河床约10米，岩棚内地面经人工平整并经烈火烧烤，形成一层厚厚的可防潮的红赭色坚硬红烧土居住面。同时，考古工作者还发现，居住面曾经多次修补，

① 《全国十大考古新发现，漳平奇和洞遗址上榜》，载《厦门日报》2012-04-16(17)。

说明居住时间较长。[①]

二是半地穴建筑。以福清东张下层遗址为例，这种建筑是先在地面挖掘一个深约 30 厘米的(椭)圆形地穴，面积约 10 平方米并加工成灰硬面，然后以竹木作支架，搭成类似蒙古包的半地穴式房子。[②] 这种半地穴式的建筑在我国北方新石器时代十分流行，福建仅见福清东张遗址下层和闽侯县石山遗址中层各 1 例。

三是地面建筑，即在地面稍经平整后直接建房。这类建筑在邵武斗米山遗址和武夷山梅溪岗遗址共发现 6 座，平面有长方形和圆形两种，地面都经人工铺垫略高于地面成平台，然后在平台上栽木柱建房，且房外还建有排水沟。[③] 不过，地面建筑技术在福清东张中层遗址(属于石器时代向青铜时代的过渡时期)表现得淋漓尽致。该建筑为长方形，面积约 16 平方米。门朝东南，墙基用石块叠砌，空隙处填塞草拌泥。墙体用木竹为支架，然后涂抹草拌泥并用火焙烧。房内地面先铺一层 10～20 厘米草泥土，再在其上抹一层厚 1 厘米左右的黄泥浆，然后用火焙烧，表面平整坚硬。室内有一处用石块围筑的灶坑，地面散布着石矛、石锛、石刀、石环、陶纺轮以及一些破碎了的陶器，生动地再现了当时人类室内生活情景。[④]

四是干栏建筑。干栏建筑又称桩上建筑，房屋以木桩为建筑基础，然后在木桩上架设梁木，梁木上铺设木地板，并搭盖屋顶。作为新石器时代人类的创新之作，干栏建筑适应沼泽或潮湿地区的居住要求，因而在我国和世界许多地区都有发现。福建发现年代最早的干栏建筑，位于霞浦黄瓜山遗址东区南段，属新石器时代末期。建筑遗迹有两组，其中一组保存较

---

① 福建省博物馆等:《明溪南山史前洞穴遗址》，载《中国考古学年鉴(1989 年)》(文物出版社 1990 年版)；陈存洗:《福建史前考古三题》，载《福建文博》1990 年增刊。

② 福建省文物管理委员会:《福建福清东张新石器时代遗址发掘报告》，载《考古》1965 年第 2 期。

③ 福建省博物馆:《邵武斗米山遗址发掘报告》，载《福建文博》2001 年第 2 期；福建省博物馆:《武夷山梅溪岗遗址发掘简报》，载《福建文博》1998 年增刊。

④ 福建省文物管理委员会:《福建福清东张新石器时代遗址发掘报告》，载《考古》1965 年第 2 期。

好，发现柱洞 17 个，挖在 10～15 度斜坡地。柱洞直径 30～40 厘米，洞深浅不一，保存较好的部分深 35 厘米，一般深 15～25 厘米，部分柱洞底部有较平整的垫石。17 个柱洞排列有序，由纵向（西南—东北）和横向（东南—西北）各 4 排组成，洞柱间距纵向多为 1.5～2 米，横向多为 2～3 米。根据上述柱洞排列的轨迹，不难看出这是一座略呈长方形（约 9 米×7 米）的架木建筑，面积可达 60 平方米。[①] 黄瓜山遗址背山面海，先民们的房屋选择在遗址东南段缓坡，这种东南向轻盈疏透的房屋，可接受夏季凉爽的海风，下部架空的干栏式构造，又可防潮通风、防御兽害，是南方平民赖以栖身的理想房屋。特别值得一提的是，建筑边沿挖有防木桩积水受腐的排水沟，以及为防止木地板起火而将炊煮设置在室外，显见其建筑理念和建筑技术均较先进。

此外，在我国东南沿海规模最大的史前沙丘遗址——晋江庵山遗址，考古工作者也发掘出 3 座新石器时代末期至青铜时代的“干栏式”建筑房址。[②] 与霞浦黄瓜山不同的是，晋江庵山的木柱架空房屋是以大小不一的夯土墩为建筑基础（参见图 0-14）。夯土墩的做法是：在平整后的沙地上或夯筑较规整的台基上挖浅坑，然后取含土量多且土质致密的“老红砂”，经逐层填垫夯筑而成。显然，这种以夯土墩为承重结构的干栏式建筑，是晋江庵山先民因地制宜有所创新的结果。

从洞穴或岩棚，到半地穴建筑，再到地面和干栏建筑，在漫长的石器时代，福建先民经历了长期不懈的技术创新，不仅改善了自身的居住条件，也走向了人类光明的未来。

① 福建省博物馆：《福建霞浦黄瓜山遗址发掘报告》，载《福建文博》1994 年第 1 期；林公务：《黄瓜山遗址的发掘与认识》，载《福建文博》1990 年第 1 期。

② 福建省博物馆等：《福建晋江庵山青铜时代沙丘遗址 2009 年发掘简报》，载《文物》2014 年第 2 期。

图 0-14　晋江庵山发掘的干栏式建筑房址

资料来源:泉州历史网。

二、先　秦

根据各方资料综合分析,笔者认为福建原始社会可能延续至公元前11世纪,即相当于中原殷商时代。依据惯例,我们称秦以前福建的这一历史时期仍为"先秦"。先秦是福建文明社会发展的第一个历史时期,形成了以几何印纹硬陶和武夷山船棺葬为代表的地方科技体系。

(一)闽文化的崛起及其交流

文化是科技的母体,是科技赖以发展的基石。考古发现和史料记载表明,3000多年前在我国东到台湾岛、北到浙南、西到粤东的广大区域,形成了一个以闽族为主体的文化群体,我们不妨称之为"闽文化"。无论从物质层面还是精神层面,先秦时期的闽文化都达到了相当高的发展水平,成为中华文化大家庭中的重要一员。

1.内涵丰富的物质文化

遍布八闽的几何印纹硬陶、独具特色的青铜器和麻丝棉织品，以及加工精美的石贝玉器等，构成了先秦闽文化的基本物质内涵。

几何印纹硬陶是闽文化的主要标志。所谓“几何印纹硬陶”，具有以下三大基本特征：一是器皿表面装饰有各种各样的几何图案花纹。这种花纹，基本上都以线的排列和交织组成，其排列和交织又是按照一定的角度、距离和方向延伸展开，形成以四方连续纹样为主的有规则的几何形图案。二是装饰这些几何图案花纹的方法，既不是刻划，也不是彩绘，而是采用拍印的方法。拍印时，要先对器物通体拍打，然后再拍印纹饰。这样既可使胎质致密，又达到装饰器表的效果，可谓制陶工艺与装饰艺术的有机结合。三是与泥陶或砂陶等软陶相比，硬陶不仅陶土需要淘洗，而且烧成温度大多在1100℃以上，因而陶质细腻坚硬，叩之发声清脆。几何形图案、拍印方法和陶质坚硬三位一体，构成几何印纹硬陶区别于其他陶文化的内在特质。

作为我国陶瓷的重要发源地，福建几何印纹硬陶萌生于新石器时代晚期，经过新石器时代末期的持续发展，在商周时期达到鼎盛，不仅遗存遍布八闽各地，而且出现了以闽侯庄边山遗址、闽侯黄土仑墓葬遗址、福清东张遗址、光泽油家垅遗址为代表的典型文化遗存。尽管几何印纹硬陶普遍存在于先秦时期的我国南方广大地区，但从源长、成就和普及三方面看，说福建是几何印纹硬陶发源地和文化中心之一，是有说服力的。[①] 也就是说，具有原始创新属性的几何印纹硬陶，不仅代表着福建先民技术探索的方向，也深深打上了地方文化的烙印。

青铜器是闽文化的另一个标志性物质内涵，也是与几何印纹硬陶形成互补的代表性文化。福建青铜器的出现不应晚于中原商代晚期，这一点不难从武夷山船棺制作技术和闽侯黄土仑墓葬出土陶器中看出。20世纪70

① 彭适凡：《中国南方古代印纹陶》，文物出版社1987年版，第10～11页。

年代，考古工作者先后在武夷山观音岩和白岩洞穴发现两具船棺，碳测数据分别为距今 3840±90 年（观音岩）、3370±80 年（观音岩）和 3445±150 年（白岩），成棺年代约相当于商代晚期。而从船棺形制和棺木内外遗存痕迹看，这两具船棺明显使用了青铜刀斧等金属工具。而从黄土仑商代晚期墓葬出土的近 200 件陶器看，无论是种类、造型，还是装饰工艺，都承袭了青铜器的作风，反映出强烈的青铜时代风格。进入西周，福建青铜冶铸业逐渐兴旺，不仅出现了铙（钟）、剑等代表性器物，而且地域也逐渐拓展到全省各地，并形成了以晋江庵山遗址和松溪湛卢峰遗存为代表的南北两大铸造中心。与中原不同的是，福建各地出土的青铜器器型普遍偏小，且以工具与兵器居多，显示出古闽族实用的技术风格，为闽越铁农具时代的到来奠定了坚实基础。

当然，我们也不应忽视先秦闽族在纺织和石贝玉器领域所取得的成就。在 1978 年发掘的武夷山白岩崖洞船棺随葬物中，发现了一批距今约 3000 年的麻、丝、棉织物残片，经对这批出土织物的科技分析，还原了先秦时期被视为“闽蛮夷”地区纺织生产技术先进的历史画面。至于说到石器加工、贝壳装饰和玉器雕刻等，则是福建先民的传统强项。如漳浦县出土的长宽 27.3 厘米×5.8 厘米、形如长刀的商石璋（参见图 0-15），闽南发现的大型石戈与凹石，闽侯古洋遗址出土的横断面呈长椭圆形大型石斧及两边单面横穿穿孔玉璜，都具有明显的地方特色，是商周福建物质文化的重要组成部分。

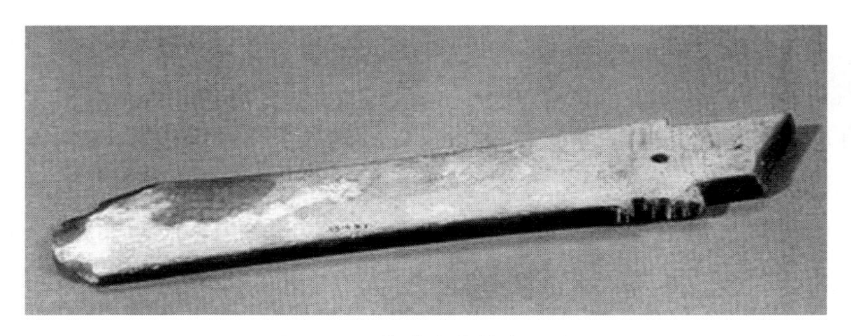

图 0-15　漳浦出土的商石璋

资料来源：福建博物院。

综上所述，以几何印纹硬陶创新为主体，以青铜器发展为导向，以纺织和石贝玉进步为重要补充，构成福建先秦物质文化的核心内容。

2.特质鲜明的精神文化

先秦闽文化不仅体现在物质层面，也表现在华安仙字潭摩崖石刻、武夷山船棺葬俗和史料记载等精神层面上。

流经华安县内的汰溪是九龙江中段的一个支流，汰溪中游有一迂回弯曲的水潭，称为“仙字潭”。潭之北岸，高耸壁立的是一座海拔约200米的小山名蚶盘山，约60个大小不一、排列无序的“仙字”就分布在蚶盘山南面临水的崖壁上（参见图0-16）。关于这些摩崖石刻的解读，自唐代以来人们进行了种种努力，但至今尚无有说服力的说法。但有一点可以肯定，那就是华安仙字潭摩崖石刻是当地土著的一种遗迹，石刻年代应为商末周初，

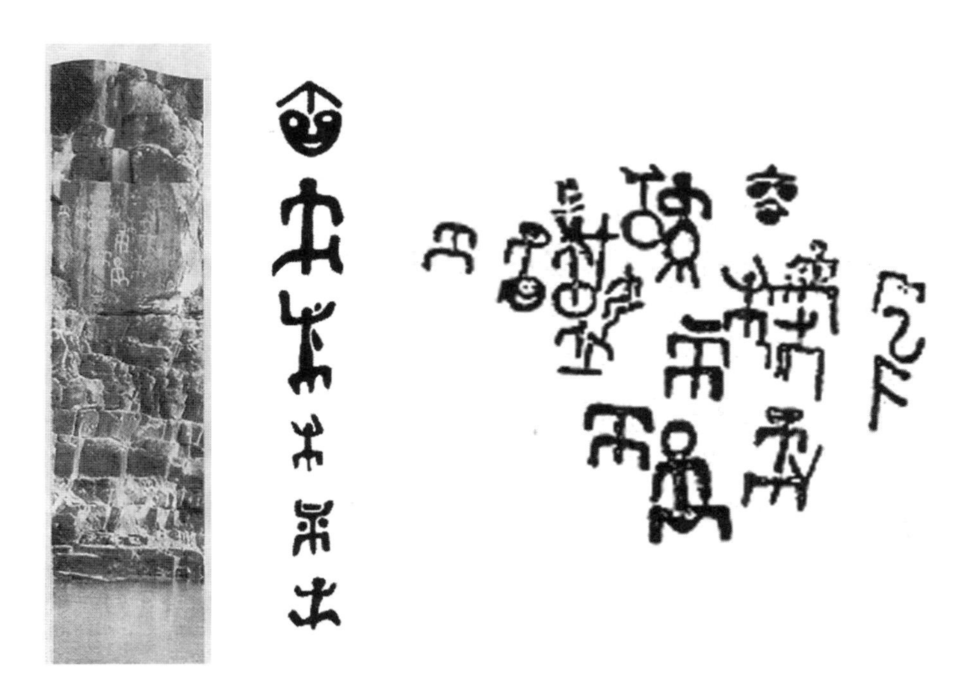

图0-16　华安县沙建镇蚶盘山崖壁上的“仙字”

资料来源：《厦门日报》2007-06-13(19)；欧潭生《福建华安仙字潭岩画新考》。

距今约3000年。类似华安仙字潭摩崖石刻，在福建的明溪、南平、光泽、顺昌、诏安等地还有数十处，特别是漳州地区最为密集，从华安到诏安，31处遗迹“构成一条延绵数百公里的弧形的史前岩画分布带”[①]，而且随着文物普查的深入，这一队伍还在不断扩大。以华安仙字潭为代表的石刻难解之谜，从一个侧面说明它们所代表的文化，是至今人们尚不了解的文化，是与世界其他文化有本质区别的文化。

武夷山船棺葬俗则为我们揭示了闽文化的另一个方面。通过对1978年取下的白岩崖洞船棺所作的考古分析，可断定墓主是一个距今约3000年古老民族的一员。[②] 这个被称作“武夷闽”的民族不仅创造了灿烂的科技文明，而且有其独特的精神文化：舟船形棺椁揭示了古闽人与海洋的紧密性；陪葬黑棕卵石被疑作是古闽族的种族崇拜；龟形木盘（“木鳌”）则赋予“巨灵之鳌，背负蓬莱之山”登遐升天的思想……凡此种种，说明居住在古闽地的人民有其独特的信仰和精神追求。值得一提的是，起源于福建境内观音岩和白岩的船棺葬文化，从春秋战国到明清，曾持续对我国江西、湖南、湖北、广东、广西、四川、云南、陕西南部、浙江和台湾等广大地区产生过重大影响。闽文化的生命力由此可见一斑。

关于商周时期生活在八闽大地的民族，中原先秦文献也有所记载。《周礼·夏官》就说：“职方氏掌天下之图，以掌天下之地，辨其邦国、都鄙、四夷、八蛮、七闽、九貉、五戎、六狄之人民与其财用、九谷、六畜之数要，周知其利害。”[③]《周礼·秋官》更进一步写道：“象胥掌蛮、夷、闽、貉、戎、狄之国使。”[④]这些记载西周王朝典章制度的文字说明，“闽”是作为方国、地域和部族的总称，是受西周王朝统辖和管理的，“闽”是华夏周围6大方国和族属之一。所谓“七闽”，应是指包括“武夷族”在内的7支以蛇为图腾的闽

① 尤玉柱：《漳州史前文化》，福建人民出版社1991年版，第148页。

② 福建省博物馆：《福建崇安武夷山白岩崖洞墓清理简报》，载《文物》1980年第6期。

③ （清）孙诒让：《周礼正义》卷六三“夏官·职方氏”。

④ （清）孙诒让：《周礼正义》卷七三“秋官·象胥”。

族部落，“七者，所服国数也”[①]。先秦闽族分布地域较广，不仅囊括今福建、台湾全境，还包括浙江南部温州、平阳、瑞安、苍南等地，以及江西铅山县和广东潮州、梅县一带，范围正好与考古学上的“几何印纹硬陶”闽台区系或“闽—浙南—粤东区系”相吻合。[②]

可叹的是，古老而繁荣的闽文化却在公元前334年随着越被楚灭而消亡，后代的史家只知“闽越”而不知闽，视先秦时期的八闽大地为一片文化沙漠。这是一种深深的历史误解。事实上，即使加上无诸自封为闽越王，闽越国的历史也不过100余年（即前212—前110年），而先秦闽族史至少发端于3000多年前的商周时期。因此，以几何印纹硬陶、武夷山船棺葬、华安仙字潭摩崖石刻以及建瓯大铜铙（特钟）和欧冶子剑为代表的闽文化，如同山东齐鲁文化、两湖楚文化、四川巴蜀文化、江浙吴越文化一样，是先秦中华文化大家庭的重要一员。

3.福建与外地的文化交流

虽然地处偏远，且交通十分不便，但作为中华大家庭的一员，福建早在新石器时代就与中原及周边地区发生了友好往来。福建新石器时代陶器上的弧线、篦点纹与中原地区新石器时代早期裴李岗文化、磁山文化有共同之处；昙石山文化的鼎、鬶、盉、豆、杯、簋、壶等陶器，其形制与中原龙山文化比较虽各有变化，但其主要风格还是比较接近的[③]；有段石锛，是福建新石器时代文化的典型石器，源于长江下游地区，后来流行于福建、台湾、广东和香港等地。还有，福清东张新石器时代遗址发现的两座房子基址，采用的是中原一带普遍流行的半地穴式或地面房基，而不是长江流域具有

---

① （宋）梁克家：《三山志》卷一“地理类一·叙州”。

② 李伯谦：《我国南方几何印纹陶遗存的分区分期及其有关问题》，载《北京大学学报》1981年第1期；吴绵吉：《闽越起源的探讨》，载陈支平《林惠祥教授诞辰100周年纪念论文集》（厦门大学出版社2001年版）；吴绵吉：《福建几何印纹陶遗存与闽越族》，载《东南考古研究（第1辑）》（厦门大学出版社1996年版）。

③ 安志敏：《中国的新石器时代》，载《考古》1981年第4期。

代表性的干栏式建筑[①]，可见这一时期中原文化对福建文化的影响是多方面的。

如果说新石器时代福建与中原的交往是初步的，那么先秦时期两者的联系已渐趋密切，这一点在石戈、陶器、原始瓷器以及青铜器等出土器物上表现得尤为明显。福建大量出土的青铜时代光滑而精致的石戈，与河南偃师二里头遗址、郑州铭功路两侧商代墓、河北藁城台西商代遗址、河南安阳殷墟墓、河南浚县辛村西周墓、山东曲阜鲁国故城西周墓、河南三门峡上村岭虢国墓、山西侯马东周盟誓遗址等处出土的同类器非常相似，可断定它们之间有渊源关系。[②] 陶器与原始瓷器方面，光泽杨山遗址采集的Ⅰ、Ⅱ、Ⅲ式豆，与洛阳、陕西等地西周早、中期遗址或墓葬出土的原始瓷豆风格相似[③]；黄土仑类型陶器的风格与江西清江商代吴城遗址、万年肖家山遗址、上海马桥遗址中层、安徽潜山薛家岗遗址的同类器物十分相似；黄土仑遗存陶器的胎质、陶色、形制特征及器表装饰，则与郑州商代二里岗期（商代中期）陶器比较相似。[④] 尤其是黄土仑遗址中出土的陶鼓，亦即先秦文献所称之"土鼓"，其用途为商周时期祭祀农神与仲春、仲秋播种收割时演奏之用，说明当时中原礼制及某些祭祀乐器已传入福建腹地。青铜器方面，南安大盈出土的铜戚、匕首、带鋬的铜铃，在中原地区一些遗存中有相似的器形出现。铜戚大体与二里头文化期的长条弧刃式戚较相近，匕首器形与陕西沣西张家坡西周早期260岩墓出土的扁茎有两穿的匕首完全相同，带鋬的铜铃在偃师二里头已有出土，在殷墟也屡有出土。[⑤] 浦城、大田和建

---

① 福建省文物管理委员会：《福清东张新石器时代遗址发掘简报》，载《考古》1965年第2期。

② 曾凡：《关于福建与中原商周文化的关系问题》，载《中国考古学会第四次年会论文集》（文物出版社1983年版）。

③ 福建省博物馆等：《福建省光泽县古遗址古墓葬的调查和清理》，载《考古》1985年第12期。

④ 陈龙等：《试论黄土仑印纹陶器的时代风格和地方特色》，载《文物集刊（第3期）》（文物出版社1980年版）。

⑤ 陈存洗等：《福建青铜文化初探》，载《考古学报》1990年第4期。

阳出土的青铜剑，与洛阳中州路东周墓葬中出土的Ⅳ式青铜剑极其相似。[①] 值得一提的是，1961年和1982年考古工作者分别在闽侯庄边山清理了9座战国晚期至西汉初期的墓葬，出土了一批以陶鼎、豆、壶、盒为组合的随葬器物。无论从墓葬形制还是随葬器物的组合形式及形制分析看，它们与长沙地区楚、汉墓葬最为接近，而与武夷山城村福林岗等闽越墓葬有较大差别，推断这批墓葬的主人可能是战国晚期秦、楚频繁交战过程中南迁入闽的一支楚地吏民，是福建与外地文化交流的明确例证。[②]

新石器时代晚期至先秦，在闽地北面活跃着越（立国浙江北部）、吴（立国江苏南部）等族国，由于地缘与族源关系，闽与之展开了更为频繁的文化交流。比较研究发现[③]，浙江河姆渡遗址第一文化层的Ⅰ式和Ⅱ式陶釜，与昙石山中层的Ⅰ式和Ⅱ式陶釜的形制十分接近，这在同一文化中也是罕见的；江苏良渚文化的黑陶皿、黑陶盆与昙石山Ⅰ～Ⅴ式浅盘镂孔圈足豆的形制相似，两者都以圈足器为多，但其器形各有特色；江苏湖熟文化的几何印纹硬陶和江苏各地出土的西周至战国时期的原始瓷器，无论从质地、器形、花纹、釉色来观察，它们和福建昙石山、东张上层、闽清坂东、政和铁山等地所出土的同类器物作风都十分相似，有的几乎无区别。不过，闽与吴越交流最多的当属青铜剑。如武夷山出土的青铜剑，与浙江长兴出土的两种东周青铜剑，形制极为一致，皆为柱脊、无格、空首、四箍、茎后部呈喇叭形，前部扁形附双耳等。[④] 这种精巧的造型及纹饰作风，显示出东南地区先进的铸造工艺，在全国首屈一指。此外，建瓯出土的西周大铜铙，其式样、形制与纹饰都同浙江长兴出土的两件铜甬钟极为相似[⑤]，进一步说明两地青铜冶铸业往来密切。

值得一提的是，无论从地理环境还是文化内涵看，先秦时期闽族与中

---

① 建阳县文化馆：《福建建阳县发现青铜剑》，载《考古》1983年第11期。

② 林公务：《福建闽侯庄边山的古墓群》，载《东南文化》1991年第1期。

③ 曾凡：《关于福建史前文化遗存的探讨》，载《考古学报》1980年第3期。

④ 崇安县文化馆：《福建崇安县出土东周青铜剑》，载《考古》1987年第3期。

⑤ 王振镛：《福建建瓯县出土西周铜钟》，载《文物》1980年第11期。

原的交流，应是以吴越地区为中介。也就是说，吴越在福建与外地的文化交流中起着双重作用，是先秦福建社会发展的最重要外部力量。

(二)领先的陶瓷烧造技术

经过新石器时代晚期和末期的创始与发展，到中原商周时期，福建几何印纹硬陶达到历史鼎盛。伴随着硬陶制作技术的进步，福建率先进入原始瓷器时代，为中国陶瓷业的发展做出了突出贡献。

1.几何印纹硬陶的发展与鼎盛

几何印纹硬陶的出现是福建技术进步的重大标志。这一技术始源于新石器时代晚期，发展于新石器时代末期，鼎盛于中原商周时期。随着几何印纹硬陶影响的日益广泛，福建出现了以闽侯庄边山遗址、闽侯黄土仑墓葬遗址、福清东张遗址、光泽油家垅遗址为代表的地域性文化。该文化大致经历了以下几个重要发展阶段：

一是商代前期，以庄边山遗址上层为代表，属于一种以几何印纹硬陶和彩陶共存为特征的陶石并用时代。庄边山遗址上层出土的陶器，主要由器表面施赭色陶衣的橙黄陶、施深赭色灰硬陶和彩绘硬陶等三部分器物组成，约占该层陶片总数的 2/3，制陶工艺成熟；器型以敞口圜凹底为特征，主要有尊、钵、罐、盘、豆、杯等；器物装饰以拍印为主，有篮纹、斜线条纹、栅篱纹、方格纹、叶脉纹等，不少器物往往于拍印后再施以赭色陶衣；某些器物的口沿、肩部还施以红赭或黑赭涂料绘成的几何形图案，其中最富特色的是彩绘条纹硬质纺轮。综观庄边山上层遗存的文化特征，出土的生产工具仍以磨制小石器为主，除有段石锛数量激增外，还出现了石矛、石戈、骨矛等新品种，代表着福建陶石并用时代的技术进步。[①] 作为新石器向青铜文化的过渡时期，庄边山上层类型文化遗存除了广泛分布于闽江下游，还

① 福建省文物管理委员会：《闽侯庄边山新石器时代遗址试掘简报》，载《考古》1961年第1期；福建省博物馆：《闽侯庄边山遗址 1982～1983 年考古发掘简报》，载《福建文博》1984 年第 2 期。

散布在闽东的福安、霞浦、罗源、宁德、福鼎、古田、泰宁[①]，闽北的邵武、武夷山、建瓯[②]，以及闽南的惠安、莆田、厦门[③]等地。

二是商代晚期（或西周早期），以闽侯黄土仑墓葬遗址为代表，以仿铜器装饰的几何印纹硬陶为特征的青铜时代。1974—1978年，考古工作者在闽侯县鸿尾乡石佛头村南部一个名黄土仑的小山丘顶部和东西两坡，先后发现19座商代晚期墓葬，出土完整、较完整或可以复原的陶器145件，数量之多，质地之佳，工艺之精，均为福建乃至我国南方诸省所罕见。[④] 综观这批以泥质灰色几何印纹硬陶为主的器物，有两大特征尤为引人注目：一是器类组合和陶器作风具有浓郁的地方性。黄土仑墓葬群的典型陶器组合是杯、罐和豆，其最大特征是折腹，柄部有明显的凸棱。可以说，杯、罐、豆的组合与折腹多凸棱的陶器作风是黄土仑类型文化的显著特征和地方特色。[⑤] 如最具代表性的凸棱节柄豆、觚形杯、杯口双系壶、单鋬罐、鬶形壶、凹底尊等，不仅工艺精湛，而且极富地方特色，反映这一时期福建高超的制陶工艺水平。一是器形与纹饰具有强烈的仿铜作风。在发掘简报细分的豆、杯、壶、罐、甗钵、盂、勺、簋、尊、盘、釜、鬶形器、虎子、鼓等15种器形中（参见图0-17），仿铜礼、乐、酒器占了很大的比例，其中一种仿青铜酒具的觚形杯，几乎是每墓必备的随葬品，最多的一座墓出土达8件。最特别的是陶鼓，身作腰鼓形，两端开口中空，器身上附兽形提梁，下为长方形座，与湖北崇阳汪家嘴出土的铜鼓器形相似。该批出土陶器器身纹饰以半浮雕式的云雷纹，S形、ᘓ形泥条附加堆饰以及各种动物形象的堆塑等最为常见，体现了商代青铜器上流行的装饰作风。作为福建青铜时代最主要的文化类型之一，黄土仑类型遗存广泛分布于包括闽北、闽东、闽西、闽

---

① 福建省文物管理委员会：《闽东新石器时代遗址调查》，载《考古》1959年第11期。

② 福建省文物管理委员会：《建瓯和建阳新石器时代遗址调查》，载《考古》1961年第4期。

③ 吕荣芳：《厦门灌口区临石寨山发现新石器时代遗址》，载《文物》1958年第12期。

④ 福建省博物馆：《福建闽侯黄土仑遗址发掘简报》，载《文物》1984年第4期；福建省博物馆：《福建闽侯黄土仑遗址发掘简报》，载《福建文博》1984年第1期。

⑤ 欧潭生：《试论闽族及其考古学文化》，载《江西文物》1991年第1期。

中以及闽江、晋江、木兰溪流域在内的福建大部地区，其文化影响甚至远达赣东北的鹰潭地区。①

豆　觚形杯　把杯

壶　罐　甗

鬶形壶　虎子形器　鼓形器

图 0-17　具有典型先秦闽文化特征的黄土仑印纹硬陶器

资料来源：福建博物院；新浪平阳欧氏博客《从昙石山到三坊七巷》。

① 江西文物工作队：《鹰潭角山商代窑址试掘简报》，载《江西历史文物》1987 年第 2 期。

三是西周前期，以东张遗址上层和昙石山遗址表层为代表，是以几何印纹硬陶、原始青瓷（或釉陶）和青铜器共存为特征的青铜时代。在1996年昙石山遗址第八次发掘及其后续发掘中，考古学者发现了一座距今约3000年的西周大墓，出土席纹大陶罐、席纹加圆点硬陶罐、带把绿釉陶罐、双折腹陶罐以及青釉原始瓷罐和绿釉原始瓷豆等一批具有指标意义的陶瓷器。[①] 特别是施釉原始瓷器的出现，表明青铜时代福建陶瓷制造技术又向前迈进了一大步。在主导文化的带动下，这一时期福建农业、纺织业和造船航海业都有了较大发展，闽台地区的交流也日渐活跃。

四是西周晚期至春秋时期，以光泽油家垅遗址地面所采集的遗物为代表，是以几何印纹硬陶为主和原始青瓷大发展的青铜时代，同时伴随着青铜冶炼技术的进步。到战国时代，随着几何印纹硬陶日趋简化和衰退，福建土著青铜文化即几何印纹硬陶文化走入了历史，迎接福建先民的将是融入中华民族大家庭的新时代。

2.几何印纹硬陶的技术成就

作为闽文化的重要组成部分，商周福建几何印纹硬陶取得了相当的技术成就，主要表现在以下五个方面。

一是制陶原料的选择和精制。最初的陶器制作，一般是就地取料。随着经验的增长，远古先民开始懂得有目的地选择泥土制作陶器。到了商周时期，人们对陶土的认识更深一层，知道三氧化二铝和三氧化二铁含量多寡会直接影响陶器的质量，从而提高了选择泥土和精制泥土的标准。有关测试数据表明，这一时期的几何印纹硬陶，不仅三氧化二铁的含量较新石器时代减少，而且绝大多数陶土的化学组成也与一般黏土不同，推测其胎质可能用瓷土做原料烧成。因此，有考古学家认为，遍布我国东南闽、浙、赣及两粤地区的几何印纹硬陶已不属于“陶器”范畴，可称其为“原始素烧瓷器”。[②]

---

① 福建省博物馆：《五十年来福建省文物考古的主要收获》，载《新中国考古五十年》（文物出版社1999年版）。

② 安金槐：《对于我国瓷器起源问题的初步探讨》，载《考古》1978年第3期。

二是陶器成型工艺进步明显。闽侯黄土仑墓葬遗址出土的商代晚期几何印纹硬陶，基本上是在陶车的帮助下用泥条盘筑、慢轮修整成型法制作的。从大部分器物的口沿、颈部、腹部留下的轮旋痕迹看，当时的轮制工艺已相当成熟和规范。如以长喇叭状器身为特征的仿铜器觚形杯，杯底微内凹，边沿出棱，有的在棱边粘接卷云状凸纽，使整个器身造型显得十分均匀、精美（参见图0-18）。又如出土的V式单把杯，器壁仅厚0.4厘米，表现了很高的轮制技术水平。此外，以工艺上的组装、接合方法来创新器形，是福建先秦时期几何印纹硬陶造型的另一典型手法。如黄土仑陶器群中的釜式盘豆和杯口壶，是以觚形杯杯身、圜底罐及凸棱实心节状柄为基本器件，按不同功能进行拼接的，有如现代的“组合家具”。这种成型工艺不落俗套的大胆创新，是商周福建几何印纹硬陶器鲜明的地方特色。

图 0-18　黄土仑墓葬出土的长喇叭状器身觚形杯

资料来源：新浪平阳欧氏博客《从昙石山到三坊七巷》。

三是拍印纹饰的多样化、精细化和复杂化。从陶器的拍打到有意识地拍印，是制陶技术的一个飞跃，也是印纹陶区别于别类陶器的主要特征之一。在南方地区，拍印技术萌芽于新石器时代早期，发展到商周时期，福建几何印纹硬陶拍印纹饰趋向多样化、精细化和复杂化。在商代前期的昙石山上层遗址中，出土的467片几何印纹陶纹饰就有方格纹、漩涡纹、叶脉纹、席纹、曲折纹、云雷纹、回字纹、麻点纹、篦纹以及各种组合纹等计30余种。[①] 但因拍印技艺尚未成熟，此时器表纹痕浅薄，纹样重叠凌乱现象时有发现。到商晚周初的黄土仑类型文化时期，拍印技术出现质的变化。在拍印纹样方面，除少数方格纹外，黄土仑出土的陶器纹饰一律为精细、繁缛的各种变体雷纹，形状有方形、菱形、勾连雷纹等；在拍印线条方面，有深

① 彭适凡：《中国南方古代印纹陶》，文物出版社1987年版，第211、400页。

浅、凹凸、粗细之分，有的刚劲深刻犹如浮雕；在拍印技艺方面，从纹样较少交错重叠的现象观察，此时拍印技艺已相当成熟。此外，同一文化类型的武平遗址，几何印纹陶纹样更达几十种甚至近百种之多。[①] 拍印纹饰的多样化、精细化和复杂化，正是从新石器晚期到商周时期，福建几何印纹硬陶发展到鼎盛的重要标志之一。

四是拍印工具成果显著。拍打装饰陶器，不仅可把花纹复制到制品上去，而且还可使裂缝结合，坯体结构更加突出，特别是用有花纹印板拍成的制品，比用光面的板拍成的制品更为结实牢固。因此，拍印工具是拍印技术进步的重要载体。从出土情况看，商周时期福建已出现形制多样的陶印模，除传统的长方形、方形或近方形印模外，还发展出柱状蹄形与束腰圆饼形等形制更为复杂的印模。[②] 同时，拍面的纹饰也较为复杂，如在长汀河田区采集到的陶印模，两面皆为篮纹，两边各有两孔相通。其中一块陶印模，一面为篮纹，另一面则为双线斜格纹，两边还装饰有曲折纹，异常精美。[③]

五是烧成技术成就突出。标本测试数值表明，商周几何印纹硬陶的烧成温度多在1150℃～1250℃之间，与同期原始青瓷的烧造温度基本相近，因此对胎料、窑炉和烧造技术的要求更高。20世纪90年代初，考古工作者在武夷山市葫芦山遗址清理出22座商代早期陶窑，与闽侯昙石山中层发现的新石器时代横穴升焰式窑不同，这些窑炉部分结构比较复杂，有设于窑室后的烟囱、弧形火道、直线形火道的设施，属半倒焰式窑炉，是先民提高窑炉烧制温度的一次大胆尝试。[④] 事实上，这种尝试在南方各地普遍展开，即商周时烧造印纹硬陶的窑型大都已从传统的横穴式演进为烟道式

---

① 福建省文物管理委员会：《福建武平新石器时代遗址调查报告》，载《考古》1961年第4期。

② 福建省博物馆：《闽侯昙石山遗址第六次发掘报告》，载《考古学报》1976年第1期；福建省博物馆：《闽侯溪头遗址第二次发掘报告》，载《考古学报》1984年第4期。

③ 彭适凡：《中国南方古代印纹陶》，文物出版社1987年版，第400页；林惠祥：《福建长汀县河田新石器时代遗址》，载《厦门大学学报》1957年第1期。

④ 杨琮等：《葫芦山古陶窑窑址发掘的初步认识》，载《福建文博》1993年第1～2期（合刊）。

图 0-19　专家们正在考察浦城猫耳弄山商周龙窑遗址

资料来源：中国科学院传统工艺与文物科技研究中心网。

或烟囱式。不过，在福建，这一步伐迈得更大。2005 年 10 月，福建省博物院考古研究所等单位在浦城猫耳弄山商代陶窑群遗址中，发掘出土一座有烟囱的长条形窑（参见图 0-19）。该窑历史之悠久，保存之完整，世所罕见，极似后来的龙窑，因而被史学界誉为“龙窑鼻祖”。从陶窑群叠压和打破关系来分析，龙窑是由椭圆形窑发展演变而来的，说明在先秦时期福建至少经历了横穴式窑到椭圆形窑再到龙窑的自主创新过程。龙窑具有窑室温度升降快，能烧出还原焰，且产量高成本低等优点，其技术直到唐宋才逐渐成熟。由此可见，商周时期闽北浦城即出现形似龙窑的长条形窑，充分说明福建陶窑结构和烧造技术长期处于全国领先地位。相信此类创新窑型不仅存在于浦城一地，因为从闽侯黄土仑墓葬遗址出土的陶器看，陶胎坚硬、灰白，近似瓷胎，其烧成温度 1200℃ 以上[①]，这显然与烧成技术的巨大

① 吴绵吉：《闽江下游早期几何印纹陶遗存》，载《东南文化》1990 年第 3 期。

进步有关。

3.原始瓷器烧造技术的出现

在几何印纹硬陶高度发展的基础上，商代晚期至西周福建率先开始烧造瓷器，实现了陶瓷技术的历史性跨越。

2007 年 11 月，福建省博物院考古研究所在泉州德化与永春两县交界处的尖山，发掘出土了一个约 1 米宽的弧形窑炉。尽管窑炉与黄色的泥土混在一块，但两侧窑壁上长期火烧后留下的厚厚烧结层还是非常显眼，足以证明这里确实有古窑址存在。在窑址几千平方米范围内，专家们发现了许多原始瓷片和陶片。有的瓷片表面有一层淡青色的釉，还有一个个用圆点装饰的图案，初步判断这是附加堆纹的原始青瓷（参见图 0-20）。这种陶瓷制作的时候要把瓷土捏成一个个米粒大的圆点，再粘到瓷器表面上，制

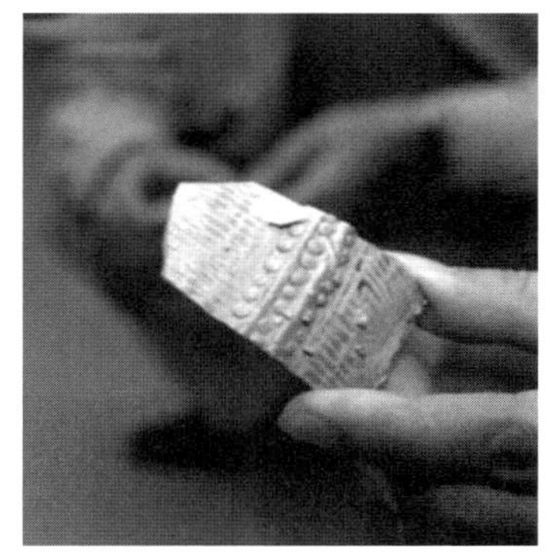

图 0-20　泉州尖山古窑址（左）与有附加堆纹的原始青瓷

资料来源：福州新闻网。

作比较麻烦。瓷片或陶片上还有像用竹片在上面戳成的 S 形的“戳点纹”，也有像绳子压下去的“绳纹”或“网纹”，这些都是原始青瓷的典型花纹。复旦大学现代物理研究室对样品进行分析后发现，窑址残片的氧化铁含量是其他陶瓷的 10 多倍，有些样品中的氧化镁、氧化锰、氧化钛等成分与现代瓷乃至德化目前发现最早的唐朝瓷器都有明显的差异，因此推断尖山发现

的窑址应该是原始青瓷窑址[1]。这是继闽侯昙石山遗址施釉瓷器之后，福建地区原始瓷器又一具有深远意义的重大发现。

原始青瓷亦称"釉陶"或"青釉器"等，是瓷器原始阶段的制品，一般认为产生于商周时期，距今3000年左右。瓷器与陶器在原料选择、烧成温度、器表施釉及吸水性方面有本质上的差别，因而原始瓷器的烧成与使用，是陶瓷发展史和物质文明发展史上的重要里程碑。在尖山，和原始青瓷一起存在的还有大量陶片，说明该窑不仅烧原始青瓷，同时烧陶器。印纹硬陶与原始青瓷同窑合烧，是原始青瓷的开始，标志着我国陶瓷业一个新的时代的到来。

泉州尖山商周原始青瓷窑址的发现，可能改写中国瓷器起源和发展史。此前，虽然原始青瓷在全国各地都有发现，但烧制的窑址只在浙江出土多处，所以史学界一般认为原始青瓷的起源地在浙江。有关专家根据尖山窑址发现的事实，大胆推测福建和浙江都将成为原始青瓷的产地。也就是说，福建南部和其他省份发现的原始青瓷也有可能是从浙江、福建两地共同传入的。如果该遗址的年代早于其他遗址，福建就很有可能成为我国原始瓷器的最早发源地。[2]

泉州尖山商周原始青瓷窑址的发现，也有助于厘清福建早期陶瓷发展的历史。原始青瓷是由陶器向瓷器过渡阶段的产物。在我国，瓷器发展到汉代称为早期青瓷，六朝以后就是现代意义上的瓷器了。在福建，以昙石山文化为代表的几何印纹陶，在相当于中原商周时代达到鼎盛，出现了被称为"龙窑鼻祖"的浦城长条形窑。西周前期，福建进入了印纹硬陶和原始青瓷共存的发展阶段，这一点已由泉州尖山原始青瓷窑址证实。此外，原始青瓷或原始瓷器在福建的分布主要在闽北（参见图0-21），其他地方比较少，据此专家普遍认为原始青瓷在省内的传播路线是由北到南，这可能是闽南地区生产的原始青瓷大量逆传到文化比较发达的闽北或其他地方，也

① 《尖山发现原始青瓷窑址，德化陶瓷史前推上千年》，载《泉州晚报》2007-11-25。

② 《专家说法：窑址或是原始瓷器最早发源地》，载《厦门日报》2007-11-19(13)。

更可能是已发现龙窑陶器的浦城当地也有原始青瓷窑存在。经历漫长的发展，到了南朝时期，福州怀安窑已能烧制现代意义上的青瓷了。这样看来，从几何印纹硬陶到原始青瓷再到瓷器，福建先民走过了一个艰辛的探索之路。同时，闽省瓷器烧制历史也因尖山窑址的发现足足提前了1400年。

图 0-21　光泽（左）和建阳出土的商周原始瓷器

资料来源：福建博物院；谢道华《建阳市文物志》扉页。

（三）青铜冶铸业的兴起与纺织技术的发展

先秦福建不仅在陶瓷烧造技术方面取得了巨大成就，而且在青铜冶铸业与纺织技术领域也获得了鲜为人知的丰硕成果。

1.青铜冶铸业的兴起

1974年，在南安县水头镇大盈村一个叫寨山的地方，考古工作者发掘了一个西周贵族墓，出土了20件戈、戚、矛、匕首、锛、铃等青铜兵器、生产工具和乐器，成为轰动一时的重大考古发现。[①] 经对这批出土青铜器的分

① 庄锦清等：《福建南安大盈出土青铜器》，载《考古》1977年第3期。

析[①]，发现扁茎有两孔的“Ⅱ式匕首”具有典型的中原风格，但主要器物直内铜戈（包括Ⅰ、Ⅱ式计4件）与中原商周流行的直内戈稍有不同，而一锋两刃的铜矛、三边有刃的铜戚和有段铜锛，却体现了浓厚的先秦闽族特征。铜矛锋部细长、直筒尖状，造型独特，为中原所未见；铜戚上的网状纹，铜铃表面的三角形纹、水波形纹，都与几何印纹硬陶纹饰风格相似；有段铜锛更是直接来源于当地的有段石锛。可以说，南安大盈铜器既具有鲜明的地方特色，又反映了与中原西周王朝的密切联系，是20世纪福建发现的最具代表性的先秦闽族青铜文化遗存。此外，考古工作者还在光泽、浦城、政和、武夷山、建阳、建瓯、福安、宁德、闽侯、福州、福清、莆田、南安、漳浦、云霄、武平、永定、上杭、大田、长汀、泉州等县市，陆续发现了戈、戚、矛、剑、匕首（短剑）、箭镞、钟、铃、铎、斧、锛、凿、锯、刮、刀等各种类型青铜器，其中莆田、泉州郊区出土的超大型铜斧长20多厘米，为全国罕见，是先秦闽族青铜文化的代表作之一。

进入21世纪，福建青铜器考古进入了一个新的发展阶段，取得了前所未有的成就。特别是2005年10月至2007年1月在南平浦城管九村西周土墩墓群发掘出土的72件青铜器，不仅有剑、戈、矛、箭镞及刮、刀、锛等常见器类组合，而且还发现了尊、盘、杯等精美青铜容器，数量之多，器类之丰富，在福建考古史上尚属首次。其中尤为引人注目的是10件造型精美的青铜剑（参见图0-22），历史之悠久，工艺之先进，在全国也首屈一指[②]，成为重新思考先秦福建青铜冶炼史的重要实物资料。

① 陈存洗等：《福建青铜文化初探》，载《考古学报》1990年第4期。

② 《72件青铜器成为有力证据，福建文明史前推一千年》，载《厦门商报》2007-04-14。

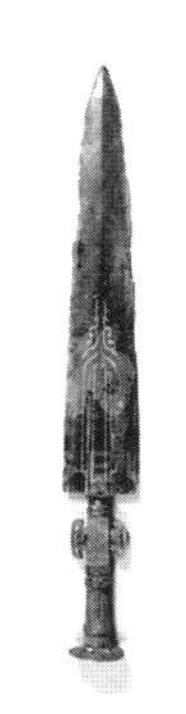

图 0-22　浦城管九村土墩墓群出土的青铜剑

资料来源：《厦门晚报》2009-12-23(6)；福建博物院。

除具有相当成熟发展水平的器物外，在漳州华安仙字潭摩崖石刻和武夷山白岩崖洞船棺，先秦闽族还为我们留下了不少青铜工具制造水平的间接证据。华安仙字潭刻画流畅、纹道深细的“仙字”，都是用敲凿或磨刻法将其刻在硬度为摩氏 5 至 6 度的火成岩上，且最深处达 5.5 厘米[①]，这对 3000 多年前的青铜凿具而言该是多么大的挑战！而武夷山船棺使用的则是质地坚硬的楠木，这种楠木越粗壮树龄也越长质地就越坚硬如铁。白岩崖洞船棺直径近 1 米，要砍倒如此粗壮的楠木树且在巨木中刳出空柩，需要怎样的坚斧利器？凡此种种似乎告诉我们，八闽大地曾存在过青铜文明。

青铜器铸造主要有范式法和失蜡法两种方法。所谓“范式法”，就是在制作青铜器时，先将几种金属按照一定比例混合熔化，再把熔化的液体倒入固定的模具（范）内，冷却后再把模具打开，这样一件青铜器就做好了。2007 年考古工作者在晋江庵山发现了一处面积达 20 多万平方米的新石器时代末期至青铜时代的聚落遗址，发掘并确认出 5 件用于铸造青铜器的模具——石范（参见图 0-23），并伴出青铜锛、青铜鱼钩以及青铜残件等。[②]

① 尤玉柱：《漳州史前文化》，福建人民出版社 1991 年版，第 147 页。

② 《福建通报 07 年考古发现，庵山遗址发现铸铜石范》，载《东南快报》2008-02-03。

这是一项在福建考古史上有重大意义的发现，因为它揭开了长期困扰学术界的两大问题：商周时代福建先民是否具备制造青铜器的能力，当时制造青铜器的主要方法是什么。

图 0-23　晋江庵山遗址出土的石范

资料来源：《海峡都市报》2008-01-18。

史无良载，大地为证。考古发现一次又一次证实，当我国北方铸冶“鼎尊”的技术炉火纯青时，古闽人的冶铸技术也悄然兴起，从而为铁器时代的到来奠定了技术基础。

2.纺织技术的发展

麻、丝、棉织物残片的发现，是 1978 年武夷山船棺葬考古的最大收获①，为我们研究 3000 年前福建纺织生产技术提供了珍贵实物资料。

麻、葛是古闽族先民的主要衣着原料，其种植加工技术一直处于国内较为先进的地位。从白岩崖洞船棺出土的大麻、苎麻布实物分析看②，这一时期福建先民对麻类作物的栽培技术及收割时机的掌握是相当完善的，麻纤维的沤制脱胶工艺也已趋成熟，尤其是对技术要求高的苎麻纤维成就突出，所得纤维分散度好、洁白、纤细、软熟，宜于织造上佳产品。尤值得注意的是，这批麻布均为高达每米数千捻的强捻纱织就，为我国同期麻织品中所罕见，推测可能是使用了纺车一类的加捻机械。在织造方面，白岩崖洞船棺出土的苎麻布已达到 15.5 升，高于同期黄河流域（一般仅 8～12 升），达到东周麻布的织造水准。15 升以上的苎麻布又称“缌布”，精细程

① 福建省博物馆：《福建崇安武夷山白岩崖洞墓清理简报》，载《文物》1980 年第 6 期；福建省博物馆等：《福建崇安武夷山白岩崖洞墓清理简报》，载《福建文博》1980 年第 2 期。

② 高汉玉等：《崇安武夷山船棺出土纺织品的研究》，载《民族学研究（第四辑）》（民族出版社 1982 年版）。

度犹如丝绸，是制作高级服饰的材料。至于织造机具，由出土棺木内外遗存金属加工痕迹看，推断当地居民可能已在使用较原始竹木织机，如竖机、腰机等更为先进、完整、规范的织机和织具，这也可以通过地域临近的江西武夷山北麓贵溪崖洞墓出土的春秋战国斜织机构件加以旁证。崇安武夷山白岩崖洞船棺发达的麻纺织技术，有力带动了福建丝绸纺织业的兴起，并形成了中国棉纺织的高起点。

在明代以前，种桑养蚕、缫丝织绸一直是我国纺织业的强项，代表着中国纺织科技的最高水平。但在福建却有所不同。从白岩崖洞船棺出土的被称之为“烟色丝帛”丝织残片看，商周时期福建丝织生产显得步履蹒跚，整体工艺技术处于刚刚起步阶段。就出土丝绸纤维截面看，其形态接近于三角形，与陕西扶风和辽宁朝阳发现的西周丝织品相近，是当时品种较优的家蚕丝。唯其纤维较细，截面差异较大，概因饲料来源和养蚕技术水平欠佳所致。就出土丝绸截面看[①]，丝纤维三角形已分离，表明丝胶已剥落，很像是热水中缫取的。丝纤维截面差异较大，可能与煮蚕过度有关，说明当时煮蚕的经验和技巧掌握不足。就出土绢片的经纬密度看，每平方厘米密度为 32×19 根，大致相当于当时中原称之为“纺”的生丝平纹织品。

武夷山船棺葬科技考古的最重大发现在于，在白岩崖洞船棺随葬物中出土了一块青灰色棉布。经鉴定[②]，该棉布是由多年生灌木型丛生联核木棉絮织就，是迄今为止我国发现的年代最为久远的棉料实物。显然，武夷山棉布的出现，是在传统麻纺织技术基础上有所突破、有所创新的结果。先看原料采摘。多年生灌木型丛生联核木棉是福建固有的植物品种，但将其絮花作为纺织原料，要经过不断的探索与实践。从出土织品看，棉纤维的成熟度较好，说明当时对木棉絮花的采摘时机已有相当的掌握和认识。次看纺纱变通。由于木棉纤维较短，难以按惯常的丝麻方法就纺，很可能

---

① 林忠干等：《武夷山悬棺葬年代与族属试探》，载《民族学研究（第四辑）》（民族出版社 1982 年版）。

② 高汉玉等：《崇安武夷山船棺出土纺织品的研究》，载《民族学研究（第四辑）》（民族出版社 1982 年版）。

使用的是1949年前仍流行于我国海南岛黎族妇女中的处理方法，即先用手梳理成条，把絮花一丝丝地均匀接起来，放在腿上搓捻，用左手转动一端装有饼或铜钱的小竹枝做的木棉纺锤，卷成纱锭，然后在手脚并用的腰机上织而成疋。[①] 再看织前处理。武夷山棉布通体加拈，纱线捻向S捻，经纱捻度每10厘米53捻，纬纱捻度每10厘米67捻，如此处理后经纬纱投影宽度均为0.5毫米左右，与同时出土丝麻相近。这种牵伸与加拈一体的短纤维纺纱法，属于福建先民首创，标志着我国纺坠纺纱技术的重大进步。最后看织造原理。由于体认到木棉絮花纺织性能欠佳，且当时采用的是平纹麻织机织就，故武夷山出土棉布过于稀疏，经纬密度每平方厘米只有14×14根，远不及丝麻织品。但这种勇于探索，集成创新，实事求是的精神，是值得后人称赞和学习的。

武夷山船棺葬棺中出土的纺织品残片，不仅说明先秦居住在武夷山的武夷闽人能够种桑养蚕种麻织布，而且还显示出当时武夷山区纺织业的发达，表明福建是我国最早的纺织业发源地之一。

（四）农业与其他手工技术的进步

与新石器时代不同，先秦福建先民已从闽江下游和闽南一带的主要生活地区，逐渐扩展到以闽江下游地区、闽江上游地区、晋江及木兰溪流域的闽中地区、九龙江流域的闽南地区、汀江流域的闽西地区、滨海流域的闽东地区等六大区域为主的全省各县，这些沿江、沿河两岸谷地及沿海附近的丘陵，为原始先民低下的生产力提供了良好的渔猎场所和农耕之地，农业与其他手工技术也在生产生活中逐渐显示出自己的力量。

1.农业生产技术

与新石器时代的经济形态不同，先秦时期福建的农业生产已占据首要地位，渔猎业则降为农业的补充。"楚越之地，地广人希，饭稻羹鱼，或火耕

① 容观琼：《关于我国南方棉纺织历史研究的一些问题》，载《文物》1979年第8期。

而水耨，果隋蠃蛤，不待贾而足，地埶饶食，无饥馑之患。”[①]《汉书·地理志》亦云：“江南地广，或火耕而水耨。民食鱼稻，以渔猎山伐为业，果蓏蠃蛤，食物常足。”[②]显然，作为汉代典籍指称的“闽越”之地，先秦福建农业采用的是稻作“火耕水耨”方式。

关于“火耕水耨”，汉唐人做过这样的解释。“烧草下水种稻，草与稻并生，高七、八寸，因悉芟去，复下水灌之，草死，独稻长，所谓火耕水耨。”[③]“言风草下种，苗生大而草生小，以水灌之，则草死而苗无损也。耨，除草也。”[④]概言之，所谓“火耕水耨”，是指在水田稻作经营中以火烧草，不用牛耕；直接栽培，不用插秧；以水掩草，不用中耕。这种耕种方式虽然较为粗放，单位面积产量较低，但由于巧妙利用水和火的力量，劳动生产率相当可观。

商周时期福建地广人稀，劳动力缺乏，但土地肥沃，水资源丰富，是发展“火耕水耨”稻作农业的理想之地，“诸欲修水田者，皆以火耕水耨为便”[⑤]。这一点还可从距今约3000年的黄土仑文化遗址中得到旁证。与前代比较，闽侯黄土仑商代晚期墓葬出土的陶器有两大不同：一是盛煮粮食的豆、簋、盘、釜、甗等器形显著增多，二是酒器和酒明器大量出现，甚至一座墓中出土仿青铜酒具觚形杯8件之多[⑥]，在闽侯荆溪仁山遗址还出土了形制更像现代酒杯的陶质大酒杯（参见图0-24）。[⑦] 前者说明稻米在饮食中的比例不断上升，后者显示当时粮食已是食后有余，“食物常足”，农业生产较新石器时代有了较大的发展。此外，武夷山白岩船棺随葬的纺织品残

---

① （汉）司马迁：《史记》一二九“货殖列传”。

② （汉）班固：《汉书》卷二八“地理下”。

③ （汉）班固：《汉书》卷六“武帝纪”（火耕水耨）应劭注。

④ （汉）司马迁：《史记》一二九“货殖列传”注引唐张守节“史记正义”。

⑤ （唐）房玄龄：《晋书》卷二六“食货志”引西晋杜预语。

⑥ 福建省博物馆：《福建闽侯黄土仑遗址发掘简报》，载《文物》1984年第4期。

⑦ 《闽侯荆溪仁山遗址出土三千年前大酒杯》，载《厦门日报》2011-07-13(10)。

片及猪下颌骨[①]，也从某个侧面说明3000年前福建农业的发展及其在经济生活中的核心地位。

图0-24 闽侯荆溪仁山遗址出土的陶质大酒杯

资料来源：《厦门日报》2011-07-13(10)。

作为古代农业强国，农业文明是衡量我国地区社会发展的关键性指标。新石器时代水稻种植的出现和商周时期农业生产技术的进步，标志着先秦福建已迈入农耕文明时代，迎接她的将是铁器农业社会的昌明。

2.造船航海技术

福建位居我国东南沿海，海洋是福建先民赖以生存和发展的重要资源，也是最早开发的科技资源。从远古到先秦，居住在八闽大地的古闽越族已不满足于被动地靠海吃海，而是积极依托海洋从事更多的海上活动，形成“以船为车，以楫为马”的生活景象，有力推动了航海造船业的发展。据史料记载，至迟到春秋战国时期，闽越先民已创造了一种首尾尖高的船形“须虑”(汉语称“鹢艏”)：“越人谓船为须虑，习之于夷。夷，海也。”“越人

① 福建省博物馆：《福建崇安武夷山白岩崖洞墓清理简报》，载《文物》1980年第6期。

谓船为须虑，即鹢艏也。”[1]对此，宋代的《太平寰宇记》记述曰：“船头尾尖高，当中平阔，冲波送浪，都无畏惧，名曰了鸟船。”[2]可见，这种外形酷似鸟的鹢艏船，是在独木舟两侧加高舷板以增大载重容量后的改进船型，是过渡到福船的中间船型。此外，《八闽通志·地理》则记载福州长乐县西隅的太平港，“吴王夫差尝于此造战舰，即古航头（《八闽通志·古迹》称“吴航头”）也”[3]。《越绝书》和后世的记载，亦得到近世考古实物的支持。

1975年年初，福建省博物馆在连江县浦口乡山堂村发掘出土一艘战国末至汉武帝时的独木舟残件（参见图0-25）。该舟系用整根樟木树干所制，长7.1米，宽1.1～1.5米，残高0.82米。两侧舷板由前向后斜起，上薄下厚。在距尾部2.5至3.33米处，凸起一块高22厘米的木座，应是划桨者的座位。舟体首平起翘22厘米，尾略平圆而无挡板，底板前向后渐厚，靠前部1/4处的内弦板，有对称凹槽，可置横板，以放置货物或作乘客座位。[4] 此舟造型古朴，做工粗放，有明显火烘烤和金属器加工痕迹，说明当时人们已经能够用火和青铜斧制造“船车”。“须虑（鹢艏）”船首高尖，便于前进中减少水的阻力，这正是从“习之于夷”的长期航海实践中和观察水鸟在水面自由浮游形态琢磨出的造船原理。据考证，鹢艏船是“泉州造船最早的起源”[5]。

关于先秦福建造船的技术细节，还可从武夷山船棺中找到更多答案。从结构设计看，白岩崖洞船棺是用整棵硕大楠木刳凿而成的，类似史载中的独木舟。船棺有棺盖棺床两部分，棺床中部刳出长方形尸柩，棺盖刳空为弧形，合一形如至今东南沿海常见的乌篷小船（参见图0-26）。引人注目的是，在乌篷的顶部正中，有一条7厘米宽的平脊，靠近最后隔板的地方分

---

① （汉）袁康：《越绝书》卷三“吴内传”。

② （宋）乐史：《太平寰宇记》卷一〇二“江南东道十四·泉州·风俗”。

③ （明）黄仲昭：《八闽通志（上卷）》卷四“地理·山川·福州府·长乐县·太平港”。

④ 福建省博物馆等：《福建连江发掘西汉独木舟》，载《文物》1979年第2期；黄开柱等：《连江汉代独木舟初探》，载《福建文博》1980年第1期。

⑤ 庄为玑等：《泉州宋船结构的历史分析》，载《泉州湾宋代海船发掘与研究》（海洋出版社1987年版）。

图 0-25　连江西汉初独木舟仿制品(比例 1∶10)

资料来源:泉州海外交通史博物馆。

别凿有 10 厘米×5 厘米的长方形孔,似象征船桅杆的插孔。难道三四千年前的武夷先民就已使用了船帆?整个船棺造型规整,轮廓流畅,棺木四周均刨凿成直角,棺床棺盖套合紧密,成型理念相当成熟。从加工技术看,白岩崖洞船棺尸柩长 227 厘米、宽 45～47 厘米、深 44 厘米,柩内四壁平整,壁厚仅 2～3 厘米。要加工如此规模的棺内深槽,且能达到厚薄均匀,没有锋利的金属工具和高超的木工手艺是办不到的。而且由于船棺尾呈槽状起翘,底厚仅 1～4 厘米,因此加工时难度更大,稍有不慎即会断裂。[①] 如此高超的设计理念和制造技术,竟出现在连江独木舟前近千年,说明后者不过是普通百

图 0-26　武夷山白岩崖洞墓出土的船棺

资料来源:福建博物院。

① 福建省博物馆:《福建崇安武夷山白岩崖洞墓清理简报》,载《文物》1980 年第 6 期。

姓的日用船，是远古竹筏的换代产物。

船棺船棺，以船为棺。造船技术被移植到丧葬风俗中，不仅折射出福建先民的葬俗理念，更透露出先秦闽族擅长航海、精于造船的历史信息。

3.竹木制作和悬棺吊装技术

木作是造船和雕刻的先行技术。除大型船棺外，先秦福建先民精湛的木作技术还体现在武夷山白岩船棺内出土的龟形木盘（参见图0-27）。该龟盘是利用小段木料雕刻而成的，器长为32厘米、高16.2厘米，主要由龟首尾（短尾已残）和椭圆形盘身组成。龟首尖唇外侈，栩栩如生。盘身底平微凹，外底附4个矮方柱形木足。整个龟盘造型形象生动，雕工简练，显示出较高的艺术水平和雕刻技巧。龟是商周时代流行的“宝货物品”，又是占卜之器，龟还是古代神话中的水母，深受水上居民敬仰。龟形木盘既可作为盛贮器，又反映了虔诚的民间信仰，是我国青铜时代罕见的木作工艺品。

图 0-27　武夷山白岩崖洞墓出土的龟形木盘

资料来源：福建博物院。

显然，武夷山白岩崖洞船棺棺体规整的造型，流畅的轮廓，刨凿成直角的棺柩四周，套合紧密的上下沿子母口，对称方整的盖底凿孔，匀而薄的板壁，以及雕刻形象逼真的龟形木盘，这些反映了木作水平的熟练与应用刀具的自如。能在木作中采用刨、凿、砍、削、锯等多种工具和多种工序，工艺之完整，显见是长期实践经验积累的结果，充分展示出福建先民高超的木作工艺技术水平。值得一提的是，福建先民还将木作工艺用于墓葬修建。1995年，在光泽池湖曾发现两座墓室分别长7～8米，宽3.5～4米的商周大墓，墓的结构为竖穴土坑，平面呈长方形，墓底有木结构遗留的排列有序的柱洞和沟槽痕迹。显然，这是两座构筑方法独特的新型墓葬，堪称福建省迄今发现的该时期墓葬之最。[①]

值得一提的是，木作技术的进步，带动了竹编技术的发展，这一点在武夷山白岩船棺葬中体现得尤为明显。除木棺外，棺中还出土有粗细竹席残片两片，皆为黄褐色且有光泽，系用厚薄一致、大小相同的刮光篾条编织，织纹均呈“人”字形。尤其细竹片编织的竹席，表面光洁柔滑，其外形可与今日竹席媲美，反映高超的竹编技巧，其竹编技术水平似已超过战国楚墓。[②] 此外，在这一时期庄边山类型文化的几何印纹硬陶器中，可以常见拍印在陶器表面、以精巧的席纹为装饰的纹样。[③] 这些有“人”字纹或横竖交叉等多种形态的仿竹编纹饰，从一个侧面反映先秦早期福建先民竹编的工艺水平。

在武夷山科技考古中，另一现象引起人们的普遍关注，那就是古人如何把重达数百斤的悬棺置于数十米的悬崖峭壁之上。以白岩崖洞船棺为例，该船棺全长 4.89 米，宽 0.55 米，高 0.73 米，置于距谷底 51 米高的洞穴中。因此，如何把此类庞然大物吊装到位，千百年来引起了无数人的猜测与遐想，今人也在为解这个历史之谜付诸行动。1989 年 6 月 13 日，同济大学师生、江西省文物工作者及美国加州大学圣地亚哥分校中国研究中心的专家，经过充分准备，在江西贵溪县龙虎山崖墓成功地进行了一次原始机械吊装悬棺的现场试验。他们利用简朴的原始绞车、滑轮、绳索等设备，以人力将一口重约 150 公斤、长 2.1 米、宽 1.1 米的棺木，稳稳当当地吊装、提升到距水面高 26 米的崖洞。[④] 有人认为，这次实验利用人力的原始机械，再现了 3000 多年前先民升置悬棺的壮观场景。若史实果真如此的话，

---

① 福建省博物馆：《光泽池湖墓葬发掘简报》，载《新中国考古五十年》（文物出版社 1999 年版）；福建省博物馆：《福建光泽池湖积谷山遗址及墓葬》，载《东南考古研究（第三辑）》（厦门大学出版社 2003 年版）。

② 林忠干等：《武夷山悬棺葬年代与族属试探》，载《民族学研究（第四辑）》（民族出版社 1982 年版）。

③ 福建省博物馆：《福建霞浦黄瓜山遗址发掘报告》，载《福建文博》1994 年第 1 期。

④ 曲利平：《悬棺吊装实施过程》，载《江西文物》1991 年第 1 期；陆敬严：《中国悬棺葬升置技术研究》，载《江西文物》1991 年第 1 期。

那么长期被中原统治者视为“蛮荒之地”的东南民族，其科技发展程度的确令人叹为观止！

三、秦汉魏晋南朝

在与中原文化交流及其影响下，秦汉魏晋南朝时期的福建社会具有明显的农耕文明形态，城市建设、铁器、农业和手工业科技取得了长足的进步，社会开发逐渐向深度和广度进发。

（一）社会变革与科技进步

在秦汉至南朝的700多年间，福建经历了两次重大社会变革，每次变革都为福建科技发展带来了巨大影响。

1.封建闽越与铁器文明

周显王三十五年（公元前334年），越楚之间发生了一场改变古闽族命运的战争。战败后的部分越王后裔退入古闽地，成为土著居民和越族移民的统治力量，并于战国末年自立闽越国，闽越族自此取代古闽族成为史学家眼中的福建原住民。[①] 当时闽越人聚居地比较集中，主要在福州和闽北地区，是秦汉福建文明发展的主要力量。秦始皇二十五年（前222年），秦军南下，“王翦遂定荆江南地，降越君”[②]，“闽越王无诸及越东海王摇者，其先皆越王勾践之后也，姓驺氏。秦已并天下，皆废为君长，以其地为闽中郡”。闽中郡所辖地域较广，不仅囊括今福建全境，还包括浙江南部温州、平阳、瑞安、苍南等地，以及江西铅山县和广东潮州、梅县一带。秦虽设闽中郡，但中央政府并未派员治理，福建实际上仍由无诸统治。在秦汉和楚汉之争中，由于有拥立之功，汉高祖五年（前202年），刘邦“复立无诸为闽

① （宋）梁克家：《三山志》卷一“地理类一·叙州”。
② （汉）司马迁：《史记》卷六“秦始皇本纪”。

越王，王闽中故地，都东冶"[1]。

亲历战国末年至汉初中华巨变的残酷现实，无诸及其子孙致力经营闽越王国。在城市建设方面，战国末年无诸在今福州新店始建王城东冶（即冶城），汉初受封后又予以大规模扩建，使之成为福建的政治中心。此外，随着实力的不断增强和拒汉的军事需要，东越王余善在冶山一带大修宫殿并在闽北"筑六城以拒汉"[2]，成为雄霸一方的割据政权。在经济发展方面，闽越国承继古闽地青铜铸造业遗留，在新兴的冶铁技术领域异军突起。1999年1月，考古工作者在福州新店古城西南约500米处，发现了一座战国晚期炼铁炉及炉基、陶范、铁渣等。[3] 这是迄今为止我国发现的最早两处炼铁遗址之一（另一个在河南登封），说明到无诸自立为王时，闽越人已经掌握了先进的冶铁技术，善冶名声再次外传，也许这就是闽越国国都定名为东冶（或冶）的来历。迨至汉初，福建冶铁铸造业更加兴旺发达，仅在武夷山汉城遗址中，就先后出土可辨器形铁器近300件，残碎不可辨器形者亦有数百件。[4] 在器形种类方面，大致可分为生产工具（包括农具和手工业工具）、兵器、生活用品、建筑构件和杂器五大类。[5] 显然，武夷山汉城铁器数量之多，种类之齐全，不仅远胜战国晚期的福建，即使在汉初国内的其他地方也为罕见。尤令人惊喜的是，考古工作者还在武夷山汉城内外发现了大量冶铁遗迹。其中城内集中于下寺岗一带，发掘出土作坊建筑6～7座，冶炉5处，以及地表暴露出熔炉倾倒后留下的成片铁水胶结和成堆的铁渣，构成了一个相当完整的冶铁作坊区。而位于城外的福林岗、黄瓜

---

① （汉）司马迁：《史记》卷一一四"东越列传"。

② （明）黄仲昭：《八闽通志（上册）》卷一三"地理·城池·邵武府·府城"引宋萧子开《建安记》。

③ 欧潭生：《福建福州市新店古城发掘简报》，载《考古》2001年第3期。

④ 福建省文物管理委员会：《福建崇安城村汉城遗址试掘》，载《考古》1960年第10期；福建省博物馆：《崇安城村汉城探掘简报》，载《文物》1985年第11期；杨琮：《崇安县城村汉城北岗遗址考古发掘的新收获》，载《福建文博》1988年第1期。

⑤ 杨琮：《武夷山闽越国故城出土铁器的初步研究》，载《福建历史文化与博物馆学研究》（福建教育出版社1996年版）。

山、元宝山、晋圩等地的冶铁作坊遗址，不仅出土有铁渣、铁器和制铁工具，还发现了遍地的石英、云母矿石以及8处铁矿点，显见冶铁铸造业已成为武夷山汉城手工业中最兴旺的行业之一。[①]

发达的铁器文明使得闽越国力不断增强，人口快速增多。据司马迁《史记》记载，仅汉文帝前元元年至汉武帝元鼎五年（前179—前112年）的短短68年间，闽越国人口已从“千人众”发展到仅出征兵士就可达“八千人”[②]。今人则考证认为，汉初闽越国人口约16万，其中军队就达4万[③]。强盛的国力和军力使无诸后裔不满足偏安东南一隅，“今闽越王……又数举兵侵陵百越，并兼邻国，以为暴强，……欲招会稽之地，以践句践之迹”[④]。他们北伐东瓯，南征南越，容纳反叛，严重危及西汉王朝的安全。特别是被封为东越王的余善，私刻玉玺，自立为帝，为汉室所不容。元封元年（前110年），汉武帝派四路大军攻陷福建，且以“东越狭多阻，闽越悍，数反覆”为由，下令将闽越国城池尽毁，“诏军吏皆将其民徙处江淮间。东越地遂虚”[⑤]。镇压与迁徙政策双管齐下，一度强盛的闽越国就这样亡国亡民了。

闽越国虽仅存百余年，但在战国晚期至西汉初期的中国社会大变革中，凭借闽与吴越两大文化碰撞融合优势及与中原文化互补效应，八闽先民爆发出巨大创造力，从而将福建带入封建社会和铁器文明新时代。

2.衣冠南渡与农耕文明

由于福建多山而水险，汉武帝时的东越地并没有完全“遂虚”，尚有相当一部分闽越人隐匿于崇山峻岭之中。《宋书·州郡志》就曾记载“建安太守，本闽越，秦立为闽中郡。汉武帝世，闽越反，灭之，徙其民于江、淮间，虚

① 福建省博物馆：《崇安城村汉城探掘简报》，载《文物》1985年第11期；《（1980—1981）崇安城村汉城遗址考古主要收获》，载《福建文博》1983年第1期。

② （汉）司马迁：《史记》卷一一三“南越列传”；（汉）司马迁：《史记》卷一一四“东越列传”。

③ 葛剑雄：《西汉人口地理》，人民出版社1987年版，第190页。

④ （汉）班固：《汉书》卷六四“严助传”。

⑤ （汉）司马迁：《史记》卷一一四“东越列传”。

其地。后有遁逃山谷者颇出，立为冶县（县治在今福州鼓楼区），属会稽”[1]。这部分遗留下来的闽越人继续构成福建先民的主体。不过，到东汉末建安元年（196 年），福建地区的人口亦不足万户。严重的地广人稀，给福建社会经济带来不利影响，闽甚至被视为“不居之地”[2]。

吴晋南朝（史称“六朝”）福建社会经济真正发生变化，是在成批汉民向福建迁移之时。当时正是中国历史上著名的动乱时期，饱受战乱之苦的北方人民大举南下，形成我国历史上第一次大规模的人口南移，史称“衣冠南渡”。尤其西晋末年，“中州板荡，衣冠始入闽者八族，所谓林、黄、陈、郑、詹、丘、何、胡是也”[3]。当然，北方汉人入闽并不始自西晋，且入闽人士并非仅有八姓，但这条记载却清楚说明，永嘉二年（308 年）前后福建出现了历史上第二次较大规模的人口迁入。这一点可从《三山志》的记载中得到证实。“吴永安三年（260 年），始属建安郡，是时，户总一千四十二，口一万七千六百八。暨晋太康（280—289 年），分置晋安郡，户始三千八百四十三，口一万九千八百三十八。永嘉（307—313 年）之乱，衣冠南渡，时如闽者八族，益增复四千三百，至隋（581—618 年）一万二千四百二十。”[4]吴孙休时的建安郡，福建户口主要分布在闽北，福州（即侯官）仅有户 1042，口 17608；到了西晋太康三年（282 年），福州至泉州一带独立建晋安郡时，也不过户 3843，口 19838，户增口未增；永嘉二年（308 年）动乱后，福建仅增加的户数就达 4300，超过 26 年前晋安郡刚设立时的总户数，这显然是福建人口的一次跨越式增长。

与汉初的人口迁移和文化交流不同，衣冠南渡将福建彻底带入封建农耕文明时代，表现在：一是地主阶级的崛起。土地私有制是农耕文明的政治基础，是经济封建化的标志。吴晋南朝入闽汉人，或者聚族而居垦辟田地，或者由佃客、部曲受雇生产，促进了福建土地私有制的发展，甚至出现

---

① （南朝梁）沈约：《宋书》卷三六“州郡志二・江州”。

② （汉）班固：《汉书》卷六四“严助传”引淮南王刘安语。

③ （明）黄仲昭：《八闽通志（下册）》卷八六“拾遗・兴化府・[晋]”。

④ （宋）梁克家：《三山志》卷一〇“版籍类一・户口”。

了以陈宝应为首的大土地所有者——“闽中四姓”[①],形成了以地主阶级和农民阶级为主体的社会结构。

二是土地的大量垦辟。土地是农耕文明的物质基础,是社会财富的体现者。整体看,汉时福建还是到处深林丛莽、人烟稀少的荒蛮之地,正如淮南王刘安所描述的:其地“非有城郭邑里”,人“处溪谷之间,篁竹之中”[②]。随着入闽汉人的不断增多,土地垦辟成了吴晋南朝时期的头等大事。孙吴时期开垦的重点是闽北,西晋时期扩大至闽江中下游,东晋南朝以后更往南移至木兰溪、晋江、九龙江流域。这一点不难从郡县的增设看出:汉末建安初年(约196年),福建仅有侯官(今福州)、建安(今建瓯)、南平、汉兴(今浦城)、建平(今建阳)等“自立”5县,其中4县在闽北;孙吴永安三年(260年),置建安郡(治建安),“时建安属县吴兴(浦城)、东平(松溪)、建阳(时称建安)、将乐、邵武、延平(南平)、建宁”7县;西晋太康三年(282年),析建安郡为建安、晋安,其中晋安郡(治原丰,即宋闽县今福州)辖“原丰、新罗、宛平、同安、侯官、罗江、晋安、温麻”等8县,治理范围扩大至闽江中下游,闽南也星星点点散布着一些“城郭邑里”;南朝梁天监年间(502—519年),将闽南的晋安县升格为南安郡,“时始置龙溪县,遂以晋安县为南安郡而属焉”,福建沿海宜居地区得到进一步开发。[③] 郡县的增设代表着土地大量垦辟和农业经济的繁荣,难怪刘宋晋安(时称晋平)太守王秀之亦曾赞叹当时的福建“此邦丰壤,禄俸常足”[④]。

三是种植技术的提高。种植是农耕文明的基石,是农业生产力的核心要素。《初学记》卷27“五谷”条引葛洪《抱朴子》说:“南海晋安有九熟之稻。”[⑤]“九熟稻”不是指一年九熟,是指由于栽培时间、栽种季节以及对土壤、温度、肥料等要求不同,可以在9个不同时间里收获的各种水稻品种。

---

① (唐)姚思廉:《陈书》卷三五“陈宝应传”。

② (汉)班固:《汉书》卷六四“严助传”引淮南王刘安语。

③ (宋)梁克家:《三山志》卷一“地理类一·叙州”。

④ (南朝梁)萧子显:《南齐书》卷四六“王秀之传”。

⑤ (唐)徐坚:《初学记》卷二七“宝器部(花草附)·五谷”引晋葛洪《抱朴子》。

南朝刘宋时的沈怀远则明确指出福建有早熟粳稻种植:"闽方信阻狭,兹地亦丰沃……阳亩秔先熟。"[①]此外,在一些不宜种稻的旱地,开始引种麦及豆、粟等作物。另一方面,魏晋南朝时期福建的果树栽培也得到相当发展。据考证,建安郡的余甘、漳浦的荔枝与龙眼、闽江两岸的橄榄、侯官的梅与桃子、闽中的橘柚,都是当时有名的水果[②]。

四是水利的兴修。水利是农耕文明的重要资源,是农业生产和定居生活的必需品。为灌溉农田及保证城池免受水灾,晋安郡建立伊始,就在郡城(今福州)的东西两翼"凿东西二湖,周回各二十里,引东北诸山溪水注于东湖,引西北诸山溪水注于西湖,二湖与闽海潮汐通,所溉田不可胜计"[③]。东湖和西湖不仅是福州乃至福建最早的水利工程,也是效益最为显著的水利工程。"天时旱暵则其发所聚,高田无干涸之忧。时雨泛涨,则泄而归浦,卑田无弃浸之患。民不知旱涝,而享丰年之利。"时至南宋淳熙十年(1183年)疏浚"尽复旧制"的西湖以及东湖,仍可使闽县、侯官、怀安"三县承食水利民田总计一万四千四百五亩"[④]。

五是城市的出现。城市是农耕文明的重要象征,是人口经济成熟度的标尺。魏晋南朝时,福建先后建有两座郡城。最早的是孙吴永安三年(260年)的建安郡城,"始筑于溪南覆船山下。刘宋元嘉初(约424年),太守华瑾之迁于溪北黄华山下(今建瓯)"[⑤],自始建溪北黄华山麓成为闽北政治和经济中心。最有名的当属晋太康三年(282年)的晋安郡城,建于越王山(今屏山)前的小丘上。这个由首任太守严高延请舆地专家设计的"子城",北枕越王山,"从今迎仙馆前开水口通澳桥浦,引潮截城而入,横渡虎节门大桥下,西趣舶浦尾"[⑥],形成东西南三面的护城河,地理位置优越,奠定了

① (南朝)沈怀远:《次绥安诗》,载《古今图书集成·职方典》卷一一〇六"漳州府·艺文二"。

② 唐文基:《福建古代经济史》,福建教育出版社1995年版,第91～92页。

③ (明)王应山:《闽都记》卷一五"西湖沿革"。

④ (宋)梁克家:《三山志》卷四"地理类四·内外城壕"。

⑤ (明)黄仲昭:《八闽通志(上册)》卷一三"地理·城池·建宁府·府城"。

⑥ (明)黄仲昭:《八闽通志(上册)》卷四"地理·山川·福州府·闽县·大桥河"。

今福州城的雏形。

农耕文明的确立与发展，为魏晋南朝福建实用科技发展提供了稳定而持久的动力。

（二）闽越王城的科技成就

在人类社会发展中，具有综合功能的城市无疑是先进生产力和重大科技发明的重要舞台。福建城市建设始自战国晚期的无诸，到闽越国灭亡时，八闽大地已出现闽越王无诸和“奉闽越先祭祀”的越繇王丑居住的冶城（即历史文献中的“东冶”，以下文称“新店古城”或“新店王城”），位于福州屏山一带的“刻‘武帝’玺自立”[①]的东越王余善的宫殿与军事（水军）基地（以下文称“屏山王城”）（参见图 0-28），以及余善抵御汉军的军事城堡及行宫的武夷山汉城（亦称“东越王城”或“武夷山王城”）等 3 座重要建筑群，集中反映了战国晚期至汉初福建科技发展的主要成就。[②]

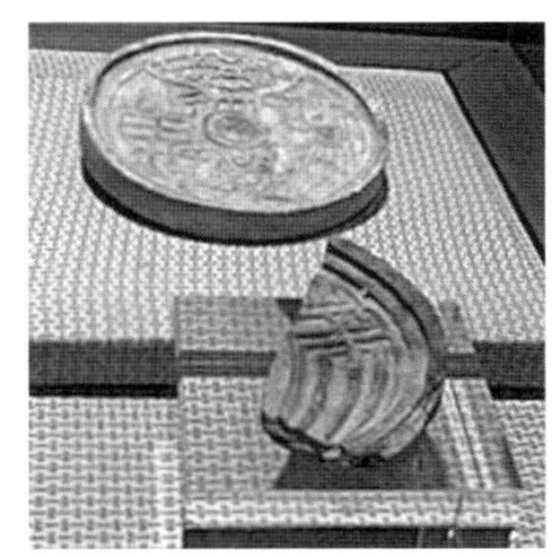

图 0-28　福州屏山王城宫殿遗址（左）及出土瓦当

资料来源：《厦门晚报》2012-12-14（B6）；福州市博物馆。

① （汉）司马迁：《史记》卷一一四“东越列传”。

② 本部分内容参考了杨琮《武夷山汉城的布局结构及相关问题》，载《中国文物报》2005-07-03。

1.科学的城市规划建设

经1996年10月至1999年1月先后三次的考古发掘[①],初步探明了新店古城的情况:古城位于陆路进入福州的必经之道——北郊莲花峰峡口下的新店高台地上,具有军事战略意义。古城平面呈长梯形,北城墙长约310米,西城墙长达1030米,东城墙残长287米,总面积约为40万平方米。从叠压关系和补筑情况看,古城墙分三期:一期城墙为战国晚期,应为无诸自封为王时修筑(应该包括其先辈的原始积累),东西北城墙基上均有残留;二期城墙为汉初,只有西城墙和南城墙上有残留;三期城墙为唐五代,地面"土墩"均为此期城墙遗迹。显然,第二期城墙为汉高祖五年"复立无诸为闽越王"时所补筑,在现存长1030米,宽13米,残高20～50厘米的灰褐色夯土城墙下,还铺了一层厚约40厘米的纯砂基,砂基内出土有铁渣和陶范,表明当时的筑城理念和技术有了明显提高。这一点在距城不到1公里的益凤山闽越王墓建筑上也有所体现(参见图0-29)。古城北部为宫殿区,发现黑夯土回廊残长34.3米,柱洞直径分别是18厘米、33厘米、40厘米,还有大面积的夯土基址和大火烧毁的木柱痕迹,并出土有大陶瓮、小陶杯、盏、罐、釜、壶、绳纹板瓦、红砖以及少量战国晚期泥质红陶和黄陶的豆、罐、细绳纹筒瓦等器物,是战国晚期至汉初闽越王宫所在地。值得一提的是,考古发掘和史料记载表明,当时新店一带为北御山谷关隘,南临闽江水的高台地,是福州地区修建王城的理想之地。无诸将福建第一座城池选址于此,既是历史的必然,也是智慧的结晶。不过,由于地处福州近郊,历经2000多年建筑更新和人为破坏,新店古城已难寻昔日的辉煌,倒是地处闽北的武夷山汉城还保留着可观的遗迹遗存,为我们研究汉初福建城市规划建设提供了珍贵实物资料。

① 详见欧潭生:《福建福州市新店古城发掘简报》,载《考古》2001年第3期。

甲字型墓坑(主墓室)

长长的墓道

墓道地砖与台阶

图 0-29　福州新店益凤山发现的汉初闽越王墓

资料来源:新浪平阳欧氏博客。

武夷山(原名崇安)城村汉城遗址于 1958 年发现,1959 年对城内马道岗遗址进行首次发掘,基本弄清了城址的范围和形制。[①] 自 1980 年始,福建省博物馆组织汉城考古队,对其进行深入的钻探和发掘研究工作,先后清理了高胡南坪宫殿群甲组(包括前庭、中宫、后院等)遗迹、北岗一号建筑遗址和北岗二号建筑遗址、东城门遗址、下寺岗建筑遗址和北城门遗址等,还抢救性发掘了城外砖瓦窑址、河卵石铺就的局部道路遗迹和部分墓葬等。[②] 20 世纪 90 年代末,还采用了地磁探测技术,对城址及外围展开大面积、大范围的勘探,基本理清了武夷山汉城的整体布局结构。

武夷山汉城是一个有内城外郭及郊野的典型都邑。所谓"内城",是指用城墙围起来的区域,位于今武夷山市城村。城址坐北朝南,方向 155 度,平面近长方形。城墙沿逶迤山脊修筑,南北长约 860 米,东西宽约 550 米,

① 福建省文物管理委员会:《福建崇安城村汉城遗址试掘》,载《考古》1960 年第 10 期。

② 福建省博物馆:《崇安城村汉城探掘简报》,载《文物》1985 年第 11 期;福建省博物馆等:《崇安汉城北岗一号建筑遗址》,载《考古学报》1990 年第 3 期;福建省博物馆等:《崇安汉城北岗二号建筑遗址》,载《文物》1992 年第 8 期;杨琮:《武夷山汉闽越城考古的主要收获》,载《福建文博》1999 年第 1 期。

周长 2896 米，城内总面积 48 万平方米（参见图 0-30）。城墙为夯土构筑，宽 6～8 米。城墙外侧为护城壕沟，宽 6～10 米，在东城墙南段、南城墙中段、西城墙南段和东城墙北段各开一门。城内自北而南地势起伏，形成“三山两垅”。北为马道岗，南为大岗头，中部东段为高胡南、北两坪，西段为下寺坪及下寺岗。三山之间南为王殿垅，北为花园尾垅。大型宫殿区主要集中于中部东段的高胡南、北两坪，已揭露的高胡南坪宫殿建筑面积为 1 万多平方米（参见图 0-31）。楼、台、亭、阁及居址散布于宫殿外围的三山之间，城内道路均用河卵石铺设，其中主干道位于宫殿区前沿，南傍王殿垅，横贯东西城门之间，路宽 10～12 米。显然，这些相互联结成一个有机整体的大型宫殿建筑群及附属建筑，是闽越国王室贵族及重要属吏居住和活动的场所，符合中原文献中“筑城以卫君”的宫城性质。此外，从已揭露的建筑遗迹形制、规格判断，紧临城墙边沿且位于城址正门（东城门）左右两翼的南岗、北岗，可能是宗庙、祭坛和社稷遗址所在地，与《周礼·冬官·考工记》宫城门外“左祖右社”的记载相吻合。也就是说，所谓的武夷山汉城是一座有城门、护城河和殿堂坛庙等礼制建筑的大型内城址。

图 0-30　武夷山汉城内城遗址全景（右图河对岸画白线处）

资料来源：《福建省志·文物志》彩图三；唐文基《福建古代经济史》扉页。

所谓“外郭”，是指以天然山水为屏障而未筑城墙的郭区，“造郭以守民”。调查和发掘表明，在武夷山汉城址外的东南西北，均为密集的遗址分布区，形成包括城址在内的遗址区面积约 4.5 平方公里。而在城外东部和

图 0-31 高胡南坪宫殿建筑遗迹内排列整齐的柱石洞

资料来源:东南网。

东北部较开阔的冲击平川上,坐落着大范围的遗址或遗迹,除居址外,还有官署、手工业作坊,应是郭区的主要部分。在城址和郭区的外围则是三面(东、北、西北部)被较宽阔的崇阳溪所环绕,而西南部和南部则阻以群峦,形成以河为濠堑,以山为墙屏的天然山水险阻形势连接成的外郭屏障。

所谓"郊野",即在三面环绕城、郭的崇阳溪外的北部、西北部、东北部、东部及南部和郭外西部等四周,围绕分布着延绵不断的大型墓葬区,周回绵延 10 多公里,把城郭围在一个约 14.3 平方公里的盆地和丘陵中。且在大型墓葬区之外的崇阳溪上下游,先后发现了不少与城址文化内涵及年代相同的汉代闽越国遗址,其中不乏面积较大或有一定规模的遗址。内城(宫城)外郭,加上郊野,形成一个古代王都规制城市——武夷山汉城。

在城市建设方面,武夷山汉城也有许多亮点。一是建筑成就突出。武夷山汉城不仅有城墙、城门、水门、瞭望台、祭坛、宫殿、道路、水井等,在宫殿中还发现了有暖水管道的浴池(参见图 0-32),建筑构件种类之全,附属设施建造之精,不亚于当时中华大地的任何一座诸侯国宫城。二是建筑融

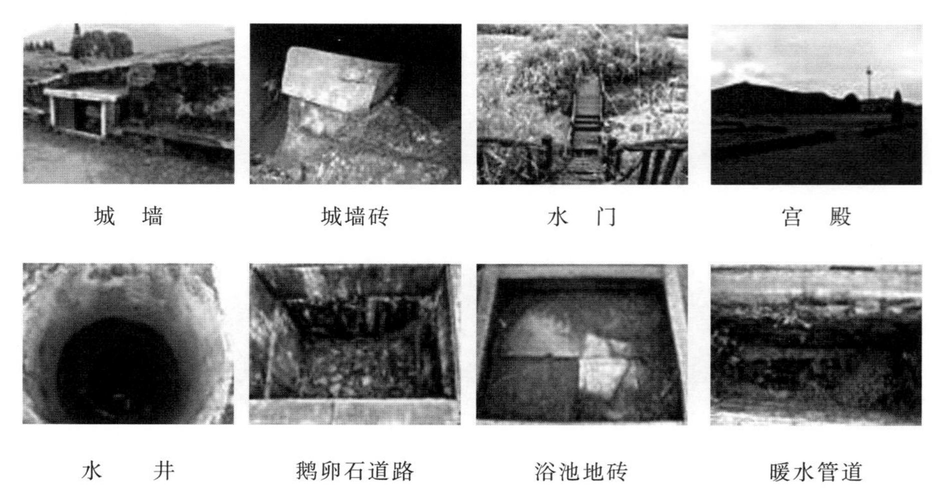

图 0-32　武夷山汉城出土的建筑遗物

资料来源:维基百科。

合度高。无论是宫殿还是贵族居室,武夷山汉城是以庭院、主殿为中轴线,整体则由大门、庭院、主殿、侧殿、厢房、廊房、天井、回廊组成的大型建筑群,具有汉族左右对称"四合院"建筑特点①,是闽越建筑技术与中原建筑风格相结合的杰作。三是有发达的地下排水系统。排水管由陶制的长管和弯管组成,长管最长近1米,直径0.3米多[参见图0-33(左)],在房屋建造之初就埋在下面;弯管成70度角,由两头带子母扣的陶管烧造,有效解决了拐弯问题。此外,在城墙上还留有排水口,城市里的"污水"可直排城池外。四是建材专业精美。武夷山汉城的建筑是土墙结合木料,并使用砖与石块,其中有一块花纹空心砖长2米多,可称为当时最大的砖头。在城址北部的后门山至西北部的岩头亭都,还发现了官营制陶作坊中排列有序的陶窑遗址,说明武夷山汉城中的砖、板瓦、筒瓦、瓦当、陶屋鸱、花纹铺地砖、陶水管等皆为专营制造,且以戳印有阳文篆书"万岁""长乐万岁""乐未

① 林忠淦:《从考古发现看秦汉闽越文化的历史特点》,载《福建文博》1987年第1期。

央”等字样的瓦当最为精美(参见图 0-33),它们与西汉时期西安的宫殿款式基本相同,只是尺寸略小一些。[①]

图 0-33　武夷山汉城出土的地下排水陶制长管(左)和“万岁”瓦当

资料来源:《厦门日报》2013-08-03(10);福建博物院。

2.发达的铁器农业生产

在武夷山汉城遗址出土的众多铁器中,品种齐全的农具引起了学者的广泛重视,它不仅体现了秦汉时期福建的冶铁成就,而且显示出这一时期福建农业文明的发展状况,值得大书。

从单个器物看,无论是铁犁、铁耙抑或铁镰,其制造技术都处于国内先进行列。武夷山汉城遗址出土的铁犁(参见图 0-34),长 22.5 厘米,宽 14 厘米,高 21 厘米,断面呈菱形,舌形刃,其形制与河北满城二号汉墓出土的铁犁基本相同,属于舌型大铧。不同的是,后者仅重 3.25 公斤[②],而武夷山这件铁犁却重达 15 公斤,是目前为止全国所发现的汉代铁犁中最重、最大的一件,多数学者认为它是一种由数牛牵挽的开沟犁(亦称铁犁铧)[③],显见其制造理念和工艺水平皆略胜一筹。城址出土的五齿铁耙,是一件耙田和松土的农具,与其类同的器形目前仅见于战国燕下都遗址[④],而国内汉

① 福建省博物馆:《崇安城村汉城探掘简报》,载《文物》1985 年第 11 期。

② 中国社会科学院考古研究所:《满城汉墓发掘报告(上册)》,文物出版社 1980 年版,第 279 页。

③ 孙机:《汉代物质文化资料图说》,文物出版社 1991 年版,第 6 页;杨琮:《崇安城村汉城遗址出土的铁农具》,载《农业考古》1990 年第 3 期。

④ 陈应祺:《燕下都第 22 号遗址发掘报告》,载《考古》1965 年第 11 期。

代出土物中常见的是两齿和三齿耙。显然,在农田的精耕细作中,闽北五齿耙的工作效率明显要优于两齿或三齿耙。此外,用于收割庄稼的铁镰,镰身拱曲,亦是当时中原习见的一种较为先进的农具。还有,铁兵器中有一种矛,矛身皆长于骹,其最长者达 80 多厘米,是我国发现的汉代铁矛头中最长的。这种长矛除可在距离较远处刺杀外,还可横向斫杀,便于当时闽越人的水上船战和山地作战,成为独具地方特色的铁制品之一。

图 0-34 武夷山汉城遗址出土的巨形铁犁

资料来源:福建博物院。

图 0-35 武夷山汉城遗址出土的铁锄

资料来源:福建博物院。

从器物配套看,闽北已建立起规范的铁器农业生产体系。翻地用的铁锸,耕地锄草用的铁锄(参见图 0-35),下种用的铁镬、收割用的铁镰等,应有尽有,显示汉初武夷山汉城居民在农业生产的各个环节都使用了与中原几无差别的铁农具。“从故城出土的铁农具上看,这里的农业分工已经很精细,用于各种工作程序的专门工具已经齐备,既有春播时的深耕大铁犁,还有夏季中耕易耨的除草工具,又有秋收的铁镰。”而且这些铁农具“与当时先进发达的中原地区相比,应当说毫不逊色”①。我国资深古铁器研究专家陈相伟先生如是说。铁器是衡量封建社会生产力水平的重要标尺,武夷山汉城高质量铁农具的大量出土,说明汉初福建闽北农业曾一度进入铁器锄耕和犁耕发展阶段。

---

① 《古闽国青铜文明揭秘》,载《闽北日报》2008-03-18(6)。

从历史进程看，秦汉福建具有赶超中原的发展潜力。铁器的出现在人类文明发展史上具有划时代的重要意义。恩格斯指出，铁“是在历史上起过革命作用的各种原料当中最后的和最重要的一种原料”[①]。就福建而言，高质量铁农具在武夷山汉城的出现，对当时的农业生产乃至文明发展水平有质的提升。回顾历史，当春秋后期我国中原地区已进入犁耕和牛耕时代时，福建还基本停留在火耕水耨的原初农业状况。不过，随着秦汉闽越与中原之间的大量人口流动和文化交流，福建封闭独立的地理单元终被打破，到武夷山汉城毁城时的公元前 110 年前后，福建至少是闽北地区的农业生产已广泛使用铁农具，迈入铁器锄耕和犁耕发展阶段，在农耕文明的新征程上与中原并驾齐驱。倘若假以时日，相信聪慧的闽越民族定会创造出不逊于青铜时代的铁器文明。

3.成熟的制陶技术

除城市与铁器外，闽越王城的制陶手工业也很发达，特别是武夷山汉城遗址出土的陶器，代表了秦汉福建制陶技术的最高水平。

一是出土陶器数量多，种类丰富，专业性强。自 1959 年试掘至今，武夷山汉城遗址出土的可复原陶器（片）已达 2500 多件（参见图 0-36），几乎涵盖生活用具的方方面面，按器形类型可分为炊煮器、储容器、日容器等约计 31 种[②]，数量之多，种类之丰富，在闽地实为罕见。其中部分陶器戳印有胡、马、黄、林、夫唐、气结、莫、狼、屋、居等姓氏和符号，且戳印位置较为固定，多数位于瓮、罐的肩或腹部，少数见于釜的口沿和腹部以及支座的背部，说明秦汉时期福建的陶器生产已进入专业化和规范化时代。此外，武夷山汉城遗址还出土了大量陶制建筑材料，有板瓦、筒瓦、瓦当、铺地方砖、土坯砖、空心砖及陶管、陶井圈等。板瓦、筒瓦宽大厚重，表面饰绳纹和弦纹，里面多拍印乳丁纹，瓦当均为圆形，纹饰以葵式卷云纹和卷云箭头纹为

---

① 恩格斯：《家庭、私有制和国家的起源》，载《马克思恩格斯选集（卷 4）》（人民出版社 2012 年版），第 179 页。

② 详见陈子文：《崇安城村汉城的制陶工艺》，载《福建文博》1991 年第 1～2 期。

大宗。从城外后山发现的一处制陶遗址看[①]，武夷山汉城陶器与陶制建筑材料应为本地制造，制陶业仍是这一时期福建的主要手工业。

图 0-36　武夷山汉城出土的部分陶器

资料来源：武夷山闽越王城博物馆。

二是出土陶器的制作工艺具有时代性。在秦汉几何印纹硬陶最后走向衰亡之际，我国东南地区制陶工艺的共同特征是：出现了胎质坚硬的灰硬陶；盛行刻画的弦纹、水波纹、锯齿纹和篦点纹等，硬陶印纹几乎只剩单一的方格纹。武夷山汉城陶器的基本特征正同于此。胎质是以羼细沙的泥质灰硬陶为主，还有泥质红硬陶和粗砂灰硬陶。陶器绝大部分火候较高，胎质坚硬。装饰手法有刻画和拍印两种。拍印的方格纹保留先秦印纹硬陶的传统风格，印痕清晰，刚劲有力，布局整齐；刻划纹不仅保有水波纹、锥点纹、回纹、雷纹、绹纹等东南地区共同特征，还可见两种以上纹饰组合的做法，作风细腻工致。制作工艺采用轮制或手轮兼用，大器都是盘筑成型，内壁痕迹明显，口颈部经慢轮修整；中小器一般快轮成型，轮旋痕迹明显，器体规整。值得一提的是，出土陶瓮有的高 100 厘米，腹径达 60～70 厘米，而陶盅高却不足 3 厘米，直径也只有 8 厘米[②]，差异之大，显示出制造技艺已得心应手，日趋成熟。

三是陶器造型和装饰风格具有地方性和兼容性。一方面，出土的匏

---

① 参见福建省博物馆：《崇安城村汉城探掘简报》，载《文物》1985 年第 11 期。

② 《(1980—1981)崇安城村汉城遗址考古主要收获》，载《福建文博》1983 年第 1 期。

壶、瓿、提桶、瓮、罐、小盒等器具，与西汉“南越式”陶器的形制作风大多一致，而与中原式北方地区相去甚远，有浓厚的地方色彩，故有学者将其称为“闽越式陶器”；另一方面，釜、甑、盆、盘、三足器、盅、鼎、香熏[参见图0-37(左)]等，在中原以及其他地区秦汉遗址或墓葬出土的铜器和陶器，可以找到雷同或近似的形制，被称为“汉式陶器”①。部分“兼容性汉式陶器”的出现②，说明秦汉福建陶器业在坚持自己发展方向的同时，也注重借鉴吸收他者的长处和优点，这正是制陶技术成熟的重要表现。同时，武夷山汉城制陶技术还广泛影响到邻近地区，构成闽越地方文化的重要特色。如20世纪80年代中后期，在建阳邵口布遗址就曾出土与武夷山汉城遗址造型相近的匏壶(参见图0-37)和部分陶钵。

图0-37 武夷山汉城出土的镂孔陶香熏(左)与建阳邵口布遗址出土的匏壶

资料来源：福建博物院；谢道华《建阳市文物志》扉页。

闽越王城的科技成就，凝聚了秦汉之际闽越文化的发展成果。闽越王城出土器物亦表明，西汉初年福建具有很高的物质文化水平，只是汉初闽

① 林忠干：《论福建地区出土的汉代陶器》，载《考古》1987年第1期。

② 有人不同意“汉式陶器”的说法，认为武夷山汉城陶器均为“闽越式陶器”(详见杨琮：《关于崇安等地出土汉代陶器的几点认识——兼与林忠干同志商榷》，载《福建文博》1990年第2期)。不过，争议各方都认同这样一点，即具有浓厚的地方特色的越式陶器上，体现出某些受中原文化影响的痕迹，笔者称其为“兼容性汉式陶器”。

越人的北迁，使该文化的发展进程被打断，此后便长期落后于周边和中原区域。迄至魏晋南朝时期，福建文化才缓慢、曲折地向前发展，同时展开了汉文化与土著文化交融的进程。

(三)青瓷技术的演变:仿制到创新

我国瓷器历经商周原始青瓷和汉代早期青瓷的千余年探索，终于在魏晋南北朝时结出丰硕成果，出现了现代意义上的瓷器——青瓷。作为我国原始青瓷的发祥地之一，由于政治、经济和地缘关系，商周以后福建瓷器生产一直处于落后甚至停滞状态，直到南朝时才迎头赶上，走出了引进仿制到独立创烧的发展之路。[①]

1.南朝:福建瓷业的肇始

青瓷为青釉瓷之简称。烧制青瓷，釉药里必须含有适量的氧化铁，必须经过还原火。铁的含量需要多少才最恰当，还原火如何掌握，都需要有很高的技术和经验。因此，青瓷的烧造，是我国陶瓷发展史上的一次飞跃，是人类文明进步的重要体现。正因为如此，在初期发展的魏晋南朝，青瓷被视为身份和地位的象征，大量见诸南方各地士绅和豪强的随葬品中(参见图0-38)，从而为探讨福建瓷业的产生和发展及其与邻近地区的关系提供了实物佐证。

① 本部分内容参考了刘逸歆《福建六朝墓葬出土青瓷研究》，载《东南文化》2008年第3期。

据已刊布的资料[1]，福建现已发掘的六朝墓葬共150座左右，其中有明确纪年的约50座，跨度从三国孙吴永安六年(263年)到南朝陈祯明三年(589年)，历尽六朝始终。通过对种类繁多出土青瓷的造型、纹饰、胎釉、工艺等的分析与比较[2]，可以看出福建两晋青瓷与浙湘赣粤所出基本一致，说明这一时期福建青瓷是由江浙赣等地入闽士族携来或通过贸易获得。而南朝青瓷则呈现明显的地域性差异，尤其是单管、双管、四管插器和莲花造型的烛台、熏炉等均表现出强烈地方色彩，表明这一时期福建已开始规模生产青瓷，并从初期的仿制逐渐走向独创。这一点，也得到福建瓷窑考古的有力支持。

闽侯出土西晋青釉羊形插器

闽侯东晋墓出土青釉五联罐

建瓯南朝墓出土青釉托盘

图0-38 福建各地出土魏晋南朝青瓷举隅

资料来源：福建博物院。

---

① 福建省博物馆：《福建霞浦两晋南朝唐墓》，载《福建文博》1995年第1期；福建省博物馆等：《福建政和松源、新口南朝墓》，载《文物》1986年第5期；福建省博物馆：《浦城吕处坞会窑古墓群清理简报》，载《福建文博》1991年第1～2期；福建省博物馆等：《福建浦城吕处坞晋墓清理简报》，载《考古》1988年第10期；许清泉：《福建建瓯木墩梁墓》，载《考古》1959年第1期；建瓯县博物馆：《小桥东晋"永和三年"墓》，载《福建文博》1987年第1期；建瓯县博物馆：《建瓯县阳泽晋墓清理简报》，载《福建文博》1988年第1期；卢茂村：《福建松溪县发现西晋墓》，载《文物》1975年第4期；福建省博物馆：《福建将乐永吉东晋墓发掘报告》，载《福建文博》1995年第1期；陈恩等：《福建连江县发现西晋纪年墓》，载《考古》1991年第3期；林公务：《福州南朝墓、莆田唐墓清理简报》，载《福建文博》1982年第1期；福建省博物馆：《福建省古墓葬清理资料汇编》，1959年油印本。

② 详见刘逸歆：《福建六朝墓葬出土青瓷研究》，载《东南文化》2008年第3期。

1982年7月，在福州市郊区洪塘乡怀安村，考古工作者发现了一座古窑址。经1991年的全面发掘[1]，在仅有74平方米的面积中，发现了南朝和唐代两个堆积层，出土窑具和器物达15784件。其中在南朝堆积层中，发掘有盘口壶、碗、盅、高足杯、盏托、罐、碟、带流罐、多足砚、谯斗、熏炉等2868件福建六朝墓葬常见青瓷标本，釉色分青绿、黄绿和黝青，釉面莹润，有冰裂纹，且多数器表施化妆土。约10000件出土窑具多为支垫具和间隔具，未见匣钵，透露出该窑的碗、盘、钵、盅、盏等器物多采用叠烧、套烧、对口烧等传统工艺。其中一件窑具刻有“大同三年四月廿日造此，长男刘满新”铭，表明怀安窑烧造历史不晚于南朝梁武帝大同三年(537年)。此外，还挖掘出一座比较完整的唐代龙窑床遗址和2000余件青瓷，其中部分器形仍沿袭南朝，推断怀安窑一直延烧至唐代，成为迄今为止福建发现的年代最早、出土遗物最多、影响最深远的大型瓷窑。

除怀安窑外，福建还发现了己古窑和溪口窑两处南朝窑址。己古窑位于连江县敖江乡己古村西南，采集的青瓷标本胎体呈灰白色，胎质较细密，主要器形有碗、盘、罐、灯盏等，釉色有青黄、青绿、酱黄，窑具有支圈、支座和垫座等。[2] 溪口窑位于晋江磁灶溪口山，在窑址发现105件器物残片，复原器形有盘口壶、罐、钵、碗、盘、灯盏、烛台等。[3] 其中的典型器物盘口壶，“壶身较瘦长，最大径在腹上部。烧制的盘厚重，多铁瘢，器心平坦。施青釉，略闪灰黄色，多数仅挂半釉，且易脱，胎灰白”[4]。

综观以上3处窑址出土青瓷标本的造型、釉色、风格，其与福建南朝墓葬同类器物完全相同，说明福建瓷业肇始于南朝，福建南朝墓葬出土青瓷

---

① 详见福建省博物馆等:《福州怀安窑址发掘报告》，载《福建文博》1996年第1期。

② 详见栗建安等:《连江县的几处古瓷窑址》，载《福建文博》1994年第2期。

③ 详见福建省泉州海外交通史博物馆调查组:《晋江县磁灶陶瓷史调查记》，载《海交史研究》1980年第2期。

④ 陈鹏等:《福建晋江磁灶古窑址》，载《考古》1982年第5期。

多为本地产品。[①] 值得注意的是，怀安窑所在地怀安村为沟通闽江流域各郡县的集散地，己古窑所在地连江县则为闽中滨海之地，溪口窑地处晋江下游的泉州西南部，位于梅溪支流的叉口处。这3处窑场均占据水路交通要道，为与江浙赣广等地制瓷业的交流提供了可能。得天独厚的地理条件，使福建瓷业从发展初期就得以吸收外地窑场的先进技术与工艺，并由模仿发展到创烧，逐步走向成熟。

2.仿制：时代技术的主旋律

南朝福建瓷业的肇始，首先得益于邻近地区制瓷业的蓬勃发展。尤其是江浙的越窑、瓯窑、婺州窑等青瓷名窑的出现，为福建瓷业发展提供了学习和借鉴便利。

从整体看，福建六朝青瓷的种类、装饰及器形演变与江浙赣湘鄂等地基本一致，具有相同的时代特征。部分器形如耳杯盘、盏托、唾壶、瓢尊、鸡首壶、蛙形水盂、三足砚等与江浙相似，五盅盘、细颈瓶、缠、盘托三足炉、灯、莲花纹盘、熏炉、锥斗和附厨俑青瓷灶等则多与赣湘一带相近，其中一些青瓷形制、釉色、纹饰与江浙赣湘完全相同，年代也很接近。显然，这些非常相似的瓷器部分从其他地区输入的，更多是福建本地的仿制品。

从地域看，闽北两晋青瓷似与江浙关系密切，而南朝青瓷则与江西更有渊源，不仅个别造型和装饰与江西同类器如出一辙（如政和松源与江西清江潭埠墓中的碗、带把钵、耳杯盘、细颈瓶、灯、熏炉等），而且墓葬中的瓷器组合也基本相同（如建瓯水西山墓中的盘口壶、罐、长颈瓶、碗、五盅盘、盏托等器物组合），说明闽北部分瓷器或产自江浙赣等地，或因与江西丧葬习俗相近而仿制之。在闽东和闽南，两晋青瓷多与江浙赣相似，南朝以后瓷器产量增多，种类丰富，其中的盘口壶、罐、钵、碗等常见日用器在怀安窑、磁灶窑、己古窑遗址中均发现同类标本；五盅盘、盏托、虎子、盘托三足炉、细颈瓶等器形虽与江西较接近，但造型和装饰特征有细微差异，很可能

① 福建省博物馆：《建国以来福建考古工作的主要收获》，载《文物考古工作三十年(1949—1979)》（文物出版社1999年版）。

为本地仿制品。此外，福州洪塘金鸡山出土的青瓷四系罐上腹凸雕覆莲纹，与绍兴、南京出土的同类器物相同；颈部饰竹节纹的盘口壶与江浙湘赣所出相似，两者皆在怀安窑南朝窑址发现同类青瓷标本。

从器物看，带流罐和虎子的仿制最为典型。带流罐是一种平底鼓腹、肩饰双系、肩部一侧饰圆形管状短流的青瓷器，最早见于三国婺州窑，东晋以后其他地区少见，而福建特别是闽东仍然流行。闽侯荆溪东晋墓、晋江市池店镇浯潭南朝墓以及福州西门外茶园山、屏山、新店村等南朝墓均有出土，其造型与婺州窑产品无异，可能是福建瓷窑的仿制品。青瓷虎子多出于闽东和闽南南朝墓，其形制大致可分为三类：第一类，流口作虎头装饰，鼻眼清晰、口上昂、腹椭圆、细腰、前足直立、后足蹲踞、提梁微拱，典型器出自福州文林山，其与南京富贵山、郎宅山等东晋南朝墓所出相似。第二类，流口弯曲前伸、五官俱全、张口凸眼、眼部捺有眼线、腹下有四足、臀圆形内凹，南安丰州、闽侯荆溪、南屿均有出土，其与南京西晋墓，江西、两广东晋南朝墓同类器相似。第三类，流口饰虎头、口上昂、凸眼、束腰、前腿微微鼓出、四足呈现俯伏状、背部设绳索形提梁（参见图 0-39），福州洪塘金鸡山墓所出，其与苏、赣同类器相似。不过，以上三类虎头装饰均与江浙赣略有差异，釉色及形制略显粗糙，纹饰也欠精致，当是本地的仿制品。

图 0-39　福州洪塘金鸡山南朝墓出土的青瓷虎子

资料来源：福建博物院。

从窑口看，南安丰州、闽侯南朝墓的青瓷盘、盘口壶、罐、碗等与晋江磁灶南朝窑址发现的标本相同；福州新店村南朝墓的四系罐、盘口壶、钵、唾壶、鐎斗、熏炉、碗，洪塘金鸡山南朝墓的四系罐、高足杯、盏托、碗、三足砚、熏炉等，均与怀安窑南朝窑址发现的标本基本相同，应为本地仿制或创新产品。

3.创新:时代技术的最强音

在大量仿制基础上,福建窑工还不断探索,创烧出许多极具本地特色的器形,如齐梁之际的第三类熏炉、莲花烛台和多管器等,它们不仅造型新颖、质地精良,而且制作水平亦较高,说明南朝中后期福建制瓷业已从模仿走向创新。

图 0-40　炉盖上瓣形山峰呈乳突状的第三类熏炉(博山炉)

资料来源:刘逸歆《福建六朝墓葬出土青瓷研究》。

熏炉是福建南朝墓出土较多的一种青瓷器,按形制可分为三类:第一类,炉体成圆盘承托重瓣莲瓣,犹如一朵盛开的莲花,花蕊塑一立鹤,炉身正面设圆拱形火门,花间设孔隙,烟由此飘出,炉身下连喇叭形短支柱立于平底托盘上。此类熏炉造型秀巧别致,独具匠心,多见闽北,其形制与江西清江山前南朝墓完全相同。第二类,炉身上饰菱瓣形小山峰两层,正中立有1人,昂首远眺,炉身下有空心柱与承盘相连。此类熏炉典型器仅见福州金鸡山,同江西清江宋泰始三年墓相近,但更精致秀丽。第三类,炉身和炉盖都作半球形,扣合成球状,炉盖上瓣形山峰呈乳突状(参见图0-40)或扭曲齿尖状,每瓣下都有出烟孔。此类熏炉福州、闽侯齐梁墓出土数量最多,而邻近地区均不见这种器形,且其釉色、造型、装饰与怀安窑址采集的青瓷标本完全相同,应是南朝福建最具特色的创烧品。

图 0-41　闽侯南屿官山南朝墓出土的青釉双环莲花灯

资料来源:福建博物院。

莲花形烛台,也称"花插"或"莲花灯",以福州、闽侯两地最为集中。闽侯县南屿官山南朝墓出土的一件青釉双环莲花灯(参见图0-41),浅口承盘,承盘中央凸起莲座,座上竖一八角锥形柱,柱子下端饰两朵对称仰莲,柱顶端饰一只展翅状飞鸟,两旁附对称双环,清丽典雅。梁简文帝在

《对烛赋》中提到一种铜制烛台的造型："铜芝抱带复缠柯，金藕相萦共吐荷；视横芒之昭曜，见蜜泪之蹉跎。"[①]似与此对应，南朝怀安窑址已发现同类标本。

青瓷单管和多管插器，即两级圆盘形平台上置一高足杯形座，束腰，上立 1～5 个空心的圆柱体，以素面四管器居多，部分腹塑莲花瓣装饰，晋江霞福南朝墓所出的一件四管插器，柱体周围环绕三层莲花瓣，瓣尖外翘，如莲花绽开（参见图 0-42）。此类器物在闽东齐梁墓中习见，而江浙湘赣广罕见，极具地方特色，可能均为本地瓷窑的产品。

图 0-42　素面四管器（左）与晋江霞福南朝墓造型独特四管器

资料来源：刘逸歆《福建六朝墓葬出土青瓷研究》。

多管器不仅为南朝福建最为典型的青瓷器，其造型似乎蕴含较为复杂的文化因素。福州新店村南朝墓出土的五管插器，方形台座上竖管 5 支，平台四角下各饰 4 小立人，头顶平台，表情愉悦，姿势各异，或双手高举托住平台，或一手叉腰托举平台；福州洪山桥老鼠山南朝墓出土的一件双管器（参见图 0-43），造型为蟾蜍背上坐 1 人，其左右又各怀抱 1 人，面目严肃，着衣端坐，头顶方形台，其上并竖两个管状器；南京郊区南朝墓曾出土

① （唐）徐坚：《初学记》卷二五"器物部·烛第十四"引梁简文帝《对烛赋》。

一件陶制三管插器，与福建装饰简略的多管插器相似。此类造型令人很容易将其与南方流行的五联罐联系起来。三国西晋时，青瓷五联罐在南京地区最流行，南朝时罕见，但在湘赣地区仍能见其衍生器形，如江西清江陈至德二年墓和湖南长沙赤峰隋墓的六联罐，大罐肩部塑有形状相同的6个筒状杯，与福建南朝多管器相像，也许同为五联罐的衍生器形。有学者认为，青瓷五联罐与南方土著百越民族有关，分布范围也与百越文化的活动区域相一致。[①] 五联罐在南京地区的式微或许反映了中原文化与吴越土著文化的加速融合，福建地区单管器、多管器的流行则可以理解为闽越文化的孑遗。

图 0-43　造型颇具文化内涵的五管器与双管器

资料来源：刘逸歆《福建六朝墓葬出土青瓷研究》；福建博物院。

此外，福州屏山、闽侯、晋江墓中的盘口壶、罐、盅、钵等器物的腹部常见弦纹出筋现象，风格粗犷，轮制痕迹相当明显，与晋江溪口窑南朝青瓷标本如出一辙。这种凸弦纹为闽侯昙石山文化遗址原始青瓷标本中习见，是慢轮修整成型留下的痕迹。若排除工艺上的原因，这种凸弦纹装饰很可能是闽南土著居民对自身文化传统有意识的保留，从而成为青瓷创烧的原动

① 镇江博物馆：《镇江东吴西晋墓》，载《考古》1984年第6期。

力。另一方面，闽东、闽南南朝中晚期墓常见瓷器组合为盘口壶、碗、罐、五盅盘、细颈瓶、盏托、莲花烛台、熏炉、龙柄镳斗、虎子、三足砚、单管或多管器，与江西地区同期流行的瓷器组合比较，不仅增加了第三类熏炉、莲花烛台、单管和多管器等独具特色的新器形，而且此类实用器组合一直延续到隋唐，进一步表明南朝中晚期福建制瓷技术已趋成熟，福建制瓷业已奏响从模仿走向创烧的时代最强音。

(四)其他技术及与台湾的往来

除闽越王城、青瓷外，秦汉魏晋南朝的福建还在植棉纺织、交通贸易、建筑造船以及闽台经济技术交往方面取得了进步。

1.植棉纺织

如果说先秦时期福建棉纺主要是靠采摘野生木棉絮花的话，那么到西汉三国时，福建经济较为发达的闽江流域已开始规模化种植木棉，植棉技术也得到很大的提高。木棉当地人多称为“吉贝”，即如三国魏人孟康注《汉书》所说“闽人以棉花为吉贝”[①]。进一步，有人依据史籍之载和注家之注中的描述，推断三国时代福建已开始引种一年生草本亚洲棉[②]，但笔者倾向这可能是栽培技术进步导致的木棉形态和品质的变异。

有了可靠而富足的原材料，福建棉纺织业的发展空间也得以迅速拓展。据三国时曾任东吴丹阳太守的万震记载，当时闽广一带出产的“五色斑布，以(疑应作“似”)丝布，吉贝木所作。此木熟时，状如鹅毳，中有核如珠珣(原注：公切后)，细过丝绵。人将用之，则治出其核；但纺不绩，在意小抽相牵引，无有断绝。欲为斑布，则染之五色，织以为布，弱软厚致上毳毛”[③]。在元代大农学家王祯看来：《南州异物志》的“在意小抽牵引，无有

① (清)赵翼：《陔余丛书》卷三〇引《说者》。

② 详见容观琼：《关于我国南方棉纺历史研究的一些问题》，载《文物》1979 年第 8 期。

③ 万震的《南州异物志》早佚，本条仅见于北宋李昉等编撰的《太平御览》卷八二〇“布”引录，此处转引自缪启愉等译注《东鲁王氏农书译注 · 农器图谱集之十九 · 纩絮门 · 木绵序 · 注释(2)》。

断绝”，不仅生动地描绘出当时熟练使用手摇纺车纺棉纱的盛况，而且准确地揭示出纺车机械的主要功能所在，“此即纺车之用也”[①]。的确，尽管我国早在商周时期已有比较原始的纺车，福建也有悠久的麻纱强捻历史，但它们只是利用纺车对丝或麻进行并合、加捻的部分功能，没有认识到纺车对短纤维所成条子进行牵伸的作用，更没有发挥出纺车将条子不断伸长拉细纺成均匀纱线的功能。当然，为了更好地服务于手工牵伸工艺和纺出粗细不同的均匀纱线，棉纺车在结构设计和制造尺寸上均与丝麻纺车有所不同。手摇棉纺车的出现，是东南沿海人民对我国棉纺织技术的一项重大贡献。

轴不仅是将绳轮和锭子固定在支架上，从而完成纺坠（锤）向纺车演进的关键部件，而且也是一部比较完整织机的重要组成部分。从我国纺织机具发展看，轴、经轴以及伴随而来的支架的出现，是原始织作工具向完整织机过渡的重要标志。大约在春秋战国时期，我国已逐步在手提综开口的基础上，形成了脚踏提综开口的斜织机。在这样的背景下，要织造“弱软厚致”如丝绸一般的细洁棉布，有理由推测当时已使用了这类较为先进的棉织机具。有人还进一步认为，“斑布的织造，是先将棉纱‘染之五色’，然后用提花机‘织以为布’”[②]。这种推断也不无道理。我国丝织提花技术和提花机出现很早，至战国时已发展出完整的脚踏提花织机和束综提花机。汉初，闽越王与汉诸侯王间常有“荃葛”“锦帛”之互赠[③]，故福建工匠对提花织锦技术和织机应不陌生。事实上，斑布先染后织的染织工艺，很可能是在彩锦的基础上发展而来的。

这一时期福建纺织生产技术发展创新的另一个重要标志是棉织物配染工艺的出现。从现有出土文物看，福建最早的染色行为出现在商代前

---

① （元）王祯：《东鲁王氏农书译注·农器图谱集之十九·纩絮门·木绵纺车》。

② 吴淑生：《中国染织史》，上海人民出版社 1986 年版，第 118 页。

③ （汉）班固：《汉书》卷五三“景十三王传第二十三”。

期，闽侯昙石山遗址上层曾出土6件深灰的彩色陶纺轮[①]。到了商末周初时期，武夷山居民已将染色技术成功地运用到棉布衣饰的制作上。迨至三国时代，福建棉织物染色工艺又发展到一个新的高度，可染织出“五色斑布”。所谓“五色”，古代一般指原色青、赤、黄、白、黑，是由靛蓝、茜草、栀子、绢云母（或漂白）以及栎实、橡实、五倍子等天然矿物或植物染料配染的。不过，万震所说的五色，很可能是一种泛称，意指色谱多样，配色技艺高超。事实上，万震记载的色织布（斑布），就有黑白条纹相间的“乌驎”，黑白格子纹的“文辱”，以及黑白格子纹中间再添织五彩色纱的“口城”[②]等数种。当然，要配染如此丰富色彩的棉纱，势必要借鉴当时在丝织行业已相当完善的浸染、套染和媒染等染色技术，并根据具体情况有所发展和创新。棉布配染工艺的出现，同时也说明三国时期福建矿物染料的开采和植物染料的制取已有相当水平。难怪南朝刘宋时罢建安郡丞还家的许瑶之“以绵一斤”遗孝子郭原平，感言道“建安绵好，以此奉尊上下耳”[③]。

2.交通与贸易

福建西部与北部高耸的武夷山脉、杉岭山脉和仙霞岭山脉，成了福建与北方地区交流的天然障碍。“限以高山，人迹所绝，车道不通。”[④]然而，险峻的环境难以阻挡八闽人民与外界交流的愿望，经过数百年的艰苦努力，到魏晋南朝时，福建已在许多山口关隘构筑了往来赣浙粤的交通要道，著名的有浦城的枫岭关（闽浙古道之一）和小关，武夷山的分水关（江西进入武夷山必经之路）和桐木关，光泽的铁牛关和杉关，邵武的黄土隘，建宁的甘家隘，宁化的姑岭隘，长汀的古城口，武平的黄田隘等，改善了闽与周边地区间的交通条件。

---

① 福建省博物馆：《闽侯昙石山遗址第六次发掘报告》，载《考古学报》1976年第1期。

② 《太平御览》宋本空等一字，清鲍崇城刻本空等填实同是“城”字，疑仍有误。

③ （唐）李延寿：《南史》卷七三“郭原平传”。

④ （汉）班固：《汉书》卷六四“严助传”。

在开辟陆路交通的同时，福建还充分利用“南望交广，北睨淮浙”[①]的有利位置，大力发展海上寄泊转运业。“旧交址七郡贡献转运，皆从东冶泛海而至。”[②]所谓“旧交址七郡”，指的是今广东与广西的南部及越南北部一带，而“东冶”实指今福州市贤南路一带的“东冶古港”[③]。东汉建初八年(83年)大司农郑弘的这段话，说的是在两汉间的百余年里，来自两广与越南的海内外贡品，皆由福州海运至江苏沛县或山东登莱，再由陆路运往洛阳或京都。就是说，早在汉代，福州港已成为我国东南海运的重要港口，开辟了中国直达越南的最古老航路之一。

三国时，福建与会稽(今浙江绍兴)间已形成一条繁忙的海上交通线，不少航海技术娴熟的闽籍船工和技师服务其中。“宏舸连舳，巨舰接舻……篙工楫师，选自闽禺，习御长风，狎玩灵胥。责千里于寸阴，聊先期而须臾”[④]，福建海运开始逐渐兴盛。到了南朝时期，福建与外界构建了四通八达的水路交通，《宋书》卷4《州郡志》就列有建安郡(治今福建建瓯)与江州及建康(今南京)之间的水路交通网络图[⑤]，整个魏晋南北朝时期福建海上交通呈发达态势。

交通条件的改善为商品贸易提供了可能，而流通货币则为贸易发展提供了便利。自20世纪50年代以来，考古工作者先后在武夷山的三姑与角亭、闽侯的荆溪、福州的洪塘与金鸡山以及浦城的永兴等地，发掘出土了汉代五铢、半两、货泉等钱币，说明在八闽大地上，摆脱原始物物交换贸易方式，代之以金属货币流通，初现于汉立冶县时期，确立于魏晋南朝时代。[⑥]南朝梁末(约556年)，盘踞晋安的陈宝应乘江浙饥荒，“载米粟与之贸易”，

① (宋)梁克家:《三山志》卷六“地理类六·江潮”。

② (晋)司马彪:《后汉书》卷三三“郑弘传”。

③ 林光衡:《试探福建古代商港重心的迁移》,载《福建地方志通讯》1985年第6期。

④ (南朝梁)萧统:《文选》卷五“赋·京都下·吴都赋”。

⑤ 何德章:《六朝建康的水陆交通——读〈宋书·州郡志〉札记之二》,载《魏晋南北朝隋唐史资料(第19辑)》(武汉大学文科学报编辑部1987年刊本),第59页。

⑥ 林蔚文:《福建汉代货币几个问题的探讨》,载《福建钱币》1987年第1期。

换取布帛等物，“大致赀产”[①]，这是福建历史上一次大规模的商业活动。尤为重要的是，至迟至南朝梁陈时，福建已投身于海外贸易的大潮中。陈永定二年至天嘉四年(558—563年)，来华的天竺(印度)僧人拘那罗陀(中文名真谛)，先后两次从泉州(时称“梁安”)乘船往南洋，“欲返西国”[②]。拘那罗陀乘坐的都是驶往南海诸国的大型商船，说明南朝时期福建的海外贸易已经兴起。据《八闽通志》记载，时至明代泉州南安九日山仍遗有当年拘那罗陀翻译《金刚经》的“翻经石”这一历史见证。[③]

3.建筑与造船

除汉初闽越王宫外，魏晋南朝时福建的城市与寺庙建筑也得到相当的发展。晋太康三年(282年)所建的晋安郡子城，不仅城市规划科学合理，而且还兴建了官衙、廨舍、坊市、城隍庙等大型公共建筑，为福州乃至福建政治与经济发展提供了坚实平台。其中位于冶山麓的城隍庙主殿(参见图0-44)，是福建现存最早的建筑，也是全国最早建造的城隍庙之一，曾被台湾奉为祖庙，是研究魏晋南朝时福建城市建筑的珍贵实物资料。此外，随着佛教的传入与普及，西晋太康年间(280—289年)福建出现了第一批佛教建筑，著名的有福州的乾元寺(时称“绍因寺”)[④]，侯官的灵塔寺[⑤]，瓯宁的开元寺(时称“林泉”)[⑥]，晋江的玄妙观(时称“白云庙”，《乾隆泉州府志》作“元妙观”)[⑦]，以及南安的延福寺[⑧]等。迨至南朝梁陈时，闽东一带寺庙逐渐增多，尤其在梁武帝时达到兴建高潮。“齐之寺一，梁之寺十七，陈之

---

① (唐)姚思廉:《陈书》卷三五“陈宝应传”。

② (唐)道宣:《续高僧传》卷一“拘那罗陀传”。

③ (明)黄仲昭:《八闽通志(上册)》卷七“地理·山川·泉州府·南安县·九日山·翻经石”。

④ (宋)梁克家:《三山志》卷三三“寺观类一·僧寺(山附)·怀安乾元寺”。

⑤ (宋)梁克家:《三山志》卷三四“寺观类二·僧寺(山附)·侯官县·灵塔寺”。

⑥ (明)黄仲昭:《八闽通志(下册)》卷七六“寺观·建宁府·瓯宁县·开元寺”。

⑦ (明)黄仲昭:《八闽通志(下册)》卷七七“寺观·泉州府·晋江县·玄妙观”;(清)黄任:《乾隆泉州府志(一)》卷一六“坛庙寺观·晋江县附郭·元妙观”。

⑧ (清)黄任:《乾隆泉州府志(一)》卷一六“坛庙寺观·南安县·延福寺”。

寺十三，隋之寺三。”[①]据南宋《三山志》记载[②]，这一时期闽东佛寺以郡治所在的闽县一带最密集，并以此为中心向四周扩张。如福州的大中寺、南涧

图 0-44　保存晋太康年间建筑风格的福州城隍庙主殿

资料来源：福州市鼓楼区档案局(馆)。

寺、开元寺和景星尼院，闽县的法林尼院、灵山院、祥光龙华寺、东禅院、大乘爱同寺、唐兴寺、佛力寺、闽光寺、方山寺、塔林寺、华林寺、超功院和陈棋寺，侯官县的象峰院、唐安寺、药山院、寻山寺、妙果寺、临江寺和花山寺，福清县的天王寺、凤林院、法建寺、林泉院、庐山寺、延庆院、钟山寺、灵应寺、方乐寺、太平寺、宝林寺、灵曜寺和岩泉寺，连江县的净安院、建宁寺、安善寺和□藏寺，怀安县的升山灵岩寺，长乐县的灵隐寺、皇恩寺、法涧院、县山寺和光严寺，长溪县的建善寺、云峰寺、禅林寺和禅岩寺，宁德县的兴福院等。此外，建安的报恩光孝观、浦城的胜果寺(时称“崇云寺”)、建阳的水陆寺、建阳的灵耀寺(时称“广福灵耀院”)、南平的普通寺、莆田的灵岩广化寺

① (宋)梁克家：《三山志》卷三三“寺观类一·僧寺(山附)”。

② (宋)梁克家：《三山志》卷三三至卷三八“寺观类”。

（时称“金仙院”）、莆田的法海寺、莆田的宝胜寺（时称“宝台庵”）等[①]，也是晋南朝时福建的重要宗教建筑。

班固《汉书》曾评价闽越人“处溪谷之间，篁竹之中，习于水斗，便于用舟”[②]。吴晋南朝特别是孙吴时期，福建造船业有很大发展。景帝永安年间（258—264年），孙吴政权曾在福州设专事造船工业的职官——典船都（校）尉，其所辖都尉营与造船工场在怀安（今福州）开元寺东直巷一带[③]。天纪年间（277—280年），孙皓又在闽东沿海（今连江一带）设温麻船屯，征集当地工匠和谪徙之人建立了更大规模的造船基地。当时温麻船屯能用五板制造海船，称为“温麻五会”；还制造青桐大舡、鸭头舡等各类船。[④] 多次率军海路入闽的孙吴大将贺齐“所乘船雕刻丹镂，青盖绛襜，干橹戈矛，葩瓜文画，弓弩矢箭，咸取上材，蒙冲斗舰之属，望之若山”[⑤]。吴亡时晋将王濬缴获的舟船达5000余艘，其中不少是福建的典船都尉营和温麻船屯督制造的。在政府造船工场的带动下，魏晋南朝时期福建私人造船之风渐盛，以致隋统一后曾下诏“吴、越之人，往承弊俗，所在之处，私造大船，因相聚结，致有侵害。其江南诸州，人间有船长三丈已上，悉括入官”[⑥]，严旨取缔江南吴越人私造大船之“弊俗”。

4.闽台经济技术交往

上古时期福建与台湾的大规模交往始于三国孙吴时。黄龙二年（230年）春，孙权“遣将军卫温、诸葛直将甲士万人浮海求夷洲及亶洲。……但得夷洲数千人还”[⑦]。三国时台湾称夷洲，福建属孙吴管辖，故此次孙权派遣有甲士万人的舰队远征台湾，并带回数千名台湾土著居民，应视为闽台

① （明）黄仲昭：《八闽通志（下册）》卷七六至卷七九“寺观”。

② （汉）班固：《汉书》卷六四“严助传”。

③ （明）黄仲昭：《八闽通志（下册）》卷八〇“古迹·福州府·怀安县·都尉营”；（宋）梁克家：《三山志》卷一“地理类一·叙州”。

④ 《古代福建（一）》，载《福建史志》2004年第4期。

⑤ （晋）陈寿：《三国志》卷六〇“吴书十五·贺齐”。

⑥ （唐）魏徵：《隋书》卷二“高祖纪下”。

⑦ （晋）陈寿：《三国志》卷四七“吴书二·吴主传第二”。

的一次大规模交往。此次交往加深了大陆对台湾的了解。据成书于公元264至280年的沈莹《临海水土异物志》记载,三国时期的台湾留有许多远古和上古闽台交往的痕迹。《临海水土异物志》所载闽东北、浙东南沿海一带的所谓"安家之民","悉依深山,架立屋舍于栈格上,似楼状。居处、饮食、衣服、被饰,与夷洲民相似。父母死亡,杀犬祭之,作四方函以盛尸。饮酒歌舞毕,仍悬着高山岩石之间,不埋土中作冢也。男女悉无履。今安阳、罗江县民是其子孙也"。安阳,汉初为东瓯地,罗江为闽越地,都是闽族分布区。安家之民死后实行悬棺葬为古闽人的习俗,而安家之民习俗"与夷洲民相似",恰恰说明三国时的夷洲居民,很可能是从福建浙江沿海一带漂流到达台湾的。

有关当时台湾人使用的生产工具和生活用具,《临海水土异物志》记道:"其地亦出铜铁唯用鹿觡(为)矛以战斗耳。磨砺青石以作矢镞刃斧。镮贯珠珰。饮食不洁。取生鱼肉杂贮大(瓦)器中,以(盐)卤之,历〔月余日〕(日月)乃啖食之,以为上肴。"[①]出铜铁却大量使用石器、角器和陶器,说明在大陆东南沿海的影响下,台湾先民已对青铜和铁器采冶技术有所了解,但直到三国时当地的技术主体仍停留在新石器时代晚末期。特别是常用器具"大器"(《后汉书·东夷传注》和《通鉴注》作"大瓦器"),其间虽有所改进,但仍属闽侯昙石山遗址中层所出陶器范畴[②],福建对台湾陶瓷制造技术影响之深远可见一斑。

降至魏晋南朝,随着福建开发的加速,闽台之间的经济技术交往呈现活跃态势。"(隋)大业三年(607年),(陈稜)拜武贲郎将。后三年,与朝请大夫张镇州发东阳兵万余人,自义安泛海,击流求国,月余而至。流求人初见船舰,以为商旅,往往诣军中贸易。"[③]流求即台湾岛。台湾居民错把军舰视作商船,说明当时大陆与台湾早已有贸易往来。"流求国,居海岛之

① (吴)沈莹:《临海水土异物志辑校》(农业出版社1988年版)。

② 《台湾省三十年来的考古发现》,载《文物考古工作三十年(1949—1979)》(文物出版社1979年版)。

③ (唐)魏徵:《隋书》卷六四"陈稜传"。

中，当建安郡东，水行五日而至。”国典以福建作为确定台湾的方位和里程，可见闽台之间的往来是多么密切，从而推动了台湾经济发展和技术进步。在铁器方面，有刀、稍、弓、箭、铍之属，“其处少铁，刃皆薄小，多以骨角辅助之”；在农作物方面，有“稻、粱、床黍、麻、豆、赤豆、胡豆、黑豆等”；在林木产品方面，有“枫、栝（桧）、樟、松、楩、楠、杉、梓、竹、藤、果、药”等；在农产品加工方面，有家庭手工业出现，“木槽中暴海水为盐，木汁为酢，酿米面为酒”。①

四、隋唐五代

自秦汉以降，福建科技是在与中原因素不断交融的基础上加速发展，这一点在隋唐五代体现得更为明显。闽汉交融使福建走上了与中原趋同的科技发展之路，同时又在农业、纺织、陶瓷、矿冶等传统行业保持地域特色，科技发展呈现强者更强、弱者趋强、整体上升的良好格局，从而为宋元福建科技高度发展奠定了坚实基础。

（一）闽汉交融与新福建科技发展之路

宋以前，福建出现了四次人口大交流，彻底改变了八闽大地社会经济面貌，特别是唐代新福建人主体的形成，使福建科技发展走上了与中原民族趋同之路。

1.从开漳圣王到开闽王

战国末期越王后裔无诸在今福州和闽北一带建立的闽越国，汉初受到中原王朝的镇压与迁徙，形成福建与中原人口的第一次大交流。晋代永嘉之乱，大批中原人定居福建，这是历史上中原与福建人口的第二次大交流。这两次人口双向大交流，改变了福建科技发展的原有轨道，使福建科技开

① （唐）魏徵：《隋书》卷八一“东夷传·流求国”。

始在继承中原先进成果与创新自身发展方面向前迈进。这一历史性转变，在唐代二次与中原人口的大交流中得以强化，从而确立了唐宋元明清福建科技发展之路。

第一次大交流发生在唐初。唐高宗总章二年(669 年)，朝廷先后派位于今山西与河北交界的河东人陈政、陈元光父子[①]率兵到闽粤交界处绥安县(今漳浦县)征服“蛮獠”(亦称獠蛮)，乱平后陈元光“率众辟地置屯，招徕流亡，营农积粟，通商惠工”，在当地定居，繁衍生息，拓地千里，请置漳州。[②] 这是历史上中原与福建人口的第三次大交流，也是对闽南和台湾影响最大的一次，陈元光因而被尊为“开漳圣王”。现初步查明，当时入漳兵将与随军家眷共有 80 余姓近万人，为闽南地区开发增添了有生力量。

第二次大交流出现在唐末。当时中原兵连祸结，河南光州固始人[③]王潮、王审知兄弟率领数万移民队伍转战安徽、浙江、福建，最后在福建建立了“闽国”。这是历史上中原与福建人口的第四次大交流。闽王王审知及其子孙统治福建长达 55 年[即从唐景福元年(892 年)至后晋开运三年(946 年)]，对福建经济、文化、科技的稳定和发展起了重要作用。王审知“起自垅亩，以至富贵，每以节俭自处，选任良吏，省刑惜费，轻徭薄敛，与民休息，三十年间，一境晏然”[④]。在动乱中无法安居的民众，纷纷进入福建避乱，这导致了福建人口的大幅度增长，福建的农业、手工业、商业都在这一时期达到较高的水平，文化也有很大的发展，福建从此成为可与中原区域媲美的发达区域。

---

① 关于陈元光的籍贯，目前福建学术界有河东说(据明中叶以前史志记载)、固始说(现存漳州陈氏族谱)及岭南土著说等。

② (宋)王象之:《舆地纪胜》卷一三一“福建路・漳州・风俗形胜”。

③ 光州与寿州在唐末属于淮南道，其中光州至元代才划归河南省，故所谓闽人来自河南固始的说法，是元明以后才兴起的。在宋代，人们一直把固始等县的移民当作淮南人(《三山志》称淮民)，隶属今河南、安徽、江苏三省交界处。

④ (宋)王钦若:《册府元龟》卷二二九“僭伪部・政治门”;(宋)薛居正:《旧五代史》卷一三四“僭伪列传第一”。

2.闽汉交融与新福建人

先秦时期，福建是以闽越人的居住区进入北方汉人视野的。两汉六朝时期，闽人逐步汉化，晋人陶潜的《搜神后记》提到当时的晋安郡已有掌握儒家经典的士人[①]。不过，汉化是一个长期的历史过程，直到唐中叶以后，特别是王审知在闽中建立汉人政权，闽汉交融才得以真正实现，迄至宋代，不论是林姓、黄姓、陈姓，还是其他姓氏，几乎所有的闽人都说自己的祖先是从北方迁来的。这一文化上的认同，说明宋代闽人的主体已经是汉人，而从闽越人到汉族的文化认同的变化，最重要的转折点是在唐五代。

进一步的调查考证显示[②]，目前闽台各地百家姓的族谱"源流"篇有80％以上记载"先祖来自河南光州固始"。台胞和海外华侨自称"唐人"，把聚居地称为"唐人街"，把自己的故乡称为"唐山"，把男人叫"唐部人"（福州话）、"唐部"（闽南话），把女人叫"诸人人"（福州话，诸就是闽越王无诸）、"诸部"（闽南话），这些都是1300多年前唐代移民留下的语言活化石。还有许多方言、民俗、地名印证了上述移民的历史。譬如闽台黄氏祖根也在光州固始，2400年前黄氏得姓始祖是春秋黄国国君，河南光州固始出土的春秋早期黄国国君夫妇墓中的青铜器上的铭文"黄"，就是世界黄氏最早的姓。

此外，现代遗传谱系研究也证实了福建男人血统来自中原，女人血统多为土著这一历史事实。复旦大学现代人类学研究中心通过对国内17个省市871个抽检者血样基因分析表明[③]，福建人血样的Y染色体与北方汉族Y染色体的相同率高达0.966，证明福建人几乎全是北方汉族男性的后代。与此同时，福建人线粒体DNA的数值却那么低（0.248），说明福建汉族绝大多数是少数民族母亲生的。考虑到以上的分析，这一切最有可能发生在唐五代。也就是说，随着唐五代中原人口继续大规模入闽，福建不仅确立了以中原血统为主的新人口构成，同时也使科技发展的二元格局不断

---

① （晋）陶潜：《搜神后记》卷五"白水素女"。

② 欧潭生：《台闽豫祖根渊源初探》，载《中州今古》1983年第5期。

③ 转引自新浪平阳欧氏博客《从昙石山到三坊七巷》。

得到强化，且总体向中原方向倾斜。

3.新福建的科技发展格局

推动科技发展的因素很多，其中最重要的有人力资源、经济基础和战略取向。在唐代新福建，这三大因素都朝向有利于科技进步的方向发展。

一是科技发展的人口动力不断增强。中国古代走的是以农业、手工业等劳动力密集型产业技术为基础的实用科技发展之路，因而人力资源的多寡是决定科技发展速度的首要因素。经过魏晋南朝持续不断的移民浪潮，到隋代福建人口已有较为明显的增长，达到 12420 户①。但对中古时期我国经济科技开发规模和深度而言，这样的人口密度显然是不够的。不过，这一不利局面到唐中叶就得到很大扭转。据《新唐书·地理志》记载，天宝年间（742—756 年）福、建、泉、汀、漳五州合计 91186 户，410587 口，户数较之隋代增长了 6.34 倍。当然，与发达地区比较，唐代福建的人口仍偏少。同一时期浙江的余杭郡（杭州）一郡就有 8.6 万余户、58 万余口，江苏的吴郡（苏州）也有 7.6 万余户、63 万余口②。即使在福建，各郡（州）人口的分布也不平衡，户数最多的福州是户数最少的汀州的 7.3 倍，口数最多的泉州更是口数最少的汀州的 11.7 倍（参见表 0-1），因而造成各州科技发展水平的巨大差异。

表 0-1　唐天宝年间（742—756 年）福建各郡户口数及户平均口数

郡　　名	户　　数	口　　数	每户平均口数
长乐郡（福州）	34084	75876	2.23
建安郡（建州）	22770	142774	6.27
清源郡（泉州）	23806	160295	6.73
临汀郡（汀州）	4680	13702	2.93
漳浦郡（漳州）	5846	17940	3.07
合　　计	91186	410587	4.50

资料来源：（宋）欧阳修《新唐书》卷四一“地理志五·江南道”。

① （唐）魏徵：《隋书》卷三一“地理志·建安郡”。

② （宋）欧阳修：《新唐书》卷四一“地理志五·江南道”。

二是科技发展的经济基础不断拓宽。这一点在州县增设方面体现得尤为明显。武后垂拱二年(686 年),唐王朝在闽中析置漳州(漳浦郡),玄宗开元二十一年(733 年)又置汀州(临汀郡)[①],使福建州一级政府由唐初的 3 个增加到 5 个。至于县级的增设,则根据具体情况采取析置和新置两种方式。对于经济基础较好和开发较快的地区,一般采取析县方式,如析闽县置连江,又析连江及闽县置永泰(《三山志》作析侯官、尤溪置),析侯官置梅溪[《三山志》作梅溪场而非梅溪县(闽清)],又析侯官、尤溪置古田(《三山志》作新置),析长乐置福唐(时称万安,后改福清),析南安置晋江、莆田,又析莆田置仙游等。对于经济后开发地区,则采取置新县方式,如长溪(后称霞浦,今属福安)、尤溪、建阳、长汀、宁化、龙岩、漳浦等县,皆是唐代前中期所建。经济开发催生置县,县治推动经济开发。至唐咸通年间(860—873 年),全闽县数已由前代的 10 余个增加到 25 个,即福州所属闽县、侯官、长乐、福唐(后改名福清)、连江、长溪、古田、梅溪(《三山志》作梅溪场)、永泰、尤溪,建州所属建安、邵武、浦城、建阳、将乐,泉州所属晋江、南安、莆田、仙游,汀州所属长汀、宁化、沙县,漳州所属龙溪、龙岩、漳浦。[②]这一发展态势在唐末五代一直持续,到王审知及其子孙治闽时,福建又增置了罗源(时称永贞)、宁德、泰宁(时称归化)、建宁、松溪(时称松源)、同安、德化、永春(时称桃林)、清溪(后改名安溪)、长泰等 10 县[③],并于南唐时从建州割出南剑州,经济开发向全闽纵深发展,甚至山区亦出现“草莱尽辟”“至数千里无旷土”[④]的盛况,整体经济实力得到很大提升。

三是科技发展的趋同效应日益显现。这一点在官手工业领域表现得尤为明显。作为福建最早出现的官办手工业生产和管理机构,唐代的铸钱

---

① (宋)梁克家:《三山志》卷一“地理类一·叙州”。

② (宋)欧阳修:《新唐书》卷四一“地理志五·江南道”。

③ (明)黄仲昭:《八闽通志(上册)》卷一“地理·福州府;建宁府;泉州府”。

④ 《王审知德政碑》,载三王文物史迹修复委员会《闽国史汇》(暨南大学出版社 2000 年版),第 368~371 页。

监和盐监以及闽国的百工院是其佼佼者。铸钱监（钱坊）设立于武宗会昌年间（841—846年），是全国二十三监之一。会昌五年（845年），铸钱监铸造出以"福"字背文的铜钱[①]，开福建铸币之先河。唐代对盐业生产实行官榷（国家专卖），唐王朝在侯官县设有盐监，成为唐代十大盐监之一[②]，其后又有盐院、盐铁院的设立，福建已是唐代榷盐税收入的主要来源地之一。作为封建割据小王朝，五代十国时的闽国曾设立了一个大型官手工业机构——百工院。百工院并蓄百工技艺、兼容南北工匠，类似历代封建王朝的少府监（负责各种日用手工业品制造）、军器监（负责军用品制造）和将作监（负责土木营建工程和建筑材料加工），且将这三类分工机构合而为一。闽王延钧时期，百工院锦工曾织造技艺高超的"镂金五彩九龙帐"[③]。明宣德年间（1426—1435年），王审知的墓被人盗发，出土了金跳脱、玉带等大量金玉宝器[④]，这些也应是百工院的产品。此外，据考证[⑤]，唐代福建还有泉州官织锦坊、福建造船作坊等各类州府办手工业部门。由于地方官手工业承担上贡物品和朝廷"订单"生产任务，故对品质和规范要求较高。唐五代福建官手工业的不断设立，说明福建越来越多的手工业产品得到上层社会的认可，其与中原科技发展的趋同度也越来越高。

隋唐五代中原民众大举南迁入闽，使福建人口大幅度增长，汉民族与土著民族实现了文化与血缘上的彻底交融，从而形成了新的福建人。五代时期，福建的经济文化逐步赶上中原区域的一般水平，并蕴藏着巨大的科技发展潜力。

（二）农业开发技术的进步

民以食为天。人口的增加，尤其是入闽人士所带来的先进技术和生产

---

① （宋）洪遵：《泉志（补印本）》卷三"正用品下·新开元钱"。

② （宋）欧阳修：《新唐书》卷五四"食货志四"。

③ （清）吴任臣：《十国春秋》卷九四"闽五·列传"。

④ （清）吴任臣：《十国春秋》卷九〇"闽太祖世家"。

⑤ 唐文基：《福建古代经济史》，福建教育出版社1995年版，第159～160页。

经验，为隋唐五代福建农业开发增添了巨大动力，主要表现在围垦农业的出现、水利的兴修和制茶技术的进步诸方面。

1.围垦农业的出现

我国围垦农业历史悠久，成绩卓著，是人类开发史上引人瞩目的壮举。福建地处东南沿海，背山面海，海岸曲折，滩涂面广，具有围海造田的天然条件。据现有文献记载，福建围垦农业活动始于唐初。贞观年间（627—649 年），莆田在木兰溪下游南洋地区开凿了诸泉、沥峙（《八闽通志》作“历浔”）、永丰、横塘、颉洋（《八闽通志》作“濒洋”）、国清等六大蓄水塘，“溉田总千二百顷”[①]，拉开了莆田乃至福建筑塘围垦的序幕。到北宋熙丰年间（1068—1085 年）李宏建木兰陂，仅莆田南北洋一地就先后开凿了包括陈塘、许塘、新塘、唐坑塘、太和塘在内的大小蓄水塘 10 余座，其中最大的国清塘可灌溉 5 万亩，最小的新塘也能灌溉 320 亩[②]，有力促进了莆田围垦农业的发展。除筑塘围垦外，唐中叶福州属县还开展筑堤围田工程。大和二年（828 年）（《三山志》作“大和三年”），闽县令李茸通过在县东 5 里筑海堤阻潮造田，“潴溪水殖稻，其地三百户皆良田”；大和七年（833 年），长乐县令李茸率众在县东 10 里修筑海堤的同时，“立十斗门以御潮，旱则潴水，雨则泄水，遂成良田”[③]，这是福建第一个设立斗门（闸门）的海堤工程，也是我国历史上围海造田的较早范例。此外，天宝年间（742—755 年）福清的元符陂（又称天宝陂）[④]，贞元五年（789 年）晋江的尚书塘（初名常稔塘）[⑤]，元和二年（807 年）晋江的仆射塘（俗号白土塘）[⑥]，大（太）和三年（829 年）晋江的天水淮（亦称节度淮）[⑦]，乾符中（约 874—879 年）同安的石盘陂（一

---

① （宋）欧阳修：《新唐书》卷四一“地理志五 · 江南道 · 泉州”。

② （明）黄仲昭：《八闽通志（上册）》卷二四“食货 · 水利 · 兴化府 · 莆田县”。

③ （宋）欧阳修：《新唐书》卷四一“地理志五 · 江南道 · 福州”。

④ （宋）梁克家：《三山志》卷一六“版籍类七 · 水利 · 福清县”。

⑤ （宋）欧阳修：《新唐书》卷四一“地理志五 · 江南道 · 泉州”。

⑥ （明）黄仲昭：《八闽通志》（上册）卷二二“食货 · 水利 · 泉州府 · 晋江县 · 仆射塘”。

⑦ （宋）欧阳修：《新唐书》卷四一“地理志五 · 江南道 · 泉州”。

名官陂)[①],五代(907—960年)晋江的陈埭[②],以及晋江的万家湖[③]等,都是唐代福建围垦农业的佼佼者。其他沿海县区如连江、宁德、长溪(后称霞浦,今属福安)、南安、同安等,在唐代也都有程度不同的围垦活动。

初期的围垦,一般是在远离海边的高滩地进行,但随着潮间带滩涂的开发,没有修筑海堤的垦田时常受到潮水的威胁,如闽县"每(岁)六月潮水咸卤,禾苗多死"[④],人们逐渐认识到筑堤围垦的重要性,开始了塍海筑堤和建陂立坝同时并行的围垦方法,其中尤以莆田的做法成效显著。建中年间(780—783年),莆田人吴兴在城北7里的渡塘(一作杜塘)筑堤围田,同时在延寿溪下游修建延寿陂,溉田2000余顷(《新唐书》作"溉田四百余顷"),吴兴成了莆田北洋平原的开拓者,被后世誉为"李宏所开者为南洋,吴兴所开者为北洋"[⑤]。值得一提的是,吴兴在渡塘所筑塍海长堤,不仅是福建沿海围垦第一堤,也是我国有文字记载的最早的规模化海涂围垦工程。此外,元和八年(813年),福建观察使裴次元则在南洋的红泉"筑堰潴水,垦辟荒地为田三百二十有二顷,岁收数万斛以赡军储"[⑥],并在东角遮浪海边筑堤遏潮。现今莆田木兰溪出海河口东甲至遮浪仍保存的海堤,即为裴氏工程的一部分。这两次较大规模的塍海造田,为后世进一步开辟莆田南北洋平原奠定了基础。

2.水利的兴修

福建地处亚热带地区,雨泽丰沛,这是对农业生产很有利的自然条件。但由于福建河道奔腾于群山之中,水流湍急,无所潴蓄,一段时间不雨又感

---

① (清)黄任:《乾隆泉州府志(一)》卷九"水利·同安县·陂·石盘陂"引《隆庆府志》。

② (清)黄任:《乾隆泉州府志(一)》卷九"水利·晋江县·埭·陈埭"。

③ (明)黄仲昭:《八闽通志(上册)》卷二二"食货·水利·泉州府·晋江县·万家湖"。

④ (宋)欧阳修:《新唐书》卷四一"地理志五·江南道·福州"。

⑤ (明)黄仲昭:《八闽通志(上册)》卷二四"食货·水利·兴化府·莆田县·延寿陂"。另李宏为宋代著名水利工程木兰陂的修筑者。

⑥ (明)黄仲昭:《八闽通志(下册)》卷六〇"祠庙·兴化府·莆田县·红泉宫"。

到干旱。同时，福建雨水季节降雨量集中，又难以疏导，易于造成洪水灾害。因此，兴修水利工程调节利用雨水资源，是福建发展农业生产和保护人民生命财产的头等大事。

隋开皇十二年(592 年)(《八闽通志》作“隋开皇十三年”)，连江(原名温麻)县民林尧等舍田为湖，“水深一丈四尺”，“周二十里，溉七里民田四百余顷”。东塘湖是福建较早的水利工程，也是持续发挥效益的大型项目。经唐咸通初(约 860 年)和宋淳化二年(991 年)修复改造，至南宋中期东塘湖仍可“溉田四万亩”[①]。此外，“会小溪水(《八闽通志》作“引大溪之水”)”而成的宁德塘腹湖，也创建于隋朝，该工程经济效益更可观，可“溉田千余顷”[②]。

唐五代时期，福州地区的水利灌溉工程是以湖潴蓄水泽为主，在湖与湖之间有大壕相接，同时湖水通过闸门又与河浦相通。天旱时，则利用所聚湖水灌溉田园，即使高地之田也无干涸之忧；雨水泛滥时，则放泄湖水流入河浦，低洼之田也无淹浸之患。如福州西湖，经梁开平四年(910 年)王审知大力整浚，“迤逦南流，接城西大濠，直通南莲池(即南湖)”[③]，“广至四十里，灌溉民田无筭(同“算”)”[④]；罗城大壕，“南从河岸开河口通潮，北流至澳桥浦，遂通东湖，直如沟渎，号直渎浦”[⑤]，较大程度改善了福州平原的水利系统。又如长乐县宾闾湖(俗称东湖)，“唐天宝五年(746 年)，仓曹林鹗于方乐、崇仁、和风三乡筑堤五处。复舍己田凿此湖，周一千二百丈，窦八，沟八，沟阔一丈二尺，溉田里氏田，凡七百余顷。因复开陈塘港，以泄三乡及西湖之水，而注之江”[⑥]。长乐县严湖(俗称西湖)，唐宝应二年(763 年)邑人陈严光施田为之，“周三千二百八十丈，高七尺，阔一丈二尺，潴大

---

① (宋)梁克家:《三山志》卷一五“版籍类六・水利・连江县・进贤里・东塘湖”。

② (宋)梁克家:《三山志》卷一六“版籍类七・水利・宁德县”。

③ (宋)梁克家:《三山志》卷四“地理类四・内外城壕”。

④ (清)吴任臣:《十国春秋》卷九〇“闽世家”。

⑤ (宋)梁克家:《三山志》卷四“地理类四・内外城壕(桥梁附)”。

⑥ (明)黄仲昭:《八闽通志(上卷)》卷二一“食货・水利・福州府・长乐县・宾闾湖”。

奢雨水，四窦，溉田四百五十顷”[1]，是长乐最大的湖。侯官县西南的方乐里，有包括洪塘浦和大漳浦在内的13条渠浦，“自石岊右而东，经甓渎至柳桥，以通舟楫。贞元十一年(795年)，观察使王翊(《新唐书》作王翃)开县西南五里，有湖二百四十步与西湖通，今柳桥是也”[2]。显然，这是一项湖与湖之间有大壕相接，同时湖水通过闸门又与河浦相通的大型水利工程，可发挥航运与灌溉的双重功效。

唐五代福建水利建设的另一特点，是围垦造田水利辅助设施的兴修。如王审知治闽时期，在福清海旁修筑了大塘和占计塘，前者筑堤“长千余丈，溉田种三千六百石”，后者方圆“一十五里，溉田三千余顷”[3]。吴越统治福州末期，福清刘逢“以滨海地数千丈施于东禅寺，乃筑埕塍(同“塍”)，高一丈五尺，厚三丈，塍内港水凡三道，设泥门一十五防淤，间则以泥门通之，涨溢则以斗门泄之。凡十年，斗门凡三筑乃成”。这是一项设计巧妙、劳动量大、收益显著的围垦造田水利辅助工程，借此东禅寺田百余年可“岁收千石”[4]。

在水利工程设计和建设方面，唐代福建也有许多创新做法。据《八闽通志》记载[5]，最为突出的当属建中年间(780—783年)当地人吴兴在莆田北洋创筑的延寿陂。“延寿溪，西附山，东距海，南北皆通浦。溪流元出渡塘，赴浦以入于海。兴始塍海为田，筑长堤于渡塘，遏大流南入沙塘坂，酾为巨沟者三，南沟、南沟(应为“中沟”之讹)、北沟广五丈或六丈，并深一丈，折巨沟为股沟五十有九，广一丈二尺，或一丈五尺，并深□丈，横经直贯，所以蓄水也。即陂之口，别为二派：曰长生港，曰儿戏陂。濒海之地，环为六十泄，所以杀水也。其利几及莆田之半。”此外，为发挥延寿陂工程的全部

---

① (宋)梁克家：《三山志》卷一六“版籍类七·水利·长乐县”。

② (宋)梁克家：《三山志》卷一五“版籍类六·水利·侯官县”；(宋)欧阳修：《新唐书》卷四一“地理志五·江南道·福州”。

③ (宋)梁克家：《三山志》卷一六“版籍类七·水利·福清县·拜井里·大塘”。

④ (宋)梁克家：《三山志》卷一六“版籍类七·水利·福清县·灵德里·东禅塘”。

⑤ (明)黄仲昭：《八闽通志(上册)》卷二四“食货·水利·兴化府·莆田县·延寿陂”。

效益，建设者们还做了一些辅助工程，如儿戏陂，“在延寿陂上东边。吴兴虑时水为患，于渡塘溪口别分一派通浦、壅沙为塍，遏水入洋。雨大溪溢自推沙而注于海；水减，顺溪南下，沙复自壅成塍，不劳人力，通塞自如，若儿戏然。今尊贤里田多仰溉于此水”。又如长生港，“吴兴虑时水为患，于漏塘上开港通溪，港内深八尺，广五丈，其口深四尺，接溪，以大水为则，务欲开拨溪源时水下海，民田获利，遂号长生港。今东厢、延兴、延寿、仁德、孝义诸里田，多仰溉于此水”。从明人记载中不难看出，延寿陂工程充分利用莆田诸水系流通状况，修建了有效的潴防、蓄水、开沟灌溉和疏导等设施，“溉田二千余顷（《新唐书·地理志》作“溉田四百余顷”）”，是莆田乃至福建第一座具备全功能的大型水利工程。

3.制茶技术的进步

“茶者，南方之嘉木也。”[①]制茶业的发展较多地依赖于自然环境，在生产力水平较低、交通条件落后的古代社会尤为如此。福建地处亚热带，冬无严寒，夏无酷暑，雨量充沛，加之山峦重叠，丘陵起伏，土壤肥沃，非常适应茶树的生长。据考证[②]，早在公元前1066年，就有闽濮族向周武王献茶之事，说明商周时期福建先民已能采制品质较优的茶叶。到了周末汉初时，闽越王无诸已用茶祭天祀神，民众也以茶代酒敬奉勇士，茶叶成为福建官民普遍认可的佳品，苏轼《叶嘉传》甚至认为宋代建茶名品壑源茶就始种于汉初[③]。发展到魏晋南北朝，茶树种植已成为福建农耕经济的重要组成部分，至今在南安市丰州镇莲花峰，人们还可看到晋太元元年（376年）的摩崖石刻“莲花荼襟”[④]，说明这里曾是受到官府保护的茶园。在闽北的建州（今建瓯一带），南朝齐时（479—502年）就开始人工种茶和茶叶加工生产（如武夷岩茶“晚甘侯”），至唐开元天宝年间（713—756年）建州境内已盛产茶叶，茶叶制作已从草茶（散茶）向蒸青团茶过渡。不过，受地理环境

① （唐）陆羽：《茶经》卷上“一之源”。

② 巩志：《碧水丹山岩茶香——武夷茶史话》，载《福建茶叶》2004年第4期。

③ 田心：《苏轼笔下的闽茶“叶嘉”》，载《厦门日报》2013-07-05(28)。

④ 今“茶”字古作“荼”，去掉一横始于唐陆羽《茶经》。

和制作技术所限，唐代中叶以前，建茶[1]一直鲜为人知，甚至连广博如陆羽的《茶经》(758年左右)也不第建茶。“建州大团，状类紫笋，又若今之大胶片，每一轴十片余，将取之，必以刀刮，然后能破，味极苦，唯广陵、山阳两地人好尚之。”[2]优越的自然条件得不到有效利用，制茶技术的改革势在必行。

率先对建茶实行大刀阔斧改革的是常衮。常衮为唐代京兆(今陕西西安)人，对品茶和制茶颇有研究。唐建中元年(780年)，前宰相常衮被派任福建观察使兼建州刺史。上任伊始，他就上茶山，访僧家，下茶户，积极探索建茶改革方案。常衮以顾渚贡茶院制茶法为基础，对建茶“始蒸焙而研之，谓之研膏茶。其后稍为饼样其中，故谓之一串”[3]。常衮将传统的生采拍饼“建州大团”，改制为蒸熟焙干后(在研盆)碾成膏状的“研膏茶”(俗称片茶，因茶饼中间打有一小孔便于用绳穿起来携带，所以也叫串茶)，使建茶的品质和形象得以大幅提升，成为入贡朝廷的地方名产和中央政府税收的重要对象。[4] 研膏茶的研制成功，使唐代建茶的制造技术有了开拓性进展，也为日后福建茶业的全面发展奠定了基础。常衮不愧为建茶改制第一人。

五代闽龙启年间(933—935年)，建安吉苑里(今建瓯市东峰镇)“龙焙地主(嘉靖《建宁府志·祀典》作“茶焙地主”)”张廷晖(《八闽通志·公署》亦作“张晖”)将其在凤凰山一带方圆30里的茶园献给了闽国，闽国学顾渚阳羡在此开办了皇室独享的御茶园。[5] 由于闽国地域以福建为境，而凤凰山又在闽都福州以北，故历史上称其为“北苑”，所产之茶称为“北苑茶”。由于品质出众，北苑茶亦成为闽王进贡中原朝廷的主要茶品，其中尤以闽

① “建茶”通常有两种指称：一是指宋代兴盛的以北苑为代表的建州(建宁府)茶，二是泛指古代福建所产茶。本文主要指后者。

② (宋)晁载之：《续谈助》卷五引唐杨华《膳夫经手钞》。

③ (宋)张舜民：《画墁录》卷七“团茶”。

④ (宋)欧阳修：《新唐书》卷五四“食货志四”。

⑤ (明)黄仲昭：《八闽通志(下册)》卷五九“祀庙·建宁府·建安县·恭利庙”；(明)黄仲昭：《八闽通志(上册)》卷四〇“公署·郡县·建宁府·建安县·北苑茶焙”。

康宗通文二年(937 年)进贡的"耐重儿"最为名贵。"是时,国人贡建州茶膏,制以异味,胶以金缕,名曰'耐重儿',凡八枚。"[①]北宋初陶谷《清异录》对"耐重儿"的品质也推崇有加,"有得建州茶膏取作'耐重儿'八枚,胶以金缕,献于闽王曦,遇通文之祸,为内侍所盗,转遗贵臣"[②]。南唐李氏灭闽后,又在凤凰山设立了一个拥有 25 处茶园的"龙焙"专焙[③],"号'北苑龙焙'"[④],指导和监制"建茶供御"[⑤]。宋初吴越钱氏又将"建茶万斤"[⑥]作为佳品进贡宋廷。北苑龙焙的出现,推动了当地茶业的大发展,南唐时建州仅官焙就有 38 所[⑦],每年生产贡茶"五六万斤"[⑧]。随着社会地位和生产规模的不断提升,北苑茶的研制技术也取得了重大的进步。"五代之季,建属南唐。岁率诸县民采茶北苑,初造研膏,继造蜡面。既有(又)制其佳者,号曰京铤(挺)。"[⑨]与研膏茶比较,腊面茶的改进有三:一是增加了生产工序,即在茶叶加工时,通过揉压去掉其中的部分茶汁;二是调和了茶汤的滋味,经过揉压的腊面茶可减少研膏茶的苦涩味,有的还加入龙脑(即冰片)等香料;三是改善了建茶的形象,改制后的腊面茶由于茶叶质地较细,茶饼表面光滑如腊,故被赐以"腊面"之称。南唐保大四年(946 年)推出的"的乳"(茶号京挺),成为南唐北苑进御的著名茶品,"腊茶之贡自此始,罢贡阳羡茶"[⑩]。从研膏到腊面再到京挺,唐五代福建制茶技术的进步,为宋代北苑茶的发展奠定了基础,做出重大贡献的张廷晖也被南宋统治者以"御焙张

---

① (清)吴任臣:《十国春秋》卷九一"闽康宗本纪"。

② (宋)陶谷:《清异录》卷下"茗荈·缕金耐重儿"。

③ 古时茶焙类似现今的茶场,有一定的茶园和加工场所。

④ (宋)蔡绦:《铁围山丛谈》卷六。

⑤ (宋)姚宽:《西溪丛语·附录一·吴曾能改斋漫录七则·北苑茶》。

⑥ (元)脱脱:《宋史》卷四八〇"世家三·吴越钱氏";(清)徐松:《宋会要辑稿·蕃夷七之一〇"历代朝贡"》。

⑦ (宋)宋子安:《东溪试茶录》。

⑧ (宋)姚宽:《西溪丛语·附录一·吴曾能改斋漫录七则·北苑茶》。

⑨ (宋)熊蕃:《宣和北苑贡茶录》。

⑩ (宋)马令:《南唐书》卷二"嗣主书第二"。

氏”[①]祀之。

除建州外，唐代福州也有名茶出产。早在七世纪中后期陆羽著《茶经》时，就已闻名福州茶“生闽县方山之阴（北）”[②]，及至“唐宪宗元和间（806—820年），诏方山院僧怀恽麟德殿说法，赐之茶。怀恽奏曰：‘此茶不及方山茶佳’”[③]。方山，今称五虎山，位于闽侯尚干镇，周回100里，山顶方平，是福建较早的茶园之一。与宋梁克家《三山志》这段记载相呼应，中唐时期福建观察使裴次元也极力推崇福州茶，“族茂满东原，敷荣看膴膴。采掇得菁英，芬馨涤烦暑。何用访蒙山，岂劳游顾渚”[④]。雅州（今四川雅安）“蒙顶石花”与湖州（今浙江湖州）“顾渚紫笋”都是当时最著名的贡茶，但在怀恽和裴次元的眼里，福州茶足可与之媲美。结合陆羽《茶经》福州茶“往往得之，其味极佳”[⑤]评价与《新唐书》闽县方山茶被列入贡品记载[⑥]，表明唐代福州茶品质之佳有目共睹。事实上，到宋初太平兴国年间（976—984年），茶仍是福州名产之一[⑦]。

值得一提的是，作为唐代我国重要的产茶区，建安也为周边地区茶业发展做出了贡献。据考证[⑧]，现今闻名中外的广东南海西樵云雾茶，就是由晚唐诗人曹松从建安引种过去的，西樵山也由此成为广东境内最早的茶区之一。

围垦农业的出现、水利的兴修、制茶技术的进步，表明隋唐五代福建农业经济已进入全面开发新时代，难怪唐代大诗人韩愈赞美福建“闽越地肥

---

① （清）徐松：《宋会要辑稿·礼二〇之一五二“诸祠庙”》。

② （唐）陆羽：《茶经》卷下“八之出”。

③ （宋）梁克家：《三山志》卷四一“土俗类三·物产·货·茶”。

④ 陈叔侗：《福建中唐文献孑遗——元和八年球场山亭记》引唐裴次元《芳铭原》，载《福建历史文化与博物馆学研究》（福建教育出版社1996年版），第200页。

⑤ （唐）陆羽：《茶经》卷下“八之出”。

⑥ （宋）欧阳修：《新唐书》卷四一“地理志五·江南道·福州”。

⑦ （宋）乐史：《太平寰宇记》卷一〇〇“江南东道十二·福州”。

⑧ 郑立盛：《北苑茶史》，载《农业考古》1991年第2期。

衍，有山泉禽鱼之乐”[①]，甚至远在中原宫廷的唐德宗(742—805)亦言“南方山水之富”[②]。这些都为宋元福建农业乃至手工业科技发展奠定了基础。

(三)纺织技术的重大进步

唐代福建纺织技术的进步主要在种桑养蚕和丝织工艺的大规模普及与显著提高，麻、葛、蕉等地方土特产织造技术也得到全面提升。[③]

1.种桑养蚕的大规模普及

唐朝实行租庸调法，百姓须以布帛纳赋，纺织成为必不可少的家庭手工业。在此政策影响下，刚被入闽唐军大力开发的漳州也出现了种桑养蚕业，整个八闽大地呈现出“此地三年偶寄(《舆地纪胜》作“寓”)家，枳篱茅厂(《舆地纪胜》作“屋”)共桑麻”[④]、“土之所宜者，桑麻谷粟……民乐耕蚕”[⑤]、“桑麻谷粟五侯家”[⑥]景象，加速了家庭手工纺织业的普及。正因为此，王潮统一福建后，首要事务是“遣吏巡州县，劝课农桑”[⑦]。

除经营分散的农村家庭手工纺织业外，具有规模的城镇纺织作坊在福建也有了一定发展。据《晋江紫云黄东石乡金墩户长房贰家谱》载：“始祖讳守恭公……以孝廉出身于唐，莅官于泉，生四子，经、纶、纲、纪，而籍焉。创业兴家，人咸称为长者。置西洞州桑园七里(此地常生紫云)，田三万六

---

① (唐)韩愈：《欧阳詹哀辞》，载欧阳詹《欧阳行周集》(上海古籍出版社1993年版)，第65页。

② (宋)梁克家：《三山志》卷三三“寺观类一·僧寺(山附)·在城·侯官神光寺·乌石山三十六奇·观稼亭”。

③ 本部分内容参考了徐晓望《宋元福建丝织业考略》，载《福建史志》2002年第3期。

④ (唐五代)韩偓：《南安寓止》，载《全唐诗》卷六八一“韩偓二”。

⑤ (五代)詹敦仁：《初建清溪县记》，载《全唐文》卷四八“拾遗”。

⑥ (五代)詹敦仁：《山居吟》，载《詹敦仁学术研究资料汇编》(安溪开先令詹敦仁纪念馆筹建理事会2000年刊本)，第28页。

⑦ (清)吴任臣：《十国春秋》卷九〇“闽司空世家”。

十庄。”[①]另据唐五代黄滔《唐黄御史文集》[②]和明黄仲昭《八闽通志》[③]记载，黄家七里桑园就在今日的泉州开元寺，后捐献给僧人。不仅如此，黄守恭五子（第五子纬为妾所生）取名皆与纺织有关：“经”是织机上的直线，“纶”为粗于丝者，青丝绶也，“纲”为网之大绳，“纪”谓别理丝缕使不乱也，“纬”是织机上的横线。显然，黄氏不但大规模种桑养蚕，而且直接经营丝绢的织造，属于规模可观的城镇纺织作坊主似无疑。

2.丝织工艺的显著提高

唐代福建的丝绵已成为贡品。《新唐书》记载泉州在唐代贡品是“绵、丝、蕉、葛”[④]，而建州的贡品是“花练”[⑤]。练是一种经精练的熟丝织品，多指平织的绢（即现在的绸），不织花纹，主要用印染方法来进行装饰。福建建州织工大胆借鉴盛唐流行的锦中加金的技法，在开元年间（713—741年）织出别具一格的“金花练”进献朝廷[⑥]，且到宋代也一直是建宁府赖以自豪的贡品[⑦]。此外，杜佑《通典》所记载的泉州“贡绵二百两”（《元和郡县图志（下）》作“元和贡：绵二十斤”）[⑧]和《唐六典》的“泉、建、闽之绢……并第八等”[⑨]，皆说明唐代福建丝织品的质量已得到广泛认可。

锦、绮、罗是我国传统的丝织珍品，织造技术复杂，机具要求完整配套。尤其是锦，它是两种设计方法的结合，既改变了织物组织，又改变了织物纱线的色彩，集中体现了纺、织、染整工艺的技术水平。福建织锦技术始于何时尚不可考，但据史料记载，后唐同光二年（924年），王审知给中原王朝的

---

① 转引自福建省博物馆：《福州市北郊南宋墓清理简报》，载《文物》1977年第7期。

② （唐五代）黄滔：《唐黄御史文集（唐黄先生文集）》卷五“碑记铭·泉州开元寺佛殿碑记”。

③ （明）黄仲昭：《八闽通志（下册）》卷七七“寺观·泉州府·晋江县·大开元万寿禅寺”。

④ （宋）欧阳修：《新唐书》卷四一“地理志五·江南道·泉州”。

⑤ （宋）欧阳修：《新唐书》卷四一“地理志五·江南道·建州”。

⑥ （唐）李吉甫：《元和郡县图志（下）》卷二九“江南道五·建州”。

⑦ （明）黄仲昭：《八闽通志（上册）》卷二〇“食货·土贡·建宁府”。

⑧ （唐）杜佑：《通典》卷六“食货六·赋税下”。

⑨ （唐）张九龄：《唐六典》卷二〇“太府寺·少卿二人”。

贡品中有“锦文织成菩萨幡”；后唐天成四年（929 年），王延钧向唐进贡“锦、绮、罗三千匹”[①]；后晋天福七年（942 年），王延羲向晋进贡“蝉纱二百匹”[②]。而徐寅和詹敦仁的诗中也曾咏到“闽王美锦求贤制”[③]、“五色鹤绫花上敕”[④]、“千家罗绮管弦鸣”[⑤]，说明当时福建锦、绮、罗织造业已具相当规模，其产品质量和技术水平已能与域外一争高低。除此外，其他丝织精品也不少，徐寅咏《新刺袜》“素手春溪罢浣纱，巧裁明月半弯斜，齐宫合赠东昏宠，好步黄金菡萏花”[⑥]，咏《红手帕》“鹤绫三尺晓霞浓，送与东家二八容，罗带绣裙轻好系，藕丝红缕细初缝”[⑦]。从诗人的咏颂中，我们能清晰感受到这些丝织品的美丽和精致。事实上，宋初割据泉漳的陈洪进曾将闽南出产的绢 26000 匹、币帛 2000 匹、绫 3000 匹，作为珍贵礼物进献宋王朝。[⑧] 值得一提的是，王延钧称帝后，曾令专为闽王室服务的百工院锦工为其织造了一顶“镂金五彩九龙帐”[⑨]。显然，这是一件技艺高超的丝织品，代表着五代时期福建丝织工艺已达到相当高的水平，在丝织技术追赶先进的征途上迈出了重要一步。

3.麻葛蕉织造技术的全面提升

福建多山，气候湿润，植物品种较为丰富，为古代纺织业发展提供了多种多样的原料选择空间。继新石器时代晚末期，特别是商周闽北地区成功织造出高质量的麻布衣以来，八闽先民一直不断地探索新的纺织原料。西汉初年，诸侯王江都王建“遣人通越繇王闽侯（今福州），遗以锦帛奇珍，繇

---

① （宋）王钦若：《册府元龟》卷一六九“帝王部·纳贡献”。

② （清）吴任臣：《十国春秋》卷九二“闽三·景宗本纪”。

③ （唐五代）徐寅：《醉题邑宰南塘屋壁》，载《全唐诗》卷七〇九。

④ （唐五代）徐寅：《贺清源太保王延彬》，载《全唐诗》卷七〇九。

⑤ （清）黄任：《乾隆泉州府志（一）》卷一七“古迹·晋江县·郡圃”引五代詹敦仁“迁泉山城留侯招游郡圃”诗。

⑥ （唐五代）徐寅：《新刺袜》，载《全唐诗》卷七一一。

⑦ （唐五代）徐寅：《尚书筵中咏红手帕》，载《全唐诗》卷七一〇。

⑧ （清）徐松：《宋会要辑稿·蕃夷七之七～八“历代朝贡”》。

⑨ （清）吴任臣：《十国春秋》卷九四“闽五·列传”；（宋）欧阳修：《新五代史》卷六八“闽世家第八·王审知”。

王闽侯亦遗建荃、葛、珠玑、犀甲、翠羽、蝯(同"猿")熊奇兽"[1],荃、葛织物能与珠玑、犀甲等名贵礼品齐名,并赫然列入礼品之首,当非一般布料。在闽北武夷山汉城遗址中,也曾出土过纺轮和纺锤等纺织工具,质地均为细砂灰硬陶,机械强度较高。纺轮剖面呈菱形,中轴厚外缘薄,有利于纺织精细的纱线;纺锤剖面为半椭圆形,对纺线加捻过程中的纺缚旋转具有显著作用。机械强度高,宜于葛麻续绩细纺硬质陶纺轮与纺锤的出现,从一个侧面生动具体地反映了汉代福建葛麻纺织业的情况。

至迟于魏晋时,福建就已出现了以蕉类植物为原料的蕉布,形成以麻、葛、蕉为主的土布织造技术。所谓"蕉布",就是利用山区盛产的水蕉树,解其皮叶,以灰埋沤之,取其纤维,织以为布。晋人郭义恭《广志》云:"其茎解散如丝,绩以为葛,谓之蕉葛,虽脆而好,色黄白,不如葛赤色也。出交趾、建安[2]。"[3]在我国,蕉葛的脱胶工艺至迟在公元3世纪已经发明,具体做法是:把水蕉茎放在掺有草木灰的水里浸泡,碱性的灰水便将茎内的胶状物质分解出来,使其纤维利于纺织。由于这种技术上的改进,魏晋时东南地区蕉布的质量可与丝织品媲美。正如左思在《吴都赋》中所赞:"蕉葛升越,弱于罗纨。"[4]蕉葛布轻薄透风,是上好的夏天衣料,在中古时期深受南北方人的喜爱。

进入唐五代,随着先进工艺技术的引进和探索创新,福建所产麻葛蕉布质量有了很大的提升:《新唐书》就将泉州的"蕉、葛",福州、建州的"蕉(布)"与建州的"花练"丝织品并列为地方名产[5],蕉葛织物从此成为福建地方重要的土贡产品之一。五代后梁乾化元年(911年),"福建进户部多支榷课葛三万五千匹"[6];后晋天福六年(941年),王延羲"进度支户部商税

① (汉)班固:《汉书》卷五三"景十三王传第二十三"。

② 魏晋时,建安泛指福建。

③ (唐)欧阳询:《艺文类聚》卷八七"果部下·芭蕉"引晋郭义恭《广志》。

④ (晋)左思:《吴都赋》,载《文选》卷五"赋丙·京都下"。

⑤ (宋)欧阳修:《新唐书》卷四一"地理志五·江南道"。

⑥ (宋)王钦若:《册府元龟》卷一九七"闰位部·纳贡献"。

葛八千八百八十匹”，天福七年(942年)“进盐铁度支户部三司葛一万六千六百匹”[①]，其中包括“细葛(布)二十匹”“红蕉(布)二百匹”[②]等蕉葛珍品。宋初割据泉漳的陈洪进甚至将“泉州土产葛二万匹”[③]作为觐见礼面呈宋廷。“泉州葛布，好造汗衫”[④]，成为北方达官贵人的一时之选。

迨至宋元，各种麻类土布织造在福建纺织业中仍占有一定地位。如红蕉花布“大中祥符二年(1009年)，以二百四为额。天圣六年(1028年)，令其半浅色，余仍旧。元丰三年(1080年)，条次贡物，于原额外增贡二十四。元祐元年(1086年)，定以为常贡，深浅二色，如天圣之数”[⑤]。《宋史》亦载北宋元丰年间(1078—1085年)福州“贡红花蕉布”，泉州“贡绵、蕉、葛”，邵武军“贡纻”，兴化军“贡绵、葛布”[⑥]，这一情况至少延续到南宋绍兴年间(1131—1162年)[⑦]，而且绍兴三年(1133年)扬州土贡细纻布“系是温、泉州出产之物”[⑧]。北宋苏颂记述苎麻“今闽、蜀、江、浙有之”[⑨]，视福建为我国苎麻栽培大省。南宋梁克家《三山志》则载有福州蕉、纻、麻、葛的生产情况：蕉“《大观本草》，闽人灰埋其皮，绩以为布，旧尝入贡”；纻“其皮可以织布。一科数十茎，宿根至春自生，岁三四收”；麻“诸色有之，绩其皮为布。连江以北，皆温之于溪旁，为坑藏灰，束麻纳其中，石覆而水沃之，良久乃剥。今连江及福清、永福出麻布尤盛”；葛“可绩为布，长溪等县有之”。[⑩]南宋时福建优良的葛布输出使浙江传统的葛布生产陷入萧条，“今越人衣葛出自闽贾，然则旧邦机杼或者久不传矣”[⑪]。不仅如此，宋元福建地产麻

---

① (宋)王钦若：《册府元龟》卷一六九“帝王部·纳贡献”。

② (清)吴任臣：《十国春秋》卷九二“闽三·景宗本纪”。

③ (清)徐松：《宋会要辑稿·蕃夷七之八“历代朝贡”》。

④ (南唐)静、筠二禅师：《祖堂集》卷一一“一三四 睡龙和尚”。

⑤ (宋)梁克家：《三山志》卷三九“土俗类一·土贡·红蕉花布”。

⑥ (元)脱脱：《宋史》卷八九“地理志五·福建路”。

⑦ (清)徐松：《宋会要辑稿·崇儒七之六六“罢贡”》。

⑧ (清)徐松：《宋会要辑稿·食货四一之四三·历代土贡》。

⑨ (元)大司农司：《农桑辑要译注》引宋苏颂《本草图经》。

⑩ (宋)梁克家：《三山志》卷四一“土俗类三·物产·丝麻”。

⑪ (宋)施宿：《嘉泰会稽志》卷一七“布帛”。

葛蕉织品还跻身于大量精美丝织品之中，加入泉州港“海上丝绸之路”行列，远销亚、非、欧各国或地区。

(四)陶瓷业的发展及其技术创新

隋唐五代福建的陶瓷业，是一个承前启后的重要发展时期。一方面，通过对浙江越窑青瓷的借鉴和南朝创烧，隋唐五代福建陶瓷业形成了南北两大制造基地，为进一步发展打下了良好基础；另一方面，通过不断探索，福建窑业逐渐形成了自己的创新体系，并在我国陶瓷生产中崭露头角。

1.陶瓷业制造基地的形成

经过南朝的奋起直追，到隋唐五代时期，福建已初步奠定了我国瓷器生产重要地区的地位。一方面，魏晋至唐五代中原人口的大量流入，为隋唐五代福建瓷器发展提供了人才和技术。以德化为例，据保存至今的《英山李氏族谱》《泗滨颜氏族谱》《杨梅张氏族谱》等谱牒的记载，他们的祖先大都在唐以前即已从中原迁入闽地，而在唐代的中晚期迁入德化。其中很多人具备周边地区乃至中原生产陶瓷的基本知识，从而为德化乃至福建陶瓷业的崛起提供了大量技术人才。另一方面，陶瓷生产离不开优越的自然条件。在古代制瓷中，瓷土需要水源来带动水车，烧制瓷器需要松柴作为燃料，销售成品瓷器大多依靠水路运输。因此，古代制瓷是一个高度依赖水源、燃料和原料等环境资源的产业。福建境内山峦起伏，溪流纵横，森林资源极其丰富，瓷土矿藏量也较大，这些都为隋唐五代及其后世烧制瓷器提供了有利的自然条件。

考古发现也证明了这一点。通过调查和发掘，考古工作者先后在福州、连江、罗源、寿宁、浦城、邵武、建阳、建瓯、将乐、政和、松溪、晋江、惠安、南安、永春、同安、永定等地确认了一批唐五代瓷窑窑址。其中闽北有8处[1]，闽南的泉州一带则多达17处[2]，瓷器生产明显向闽北和闽南两大区

---

① 傅宋良：《闽北宋元瓷器外销初探》，载《福建文博》1990年第2期。

② 黄天柱：《漫谈泉州古瓷窑的兴盛与变迁》，载《福建文博》1987年第1期。

域集中，加上闽东沿海地区的窑址，隋唐五代福建瓷窑的数量和分布较南朝有质的飞跃。值得一提的是，2010 年 10 月考古人员在厦门海沧黄牛山发现了一座器物堆积层相当丰富的唐至五代龙窑遗址（参见图 0-45），说明即使在当时经济欠发达的厦门岛邻近地区，也存在技术先进的陶瓷生产，唐五代福建窑业扩张速度之快由此可见一斑。[①]

窑址发掘现场

器型完整的瓷罐

流光溢彩的瓷片

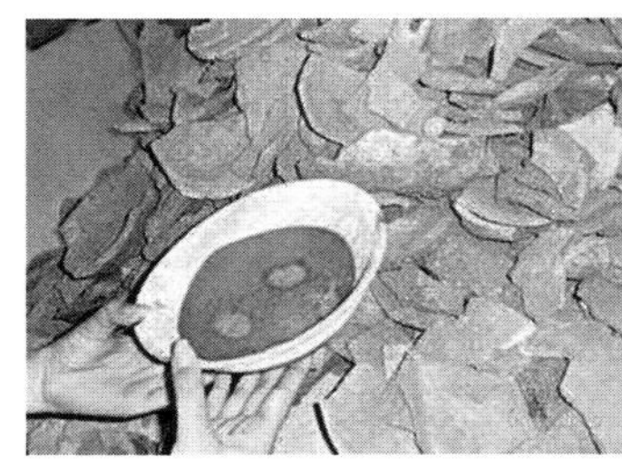

窑变的多色瓷碗

灯　盏

刻有文字的支架

图 0-45　海沧黄牛山唐五代窑址及其出土物

资料来源：《厦门日报》2010-11-26(23)。

闽北和闽南两大基地不仅存在地域差异，在制瓷工艺方面亦有所不同。整体看，闽北受浙江越窑影响很大，闽南则在自主创新方面颇有成效。

① 《海沧黄牛山古窑首次进行考古发掘：再现厦门千年古窑文化》，载《厦门日报》2010-11-26(23)。

具体而言，在闽北，1985 年发掘的建阳将口窑，其用竹木嵌入窑壁起“筋骨”加固作用的窑炉结构方式，与浙江小洞岙窑相同。将口窑青瓷瓷胎绝大多数细腻纯净，瓷胎呈色以黄白和灰白居多；所施之釉为石灰釉，釉色以青绿和青黄为主；釉水多施于器物的上部和中部，器底和下腹部多露胎；施釉方法有蘸釉和刷釉两种以及装饰釉下褐斑的手法等，这些工艺特征与越窑基本一致，属于“唐代越窑系统的青瓷窑址”[①]。在闽南，德化的制瓷名家颜纹（字化绥，约 864—933 年）“著《陶业法》，绘《梅岭图》”，记载了德化三班地区陶瓷生产技术及瓷业沿革史，目的“俾后人谋建其所传习工艺，活生不仰他方”[②]。这是迄今发现最早的有关德化乃至福建陶瓷科技的研究文字，表明闽南陶瓷业已摆脱借鉴模仿的初创阶段，进入实践与理论相结合的新时代。尤值得一提的是，从南朝一直烧造到唐代的晋江溪口窑，在唐初就发明了不混溶性釉，比钧釉、吉州大目、建盏等时代更早[③]，充分显示当地窑业的传承与创新精神。

2.瓷器生产特点与技术创新

在生产中创新，在创新中生产，是隋唐五代福建陶瓷业发展的一大特色。

从墓葬出土器物形制看，隋唐福建青瓷的演变呈现明显的分期。一期属隋至唐初（6 世纪末至 7 世纪初叶），瓷器胎骨呈灰色或浅色，质地坚实；釉水除保留南朝时期的黝青色外，福州地区新出现一种光亮匀薄的青灰釉；器体装饰有模印或刻画的莲花、卷草和草叶纹；造型特点为修圆挺拔。二期属盛唐到中唐前期（7 世纪中叶至 8 世纪中叶），瓷器胎骨以灰色居多，釉水青绿泛黄褐色；器物几乎全是素面，少有纹饰；造型的主要特点是椭圆高长。三期属中唐后期（8 世纪末叶），瓷器胎釉除沿袭前期特征外，出现莹润玻璃质感很强的黄绿釉；造型进一步向高长发展。四期属 9 世

---

① 福建省博物馆：《建阳将口唐窑发掘简报》，载《东南文化》1990 年第 3 期。

② 德化县颜氏宗亲联谊：《龙浔泗滨颜氏族谱》卷首“唐国子博士化绥公传”。

③ 陈显求等：《公元六世纪出现的分相釉瓷——梁、唐怀安窑陶瓷学的研究》，载《硅酸盐学报》1986 年第 2 期。

纪，瓷器胎骨较为粗糙，多呈灰褐色，流行黄绿釉和黄褐釉；器物造型的主要特点是瘦削高长，器体渐趋轻薄。① 分期的存在，表明隋唐福建青瓷在引进吸收的基础上勇于大胆创新（参见图 0-46），从而为宋元的集成创新乃至原始创新奠定了基础。事实上，这一趋势在五代时期已有所体现。一方面，五代的闽瓷在器形、造型、釉色等方面都有新发展，如闽北一带出现了瓜棱长流执壶、扁圆子母盒、碾船、凤字形砚、花口盏托等新器形，胎骨普遍比唐代轻薄，还出现有花形葵口等；另一方面，除青瓷外，闽北地区开始出现酱色的黑瓷，开宋代黑釉瓷风行之先河。② “捩翠融青瑞色新，陶成先得贡吾君；巧剜明月染春水，轻旋薄冰盛绿云。古镜破苔当席上，嫩荷涵露别江濆，中山竹叶醅初发，多病那堪中十分。”③徐寅的这首诗咏，道出了闽国时期福建进贡青瓷的崭新面貌。

图 0-46 具有地方特色的唐代执壶与青瓷托杯

资料来源：徐晓望《福建通史（第二卷）·隋唐五代》扉页。

从出土窑具和窑炉分析看，隋唐五代福建瓷器装烧技术亦有显著进步。窑具是装烧瓷器的重要工具，窑具的式样、种类和复杂程度，直接影响烧制瓷器的种类、器形以及装烧工艺。通过对福州怀安窑数以万计出土窑

---

① 林忠干等：《福建隋唐墓葬的分期问题》，载《福建文博》1989 年第 1～2 期。

② 姚祖涛等：《闽北古瓷窑址的发现和研究》，载《福建文博》1990 年第 2 期。

③ （唐五代）徐寅：《贡余秘色茶盏》，载《全唐诗》卷七一〇。

具的分析，发现其窑具大体可分为窑柱、窑座、窑垫三大类数十种，种类之丰富，形式之多样，特色之鲜明，为我国古窑址中所罕见。正是有了如此多样化的窑具，对形状和大小迥异的瓷器，怀安窑可分别采用由大到小套叠、同口径器物直叠、使用各式窑垫分别支托叠置等三种不同叠置方法装窑焙烧，大大提高了装烧工艺水平，极大丰富了瓷器生产品种。此外，考古发现唐代怀安窑在装烧时，有些器物使用了泥渣即“托珠”间隔，较之传统的三足窑垫经济方便、简单易行且节约原料。“托珠”窑具的出现，是唐代福建装烧工艺的又一大改革。

窑炉是烧成技术的关键因素，是隋唐五代福建瓷器装烧技术创新的突破口。唐五代福建窑炉主要是斜坡式龙窑，且以长大著称，如1985年在建阳将口窑清理出的一座龙窑窑址，窑基残长52米[①]；而1992年在建阳庵尾山清理出的3处龙窑遗址，长度均超过70米，最长的达到96.5米。（参见图0-47）从以往发现或发掘资料看，唐五代我国各地龙窑长度一般多在30米左右，甚至到了宋元时期尚有许多龙窑的长度和面积达不到上述规模。长大型窑炉意味着装烧容量大，意味着烧造成本降低，同时也带来烧窑难度增加，烧成温度难以控制等问题，必须对窑炉结构加以改进。建阳庵尾山清理出的一座晚唐五代龙窑，窑墙用红砖和土坯单层砌筑，窑室内残存有数道隔墙（挡火墙）遗迹，较之唐代中晚期的将口窑在窑炉结构上已有明显进步。[②] 正是唐五代闽北窑炉结构的不断演进，为后人留下了宝贵的技术财富。宋代建阳水吉建窑创下了135.6米长的龙窑世界纪录，与这一时期瓷器装烧技术的创新不无密切关系。

① 福建省博物馆：《建阳将口唐窑发掘简报》，载《东南文化》1990年第3期。

② 建窑考古队：《福建建阳县水吉建窑遗址1991—1992年度发掘简报》，载《考古》1995年第2期。

图 0-47　建阳将口(左)与庵尾山唐窑遗址

资料来源:徐晓望《福建通史(第二卷)·隋唐五代》扉页;谢道华《建阳市文物志》扉页。

窑具的多样复杂化和窑炉结构的积极改进,使唐代福建生产出一些具有强烈地方特色的瓷器品种,如在将口窑出土的瓷器中,器形与碗相同但体形极大的假圈足盆,圈足的喇叭形盆,以及带短流、两侧有绳索状器耳的盘口壶,为该窑独有产品。其他如扁腹的注壶、平底或圆底盆、炭炉、杈形器、方立耳罐、小注子等器物,皆呈现出强烈的地方特征。[①]

3.陶塑艺术及建筑用陶的兴起

从考古发掘的近100座隋唐五代墓葬看,福建的陶塑艺术始于晚唐,兴于五代,典型器物为各式各样的彩绘陶俑,其中以五代刘华墓最具代表性。

刘华(896—930年),字德秀,系南汉平王刘阬次女,后梁贞明三年(917年)嫁与闽王王审知第三子王延钧[②],封燕国明惠夫人,后唐长兴元年

① 王振镛:《辛勤耕耘结硕果——福建省博物馆文物考古工作四十年》,载《福建历史文化与博物馆学研究》(福建教育出版社1996年版)。

② 关于王延钧的排行,1981年出土的《闽王审知墓志》作三子,其上顺序是:长子王延翰、次子王延禀(义子)。及王延禀谋叛被杀后,王延钧将其从族谱中剔除,所以许多书又说王延钧是次子。

(930 年)卒,葬于今福州北郊新店战坂村莲花峰。1965 年 2 月,福建省文物管理委员会对刘华墓进行了发掘,出土一组陶俑和一些破碎陶瓷器及零星的石雕、铜铁器等。[①] 其中以陶俑最为珍贵,能知全形的有 43 件,是随葬品中数量最多的一类,显示出墓主对陶塑艺术的喜爱与器重。该陶俑群多为拱立执物俑,形态各异,造型逼真(参见图 0-48)。根据大小,可分为大、中、小三型,大型俑高达 99～103 厘米,中型俑高 59～61.5 厘米,小型俑高 47～51.5 厘米;根据造型,可分为女俑、男俑、鬼神俑、人首兽身俑等;根据头发和服饰,可进一步分辨出男女俑的身份:女俑有宫女或宫中女官的区别,男俑中可区别出有宫中的文吏、供奔走的仆人、戴束发冠的道教人物以及佛教扶杖老人,种类之多,雕塑之精,由此可见一斑。根据出土实物分析,这批陶俑的制法是头、身及细部分别捏塑,塑制成粗坯,糊合在一起,再经细雕入窑烘烧。所有陶俑烘烧后都经过彩绘,一般面部抹面粉,底加黑彩或贴金,边缘加绿彩。

图 0-48　五代闽国刘华墓出土的陶俑群

资料来源:徐晓望《福建通史(第二卷)·隋唐五代》扉页;福建博物院。

关于刘华墓出土陶俑的艺术成就,学者们给予了较高评价:"陶俑的造型,承袭了唐代的写实作风,并有所创造(参见图 0-49)。其塑工的严谨、比例的准确、肌肉的丰满实感等,都具有时代和地方的特色,特别是那些高髻女俑脸部的塑造,虽保持了唐代那种肥硕的风格,而塑工更精,又如扶杖老

① 福建省博物馆:《五代闽国刘华墓发掘报告》,载《文物》1975 年第 1 期。

人俑，比例准确，脸部肌肉刻画细致，神态生动，为唐俑中所少见。比南唐李昪、李璟出土的陶俑，在塑造方面要精致得多”[①]。事实上，刘华墓陶俑能取得如此成就绝不是偶然的。1958 年在永安县曹远乡上曹水库工地上，曾发现一块唐代陶制人像雕版，板上所雕 3 尊人物不仅站立姿势相当优雅，而且衣服有飘动感。这种能将人的姿态与衣饰表现得如此生动的陶制品的出现，表明当时闽人已有相当不错的雕塑水平。[②] 另据王象之《舆地纪胜》记载，在南剑州沙县太平兴国寺，“殿内塑像七躯，为闽王继鹏施采色妆绘”[③]。正是有了这样的基础，刘华墓出土陶俑群才令人耳目一新，堪称五代杰作。

高髻拱手女俑

双髻执物俑

戴璞头俯身俑

图 0-49 刘华墓出土陶俑精品举隅

资料来源：福建博物院。

除陶塑艺术外，建筑用墓砖和城砖也是魏晋至唐五代福建制陶业发展的一大亮点。为满足北方入闽人士对砖构墓葬的需要，福建各地纷纷用泥土烧制墓砖，形状有长方形平砖和楔形砖等，多青灰色、红色或灰褐色，平均约长 35 厘米，宽 17 厘米，厚 5 厘米。值得注意的是，这些墓砖多有花

① 福建省博物馆：《五代闽国刘华墓发掘报告》，载《文物》1975 年第 1 期。

② 赵莲英等：《永安发现唐代佛教雕饰》，载《福建文博》1995 年第 2 期。

③ (宋)王象之：《舆地纪胜》卷一三三“福建路 · 南剑州 · 古迹 · 太平兴国寺塑像”。

纹，纹饰富有地方特色和时代特征。有的受几何印纹陶影响，在砖的两面和四侧压印、模印各种几何形图案；有的受瓷器纹饰影响，出现蕉叶纹、蝉形纹、兽图、鱼龙图等动物型图案纹饰；还有的受外来文化影响，南朝流行莲花、缠枝、卷草纹、青龙、白虎（参见图 0-50）、朱雀、僧人、忍冬、宝相、宝瓶、飞天、飞鹤等佛道题材图案，大唐盛世则出现缠枝、联珠纹这样带有异国情调的纹饰。此外，南朝和唐代的福建还盛行画像拼砖法，特别是唐代的拼砖画像中出现前代未见的各种武士、仕女、飞天等形象，形象生动，栩栩如生，从一个侧面反映出当时福建制陶业的发展水平和技艺。[①]

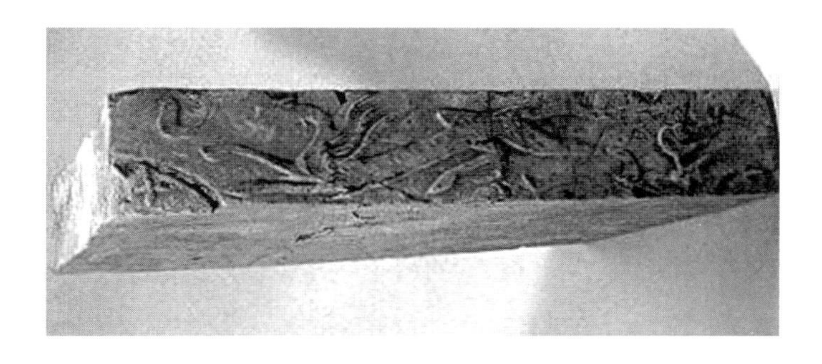

图 0-50　闽侯南屿南朝墓出土的“白虎”花纹砖

资料来源：福建博物院。

更大规模的建筑用砖出现在五代闽国时期。据史料记载和考古发现，王审知筑福州罗城和南北夹城，用砖量达 1500 万块[②]，且这些城砖的制作颇为细致，每块砖上都印有“钱文”[③]及“威武军式样制造”字样。据明《八闽通志》和《闽都记》记载，王审知筑南北夹城的“陶砖”，多源自怀安县治北

① 林忠干等：《福建六朝墓初论》，载《福建文博》1987 年第 2 期；林忠干等：《福建隋唐墓葬的分期问题》，载《福建文博》1989 年第 1～2 期。

② （唐五代）黄滔：《唐黄御史文集（唐黄先生文集）》卷五“碑记铭 · 灵山塑北方毗沙门天王碑”。

③ （宋）梁克家：《三山志》卷四“地理类四 · 夹城”。

10里(今福州北郊战坂乡后山)的“陶灶”[①]。《八闽通志·地理》更记述福州城北怀安后山“旧为陶灶,宋政和初,县仍禁之”[②],说明这是一处唐宋官府专属陶灶。此外,闽国时福建还修筑了包括建州东罗城[③]、泉州子城与罗城等在内的大规模建筑物,每座建筑物都需要数以千万计的砖块,有力促进了闽国砖窑业的发展。

(五)矿冶业的复兴及其技术进步

福建矿冶采炼历史悠久,曾一度处于全国领先地位。但自西汉中期以降,福建矿冶业几乎陷入停顿,直到唐代才恢复并呈加速发展态势。

1.矿冶业的复兴

据《新唐书·地理志》记载[④],唐代福建9县有矿产:福唐(今福清)、南安产铁,邵武、长汀、沙县产铜铁,建安产银铜,宁化产银铁,尤溪产银铜铁,将乐产金银铁。在唐代,矿冶业是比较发达的一个手工业部门,全国“凡银、铜、铁、锡之冶一百六十八”[⑤],但并没有在福建设冶,可能是福建诸矿产规模较小,未引起国家的重视。不过,从唐武宗会昌年间(841—846年)福建设立钱坊并铸造出背文有“福”字铜钱这一事实看[⑥],唐代尤其是唐后期福建金属品制造业已具有较高的工艺水平。1987年浦城唐墓曾出土铜鐎斗、铜提梁壶、铜镜各一件。其中黄铜质鐎斗,长34.5厘米,高25厘米,重3公斤,造型古朴稳重,工艺精湛;铜镜,径9.5厘米,八瓣葵花形,圆纽,镜身涂以珐琅瓷质,光洁明亮,造型精美。[⑦] 在今永春、武夷等地的唐墓

① (明)黄仲昭:《八闽通志(下册)》卷八〇“古迹·福州府·怀安县·陶灶”;(明)王应山:《闽都记》卷二五“郡东北侯官胜迹”。另据考古发现,福州南北夹城砖,有的刻有“古田县”“陈祥”“张郊”等县名及人名,说明这些砖块有的可能是作为赋税折纳物缴上来的。

② (明)黄仲昭:《八闽通志(上册)》卷四“地理·山川·福州府·怀安县·后山”。

③ (明)黄仲昭:《八闽通志(上册)》卷一三“地理·城池·建宁府·府城”。

④ (宋)欧阳修:《新唐书》卷四一“地理志五·江南道”。

⑤ (宋)欧阳修:《新唐书》卷五四“食货志四”。

⑥ (宋)洪遵:《泉志(补印本)》卷三“正用品下·新开元钱”。

⑦ 赵洪章:《浦城县林化厂工地唐墓出土器物简介》,载《福建文博》1987年第1期。

中，还出土了一批铜饰件、铜带扣、铁剪等日常生活用品[①]，反映出唐代福建金属品制造业已较发达，日用金属品制造技术趋于普及与成熟。

2.佛像钟磬大量涌现

唐末特别是五代闽国时期，受统治者崇信宗教的影响，福建矿冶业发展更上一层楼，不仅铜铁金银产量大幅提升，而且还铸造了一大批佛像钟磬之属。“檀林院钟：院在剑浦南七里，有钟，乃唐昭宗景福年中(892—893年)铸。”[②]“金泉寺钟：在将乐县玉华门外，寺有大铜钟，唐大顺三年[③]铸。”[④]王象之《舆地纪胜》的记载，只能视为唐末五代福建大规模佛像钟磬铸造的序曲。唐天祐三年(906年)，王审知先后铸“丈有六尺”的金铜像和“丈有三尺”的菩萨像，两者均“高铜为内肌，金为外肤，取法西天铸成”[⑤]。后梁贞明四年(918年)，王审知在福州子城东铸辟支佛像，“铸铜万斤”。后唐同光元年(923年)，王审知在福州城西南“张炉冶十三所，备铜镴三万斤，铸释迦弥勒像”，“又泥金银万余两，作金银字四藏经各五千四十八卷”[⑥]。此外，王氏还用“铜六万斤、黄金三百两”，在福州西南的乌石山铸造了一尊“方三丈六尺”的弥勒像，成为宋代乌石山三十六奇之一。[⑦] 值得一提的是，天祐三年王审知在九仙山定光多宝塔之右所铸的“丈六金身”佛像，还采用了分铸新工艺。“自寅而及午，斯佛也，一泄而成。……差其一臂，工以之别铸而会(其像大，工虑其不就，计以一臂别铸而会之)。”铜像铸成后，工匠再做细加工，“磨莹雕饰，克尽其妙”，最后在表面鎏金，佛像才最后完成。[⑧] 这是福建早期历史上第一次出现的有明确记载的大型铜像分铸工

---

① 林存琪：《福建永春金峰山唐墓》，载《福建文博》1983年第1期；陈子文：《崇安黄土隋唐墓清理简报》，载《福建文博》1986年第1期。

② (宋)王象之：《舆地纪胜》卷一三三“福建路·南剑州·古迹·檀林院钟”。

③ 唐无大顺三年年号，只到大顺二年(891年)，推测应为景福元年即公元892年。

④ (宋)王象之：《舆地纪胜》卷一三三“福建路·南剑州·古迹·金泉寺钟”。

⑤ (唐五代)黄滔：《唐黄御史文集(唐黄先生文集)》卷五“碑记铭·丈六金身碑”。

⑥ (宋)梁克家：《三山志》卷三三“寺观类一·僧寺(山附)·怀安太平寺”。

⑦ (宋)梁克家：《三山志》卷三三“寺观类一·僧寺(山附)·侯官神光寺”。

⑧ (唐五代)黄滔：《唐黄御史文集(唐黄先生文集)》卷五“碑记铭·丈六金身碑”。

艺。作者黄滔时任威武军节度推官，作为当事者，他的记述是可信的。

闽国后期，王审知的孙子王继鹏（继位后改名为昶）崇奉道教，在位时间虽短，却进行了规模浩大的造像工程，仅闽通文四年（939 年）他就用黄金数千斤，铸造了宝皇大帝、太上老君、元始天尊等像。[①] 还有，怀安的莲花院为了纪念王审知，“铜铸闽王像一躯”，这类写实铜像十分不好做，“相传三铸而后成”[②]。至于钟磬之属，五代闽国也随寺院的兴盛而大量铸造。据王象之《舆地纪胜》记载，在将乐县南 15 里的宝华院，“有伪闽王氏铸铜钟”[③]。1984 年，政和县曾发现了一尊铸有“闽王羲永隆元年（939 年）”的大铜钟，净重 132.5 公斤，通高 93 厘米，口径 53.5 厘米。该钟为五弧梅花口、深腔圆椭形钟体。腹腰部起渐向钟顶微弧收，顶呈弧形，上附双龙联体拱形钮。钟体对腰处饰一周半圆浮纹，上下都各饰五组双线框边浮纹。艺术造型典雅，铸造工艺精湛，至今敲击仍发出深沉浑厚的声音，可传闻 10 里之远。

3.金属货币的铸造

除佛像钟磬之属外，闽王氏时代福建还数度自铸金属货币。后梁贞明元年（915 年），王审知置铅场于汀州宁化县，“二年铸铅钱，与铜钱并行”[④]；后梁龙德二年（922 年），王审知铸“开元通宝”大铁钱，“以五百文为贯”[⑤]；后晋天福七年（942 年，即闽永隆四年），王延羲（继位后改名为曦）铸“永隆通宝”大铁钱，“径寸四分，重十铢三参”[⑥]；后晋开运元年（944 年，即闽天德二年），王延政在建州铸“天德通宝”“天德重宝”两品大铁钱[⑦]。据南宋中期的《三山志》记载，当时福州的资利成宝灵应侯庙所在地，即为“伪闽铸钱

① （宋）司马光：《资治通鉴》卷二七八“后唐纪八”。

② （宋）梁克家：《三山志》卷三八“寺观类六・僧寺・怀安县・莲花院”。

③ （宋）王象之：《舆地纪胜》卷一三三“福建路・南剑州・碑记・宝华院记”。

④ （宋）洪遵：《泉志（补印本）》卷五“伪品下・王审知铅钱”引《十国纪年・闽史》。

⑤ （宋）洪遵：《泉志（补印本）》卷五“伪品下・开元铁钱”引宋陶岳《泉货录》。

⑥ （宋）洪遵：《泉志（补印本）》卷五“伪品下・王延羲永隆钱”。

⑦ （宋）洪遵：《泉志（补印本）》卷五“伪品下・王延政天德钱”。

监所”[①]。事实上，直到宋初的太平兴国八年（983 年），福建也曾大造铁钱用于流通。“是时，以福建铜钱数少，令建州铸（太平通宝）大铁钱并行”，且数量相当可观，“官私所有铁钱十万贯”[②]。考古发现也证实五代时的福建确有铸币业。1964 年在福州湖滨路工地曾出土闽国“开元通宝”铁钱一盒［参见图 0-51（左）］；1957 年在福州省医学院茶亭工地，也曾发现窖藏的“开元通宝”一瓮，重 20 余公斤，经化学分析，这些钱币是用铅和微量锡合金铸造；而泉州承天寺五代铸钱遗址的考古发掘，更为研究闽国铁钱制作工艺提供了珍贵文物资料（参见图 0-51）。“盖自五代以来，相承用唐旧钱，其别铸者殊鲜。”[③]从这一点看，闽王氏的铸币活动难能可贵。只是这些闽国所铸之币，“钱文粗拙，质薄，铸工不精”[④]，较唐代官币还有相当差距。南宋洪遵的《泉志》亦指出王延羲所铸“永隆通宝”存在“字文夷漫，制作不精”[⑤]等问题。

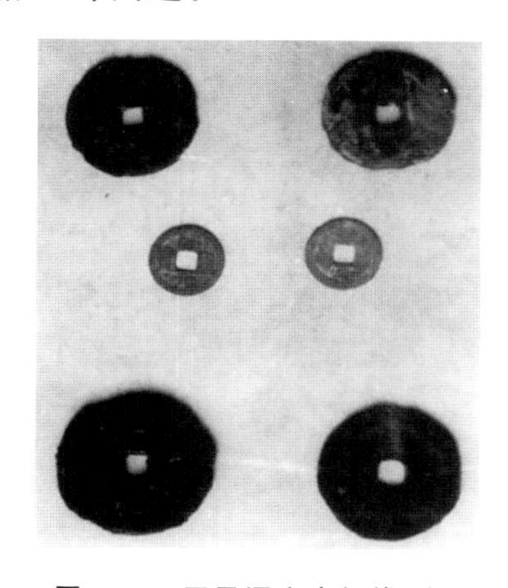
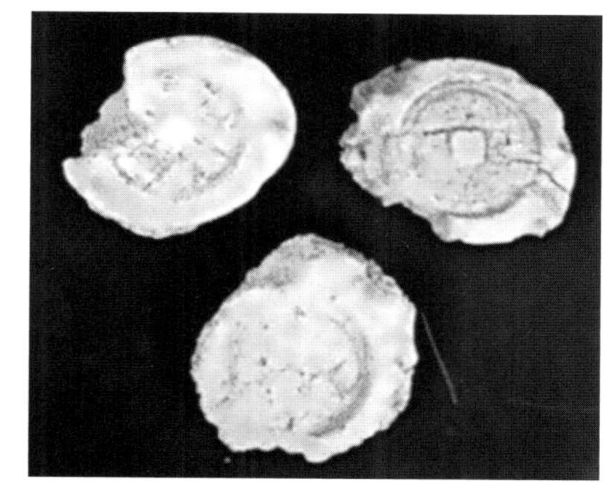

图 0-51　开元通宝大铅钱（左上）、小铅钱（左中）、大铁钱与“永隆通宝”泥质钱范

资料来源：福建省博物馆《五代闽国刘华墓发掘报告》；泉州博物馆。

① （宋）梁克家：《三山志》卷八“公解类二·祠庙·资利成宝灵应侯庙”。

② （元）脱脱：《宋史》卷一八〇“食货志下二·钱币”。

③ （元）脱脱：《宋史》卷一八〇“食货志下三·钱币”。

④ 福建省博物馆：《五代闽国刘华墓发掘报告》，载《文物》1975 年第 1 期。

⑤ （宋）洪遵：《泉志（补印本）》卷五“伪品下·王延羲永隆钱”。

无论是重达数万斤的神像还是合金小铸币的出现，说明五代闽国时期福建的冶金技术和铸造工艺均达到了相当高的水平，甚至在向中原王朝的进贡中也多次出现精美的金银器皿，如后梁乾化二年（912 年）“福建进贡供御金花银器一百件，各五千两”[①]，后唐天成四年（929 年）“福建王延钧进谢恩银器六千五百两，金器一百两”，后晋天福二年（937 年）闽王王继鹏“进金器六事二百两，金花细缕银器三千两”[②]，这些都为宋元福建矿冶业兴盛和冶铸技术大发展奠定了坚实基础。

（六）其他行业及其技术发展

除农业、纺织、陶瓷、矿业外，隋唐五代福建在宫殿与寺塔建筑、城市与道路建设、海外交通贸易及造船、造纸印刷以及医药卫生诸行业和领域也取得了相当进步。

1.宫殿与寺塔建筑技术

五代闽国后期，统治者大建宫殿。“宫有宝皇、大明、长春、紫薇、东华、跃龙（《八闽通志·封爵》作“龙跃”）；殿有文明、文德、九龙、大酺、明威；门有紫宸、启圣、应天、东清、安泰、金德。”[③]工程之浩大，技术之精湛，在福建古代建筑史上绝无仅有。其中仅王延钧修建东华宫时，“穷工极丽，宫中供匠作者万人”[④]，“玉宇恢廓，金殿峥嵘”[⑤]，更不消说在周回十数里的西湖“筑室其上”[⑥]且内部装饰大量水晶豪华之极的紫薇宫（号水晶宫）[⑦]。据流传下来的闽国福州城图，闽国后期的皇宫范围很大，约占福州城区的 1/3，是福建历史上规模最大的宫殿群，“极土木之盛”[⑧]。

① （宋）王钦若：《册府元龟》卷一九七“闰位部·纳贡献”。
② （宋）王钦若：《册府元龟》卷一六九“帝王部·纳贡献”。
③ （宋）梁克家：《三山志》卷七“公廨类一·府治”。
④ （清）吴任臣：《十国春秋》卷九一“闽惠宗本纪”。
⑤ （宋）梁克家：《三山志》卷八“公廨类二·祠庙·东岳行宫”。
⑥ （宋）梁克家：《三山志》卷四“地理类四·内外城壕（桥梁附）”。
⑦ （宋）司马光：《资治通鉴》卷二八一“后晋纪二”。
⑧ （明）黄仲昭：《八闽通志（上册）》卷二七“封爵·福州府·[五代]·延钧”。

“城里三山千簇寺，夜间七塔万枝灯。”[①]唐五代福建尤其是福州的佛寺建筑也十分壮丽，福州天王寺“粉垣千堵束，金塔九层支”[②]，福州子城东庄严寺“庄严之阁独雄丽，遂以名其寺”[③]。不仅如此，唐末五代福建还以佛寺数量众多著称。以福州为例，“王氏入闽，更加营缮，又增寺二百六十七，费耗过之。自属吴越，首尾才三十二年，建寺亦二百二十一”[④]。又如建州，南唐时所辖各县计有佛寺近千座，“建安佛寺三百五十一，建阳二百五十七，浦城一百七十八，崇安八十五，松溪四十一，关隶五十二”[⑤]。可见，南唐统治下的建州超越福州，成为我国佛教建筑最为发达的地区。值得一提的是，至今仍保持初建结构的福州华林寺大殿(时称越山吉祥禅院)，在五代吴越时不过是个中等庙宇，但它的建筑成就已令人赞叹不已，当时福建建筑水平之高可见一斑。

宝塔是佛教的代表性建筑，而唐五代的闽中以宝塔建筑闻名。“闽之浮屠，始于萧梁(502—557年)，高者三百尺，至有倍之者，峻相望(弘治《八闽通志》作“峻拔相望”)。乾符五年(878年)，巢寇焚殄无遗。”[⑥]王审知及其子孙入据福州后，又展开大规模的寺塔修筑工程[⑦]，其中尤以“报恩定光多宝塔(白塔)”和“崇妙保圣坚牢塔(乌塔)”最为有名。

报恩定光多宝塔位于九仙山之西，是万岁寺的附属建筑[⑧]，唐天祐元年(904年)王审知初建时“内甃以砖，凡四十万口，外构以木，盖百其巧，七层八面……方七十有七尺，高二百尺，相轮之四十尺”，“环周辐辏之行廊凡三十有三间”。白塔不仅塔身颇为雄丽，其附属器件也很华美，“琢文石以为轩，

① (宋)梁克家:《三山志》卷三三“寺观类一·僧寺(山附)·侯官南报恩院”引宋初谢泌诗句。

② (唐五代)黄滔:《唐黄御史文集(唐黄先生文集)》卷四“五言排律·和王舍人崔补阙题福州天王寺”。

③ (宋)梁克家:《三山志》卷三三“寺观类一·僧寺(山附)·怀安庄严寺”。

④ (宋)梁克家:《三山志》卷三三“寺观类一·僧寺(山附)”。

⑤ (宋)江少虞:《宋朝事实类苑》卷六一“建州多佛刹”引宋杨亿语。

⑥ (宋)梁克家:《三山志》卷三三“寺观类一·僧寺(山附)·侯官南报恩院”。

⑦ (明)黄仲昭:《八闽通志(下册)》卷七五“寺观·福州府·侯官·南报恩寺”。

⑧ (明)黄仲昭:《八闽通志(下册)》卷七五“寺观·福州府·闽县·万岁寺”。

雕修虹以为梁”,“悬轮之铎一百九十,悬层之铎五十有六,角瓦之神五十有六。其内也,则门门面面缋以金像不可胜纪,登之者若身在梵天”[①]。

崇妙保圣坚牢塔位于福州西南(宋为侯官县境)乌石山之麓,原有石塔为唐贞元十五年(799年)福建观察使柳冕所建,后晋天福六年(941年,即闽永隆三年)闽王延羲与其大臣共同捐资重建[②],原拟建9层,方到7层,王延羲被臣属所杀,工程遂告结束。明清以来,数度重修,仍保持着五代的建筑风格(参见图0-52)。塔为八角形,高35米,造型古朴大方。塔内有曲尺形的阶梯通道,便于上下。每层塔身外有回廊,周环栏板。每层塔壁均有浮雕佛像,共有46尊,是研究五代福建佛像浮雕的珍贵资料。此外,第四层塔壁嵌有楷书的塔名碑,第五层有建塔的“塔记”,第七层有“祈福题名”碑,是研究五代闽国历史的重要实物资料。

图0-52 位于福州乌石山之麓的乌塔及浮雕

资料来源:福州市鼓楼区档案局(馆);徐晓望《福建通史(第二卷)·隋唐五代》扉页。

---

① (唐五代)黄滔:《唐黄御史文集(唐黄先生文集)》卷五“碑记铭·大唐福州报恩定光多宝塔碑记”。

② (明)黄仲昭:《八闽通志(下册)》卷七五“寺观·福州府·侯官县·石塔寺”。

2.城市与道路建设工程

城市是人类生产和生活的重要载体，是地区经济科技实力的集中体现。随着唐五代福建开发的加速，城市改扩建成为时代发展的亮点之一，出现了福州、泉州和建州等功能较为完善的大中型城市(有关福州与泉州的城建情况，见本书有关章节)。

建州是福建与内地、中原交通的必经之路，也是福建最早的经济开发地区。为适应唐代城市经济发展的需要，建中元年(780年)，刺史陆长源改筑黄华山麓(建安)县城为州治，"延袤九里三百四十三步，高二丈，广一丈二尺，为门九"。唐末五代，建州城又进行了两次大规模建设。先是唐天祐年间(904-907年)，"刺史孟威增筑东罗城"；继有后晋天福五年(940年)，割据建州的王延政"又增筑之"，使建州罗城"周围二十里"①，为旧城的2倍。与此同时，王延政在建州也修建了包括"太和殿"②在内的不少宫殿，且规模都相当宏大，这一点不难从今日尚存的鼓楼(时称五凤楼)占地范围看出。故时人曾批评王延政"宫室台榭，崇饰无度"③。改扩建后的建州城成为南方有名的大城，"建安大邦，保界闽粤。绵地八百里，生齿十万室"④，有力推动闽北各项事业的发展。此外，大中初(约847年)任汀州刺史的刘岐，曾在新迁郡治所在地的长汀卧龙白石"筑子城，创罗城敌楼，郡之壁垒至是始具"⑤。

经济发展离不开道路。虽经魏晋南朝时期的改善，但到隋唐时，福建境内及与周边区域的陆路交通仍十分不便。以福州为例，"西路(亦称西门路)旧无车道抵中国，缘江乘舟，幂荡而溯，凡四百六十二里，始接邮道"。这是一条从福州西达延平(今南平)再经闽北出境可通中原的交通干道。由于闽江激流险滩无数，在福建观察使陆庶任职的两年间，亲见"江吏籍

---

① (明)黄仲昭:《八闽通志(上册)》卷一三"地理·城池·建宁府·府城"。

② (明)黄仲昭:《八闽通志(下卷)》卷七三"宫室·建宁府·建安县·太和殿"。

③ (清)吴任臣:《十国春秋》卷九六"潘承祐传"。

④ (宋)杨亿:《武夷新集》卷六"颂记·建安郡斋三亭记"。

⑤ (明)黄仲昭:《八闽通志(上册)》卷三八"秩官·名宦·郡县·汀州府·[唐]·刘岐";详见胡太初等开庆《临汀志·城池》,第11页。

沦，溺者百数”，开辟福州至延平（今南平）的陆路交通势在必行。唐元和年间（806—820年），陆庶率领闽中百姓“铲峰湮谷，停舟续流，跨木引绳”，开展了福建历史上最大规模的道路建设工程，从福州城西半里的西门铺，途经怀安、侯官、闽清、古田4县，最后抵达南剑州界东5里的营顶铺。整个工程全长286里，共建有“驿四、铺十三”，取得了“抵延平、富沙（今建阳），以通京师”的交通绩效。[①]

除福延陆路驿道外，唐末黄巢起义军入闽时，还对福建著名出省通道仙霞岭路进行了较大规模的改造。《旧唐书》载：乾符五年（878年）三月“黄巢之众再攻江西，陷虔、吉、饶、信等州，自宣州渡江，由浙东欲趋福建，以无舟船，乃开山洞五百里，由陆趋建州，遂陷闽中诸州”[②]。《新唐书》亦载：乾符五年黄巢“收众逾江西，破虔、吉、饶、信等州，因刊山开道七百里，直趋建州”[③]。所谓“开山洞”“刊山开道”，当是黄巢大军人马辎重过道不便，因而对由浦城过仙霞岭到浙东衢州江山县的道路进行了拓宽。此外，为抵御吴越国的侵犯，五代闽国时期曾大规模修筑闽浙交界处的分水关。2000年的勘测和发掘表明，当时的分水关筑有防御墙、走马道、关门、烽火台、驿道、灶台等设施（参见图0-53），防御墙依山而筑，东南—西北走向，现存长约405米。墙体两侧用粗大的毛石垒砌，内填以小石块，上宽0.8～1米、底宽2～4米，一般高3～5米，最高可达6.8米，可谓闽中罕见的雄关。[④] 福延路、仙霞岭路和分水关的修建与改造，相当程度改善了福建境内及与周边区域的陆路交通状况，加强了福建与中原的联系，在福建古代交通史上占有重要的地位。

① （宋）梁克家：《三山志》卷五“地理类五·驿铺”。

② （五代）刘昫：《旧唐书》卷一九下“本纪·僖宗”。

③ （宋）欧阳修：《新唐书》卷二二五“逆臣下·黄巢传”。

④ 《修复分水关古防御墙 还原千年关隘真容》，福鼎新闻网，2012年8月7日。

图 0-53　福鼎分水关古防御墙(左)、走马古道(中)与关门遗址

资料来源:《海峡都市报》2004-07-27;福鼎新闻网;宁德网。

桥梁是道路的连接和延伸。据淳熙《三山志》记载,福建最早的桥梁出现在汉初。“相传无诸时,(王城)四面皆江水,此如屋奥,舟楫所赴,北会山原,东达行路,其时已有桥,惟木性喜腐,更革莫得祥。”[①]随着经济发展和道路通畅的需要,隋唐五代福建桥梁建设开始起步。其中桥梁建筑最密集的当属福州城,南宋时共有包括去思桥(旧名澳桥)、九仙桥(旧名合沙桥)、通津门桥(旧名兼济)、安泰桥、清远门桥、金斗门桥、虎节门大桥等在内的大小桥梁30余座,绝大多数始建于唐五代。[②] 而现存福建最早的桥梁出现在漳州,即唐元和十一年(816年)建造的单跨石梁桥名第桥(即今东桥亭),桥面由数十条石梁密铺,桥上建有观音庙亭。石梁长9.3～10米,宽厚各0.7～0.8米,石梁两端由城壕两岸6层条石悬臂顶托。[③] 最有名的桥梁是建于唐光化四年(901年)的福州闽安镇沈公桥,“是福州地区古代著名的第一座梁式石桥,它长66米,宽4.80米,纯用花岗石砌成。桥旁石栏精雕珍禽异兽,栩栩如生”(参见图0-54)[④]。此外,五代末泉州境内也出现了石砌长桥,“东桥:在城东朝天门外,留从效所建,故又名太师桥,桥长五

① (宋)梁克家:《三山志》卷四“地理类四・内外城壕(桥梁附)”。

② (宋)梁克家:《三山志》卷四“地理类四・内外城壕(桥梁附)”。

③ 《漳州市志》卷五“交通・桥梁・古桥・名第桥”。

④ 王宜俊:《闽安镇》,载《福建史志》1988年第6期。

十二步，通水六门”[①]。

图 0-54　建于唐末的福州闽安镇沈公桥

资料来源：徐晓望《福建通史（第二卷）·隋唐五代》扉页。

3.海外交通贸易及造船

唐以前的福建位于南疆荒僻地带，没有中原地区“重农轻商”的观念。如唐代独孤及所言：“闽越旧风，机巧剽轻，资产货利，与巴蜀埒富。”[②]隋唐以来，随着农业生产的发展和手工业技术的进步，福建的商业尤其是海外贸易也逐步得到发展。

唐代福建海外贸易兴起的一个重要标志，是唐中叶泉州港的崛起。“自（泉）州正东海行二日至高华屿，又二日至鼊鼊屿，又一日至流求国。”[③]在国家正史中，将泉州港作为海外交通贸易航线和时程的起始港加以记载，这在福建历史上还是第一次。事实上，唐天宝、大历间人包何就曾在《送泉州李使君之任》（《舆地纪胜》作“《送李使君赴泉州》”）诗中写道：“云

① （清）黄任：《乾隆泉州府志（一）》卷一〇“桥渡·同安县·东桥”引《闽书》和《隆庆府志》。

② （清）陈寿祺：道光《福建通志》卷六二“学校”引唐独孤及《都督府儒学记》。

③ （宋）欧阳修：《新唐书》卷四一“地理志五·江南道·泉州”。

山百越路，市井十州人。执玉来朝远，还珠入贡频。”①前两句说的是泉州异国商人云集，后两句指出泉州有外国朝贡者频繁进出。为此，唐政府还在泉州设“参军事四，掌出使导赞”②，专门负责接待“寓商于贡”的外国使臣。公元9世纪中叶，阿拉伯地理学家伊本柯达贝(Ibn Khorda ben)曾著《道程及郡国志》，书中介绍了唐代中国贸易港的情况，并将泉府(泉州)与交州(今河内)、广府(广州)、江都(扬州)列为唐代四大贸易港③，泉州港发展迈上了一个新台阶。

五代时期，由于统治者的重视，福建海外交通贸易又有较大发展。在福州，闽王审知开辟甘棠港(原名黄崎港，位于今福安下白石镇)和设置榷货务，积极“招来(海中)蛮夷商贾”④，形成“中华地向城边尽，外国云从岛上来”⑤的海内外贸易并重格局，1965年福州新店闽国刘华墓出土的3件9—10世纪伊斯兰式样的孔雀蓝釉陶瓶(参见图0-55)，正是这一历史时刻的最好见证。在泉州，刺史王延彬“岁屡丰登，复多发蛮舶以资公用，惊涛狂飙无有失坏，郡人籍之为利，号‘招宝侍郎’”⑥；节度使留从效“陶器、铜铁，泛于番

图0-55　福州新店闽国刘华墓出土的波斯孔雀蓝釉陶瓶

资料来源：福建博物院。

① (唐)包何：《送泉州李使君之任》，载《全唐诗》卷二〇八。

② (明)陈懋仁：《泉南杂志》卷上。

③ 详见唐文基：《福建古代经济史》，福建教育出版社1995年版，第184～185页。

④ (明)黄仲昭：《八闽通志(下册)》卷六三“人物·福州府·寓贤·[五代]·张睦”；(明)黄仲昭：《八闽通志(上册)》卷二七“封爵·福州府·[唐]·审知”。

⑤ (唐)韩偓：《韩偓诗集笺注》卷一“登南神光寺塔院”。

⑥ (清)朱学曾：道光《晋江县志》卷三四“政绩志”。

国"[①]，政府也相应设立了主管市舶贸易的"专客务"[②]，海外交通贸易出现了一时之盛，这一点不难从宋初割据泉漳的陈洪进所进贡品中窥其一斑。据史载，乾德元年(963年)十二月，"泉州陈洪进遣使贡白金千两(《宋史》卷四八三作"白金万两")，孔香(《宋史》卷四八三作"乳香")、茶药皆万计[③]；开宝九年(976年)七月，陈洪进"贡乳香(《宋会要辑稿》作"瓶香")万斤、象牙三千斤(《宋会要辑稿》作"二千斤")、龙脑香(《宋会要辑稿》作"白龙脑")五斤"[④]；太平兴国二年(977年)四月，又"进银千两、香二千斤、干姜万斤、葛万匹、生黄茶万斤、龙脑、蜡面茶等"[⑤]。更大规模的朝贡发生在太平兴国二年八月和十一月，其中香14000斤、象牙1万斤、乳香89000斤、通牯犀25株、苏木5万斤、白檀香1万斤、白龙脑20斤、木香1000斤、石膏脂900斤、阿魏200斤、麒麟竭200斤、没药200斤、胡椒500斤、真珠5斤、玳瑁5斤以及金银绢绫等[⑥]，品种之多，数量之大，非前代可比。"大舟有深利，沧海无浅波，利深波也深，君意竟如何？鲸鲵齿上路，何如少经过?"[⑦]莆田黄滔的这首《贾客》诗，描述了五代闽商在大海随波逐利的情形。

海外交通贸易的兴起，推动了福建造船业的发展，泉州和福州亦成为福建两大造船中心。唐天宝三年(744年)，鉴真和尚与日本僧人荣叡、普照等人曾派人到福州买船以东渡日本。唐咸通四年(863年)七月，南诏陷交趾，为解决远征军军粮问题，唐政府采纳陈磻石建议，"造千斛大舟，自福建运米泛海，不一月至广州"[⑧]。根据福建的造船能力，这些千斛大船理当

---

① 泉州《清源留氏族谱·宋太师鄂国公传》，福建省图书馆藏。

② 林宗鸿：《泉州开元寺发现五代石经幢等重要文物》，载《泉州文史》第9期。

③ (元)脱脱：《宋史》卷一"本纪第一·太祖一"。

④ (元)脱脱：《宋史》卷四八三"世家六·漳泉留氏、陈氏"；(清)徐松：《宋会要辑稿·蕃夷七之六"历代朝贡"》。

⑤ (清)徐松：《宋会要辑稿·蕃夷七之七"历代朝贡"》。

⑥ (清)徐松：《宋会要辑稿·蕃夷七之七～九"历代朝贡"》。

⑦ (唐五代)黄滔：《唐黄御史文集(唐黄先生文集)》卷二"五言古诗·贾客"。

⑧ (宋)司马光：《资治通鉴》卷二五〇"唐纪六十六·懿宗咸通四年"。

是在福建制造。迨至五代，闽王审知拥有“战舰千艘”[1]，唐末五代福建造船业之发达可见一斑。

4.造纸印刷技术

“竹穰、楮（同“椿”）皮、薄藤、厚藤，凡柔软者皆可以造纸。”福建手工业造纸兴于唐代，最早采用麻类造麻纸，楮树皮造楮纸，麻藤造藤纸。就福州而言，“楮纸出连江西乡，薄藤纸出侯官赤岸，厚藤纸出永福（今永泰）辜岭”[2]。到唐末五代，福建造纸业有了长足的发展，主要表现在两个方面：一是可满足大量书写用纸需求。王潮成为威武军节度使之后，“缮经三千卷，皆极越藤之精”[3]；唐天祐二年（905 年），王审知藏佛经于九仙山报恩定光多宝塔，“凡五百四十有一函，惣（总）五千四十有八卷”[4]；后梁龙德三年（923 年）又作“金银字四藏经各五千四十八卷”[5]。王延钧登基时，许“缮经二百藏”[6]。二是能造出品质上乘的“花笺”纸。“浓染红桃二月花，只宜神笔纵龙蛇，浅澄秋水看云母，碎擘轻苔间粉霞。写赋好追陈后宠，题诗堪送窦滔家，使君即入金銮殿，夜直无非草白麻。”[7]从徐寅《尚书新造花笺》诗中看，王审知（时为唐末“尚书”）所造的这种“花笺”麻纸极为漂亮，可与贡品媲美。事实上，正是利用此高档纸，王审知曾“命管内军州搜遗书缮写以上”[8]，用以进贡中原朝廷。

除书写外，唐五代福建先民还以纸为帐或被。“几笑文园四壁空，避寒深入剡藤中，误悬谢守澄江练，自宿嫦娥白兔宫。几叠玉山开洞壑，半岩春

---

① （唐五代）翁承赞：《闽王审知墓志》，现立于福州忠懿王庙内。

② （宋）梁克家：《三山志》卷四一“土俗类三 · 物产 · 货 · 纸”。

③ （唐五代）黄滔：《唐黄御史文集（唐黄先生文集）》卷五“碑记铭 · 泉州开元寺佛殿碑记”。

④ （唐五代）黄滔：《唐黄御史文集（唐黄先生文集）》卷五“碑记铭 · 大唐福州报恩定光多宝塔碑记”。

⑤ （清）吴任臣：《十国春秋》卷九〇“闽太祖世家”。

⑥ （清）吴任臣：《十国春秋》卷九一“闽惠宗本纪”。

⑦ （唐五代）徐寅：《尚书新造花笺》，载《全唐诗》卷七一〇。

⑧ （清）吴任臣：《十国春秋》卷九〇“闽太祖世家”。

雾结房栊，针罗截锦饶君侈，争及蒙茸暖避风。”[①]“文采鸳鸯罢合欢，细柔轻缀好鱼牋。一床明月盖归梦，数尺白云笼冷眠。披对劲风温胜酒，拥听寒雨暖于绵，赤眉豪客见皆笑，却问儒生直几钱？”[②]显然，纸帐和纸被在五代还是比较新鲜的事，所以在著名诗人徐寅笔下才会出现“赤眉豪客见皆笑，却问儒生直几钱”的描写。降至宋代，以楮树皮为原料制作的纸帐和纸被，在福州和闽北一带仍大行其道，楮“皮有斑花，其皮可以为布，亦可捣以为纸”[③]，“细皱卷寒波，轻明笼白雾。……贤哉楮先生，不以贫不顾”[④]。身居建阳的朱熹曾寄赠一床纸被给陆游，陆游有《谢朱元晦寄纸被》诗云：“纸被围身废雪天，白于狐腋暖于绵。”[⑤]将纸由文房四宝之一而成为卧具，从一个侧面反映了唐五代闽北造纸技术的发达。

福建刻书业萌芽于五代，这一点不难从徐寅的“拙赋偏闻镌印卖”[⑥]诗句中得到证实。据考证[⑦]，徐寅是唐末五代时莆田籍的著名文学家，擅长作赋，曾在闽王审知手下任掌书记。其诗中的“拙赋”，是指在闽中刊印的《斩蛇剑赋》《人生几何赋》等作品。这是目前已知福建刻书的最早记载，也是五代福建刻书的确证。

---

① (唐五代)徐寅：《纸帐》，载《全唐诗》卷七一〇。
② (唐五代)徐寅：《纸被》，载《全唐诗》卷七一〇。
③ (宋)梁克家：《三山志》卷四二“土俗类四・物产・木・楮”。
④ (宋)胡寅：《斐然集》卷一“纸帐”。
⑤ (明)黄仲昭：《八闽通志(上册)》卷二五“食货・土产・建宁府・货之属・纸被”。
⑥ (唐五代)徐寅：《自咏十韵》，载《全唐诗》卷七一一。
⑦ 方彦寿：《建阳刻书史》，中国社会出版社2003年版，第8页。

第一编　实用科学的兴起与发展

农医天算是中国古代最具代表性的科学领域，是世界实用科学发展的奇葩。在这一历史进程中，宋元闽籍学者做出了自己的贡献。

第一章　农　　学

农业是立国之本，农学是学问之首。随着农业的大发展和文化素质的不断提升，宋元福建农学崭露头角，尤其在经济植物学领域成就突出，在全国乃至世界占有一定的位置。

第一节　北苑茶书的茶学知识

北苑，指今建瓯市东北16公里的凤凰山一带，唐代隶属建州，宋时隶属建宁府建安县。凤凰山简称凤山[①]，海拔342米，山麓宽广平坦，红泥土

---

① 据王振镛《宋代建安北苑茶焙遗址考之六　凤凰山辨》考证，宋代文献中的“凤凰(皇)山”，并非今日的凤山，而是位于焙前村的林垅山(即北苑茶事摩崖石刻所在地)，两山隔东溪相距约1.5公里，均属宋代北苑御园龙焙核心地区。而今日凤山，宋时则名为“石坑”。

壤，年平均气温18.7℃，年降雨量1800毫米。凤山的正南端前面为东溪，河谷宽阔，河水清澈，自然环境十分宜于茶业的发展。自唐五代到宋元，北苑茶一直是名重天下的贡茶，也是宋代茶学研究的主要对象，出现了许多高质量的茶书，透露出大量有关茶学和茶树认知方面的内容，值得重视和借鉴。[①]

一、量多质高的北苑茶书

宋代是我国茶文化的兴盛时期，出现了众多记载和专述茶事的诗文书籍，其中尤以吟咏和赞美建安北苑茶的诗文数量之多，名家之齐，历史罕见。目前已知的有王禹偁、宋祁、林逋、丁谓、杨亿、范仲淹、李觏、蔡襄、梅尧臣、王安石、欧阳修、韩驹、苏轼、苏辙、黄庭坚、曾巩、危彻孙、李虚已、释重显、晏殊、宋庠、罗拯、苏颂、米芾、曾几、黄裳、蔡京、秦观、晁补之、邹浩、毛滂、张微、吴则礼、郭祥正、释惠洪、熊蕃、李纲、陆游、李清照、周必大、杨万里、朱熹、葛长庚、洪希文、李俊民、王十朋、韩元吉、徐意、张栻、辛弃疾、徐照、袁燮、徐玑、岳珂、赵汝腾、耶律楚材，以及赵灵、丘荷、彭乘、沈括、王巩、张舜民、蔡绦、庄绰、庞元英、叶梦得、王洋、胡仔、姚宽、曾敏行、周辉、祝穆、熊禾等。至于宋代茶书，建安北苑之名更是随处可见。就以专著而言，除闻名中外的蔡襄《茶录》外，尚有丁谓的《北苑茶录》(又作《建安茶录》《北苑茶事》《茶图》)(三卷)、周绛的《补茶经》(一卷)、刘异的《北苑拾遗》(一卷)、宋子安的《东溪试茶录》(又作《东溪茶录》《试茶录》《子安试茶录》)(一卷)、黄儒的《品茶要录》(一卷)、吕惠卿的《建安茶用记》(二卷)(又作《建安茶记》)、赵佶的《大观茶论》(原名《茶论》，又称《圣宋茶论》)、范逵的《龙焙美成茶录》、熊蕃的《宣和北苑贡茶录》(又作《宣和贡茶经》)(一卷)、曾伉的《茶苑总录》(十二卷或十四卷)、佚名《北苑煎茶法》、赵汝砺的《北苑别录》(一卷)、章炳文的《壑源茶录》(一卷)、佚名《茶苑杂录》(一卷)、佚名《北苑

① 本部分内容参考了郑立盛《北苑茶史》，载《农业考古》1991年第2、4期和1992年第2期。

修贡录》等16部，约占宋代茶事专著30部的1/2[①]，可谓茶事兴盛茶书忙。

宋代北苑茶书不仅数量多，而且质量高，内容之丰富，见解之深刻远超前代，建安成为宋朝茶和茶学的中心，这一点从流传至今的茶书中可见一斑。

《东溪试茶录》，宋子安（曾任北苑御园茶官）著于1051年以后。该书以"纪土地胜绝之目，具疏园陇百名之异，香味精粗之别"[②]为宗旨，通过卷首序论以及总叙焙名、北苑（曾坑、石坑附）、壑源（叶源附）、佛岭、沙溪、茶名、采茶、茶病等8目的体例编排，详细介绍了北苑各茶焙及外焙[指龙焙（亦称正焙）以外的茶焙]的焙名、变迁、地点和品质等情况，论述了茶叶品质与自然条件的关系，并对茶叶采摘、品质成因也作了评述。尤值得一提的是，《东溪试茶录·茶名》还将北苑茶树分为白叶茶、柑叶茶、早茶、细叶茶、稽茶、晚茶、丛茶等7个品种，如此详细的分类，在我国茶业史上当称首次，其价值和意义均属非凡。北苑茶乃至后来的武夷茶之成名，不单是具有特殊的自然环境、精湛的制作工艺和优良的品质特征，更为重要的是其特有的茶树良种。因此，对茶树进行详细分类，是认识和培育茶树良种的关键一步。

《品茶要录》，著于1057年前后。由于作者黄儒（字道辅）为建安人，且曾办过北苑贡茶，十分了解建安茶"采造之得失"[③]，特著此书十说建安茶弊病的分辨：一采造过时，二白合、盗叶，三入杂，四蒸不熟，五过熟，六焦釜，七压黄，八渍膏，九伤焙，十辨壑源、沙溪，面面俱到，字字见真。《品茶要录》还论述了茶叶品质与气候、鲜叶质量、制作工艺的关系及其原因。此外，该书也详细记载了茶叶掺杂使假情况及分辨方法，表明宋代对茶饮的研究已相当深入。

《宣和北苑贡茶录》，作者熊蕃（字叔茂）乃建阳人，于1121—1125年间

---

① 王建平：《国破茶魂在，壶中悠韵长》，载《农业考古》2000年第2期。

② （宋）宋子安：《东溪试茶录》。

③ （宋）黄儒：《品茶要录·总论》。

撰成此书。《宣和北苑贡茶录》有两大特点：一是记述了北苑茶从紫笋茶到研膏茶，再到腊面茶、京铤以至龙凤茶的发展过程；二是记载了宣和至绍兴年间（1119—1158年）北苑贡茶41个花色品种的制造时间、模型和尺寸等情况。由于作者居近产区，故书中“厘别其品第高下，最为精当”[①]。除熊蕃外，其子熊克在绍兴二十八年（1158年）利用监管北苑贡茶之际，对《宣和北苑贡茶录》进行了修改补充，绘制了38幅茶饼图（参见图1-1），使“庶览之无遗恨焉”[②]。此外，现传本所附旧注和清人按语，汇集了散见诸书的有关北苑贡茶资料，使之内容更加完整和丰富。

《北苑别录》，作者赵汝砺是熊蕃的门生，淳熙十三年（1186年）任福建转运使主管帐司时，认为《宣和北苑贡茶录》还有不够全面的地方，所以补撰了此书。《北苑别录》分御园、开焙、采茶、拣茶、蒸茶、榨茶、研茶、造茶、过黄、纲次、开畲、外焙等12目，翔实记载了北宋太平兴国至南宋淳熙年间（976—1186年）北苑御茶园的采摘时间、制茶工艺、贡茶品目和数量等史实，特别是关于茶叶“水数有赢缩，火候有淹亟，纲次有后先，品色有多寡”[③]的记述极为完备，是介绍宋代团茶采制技艺最为全面详细的书。

以上4部茶书，加上蔡襄的《茶录》，较全面地反映了宋代北苑茶事的方方面面，也为今人考察宋代福建官民茶树认知水平提供了资料。值得一提的是，位于建瓯市东峰镇裴桥村焙前自然村林垅山坡上的北苑茶事摩崖石刻（参见图1-2），是中国贡茶史上唯一现存宋代茶事石刻。这幅刻于北宋庆历八年（1048年）的“石书”（当地俗称“凿字岩”）虽仅80字，却真实地标志了北苑的地理位置、御焙年代和官焙作坊名称等丰富内容，是研究宋代建州北苑茶事的可靠佐证和资料。

① （明）黄仲昭：《八闽通志（下册）》卷六六“人物·建宁府·隐逸·[宋]·熊蕃”。
② （宋）熊蕃：《宣和北苑贡茶录》。
③ （宋）赵汝砺：《北苑别录·后序》。

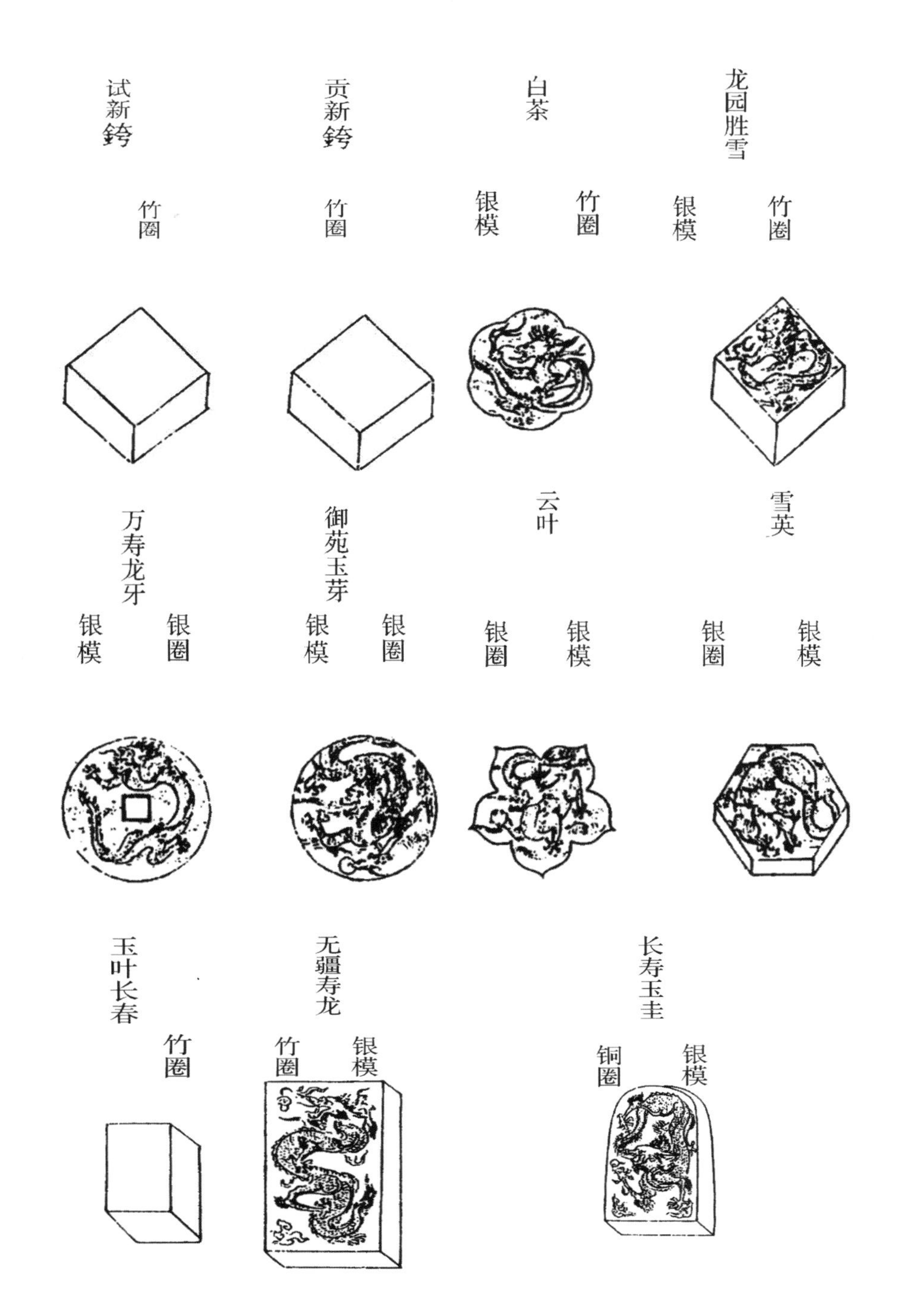
试新銙
竹圈
贡新銙
竹圈
白茶
银模
竹圈
龙园胜雪
银模
竹圈
万寿龙牙
银模
银圈
御苑玉芽
银模
银圈
云叶
银圈
银模
雪英
银圈
银模
玉叶长春
竹圈
无疆寿龙
竹圈
银模
长寿玉圭
铜圈
银模

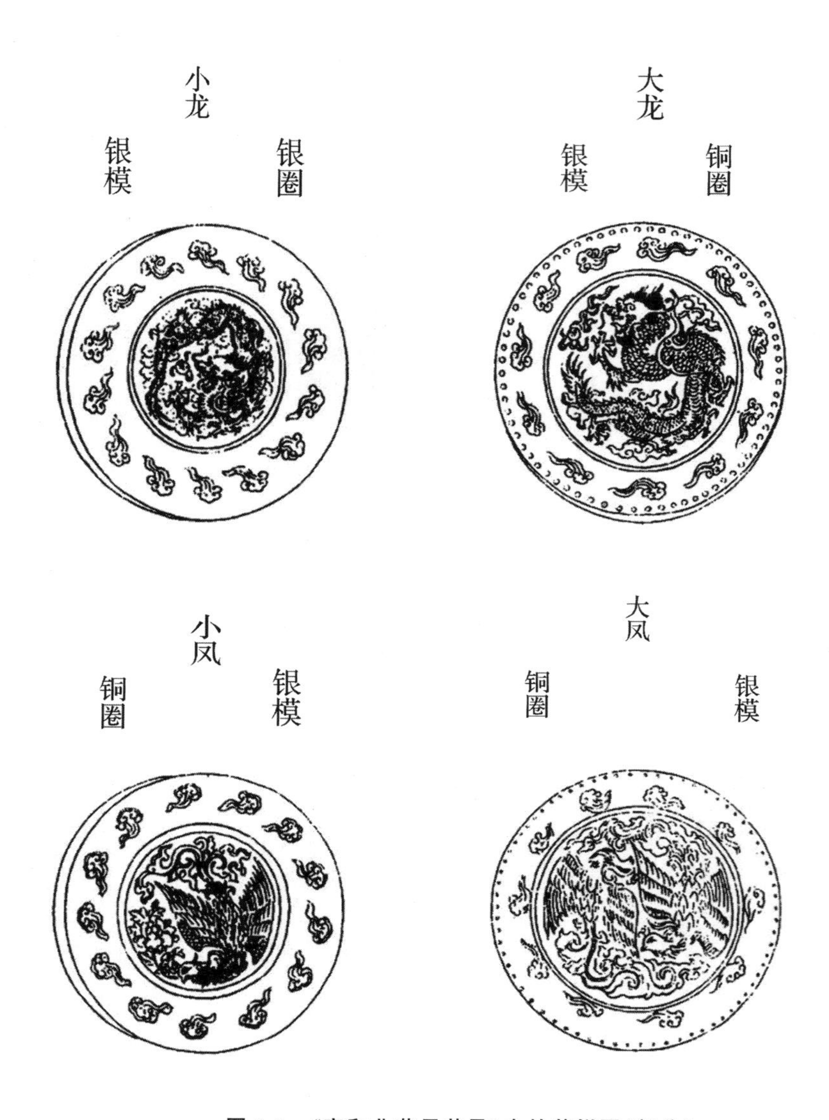

图 1-1 《宣和北苑贡茶录》中的茶饼图(部分)

资料来源:陈定玉《荔枝谱(外十四种)》第 116～128 页。

此外，宋徽宗赵佶的《大观茶论》，以北苑壑源[1]为基点，通过地产、天时、采择(摘)、蒸压、制造、鉴辨(别)、白茶、罗碾、盏、筅、瓶、勺(杓)、水、点、味、香、色、藏焙、品名、外焙等20目，全面论述了北宋建安蒸青团茶的产地、采制、品饮诸方面内容，对北苑茶文化的发展起到了重要推动作用。

图 1-2　北苑茶事摩崖石刻(左为原始石刻)

资料来源：北苑使者网易博客。

二、《茶录》的茶学贡献

种植、采造与品饮，是茶经济发展的三大组成部分。“草木之微，……若处之得地，则能尽其材。昔陆羽《茶经》，不第建安之品；丁谓《茶图》，独论采造之本。至于烹试，曾未有闻。”[2]有感于此，蔡襄以建安茶事为基础，全面介绍了茶叶品饮方法和用具，以弥补茶产业链中的不足。

《茶录》初写于北宋皇祐三年(1051年)，治平元年(1064年)根据刊刻本再次修订，曾刻成石板嵌在瓯宁(今建瓯)县学壁间以传世[3]。《茶录》正

---

① 壑源即今建瓯市东峰镇裴桥村福源自然村，为宋元北苑私焙(即民营茶焙)的代表。

② (宋)蔡襄：《茶录·序》。

③ (宋)蔡襄：《茶录·后序》；(清)周亮工：《闽小纪》卷一“闽茶”。

文约800字，分上下两篇。上篇“论茶”，论茶的色、香、味、藏茶、炙茶、碾茶、罗茶、候汤、熁盏、点茶等10目，主要论述茶汤品质和烹饮方法；下篇“论茶器”，分茶焙、茶笼、砧椎、茶钤、茶碾、茶罗、茶盏、茶匙、汤瓶等9目，阐述了烹茶器具及其使用方法。《茶录》内容翔实，见解独到，是继陆羽《茶经》之后我国最有影响的论茶专著，提升了茶在经济植物学的地位。

1.首次提出了评品茶的标准

茶是我国较早认识和利用的植物品种，但评品标准却一直处于空白，不利于发掘优质茶的经济价值。鉴于此，蔡襄在总结北苑贡茶实践的基础上，第一次提出了色、香、味三位一体的评品标准。

色即“茶色贵白”，以青白取胜。北宋茶饼为了增加光洁度和延长保存期，要在其表面上涂上一层膏油。膏油的厚薄不同，茶叶的品质不同，就会出现青、黄、紫、黑等不同的颜色。自然，这种颜色的辨别判断就显得很重要。因此，蔡襄提出“善别茶者，正如相工之视人气色也，隐然察之于内，以肉理润者为上。既已末之。黄白者受水昏重，青白者受水鲜明，故建安人斗试，以青白胜黄白”（《上篇论茶·色》）。

香即“茶有真香”，强调茶叶本身的香气。宋代之茶，特别是贡茶，多掺以龙脑（即冰片）等，以助其香。但蔡襄反其道而为之，“皆不入香，恐夺其真。若烹点之际，又杂珍果、香草，其夺益甚，正当不用”（《上篇论茶·香》）。此观点对后世饮茶观影响甚大。

味即“茶味主于甘滑”，注重茶的口感与回味。蔡襄推崇“北苑凤皇山连属诸焙所产者味佳”，其他地方“虽及时加意制作，色味皆重，莫能及也。又有水泉不甘，能损茶味”（《上篇论茶·味》），指出茶味与产地、水土、环境等有密切关系。

在《茶录》一书中，蔡襄虽然讲的是北宋建安饼茶，但他的见解具有普遍的意义，因而对后世叶茶色、香、味、形品评标准的形成影响甚大，《茶录》亦成为现代品茶理论的奠基之作。此外，蔡襄有关北苑贡茶加工时加入香料或饮用时放入花香型佐料的记述，是我国制茶工艺渗用香料的最早记载。建茶的这一做法，可视为现代花茶和茶饮料的先驱。

2.规范了宋代饮茶方法

在《茶录》中，蔡襄详细记载了当时建安烹饮茶的方法，并对此进行了较为科学的分析。

一是藏茶。茶“畏香药，喜温燥而忌湿冷。故收藏之家以蒻叶封裹入焙中，两三日一次用火，常如人体温温，则御湿润”(《上篇论茶·藏茶》)。

二是炙茶。“茶或经年，则香、色、味皆陈。于净器中以沸汤渍之，……微火炙干，然后碎碾。”(《上篇论茶·炙茶》)这里茶“畏香药，喜温燥而忌湿冷”与陈年茶叶“香、色、味皆陈”，是蔡襄对茶性的科学见解，其收藏方法和处理手段至今仍有一定的借鉴意义。

三是碾茶。“碾茶，先以净纸密裹捶碎，然后熟碾。其大要，旋碾则色白；或经宿，则色已昏矣。”(《上篇论茶·碾茶》)

四是罗茶。“罗细则茶浮，粗则水浮。”(《上篇论茶·罗茶》)水浮因茶末粗大，水不能浸透，水和茶末不融溶之故。

五是候汤。“候汤最难。未熟则沫浮，过熟则茶沉。”(《上篇论茶·候汤》)候汤是古人点茶专用术语，指掌握煎水的适度，不老不嫩。可见罗茶和候汤是颇具技术含量的茶事。

六是熁盏。“凡欲点茶，先须熁盏令热，冷则茶不浮。”(《上篇论茶·熁盏》)

七是点茶。“茶少汤多，则云脚散；汤少茶多，则粥面聚。……汤上盏，可四分则止。视其面色鲜白，著盏无水痕为绝佳。”(《上篇论茶·点茶》)“云脚散”和“粥面聚”皆为古人点茶专用术语。前者指茶少水多时茶末有的浮在水面，有的漂浮水中，如同云脚一样散乱；后者说水少茶多时.茶叶末聚在水面，如熬的粥面一样，二者皆为点茶的败笔。

蔡襄《茶录》如此翔实细致的品饮技术指导，难怪建安茶品能在宋元两代风靡全国，对日后茶道的产生和传播亦产生了深远影响。

3.鉴评了宋代品茶工具

茶具不仅代表着品饮水平的高低，也体现出茶科技经济发展状况。

一看茶焙和茶笼。“茶焙，编竹为之，裹以蒻叶。盖其上，以收火也；隔其中，以有容也。纳火其下，去茶尺许，常温温然，所以养茶色香味也。”（《下篇论茶器·茶焙》）“茶不入焙者，宜密封，裹以蒻，笼盛之。置高处，不近湿气。”（《下篇论茶器·茶笼》）

二看茶钤。“茶钤，屈金铁为之，用以炙茶。”（《下篇论茶器·茶钤》）炙茶是为了“发新”，新是茶之本色。

三看砧椎和茶碾。“砧椎，盖以砧茶。砧以木为之，椎或金或铁，取于便用。”（《下篇论茶器·砧椎》）“茶碾，以银或铁为之。黄金性柔，铜及鍮石皆能生铁，不入用。”（《下篇论茶器·茶碾》）铁指金属的锈，锈会影响茶的品质。

四看茶罗。“茶罗，以绝细为佳。罗底用蜀东川鹅溪画绢之密者，投汤中揉洗以幂之。”（《下篇论茶器·茶罗》）

五看茶盏。“茶色白，宜黑盏。建安所造者绀黑，纹如兔毫。其杯微厚，熁之久，热难冷，最为要用。”（《下篇论茶器·茶盏》）在蔡襄的大力推荐下，建窑黑釉珍品“兔毫盏”成为名重天下的瓷器，建窑也跃居我国宋代八大名窑之一，从而带动了福建陶瓷业的快速发展。

六看茶匙和汤瓶。“茶匙要重，击拂有力，黄金为上。人间以银铁为之。”（《下篇论茶器·茶匙》）“瓶要小者，易候汤，又点茶注汤有准。黄金为上。人间以银铁或瓷石为之。”（《下篇论茶器·汤瓶》）可谓面面俱到，认知之深，用心之苦，堪称楷模。

概括起来，蔡襄的《茶录》依循：①藏茶（茶焙、茶笼）—②炙茶（茶钤）—③碾茶（砧椎、茶碾）—④罗茶（茶罗）—⑤候汤（汤瓶）—⑥熁盏（茶盏）—⑦点茶（汤瓶、茶匙），这是一个完整的斗茶过程，每个环节都有器具一一对应。在这样一个完整、系统的论述中，将民间与宫廷的不同方法和用器做对比，又用色、香、味来观照各个环节，还提出了斗茶胜负的评判标准。正是在蔡襄的宣传和引导下，宋代我国有关茶的认知水平和审美情趣有了很大提升，涉茶产业也出现了前所未有的繁荣，从而奠定了《茶录》和茶学在我国经济植物学中的重要地位。

三、茶书中的茶树认知

作为宋代福建最重要的经济植物，茶树及其生长环境引起了福建先民的极大重视，积累了不少可贵的经验和知识。

一是关于茶树品种选育方面的认知。福建是茶树品种大省，素有"茶树品种王国"之称，也是较早开展优异茶树的选育与更新的省份。据熊蕃《宣和北苑贡茶录》记载，仅在北宋政和年间（1111—1118 年）和南宋绍兴十五年（1145 年），北苑就分别新植了 3 万株和 2 万株茶树[①]，面积之大和时间之频，在全国少有。在品种选育方面，建安茶农不仅把茶树分为白叶茶、柑叶茶、早茶、细叶茶、稽茶、晚茶、丛茶（亦曰蘖茶）等 7 大品类，还按树型、发芽期和叶片大小进一步细分。如按树型分有灌木、小乔木、乔木；按发芽期分有早芽种、中芽种、迟芽种；按叶片大小分有大叶种、小叶种。[②]这种层次分明、系统完整的茶树分类体系，在我国茶业发展史上是极为罕见的，表明宋代福建茶树栽培水平已居全国领先地位。关于这一点，北宋大科学家沈括给予了高度评价。"建茶皆乔木，吴、蜀、淮南唯丛茇（茇）而已，品自居下。建茶胜处曰郝源、曾阬（坑），其间又'岔根''山顶'二品尤胜"[③]，出现茶树品种选育好中出好的可喜局面。值得一提的是，"与常茶不同"的北苑特种茶——白叶茶（白茶），是产自崖间偶然生出的一种变异茶树，非人力所致，有此白茶树者不过 4～5 家，其茶产品全部被皇家买断，被嗜茶的徽宗赵佶誉为天下"第一"[④]。

二是关于茶树生长环境方面的认知。丁谓在《北苑茶录》中说："凤山高不百丈，无危峰绝崦，而岗阜环抱，气势柔秀，宜乎嘉植灵卉之所发也。"[⑤]宋子安则进一步指出："先春朝阶常雨，霁则雾露昏蒸，昼午犹寒，故

① （宋）熊蕃：《宣和北苑贡茶录》。
② （宋）宋子安：《东溪试茶录·茶名》。
③ （宋）沈括：《梦溪笔谈》卷二五"杂志二"。
④ （宋）熊蕃：《宣和北苑贡茶录》。
⑤ 转引自宋子安《东溪试茶录》。

茶宜之。茶宜高山之阴，而喜日阳之早。自北苑凤山，南直苦竹园头，东南属张坑头，皆高远先阳处。岁发常早，芽极肥乳。"[①]黄儒也总结道："茶之精绝者，白合未开，其细如麦，盖得青阳之轻清者也。又其山多带砂石，而号嘉品者皆在山南，盖得朝阳之和者也。"[②]茶树主要生长于热带季雨林常绿阔叶林地区，具有喜温、喜湿、喜酸、耐荫的生态特性，北苑优越的自然环境特别适宜茶树的种植。特别是岗峦高处气温低，昼夜温差大，芽叶生产缓慢，有利于茶树形成充足的营养成分，故长梢叶嫩而厚，是制作优质茶叶的最佳原料。

三是关于土壤与茶树生长的关系。《东溪试茶录》认为：北苑"群峰益秀，迎抱相向，草木丛条，水多黄金。茶生其间，气味殊美。岂非山川重复，土地秀粹之气钟于是，而物得以宜欤"？"其阳多银铜，其阴孕铅铁。厥土赤坟，厥植惟茶"[③]。也就是说，早在千年前，宋子安就认识到建州一带山区的酸性土壤适宜茶树生长。又比较说"沙溪去北苑西十里。山浅土薄，茶生则叶细，芽不肥乳"[④]，与北苑形成明显的反差。茶树理想的土壤以含细碎石或风化石的碎石地（陆羽《茶经》称之为"烂石"）为上，因为此类含有大量腐殖质和矿物质的土壤，能使茶树生长出芽叶肥厚而耐于冲泡，滋味醇浓。当然，不同的土壤催生不一样的茶叶品质，对此北苑茶农有明确的认知：壑源岭"高土决地，茶味甲于诸焙"[⑤]；南山"土皆黑埴，茶生山阴，厥味甘香，厥色青白。及受水则淳淳光泽"；叶源"土赤多石，茶生其中，色多黄青，无粥面粟纹而颇明爽"[⑥]。概言之，"去亩步之间，别移其性"[⑦]，"（曾

① （宋）宋子安：《东溪试茶录》。
② （宋）黄儒：《品茶要录·后论》。
③ （宋）宋子安：《东溪试茶录》。
④ （宋）宋子安：《东溪试茶录·沙溪》。
⑤ （宋）宋子安：《东溪试茶录》。
⑥ （宋）宋子安：《东溪试茶录·壑源》。
⑦ （宋）宋子安：《东溪试茶录》。

坑、沙溪)二地相去不远,而茶种悬绝”[①],“或相去咫尺而优劣顿殊”[②],可见北苑茶农对茶树严格选择土壤的特性有较深的认识。

四是关于茶叶品质与鲜叶质量、采造气候的关系。黄儒在《品茶要录》中写道:“初造曰试焙,又曰一火。次曰二火。二火之茶,已次一火矣。”[③]说明古代建安人已经认识到第一轮采摘的茶叶品质优于以后轮次。茶叶品质与采造气候也有很大关系,在高湿度的阴雨天或炎热的夏暑天,想要采制高档茶,几乎是不可能的。故北苑茶农认为,茶叶采造“尤喜薄寒气候,阴不至于冻”[④],这显然是长期实践经验积累的结果。概要之,建安分辨茶叶品质的方法是“芽择肥乳,则甘香而粥面着盏而不散;土瘠而芽短,则云脚涣乱,去盏而易散。叶梗半,则受水鲜白;叶梗短,则色黄而泛”[⑤]。

五是关于茶园管理方面的认知。在茶园间作上,北苑茶农认为,“茶宜高山之阴,而喜日阳之早”,如果茶桐套种,油桐木在冬天能对茶园起保温作用,夏天又有庇荫效果,因而是茶园间作的优选树种。“桐木之性,与茶相宜。而又茶至冬则畏寒,桐木望秋而先落;茶至夏而畏日,桐木至春而渐茂,理亦然也。”在茶园耕作即“开畬作业”上,北苑茶农认为,“草木至夏益盛,故欲导生长之气,以渗雨露之泽。每岁六月兴工,虚其本,培其土。滋蔓之草,遏郁之木,悉用除之”[⑥]。在梅雨的夏季,杂草旺盛,过了六月就应该锄去杂草,使土壤疏松,以利渗透雨水。除草时要把草丛脚下土块耙开,埋入杂草,再培上新土,这样就把中耕与肥培很好地结合起来,一劳多得。一般而言,宋时建安官家茶园每年中耕一次,私人茶园则“夏半、初秋各用工一次”。由于中耕改善了茶树生长的水土条件,“故私园最茂”[⑦]。开畬

① (宋)赵汝砺:《北苑别录·御园·曾坑》汪继壕按引叶梦得《避暑录话》(今本《避暑录话》卷下“茶评”)。

② (清)永瑢:《四库全书总目提要》卷一一五“子部·谱录类·《东溪试茶录》一卷”。

③ (宋)黄儒:《品茶要录·一采造过时》。

④ (宋)黄儒:《品茶要录·一采造过时》。

⑤ (宋)宋子安:《东溪试茶录·茶病》。

⑥ (宋)赵汝砺:《北苑别录·开畬》。

⑦ (宋)赵汝砺:《北苑别录·开畬》按引《建安志》。

除草在唐末五代茶园是未见的,应该说是宋代茶树栽培技术的一大进步。

茶叶生产是一项程序复杂、技术难度较大的劳动。从茶园开垦到制成毛茶,须经过选种、育苗、移植、培育、管理、采制等环节。正是由于对这些生产工艺有了比较深入的系统认识,所以在有宋一代,福建尤其是建安茶树栽培技术一直处于全国领先地位,为研制名重天下的北苑贡茶提供了优质原料,也为福建茶业后来居上跨越式发展打下了良好基础。

第二节　蔡襄《荔枝谱》及其影响

宋代是福建古代荔枝学研究的高峰期,不仅在荔枝加工和繁殖技术方面取得了巨大成就,而且出现了以蔡襄《荔枝谱》为首的一批荔枝学专著,为荔枝的系统化研究开辟了道路。

一、《荔枝谱》:荔枝学研究的里程碑

"荔枝,南中之珍果也。"[①]荔枝是原产中国的著名水果,也是我国人工栽培较早的植物品种之一。据考证[②],荔枝最早见于文献记载的是西汉前期司马相如的《上林赋》,当时人们已认识到荔枝结实时"枝弱而蒂牢"的生物特性,还认识到荔枝具有水土适应性,可根据不同荔枝品种属性选择山地、平原或堤岸加以种植。随着对荔枝认识的不断深入,到公元3—4世纪,有关荔枝概念及其分类的观点已初步形成,在郭义恭的《广志》中,首次出现4种荔枝品种名称及果实形状特点的描述。此外,像荔枝要在"翕然俱赤"时才一齐"下子"这样的适时性摘果认识,也在郭义恭《广志》中初见记载。在其后不久朱应撰写的《扶南记》中,人们还可看到关于荔枝认知的

① (宋)梁克家:《三山志》卷四一"土俗类三·物产·果实·荔枝"引唐刘恂《岭表录异》。

② 周肇基:《历代荔枝专著中的植物学生态学生理学成就》,载《自然科学史研究》1991年第1期。

记述，如摘果时用刀斧将本年已结果而明年不会结果的枝条砍去，以促进新梢的产生。然而，直到唐末，人们对荔枝的研究一直处在离散化的低级阶段，对荔枝的各种科学认识始终没有得到较为系统的概括和总结。

北宋初年（960 年前后），南海主簿郑熊曾撰《广中荔枝谱》一书，但该书除 22 个荔枝品种名称外，其余内容并未在世上得到流传。因此，《广中荔枝谱》虽为我国和世界上第一部荔枝专著，但它并没有在荔枝学研究和普及上产生重大影响。而真正产生影响的是蔡襄的《荔枝谱》。

《荔枝谱》撰写于北宋嘉祐四年（1059 年），是蔡襄有感于世人对荔枝特别是福建荔枝的无知，发挥“予家莆阳（今莆田），再临泉、福二郡”（《荔枝谱·第一》）为官的优势，历时十数年才完成的。《荔枝谱》凡 7 篇[①]，分述荔枝的历史、产地运销、食性、养护、加工和品种等，较为系统、全面地概括和总结了前人与蔡襄本人对荔枝的科学认识。撰写后的第二年，蔡襄把《荔枝谱》献给皇帝，从此它便流传于天下，成为千古名著。由于郑熊《广中荔枝谱》早已失传，蔡襄的《荔枝谱》就在实际意义上成为我国和世界上第一部荔枝学专著，成为荔枝学研究的里程碑。一方面，《荔枝谱》的问世并广泛流传，宣告荔枝已成为真正意义上的科学研究对象，标志着荔枝学研究结束了离散化时期，开始进入较为系统化的研究阶段；另一方面，《荔枝谱》的体系结构，被其后的大部分荔枝专著所仿效，成为我国古代荔枝学研究的方法论范例。

二、《荔枝谱》的科学内容

《荔枝谱》全文虽仅 2500 余字，但内容丰富，论述翔实，尤其在荔枝的栽培、生长习性、生态特征、品评和加工保鲜诸方面科学性较强。

在栽培方面，《荔枝谱》记载了福州、兴化、泉州、漳州四府军 32 个荔枝品种，品种之多，远超宋初郑熊的《广中荔枝谱》，说明当时福建荔枝栽培技

---

① 《四库全书总目提要》：“凡七篇。其一原本始，其二标尤异，其三志贾鬻，其四明服食，其五慎护养，其六时法制，其七别种类。”

术已相当先进。关于荔枝的生长环境，蔡襄总结为“宜依山或平陆。有近水田者，清泉流溉，其味遂尔”(《荔枝谱·第七》)。此外，从栽培角度出发，蔡襄还十分注重探寻名品的独特内涵，指出极品荔枝陈紫“因治居第，平窊坎而树之。或云厥土肥沃之致。今传其种子者，皆择善壤，终莫能及。是亦赋生之异也”(《荔枝谱·第七》)。《荔枝谱》的记载，对今天如何培育优良荔枝品种亦有帮助。

在生长习性方面，蔡襄指出荔枝“性畏高寒，不堪移殖(植)”(《荔枝谱·第一》)，是多年生木本植物，“其木坚理难老，今有三百岁者，枝叶繁茂，生结不息”(《荔枝谱·第四》)。《荔枝谱》对荔枝开花结实习性的描述更为详细：荔枝“大略其花春生，蔌蔌然白色。其色多少，在风雨时与不时也。有间岁生者，谓之歇枝。有仍岁生者，半生半歇也。春雨之际，傍生新叶，其色红白。六七月时，色已变绿。此明年开花者也。今年实者，明年歇枝也”。荔枝有隔年结果、年年结果或部分结果即大小年，这种见解与现代的认识是一致的。鉴于荔枝的畏寒特性，蔡襄强调其种植时要注意防寒，并介绍了防寒方法。他说“初种畏寒。方五六年，深冬覆之，以护霜霰”(《荔枝谱·第五》)，同时指出寒地不可种植荔枝。值得一提的是，长期的荔枝栽培实践和经验积累，已使谙熟其性的老农与荔枝批发商能看花断果，评估产量。“初著(着)花时，商人计林断之，以立券。若后丰寡，商人知之。”(《荔枝谱·第三》)《荔枝谱》对荔枝生长习性的科学记述，表明宋时福建荔农对荔枝开花结实的规律已有较深刻的了解。

在生态特征方面，蔡襄对某些著名品种作了翔实的描述。如陈紫“其树晚熟。其实广上而圆下，大可径寸有五分。香气清远，色泽鲜紫。壳薄而平，瓤厚而莹。膜如桃花红，核如丁香母。剥之，凝如水精；食之，消如绛雪。其味之至，不可得而状也”(《荔枝谱·第二》)。又如绿核“颇类江绿，色丹而小。荔枝皆紫核，此以绿见异”；玳瑁红“上有黑点，疏密如玳瑁斑”；硫黄“颜色正黄而刺微红”(《荔枝谱·第七》)，等等。此外，蔡襄对32个闽产荔枝品种及其特征悬殊差异的记述，可以看出福建人民在培育荔枝品种过程中的非凡创造力。

在品评方面,《荔枝谱》把闽中荔枝按品质分为上、中、下三等,并论述了区分品质优劣的方法。“荔枝以甘为味,虽百千树,莫有同者。过甘与淡,失味之中。唯陈紫之于色、香、味,自拔其类。此所以为天下第一也。凡荔枝,皮、膜、形、色,一有类陈紫则已为中品。若夫厚皮尖刺,肌理黄色,附核而赤,食之有查,食已而涩,虽无酢味,自亦下等矣。”(《荔枝谱·第二》)以此为据,蔡襄认为“陈紫已下十二品,有等次。虎皮已下二十品,无等次”(《荔枝谱·第七》)。蔡襄《荔枝谱》开荔枝品评之先河。

在加工保鲜方面,《荔枝谱》详细记述了民间常用的红盐法、白曝法和蜜煎(洗)法。此外,蔡襄还亲自作了把白曝与蜜煎两法合而为一的加工实验,“用晒及半干者为煎,色黄白而味美可爱”(《荔枝谱·第六》)。这些加工方法,对现在的食物保存与保鲜工艺,仍有一定的借鉴和实用价值。

三、《荔枝谱》对后世的影响

一方面,《荔枝谱》对国内外荔枝生产、研究以及荔枝学知识的普及起了积极的推动作用。在国内,从宋元至明清,《荔枝谱》一直流传甚广,不仅有各个朝代各种版本的单行本行世,而且许多重要的、综合的大型丛书,如《蔡忠惠公文集》宋明刻本、百川学海本、山居杂志本、端明集本、艺圃搜奇本、说乳本等,也都把它全文收载。在国外,《荔枝谱》被译成英文、法文、拉丁文、日文等,流行于许多国家和地区。

另一方面,《荔枝谱》成为荔枝学研究的一面旗帜。正是在蔡襄《荔枝谱》的示范与带动下,福建、广东成为我国古代荔枝学研究的重镇,出现了一大批荔枝谱录之学专著。仅在宋代,福建莆田就有徐师闵《莆田荔枝谱》(成书于蔡襄《荔枝谱》之后数年)和陈寺丞《续荔枝谱》(13世纪中叶)2部书问世;在岭南,则有张宗闵的《增城荔枝谱》(1076年)出现。到了明代后期,福建荔枝学研究出现了一个高峰期,在短短的50年里,相继出现了徐𤊹《荔枝谱》(1597年)、宋珏《荔枝谱》(1608年)、曹蕃《荔枝谱》(又名《荔枝乘》,1612年)、邓道协《荔枝谱》[1628年;又邓庆宷(字道协)尝辑诸家《荔枝谱》及所自为谱为《荔枝通谱》十六卷]和吴载鳌《记荔枝》(1630年代)等

5 部荔枝学专著。清代，福建又流行林嗣环的《荔枝话》(1650 年前后)和陈定国的《荔谱》(1683 年)。大约与陈定国同时，陈鼎也以闽、川、粤、桂荔枝品种为题材著《荔枝谱》。到 19 世纪 20 年代，吴应逵还以粤、桂荔枝为对象编著了《岭南荔枝谱》。以上著作不仅在内容上借鉴了蔡襄的研究成果，而且在体系结构上大多也仿效《荔枝谱》，形成中国古代荔枝学研究的最重要传统。

不仅如此，根据王毓瑚《中国农学书录》的统计[①]，我国古代果树栽培学著作传世的共有 19 种，其中 13 种是关于荔枝的。其他 6 种著作，以《永嘉橘录》为最早，其他多是明清时期的著作。而《永嘉橘录》则是韩彦直在 12 世纪 70 年代后期所作，较《荔枝谱》的成书时间要晚上 100 多年。也就是说，蔡襄的《荔枝谱》不仅是中国现存最早的荔枝专著，也是中国现存最早的果树栽培学著作，曾被译成多种文字出版，对中国乃至世界果树栽培学影响巨大且深远。

作为福建经济植物研究的开拓者，蔡襄的《茶录》和《荔枝谱》是宋代我国两部具有重要经济植物学价值的科学著作，是福建人民长期科学实践结出的硕果，值得重视和研究。

第三节　其他重要著作与思想

除茶叶和荔枝外，宋元福建学者还在农学其他领域有所阐释，特别是在棉属吉贝的认知、抗旱减灾思想，以及劝农文中的农学思想诸方面表现突出。

一、《诸蕃志》有关吉贝的认知

宋代繁盛的海外贸易和新兴的养生意识，为宋人认识国外和地产植

① 王毓瑚：《中国农学书录》，农业出版社 1964 年版，第 313～314 页。

物，增加植物学知识提供了有利条件。《诸蕃志》[1]就是这一方面的典型代表。

成书于1225年的《诸蕃志》是赵汝适提举泉州市舶司时所写，其卷下“志物”中记载了47种动植矿物，其中有不少真知灼见，尤其是对吉贝的描写与分析，其科学性在古代文人中颇为少见。

一方面，赵汝适正确地区分了吉贝的不同种属。吉贝是马来文Kapok的音译，唐宋时期开始大规模引种福建。在赵汝适眼里，吉贝有棉花（草棉，即非洲棉G.herbaceum，该棉株型矮小，较耐干旱）、树棉（海岛棉，也叫中棉，即亚洲棉Gossypium arboreum）和木棉（Gossampinus malabarica，又名攀枝花、英雄树，为高大乔木，蒴果内壁具绢状纤维，但纤维很短，不能纺纱，只能用作枕芯或垫褥等的填充材料）不同之分，这一点不但前代学者分不清，明清学者时常含混，连明代的医学家李时珍、农学家徐光启也未能明确指出。如晋张勃的《吴录》、明杨慎的《丹铅总录》、清赵翼的《陔馀丛考》，都把树棉当作攀枝花。李时珍的《本草纲目》虽区分出“似木”之棉、“似草”之棉和斑枝花（即攀枝花）系三种不同植物，但又未能指出攀枝花不能纺纱这一重要区别。[2] 徐光启《农政全书》虽然指出攀枝花棉“虽柔滑而不韧，绝不能牵引，岂堪作布”，但又把树棉视为“草本之棉”[3]。

另一方面，赵汝适对树棉（海岛棉）植物性状和纺织性能的把握较为准确。“吉贝，树类小桑，萼类芙蓉，絮长半寸许，宛如鹅毳，有子数十，南人取其茸絮，以铁筋碾去其子，即以手握茸就纺，不烦缉绩，以之为布。最坚厚者谓之兜罗绵，次曰番布，次曰木绵，又次曰吉布，或染以杂色，异纹炳然，幅有阔至五六尺者。”[4]树棉在宋元时的福建称“木棉”，曾一度成为广泛种植的吉贝品种。作为长居福建近20年且有“亲访”经历的一方大员，赵汝

① 《诸蕃志》原书已佚，今本从《永乐大典》中辑出，分上下两卷。卷上“志国”，卷下“志物”。

② （明）李时珍：《本草纲目》卷三六“木之三·灌木类·木绵”。

③ （明）徐光启：《农政全书》卷三五“蚕桑广类·木棉”。

④ （宋）赵汝适：《诸蕃志校释》卷下“志物·吉贝”。

适对树棉性状的描述虽有抄袭周去非《岭外代答》吉贝条之嫌，但也有经验观察之劳。更何况赵汝适有关树棉纺织性能和棉纺布的描述与分类，完全源自他提举市舶司时的闻见并亲访海外诸国事迹的结果，因此可以肯定赵汝适自身对树棉（海岛棉）植物性状和纺织性能是有相当了解和把握的。

二、闽籍学者的抗旱减灾思想

在《宋会要辑稿·瑞异二》中，载有嘉定八年（1215年）七月二日的一篇奏章，阐述了一位闽籍学者对于当时社会热议的抗旱减灾问题的认识和见解。

奏章开篇明义："有天旱，有人旱，此唐人之论也，臣请推广其意，而为今日救旱之说。"紧接着，作者提出"人旱反甚于天旱"的论点，认为"天虽亢旱，旬月之间，岂无时雨之沾洒？地虽干涸，田陇之间，岂无泉脉之流通？成周之时，一夫之田，必有二尺之遂，九夫之井，必有四尺之沟。等而上之，为洫为浍，以达于川，皆以潴雨潦于泛溢之日，亦以通泉脉于干涸之余。考之周典，稻人以潴蓄水，以防止水，又有遂以均水，其蓄水潦以备旱干，甚周也。考之《月令》，在仲夏则命有司祈祀山川百源，在季春则命有司通达沟渎，以防壅塞，疏水脉以助灌溉，甚悉也。天未尝无爱物泽物之心，屡祷而不即应，已应而泽不流通，或者盖归之数也。天数固茫昧而不可必，人为旱备，独可顷刻而不致其力乎？未旱不为之备，既旱则坐视而弗救，是非天旱，盖人实旱之也。今东南之地，沃壤弥望固亦绝少，诚不可以井田沟遂之制施之。然一方数十里之内，岂无陂塘可开之以灌注田亩？一望之地，岂无畎浍可浚之以潴水？依山之田，岂无泉源之不涸者可导之以滋溉？濒湖之田，或有湖高而田下之处，堤岸欲密，独不可度其势而少泄之乎？濒江、濒溪之田，大率水低而田高，取水虽劳，独不可并力而收车戽之利乎？"可谓有史有据，见解深刻！

"人旱反甚于天旱"。作者的这一理论认识还建立在其对闽浙两地抗旱减灾现状的比较分析上。"闽地瘠狭，层山之巅，苟可寘（同"置"）人力，未有寻丈之地不丘而为田。泉溜接续，自上而下，耕垦灌溉，虽不得雨，岁亦倍收。其有平地而非膏腴之田，无陂塘可以灌注，无溪间（涧）可以汲引，各于田塍之侧开掘坎井，深及丈余，停蓄雨潦，以为旱干一溉之助。炎云如灼，桔槔俯仰不以为劳，所济虽微，不犹胜于立视其槁而搏手无策乎？江浙号为泽国，田悉腴润，远非瘠地之比。然旱干为害，视他处特甚，每以惰农苟安，为备不素，固应尔耳。盖耕田之民，田非己有，方春播种，满意秋成，猝罹旱暵，已觖始望，饥号相逼，自救不赡，皇恤苗槁？不过倚锄仰天叹息而已。”[①]针砭时政，真乃一针见血，发人深省！

作为有见识的封建官僚，作者认为抗旱减灾，官府无可推责。“旱禾瘁矣，独不当亟为潴水导泉之计，以为晚禾之备乎？任此责者，独非字民之官乎？令以劝农为职，兴修水利，又令丞之责。所宜爱民如爱子，救旱如救焚，出入阡陌，咨访黎老，号召农民而慰勉之。若所有陂塘可以浚广，若所有泉脉可以疏瀹，畎浍堙塞，使之相率而开导；溪河侧近，俾之协力而车注，围田之占水者宜掘则掘，勿以势要而遽握；碾碓之截水者宜拆则拆，勿以经久而姑存；耕夫无力以营救，则劝谕富室之有田者随其所佃而资助之。县官视为顷刻不可少缓之事，亲加相视，勤于诱率，庶几上下毕力，以救天灾。”[②]

综观奏章全文，作者呼吁当政者抗旱减灾之心可表，论证有理有据，政策措施到位，不愧为中国古代农学史上的一篇力作。

三、劝农文中的农学思想

长期以来，中国一直是个以农立国的封建专制国家，朝廷和地方官员莫不把劝百姓种田养蚕作为执政的头等大事，因而形成内容丰富的劝农文，其中不乏真知灼见。在宋元福建形形色色的劝农文中，以朱熹和真德秀等的农学思想最为引人注目。

1.朱熹的大农业观

作为伟大思想家，朱熹对农业发展十分重视，并将农业研究纳入他的

① （清）徐松：《宋会要辑稿·瑞异二之二九“旱”》。

② （清）徐松：《宋会要辑稿·瑞异二之二九～三〇“旱”》。

“格物致知”视野中，认为“虽草木亦有理存焉。一草一木，岂不可以格。如麻麦稻粱，甚时种，甚时收，地之肥，地之硗，厚薄不同，此宜植某物，亦皆有理”[①]。在大农业观思想指导下，朱熹将封建政府的政策融入通俗易懂、家喻户晓的劝农文中，如对农民开垦出来的田地，南宋王朝规定既可“永为己业”，且可“免三年租税”，这样的政策经朱熹等地方官劝农文的广泛宣传，对刺激农民垦田的积极性，推动福建荒山开发事业的发展，起了相当大的作用。

和一般官僚所作的空洞说教不同，朱熹的《劝农文》注重把握农时、改良土壤、改变种植方法和兴修水利等农业生产技术。如在农时方面，朱熹强调从浸种、下秧、插秧到除草收获，都要根据农业季节进行管理。“今来春气已中，土膏脉起，正是耕农时节，不可迟缓。仰诸父老教训子弟，递相劝率，浸种下秧，深耕浅种。”[②]“秧苗既长，便须及时趁早栽插，莫令迟缓，过却时节。”“禾苗既长，稗草亦生。须是放干田水，子(仔)细辨认，逐一拔出，踏在泥里，以培禾根。其塍畔斜生茅草之属，亦须节次芟削，取令净尽，免得分耗土力，侵害田苗。将来谷实，必须繁盛坚好。”朱熹把精耕细作作为改良土壤的重要方法。“大凡秋间收成之后，须趁冬月以前，便将户下所有田段一例犁翻，冻令酥脆。至正月以后，更多著遍数，节次犁杷，然后布种。自然田泥深熟，土肉肥厚，种禾易长，盛水难干。”朱熹还十分强调“种”这一环节，认为改变传统种植方法，亦是增加农业生产的重要手段。“耕田之后，春间须是拣选肥好田段，多用粪壤拌和种子，种出秧苗。其造粪壤，亦须秋冬无事之时，预先划取土面草根，晒曝烧灰，施用大粪拌和，入种子在内，然后撒种。”[③]此外，在绍熙初年(1190—1191年)任过漳州知州的朱熹，更把水利视为农业生产的根本。“陂塘水利，农事之本。今仰同用水人协力兴修，取令多蓄水泉，准备将来灌溉。如事干众，即时闻官，纠率人功，

① (宋)黎靖德:《朱子语类》卷一八。

② (宋)朱熹:《朱熹集》卷一〇〇“劝农文”。

③ (宋)朱熹:《朱熹集》卷九九“劝农文”。

借贷钱本，日下修筑，不管误事。”[1]若工程量大，“私下难以纠集，即仰经县自陈，官为修筑”。对于兴修水利持怠惰态度，应“仰众列状申县，乞行惩戒”[2]。显见，朱熹不仅在思想上重视水利建设，而且措施得当，责任明确，是一位重农爱民的好官。

2.真德秀的良农与因地制宜

宋代是古代中国农业发展的一个决定性时期，这主要体现在农业向深度和广度的精耕细作方面发展。而作为仅次于最发达农业区江浙的福建地区，在宋元时期已总结出较为科学的精耕细作的理论及技术。其中以南宋真德秀的劝农文最为出色。

真德秀曾两知泉州，一知福州，“惠政深洽”，“中外交颂”。尤其是绍定五年（1232 年）再守泉州时，“迎者塞路，深村百岁老人亦扶杖而出，城中欢声雷动”[3]。究其原因，是他对民情的深切关注和对农耕的深刻理解。

在真德秀看来，精耕细作以“勤”为先，故他将“良农”的标准归纳为：“凡为农人，岂可不勤，勤且多旷，惰复何望。勤于耕畬，土熟如酥；勤于耘耔，草根尽死；勤修沟塍，蓄水必盈；勤于粪壤，苗稼倍长。勤而不慵，是为良农。”[4]在这里，真德秀总结出“耕、种、耘、水、肥”精耕细作五字经，以“勤”为其基础和纽带。这一认知，即使在现代农业大生产中也有借鉴意义。

福建是个山区和沿海自然条件相差很大的省份，因而发展农业生产应因地制宜。这一思想在真德秀的再守泉州《劝农文》中说得十分清楚。他首先指出：“时不可常，天不可恃，必殚人为，以迓厥施。”[5]强调人定胜天主观能动性的发挥，这是农业生产乃至一切人类活动的总原则。接着，他提出“因地之利”的办法来发展农业生产。所谓“因地之利”就是因地制宜，真

---

① （宋）朱熹：《朱熹集》卷一〇〇“劝农文”。

② （宋）朱熹：《朱熹集》卷九九“劝农文”。

③ （元）脱脱：《宋史》卷四三七“儒林七・真德秀传”。

④ （宋）真德秀：《西山先生真文忠公文集》卷四〇“福州劝农文”。

⑤ （宋）真德秀：《西山先生真文忠公文集》卷四〇“劝农文”。

德秀具体论述到："高田种早，低田种晚，燥处宜麦，湿处宜禾，田硬宜豆，山畲宜粟，随地所宜，无不栽种。"[①]就是说，应根据各地气温差别、水利条件和土壤性质去种植各种作物，以收到因地制宜之效。作为封建官吏，真德秀有这样的认识，可以说难能可贵，其中透露出的亲民为民执政理念，正是宋代福建农业生产获得前所未有全面发展的政治基础。

真德秀还十分注重农时，强调应千方百计提高复(间)种指数。"春宜深耕，夏宜数耘，禾稻成熟，宜早收敛，豆麦黍粟，麻羊(芋)菜蔬，各宜及时，用功布种。陂塘沟港，潴畜水利，各宜及时，用功浚治。"[②]此外，在泉州任内，真德秀还强调"有妇女，当课之以蚕织"[③]，并对破坏者绳之以法，促进了泉州各县纺织业的发展。自此，男耕女织成为泉州广大农村的习俗。

此外，在表达形式上，真德秀还曾用诗歌写作劝农文，如《长沙劝耕》云："田里工夫著得勤，翻锄须熟粪须均。插秧更要当时节，趁取阳和三月春。闻说陂塘处处多，并工修筑莫蹉跎。十分积取盈堤水，六月骄阳柰(奈)汝何。"[④]此诗朗朗上口，意味隽永。

---

① (宋)真德秀:《西山先生真文忠公文集》卷四〇"再守泉州劝农文"。

② (宋)真德秀:《西山先生真文忠公文集》卷四〇"再守劝农文"。

③ (宋)真德秀:《西山先生真文忠公文集》卷四〇"隆兴劝农文"。

④ (宋)真德秀:《西山先生真文忠公文集》卷一"古诗·长沙劝耕"。

第二章 医　　学

医药学是人类从愚昧走向文明的一剂良药，是社会人文思想发展的必然结果。宋元福建医药事业的快速发展，从一个侧面反映出当时福建社会和经济的巨大进步。这里不仅有享誉海内外的苏颂和宋慈，还有对福建医药事业发展有直接贡献的吴本、杨士瀛以及众多其他重要医家医著。

第一节　民间名医吴本

作为宋代福建闽南医药学的开拓者，吴本精湛的医术和高尚的医德，对后世产生了积极而深远的影响，保生大帝（参见图 2-1）成为联结海峡两岸人民的重要纽带。

图 2-1　南宋保生大帝（吴本）木刻神像

资料来源：《厦门日报》2012-01-06(20)。

一、悬壶济世的名医

吴本，字华基，号云冲，宋太平兴国四年（979 年）出生于九龙江入海口北岸的一个村庄里。[①] 吴本少时父母因病早逝，孤苦伶仃，遂立志学医，访师学道，寻方求药，17 岁时学医有成，后在漳泉地区行医数十载。吴本以普济众生为己任，精通医术，医德高尚，对求医者“无间贵贱悉为盱疗，人人皆获所欲去”，人称“医灵真人”。宋景祐三年（1036 年），吴本因上山采药，不慎坠崖去世，远近乡民，“闻者追悼感泣，争肖像而敬事之”[②]。吴本死后，青礁和白礁人为他立祠崇祀，朝廷赐名“慈济”，从此两地慈济宫名闻海内外（参见图 2-2、图 2-3）。历朝历代先后褒封赐爵吴本为“大道真人”“正佑公”“保生大帝”等。

图 2-2　名闻海内外的青礁慈济东宫

资料来源：《厦门晚报》2009-03-22（14～15）。

---

① 关于吴本的出生地，历来有两种不同的说法：一是 1209 年杨志为青礁东宫所作的《慈济宫记》，说吴本出生于漳州青礁[即漳州龙溪县三都乡（北宋称“永宁乡”）新恩里青礁村，今厦门海沧区青礁村]；另一是现代学者根据南宋刘克庄《后村集》以及两份宋代族谱中的记载，证明吴本为泉州白礁人（即泉州同安县明盛乡积善里白礁村，今漳州龙海角美镇白礁村）。虽然两村沃野相连，房屋比邻，但古今皆属于不同的行政区域，因而引起持久的争议。鉴于此，1996 年有关方面将青礁和白礁两座慈济宫共同列入全国重点文物保护单位。详见萧春雷：《青礁白礁：吴本究竟出生何处？》，载《厦门晚报》2009-03-22（14）。

② （清）黄任：《乾隆泉州府志（一）》卷一六“坛庙寺观 · 同安县 · 慈济宫”引庄夏庙碑。

图 2-3　白礁慈济西宫

资料来源:《厦门晚报》2009-03-22(14～15)。

二、吴本的医药成就

约著于南宋嘉定十四年(1221 年)的庄夏庙碑是这样描述吴本的医药成就:"尝业医以全活人,为心按病投药如矢破镝,或吸气嘘水以饮病者,虽沈痼奇怪叵晓之状亦就痊愈,是以厉者、疡者、痈疽者,扶舁携持无日不交午其门。"[①]作为一生悬壶济世的民间医生,吴本未给后人留下任何医著,现存青礁与白礁慈济宫内的吴真人药签(方),后人集其为《龙湫本草》,是研究吴本医术和医学思想的宝贵资料。这部古代民间医药宝典,分为内科120 首,外科 24 首,儿科 36 首,内容大多出自《伤寒论》《金匮要略》《太平惠民和剂局方》等正统药方,同时也融进了不少吴本本人精湛丰富的行医经验。

首先,吴本的药方具有就地取材、组方简廉、药少量轻的特点。吴本当年常从道旁、田间、篱边采取中草药,如凤凰衣、灶心土、风葱、淡竹叶、小金橘、生姜、凤尾草等;组方简练,常常是 2～3 味,多的不过 6～7 味;用量轻,兼有食疗和心理疗效,临床效果明显。吴真人的药方体现了"用最简单、最便宜的药来治疗疾病"的名医追求,因此不仅很适合乡村民众,而且在现代医学临床上也有借鉴价值。

① (清)黄任:《乾隆泉州府志(一)》卷一六"坛庙寺观·同安县·慈济宫"引庄夏庙碑。

其次，吴本重视调理脾胃。闽南地区气候炎热多雨，湿热最易损害脾胃，很多疾病的发生、发展也与脾胃有关。厦门市中医院专家从吴真人的药方中发现，其120首内科药签中，治脾胃的就有51首，占42.5%，吴本重视脾胃由此可见一斑。[①]

再次，吴本很重视药膳。在吴真人的遗方中，有40多首食疗方，其功效各异，用法讲究但又容易操作。如补阴血的食疗方：当归四钱，生姜一钱半，鸭母一只，用麻油炒熟，水酒各半炖服；健脾益气养血的食疗方：莲子四两，生姜三钱，小母鸡一只，水酒各半炖服。药膳既能提高抗病能力，又可以治疗疾病，深受人们喜爱，至今在临床与生活中还被广泛使用。

最后，吴本还善用针灸，常用“铜针刺背”治病。面对许多急危重症，吴本使用针灸使病人起死回生。他还强调要针药并用，以提高疗效。值得一提的是，吴本还善用针灸预防疾病，常用灸足的办法防病。他还提倡在春夏之交用艾叶熏居室以驱邪，使瘴疠之气不能侵入，达到防病效果。

由此可见，吴本一生最大贡献在于，在丰富的行医实践中，将我国传统中医药本土化，形成了独具地方特色的中医药文化和中医药体系。

三、对后世的重大影响

吴本医术全面，涉及内、外、妇、儿、眼各科。治法灵活多样，包括内服、外敷、针灸、食疗等，是宋元福建医药学界的第一人。千百年来，吴本的医术和医德在闽台及东南亚地区一直具有很大影响。

吴本曾本着廉、简、便、验的济民精神，将药签编为具有简洁明确、文句规整、诵之有韵的民间医方，药签配伍严谨，理、法、方、药环环相扣，升、降、沉、浮深切病机，因而具有很高的临床实用价值，被后人继承创新流传至今。据《吴真人药签与中草药研究》主编方友义先生介绍[②]，今天的保生大

① 《吴真人药签四成治脾胃——专家解析保生大帝药方》，载《厦门日报》2008-04-22(9)。

② 《吴真人药签四成治脾胃——专家解析保生大帝药方》，载《厦门日报》2008-04-22(9)。

帝药签，一部分是吴本本人行医时的真传验方，一部分是他弟子的药方，还有不少是后来的民间验方、偏方不断充实而成。无论是弟子药方还是民间验方，都遵循着吴本的用药原则和济民精神，显示出吴真人医术医德的活力和影响力。

"百草园"是吴本留给后人的又一宝贵遗产。根据慈济宫中的资料①，吴本在青礁东鸣岭行医时，曾种植青草药200多种。青草药以新鲜植物为药，具有源广、经济、简便、价廉、效好、无药物残留、无激素、无耐药性、疗效稳定、毒副作用小等独特优点。因此，在宋元明乃至今日，吴本始创的青草药单方与验方在厦门、漳州、泉州、台湾、香港、澳门，甚至菲律宾、马来西亚、新加坡等东南亚华侨华裔聚居地民间群众中得到广泛流传与继承发扬，并逐渐形成一个具有完整理论体系和浓郁闽南地域特色的医药学体系——厦门青草药，成为我国医药学遗产的重要组成部分。此外，吴本的百草园还开创了闽南甚至福建药用植物栽培的历史。

出身平民的保生大帝历经近千年之后，其慈济医德已经升华为一种保生慈济文化，成为闽南文化的一个重要组成部分。所谓"保生"是"保佑民生"的简称，还应包括世间万物，尤其是我们生存的环境，把"保佑生灵""保护生态"融为一体。"慈济"则是"大道为公，慈怀济世"的意思，体现了人与社会、人与自然之间的那种生命关怀、社会关怀和环境关怀。它们共同构成了保生大帝信仰文化的精髓。健康、慈济、和谐的保生慈济文化，得到海峡两岸民众和世界各地闽南人的认同，成为中华民族凝聚力的重要精神力量。

2008年4月17日，在吴本行医济世、慈济苍生的厦门海沧文圃山，首个闽台中医药博物馆正式开馆。博物馆由500多平方米的室内馆区以及室外的中医长廊、吴真人巨型雕像、百草园组成，是全国首创的室内外相结合的中医药博物馆。青礁慈济宫义诊堂的室内馆区一层主要展示源远流长的中医药文化，特别是两岸的中医药文化以及闽台两地中医药发展的渊

① 转引自《厦门青草药：一门独特的医药学》，载《厦门晚报》2007-09-18(16)。

源。二层的陈列则以中草药标本为主,同时还展出海峡两岸共同弘扬慈济文化的成果。厦门闽台中医药博物馆的建立,是两岸保生慈济文化在新时代不断发扬光大的一个写照。

第二节　苏颂《本草图经》及其科学成就

在泉州同安(现厦门市同安区)人苏颂一生中,曾多次参与和主持医药书籍的校订与编写工作,仅在皇祐五年至嘉祐六年(1053—1061 年)的 9 年中,苏颂就整理、研究、审定了《神农本草》《灵枢》《太素》《针灸甲乙经》《素问》《广济》《备急千金方》《外台秘要》等 8 部医药书籍[①],而主持校编的《本草图经》,更是一部取得多项科学成就的本草杰作。

一、《本草图经》的编写缘由及过程

嘉祐二年(1057 年),苏颂以集贤校理(校正医书的官员)身份参与领导了《嘉祐补注神农本草》的编写工作[②],从中发现了现存本草书籍的两大弊端:一是历代本草陈陈相因,以讹传讹;二是唐《新修本草》和《天宝单方药图》中的药图都已失传,中药无图,单靠文字描述是很难辨识的。苏颂深有感触地说:"国初两诏近臣,总领上医,兼集诸家之说,则有《开宝重定本草》。其言药之良毒、性之寒温、味之甘苦,可谓备且详矣。然而五方物产风气异宜,名类既多,赝伪难别。以虺床当蘼芜,以荠苨乱人参,古人且犹患之。况今医师所用皆出于市贾,市贾所得盖自山野之人,随时采获,无复究其所从来。以此为疗,欲其中病,不亦远乎?"[③]

---

① (宋)苏颂:《苏魏公文集》卷六五"本草后序"。

② 20 卷的《嘉祐补注神农本草》载药 1082 种,是在唐《新修本草》(载药 850 种)和宋初《开宝本草》(载药 983 种)的基础上完成的。《嘉祐补注神农本草》新定药 17 种,新补药 82 种,较前两本书前进了一大步。

③ (宋)苏颂:《苏魏公文集》卷六五"本草图经序"。

正是基于这个原因，苏颂提请朝廷动员全国官民力量重新编写图文并茂的新本草，并提出翔实的征集方案。“欲下诸路、州、县应系产药去处，并令识别人子(仔)细辨认根茎苗叶花实形色大小并虫鱼鸟兽玉石等堪入药用者，逐件画图，并一一开说著花、结实、收采时月及所用功效。其蕃夷所产药，即今询问榷场、市舶、商客，亦依此供析，并取逐味各一二两或一二枚封角，因入京人差赍送，当所投纳，以凭昭证，画成本草图并别撰图经。所冀与今《本草经》并行，使后人用药知所依据。”[①]朝廷依苏颂所请，诏令全国各军、州、郡、县指派专人，征集各地所产常用药物的药图、标本及说明文字，送交汴京校正医书局。在翔实占有大量一手材料的基础上，苏颂本着“图以载其形色，经以释其同异”[②]的宗旨，率领医药专家团队用2年时间(1061—1062年)成功编写了图谱性本草专著《本草图经》，也是继唐《新修本草》后，又一部由政府颁布的较为完备的图谱性的国家药典。

二、《本草图经》的主要内容及其影响

《本草图经》(又名《图经本草》)“总二十卷，目录一卷”[③]，原书已亡佚，但宋明本草著作对其内容多有借鉴，今人依据《苏魏公文集》所载苏颂原序，大致可辑复《本草图经》主要内容。[④]

《本草图经》卷一至卷十八按玉石、草、木、禽兽、虫鱼、果、菜、米谷等分类编排，卷十九、卷二十为本经外草类和木蔓类。《本草图经》对所载各类药物，一般按所出州土、生态药性、鉴别方法、采收时月、炮炙方法、主治配方等加以叙述，并将药物与方剂有机地结合起来。《本草图经》载药物780多种，方剂1000余首，药图近千幅，是我国已知第一部版刻的药物图谱。

《本草图经》对后世颇有影响。宋元祐元年(1086年)陈承的《本草别说》，大观二年(1108年)唐慎微的《证类本草》(又名《大观本草》)，都主要

① (宋)苏颂：《苏魏公文集》卷六五“本草图经序”。
② (宋)苏颂：《苏魏公文集》卷六五“本草图经序”。
③ (宋)苏颂：《苏魏公文集》卷六五“本草图经序”。
④ 最早的辑校本出自皖南医学院尚志钧，皖南医学院科研科1983年刻印。

参考和大量引用《本草图经》的内容。特别是《证类本草》，不仅引入《本草图经》文字部分有 780 条之多，而且转载其药图共 933 幅。

本草史上成就最高的《本草纲目》也直接继承了《本草图经》的成果。仅就《本草纲目》“草”部而论，收载了《本草图经》中药物 74 种，收载苏颂有关药物论述 287 处之多。其中药物的形态、辨别、产地，《本草纲目》录入《集解》；药品考证、炮炙(炮制)方法、药物理论、治疗功效亦分别采列入《本草纲目》的“释名”、“修治”、“发明”、“主治”与“附方”等条目；《本草图经》与明代药物相似而名称不同的则载入《附录》。此外，苏颂首创在每一药物后附以实用方剂的本草著作编写体例，对《本草纲目》亦有影响，李时珍的《本草纲目》更收录了历代方剂达 1 万多首。李时珍评价《本草图经》“考证详明，颇有发挥”[1]，他书中所引内容皆以“颂曰”“苏颂”“图经”等注明以示尊重。今天的《本草图经》辑校本正是根据《证类本草》和《本草纲目》所载内容辑复出来的。

三、《本草图经》的科学成就

《本草图经》是在全国性药物普查基础上，经苏颂等人参照以前各种文献进行科学鉴别和整理而成的，因而充分反映了当时药物学、博物学以及其他科学发展的水平与成就。[2]

第一，《本草图经》对药物标本图起了续绝复兴的伟大作用。在中国药物学史上，唐《新修本草》和《天宝单方药图》原均有药图，但到宋代初期这两部本草单方的药图都已佚失殆尽。对中草药而言，“图以载其形色”，药物真伪得识。正是基于这一理念，苏颂致力恢复本草书的药物图。《本草图经》流传至今的药图有 933 幅，1/10 被李时珍收入了《本草纲目》，不仅造福于宋代而且泽惠于当今。关于这一点，英国著名科技史专家李约瑟博

① (明)李时珍:《本草纲目・序》。

② 本部分内容参考了北大资源美术学院文物系管成学与温州大学人文学院历史系王兴文在第六届世界苏姓恳亲大会暨苏颂学术研讨会上的论文《宋代科技创新的旗帜——苏颂》。

士给予了高度评价，他说："作为大诗人苏东坡诗友的苏颂，还是一位才华横溢的药物学家。他在1061年撰写了《本草图经》，这是附有木刻标本说明图的药物史上的杰作之一。在欧洲，把野外可能采集到的动植物，加以如此精确地木刻并印刷出来，这是直到15世纪才出现的大事。"①

第二，《本草图经》对古代药物学做出了多方面的贡献。一是对所载药物，苏颂不仅仔细甄别和摘述前人的研究成果，而且还根据宋代用药实践提出自己的见解；二是在所出州土方面，苏颂将历代本草与宋代出产加以比较，举出最佳产地，且有关药物产地、品种的记载远超过以前的本草著作；三是在采收时月方面，《本草图经》不仅比以前本草记载的内容更丰富，而且更有科学性；四是在炮炙（炮制）方法方面，《本草图经》的有关记载比当时颇有盛名的《雷公炮炙论》更加充实。

第三，《本草图经》保存了当时全国性药物普查的丰硕成果。一方面，《本草图经》所收载的933幅药图，大都是医生或药农经过仔细观察绘制的写实图，其菜部、草部、木部图至今仍可作为区分宋代药用植物的科、属、种的依据，其产地亦可作为研究古今药用植物产地变迁的资料。另一方面，《本草图经》还收藏了前代本草著作从未收录过的药物103种，这些草药都曾是当时民间行之有效的单验方，被宋代以后历代本草著作所收载，成为本草著作中的重要组成部分。

第四，《本草图经》开创了本草博物学先河。由于宋代自然科学与社会科学都取得了前所未有的新成就，又由于苏颂是精通经史、九流、百家之说和星官、算法、山经、本草的大学者，因此，《本草图经》将本草学推到一个新水平，即进入了博物学阶段。《本草图经》引述自然科学、社会科学著作约200种，内容涉及动物学、植物学、矿物学、冶金、化学、物理学以及史学、经学、哲学、文字学、民俗学、训诂学、宗教学等，内容之丰富，是历代本草著作难以比拟的，同时对研究宋以前科技史极为有价值。

---

① 转引自颜中其：《中国宋代科学家——苏颂》，吉林文史出版社1986年版，第160页。

第五,《本草图经》在动植物学上的新成就。《本草图经》著录植物药300多种,动物药70多种,其描述和鉴别方法有许多超越前人的地方。在植物学方面,《本草图经》对植物药按苗、茎、叶、花、果实和根的次序进行描述,这样做一方面有助于药物的识别,使以前无法辨认的药物可以确认无误,另一方面可以对植物茎、叶、花等作进一步的形态分类,如将茎分为缠绕茎、匍匐茎、直立茎,将叶分为对生叶、丛生叶、轮生叶,将花分为花萼、花蕊、子房,等等。此外,《本草图经》还对植物生态与环境关系加以探讨,准确记述了植物嫁接与定向培育技术。在动物学方面,《本草图经》对动物形态、生态、习性等的科学描述与画图准确是本草书中前所未有的,反映了宋代对动物观察与研究的丰硕成果。所记述的26种野生兽类动物,对后人了解我国野生动物的地理分布大有裨益。值得一提的是,《本草图经》用比较的方法鉴别同一药物的不同品种,或那些外态相似实为不同药物的做法,时至今日仍有较大的现实意义。

第六,《本草图经》对矿冶与化学的贡献。由于《本草图经》记载了大量矿物药的产地、加工和制取方法,这样就必然涉及地理、矿产、冶金和化学等多方面知识。一是《本草图经》记述了汞矿(即丹砂,苏颂喻为"石榴子")的开采情况和铁矿(极磁铁矿)的磁性。二是《本草图经》为后人提供了许多冶金方面的技术与经验,如关于生铁、熟铁和钢制造工艺的定性描述,关于灰吹法炼银的最早记载,以及关于汞冶炼工艺的翔实记载等。三是《本草图经》对我国无机化学和有机化学的发展颇具贡献。在无机化学方面,《本草图经》有对白矾、黄矾、绿矾、胆矾等4种硫酸盐类的记载,有对复杂无机化合物硝类的正确识别,有对石棉(不灰木)本质是石类的科学论断,特别是其对绿矾的化学鉴定方法是十分科学的,表明北宋我国已能利用化学反应来鉴定绿矾,可视为我国分析化学的滥觞。在有机化学方面,《本草图经》记载了可制黄色、红色、蓝色染料的植物以及其他植物染料,还对动植物香料及其制香或提取方法,以及药酒的浸制作了不同程度的描述和推荐。

《本草图经》是一部百科全书式的古代巨著,随着对苏颂与《本草图经》

研究的进一步深入,它所蕴含的科学成就更将大放光彩。

第三节 朱端章的《卫生家宝产科备要》

在宋代的福建,出现了一批关注民间疾苦、探究医学卫生的封建官吏,朱端章就是其中的杰出代表,他辑著的《卫生家宝产科备要》总结了宋以前产科临床施治经验和初生儿保育方法,是一部珍贵的产科医学古典文献。[①]

一、朱端章:关注医学的良吏

朱端章,福州长乐人,曾于南宋淳熙十年(1183 年)继朱熹之后任江西南康(治所在今江西星子县)知军,并在朱熹重建的白鹿洞书院"拨设官田七百余亩于洞学,以赡四方之来学者"[②],可见他是一位重视文化教育事业和理学传播的官员。朱端章平素爱好岐黄,博览医著,深究医理,尤其对产科方论钻研颇深,著有《卫生家宝产科备要》八卷(《宋史·艺文志》作"《卫生家宝产科方》八卷")、《卫生家宝方》六卷、《卫生小儿方》一卷(《宋史·艺文志》作"《卫生家宝小儿方》二卷",已佚)、《卫生家宝汤方》二卷(《宋史·艺文志》作"《卫生家宝汤方》三卷",日本有传抄本)等。其中,《卫生家宝产科备要》乃集南宋以前诸家产科经验而成卷帙的,与陈自明的《妇人大全良方》、杨子建的《十产论》同为宋代妇产科的杰出之作;《卫生家宝方》为作者历年所收集和试用效方的汇编,分内、外、妇、儿各科病证验方,共 43 门 880 余方;《卫生家宝汤方》则是以内科为主,兼及外科、五官科及保健养生等类的方书,分 34 门 758 方。方多出宫廷,故用药考究,炮制精详,组方缜

① 本部分内容参考了刘德荣《朱端章与〈卫生家宝产科备要〉》,载《福建中医药》1987 年第 5 期。

② (清)廖文英:《南康府志》卷一三"名宦·朱端章"。

密，被称之为“罕见之秘籍”[1]。作为一名有作为的封建官吏，朱端章认为“问民疾苦，州刺史事也。而民之疫疠，则疾苦之大者，吾可勿问乎？”因此，他细辨“四时寒暑燥湿之气，处方治药，家访庐给，旦旦以之全治者众矣”[2]。正是怀有这样的抱负，淳熙十一年（1184年）朱端章在知南康任上自编自刻了《卫生家宝产科备要》《卫生家宝方》《卫生小儿方》《卫生家宝汤方》等医著，以实现他医药救世的施政之心。值得一提的是，《卫生家宝产科备要》一书涉猎广泛，宋以前的众多医学名家的产科、儿科的经验方都收录在内，其引用的原书大多失传，因而古代医学有关产科的宝贵遗产多赖此书传世。

作为朱端章医学事业的代表作，《卫生家宝产科备要》得到后人的高度称赞。“洵乎产科之荟萃，医家之指南也。”“是编采摭宏富，持择精详，所愿家置一编而深求之，于保产全婴之道，其庶几乎。”[3]的确，《卫生家宝产科备要》在有关孕期、产期、产后、婴儿方面的论述内容丰富，临床和史料价值较高，值得重视。

二、孕期：重视调摄和养胎

孕期的合理调摄，关系到孕妇的健康和胎儿的正常发育，朱端章对此尤为重视。“妇人妊娠之后，或触冒风冷，或饮食不节，或居处失宜，或劳动过当，少有不和，则令胎动不安，重者遂致伤堕，临产之际，为患不小，岂可不戒也。”（卷六“虞氏备产济用方·妊娠”）鉴于此，朱端章取法于北齐徐之才的“逐月养胎法”和唐孙思邈（孙真人）的《养胎论》，对孕期的调摄和养胎作了详尽论述，颇有实用价值。

一是情志调摄。母体的七情变化，能影响胎儿，因此，《卫生家宝产科备要》十分强调孕妇宜“调心神、和情性、节嗜欲”（卷二“孙真人养胎论”），

---

① （宋）朱端章：《卫生家宝方·日人丹波元简跋》。

② （日）丹波元胤：《中国医籍考》卷四八“方论二十六·朱氏（端章）卫生家宝方”引徐安国序。

③ （清）陆心源：《重雕宋本〈卫生家宝产科备要〉叙》。

凡事要乐观,“无悲哀思虑惊动”(卷二“徐之才逐月养胎方”),“不得悲忧惊恐”。所论无疑是正确的,母体怡情养性,气血调和,胎儿病安从来。

二是劳逸适度。朱端章主张孕期应适当活动,“须数行步”(卷三“论初妊娠”),“(妊娠七月)劳身摇肢,无使定止;动作屈伸,以运血气”,这样对胎儿发育有益。但不宜过度,“(妊娠五月)无大劳倦”,“(妊娠一月)不为力事”。同时,《卫生家宝产科备要》还指出,孕期“不可针灸”,且节制房事,“(妊娠二月)居必静处,男子勿劳”(卷二“徐之才逐月养胎方”)。这些主张对固护胎儿有重要的指导作用。

三是药物养胎。朱端章对徐之才的“逐月养胎法”极为推崇,其书卷二载录了徐之才18首逐月养胎方,如乌雌鸡汤、艾叶汤、雄鸡汤、菊花汤、阿胶汤、麦门冬汤、芍药汤等,这是徐之才根据妊娠各月的生理、病理特点制定的。方中大多属养血安胎、滋阴补肾之品,有助于胎儿的发育,值得后世医家重视和研究。

此外,对于妊娠恶阻、胎动不安、胎漏、子痫、子肿、胎疟、妊娠腹痛等妊娠常见病证的治疗,朱端章集录孙思邈、许叔微和张世臣等的经验方,如竹茹汤(卷三“论初妊娠”)、半夏茯苓汤(卷七“胎孕方”)治妊娠恶阻,紫苏饮(卷六“许学士产科方”)治子悬,保生圆(丸)(卷一“产图”)、大安胎饮子(卷四“累用经效方”)治胎动不安等,方药疗效肯定,多被后人所沿用。

三、产期:注重护理和调养

朱端章十分重视产期(指临产和初产)的调护,不仅列举了“产前将护法”和“产后将护法”,而且卷三有专篇“论欲产并产后”,卷六又引录虞流《备产济用方》。综观《卫生家宝产科备要》一书,朱端章对产期的护理、用药、饮食和难产处理等皆阐述得详明精当。

在临产方面,朱端章认为孕妇临产时宜安静,“不可令傍人喧扰,大小仓忙,虑致惊动产母”(卷一“产图·产前将护法”),“门常须关闭”(卷三“论欲产并产后”)。产妇也“不可急性躁”(卷六“虞氏备产济用方·临产”),应静心歇息,养精蓄力。同时要有专人护理,宜“选一年高性和善产婆,又选稳审恭谨家人一两人扶持”(卷三“论欲产并产后”)。朱端章强调产前环境安静,又准备充分,亦是顺产的重要措施。产前用药禁忌方面,《卫生家宝产科备要》不仅列有60余种颇切临床应用的药物,还收录了五积散、催生如圣圆、神效催生丹(卷六“产前诸方”)、枳壳散(汤)(卷七“胎孕方”、卷六“产前诸方”)、催生通灵散(卷三“论欲产并产后”)等10余首诸家催生习用方,这些方熔补气、养血、理气药物为一炉,旨在益胎理气催生,对临床很有启发作用。

在初产方面,由于产时耗伤气血、营卫不固,故产妇极易受伤,朱端章强调“产后大须将护”,一者要注意保暖,“床头厚铺茵褥遮围,四向窒塞孔隙,以御贼风”,谨防“触冒风寒”;另者应及时补充营养,“以羊肉及雌鸡煮取浓汁作糜粥,直至百晬”,但“尤忌任意饮食”(卷一“产后将护法”),“不可饮酒过量”(卷六“虞氏备产济用方·产后”)。《卫生家宝产科备要》又指出,“产后体虚,切不可妄进汤药,如别无证候”,只要“服调气血药及调粥食,常令温暖”(卷六“虞氏备产济用方·产后诸证用药例”),自然气血调和,身体平安。

在难产处理方面,朱端章也广撷众长,引论颇详,如卷六载有虞流的“难产诸方”“逆产诸方”“横产诸方”,立法用药,详细具体,可资临证参考。尤其是卷四所载灸产妇足小趾尖(相当“至阴”穴)“治横生逆生”一方(卷四“累用经效方·治横生逆生方四道”),可称为目前临床上灸至阴穴矫正胎位的早期记载。

四、产后:扶正顾及祛淤

朱端章认为,产后气血俱伤,余血易滞,故多虚多淤,“产后气血暴虚”,“败血乘虚停积”(卷四“二十一论并增入十八论”)。因此,《卫生家宝产科备要》所收载的产后血晕、产后痓证、恶露不绝、儿枕痛、产后身痛、浮肿等20余种产后常见病中,是以虚证、淤证居多。其病机阐释,又多以正虚或血淤致病立论,诸如“因产血下太多,气无所主”,“产后血虚,肉理不密”,“产伤耗血脉,心气则虚”,“产后肠胃虚怯,寒邪易侵”(卷四“二十一论并增入十八论”），以及“恶露上冲乃或（成）呕逆”，“败血流走，百节酸疼，留滞四肢，皮肤俱肿”（卷五“产前后十八论乌金散”）等等。可见，朱端章引论多紧扣产后多虚多淤之证，提挈了产后证治之纲要。

论及产后病的治疗，朱端章仍循扶正与祛淤之基本大法，博采各家之方并结合自己的多年研究，辨证用药，灵活化裁。《卫生家宝产科备要》在收录人参散（卷三“论初妊娠”、卷六“产后诸方”、卷七“产后方”）、当归散（卷六“产后诸方”）、当归建中汤（卷一“产图”、卷七“产后方”）、四顺理中丸（卷三“论欲产并产后”）、芍药汤（卷二“徐之才逐月养胎方”、卷三“论欲产并产后”）等补益剂的同时，尤其重视四物汤的应用，指出“凡妇人之疾无不主治”（卷七“产后方·通用四物汤”），并为此在卷七列有四物汤的多种加减法，如腹胀加厚朴、枳实，虚损不得眠加竹叶、人参，便秘加大黄、桃仁等。这种产后病喜用四物汤增损的做法，说明四物汤早在宋时已被重视，后世医家更推之为“妇科圣药”。

《卫生家宝产科备要》所载活血化瘀方有：血竭散（卷五“产科杂方”）、金花散、金黄散、川芎散、黑散子（卷六“产后诸方”）、桃仁承气汤（卷七“产后方”）等，并详细介绍了经验方乌金散（血竭、血余炭、当归、元胡、赤芍药、肉桂、百草霜等）（卷五“产前后十八论乌金散”）和蒲黄黑神散（蒲黄、当归、芍药、肉桂、干姜、生地、乌豆等）（卷四“二十一论并增入十八论·蒲黄黑神散”）的临床应用。乌金散和蒲黄黑神散两方是根据产后且虚且实的复杂证候，采用补益、温里、活血、祛淤、止血诸药相配伍，以治疗产后多种疾病，对临床有一定的参考价值。

五、婴儿：强调保育和哺养

《卫生家宝产科备要》卷八所列“形初保育”篇，汇集了巢元方、孙思邈、张涣、钱乙等医家有关新生儿、婴儿护理和哺育的论述。朱端章参众长融于一体，且分门别类加以阐述，重点介绍了新生儿护理、试口、断脐、洗浴、婴儿哺育、体格锻炼等16种保育法，篇后附5种新生儿常见病的证治。

在初生儿试口方面，朱端章认为清除新生儿口中秽液尤为重要。他采录了《千金方》的“以棉裹指试口”法和《小儿集验方》中的“洁净旧软帕”裹指蘸“井华水(即清晨最先汲取的井泉水)或微温水”试口法,方便简便,在当时有一定的实用价值。书中还收录《肘后方》及《小儿集验方》中以黄连、甘草药汁试口法,有助清解胎毒。

在新生儿及婴儿保育方面,朱端章认为“小儿始生,肌肤未成”,因而护理特别重要。为防止损伤皮肤,他引用巢元方之法,用“故絮著衣,莫用新绵”(卷八“形初保育·小儿初生将护法·巢氏病源”),但不可“令衣过厚”,以免“害血脉、发杂疮”(卷八“形初保育·小儿初生将护法·千金论”)。同时他又强调婴儿从小应加强锻炼以适应外界变化,“天和暖无风之时,令母将抱日中嬉戏,数见风日,则血凝气刚、肌肉硬密,堪耐风寒,不致疾病”(卷八“形初保育·小儿初生将护法·巢氏病源”),这些主张有重要的指导意义。

在婴儿喂养方面,朱端章考虑到乳母的身体状况与婴儿的健康有直接关系,乳母有病会累及婴儿,故他十分重视,论述甚为详尽。“形初保育”篇规定乳母平时生活“皆有节度”,春夏切不得冲热,“秋冬勿以冷乳哺孩子”,“醉后不得哺孩子”,且云“如不禁忌,即令孩子百病并生”(卷八“形初保育·乳儿法·圣惠论”)。书中又强调婴儿除乳哺外,应及时增添辅食,“半年以后宜煎陈米稀粥,取粥面时时与之;十月以后,渐与稠粥烂饭,以助中气”(卷八“形初保育·哺儿法”引钱乙语),此确系经验之谈。婴儿的体格锻炼,他取效张涣之法,半岁“当教儿学坐”,二百日“当教儿地上匍匐,三百日……当教儿独立”,周岁“当教儿行步”,不可“抱儿过时,损伤筋骨”(卷八“形初保育·小儿初生将护法”引张涣语)。这些记载,均甚为可贵。当然,书中育儿经验之丰富,也反映了宋代中医儿科学的高水平。

此外,朱端章在《卫生家宝产科备要》一书中还阐述了小儿体质特点,他说:“小儿腑藏之气软弱,易虚易实,下则下焦必虚,益上焦生热”(卷八“形初保育·小儿初生将护法·巢氏病源”),提示人们对婴幼儿疾病的诊治要及时准确,用药应审慎,勿妄攻伐。这些观点,为历代临床医家所重视。

第四节 《洗冤集录》及其法医学成就

《洗冤集录》是我国宋代伟大的法医学家宋慈的著作，是宋元福建科技发展史上具有里程碑意义的事件，值得大书特书。[①]

一、《洗冤集录》的写作背景

作为划时代的巨著，《洗冤集录》是历史社会与个人学识有机结合的产物。

我国是一个具有法医检验传统的文明古国。早在战国时代（前475—前221年），就出现了法医学萌芽。据《礼记》《吕氏春秋》等书记载：当时的司法官吏在规定的时间里，要"修法治，缮囹圄，具桎梏，禁止奸慎罪邪务博执。命理瞻伤、察创、视折、审断；决狱讼，必端平"[②]。汉人蔡邕解释说："皮曰伤，肉曰创，骨曰折，骨肉皆绝曰断。"[③]这里所说的"瞻、察、视、审"就是检验方法，"伤、创、折、断"则指损伤程度。1975年年底，湖北云梦睡虎地出土的大量秦代竹简中，就有以"封诊式"为名的一组竹简，记述了内容广泛的治狱案例和司法检验情况，其中判别自缢与他杀的具体方法：舌是否吐出，绳索下有否瘀血痕迹，有没有屎尿流出，解下绳索时，口鼻有无叹气的样子等，是我国关于法医知识十分生动又颇符合科学道理的早期记载，说明当时在活体检查、现场勘查和尸体检验等方面都已取得了科学的成就。时至唐朝，封建法律制度日趋完善，产生了我国封建社会中早期最完整的一部法典——《唐律》，唐律对涉及法律的伤亡病残、人身识别等的

① 本部分内容参考了黄瑞亭等《〈洗冤集录〉今释》，军事医学科学出版社2007年版；陈荣佳《略论宋慈的科学思想》，载周济《福建科学技术史研究》，厦门大学出版社1990年版。

② （宋）陈澔注：《礼记》卷六"月令"。

③ 转引自（清）孙希旦：《礼记集解（中册）》，第469页。

检验及处理，均有明文规定。宋代的检验制度在唐律基础上有较大发展，不但对检验官吏的差遣、职责以及初、复、免检等都有了明确规定，而且还在南宋宁宗时编纂的《庆元条法事类》（约1195—1200年）中专设“检验”一章，并出现了验尸格目、验状以及检验正背人形图等具体操作规程，说明到唐宋时期我国司法检验不仅相当盛行，而且有十分严密的规章制度和比较成熟的技术方法。正是在这样的背景下，五代至南宋出现了几部有关法医检验专书，首先是和凝与四子和𡺀先后编撰的《疑狱集》（宋初）[①]，随后接连问世了无名氏《内恕录》、郑克《折狱龟鉴》（1200年）[②]、桂万荣《棠阴比事》（1213年）[③]以及赵逸斋《平冤录》、郑兴裔《检验格目》等，从而使宋慈能站在历史社会高度，完成了自己的集大成之作——《洗冤集录》。

《洗冤集录》的产生，同作者宋慈人生经历和强烈责任感也是密不可分的。宋慈出生于理学昌盛的闽北建阳，少年就读于朱熹弟子吴雉（一作稚）门下，受朱子“格物致知”的影响，宋慈比较注重实事求是的学风与方法。他20岁入太学，钻研百家学说，“性无他嗜，惟善收异书名帖”[④]，作文章源于心灵，备受当时主持太学的著名学者真德秀的赞赏。嘉定十年（1217年）中进士。宝庆二年（1226年）出任赣州（今江西）信丰县主簿，绍定四年（1231年）移任长汀知县，在任4年，勤政爱民，遇有难决之狱，辄亲自审理，察微证析，一丝不苟，“有剸繁治剧之才”[⑤]，为宋慈刑狱事业奠定了良好开端。嘉熙元年（1237年），宋慈从湖北、安徽等地回到福建，任邵武军通判，次年调任南剑州（今南平市）通判。在此期间，他为百姓办过不少好

---

① 《疑狱集》是以古今史传、听讼断狱、辨雪冤枉等案例故事编撰而成。全书共分3卷，共记载案例66条。包括“张举烧猪”“子产闻哭”等。

② 《折狱龟鉴》以《疑狱集》为蓝本加以增补，将全书分为20门，包括治狱之道、定案之法和破案之法，凡267条，共395事。每条之下，附有郑克按语，既是比较分析，也是理论总结。

③ 书中内容大都来自《疑狱集》与《折狱龟鉴》，不同之处是将目录用“比事属辞，联成七十二韵”（《棠阴比事·原序》）的形式写成，共计144事。

④ （宋）刘克庄：《后村先生大全集（五）》卷一五九“墓志铭·宋经略”。

⑤ （明）黄仲昭：《八闽通志（上册）》卷三八“秩官·名宦·郡县·汀州府·长汀县·［宋］·宋慈”。

事，尤其在赈济、盐运诸方面颇有政绩。嘉熙三年（1239 年）奉调广州任提点广东刑狱，负责当地的司法和刑狱。到任后，宋慈发现地方官吏“多不奉法，有留狱数年未详覆者”[①]，积案很多，便即认真阅卷，亲自审询，不辞劳苦，深入偏僻的山区、村落调查核实，并给下属官吏、衙门规定了清理积案的期限，结果 8 个月内就处理了 200 余件积案，时人称他雪冤禁暴，治政清平。嘉熙四年（1240 年），移任江西提刑兼知赣州。淳祐元年（1241 年）知常州军事，后转朝散大夫，司农寺丞，转任广西提点刑狱，除直秘阁，充大使行府参议官等职。淳祐七年（1247 年），宋慈赴湖南任提刑官兼大使行府参议官，协助湖南安抚大使陈铧（《八闽通志》作“陈晔”）处理军政要务。长期的仕宦生涯和断狱之任，使宋慈对当时司法检验中存在的种种弊端知之甚详。“法中所以通差令佐理掾者，谨之至也。年来州县悉以委之初官，付之右选。更历未深，骤然尝试，重以仵作之欺伪，吏胥之奸巧，虚幻变化，茫不可诘。纵有敏者，一心两目，亦无所用其智，而况遥望而弗亲，掩鼻不屑者哉。”（《洗冤集录序》）一方面是法律对选拔司法官员的规定慎之又慎，另一方面是州县实际检验工作乱象丛生，严重影响了法律的实施效力，也与宋慈一生的执法理念相背离。“慈四叨臬寄，他无寸长，独于狱案审之又审，不敢萌一毫慢易心。若灼然知其为欺，则亟与驳下；或疑信未决，必反复深思，惟恐率然而行，死者虚被涝漉。每念狱情之失，多起于发端之差，定验之误，皆原于历试之浅。”（《洗冤集录序》）四任提刑官的经历和强烈的责任感，使宋慈感到急需一部规范权威的检验书籍，以弥补官吏检验知识的缺憾，改变“狱情之失”多出于“定验之误”的现状。为此，自淳祐五年（1245 年），宋慈便开始着手《洗冤集录》的构思与写作，历经 3 年，终于在淳祐七年（1247 年）湖南任职期间完成全书（参见图 2-4），并于湖南宪治县雕版刊行，实现了“示我同寅，使得参验互考，如医师讨论古法，脉络表里，先已洞澈，一旦按此以施针砭，发无不中”（《洗冤集录序》）的著述目的和治狱理念。

① （宋）刘克庄：《后村先生大全集（五）》卷一五九“墓志铭·宋经略”。

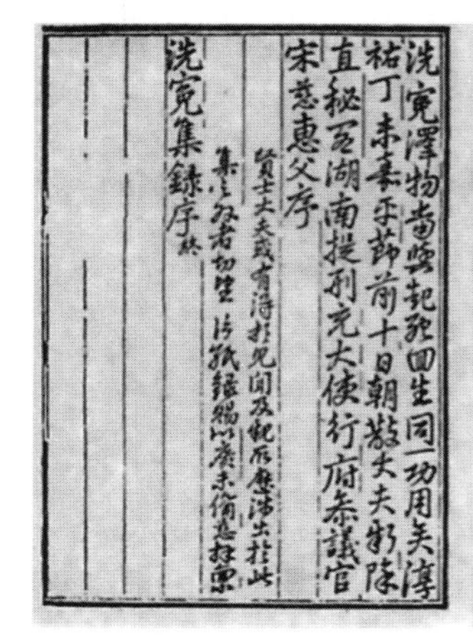

图 2-4 元刻本宋慈手迹《洗冤集录》序文

资料来源：罗时润等译《洗冤集录译释》扉页。

二、《洗冤集录》的主要内容

宋椠原刊本《洗冤集录》至今未发现，世界上现存最早的是元刻本《宋提刑洗冤集录》，共 5 卷 53 篇。[①] 卷一载条令和总说，卷二验尸，卷三至卷五备载各种伤、死情况。

卷一载 1 至 4 篇，包括条令、检复总说上、检复总说下、疑难杂说上等。“条令”摘录了当时有关检验工作职责的法令，内容包括现场检验，检与免检适应对象，必验项目，时限，初、复检制度，结合地界的主检方，回避制度，以及检验人员的职责和对违者的处置等，为世界法医立法的先声。“检复总说”属检验总则，内容包括工作作风，不得索贿、受贿，到现场要先进行案情调查和现场勘查，以及在具体检验时要认真仔细、注意方法等（“检复总说上”）；检验官员要亲自仔细检验，定错了案要严处，检验情况要描述清楚，复检时要将事实核对清楚，检复后要写明上报等（“检复总说下”），有的规定比现在的还具体、实用、严谨。“疑难杂说上”记述了有关验尸的一些

① 本文所用即为在元刻本基础上的高随捷等《洗冤集录译注》本。

检验方法和案例，以及“贵在精专，不可失误”的精神境界，其中“勒杀类乎自缢；溺水类乎投水；斗殴有在限内致命而实因病患身死；人力、女使因被捶挞在主家自害、自缢之类”，宋慈视之为“疑难”，并告诫检验官员对此类案件要“临时审察，切勿轻易”，否则将“差之毫厘，失之千里”。

卷二载5至16篇，包括疑难杂说下、初检、复检、验尸、妇人（附小儿尸并胞胎）、四时变动、洗罨、验未埋瘗尸、验已攒殡尸、验坏烂尸、无凭检验、白僵死猝死等。“疑难杂说下”以典型案例说明科学办案的意义和以事实服人的道理，并论述了生前伤与死后伤的鉴别原理和不能随便认作病死的重要性。“初检”和“复检”是关于尸体检验的程序、原则和注意事项的论述，内容虽不多，但从中可见宋慈对验尸工作的重视和认真程度。“验尸”类似于尸体检验总论，内容包括尸体外表检查的顺序、方法和步骤，以及一些注意事项，用以指导和规范《洗冤集录》卷二第9篇至卷五第50篇的尸体检验工作。“妇人（附小儿尸并胞胎）”是关于妇幼及胎儿尸体的检验，其中被埋女尸发现死孩的解释与死活胎儿鉴别是科学合理的。“四时变动”不仅总结了春夏秋冬不同季节和不同地理气候对死后变化的影响，而且还较详细讲解了个体差异的影响，并把昆虫学知识（“蛆出”）应用于尸体检验，十分难得。“洗罨”要点有三：衬垫尸体的东西不能损害尸体，洗去尸体表面的污垢，用醋浇方法使尸体变软以便检验。“验未埋瘗尸”对未埋尸体的检验主要包括观察尸体所处环境与方位，以及尸体的一般检查两个部分。“验已攒殡尸”是关于已埋尸体的检验即开棺验尸，重点是写与未埋尸体检验的不同之处及其检验顺序。“验坏烂尸”既提出检验腐烂尸体的保护和防范措施，又描述了对尸体损伤的鉴别。“无凭检验”讲的是对严重腐烂、骸骨显露，无检验意义尸体的检验报告处理。“白僵死猝死”讲的是把经久不烂尸体和久病干瘪尸体变软和使伤痕显现的方法。

卷三载17至21篇，包括验骨、论骨脉要害去处、自缢、打勒死假自缢、溺死等。“验骨”与“论骨脉要害去处”关于骨的描述，与现代解剖学上有关骨骼的内容大致相同，但细节上尚有诸多不科学之处。在骨损伤检验方面，涂墨法验骨裂、血荫法鉴别生前伤和死后伤等不仅科学，而且富于创造性。“自缢”翔实描述了从案情调查到现场勘查，从全身各部位的大体检查到颈部索沟的具体检验各个环节，与今天对缢死尸体外表的大体检验几乎一致。“打勒死假自缢”是关于勒死及其勒死或被人打死与自缢的鉴别，并对死后捆绑的特点做了精辟的描述。“溺死”翔实描述了从溺死尸体的检验到尸体所处不同环境的检查，从生前溺死到死后抛尸入水的鉴别，以及常见入水情况的判断等，其中大部分内容与今天所采用的技术方法基本一致。以上 3 篇与卷五的“压塞口鼻死”相当于现代法医病理学机械性窒息的尸体检验。

卷四载 22 至 31 篇，包括他物手足伤死、自刑、杀伤、尸首异处、火死、汤泼死、服毒、病死、针灸死、劄口词等，其中前 4 篇相当于现代法医病理学中机械性损伤的内容。“他物手足伤死”主要是钝器伤。文中对什么属于钝器，人身哪些部位所致的损伤属于钝器伤，以及损伤检验中有关损伤的大小、颜色、形态及其死因鉴定均作了较详细的论述。“自刑”是关于用锐器自杀和自伤的检验，其中关于自杀和他杀、生前伤和死后伤鉴别的描述可谓精辟。“杀伤”是关于被人杀伤即他杀的检验，主要论述了刀、斧刃砍伤和长矛刺伤及其形态特征与记录注意事项，特别提及生前伤还是死后伤的检验、抵抗伤问题和有关衣服的检验，科学性较强。“尸首异处”包括辨认尸体、现场勘查、具体检验和测量、拼接头与躯体、确定生前还是死后砍下等检验方法和顺序，同现代法医学碎尸检验内容基本相符。“火死”的重点在于生前烧死与死后焚尸的检验鉴定，指出口鼻有无烟灰是鉴别两者的最重要证据。“汤泼死”讲到烫伤的主要特征“疱”及对不同情况（如生前烫伤与伤后烫死等）的烫泡进行鉴别。“服毒”介绍了部分毒物中毒及其检验方法，包括有毒植物（如莽草、钩吻和毒蕈）、有毒昆虫（如斑蝥）、有毒重金属和矿物类（如砒霜）以及酒中毒等。“病死”讲述了卒中（脑溢血）、时气（如霍乱）、伤寒等疾病的死亡表现，但将“中暑”“冻死”“饥饿死”列入病死似不妥。“针灸死”强调不能将针灸之人死亡认为是犯罪，而是医疗事故。“劄口词”指出在制作病人口述笔录时要防止冒充作弊。

卷五载 32 至 53 篇，主要叙述各种死的伤痕情况和体表特征以及检验中应注意的问题，包括验罪囚死、受杖死、跌死、塌压死、压塞口鼻死、硬物瘾痁死、牛马踏死、车轮拶死、雷震死、虎咬死、蛇虫伤死、酒食醉饱死、筑踏内损死、男子作过死、遗路死、仰卧停泊赤色、虫鼠犬伤尸、发冢、验邻县尸、辟秽方、救死方、验状说等。“验罪囚死”指出检验监狱内非正常死亡的囚犯，应直接报告提刑司备查。“受杖死”翔实叙述了受杖刑致死的尸体检验，不仅要检查受刑部位创痕的长度和宽度，还要查看哪些部位受伤；不仅要看这些部位有没有皮下出血，还要检查创痕周围有无化脓感染和皮肉溃烂；并特别说明刑杖打腿伤及睾丸致死的情况，从中可见宋慈对这种损伤观察的仔细程度和研究深度。“跌死”不仅点明了高坠伤外轻内重的特点，而且还重点描述了高坠死现场勘查的主要内容。“塌压死”基本包括了挤压伤检验鉴定的要点，如挤压死者的体表征象，辨别生前压和死后压，以及检验时应注意的问题等。“压塞口鼻死”叙述用物体（衣服、湿纸等）堵塞呼吸孔闷死（窒息死）者的体表征象。“硬物瘾痁死”讲的是背部被硬物顶压引起肺、心脏挤压致死的检验，在没有尸体解剖的时代，宋慈能注意到这种损伤是多么难得。“牛马踏死”对如何检验鉴定踩踏伤作了较为精辟的描述。“车轮拶死”是指被车轮碾压致死，属于道路交通意外事故。“雷震死”所述被雷电击伤致死的体表特征，与今天我们检查雷电击死者的尸体外表所见基本吻合。“虎咬死”较详细描写老虎咬伤的部位和伤口的特征等。“蛇虫伤死”叙述被毒蛇和有毒昆虫咬伤致死的检验要点。“酒食醉饱死”已涉及饮酒过量或食物过饱致死原因的大部分内容，并强调案情调查和排除损伤检验要点。“筑踏内损死”描写酒饭吃得太饱被人用膝顶足蹬腹部致内脏受伤而引起死亡案件的检验，“见人照证分明，方可定死状”。“男子作过死”讲的是与男子性交有关的死亡，“真伪不可不察”。“遗路死”指出要查明倒死在路边的尸体的损伤情况和真正死因。“仰卧停泊赤色”对尸斑形成的原因及其与尸位的关系作了正确的叙述，并认识到尸斑具有重要的法医学意义。“虫鼠犬伤尸”抓住了区别生前伤还是死后虫、鼠、狗等咬伤的要领（如“皮破无血”“皮肉不齐”等）。本篇属死后昆虫伤，与“蛇虫伤死”生前昆虫伤以及“四时变动”昆虫学知识结合，形成了我国古代法医昆虫学的重要内容。“发冢”介绍了被盗坟墓的现场检验和尸体检验。“验邻县尸”实际上是关于复检，并以尸体白骨化为例介绍了复检的程序和方法。“辟秽方”是关于避污秽物的中药方剂，在这里宋慈实际提出了法医工作防护这一重要问题。“救死方”搜集了当时医学上的各种急救方法，包括救上吊者、溺水者、中暑者、被冻者、梦魇者、卒中者、杀伤者、胎动不安、惊吓者等，其中有些方法符合科学原理，更体现了宋慈救死扶伤的崇高思想。“验状说”是关于法医检验报告书的介绍，并指出写好“久远照用”检验报告的重要性。

以上内容，说明《洗冤集录》是一部脱胎于古代医学和法学，但又高于古代一般医学，别于法学，具有独创性的伟大著作。当然，由于历史的局限，科学技术条件的限制，全国性案件交流的贫乏，《洗冤集录》中有些内容较片面，如将个别现象、偶然因素、毫无联系的征象视为普遍规律，对人体解剖、生理的认识也有局限，有的缺乏科学性，甚至掺杂着迷信色彩，应注意鉴别。

三、《洗冤集录》的法医学成就

作为一门近200年来才定型化的学科领域，现代法医学是应用自然科学知识，研究、分析和解决司法实践中有关医学的理论与实际问题，内容包括勘验现场、检验活体或尸体、证物和毒物，以鉴定创伤和死亡的原因，搜索犯罪的依据，为侦查、审判案件提供资料和证据。站在这样的高度，重读宋慈的《洗冤集录》，可以发掘出许多具有开创性意义的历史成就。

1.《洗冤集录》确立了法医学的独立地位

形式上看，《洗冤集录》似乎与以前的刑狱检验著述没什么两样，都是关于侦查、审问、解剖、外科和尸体检验的经验总结，实质上它却建立了一门应用有关学科知识为尸体检验服务的独特的科学体系。这一点，宋慈在《洗冤集录序》中说得很明白，他不仅把《洗冤集录》写成一部参考医师讨论医案方式研究尸体检验的专业书籍，而且把解决“狱情之失”与“定验之误”摆在同等重要的地位，视这种检验本身为法官审案、断案的重要一环。这种以法官思维研究尸体检验、利用医学知识解决审判问题的学科，西方称之为裁判医学(Forensic Medicine or Legal Medicine)，即现在所称法庭科学范畴或法医学。

为实现这一宗旨，首先，《洗冤集录》专篇引录了宋代有关尸体、伤病检验的条例法规，作为检验人员必须掌握的内容，体现了"法医学是国家应用医学"[①]这一本质特征。其次，从有关检验法规的具体实施、注意事项，到现场检验顺序、技术处理、尸体保存、检验结果的书面报告形式以及对各种不同死因、不同身份、性别、年龄、死后变化程度差异的尸体作初检、复检的要领等，都做了系统的精辟论述。最后，详细论述了尸体变化征象、机械性损伤、机械性窒息、烧死、雷击死、中毒、急病死、饿死、生物性原因致死、尸骨、无名尸等的特征及鉴别判断的要求，以及判定自杀、他杀的知识等等。这样的体例安排，使《洗冤集录》成为我国法律与医学有机结合的最早最系统的司法检验专书，也是世界上第一部较完整的法医学著作，比西方最早的同类著作——意大利巴列尔摩大学教授菲德里(Fortunato Fedeli)的《医生的报告》(*Relationibus Madicorum*)足足早了350多年。就是说，宋慈《洗冤集录》的问世，标志着世界科学史上又一门有独立理论体系及技术方法的新学科——法医学的诞生。

2.《洗冤集录》确立了生活反应的检验原理

所谓"生活反应"，是指以人体生理现象这一客观实在作为检验判断死伤原因的依据，是现代法医学的基本原理之一。

综观《洗冤集录》一书，对于各种尸伤的检验，宋慈都是以死者受伤时的肌肉和血液，全身与局部是否还有生理机能为依据的，也就是以人体这一客观事实作为研究对象，因而所得结论基本是科学的。如辨认刀痕是生前伤还是死后伤，宋慈认为如果是生前被伤，则"其被刃处皮肉紧缩，有血荫四畔"，"其痕肉阔，花纹交出"；而若是死后被伤，则"皮肉如旧"，"刃尽处

① 中国现代法医学奠基人林几语，引自黄瑞亭等：《〈洗冤集录〉今释》，军事医学科学出版社2007年版，第23页。

无血流，其色白”，“挤捺，肉内无清血出”（二四，杀伤）。这里，宋慈是以肌肉和血液的生理机能为依据，说明由于生前创口被血液浸染，组织纤维收缩，故创口张开翻卷，有凝血块。这种死后创口处皮下组织间有血流留聚和凝血块的现象叫“生活反应”，是生前伤特有的现象。在辨认是自缢勒死与死后假作自缢勒死时，宋慈指出若是死后被勒，由于“其人已死，气血不行，虽被系缚”，但“其痕不紫赤”（二十，打勒死假自缢），这是以血液的生理机能为依据的。对烧死尸体，“凡生前被火烧死者，……两手脚皆拳缩”（二六，火死）。这是由于人的肌体肌肉中，屈肌较伸肌发达，因而肌肉收缩较伸展为强。肌肉经火烧后，蛋白质凝固变硬，上下肢肌肉皆收缩，四肢关节皆屈曲，所以烧死的尸体呈斗拳或自卫时的特殊状态，这是以肌肉的生理机能为依据的。

3.《洗冤集录》确立了客观规范的检录准则

作为司法检验者的工具书，客观统一的分类标准和准确规范的记录方式是《洗冤集录》的重要内容。

在分类标准方面，宋慈以致死原因作为分类依据，把死分为勒死、溺死、他物手足伤死、自刑、杀伤、火死、汤泼死、服毒死、病死、针灸死、受杖死、跌死、塌压死、压塞口鼻死、硬物瘾痁死、牛马踏死、车轮拶死、雷震死、虎咬死、蛇虫伤死、酒食醉饱死、筑踏内损死、男子作过死、遗路死等24种类型，包括了古代司法审判中所遇到的基本种类。以原因作为标准，不仅可与审判直接挂钩，统一检审，而且这种标准本身也比较客观，是长期检验实践对各种死伤的肌肉与血液表现进行仔细观察和分门别类的结果。

在翔实记录方面，宋慈十分重视检验结果的记录语言及方式的准确与规范。如在“检复总说下”有“凡检验文字，不得作‘皮破出血’。大凡皮破即血出。当云：‘皮微损，有血出。’”这实际已接近现代科研报告的记录要求了。又“定致命痕，内骨折，即声说；骨不折，不须言‘骨不折’，却重害也”。骨头没断就不必写，以免误解为有两处伤害。

在讲到对尸骨进行整理方面，“论骨脉要害去处”要求：“验骨讫，自髑髅（头颅骨）、肩井臆骨，并臂、腕、手骨，及胯骨、腰腿骨，臁肕（胫骨）、膝盖并髀骨，并标号左右。其肋骨共二十四茎(根)，左右各十二茎，分左右，系：左第一、左第二、右第一、右第二之类。茎茎依资次题讫。……庶易于检凑。”说明要分别左右，标明名称及次序号码，以便检查和凑成原形，这已达到现代解剖工作的记录要求。在“检复总说下”还讲到，为了防止顽因勾结官吏在验尸报告书上做手脚，即不在“行凶人”栏内画押签字，而写作“被诬”或“干连”之类以逃脱罪责，宋慈还申准朝廷，增设“被执人”一栏。这样，对于虚实未定的人就可填入此栏，检验记录变得更加准确、规范。

4.《洗冤集录》对某些现象的观察和描述堪媲美当代

如卷四“杀伤”关于刀口砍伤和枪尖刺伤检验报告要求写明“尸在甚处、向当、着甚衣服，上有无血迹，伤处长、阔、深分寸，透肉不透肉；或肠肚出，肓膜出，作致命伤”。这里的“长、阔、深分寸”，指的是以皮肤为水平面的伤口最大长度，与长轴垂直的最大阔(宽)度，创口平面至创底距离(深)。这是记录伤口大小的方法。700多年前的《洗冤集录》就能用度量规范地描述伤痕大小，十分了不起。相比之下，当今的一些法医或医生量的概念非常模糊，还在用鸡蛋大、黄豆大之类的实物比拟伤痕大小。

又如卷二“四时变动”不仅详细描述了尸体各种变化过程及现象，而且对影响尸体腐败的因素有精辟见解，如指出四季不同温度对尸变的影响，“春秋气候和平，两、三日可比夏一日”，“盛寒，五日如盛热一日”，即有1∶2～3∶5的关系，以及肥胖、瘦弱的尸体变化有不同进程等。对腐败绿斑、腐败水气泡、腐败巨人观等，也有准确而形象的描述。这些认识均须对尸体进行了长期的观察、研究之后才具有的，十分难得。

又如卷五“仰卧停泊赤色”关于人死后处于仰卧位时于尸体低下部位出现尸斑(“微赤色”)，宋慈的认识很科学。“凡死人项后、背上、两肋、后腰、腿内、两臂上、两腿后、两曲月秋、两腿肚子上下有微赤色，验是本人身死后一向仰卧停泊，血脉坠下，致有此微赤色。即不是别致他故身死。”不仅认识到尸斑是人死后血液下坠聚积造成的，而且指出尸斑是正常的尸体征象，不是死亡的原因。

又如卷五“救死方”讲到急救冻死：“若不先温其心，便以火炙，则冷气与火争必死。”因为加温过速，使代谢产物积存增加，液体渗出增加，影响血液循环，使血液供应不足而致死，正如过热物体不宜速冷以免破裂一样，完全符合科学道理。以上数例，突显出《洗冤集录》的科学性和实用价值。

总之，作为一部集宋朝有关检验法律条文在具体检验中适用和丰富检验知识于一身的科学巨著，《洗冤集录》的法医学成就对我国司法鉴定体制改革具有借鉴意义。

第五节　杰出民间医学家杨士瀛

杨士瀛是宋以前福建少有的既有深厚理论修养又有丰富临床经验的本土医学大家，其代表作《仁斋小儿方论》和《仁斋直指方》至今仍是我国中医学的宝贵财富。[①]

一、杨士瀛及其著述

杨士瀛，字登父，号仁斋，南宋福州怀安（今福州闽侯）人。杨氏世代业医，瀛名尤著。杨士瀛医学活动的最大特点在于“上稽灵素之书，下及汤液之论”[②]，即一方面深入钻研《素问》《灵枢》《伤寒论》《金匮要略》等医学典籍，同时又不拘泥书本，而是在总结丰富临床经验基础上融会贯通，因而常常能达到独树一帜的效果。杨士瀛一生著述颇丰，仅据《中国医籍考》和杨士瀛《仁斋直指方·自序》等的记载，就有《伤寒类书活人总括》、《仁斋小儿方论》（即《婴儿指要》）、《医脉真经》（或《脉书》《脉诀》《医学真经》）和《仁斋直指方》等多种，“学者宗之”[③]。

《伤寒类书活人总括》（又名《活人总括》《仁斋伤寒类书》）七卷，成书于

① 本部分内容参考了郑学龙《〈仁斋小儿方论〉摘萃》，载《福建中医药》1988 年第 6 期；方超等《从〈仁斋直指方论〉探讨杨士瀛的临证特点》，载《福建中医药》1992 年第 2 期。

② （宋）杨士瀛：《仁斋小儿方论·〈仁斋小儿方论〉序》。

③ （明）黄仲昭：《八闽通志（下册）》卷六三“人物·福州府·艺术·[宋]·杨士瀛”。

南宋景定元年(1260 年)。该书在总结张仲景《伤寒论》和朱肱《类证活人书》等的基础上,参附杨士瀛自己的学术见解而成,因而对伤寒病症的研究有所进展。

《仁斋小儿方论》(又名《仁斋直指小儿方论》)五卷,刊行于南宋景定元年(1260 年)。全书分变蒸、惊、中风、疳、积、热、伤寒、痰嗽、脾胃、丹毒、杂证、疮疹等 12 类,系统阐述了儿科常见病的辨证论治。书中以病证为目,按证溯源、审因施药,所举症证之症状详而精要,相应之治法大要明确,方药具备,论述相兼,诚为一部儿科临证的上乘专著。宋代是中医儿科发展的重要时期,在杨士瀛以前,已有钱乙的《小儿药证直诀》,刘昉的《幼幼新书》,陈文中的《陈氏小儿病源方论》《小儿痘疮方论》等儿科专书问世。在借鉴前人尤其是钱乙《小儿药证直诀》的基础上,杨士瀛独辟蹊径,大胆探索,尤在惊风病症的论述颇具新意,为后世所宗。

《医脉真经》一卷(经明朱崇正附遗后增为二卷,又名《医学真经》《仁斋直指方论医脉真经》),为南宋景定三年(1262 年)所复著。该书以伪本王叔和《脉诀》为经,参合宋以前诸家之言,去其谬误,撷其精华,并有发展,如其中三部九候论、脏腑部位论、诊候论、脉病消息论等各篇,皆简要易明,发前人之所未发。

《仁斋直指方》(又名《仁斋直指》《仁斋直指方论》《(杨氏)直指方》《杨(氏)仁斋直指方论》等)二十六卷,成书于南宋景定五年(1264 年),主述内科杂病证治,兼论外科、妇产科方证。所谓"直指",用杨士瀛的话说就是"明白易晓之谓直,发踪以示之谓指"。在该书里,杨士瀛存济人利物之心,"倾囷竭廪","剖前哲未言之蕴,摘诸家已效之方,济以家传,参之《肘后》"[①]。《仁斋直指方》强调问诊求因,重视脉病逆顺,提出调气不可略血,因证用药务求切当,并以这 4 条为纲,以收直指之捷径。700 多年来,《仁斋直指方》给历代医家提供了实用、有效的理论和方药,后世对此书的评价更胜于《仁斋小儿方论》。

① (宋)杨士瀛:《仁斋直指方·自序》。

值得一提的是,《伤寒类书活人总括》《仁斋小儿方论》《医脉真经》《仁斋直指方》,四书合称为《(新刊)仁斋直指医书4种》,是我国现存最早的中医丛书[①],保存了大量的珍贵医学文献资料。

二、《仁斋小儿方论》的学术特色

《仁斋小儿方论》共5卷,卷一、二重点论述小儿急、慢惊风的证治;卷三为疳积方论,对"惊""疳"两大证叙述甚详,是本书的特色;卷四、五列述了小儿伤寒、痰嗽、泻痢、丹毒、疮疹及杂症等的论治。作为一部理法缜密,内容丰富,既继承了前贤理论,又结合作者临床心得的儿科专著,《仁斋小儿方论》具有鲜明的学术特色。

1.坚持五脏为纲的辨证思想

在《仁斋小儿方论》一书中,杨士瀛推崇钱乙的脏腑病理学说,提出"病关五脏,以脏别之"(卷三"疳·诸疳方论")的儿科临床辨证思想。

在他看来,心疳(惊疳)、肝疳(风疳)、肾疳(急疳)、肺疳(气疳)、脾疳(食疳)等五疳(卷三"疳·诸疳方论"),心痫、肝痫、肾痫、肺痫、脾痫等五痫(卷二"中风·发痫·发痫方论"),以及中风(卷二"中风·中风方论")、疮疹(卷五"疮疹·疮疹方论")、惊风等儿科常见病,大多可以五脏辨证归类。以(急)惊风为例,杨士瀛按惊风所能出现的诸多症状,分列四类证候:惊(昏迷、谵语、惊厥、惊跳不安)、风(牙关紧闭、颈项强直、烦躁面赤、眼睛上视、手足抽搐)、痰(痰涎壅盛、痰鸣如锯)、热(高热、谵妄、惊狂、昏迷),并且用此四类证候统率八种症状:搐、搦、掣、颤、反、引、窜、视,称八候,其目的是便于推求惊风作祟之病因与脏腑。他说:"是以风生于肝,痰生于脾,惊出于心,热出于肺,而心亦主热。"(卷一"惊·急风、慢风、慢脾风总论")这种以惊、风、痰、热为惊风辨证之纲的诊治原则,并将产生这些证候的病机与脏腑相联系,正是杨士瀛五脏为纲辨证思想的临床体现,也是我国最早

① 胡滨:《中医丛书及其检索方法简介》,载《贵阳中医学院学报》1984年第3期。

提出惊风"四证八候"症状的学者。[①]

2.重视儿科望诊的诊断方法

儿科古称"哑科",因婴幼儿无法诉说病情,且就诊时较易哭闹,给疾病诊断带来困难。所以,历代医家都重视对婴幼儿各种临床体征的观察,而杨士瀛的《仁斋小儿方论》对望诊的论述尤为详尽。

一方面,该书对儿科的多种常见病所出现的神态、面色、五官、四肢及毛发、唇齿、大小便等方面的异常变化均一一述及,如婴儿"恶风恶寒者,必隈人藏身,引衣密隐","恶热内实者,必出头露面,扬手掷足,烦渴燥粪"(卷四"伤寒・伤寒方论")。又曰"摇头揉目,白膜遮睛,眼青泪多,头焦发直,……夫是之谓肝疳"(卷三"疳・诸疳方论"),"痫证方萌,耳后高骨间必有青纹纷纷如线"(卷二"中风・发痫・发痫方论"),等等。

另一方面,在指纹诊法上,杨士瀛有很多独到之处,如诊小儿伤寒,"幼而婴孩,则以虎口指纹之红色验之;长而童孺,则以一指按其三关,据左手人迎之紧盛者断之"(卷四"伤寒・伤寒方论")。又如诊惊风一证,"三关虎口纹红紫或青者,皆惊风状"(卷一"惊・急风、慢风、慢脾风总论"),"凡手纹在初关者易治;过中关者难治;透末关者不治"(卷一"惊・定惊・虎口三关纹诀法")。从上述例证中不难看出,《仁斋小儿方论》在论及小儿虎口指纹诊断法时,较准确地描述了三关定位和指纹颜色的临床表现。此外,该书还收载有"虎口三关纹诀法""定指上三关""指纹脉主病"(卷一"惊・定惊")等专篇,足见杨士瀛对病情审察的细致和对儿科望诊的重视。

3.强调急缓有序、对症用药的临床治疗

杨士瀛认为:"大科伤寒法度为甚严,小科惊风方论为难尽。"(《仁斋小儿方论・序》)故以惊风为一类,详立惊热、胎惊、定惊、慢惊、急慢脾风、客忤、惊风杂治等篇,审证立法主张究其脏腑受病之处而调理。"虚者温之,实者利之,热者凉之,是为活法。"(卷一"惊・急风、慢风、慢脾风总论・惊风方论")

---

① 丁春等:《杨士瀛对小儿急惊风的诊治特点》,载《福建中医学报》1996 年第 1 期。

如对慢惊复杂的病因，杨士瀛强调其“治法大要：须当审问源流，不可概曰慢证”，“慢惊虽属阴，亦须准较阴阳亏盛浅深如何，不可纯用温药及燥烈太热之剂”，无论从病因的探求上还是治疗的立法上，杨士瀛的这个观点都远较钱乙为先。杨士瀛还举例说：“如吐泻得之，则理中汤加木香以温其中，五苓散以导其水；脏寒洞泄得之，则先与术附汤；下积取转得之，则先与调气散；外感寒邪得之，则先与桂枝汤、解肌汤辈；其他可以类推矣。”（卷一“惊·急风、慢风、慢脾风总论·慢惊之候”）这是对《伤寒论》等名方的经验之谈，对临证有实际意义。

关于急惊，杨士瀛则认为“急惊急在一时，治之不可宽缓，稍缓则证候转深；若一时体认未明，又不可妄施药饵”。可见在急惊上，杨士瀛既把治疗的着眼点放在“急”上，亦告诫人们要辨证准确，在投药施治时更应掌握“用药有序”，其次序是“通关以后，且与截风定搐；痰热尚作，乃下之；痰热一泄，又须急与和胃定心之剂；如搐定而痰热无多，则但用轻药消痰除热可也”（卷一“惊·急风、慢风、慢脾风总论·急惊之候”）。通关—截风定搐—泄下痰热—和胃定心—安神定志的用药顺序的提出，是杨士瀛基于对急惊病理机制认识做出的，“热盛生痰，痰盛生惊，惊盛生风，风盛发搐。治搐先于截风，治风先于利惊，治惊先于豁痰，治痰先于解热。其若四证俱有，又当兼施并理，一或有遗，必生他证。故曰：治有先后者此也。纲领如此”（卷一“惊·急风、慢风、慢脾风总论”）。

慢惊重审因诊治，急惊重用药有序，如果没有丰富的临症经验，很难想象会提出如此具体而细致的治疗步骤，这也是宋及其前贤所未总结之处。

4.重视脾胃的用药特点

脾胃乃后天之本，小儿生机旺盛，依靠后天脾胃运化水谷提供营养，脾胃功能正常与否对于小儿具有独特重要意义。

在我国，脾胃学说源于《内经》，成于金元。生活于南宋中晚期的杨士瀛，几乎与当时北方金朝李东垣代表作《脾胃论》成书同时，对有关脾胃理论进行了论述，并在其医学实践特别是儿科中加以发挥应用。细观《仁斋小儿方论》5卷中所收载的方药，多注重调脾和胃，并且在这些方药中，又以人参、黄芪、甘草、丁香、干姜、高良姜、肉桂等最为常见。如在"疮疹方论"中，杨士瀛提出治当"泻后温脾，则人参、茯苓、白术等分，厚朴、木香、甘草各半为妙。盖疮发肌肉，阳明主之，脾土一温，胃气随畅，独不可消胜已泄之肾水乎?"(卷五"疮疹·疮疹方论")治疮疹先清泻热邪，后用甘温之品温脾养胃。又如对麻痘的治疗，北宋时期形成钱乙偏于凉解和陈文中偏于温补的寒温两派。杨士瀛赞同陈文中的观点，认为痘疹是"毒壅于皮肉间与脉络之处"(卷五"疮疹·保元汤加减总要")，"气血并隆能制毒"(卷五"疮疹·附:痘图式·起发图")，病机为气血亏虚，治疗当用温补的人参、黄芪、甘草等药以温补脾胃中气而化生气血，托毒外出。

纵观《仁斋小儿方论》，杨士瀛对儿科各种实证、虚证、虚实夹杂证的诊治，无论是先祛邪后和胃气，或以和胃健脾为主，或祛邪与和胃结合，均体现了杨士瀛儿科临证顾护脾胃的学术特点。

5.不囿世俗，针砭时弊的学术风格

如卷二"论脑麝银粉巴硝等不可轻用"中说:"世俗无见，不权轻重。每见发热发搐，辄用脑、麝、蟾酥、铅霜、水银、轻粉、巴豆、芒硝等剂，视之为常，惟其不当用而轻用，或当用而过用之，是以急惊转为慢惊。"(卷二"中风·发痫·论脑麝银粉巴硝等不可轻用")杨士瀛既认识到这些药物所具有的毒副作用，亦看到使用这些药物于临床有特定的疗效，故说"医家不得已而用之，仅去疾即止"(卷一"惊·急风、慢风、慢脾风总论·急惊之候")。

在论述疳症时，杨士瀛不仅详阐五疳，填补了钱乙《小儿药证直诀》的欠缺之处，而且把"消积"列为治疳的中心环节，视"和胃"为调整脏腑功能的主要关口，"消积和胃，滋血调气，随顺药饵以扶之，淡薄饮食以养之，荣卫调和，脏腑自然充实"。然而，"取积之法又当权衡"，积而虚者，当先扶胃，若需消积，乃用白豆蔻、萝卜子、缩砂、蓬术等平缓之药(卷三"疳·诸疳方论")。

痘疮为幼科难治之证，《仁斋小儿方论》不仅论述较详，还附有插图示之，治法上提出"不可汗下""温凉之剂，兼而济之""解毒和中安表"(卷五"疮疹·疮疹方论")三法较为妥帖。这些不囿世俗中肯见地的论述，使《仁斋小儿方论》对临床实践具有针砭时弊的指导意义，为后世《证治准绳》《婴童百问》《普济方》诸医籍所收录。

三、《仁斋直指方》的临证特点

《仁斋直指方》凡 26 卷，卷一为“总论”，论述五脏所主、阴阳五行、荣卫气血、脉病逆顺等基础理论；卷二为“证治提纲”，论述病因、治则及多种病证的诊断治疗，多为作者临证经验总结；卷三至卷十九论内科病证治；卷二十至卷二十一论五官病证治；卷二十二至卷二十四论外科病证治；卷二十五论诸虫所伤；卷二十六论妇科证治及血证证治。综观杨士瀛全书，其临证特点包括以下 5 个方面。

1.强调问诊求因

问诊系诊疗的手段之一，望、闻、问、切具有同等的重要。杨士瀛针对当时医患双方的弊病，指出“近世以来，多秘所患以求诊，以此验医者之能否，医亦不屑下问，孟浪一诊，以自挟其所长。甚者病家从前误药或饮食居处有所讳诲，虽问之而不以尽告，遂至索病于冥漠之间，辨虚实冷热于疑似之顷。毫厘千里，宁不委命一掷与人试伎乎？”（卷一“总论·问病论”）书中杨士瀛特于“卷一·总论”中设一专篇“问病论”，列举前贤格言以解世俗之惑，并以临床实例告诫病者求医不能有所讳忌，提醒医者更要认真细致地问诊，“治病活法虽贵于辨受病之证，尤贵于问得病之因”（卷二“证治提纲·得病有因”），“须诘问其由，庶得对病施药”（卷二“证治提纲·治病如操舟”），可谓语重心长，启人心脾。

2.重视脉病逆顺

杨士瀛重视脉诊，特于“卷一·总论”中以“诸阴诸阳论”和“脉病逆顺论”两个专篇详细论述了脉与证复杂的临床关系。在杨士瀛看来，认识脉与证之间的变化，对于疾病的诊断、治疗及预后的判断均有很大的意义。他说：人身之十二经“周环一身，自上至下，往来流通而无间断也。其脉则于两手三部应焉”（卷一“总论·诸阴诸阳论”）。一旦出现病理变化，“脉病逆顺之不可不早辨也。盖人有强弱盛衰之不等，而脉实应焉；脉有阴阳虚实之不同，而病实应焉。脉病形证相应而不相反，每万举而万全，少有乖张，良工不能施其巧矣”。杨士瀛在篇中条析缕陈了近百种症状或疾病、五脏及奇经八脉的病变所出现的逆顺变化，并探讨了他对前哲“阴病见阳脉者生，阳病见阴脉者死”观点的看法。

杨士瀛还通过丰富的临证实践，强调谨慎处理“脉和”与“脉健”的“毫厘疑似”关系，他说：“脉和之与脉健本自不同，刚驰暴躁之谓健，调平而有胃气之谓和。毫厘疑似之间，学者当于此而致其辨矣。”脉之与病，有正有反，识此可以解疑惑，施药饵，决生死。其中或有矛盾之处，杨士瀛本着实事求是的态度，指出“逆顺之说，故备论之，以俟大贤之折衷云”（卷一“总论·脉病逆顺论”），临证一丝不苟，予此可见一斑。

值得一提的是，《仁斋直指方》卷二十二“发癌方论”篇中对体表癌肿特征作了形象的正确描述。“癌者，上高下深，岩穴之状，颗颗累垂，裂如瞽眼，其中带青，由是簇头各露一舌，毒根深藏，穿孔透里。”据此，杨士瀛首次提出了癌的病因为毒的概念，为后世苦寒解毒法治疗癌症提供了理论依据。

3.调气不可略血

在《仁斋直指方》一书中，杨士瀛对五脏阴阳虚实、营卫气血的辨证作了提纲挈领的论述，其中既有对五脏的病状、所恶、虚实，五脏之气绝以及阴阳内外虚实错杂等种种病证的阐释，又从血与荣、气与卫的关系着眼，提出“血荣气卫常相流通。则于人何病之有？一窒碍焉，百病由此而生矣”（卷一“总论·血荣气卫论”）的辨证认识观点，指出气之作恙、血之为患的有关症状，为临床气血辨证提供了极有意义的资料。在这些论述中，杨士瀛提出了“调气不可略血”的新见解，并分析了其中的时代背景。

随着海外进口香料的日益增多，南宋时期民间医者喜用沉香、苏和香等芳香调气、理气的药物，一度出现重于气而略于血的辨证倾向。杨士瀛针对这种“人之有病皆知调气，而血之一字念不到焉”（卷一“总论·男女气血则一论”）的现状，特别列举了临床上许多常见的证候，指出“人皆知百病生于气，又孰知血为百病之胎乎？”（卷二六“血·血论”）同时批驳了“世俗循习，其能以男子之诊为血证乎”（卷一“总论·男女气血则一论”）的错误偏见，提醒医者“不问男女老少，血之一字请加意焉”（卷二“证治提纲·血滞”）。

杨士瀛不仅辨证重视气与血的不同证候，而且在治疗上关于调气与调血的关系，他也自有一番见解。杨士瀛写道：“病出于血，调其气犹可以导达病源。于气，区区调血何加焉？故人之一身，调气为上，调血次之，是亦先阳后阴之意也。……然而，调气之利，以之调血为两得，调血之剂，以之调气而乖张。……病有标本，治有后先，纲举而目斯张矣。噫！此传心吃紧之法也。耳目所接，敢不本卫生之家共之？”（卷一“总论·血荣气卫论”）以上见解，不但在当时足以发聋振聩，即使在今天仍有重要的参考价值。

4.痰涎水饮论治分明

隋唐以前，痰与饮无明显区分，故丹波元坚曰：“盖古方详于饮而略于痰，后世详于痰而略于饮，诸家唯杨仁斋书析二门，其他淄渑无别。”[①]杨士瀛将痰涎、水饮与呕吐三者共列为卷七，对后世区分痰与饮多有启迪。

对于水饮所致诸疾，杨士瀛指出：“能以表里虚实订之斯得矣。表有水者，……青龙汤汗之而愈；里有水者，……十枣汤下之而安；虚者，……当以安肾丸为主；实者，……当以青木香丸为主”（卷七“水饮·水饮方论”），可见其对水饮之区别表里虚实，方证明确。《痰涎方论》篇中指出：“疗痰之法，理气为上，和胃次之”（卷七“痰涎·痰涎方论”），书中给出橘皮汤等14首治痰方剂，除常用化痰植物药如南星、半夏、桔梗之外，还使用辰砂、白矾等矿物药，为后世提供了宝贵经验。[②]

5.因证用药务求切当

《仁斋直指方》将诸科病证分为72门，每门之下，均先列“方论”，述生理病理、证候表现、疾病分类及治疗法则，次列“证治”，条陈效方、各明其主治病证、方药组成、药物修制方法、服用注意事项等，条理清晰。

---

① （日）丹波元坚：《杂病广要》，中医古籍出版社2002年版，第204页。

② 潘桂娟等：《宋金元时期中医诊治痰病的学术思想研讨》，载《中华中医药杂志》2009年第2期。

杨士瀛生处南宋，其间方药本草著作大量出版，使他有机会悉心钻研上至汉魏、西晋，下逮隋唐、北宋的诸代医学，真正做到撷采前人有效方剂并参以祖传验方而留传后世的目的，这其中当然不乏杨士瀛自己用药遣方的心得体会。如在“咳嗽方论”中指出：“诸气诸痰咳嗽喘壅之烦，须用枳壳为佐。枳壳不惟宽中，又能行其气，气下痰下，他证自平。”(卷八“咳嗽·咳嗽方论”)这样的用药例子还有不少，其中以卷二最为集中，计有53段临床验证汇编，如“阿胶尤大肠之要药，有热毒留滞则能疏导，无热毒留滞则能安平”(卷二“证治提纲·治痢要诀”)；“蜜最治痢”(卷二“证治提纲·简径治痢”)，“姜茶治痢”(卷二“证治提纲·姜茶治痢法”)；治疟痢用常山、罂粟壳(卷二“证治提纲·疟痢用常山、罂粟壳”)，而发热呕吐异常者勿用常山(卷二“证治提纲·发疟呕吐勿用常山”)，“常山治疟须用大黄为佐”(卷二“证治提纲·常山治疟须用大黄为佐”)；“柴胡退热不及黄芩”(卷二“证治提纲·柴胡退热不及黄芩”)；治疗积热，“三黄汤、丸，第一药耳”(卷十五“积热·积热方论”)；治疗痼冷，“虽贵乎温补，不贵乎大刚，惟于滋血养气中佐以姜、桂、雄、附为愈”(卷十五“痼冷·痼冷方论”)等。无论是药性还是病方，杨士瀛的论述皆重点突出，原则明确，阅后使人成竹在胸。

从《仁斋直指方》的临证特点不难看出，杨士瀛不但医术高超，临床剖析病源十分精细，而且在医学理论上多有阐发创新，尤善于总结自己遣方用药心得和运用家传经验，使《仁斋直指方》成为我国现存较早的方论紧密结合的方剂学专著，堪称700多年前一部难得的医学教科书。

第六节 其他重要医家医著

宋代是福建医药事业从小到大，从落后到先进的跨越式发展时期，出现了许多重要医家医著，其中刘信甫和伤寒学派的汤尹才、钱闻礼以及郑樵、真德秀、福州郭氏等是杰出代表。

一、刘信甫活人事证

刘信甫，一名信父，号桃溪居士，南宋桃溪(今龙岩武平县)人。刘信甫自幼习儒，“屡摈名场，而壮志弗就，乃敛活国之手，而为活人之谋”[①]。他以医为业，救人甚多；研究典籍，颇有心得。编著有《活人事证方》《活人事证方后集》《新编类要图注本草》等，是一位颇具影响力的宋代福建名医。

谈到编辑《活人事证方》的缘由，刘信甫有小引曰：“余幼习儒医，长游海外。凡用药取效者，及秘传妙方，随手抄录，集成部帙，分为门类，计二十余卷。每方各有事件引证，皆可取信于人，并系已试经效之方，为诸方之祖。不私于己，以广其传，庶使此方以活天下也。”[②]传世《活人事证方》20卷，以论述病证为主，分诸风、诸气、伤寒、虚劳、妇人、疮疡、小儿等共20门，选方颇多，且各有事件引证，易取信于人。其中一些方药，如取痔用砒、矾、草乌、蝎梢等外治，是我国历史上较早的枯痔疗法，有较大的科学价值，故该书于南宋嘉定九年(1216年)刊刻后，盛行于世。刘信甫再接再厉，编著《活人事证方后集》20卷，精选良方千余首。书中先原其病候，分门析类；后引事例，证其已效，以惠天下。

刘信甫还针对当时《神农本草经》等专著漫灭，本草之书舛误不真的状况，将地产药材知识结合个人临床经验，悉心整理著成《新编类要图注本草》42卷。在书中，刘信甫“方以类聚，物以群分，附入衍义。草木虫鱼，图相真楷，药性畏恶，炮炙制度，标列纲领”。这样“鼎新刊行”的编排体例，使读者“了然在目，易于检阅”[③]，因而该书在医界产生较大影响，并传之国外，日本著名医籍《性善万安方》《有邻福四方》《杂病广要》均曾引用过此书。

---

① (日)丹波元胤：《中国医籍考》卷四九“方论二十七・刘氏(信甫)活人事证方”引叶麟之序。

② (日)丹波元胤：《中国医籍考》卷四九“方论二十七・刘氏(信甫)活人事证方”。

③ (日)丹波元胤：《中国医籍考》卷一一“本草三”。

二、南宋福建伤寒学派的出现

东汉名医张仲景所著《伤寒论》是我国中医学的四大经典著作之一，引起后世学者的高度重视。据考证[①]，福建医家对《伤寒论》的研究始于南宋。

福建最早出现的研究著述是南宋龙溪(今漳州)汤尹才撰著的《伤寒解惑论》。在该书中，汤尹才着重对《伤寒论》的一些深奥辞义发挥己见，进行解惑释难。如将"伤寒或两证相近而用药不同者；或汗下失度而辨证不明者；以冷厥热厥之异宜；阳毒阴毒之异候；其间错综互见，未易概举，辄备举而别白之"[②]，使读者对《伤寒论》的难点易于理解和掌握。原书已佚，幸被钱闻礼《伤寒百问歌》卷一所收载。

建宁(今建瓯)钱闻礼《伤寒百问歌》(《中国经籍考》作"类证增注伤寒百问歌")四卷撰著于南宋隆兴元年(1163 年)，是现存闽籍医家最早的《伤寒论》研究著作。该书根据《伤寒论》原文，以七言歌诀形式提出与临证辨证关系较为密切的 93 个问题，内容包括"六经"证候、类证鉴别、症状和治法等，且对原文难解之处引用前人注解加以论述。《伤寒百问歌》不但有助于读者对《伤寒论》条文的记诵，而且对理解原文的精义也大有裨益。此外，"钱闻礼《钱氏伤寒百问方》一卷"著录于《宋史·艺文志》。

三山郡(今福州)杨士瀛是南宋福建出现的另一位对伤寒学有深入研究的医家，所著《伤寒类书活人总括》(《中国医籍考》作"活人总括")七卷，以总括张仲景《伤寒论》和朱肱《类证活人书》内容为主，论述六经证治、方药加减及伤寒诸证、伤寒名、戒忌，且论小儿、产妇伤寒等。该书以歌括冠其首[③]，深受临床医者的欢迎。

以汤尹才、钱闻礼和杨士瀛为代表的南宋福建伤寒学派的出现，不仅

---

① 刘德荣：《福建古代医家对〈伤寒论〉的研究》，载周济《福建科学技术史研究》(厦门大学出版社 1990 年版)。

② (宋)汤尹才：《伤寒解惑论并序》，载钱闻礼《伤寒百问歌》卷一。

③ (日)丹波元胤：《中国医籍考》卷三〇"方论八·杨氏(士瀛)《活人总括》"。

推动了《伤寒论》在八闽大地的传播和普及，而且对明清福建医家丰富和发展伤寒学说产生了积极影响，因而在福建医学发展史上占有一定地位。

三、郑樵、真德秀和福州郭氏

莆田郑樵不仅是史学家，在医学方面也有研究，曾编著有《本草外类》《本草成书》《食鉴》《采治录》《畏恶录》《鹤顶方》《动植志》等，其中《鹤顶方》二十四卷、《本草外类》五卷和《食鉴》四卷，曾被《宋史·艺文志》收录[①]，惜皆已亡佚。不过，从流传至今的《通志》中，仍可窥见郑樵的医学造诣。一是他搜罗保存了丰富的医学史料，其中医方目录共662部7382卷，养生方面著作目录428部851卷；二是在陶弘景《神农本草经集注》基础上，将720味药物扩展至1080味，每药都简述其别名、功用及古书中的有关论述，并辨清形态，阐释性理；三是收藏了不少古书，收载了医官药局情况，汇辑了史传医家等资料。

浦城真德秀撰著《真西山先生卫生歌》一卷，明高濂《遵生八笺·清修妙论笺(上卷)》收录，计96句，672字，涉及饮食、起居、炼养等方面的养生知识。"万物惟人为最贵，百岁光阴如旅寄。自非留意修养中，未免病苦为心累。何必餐霞饵大药，妄意延龄等龟鹤。但于饮食嗜欲间，去其甚者即安乐。……有能操履长方正，于名无贪利无竞，纵向邪魔路上行，百行周身自无病。"[②]这些蕴涵儒家思想的养生观念和实践要诀，曾被明代医药学大家李时珍引入《本草纲目》[③]，成为中国传统医学和养生学的重要组成部分。

宋元福州郭氏是从事外科临床研究的世家。"医师郭氏，吾郡之良也，居闽县官贤里，……其得攻疡术四世矣。疡，医世称外科，谓与内科不通，执是技者，不过辨其肿溃金拆之属，制其祝药劀杀之剂而已。于切脉审证，汤饮醪醴之用不与焉。郭氏谓疡虽外，实发于内，必先去其本，然后施疡

① (元)脱脱:《宋史》卷二〇七"艺文志六·子类十七·医书类"。

② (明)高濂:《遵生八笺·清修妙论笺(上卷)·真西山先生卫生歌》。

③ 参见李时珍《本草纲目》卷一"序例上·引据古今医家书目·真西山卫生歌"。

治，以五毒五药次第攻调之。兼其内不独守其外，故举他医不能。虽居远村，然都邑之来迎者无虚日，……他郡不远千里来致。”[①]外病内治，内外结合，表明福州郭氏的医治理念相当科学，由此带来临床医术的巨大成功。应当说，这种治疗痈毒的认识途径，在医学史上是有意义的创举。

此外，作为兼通脉学的闽学重要人物，建阳蔡元定曾参考“《内经》、《难经》、张仲景、王叔和及孙真人（孙思邈）诸家脉书”[②]，撰著《脉经》一卷，内有论十二经、寸关尺、论胃气、论三阴三阳、论四时脉、论三部、论男女、论奇经八脉等脉论8篇，系统整理和论述人体十二经脉和奇经八脉的循行和主治病证，尤其注重探究脉理本原，以及脉象与季节和五脏脉的复杂关系，并明确提出胃气脉的概念。[③] 蔡元定的《脉经》不仅“第一次在脉书中突出‘奇经八脉’的诊断地位”[④]，而且对中医脉学理论的发展起到了积极的推动作用。

四、福泉治蛊毒良方

北宋仁宗庆历年间（1041—1048年），福建蛊毒盛行，“狱多以蛊毒杀人者”。为禁绝蛊毒，宋廷采取了禁蓄蛊和颁良方双管齐下的治理手段。“福州医工（《八闽通志》作“福建医工”，《中国医籍考》作“（福州）狱医”）林士元能以药下，遂诏录其方，又令太医集法方之善治蛊毒者为一编，参知政事杜履为序，颁之。”这编御制良方后被雕版揭于诸县门。“应中蛊毒，不拘年代远近，先煮鸡子一枚，将银钗一只，将右熟鸡子内口含之，待一饭久取出，钗及鸡子俱黑色，是中毒也。可用下方：五倍子三两，木香、丁香各一十文，硫黄末一钱重，麝香一十文，甘草三寸（一半炮出火毒，一半生用），糯米三十粒（《八闽通志》作“二十粒”），轻粉三分。右八味入小沙瓶内，用水十分同煎七分，候药面上生皱皮，是药熟，用绢滤去滓，取七分小碗，通口服，

① （元）吴海：《闻过斋集》卷一“赠医师郭徽言序”。

② （日）丹波元胤：《中国医籍考》卷一八“诊法二”。

③ 刘德荣：《福建医学发展史略（二）》，载《福建中医学院学报》2009年第5期。

④ 郑金生：《蔡西山〈脉经〉考》，载《中华医史杂志》2002年第2期。

须平旦仰卧，令头高。其药须三度上来斗心，即不得动。如吐出，用桶盛，如鱼脬类，乃是恶物。吐后，用茶一盏止。如泻，亦不妨，泻后，用白粥补。忌生冷、油腻、鲊酱。十日后，服药解毒丸三二丸补之，更服和气汤散，十余日平复。解毒丸者，如人中毒，十日以前，则此药可疗：五倍子半斤（甑中蒸炮令熟）、丁香三两（焙黄焦色）、预知子半斤（一半令蒸熟，一半焙令黄色）、木香三两（一半炮令黄色，一半焙过）、麝香三文、甘草二两（一半炮黄色，一半生用）、水银粉一盂子、朱砂一两（细研为衣）。右件捣罗为细末，用陈米烂饭为丸如弹子大。用药时，研令细，同酒一盏煎，得温服。"①

此外，南宋早期的姚宽在《西溪丛语》一书中亦记载了泉州治蛊毒良方。"泉州一僧，能治金蚕蛊毒。如中毒者，先以白矾末令尝，不涩，觉味甘，次食黑豆不腥，乃中毒也。即浓煎石榴根皮汁，饮之下，即吐出有虫，皆活，无不愈者。"②

附：宋元闽籍医著一览表

（1）《龙湫本草》，北宋同安吴本撰著。

（2）《圣惠方选》（或《圣惠选方》）六十卷（1046 年），福州何希彭编著。

（3）《庆历善救方》一卷（1048 年），福州林士元供方。

（4）《嘉祐补注神农本草》（1057 年），同安苏颂等编著。

（5）《本草图经》二十一卷（1061 年），苏颂校编。

（6）《赣州正俗方》二卷（约 1078—1085 年），福州（长乐）刘彝编著。

（7）《伤寒要论方》一卷，北宋邵武上官均集著。

（8）《圣济经注》（或《注圣济经》）十卷（1111—1118 年），邵武吴禔注解。

（9）《膏肓俞穴灸法》一卷（或二卷），北宋惠安（一说山西清徐）庄绰撰著。

① （宋）梁克家：《三山志》卷三九"土俗类一·戒谕·禁蓄蛊"。

② （宋）姚宽：《西溪丛语》卷上"治金蚕蛊毒之法"。

(10)《本草节要》三卷，北宋清源(今泉州)庄季裕撰著。

(11)《必效方》三卷，北宋温陵(今泉州)释文宥编著。

(12)《瘴论》二卷，南宋沙县张致远著。

(13)《鹤顶方》二十四卷，南宋莆田郑樵编著。

(14)《本草外类》(或《草木外类》)五卷，郑樵编著。

(15)《食鉴》四卷，郑樵编著。

(16)《本草成书》二十四卷，郑樵编著。

(17)《昆鱼草木》，郑樵编著。

(18)《伤寒解惑论》，南宋龙溪(今漳州)汤尹才撰著。

(19)《伤寒百问歌》四卷(1163年)，建宁(今建瓯)钱闻礼撰著。

(20)《钱氏伤寒百问方》一卷，钱闻礼撰著。

(21)《伤寒泄痢方》一卷，南宋长乐陈孔硕撰著。

(22)《卫生家宝产科备要》八卷(1184年)，长乐朱端章编著。

(23)《卫生家宝方》六卷，朱端章编著。

(24)《卫生小儿方》二卷，朱端章编著。

(25)《卫生家宝汤方》三卷，朱端章编著。

(26)《(叶氏)录验方》三卷(1186年)，延平(今南平)叶大廉编著。

(27)《卫生家宝汤方》三卷，叶大廉编著。

(28)《脉经》一卷，南宋建阳蔡元定撰著。

(29)《和剂指南总论》三卷(1208年)，崇安(今武夷山)许洪编著。

(30)《活人事证方》二十卷(刊于1216年)，桃溪(今武平)刘信甫编著。

(31)《活人事证方后集》二十卷，刘信甫编著。

(32)《新编类要图注本草》四十二卷，刘信甫编著。

(33)《真西山先生卫生歌》一卷，南宋浦城真德秀撰著。

(34)《洗冤集录》五卷(1247年)，建阳宋慈撰著。

(35)《仁斋小儿方论》五卷(1260年)，三山郡(今福州)杨士瀛撰著。

(36)《仁斋直指方》二十六卷(1264年)，杨士瀛撰著。

(37)《伤寒类书活人总括》七卷，杨士瀛撰著。

(38)《医脉真经》或《脉诀》一卷，杨士瀛撰著。

(39)《本草单方》十五卷，南宋龙溪林能干编著。

(40)《手集备急经效方》一卷，宋建安(今建瓯)陈抃编著。

(41)《亡名氏诸家名方》二卷，宋福建提举司所刊。

(42)《寿亲养老新书》二至四卷，元泰宁(今泰宁县)邹鋐续增。

(43)《类(或新)编南北经验医方大成》十卷，元建阳熊彦明编著。

(44)《针灸杂说》一卷，元建安(今建瓯)窦桂芳编著。

(45)《金镜内台方议》十二卷，元(或明初)建安许宏(或弘)编著。

(46)《湖海奇方》八卷，许宏编著。

第三章　天文学

宋代是我国天文学发展，特别是天文仪器制造的又一高峰期，其中闽籍科学家苏颂的贡献尤其引人关注，他主持创制的水运仪象台和编写的《新仪象法要》已成为世界不朽之作。同时，在官方天文学研究的带动下，宋元福建民间天文学研究亦逐渐活跃，形成颇具规模的天文学研究群体。

第一节　水运仪象台及其世界性贡献

福建同安苏颂对世界科技的最大贡献，是1092年6月研制成功的水运仪象台。“上寘（同“置”）浑仪，中设浑象，旁设昏晓更筹，激水以运之。三器一机，吻合躔度，最为奇巧。”[①]

一、水运仪象台的研制过程

水运仪象台的研制工作是从元祐元年（1086年）十一月开始的。这一年，苏颂以刑部尚书（1087年改任吏部尚书兼侍读学士）之职，受诏“定夺

① （清）徐松：《宋会要辑稿·运历二之一五“铜仪”》；（元）脱脱：《宋史》卷四八“天文志一·仪象”。

新旧浑仪”。他召集天文历法官员，一面收集天文资料，一面到翰林天文院和太史局两处检验原有的天文仪器，同时开始寻访有天文历法专长的人才。1087 年 8 月 16 日，朝廷根据苏颂的建议设立了专门的研制机构——元祐浑天仪象所①，水运仪象台的研制工作步入正轨。苏颂等人在充分研究前人资料与仪器的基础上，提出研制新仪器的设想，写出《九章钩股测验浑天书》一卷，并根据测算和设计，“造到木样机轮一坐（座）”，可“激水运轮”（《宋会要辑稿·运历二》引《玉海》称作“激水运机”）使其自转。有了核心技术和关键零部件，苏颂等人于元祐三年（1088 年）五月成功研制出水运仪象台小木样。小木样实验样品成功后，苏颂奏请皇帝，欲先创制一座木制水运仪象台，并差官试验，看观测天体是否准确。“如候天有准”，再造铜制的水运仪象台。获准后，开始制造大木样。经反复试制，至元祐三年（1088 年）十二月，苏颂领导的科研团队完成了从设计图纸到水运实验，从木模制造到观测天体的技术创新工作。水运仪象台大木样制造完毕后，“得旨置于集英殿”②。

水运仪象台研制的第二阶段，是铸造铜制水运仪象台。铸造之前，朝廷又派验核小组再次检验水运仪象台大木样测天是否准确，经“昼夜校验与天道已参合不差，诏以铜造”③。苏颂又领导了铸造铜制水运仪象台工作，经过 3 年精心施工，用铜约 2 万斤④，终于于元祐七年（1092 年）六月建成了举世闻名的“水运仪象台”（参见图 3-1）⑤。

---

① （清）徐松：《宋会要辑稿·运历二之一三“铜仪”》。另元祐浑天仪象所原拟名“水运浑天仪所”。

② （宋）苏颂：《新仪象法要译注》卷上“进仪象状”。

③ （清）徐松：《宋会要辑稿·运历二之一三“铜仪”》。

④ （清）徐松：《宋会要辑稿·运历二之一七“铜仪”》；（元）脱脱等：《宋史》卷四八“天文志一·仪象”。

⑤ （清）徐松：《宋会要辑稿·运历二之一四“铜仪”》。

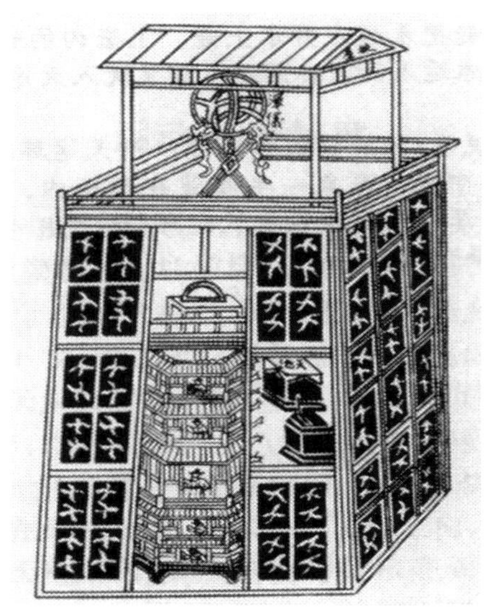
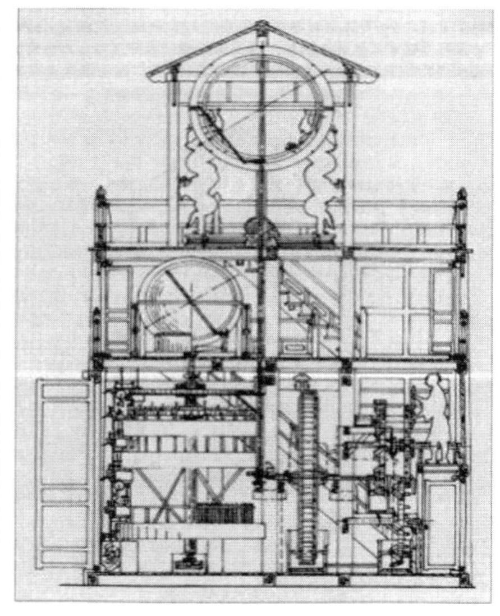

图 3-1　水运仪象台(左)及其复原图(东立面)

资料来源:陆敬严《新仪象法要译注》第 83 页、(前言)第 12 页。

二、水运仪象台的基本构造

水运仪象台是 11 世纪中国人民献给全人类的宝贵财富。这座矗立在北宋汴京(今河南开封)的巨型天文仪器高 12 米,长宽各 7 米,从下到上略有微收。水运仪象台分三层,上层是观测天体的浑仪,中层是演示天象的浑象,下层是使浑仪、浑象随天体运动而报时的机械装置(参见图 3-2)。这一独具匠心的设计使水运仪象台兼具观测天体运行、演示天象变化、木人自动报时三种功用于一体。①

水运仪象台由保持仪器匀速转动的水力驱动系统、能昼夜报时的齿轮变速机械系统以及浑象、浑仪等 4 大部分组成。"盖天者运行不息,水者注

① 本部分内容参考了王振铎《揭开了我国"天文钟"的秘密——宋代水运仪象台复原工作介绍》,载《文物参考资料》1958 年第 9 期。

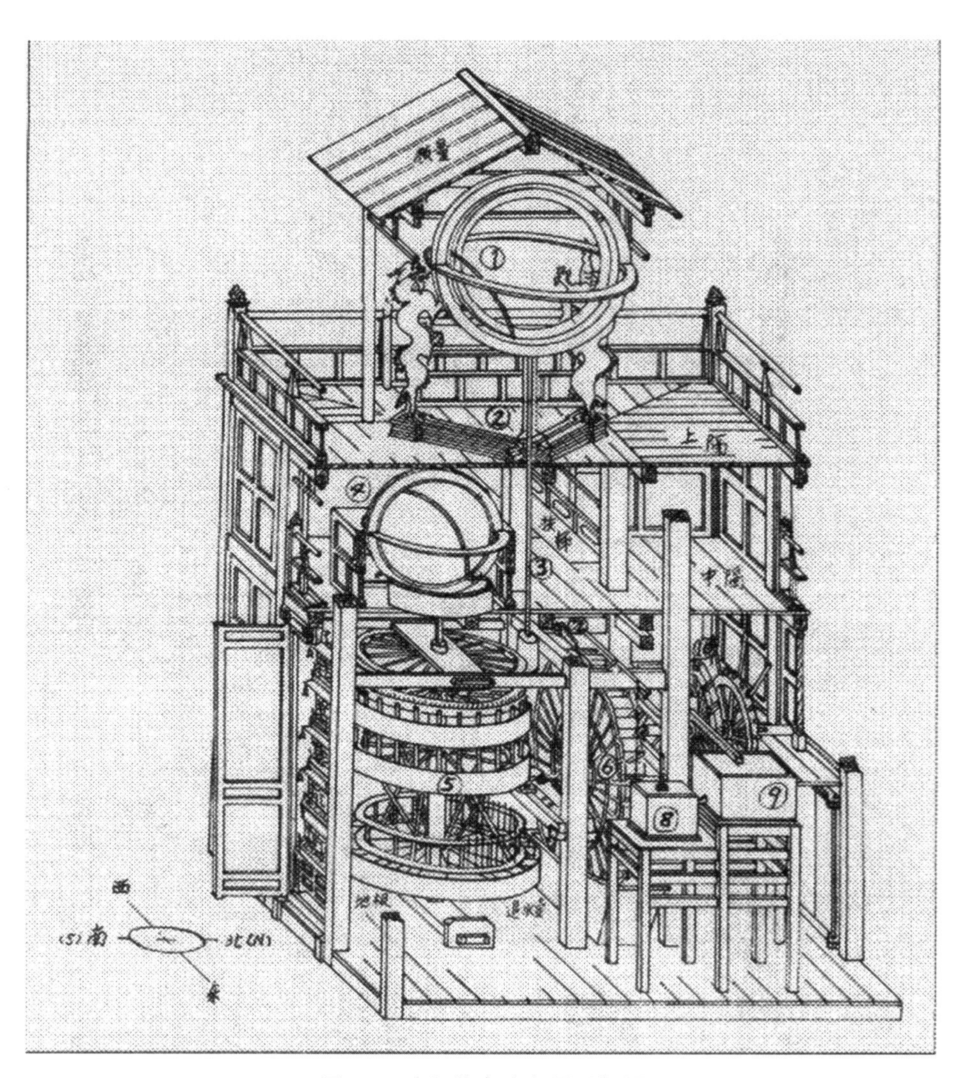

图 3-2　水运仪象台复原透视图

资料来源:陆敬严《新仪象法要译注·前言》第 11 页。

图注:①浑仪;②鳌云、圭表;③天柱;④浑象、地极;⑤昼夜机轮;⑥枢轮;⑦天衡、天锁;⑧平水壶;⑨天池;⑩河车、天河、升水上轮。

之不竭；以不竭之流，逐不息之运，苟注挹均调，则参校旋转之势无有差舛也。”①水力驱动系统是水运仪象台的核心装置，由驱动枢轮和天衡杠杆系统组成。枢轮是一个直径 1 丈 1 尺的水轮，外圆周有 36 根辐条（由 72 根轮辐两两合并而成），辐条之间夹持了 36 个受水壶（水斗），通过受水壶注水之重推动其运转，从而带动报时、浑象、浑仪转动（参见图 3-3）。为达到水运仪象台诸仪器系统匀速转动的目的，水力驱动系统还有两个重要的附属设施，一是保持注水恒流量（定时）的平水壶，另一是保证枢轮（定向）间歇运动的天衡杠杆系统（类似现代钟表的擒纵机构）。

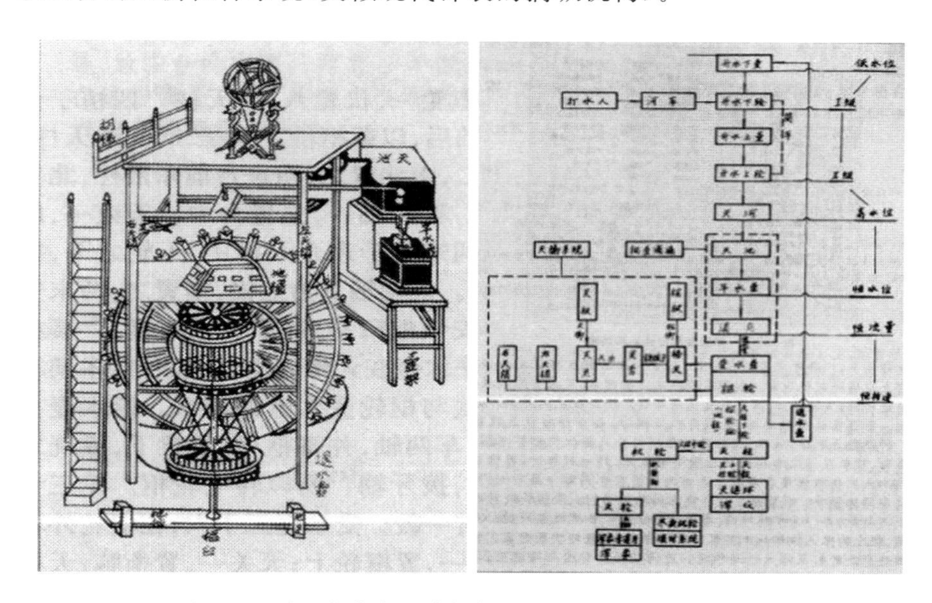

图 3-3　水运仪象台运动仪象制度与水力驱动流程图

资料来源：陆敬严《新仪象法要译注》第 86、120 页。另右图是根据《新仪象法要译注》卷下“仪象运水法”文字内容绘制。运动仪象制度，苏颂《新仪象法要》题作“浑仪”；原书所画枢轮上的轮辐数不是 72，受水壶也不是 36 个，当以《新仪象法要》图样说明中的记述为准。

---

① （清）徐松：《宋会要辑稿·运历二之二〇“铜仪”引〈玉海〉》。

昼夜报时机械系统是由齿轮变速系统和昼夜机轮组成，其工作原理是：随着枢轮中轴转动，经轴端锥齿轮传动天轴，再由天轴上的圆柱齿轮推动报时系统——昼夜机轮。报时系统共分昼时钟鼓轮、昼夜时初正司辰轮、报刻司辰轮、夜漏金钲轮和夜漏司辰轮 5 档，用 5 层塔形木阁中的自动木人来演示昼夜、时辰、时刻等。（参见图 3-4）

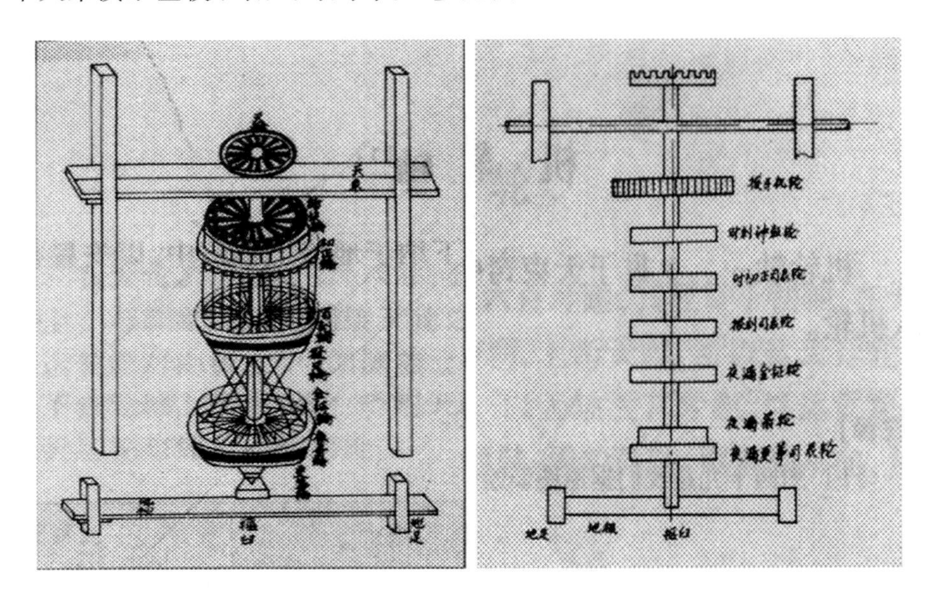

图 3-4　水运仪象台昼夜机轮（右图是据原图新绘）

资料来源：陆敬严《新仪象法要译注》第 89 页。另苏颂原书图中拨牙机轮在第五重，为另一种用法，新绘昼夜机轮根据文中记述改正。

浑象（即今天球仪）：假想天体为一圆球，球面上列布天体的星宿位置，球体外设有天经双规和地浑单环（水平）。浑象球半隐柜中，半在柜外，球体枢轴（天经双环）与地浑（纬）单环成约 35 度夹角，球体转动是通过与昼夜机轮轴相连接的齿轮（即浑象赤道牙）啮合传动。（参见图 3-5）

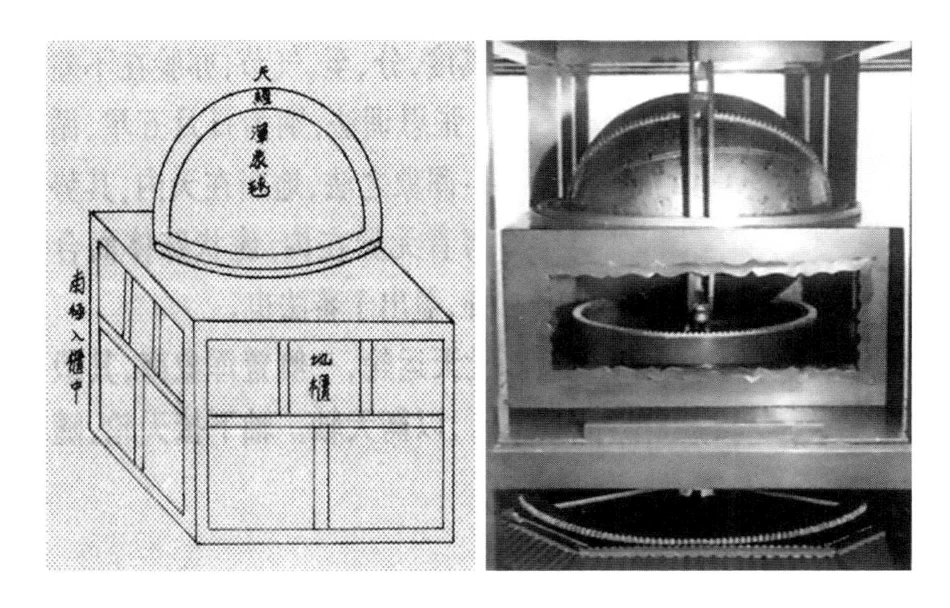

图 3-5　水运仪象台浑象及其复原图

资料来源：陆敬严《新仪象法要译注》第 48 页；厦门市同安区科学技术协会编《伟大的科学家——苏颂》(2006 年 9 月)。

浑仪由三组环形天文仪器套装组成：一是由天经(阳经)双环、阴纬单环、天常单环等组成的六合仪，是计算空间与时间的一组标准仪器；二是由三辰仪双环、赤道单环、黄道双环、四象单环、天运单环等组成的三辰仪，主要是测量日月运行的轨迹和星座位置以及厘定节气的仪器；三是由四游环双环、望筒、直距等组成的四游仪，这是将一个没有镜头的望远镜，架在一个可以上下左右移动的双规环中，用以窥测日月星宿，以便计算其位置和相互间距离的一组测量仪器。(参见图 3-6)

报时装置、浑象、浑仪通过齿轮传递以水力推动，结合成与天体运行同步的大型多功能天文仪器，这就是我国天文钟——水运仪象台的奥秘。

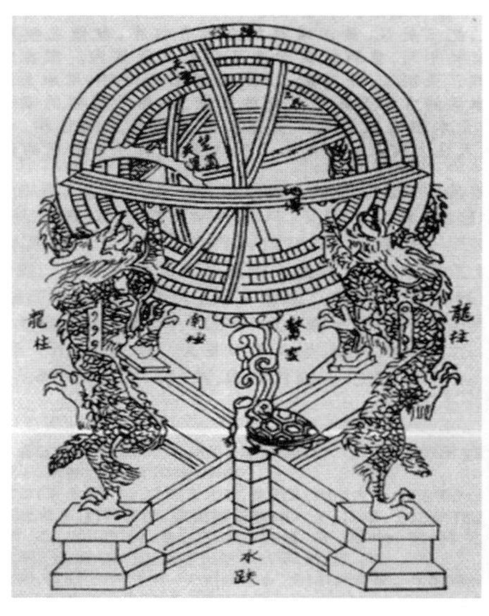

图 3-6　水运仪象台浑仪及其复原图

资料来源:陆敬严《新仪象法要译注》第 19 页;厦门市同安区科学技术协会编《伟大的科学家——苏颂》(2006 年 9 月)。

(参见图 3-7)水运仪象台规模之宏大,结构之复杂,制作之精巧,机件之完整,是前所未有的,居于 11 世纪世界天文仪器制造的领先水平。对此英国著名科技史家李约瑟博士给予高度评价:"虽然苏颂的仪器(列在四大浑仪①中的末位),在某一重要方面是独特的,但它在总的构造方面,却很能代表中国浑仪工艺的'伟大传统'。"②

① 至道元年(995 年)韩显符的铜浑仪、皇祐三年(1051 年)周琮和舒易简的新浑仪、熙宁七年(1074 年)沈括改制的浑仪和元祐七年(1092 年)苏颂的水运仪象台中设置的浑仪,被称为宋代四大浑仪。

② (英)李约瑟:《中国科学技术史·(第四卷)天学》,科学出版社 1975 年版,第 42 页。

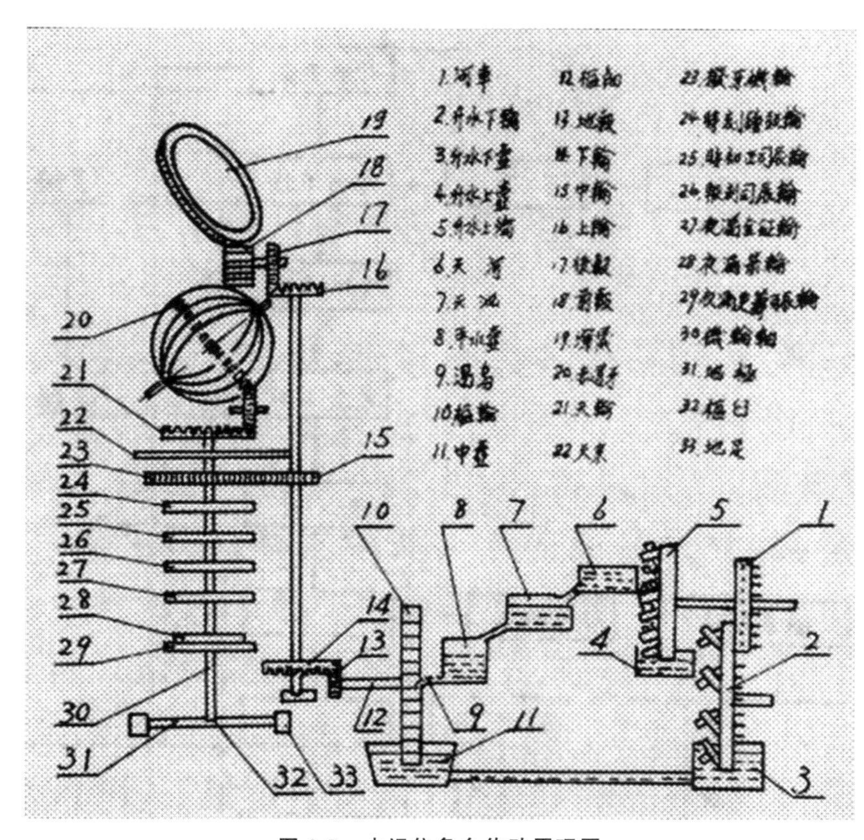

图 3-7　水运仪象台传动原理图

资料来源：陆敬严《新仪象法要译注》第 119 页。另图是根据《新仪象法要译注》卷下"仪象运水法"文字内容绘制。

三、水运仪象台的世界性贡献

苏颂主持研制的水运仪象台在许多方面取得了世界性科技贡献，值得今天的国人引以为荣和认真学习。[①]

第一，水运仪象台浑仪望筒与被观测天体同步运动是现代天文台跟踪

① 本部分内容参考了北大资源美术学院文物系管成学与温州大学人文学院历史系王兴文在第六届世界苏姓恳亲大会暨苏颂学术研讨会论文《宋代科技创新的旗帜——苏颂》。

机械转仪钟的祖先。进行天象观测的浑仪，其“天运单环”是由恒转速的“枢轮”经过齿轮系统的换向和变速驱动的，转速有一套调控系统，可使浑仪的四游仪窥管（望筒）跟踪天体运转，“以水激轮，轮转而仪象皆动……使望筒常指日月，体常在筒窍中，天西行一周，日东移一度，此出新意也”[①]。苏颂充分吸收了张衡水运浑仪的创意，把张衡开创的用漏壶滴水稳定性来控制齿轮系统机械传动，发展成了使水运仪象台望筒随被观测天体同步旋转的最初的转仪钟。李约瑟博士对此给予高度评价：“苏颂把时钟机械和观测用浑仪结合起来，在原理上已经完全成功；因此可以说，他比罗伯特·胡克先行了六个世纪，比方和斐先行了七个半世纪。”[②]在欧洲，直到 1685 年，意大利天文学家卡西尼才利用时钟机械推动望远镜随天体旋转，这比水运仪象台晚了 600 年。此外，为克服表端的影子因日光散射而模糊不清的问题，苏颂提出了“于午正以望筒指日，令景透筒窍至圭面，以窍心之景，指圭面之尺寸为准”[③]的方法，推动了圭表测影技术的进步。

第二，水运仪象台的天衡系统是现代钟表擒纵器的先驱。水运仪象台有一套控制驱动轮枢轮传动的新装置，叫做“天衡”[参见图 3-8（左、中）]。天衡系统位于枢轮的顶部，是一组由“天权”“天关”“左右天锁”等组成的杠杆装置。当漏壶的水滴满枢轮的一个水斗时，“天权”失去平衡，“天关”上启，枢轮下转，由于“左右天锁”的擒纵抵拒作用，使枢轮只能转过一辐，依此循环往复，等速运转。（参见图 3-8）

---

① （宋）苏颂：《新仪象法要译注》卷上“进仪象状”。另《宋会要辑稿·运历二》所引《玉海》略加改动。

② （英）李约瑟：《中国科学技术史·（第四卷）天学》，科学出版社 1975 年版，第 456 页。

③ （宋）苏颂：《新仪象法要译注》卷下“浑仪圭表”。

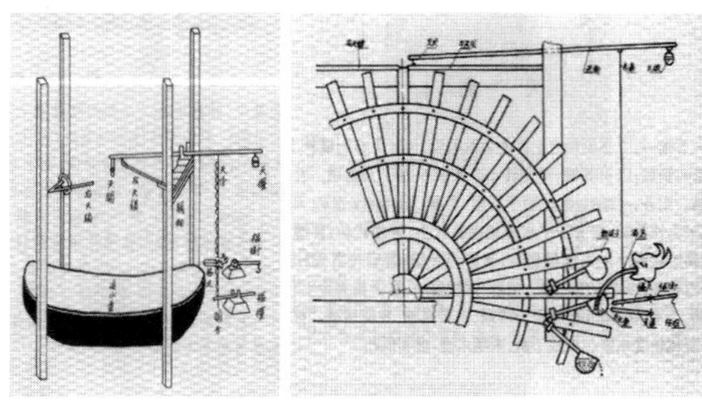

图 3-8　水运仪象台的天衡(中图是据原图新绘)及复原模型

资料来源:陆敬严《新仪象法要译注》第 111、112 页;厦门同安芦山堂苏颂史绩研究会编《科技创新,共建和谐》(2007 年 3 月)。

这种天衡系统对枢轮的控制,与现代钟表的部件锚状擒纵器(俗称卡子)作用原理基本相同。李约瑟在深入研究之后,改变了他过去的观点,在《中国科学技术史》中说:“我们借此机会声明,我们以前关于‘钟表装置……完全是十四世纪早期欧洲的发明’的说法是错误的。使用轴叶擒纵器的重力传动机械时钟是十四世纪在欧洲发明的,可是,中国在许多世纪之前,就已有了装有另一种擒纵器的水力传动机械时钟。”[①]李约瑟还进一步就水运仪象台的“水轮联动擒纵机构”评论道:“苏颂的时钟是最重要,最令人瞩目的。它的重要性是,使人认识到第一个擒纵器是中国发明的,那恰好是在欧洲人知道它以前六百年。”[②]水运仪象台天衡系统的创新,向全世界证明了钟表的发明权不是属于欧洲,而是属于中国!此外,在为卢嘉锡主持翻译出版的《中国科学技术史》全译本而作的序中,李约瑟谈到了苏颂擒纵机构对欧洲的可能影响。“中国的水轮联动擒纵机构,领先于欧洲的立轴横杆式擒纵机构至少二百年。我至今仍然觉得,这就是所谓‘激发

① (英)李约瑟:《中国科学技术史·(第四卷)天学》,科学出版社 1975 年版,第 443 页。

② 颜中其:《中国宋代科学家——苏颂》,吉林文史出版社 1986 年版,第 159 页。另在李约瑟看来,中国的第一个水轮联动擒纵机构,是唐代的一行和梁令瓒在公元 720 年前后制成的,故有“许多世纪”和“六百年”之说。

性传播(Stimulus Diffusion)’的例证。我猜想,当时欧洲人曾互相传告:‘在遥远的东方,人们已经找到办法把时间分割为很短而均等的间隔,以减低轮子的转速。我们为什么不照办呢?’于是,他们利用希腊早就使用的重锤,着手发明了立轴横杆式擒纵机构。”①

第三,水运仪象台的活动屋顶是现代天文台圆顶的远祖。水运仪象台“浑仪置上隔(即台面也)……其上以脱摘板屋覆之”②。将此段文字对照水运仪象台的总体图,可以清楚地看出,苏颂等人在水运仪象台顶部设计了 9 块可以自由拆装的屋板,雨雪时封顶,以防对仪器的侵蚀,观测时则可以自由拆开。这一独具匠心的设计表明水运仪象台的活动屋顶是现代天文台圆顶的远祖,苏颂亦成为世界上最早设计和使用天文台观测室自由启闭屋顶的人。

第四,水运仪象台还衍生出三项世界级成果。一是在成功研制水运仪象台的基础上,苏颂再接再厉,又创制了“即象为仪”新型天文仪器——假天仪,这是我国乃至世界第一架记载明确的假天仪。③ 二是苏颂将水运仪象台的全部图纸收入《新仪象法要》一书中,且完好保存至今,为后人留下了水运仪象台天文仪器和机械传动的全图(总体图)、分图(分体图)和零件图 50 幅,绘制机械零件 150 多种,成为世界上保存至今的最早、最系统、最完整的机械设计图纸。三是苏颂在把水运仪象台浑象球面上的星辰绘制到《新仪象法要》平面上时,发现了失真问题。他创新采用了把天球循赤道一分为二,画两个分别以南极和北极为中心的圆图的方法,减少了失真。这项星图绘制中的新成就是苏颂对世界的又一贡献。

苏颂领导研制的水运仪象台创造了如此多的世界第一,其中尤以“水轮联动擒纵机构”科技含量和历史影响甚巨。苏颂首创“人类第一钟表”,

---

① (英)李约瑟:《中国科学技术史·(第一卷)导论·作者序》(科学出版社 1990 年版)。

② (宋)苏颂:《新仪象法要译注》卷下“水运仪象台”。

③ 据考证[详见杜石然等《中国科学技术史稿》(上册)第 246 页],三国孙吴时的葛衡、南朝刘宋时的钱乐之,以及元代的郭守敬等都制作过类似仪器。

不愧为世界机械钟表鼻祖之称号。可惜的是,水运仪象台建成后不久,就被攻下汴京的金人拆解掠走,后因无人会安装而被遗弃。南宋定都临安(今杭州),也想复制再造水运仪象台,甚至把苏颂之子苏携诏来,终因无法掌握其繁难结构和高超技术而放弃。[①] 这座代表古代最高成就的天文仪器就这样消失在人们的视野中,后人只能在苏颂《新仪象法要》一书中仰望昔日的辉煌和成就。

第二节 《新仪象法要》及其科学价值

为了让朝廷和公众了解掌握水运仪象台的构造与功用,以及把 11 世纪前我国天文学成就与天文仪器制造史流传后世,苏颂在元祐七年(1092 年)完成水运仪象台的铜制工程之后,于次年三月便辞去宰相职务,潜心从事《新仪象法要》一书的撰写,主要在原设计说明书的基础上加以修改补充,于绍圣三年(1096 年)完成了全书。[②]

一、《新仪象法要》的主要内容

《新仪象法要》全书近 3 万字,图 64 幅,分卷上(列有《进仪象状》一

① (清)徐松:《宋会要辑稿·运历二之一五“铜仪”》;(元)脱脱:《宋史》卷四八“天文志一·仪象”。

② 据考证(详见陆敬严等译注《新仪象法要译注·前言》第 13～14 页),在宋代《新仪象法要》曾有两个稿本流传,一是元祐三年(1088 年)水运仪象台大木样完成时苏颂写的初稿,二是绍圣三年(1096 年)铜制水运仪象台完工后苏颂写的第二稿,是在初稿基础上略加修改形成的。此外,元祐七年(1092 年)苏颂曾将《浑天仪象铭》一书呈于皇帝。据此,国内外学术界关于《新仪象法要》成书时间有 3 种意见,即公元 1092 年或 1094 年(《中国科学技术史·天文卷》),1094—1096 年(《中国大百科全书·天文卷》),1093—1096 年(《中国古代科技名人传》)。另本部分内容参考了管成学《宋代科技创新的旗帜——苏颂》,载周济《苏颂研究论文新编》;施若谷《略评苏颂的〈新仪象法要〉》,载周济《八闽科学技术史迹》;黄德馨《宋代机械制图学的杰出代表苏颂》,载《湖北大学学报(哲学社会科学版)》1989 年第 3 期。

篇)、卷中、卷下三部分。[①] 代序言的《进仪象状》是水运仪象台完成后苏颂写给皇帝的"科研报告",文中记叙了研制水运仪象台的起因、过程和前代同类仪器的构造、功能以及水运仪象台与它们相比较之特点等。其中详细谈到了苏颂本人是如何组织和领导水运仪象台研制工程的,并特别提及韩公廉在期间所起的重要作用。《进仪象状》是研究苏颂科技活动和科学思想,以及11世纪以前我国天文学领域伟大成就的重要史料。

《进仪象状》后的正文以图为主,64幅图后均附有文字说明,介绍了水运仪象台总体和各部分的结构、功用与制造方法。卷上为浑仪篇,说明了浑仪的设计、构造及其历史发展。有图17幅,其中总图4幅,即"浑仪"整体1幅,构成三重浑仪的主要部件"六合仪""三辰仪""四游仪"各1幅,另有分图13幅,即组成上述三仪的"天经双环""阴纬单环""天常单环""三辰仪双环""赤道单环""黄道双环""四象单环""天运单环""四游仪双环"计9幅,余4幅为供人眼窥测的"望筒、直距"、固定浑仪的部件"龙柱"和"鳌云",以及兼有水平仪作用的仪座"水趺"等。以上各分图后的文字说明中,均载明了各部件的制作规格与大小尺寸,为今人复原水运仪象台提供了翔实准确的资料。

卷中为浑象篇,介绍了浑象的由来、设计、构造和星图。有图18幅,其中"浑象"仪体总图1幅,组成浑象的"浑象六合仪""浑象木地柜""浑象赤道牙"分图3幅,其余为浑象星宿位置图5幅,四时昏晓中星图9幅(包括"四时昏晓加临中星图""春分昏中星图""春分晓中星图""夏至昏中星图""夏至晓中星图""秋分昏中星图""秋分晓中星图""冬至昏中星图""冬至晓中星图")。鉴于闻名于世的敦煌星图已流落国外,这14幅珍贵的苏颂星图便是我国现存最早的全天星图。其中前5幅星图尤值得关注,它们可明显地分为两组:第一组由1幅圆图和2幅横图组成。圆图"紫微垣星图"是

---

① 见2007年上海古籍出版社《新仪象法要译注》版本。另据考证(详见陆敬严等译注《新仪象法要译注·前言》),在宋代《新仪象法要》曾有绍圣(1094—1098年)、淳祐(1241—1252年)以及乾道等多个刻本,其中以乾道八年(1172年)施元之刻本流传最广,后经明末清初藏书家钱曾影摹以及道光初年钱熙祚翻刻(史称守山阁本)流传至今。

以北极为心，将球面投影成圆平面，由北极附近恒稳圈内的星体绘成；横图“浑象东北方中外官星图”和“浑象西南方中外官星图”，是球面展开成圆柱标注的星图，圆横结合，可完整表达全天的星空。第二组为2幅圆图“浑象北极星图”和“浑象南极星图”，是以赤道为分星，北南极各为中心，球面投影成圆平面的标注星图。上述两组5幅星图被称作“苏颂五星图”，在中国星图史上有独特的价值。此外，在“浑象紫微垣星之图”文字说明的末尾苏颂有一段总结性的文字：“然则浑象，人居天外，故俯视之；星图，人在天里，故仰视之。二者相戾，盖俯仰之异也。”又“浑象中外官星图”也说：“所以著于浑象者，将以俯察而知七政行度之所在也；著于图者，将以仰观而上合乎天象也。”[①]这两段极其重要的文字曾长期被研究者所忽视，但它明确地告诉我们在水运仪象台之外，苏颂还制造过一个合乎天象实际、需人仰视的假天仪。

卷下为水运仪象台总装和机械系统篇，描述了水运仪象台的总体与分体的构造、功能以及天文钟的工作原理。共有图29幅，为台体总图“水运仪象台”和“运动仪象制度”2幅，“木阁”“昼夜机轮”“机轮轴”“天轮”“拨牙机轮”“木阁第一层”“昼时钟鼓轮”“木阁第二层”“昼夜时初正司辰轮”“木阁第三层”“报刻司辰轮”“木阁第四、五层”“夜漏金钲轮”“夜漏司辰轮”“枢轮、退水壶”“铁枢轮轴”“天柱”“天毂”“天池壶、平水壶”“天衡”“升水上下轮”“河车、天河”“浑仪圭表”等分体图23幅，最后附南宋施元之据别本补入的“浑象天运轮”“铁天轴”“天梯”“天托”等图4幅。卷下还有一段不带图的文字，名为“仪象运水法”，具体讲述整个水运仪象台一个工作循环的运转程序。

以上介绍不难看出，《新仪象法要》是一部编排合理，结构紧凑，材料翔实的科学巨著。它文字虽不多，却是我国11世纪前天文学伟大成就的巡礼，是中国古代天文仪器制造技术的展览，同时也反映了古代在静力学、动力学、光学、数学、机械制造学和自动控制等许多领域的辉煌成果。

---

① （宋）苏颂：《新仪象法要译注》卷中。

二、《新仪象法要》对星图的全新认识

《新仪象法要》不仅代表着11世纪我国天文学和技术科学的伟大成就，其本身亦是一部具有重大科学价值的古代典籍，在多方面取得了突出的科技成就。

纵观《新仪象法要》卷中两组星宿位置图（参见图3-9与图3-10），可以发现第一组星图继承了以敦煌卷子星图为代表的唐初以来的圆横结合的先进星图画法，第二组则是前所未有的新画法。《新仪象法要》为什么要在传统星图上再创新第二组星图呢？对此，苏颂在图后有一段精彩的说明文字："古图有圆、纵二法，圆图视天极（按：北极）则亲，视南极则不及；横图视列舍则亲，视两极则疏。何以言之？夫天体正圆，如两盖之相合，南北两极犹两盖之杠毂，二十八宿犹盖之弓撩，赤道横络天腹，如两盖之交处。赤道之北为内郭，如上覆盖；赤道之南为外郭，如下仰盖。故列弓撩之数，近两毂则狭。渐远渐阔，至交则极阔，势之然也。亦犹列舍之度，近两极则狭，渐远渐阔，至赤道则极阔也。以圆图视之，则近北，星颇合天形；近南，星度当渐狭，则反阔矣。以横图视之，则去两极，星度皆阔，失天形矣。今仿天形，为覆仰两圆图，以盖言之，则星度并在盖外，皆以圆心为极。自赤道而北，为北极内官星图；赤道而南，为南极外官星图。两图相合，全体浑象，则星官阔狭之势吻与天合，以之占候，则不失毫厘矣。"①

在苏颂看来，传统圆横结合星图画法虽然先进，但也存在明显缺陷：圆图难以画准南极星空，横图难以画准两极星空。因此，苏颂开创了以赤道为界将天球一剖为两半，然后分别投影画出北半球和南半球全天星图的新画法，认为两组3圆2横5幅星图综合对勘使用，才能构成一整套完整星宿位置图，这样的星图才能更接近星空实际。尽管我们现在见到的星图已非苏颂原作，但结合上述说明文字可以推断，《新仪象法要》星图已经超出古代星图纪录星象、认证恒星、传习后学的传统功用范围，具有了推算星图

① （宋）苏颂：《新仪象法要译注》卷中"浑象北极南极星图"。

的技术资料价值，这是苏颂星图对全人类最突出的贡献。

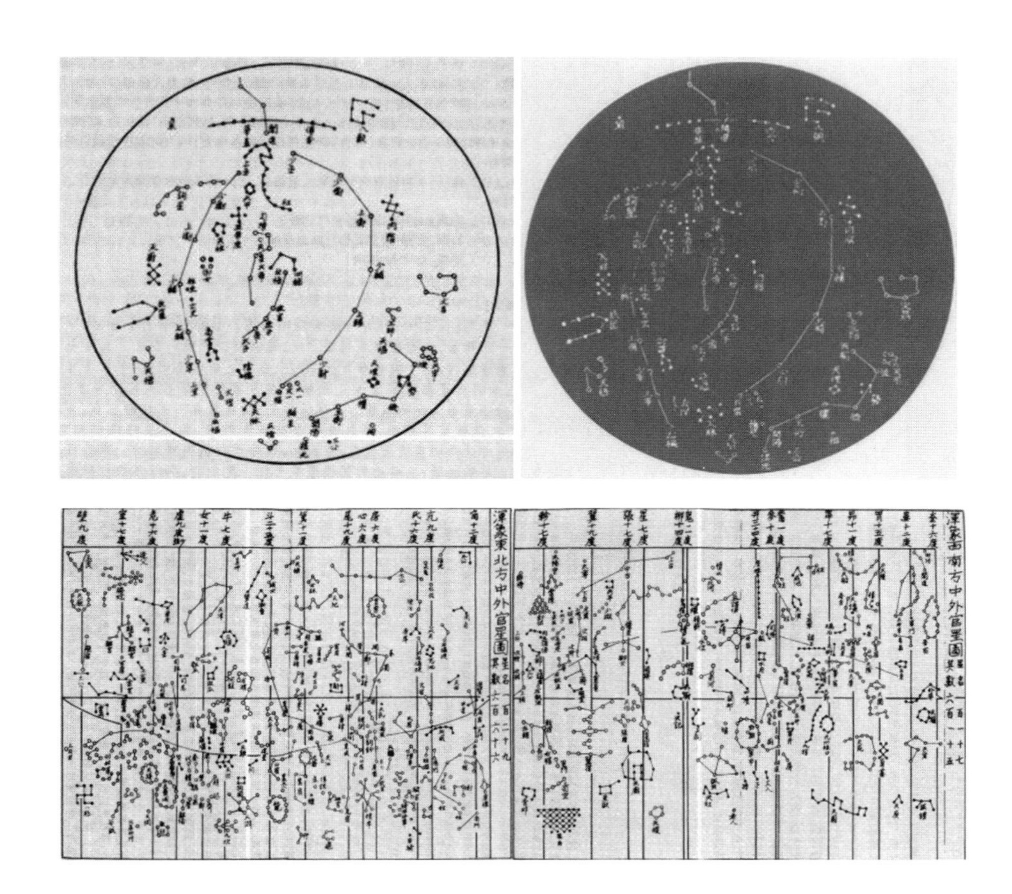

图 3-9　苏颂星图中的第一组星图及其复原图

资料来源：陆敬严《新仪象法要译注》第 58、62～63 页。（复原图）厦门同安芦山堂苏颂史绩研究会编《科技创新，共建和谐》（2007 年 3 月）。

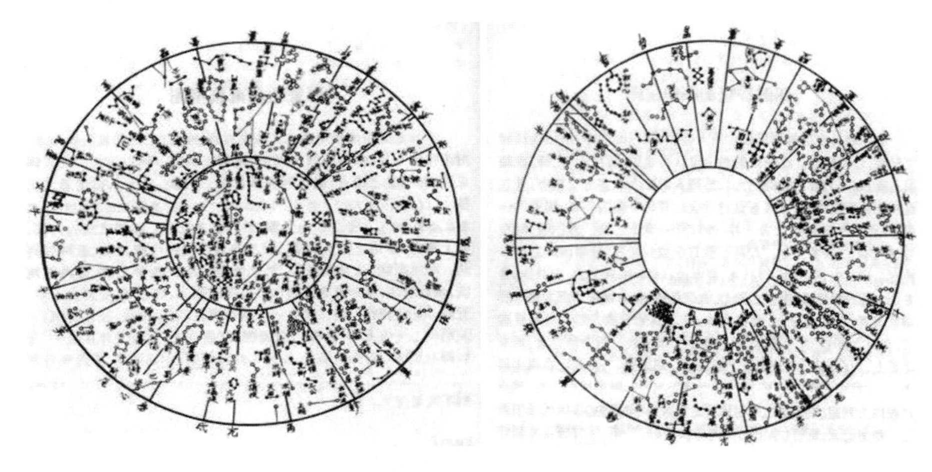

图 3-10　苏颂星图中的第二组星图

资料来源：陆敬严《新仪象法要译注》第 66、67 页。

三、《新仪象法要》星图绘制的诸多创新

一是与敦煌星图比较，苏颂横图更具使用价值。敦煌横图是画在一幅长卷上，周天星宿被分割成十二段，段与段之间夹着文字说明，整个星图呈不连续排列。而苏颂横图仅分为两段，按二十八宿次序连续排列，两段之间紧密衔接，比敦煌星图在使用性方面前进了一大步。

二是与敦煌星图比较，苏颂横图排列次序更科学。敦煌横图排列次序仍按远古十二次分野，从玄枵（子）开始，中间夹叙远古分野占验之文字。苏颂星图则按二十八宿的顺序，从角宿开始一直排列到轸宿，星图之后所附说明文字除偶及“十二次”一词外，只字未提分野占验，可见苏颂横图排列次序的科学性程度大为提高。

三是在 28 宿排列顺序方面，苏颂星图宁舍权威而循科学的做法难能可贵。我国天文观测学的二十八宿体系形成之后，其排列顺序出现两大流派：一派是按东（苍龙）→北［玄武（龟蛇）］→西（白虎）→南［朱鸟（雀）］顺序，另一派是按东→南→西→北顺序。《吕氏春秋》《淮南鸿烈》和张衡的《天象赋》等采用前者，而《史记・天官书》和《汉书・天文志》等权威史籍则

采信后者。事实上，因我国地处北半球，先民首先注意观测的重点是北极附近的紫微垣，所以习惯面北而观，人目所见是天球左旋，因此四象依此出现于天顶的顺序应是东→北→西→南→东，而且这也与黄道上的冬至→春分→夏至→秋分各点的时序相一致。苏颂一生穷研天文历法，他在《新仪象法要》星图绘制中宁舍权威而取张衡一派的做法，想必有他自己独到的见解。

四是在星数方面，苏颂星图恢复了陈卓之数，弥补了晋隋两志的遗落。关于星数，我国历代传习下来的有巫咸、甘德、石申三大家，总星数计有1464颗。三国陈卓将先秦时代流传下来的各派占星家所测定的星宿并同存异，综合编成一个具有283官、1464个恒星的星表，并曾为之测绘了星图，一直为后世天文家奉为圭臬。然而由于修志者原因，其后的《晋书·天文志》和《隋书·天文志》均出现了严重的星数遗落现象。反观苏颂的第一组星图，忠实记载了陈卓的283座、1464星，弥补了晋隋两志的遗落，这应视为苏颂星图的一大历史功绩。

五是与敦煌星图相比，苏颂星图反映了成图时代我国天文观测学的新成就。从每月星图下面有关中星及宿度的说明文字仍沿用《礼记·月令》看，敦煌星图并不能反映成图时代(8世纪初)天文观测的新成就。苏颂星图则不同，据《新仪象法要》记载[①]，星图上的星宿位置均是按照成图不久前的"元丰观测"(发生在1078—1085年间)实测距度来定位的，加上较敦煌星图增加了114星，且星位精确度较前大幅提高，这些事实表明苏颂星图全面准确地反映了中国11世纪天文观测学的新成就。

六是苏颂星图的黄赤道表示方法开创了现代星图的黄道画法。在《新仪象法要》2幅横图中，上界横线为内规线，下界横线为外规线，中间一道横腰直线便是赤道。在第1幅横图(从角到壁)赤道的南方和第2幅横图(从奎到轸)赤道的北方，各有一条弧线。若将两幅横图在秋分点处对接在一起，这两条弧线便组成了以赤道为横坐标，以秋分点为原点的正弦函数

① (宋)苏颂:《新仪象法要译注》卷中"四时昏晓加临中星图"。

曲线，这条正弦曲线的负正(南北)峰值点便是冬至点和夏至点，东西两端与赤道的交点同为春分点。将其卷成圆筒，在春分点处接起来，便是一完整的黄道。虽然画得不够精工，曲率不甚均匀，左右不甚对称，而且二分二至点的位置也有较大误差，但在横图上采用这样的办法来表示黄道，是苏颂星图绘制中的又一重大创新，它开创了现代星图的黄道画法，值得大书一笔。

以上六个方面创新，足以说明《新仪象法要》中的星图绘制成就与苏颂的其他科技成就一样突出。

四、《新仪象法要》是宋代机械制图学的杰出代表

在《新仪象法要》64 幅图中，除 14 幅浑象星图外，其余 50 幅均为水运仪象台天文仪器和机械传动的全图、分图和零件图，绘制机械零件 150 多种。这些图样及其说明内容完备、画法多样、线条规整、比例恰当、尺寸准确、文字说明清晰，反映出宋代机械制图标准化倾向，体现了苏颂制图学的杰出成就。

一是在图样内容方面，《新仪象法要》通过总装图、部件装配图和图样说明，确定了零件的结构、相对位置、连接方式、传动路线和装配关系，体现出水运仪象台的总体设计思想。还绘有直接指导零件制作和检验的零件图，保存了水运仪象台施工制造的主要技术资料。王振铎先生在复原“水运仪象台”后指出：“经过反复实践的证明，图中的一点一线都是有着它的意义，绝不是信笔拈来，任意挥毫的。……只要抓住在术语用辞、数字计算和绘图特征上的规律，将这三个条件统一起来，都能制出符合原物的复制品来。”[①]值得一提的是，《新仪象法要》所有图样都没有直接注明尺寸，而是写于文字说明中。由于书中各尺寸名称已有特定概念，如直径、长、宽(阔)、高、厚等，这样做不仅不丧失图样内容的完备性，而且可使图样绘制

① 王振铎：《揭开了我国“天文钟”的秘密——宋代水运仪象台复原工作介绍》，载《文物参考资料》1958 年第 9 期。

的表达方式更精确、更具美感。

二是在设计图画法上，有些比较简单的零部件，苏颂采用正视图，依据物体的形状绘成单面图（如“天常单环”），而多数设计图则采用轴测图的画法（如“浑仪”“天池”）。从图样系统可以看出，《新仪象法要》的设计图样已接近现代假想拆除部件、零件的表示方法，也接近现代机械设计与施工的要求。此外，为节约幅面，苏颂将有些零件图（如“天毂图”）直接绘在装配图上，显示出科学的灵活性。

三是在图线运用方面，《新仪象法要》和宋代其他科技著作中的图样一样，一般采用一种线型——实线，且绘制线条规整，采用单线勾勒，依靠界尺作线，足以表现物体的轮廓和质感。但有时为了强调和突出某一部分零件的形状，苏颂还采用大块涂黑的方法，使部件更加明晰。如卷中的“浑象赤道牙”，卷下的“水运仪象台”“运动仪象制度”“木阁”“昼夜机轮”“天轮”“拨牙机轮”“昼时钟鼓轮”“报刻司辰轮”“木阁第四、五层”“夜漏司辰轮”“枢轮、退水壶”“铁枢轴、天柱、天毂”“天池、平水壶”“天衡”“升水上下轮”“河车、天河”“浑象天运轮”等，均采用了这种表达方法（参见图 3-11）。这是苏颂在机械制图上的大胆尝试，值得借鉴和学习。

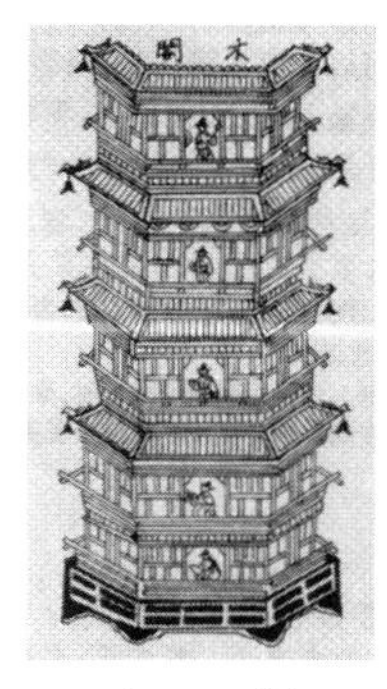

木　阁

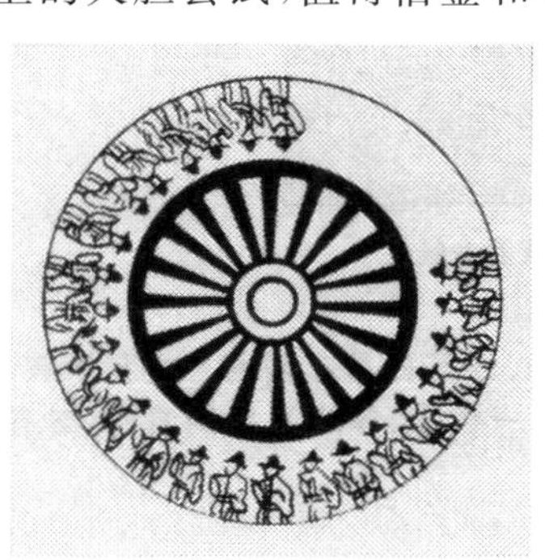

夜漏司辰轮

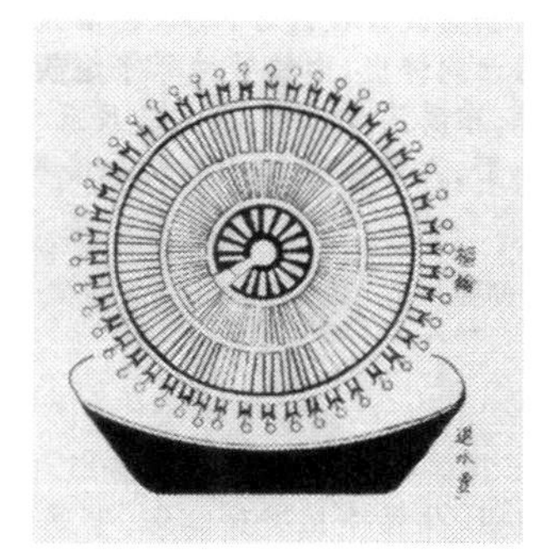

枢轮、退水壶

图 3-11 《新仪象法要》中部分用大块涂黑方法绘制的零件图

资料来源：陆敬严《新仪象法要译注》第 87、104～105 页。

四是在图样说明方面，《新仪象法要》不但包括每一零部件名称、尺寸等，还包括了制作零件的材料、工艺和装配方法、技术说明等，具备了现代工程制图应有的技术事项。虽然苏颂遗漏了一些诸如台的总体高度、个别齿轮的齿数、枢轮运转的周数、漏壶的恒定流量等重要数字和尺寸，甚至有些细节还互有出入，但只要掌握水运仪象台基本运转规律和多数计算数字，这些遗漏及矛盾之处还是可以推算出的。也就是说，《新仪象法要》图样说明基本是完备的。

每一时代工程图学所达到的水平，常以制图标准化所达到的水平来衡量。苏颂《新仪象法要》制图成就表明，宋代我国工程制图已从半经验、半直观阶段向专业化、科学化方向演进，制图标准化倾向使工程制图学正逐渐形成自己独立的绘制技术和技术系统。在这一历史重要关头，代表宋代机械制图学最高水平的《新仪象法要》图样，无疑对中国工程制图学的形成产生了巨大影响，苏颂亦成为我国机械制图学的杰出代表。

五、《新仪象法要》机械制图具有开创性意义和重大历史价值

东汉的张衡曾经创造精巧灵敏的浑天仪，但是只留下浑天仪的器形图，没有绘制成完整的、标准化的、精细准确的设计施工图纸，现仅存《浑天仪图注》和《漏水转浑天仪注》两份残缺不全的说明书。唐梁令瓒改进浑天仪的情况亦大致如此，这也正是苏颂始创水运仪象台小木样时必须揣摩其意、重新设计制图的基本原因。苏颂则在主持创制了水运仪象台后，复将其设计原理和全部图样汇集成书，因此，《新仪象法要》在我国天文仪器制造史上具有开创性意义。有了《新仪象法要》图样及其文字说明，后人复制水运仪象台时就可以依此径行施工，这正是苏颂机械制图的历史价值所在。

此外，为了更直观、明了地介绍水运仪象台，苏颂采取了每一幅图配一段文字说明的新颖写法，各卷都是按从总体图到分体图再到零件图的顺序编排，条理清楚，层次分明。这种写法是《新仪象法要》的特色之一，在古科技书中甚为少见，也为后人复制水运仪象台提供了清晰思路。

时至今日，世界各地已先后按《新仪象法要》设计图复制再造了多座结

构复杂而精密的水运仪象台，它们分别是：1958 年中国科学院王振铎复制，陈列在北京中国历史博物馆（现国家博物馆）；20 世纪 70 年代初英国剑桥大学李约瑟复制，陈列在英国南肯辛顿科学博物馆；1988 年陈晓、陈延杭复制，陈列在福建同安苏颂科技馆；1993 年台湾台中市复制，陈列在台中市自然科学博物馆，是世界上第一座原样复制的木构水运仪象台；1997 年 3 月日本精工株式会社用金属按原样大小复制，陈列在长野县諏访市仪象堂博物馆[参见图 3-12（左）]；2006 年和 2008 年苏州市博物馆科技馆先后复制了 2 台水运仪象台模型以供国内外展出；2009 年 11 月王渝生复制，陈列在北京中国科技馆；2011 年 2 月，中国内地首台按 1∶1 比例仿制的水运仪象台在厦门同安苏颂公园落成（参见图 3-12）。以上事件，充分表现了苏颂在机械制图学方面的重大历史价值和不可磨灭的成就，从而确立了苏颂在我国机械制图史上的划时代地位。

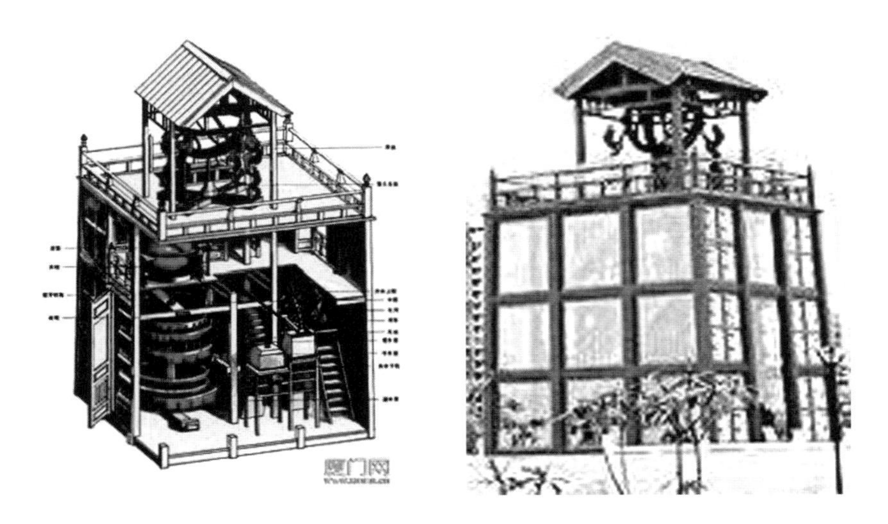

图 3-12　日本精工株式会社（左）和厦门同安复制的水运仪象台

资料来源：《厦门晚报》2010-08-28(3)；《厦门日报》2011-06-21(11)。

可见，《新仪象法要》不仅集中地向人们展示了 11 世纪我国天文学的新成就，而且代表着当时我国天文仪器制造、星图绘制和机械制图的杰出水平，并使后世“研究古代天文和天文仪器制造有了一把贯通古今的钥匙”[1]。《新仪象法要》已被世人公认为世界科技史上的名著。《新仪象法要》先后由马伯乐与李约瑟、王玲、普赖斯两次译为英文，刊行于欧洲。李约瑟博士在《中国科学技术史》(7 卷 34 分册)这部巨著中，仅天文学一卷中赞扬《新仪象法要》及其作者的就有 20 余处。日本京都大学薮内清教授主编的《宋元科学技术史》一书中，也在天文仪器、天象观测、星图绘制、机械制图等方面阐述了《新仪象法要》所记述的科技贡献。

第三节　民间天文学研究群体

中国天文学的“官方”性质(李约瑟语)在宋代有所减弱，民间天文学研究呈活跃态势，形成可观的民间天文学研究群体。在福建，这个群体可分为两大派别，一是以苏颂家族为代表的“功名派”，另一是知识分子自发形成的“兴趣派”。此外，朱熹对沈括《梦溪笔谈》的研究，也往往以天文历法为重。

一、功名派的天文学研究

所谓“功名派”，是指把天文历法学习和研究视为博取功名、建功立业的重要途径。在这方面，同安苏颂家族是这一学派的典型代表。

苏颂家族历来重视科学教育，尤其重视天文历法的学习和研究。据苏颂回忆[2]，其曾祖母带来的嫁妆中竟有天文仪器，可见苏氏家族对天文知识的重视。此外，苏颂的叔父苏绎也是一位深通天文历法的知识分子。[3]正是在这样的家族背景下，苏颂从小开始就受到严格的天文历法训练，流

① 中国科学院中国自然科学史研究室:《中国古代科学家·苏颂》，科学出版社 1959 年版，第 128 页。

② (宋)苏颂:《苏魏公文集·丞相魏公谭训》卷九“道释 神祠 疾医 卜相”。

③ (宋)苏颂:《苏魏公文集》卷六二“墓志·叔父卫尉寺丞景陵府君墓志铭”。

传至今的尚有年青时的佳作《历者天地之大纪赋》《夏正建寅赋》和《斗为天之喉舌赋》等优秀论文。幸运的是，在苏颂两次重要的科举考试中，遇到的都是有关天文历法等科技试题，为日后走上贤相和伟大科学家铺平了道路。晚年苏颂在繁忙的事务中仍不忘抓紧对子孙辈的科学教育[①]。在他的教育和影响下，苏颂后代不乏在天文历法有造诣的人，子苏携、孙苏象先就位列其中。苏携曾参与南宋绍兴二年（1132 年）复制水运仪象台的筹备工作[②]，苏象先常年随侍苏颂，著《魏公谭训》十卷。

苏颂家族在天文历法方面的研究还影响到闽学代表人物朱熹。朱熹对百年前的苏颂及其水运仪象台推崇备至，晚年曾有不少书信谈及苏颂所著的《新仪象法要》。如淳熙十五年（1188 年）朱熹在《答苏晋叟》中说道："《仪象法要》顷过三衢（今浙江衢州市）已得之矣，今承寄示，尤荷留念。但其间亦误一二字，及有一二要切处却说得未相接。不知此书家藏定本尚无恙否？因书可禀知府丈丈再为雠正，庶几观者无复疑惑，亦幸之甚也。"[③]《答江德功》说道："浑仪诗甚佳，其间黄簿所谓浑象者是也。三衢有印本苏子容丞相所撰《仪象法要》，正谓此俯视者为浑象也。但详吴掾所说平分四孔、加以中星者，不知是物如何制作，殊不可晓，恨未得见也。"[④]另一封《答江德功》说道："玑衡之制，在都下不久，又苦足痛，未能往观。然闻极疏略，若不能作水轮，则姑亦如此可矣。要之，以衡窥玑，仰占天象之实，自是一器，而今人所作小浑象自是一器，不当并作一说也。元祐之制极精，然其书（指苏颂的《新仪象法要》—笔者注）亦有不备，乃最是紧切处。必是造者秘此一节，不欲尽以告人耳。"[⑤]从这些书信可以看出，朱熹非常想了解水运

① （宋）苏颂：《苏魏公文集·丞相魏公谭训》卷三"家学 家训 行己"。

② （清）徐松：《宋会要辑稿·运历二之一五"铜仪"》。

③ （宋）朱熹：《朱子全书（第贰拾叁册）·晦庵先生朱文公文集（四）》卷五五"答苏晋叟（溱）"。

④ （宋）朱熹：《朱子全书（第贰拾贰册）·晦庵先生朱文公文集（三）》卷四四"答江德功"。

⑤ （宋）朱熹：《朱子全书（第贰拾贰册）·晦庵先生朱文公文集（三）》卷四四"答江德功（二四）"。

仪象台以及浑仪的制作技术。《宋会要辑稿》和《宋史》也载："朱熹家有浑仪，颇考水运制度，卒不可得。"[①]朱熹的举动，表明苏颂天文历法研究的影响已超出其家族，福荫到八闽大地，对福建"兴趣派"兴起亦有所贡献。据《宋史》记载，南宋乾道年间（1165—1173 年），"福州布衣阮兴祖上言（乾道）新历差谬"[②]。清末施鸿宝《闽杂记》则考证说，明代宁德陈普与平和洪潮和所制浑天仪（俗称铜壶滴漏），"或亦得颂之传而制者"[③]。

值得一提的是，除苏颂《新仪象法要》，朱熹还对古代通俗天文学名著《步天歌》颇有研究。《步天歌》为隋朝隐士丹元子（一说唐初王希明）所作。书中以孙吴陈卓星图为蓝本，将整个天空分为三垣二十八宿，共 31 个天区，分别用 31 段七言押韵诗歌表达各个天区所包含星官的名称、星数和位置，简洁通俗，条理清楚，被中国科学史家称为"优秀的科学诗歌作品"[④]。不过，郑樵生活的 12 世纪中叶"此本只传灵台，不传人间，术家秘之，名曰《鬼料窍》，世有数本，不胜其讹"[⑤]。鉴于此，朱熹于淳熙十三年（1186 年）前后开始着手编校《步天歌》[⑥]，并于编校后评论道："近校得《步天歌》，颇不错，其说虽浅而词甚俚，然亦初学之阶梯也。"[⑦]朱熹对《步天歌》的研究和编校，对天文学知识的传播和普及大有裨益。

二、兴趣派的天文学研究

所谓"兴趣派"，是指学者出于学术要旨和个人志趣，将天文学理论与观测仪器作为研究和制造的重要活动，其中尤以有儒学背景的知识分子较

① （清）徐松：《宋会要辑稿·运历二之一六"铜仪"》；（元）脱脱：《宋史》卷四八"天文志一·仪象"。

② （元）脱脱：《宋史》卷八二"律历志十五"。

③ （清）施鸿宝：《闽杂记》卷九"浑天仪"。

④ 杜石然：《中国科学技术史稿（上册）》（科学出版社 1982 年版），第 334 页。

⑤ （宋）郑樵：《通志》卷三八"天文略第一"。

⑥ （宋）朱熹：《朱子全书（第贰拾伍册）·晦庵先生朱文公续集》卷三"答蔡伯静"。

⑦ （宋）朱熹：《朱子全书（第贰拾贰册）·晦庵先生朱文公文集（三）》卷四四"答蔡季通"。

为多见。

“开湖湘之学统”的崇安(今武夷山)胡宏,对于宇宙结构论有较多的研究。他吸取了传统的浑天说,指出:“地纯阴凝聚于中,天浮阳转旋于外,周旋无端,其体浑浑。”[①]还说:“天浑浑于上不可测也。观斗之所建,则知天之行矣。天行所以为昼夜,日月所以为寒暑。夏浅冬深,天地之交也;左旋右行,天日之交也。日,朝东夕西,随天之行也;夏比冬南,随天之交也;天一周而超一星,应日之行也。”[②]胡宏还对日月在天球上的运动轨迹作了描述,指出:“阴阳保合,元气运行,周天三百六十五度四分度之一。二十八宿之躔次,即天度也。天道起于子,自北东行,周十二辰而为一昼夜;行一周则东超一度与日相应。五日为一候,三候为一气,六气为一时,四时而成岁。日自牵牛东北西行,一昼夜行一度而为一日;月随日西行,一昼夜行十三度十九分度之七,其行度也,有赢缩,故或二十九周或三十周而日月会。是以三五而盈,三五而阙,有晦有朔而为一月。”[③]

朱熹门人蔡元定的父亲蔡发“博览群书”[④],“于《易》象天文地理三式之说,无所不通,而皆能订其得失”[⑤],著有天文学著作《天文星象总论》《太阳篇》《太阴篇》《星辰篇》以及《地理发微》诸篇。在《天文星象总论》中,蔡发说:“天至大而无所不包,其形如弹丸,朝夕运转,中有南北两端,后高前下,乃枢纽不动之处。其运转者,亦无形质,但如劲风之旋。当昼则自左旋而右向,值夕则自前降而之后;当夜则自右转而复左,将旦则自后升而趋前。旋转不穷,升降不息,是为天体。而地则气之渣滓,聚成形质。其来如劲风旋转方中,故得以兀然浮空,甚久而不坠。”“横渠先生云,天与日月皆是左旋。天行甚健,东出地上,西入地下,动而不息。一昼一夜周三百六十五度四分度之一,又过一度。日行平,健次于天,一昼一夜恰好周天三百六

① (宋)胡宏:《皇王大纪》卷二“五帝纪·颛顼高阳氏”。

② (宋)胡宏:《皇王大纪》卷一“三皇纪·燧人氏”。

③ (宋)胡宏:《皇王大纪》卷二“五帝纪·皇帝轩辕氏”。

④ (元)脱脱:《宋史》卷四三四“蔡元定传”。

⑤ (宋)朱熹:《朱子全书(第贰拾肆册)·晦庵先生朱文公文集(五)》卷八三“跋蔡神与绝笔”。

十五度四分度之一，而毫无所过，无所減，只是被天进了一度，日却成退减一度。二日天进二度，日却成退了二度。积至三百六十五日四分度之一，则天所进过之度，又恰周得本数；而日所退之度，亦恰退尽本数，遂与天会而成一年。月行迟，每一昼夜不及天十三度十分度之七，则不及日十二度十分度之七矣。积二十九日有余便退尽周天度数而与日会，却成一月。”[①]蔡发的这段话，与朱熹某些天文学观点和论述颇为相似。

宋元的福建知识分子，不仅在天文学理论方面颇多造诣，而且积极从事天文观测仪器制造和宣示活动。早在北宋熙宁二年（1069 年），福州太守程师孟就曾在鼓楼（即威武军门）台门设置铜壶滴漏，开创福建天文计时新时代。关于宋代福州鼓楼滴漏的形制和功用，淳熙《三山志》曾引用漏室中保存的两块建造者程师孟的诗牌予以说明。“台门新漏一声闻，从此朝昏百刻分。”“风雨虽昏漏不移，百年应未失毫厘。须知万户千门里，正得人间凶吉时。”“百尺谯门戍万兵，黄昏初动画龙声。铜钲犹是闽王点，银秤才悬汉守更。四面僧夸金作界，半年人看玉为城。官程稍近千余里，不到侬家向此行。”其中铜壶滴漏是当地工匠根据大中祥符年间（1008—1016 年）刘承珪所定形制制造的，而“重百二十斤”的铜钲，则是后梁开平五年（911 年）闽国所造旧物。此外，《三山志》还记载了滴漏报时制度和流程：“守漏人四，分为两番值日，放漏水，候鱼珠落铜盘，乃移秤刻，即告户外报时者”；“诸衙报牌人九，日通以鼓角匠轮差，于户外祗应告报”；“直漏人五，夜分直五更，并以挝鼓轮差，其卧具等物，五十日一濯”。[②] 作为宋元明时期计量时间的标准器具，铜壶滴漏的最大特点是每隔一刻钟左右，“铙神”（机器人）能在水力机械作用下自动击铙 8 下，传送时间信息。根据《三山志》记载和皇家钟鼓楼典范，福州曾在鼓楼前公园成功复制了一座铜壶滴漏。该滴漏是采用金属铜、高档菠萝格木材制作的仿古水钟，由日壶、月壶、星壶和受水壶、铙神铜像等构成，每隔 30 分钟自动击铙报告时间，漏壶之水能

① （明）蔡有鹍：《蔡氏九儒书》卷一“牧堂公集 · 天文星象总论”。

② （宋）梁克家：《三山志》卷七“公廨类一 · 府治 · 威武军门”。

循环使用,定期更换。此外,南宋莆田陈绍叔“尝为学者诵书玑衡,即铸为器,模写天象,究观诸书,极其精微”[①]。永春王识“博学,领乡荐。尤精星历,尝作《浑天图》,每仲月为一图,以验天文盈缩。又作浑天仪,以布漆之,可旋转”[②]。凡此种种,显见兴趣派天文学研究在宋代福建的兴盛。

作为宋元之际福建著名的经学家和理学家,宁德陈普亦博学多才,“精通律吕、天文、地志、算数之学”,有“《算书》行于世”[③],“精天文地理之学,尝作铜漏,在闽中第一楼”[④]。所谓闽中第一楼,就是福州鼓楼,清人记述:“相传鼓楼上,旧有刻漏壶,应时升降,不爽分秒……《福宁府志》又言:‘宋末时,福安陈石堂普所作’。”[⑤]可见,陈普所制这一刻漏是一座高度精密的计时器,福州沿用数百年,用作打更的依据。据赵由锡的《铜壶更漏记》记载,元代福建的刻漏往往是一组器物,尤溪县主簿金刚奴曾经“捐俸金,造铜壶四:一曰天地壶,二曰太平水壶,三曰小平水壶,四曰受水壶”。他“命阴阳官曾易观,按授时历法,推二十四气,按十二时辰,纂二十五箭,加减乘除,凑成一百刻。由是迟速有准,早暮无差,庶尽其详也”[⑥]。由此可知,元代阴阳官是州县负责历法的官员,他们对各地刻漏的制造与使用负责。

图 3-13 外圆内方的同安宋代官井

资料来源:《厦门晚报》2009-11-27(7)。

值得一提的是,作为中国古代最具代表性的宇宙学说,

---

① (明)王应山:《闽大记》卷四六“行事三·文苑·陈绍叔”。

② (明)王应山:《闽大记》卷五三“外传二·伎艺·王识”。

③ (明)黄仲昭:《八闽通志(下册)》卷七二“人物·福宁州·儒林·[元]·陈尚德”。

④ (清)郑杰:《闽中录》卷八“天象赋”。

⑤ (清)施鸿保:《闽杂记》卷九“鼓楼自鸣钟”。

⑥ (民国)洪清芳:民国《尤溪县志》卷九。

天圆地方思想曾深刻影响福建社会生活的方方面面。如在同安中山路挑水巷，至今仍保存有一口宋代官井。古井外圆内方，井口是圆形的，井内是方形的(参见图3-13)，显然当时的砌筑思想是迎合天圆地方学说的，是民间兴趣派天文学研究的又一小小例证。

三、朱熹对沈括《梦溪笔谈》"象数"的研究

北宋的沈括"博学善文，于天文、方志、律历、音乐、医药、卜算，无所不通"[①]，被称作"中国整部科学史中最卓越的人物"，其晚年所著《梦溪笔谈》被誉为"中国科学史的里程碑"[②]。而以"即凡天下之物"[③]为己任的朱熹，慧眼识英雄，特别看重沈括的研究成果，在讲学以及著述中对《梦溪笔谈》作了较多的引述和阐发，其中尤以"象数"为重。[④]

沈括在《梦溪笔谈》卷七《象数一》解释日月的形状以及月亮的盈亏时指出："日月之形如丸。何以知之？以月盈亏可验也。月本无光，犹银丸，日耀之乃光耳。光之初生，日在其傍，故光侧而所见才如钩；日渐远，则斜照而光稍满如一弹丸。以粉涂其半，侧视之，则粉处如钩；对视之，则正圆。此有以知其如丸也。"[⑤]沈括坚持了"月本无光""日耀之乃光耳"的科学认识，并用实验的方法用"一弹丸。以粉涂其半，侧视之，则粉处如钩；对视之，则正圆"，形象地演示了月亮盈亏的现象。对于沈括的这一科学成就，朱熹多有引述：

《朱子语类》卷二载朱熹说："月体常圆无阙，但常受日光为明。初三四是日在下照，月在西边明，人在这边望，只见在弦光。十五六则日在地下，其光由地四边而射出，月被其光而明。月中是地影。月，古今人皆言有阙，

① (元)脱脱：《宋史》卷三三一"沈遘(弟辽、从弟括)传"。

② (英)李约瑟：《中国科学技术史·(第一卷)总论(第一分册)》，科学出版社1975年版，第289、290页。

③ (宋)朱熹：《大学章句》，载《朱子全书(第陆册)·四书章句集注》，第20页。

④ 本部分内容参考了乐爱国《朱子格物致知论研究》，岳麓书社2010年版。

⑤ (宋)沈括：《梦溪笔谈校正(上)》卷七"象数一"。

惟沈存中云无阙。”[1]

《朱子语类》卷七十九载朱熹说：“月受日之光常全，人在下望之，却见侧边了，故见其盈亏不同。……《笔谈》云，月形如弹圆，其受光如粉涂一半；月去日近则光露一眉，渐远则光渐大。”[2]

《朱文公文集》卷四十七《答吕子约》，朱熹说：“日月，阴阳之精气，向时所问殊觉草草。所谓‘终古不易’与‘光景常新’者，其判别如何？非以今日已昳之光复为来日将升之光，固可略见大化无息而不资于已散之气也。然窃尝观之，日月亏食，随所食分数，则光没而魄存，则是魄常在而光有聚散也。所谓魄者在天，岂有形质邪？或乃气之所聚而所谓‘终古不易’者邪？日月之说，沈存中《笔谈》中说得好，日食时亦非光散，但为物掩耳。若论其实，须以终古不易者为体，但其光气常新耳。然亦非但一日一个，盖顷刻不停也。”[3]

还有朱熹《楚辞集注》卷三《天问》注“夜光何德，死则又育？厥利维何，而顾菟在腹”曰：“历象旧说，月朔则去日渐远，故魄死而明生；既望则去日渐近，故魄生而明死；至晦而朔，则又远日而明复生，所谓死而复育也。此说误矣。……唯近世沈括之说，乃为得之。”[4]接着还引上述沈括《梦溪笔谈》所说。

沈括在《梦溪笔谈》卷七《象数一》中记载：他曾“以玑衡求极星。初夜在窥管中，少时复出，以此知窥管小，不能容极星游转，乃稍稍展窥管候之。凡历三月，极星方游于窥管之内，常见不隐，然后知天极不动处，远极星犹三度有余”[5]。为测验极星与天北极的真切距离，沈括亲自设计能使极星保持在视场之内的窥管，并用它连续进行了3个月的观测，得到当时的极

① (宋)黎靖德：《朱子语类》卷二。

② (宋)黎靖德：《朱子语类》卷七九。

③ (宋)朱熹：《朱子全书(第贰拾贰册)·晦庵先生朱文公文集(三)》卷四七“答吕子约”。

④ (宋)朱熹：《楚辞集注》卷三“天问”。

⑤ (宋)沈括：《梦溪笔谈校正(上)》卷七“象数一”。

星“离天极三度有余”的结论。

按照沈括的方法，朱熹也对北极星做了观测。《朱子语类》卷二十三载朱熹说：“所谓以其所建周于十二辰者，自是北斗。《史记》载北极有五星，太一常居中，是极星也。辰非星，只是星中间界分。其极星亦微动，惟辰不动，乃天之中，犹磨之心也。沈存中谓始以管窥，其极星不入管，后旋大其管，方见极星在管弦上转。”

另据《朱子语类》卷二十三记载：义刚问：“极星动不动？”朱子曰：“极星也动。只是它近那辰后，虽动而不觉。如那射糖盘子样，那北辰便是中心桩子。极星便是近桩底点子，虽也随那盘子转，却近那桩子，转得不觉。今人以管去窥那极星，见其东来东去，只在管里面，不动出去。”[①]显然，朱熹是用沈括观测北极星的方法向弟子讲述“极星也动”。

此外，《朱子语录》卷二载朱熹说：“潮之迟速大小自有常。旧见明州人说，月加子午则潮长，自有此理。沈存中《笔谈》说亦如此。”“陆子静谓潮是子午月长，沈存中《续笔谈》之说亦如此，谓月在地子午之方，初一卯，十五西。”[②]《朱文公文集》卷四十五《答廖子晦》，朱熹指出：“天有黄、赤二道，沈存中云非天实有之，特历家设色以记日月之行耳。夫日之所由，谓之黄道。史家又谓月有九行：黑道二，出黄道北；赤道二，出黄道南；白道二，出黄道西；青道二，出黄道东；并黄道而九。如此即日月之行，其道各异。”[③]朱熹《中庸章句》注“人道敏政，地道敏树。夫政也者，蒲卢也”时指出：“蒲卢，沈括以为蒲苇，是也。以人立政，犹以地种树，其成速矣。而蒲苇又易生之物，其成尤速也。言人存政举，其易如此。”[④]

当然，对于沈括《梦溪笔谈》中的某些记述，朱熹也提出了自己的不同看法。比如《朱文公文集》卷七十一《偶读漫记》，对沈括《梦溪笔谈》卷二十

① (宋)黎靖德：《朱子语类》卷二三。

② (宋)黎靖德：《朱子语类》卷二。

③ (宋)朱熹：《朱子全书(第贰拾贰册)·晦庵先生朱文公文集(三)》卷四五“答廖子晦”。

④ (宋)朱熹：《中庸章句》，载《朱子全书(第陆册)·四书章句集注》，第44页。

四《杂志一》引李翱《来南录》“自淮沿流，至于高邮，乃溯于江”，并认为“淮、泗入江，乃禹之旧迹，故道宛然，但今江、淮已深，不能至高邮耳”，朱熹指出：“此说甚似，其实非也。”[①]但从总体上看，朱熹对于《梦溪笔谈》较多的是肯定和汲取，或作进一步的阐发。

关于朱熹对于沈括《梦溪笔谈》的研究，引起了今人的重视和好评。胡道静曾撰《朱子对沈括科学学说的钻研与发展》一文，其中说道：“在《笔谈》成书以后的整个北宋到南宋的时期，朱子是最最重视沈括著作的科学价值的唯一的学者，他是宋代学者中最熟悉《笔谈》内容并能对其科学观点有所阐发的一人。”[②]毫无疑问，作为中国封建社会后期占统治地位的儒家学说的集大成者，朱熹对沈括《梦溪笔谈》的研究，其影响是极其深远的，其科技贡献也有待进一步发掘。

---

① （宋）朱熹：《朱子全书（第贰拾肆册）·晦庵先生朱文公文集（五）》卷七一“偶读漫记”。

② 胡道静：《朱子对沈括科学学说的钻研与发展》，载《朱熹与中国文化》（学林出版社1989年版），第40页。

第四章　数学与其他学科

除农学、医学和天文学外，宋元福建的实用数学、域外地理、水文地质、科学记载以及墓葬保护等学科也纷纷兴起，部分领域还取得了领先国内的重大成就。

第一节　工程数学与音律研究的兴起以及学派数学教育

随着闽籍知识分子群的崛起和宋元社会经济的大发展，利用数学知识从事大型工程建设和音律理论研究成为历史必然，其中以苏颂的水运仪象台和阮逸、蔡元定的音律数最具代表性。同时，朱子学派规模化的数学教育，也是一个亮点。[①]

一、苏颂水运仪象台的工程数学

在中国传统农医天算四大学科体系中，天文学和数学的关系最为密切，“历算”一体化成为推动我国大型天文仪器设计和制造的重要动力。苏

① 本部分内容参考了乐爱国《朱子格物致知论研究》，岳麓书社2010年版。

颂水运仪象台就是这方面的典型。

水运仪象台由保持仪器匀速转动的水力驱动系统、能昼夜报时的齿轮变速机械系统以及浑象、浑仪四大部分组成。设计和制造这种兼具观测天体运行、演示天象变化、木人自动报时三种功用于一体的大型天文仪器，首先要解决测算难题。漏壶流水、枢轮驱动以及齿轮变速等，都需要精密的数学计算，并且这种计算又与天体视运动紧紧联系在一起。为此，苏颂寻访到"通《九章算术》，常以钩股法推考天度"[①]的吏部守当官韩公廉。在苏颂看来，《周髀算经》《九章算术》等古算经已为水运仪象台工程测算作了理论准备，关键是看如何创新应用。他在《进仪象状》中说："臣切思，古人言天有周髀之术，其说曰：髀，股也；股者，表也。日行周径里数各依算术，用钩股重差推晷影极游，以为远近之数，皆得表股。周人受之，故曰周髀。若通此术，则天数从可知也。因说与张衡、一行、梁令瓒、张思训法式大纲，问其可以寻究依仿制造否？其人称：若据算术，案器象，亦可成就。既而撰到《九章钩股测验浑天书》一卷，并造到木样机轮一坐（座）。"[②]《九章钩股测验浑天书》已亡佚，但从现存苏颂《新仪象法要》一文中可窥知其要旨。

作为水运仪象台工程数学专著，《九章钩股测验浑天书》是在《九章算术》和张衡、一行、梁令瓒、张思训等人工作基础上完成的。约公元前 1 世纪中叶成书的《九章算术》，是我国古代数学体系形成的重要标志，也是对历代天文历法影响最大的一部算书，其中第九章利用勾股定理测量计算"高""深""广""袤"[③]，是水运仪象台测定天体和绘制浑象的数学基石。此外，成书于公元前 1 世纪的《周髀算经》，尽管它是第二次盖天说的代表作，但其中繁杂的数字计算、勾股定理的引用以及理论系统化和数学化做法，都给苏颂留下深刻印象和借鉴价值。另一方面，为准确推算所求时刻日月五星的具体位置，唐代著名天文学家僧一行（俗姓张名遂）在传统内插法和

① （宋）苏颂：《新仪象法要译注》卷上"进仪象状"。

② （宋）苏颂：《新仪象法要译注》卷上"进仪象状"。另据《宋会要辑稿·运历二》所引《玉海》改动部分标点符号。

③ （晋）刘徽注：《九章算术》卷九"勾股"。

隋代刘焯等间距二次内插法基础上，创立了不等间距的二次内插方法，这是水运仪象台“时至刻临，则司辰出告”的测算基础。更为重要的是，苏颂和韩公廉从东汉张衡的漏水转浑象、唐代一行和梁令瓒的报时与浑象一体化，以及北宋初年张思训的楼阁式天文仪器中，汲取了大量有关设计和制作水运仪象台所需数学知识，使后者成为“星度所次，占候测验，不差晷刻，昼夜晦明，皆可推见”[①]的大型天文钟，形成了我国天文仪器工程的历史性跨越。

工程数学是数学知识在工程建设中的应用，现已发展成为独立的二级学科，归属工程与技术科学基础学科。也就是说，经过千百年实践，人类已认识到工程数学具有不同于数学学科的内在性，是工程与数学的有效结合体。毫无疑问，同水运仪象台一样，宋元福建大规模的造船航海、高水平的石梁桥建设，以及至今仍发挥功用的莆田木兰陂水利工程和800年岿然不动的泉州开元寺东西塔等，也离不开数学知识的创新应用。可以说，这些我国工程数学史上的杰作，奠定了福建实用数学发展的基础。

二、阮逸《皇祐新乐图说》的十二律推算

宋代是我国文学艺术昌盛的一代，无论是官府还是民间，都以填词、书画和讲究音律为荣，出现了一大批流芳后世的大师级人物，其中福建建阳的阮逸和蔡元定就是音律方面的佼佼者。

阮逸以精通音律著称，“自撰琴准，用求律管相生之声”[②]，著有《皇祐新乐图说》(《宋史·艺文志》作“皇祐新乐图记”)和《乐论》两书，特别是1053年前后与胡瑗合撰的《皇祐新乐图说》三卷，是现存最早的闽籍学者编撰的音律专著，在中国音乐史上占有重要地位。该书上卷记律吕、黍尺、四量、权衡之法，中卷记古乐器镈钟、特磬、编钟、编磬的形制尺寸，下卷记晋鼓与几种礼器的形制，书中附有插图。从音律研究的角度看，全书最有

① (清)徐松:《宋会要辑稿·运历二之二三～二四“铜仪”引〈通略〉》;(宋)王应麟:《玉海》卷四“天文·仪象·天道仪象·元祐浑天仪象”。

② (清)徐松:《宋会要辑稿·乐一之五“律吕”》。

价值的部分当属阮逸有关“律生于度”的论证。

对于音律的起源问题，中国古代历来有两大派观点：一派认为音律起源于度数（“以度起律”），一派认为度数起源于音律（“以律起度”）。这一争论在宋代表现得尤为激烈，《宋会要辑稿·乐一～二“律吕”》、《宋史》卷八十一“律历志十四”与《宋史》卷一百二十七“乐志二”，就载有不少关于音律起源的辩论。阮逸是主张音律生于尺度，并用数学知识论证“以度起律”观点的宋代学者之一。

中国古时正声音之器，称为律吕。阳者为律：黄钟、太簇、姑洗、蕤宾、夷则、无射，谓之六律；阴者为吕：大吕、夹钟、仲吕、林钟、南吕、应钟，谓之六吕；合而言之，谓之律吕。在确定弦或管长短和发音高低间关系方面，春秋时期就已提出了“三分损益法”，即把一个被认定为基音的弦或管三等分，去掉一分（损一），称为“下生”，加上一分（益一），称为“上生”。从数学上看，“损一”或“益一”就是把基音的弦或管长乘以$\frac{2}{3}$或$\frac{4}{3}$。依此类推，可完成一个音阶中的十二律之计算。由于三分损益法算出的十二律，相邻两律间的长度差或频率比不完全相等，故称十二不平均律。

在阮逸看来，历代有关音律起源之争，关键在于不知律、度、量、衡四者皆起于黄钟之管。“今议者但争《汉志》黍尺无准之法，殊不知钟有钧、石、量、衡之制。……有唐张文牧（《宋史》作“张文收”）定乐，亦铸铜瓯，此足验周之嘉量以声定律，明矣。臣所谓（《宋史》作“所以”）独执《周礼》铸嘉量者，以其方尺深尺，则度可见也；其容一鬴，则量可见也；其重钧，则衡可见也；声中黄钟之宫，则律可见也。既律、度、量、衡如此符合，则制管歌声，其中必矣。”[①]鉴于此，阮逸运用胡瑗发明的“律管九方分之法”，从确定黄钟之管出发，重新推算十二律管的单位长。“黄钟管长九寸，径三分，按《九章》之法求积分，以径三分自乘得九分，又以管长寸通之为九十分，乘之得八百十分，为方积之数，容黍一千二百。……八百一十分分作九十重，每重

① （清）徐松：《宋会要辑稿·乐二之一三“律吕”》；（元）脱脱：《宋史》卷一二七“乐志二”。

得九分。按圆田术，三分盖得十二。以开方法除之，得三分四厘六毫强，为实径之数。”[①]即按照当时习惯做法，先取 9 分之长的竹管，再加上 1/3（益一），得 12，再开方$\sqrt{12}$，得空径 3.46。由这样的管吹出的音，称为“黄钟”。阮逸指出：黄钟之管，每长 1 分，积 9 分，容 13 $\frac{1}{3}$黍，空径 3.46 分，围 10.38 分（用径 3 围 9 即 $\pi=3$ 的古率入算），故有“黄钟之管，积 810，容 1200 黍”。以黄钟作为起点，阮逸算出了十二律管的单位长：

黄钟	9	大吕	$8\frac{104}{243}$
太蔟	8	夹钟	$7\frac{1075}{2187}$
姑洗	$7\frac{1}{9}$	仲吕	$6\frac{12974}{19683}$
蕤宾	$6\frac{26}{81}$	林钟	6
夷则	$5\frac{451}{727}$	南吕	$5\frac{1}{3}$
无射	$4\frac{6524}{6561}$	应钟	$4\frac{26}{27}$

以上各值，与《汉书·律历志》所载相符。显然，阮逸工作意义在于正本清源，即通过分析历代史书中测定律吕长短的方法，说明十二律数值都“起于黄钟九寸”，从而论证其“律生于度”的观点。

对于阮逸的推算，司马光给予很高的评价。司马光说：“古律已亡，非黍无以见度，非度无以见律。律不生于度，与黍将何从生？非谓太古以来，律必生于度也。特以近世古律不存，故返从度法求之耳。”[②]在司马光看

① （清）徐松：《宋会要辑稿·乐二之一〇“律吕”》。

② （宋）阮逸：《皇祐新乐图记·钦定四库全书提要》引司马光语。

来，阮逸"返从度法求之"的做法，一方面解析了"律生于度"的含义，另一方面表明数学是研究音律的重要手段，对于探讨律吕规律也有意义。值得一提的是，皇祐年间（1049—1054年）的"阮逸乐"（乐名"大安"）为宋代六大改作乐之一[①]，元丰三年（1080年）又将阮逸等所铸钟磬，因磬"形制精密""轻重与律吕相应"，钟"声舒而远闻"[②]，被列为宋廷三大"太常大乐"之一[③]。

三、蔡元定的《律吕新书》及十八律理论

蔡元定以理学见长，兼通音律，著有《律吕新书》和《燕乐》[④]。《律吕新书》是蔡元定音律学方面的代表作，分为上下两卷。上卷系《律吕本原》，有13篇：黄钟、黄钟之实、黄钟生十一律、十二律之实、变律、律生五声图、变声、八十四声图、六十调图、候气、审度、嘉量、谨权衡；下卷为《律吕证辨》，有10篇：造律、律长短围径之数、黄钟之实、三分损益上下相生、和声、五声大小之次、变宫变征、六十调、候气、度量权衡。在书中，蔡元定博采众长，立论精深，受到朱熹的充分肯定，赞曰"超然远览，奋其独见，爬梳剔抉，参互考寻，推原本根，比次条理，管括机要，阐究精微"[⑤]。《宋史》亦高度评价蔡元定"乃相与讲明古今制作之本原，以究其归极，著为成书，理明义析，具有条制"[⑥]，并在《宋史·乐志六》以较长篇幅详细介绍了《律吕新书》的主要内容。的确，《律吕新书》黄钟围径之数，则汉斛之积可考；寸以九分为法，则淮南太史小司马之说可推；五声二变之数，变律半声之例，则杜氏之通典具焉；变宫变征之不得为调，则孔氏之礼疏固亦可见。然而，继承是为了创新。为了更好地协调音调，蔡元定曾用汉代创造的方法，把传统的十二律中的大吕、夹钟、仲吕3个阴律由下生（即三分损一）改为上生（即三分

① （元）脱脱：《宋史》卷一二六"乐志一"。
② （元）脱脱：《宋史》卷一二八"乐志三"。
③ （清）徐松：《宋会要辑稿·乐三之二〇"宋乐"》。
④ 《燕乐》今已失传，仅《宋史·乐志十七》中录存数百字。
⑤ （元）脱脱：《宋史》卷八一"律历志十四"。
⑥ （元）脱脱：《宋史》卷一二六"乐志一"。

益一)而推算出来[1],使之比传统音乐理论更为科学。正如南宋《律通》作者欧阳之秀所评论的那样,《律吕新书》"其可用者,多其所自得"[2]。

蔡元定对中国音乐的最大贡献,在于其对三分损益法的研究并提出著名的十八律理论。由上述阮逸十二律推算可知,用三分损益法完成一个音阶中各律计算之后,比基音高(或低)八度的音,只能约略地比基音高(或低)一倍,而不可能刚好是一倍,即存在着差数。为了消除这个差数,历代学者做出很大的努力,其中包括试图用增加音阶中律数的方法来缩小差数,甚至南北朝时期的钱乐之和沈重将律数增加到360个。蔡元定的研究表明:用增加律数的方法可以缩小差数,但无法从根本上消除差数,指出历史上无限增加律数的做法在音乐实践上是没有意义的。基于此,蔡元定根据汉代道家人物京房关于变律的理论,把前人所增加的律数减少到6个,即在十二律6个大半音(或双数半音即六吕)之间各增加一个变律,形成音乐史上著名的"十八律"。十八律可以使从每一个律开始"旋相为宫"时,在计算音程方面更为便利简捷,"其寸分厘毫丝之法,皆用九数,故九丝为毫,九毫为厘,九厘为分,九分为寸"[3]。蔡元定根据"三分损益法"按照九进制的算法对十八律的律长进行了计算,其演算方法和律数成果,"洪纤、高下不相夺伦"[4],从而为明末朱载堉发明十二平均律奠定了基础。

四、朱子学派的数学教育

清代的《四库全书》收录有《家山图书》。《四库全书总目・家山图书》指出:《家山图书》"不著撰人名氏。《永乐大典》题为朱子所作。今考书中引用诸说,有文公家礼,且有朱子之称,则非朱子手定明矣。钱曾《读书敏求记》曰:《家山图书》,晦庵私淑弟子之文,盖逸书也。……其书先图后说,根据《礼经》,依类标题,词义明显。自入学以至成人,序次冠、昏、丧、祭、

① (元)脱脱:《宋史》卷一三一"乐志六"。
② (元)脱脱:《宋史》卷八一"律历志十四"。
③ (宋)蔡元定:《律吕新书》卷一"律吕本原・黄钟之实"。
④ (元)脱脱:《宋史》卷一三一"乐志六"。

宾、礼、乐、射、御、书、数诸仪节，至详且备”[1]。可见，这是朱门的一部内容丰富的教科书。该书“九数算法之图”一节（参见图 4-1），列若干几何图形，并附算术题。

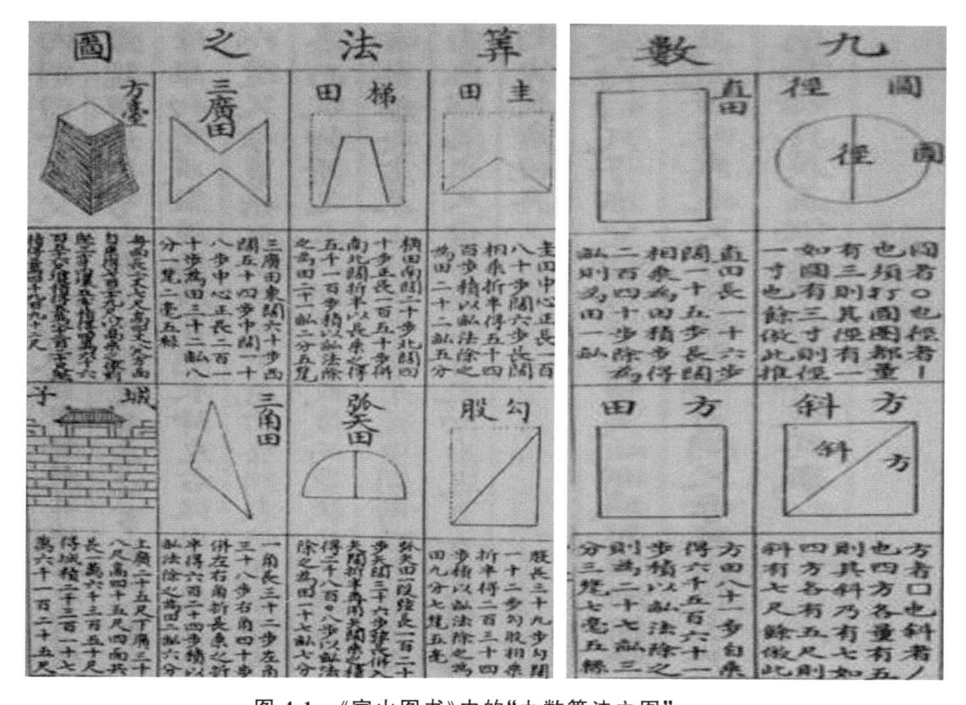

图 4-1 《家山图书》中的“九数算法之图”

资料来源：《文渊阁四库全书・子部・儒家类》。

圆径：圆者，“○”也。径者，“｜”也。须打圆圈，都量有三，则其径有一；如圆有三寸，则径一寸也。余仿此推；

方斜：方者，“□”也。斜者，“/”也。四方各量有五，则其斜乃有七；如四方各有五尺，则斜有七尺。余仿此；

直田：直田长一十六步，阔一十五步。长阔相乘，为田积步，得二百四十步，除为亩，则为田一亩；

① （清）永瑢：《四库全书总目》卷九二“子部・儒家类二・家山图书”。

方田:方田八十一步,自乘得六千五百六十一步积,以亩法除之,则为二十七亩三分三厘七毫五丝;

圭田:圭田中心正长一百八十步,阔六(应为“六十”)步。长阔相乘,折半得五千四百步积。以亩法除之,为田二十二亩五分;

勾股:股长三十九步,勾阔一十二步。勾股相乘折半得二百三十四步积。以亩法除之,为田九分七厘五毫;

梯田:梯田南阔二十步,北阔四十步,正长一百五十步。并南北阔。折半,以长乘之,得五千一百步积。以亩法除之,为田二十一亩二分五厘;

弧矢田:弧矢田一段,弦长一百二十步,矢阔三十六步。弦长并入矢阔折半,再用矢阔乘之,积得二千八百零八步。以亩法除之,为田一十七亩七分;

三广田:三广田,东阔六十步,西阔五十四步,中阔一十八步,中心正长二百一十步,为田三十二亩八分一厘二毫五丝;

三角田:一角长三十二步,左角三十八步,右角四十步,并左右角折长乘之,折半得六百二十四步积,以亩法除之,为田二亩六分;

方台:每面长二丈七尺,高四丈八尺,方面自乘得七百二十九尺,以高乘之,依前坚三,穿四,壤五。穿积得四万六千六百五十六尺,壤积得五万八千二百二十尺。坚积得三万四千九百九十二尺;

城子:上广二十五尺,下广三十八尺,高四十五尺,四面共长一万六千三百五十尺,得城积二千三百一十七万六千一百二十五尺。①

显然,这是一部由浅入深、由简到繁的实用算术教学所使用的教材,虽其中不乏方法与计算错误,但应视为朱熹一派注重科技知识的教育与传播的典型例证,也是福建出现最早的规模化数学教育的重要事例。

事实上,在传注儒家经典著作中,朱熹就表现出重视“六艺”(礼、乐、射、御、书、数)中“数”的知识的倾向,这一点在其诠释的《周易》中可见一

① (宋)佚名:《家山图书》,载《文渊阁四库全书·子部·儒家类》709册,第445页。另宋末元初崇安(今武夷山)陈元靓所编《事林广记》卷二“闲情·算法·方圆算法”也有类似的算术题。详见耿纪朋译本,江苏人民出版社2011年版,第249～250页。

斑。作为兼综象数与义理的思想家，朱熹在历史上首次把《易经》与“河图”“洛书”的联系真正确立下来，并与其他七图[①]一起置于其所著《周易本义》卷首。而其中配插的“河图”与“洛书”图案，无论其形式怎样变化，一望可知，全都是数学中的矩阵示意图，而并非文字(参见图 4-2)。也就是说，朱子学派《家山图书·九数算法之图》这类教科书的出现，与朱熹重视自然知识和科学思想的传播密不可分，是朱熹“即凡天下之物”“即物而穷其理”[②]格致论思想的重要体现。

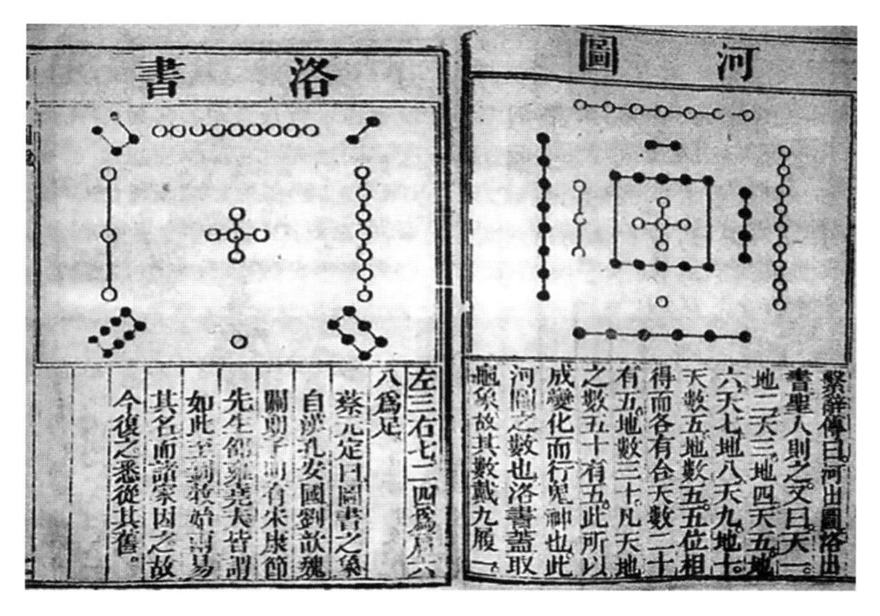

图 4-2　朱熹《周易本义》卷首的“河图”与“洛书”

资料来源：薛冰《插图本》第 12 页。

① “七图”包括伏羲八卦方位图、伏羲八卦次序图、伏羲六十四卦次序图、伏羲六十四卦方位图、文王八卦次序图、文王八卦方位图、卦变图等。

② (宋)朱熹：《大学章句》，载《朱子全书(第陆册)·四书章句集注》，第 20 页。

第二节 域外地理知识的拓展

随着海外交通贸易的繁荣与鼎盛，宋元泉州港人有关域外地理方面的知识得到快速拓展，这一点，在南宋中期赵汝适的《诸蕃志》和元代末期汪大渊的《岛夷志略》体现得尤为明显。

一、《诸蕃志》中的诸蕃图

赵汝适（1170—1231年），宋太宗（赵炅）八世孙，官至朝散大夫，曾于1208—1227年提举福建路市舶司（设在泉州）。宝庆元年（1225年），赵汝适以提举市舶司时之闻见并亲访的有关海外诸国事迹，著成《诸蕃志》二卷。卷上志国，卷下志物，共45篇，约9万字。

谈到《诸蕃志》的著述缘由，赵汝适自序云："瑕日阅诸蕃图，有所谓石床、长沙之险，交洋、竺屿之限。问其志则无有焉。乃询诸贾胡，俾列其国名，道其风土，与夫道里之联属，山泽之畜产，译以华言，删其秽渫，存其事实，名曰《诸蕃志》。"[①]可见，赵汝适著述《诸蕃志》的目的，就是弥补泉州港史上无志的缺憾，写一部以国名、风土、交通关系和山泽畜产为纲的介绍海外地理风物知识的著作，以实现"山海有经，博物有志"的宏大志远。鉴于南宋中期以前泉州港出海贸易船舶常取道于广州，因此，以泉州港事为着眼点的《诸蕃志》，与以两广见闻为题材的周去非《岭外代答》（撰于1178年），两者在有关海外诸番国内容记载上有1/3雷同，也就不足为奇了。

在《诸蕃志》一书中，赵汝适记载了南宋中期同泉州发生贸易关系的国家和地区58个，其中对非洲的记载，比以前的地理著作更翔实，不仅有层拔（今桑给巴尔）、弼琶啰（今柏培拉）、中理（今索马理的东北部海岸）、木兰皮（今非洲北部和西班牙南部地区）、勿斯里（今埃及）、遏根陀（今埃及的亚

① （宋）赵汝适：《诸蕃志注补·赵汝适序》。

历山大港）、昆仑层期（今非洲东岸某地）等非洲东海岸国家和地区的地理交通记载，而且还很注意对各国和地区珍稀动植物特产的描述。如记述弼琶啰国云："产物名骆駞（同"驼"）鹤，身顶长六七尺，有翼能飞，但不甚高。"[①]据考证[②]，赵汝适所说的"骆驼鹤"，系指今日的长颈鹿。虽耳听为虚，但赵汝适达闻海外诸番国地理风物知识的精神是值得肯定的。更由于《诸蕃志》的流传，使国内人民开拓了海外视野，同时也引出了元代杰出航海家汪大渊两次附舶海外的惊世之举。

二、《岛夷志略》中的东西洋

汪大渊，字焕章，江西南昌人，曾约于1330～1334年和1337～1339年两次由泉州港附舶东西洋，历数十国，足迹几半天下。返归泉州后，即据亲历见闻，仿《诸蕃志》体例于1349年写下了不朽著作《岛夷志略》。值得一提的是，这部详细记载了元代泉州港交通贸易盛况的著述竟缘于当时修纂《清源续志》（泉州古亦称清源）附录所需。以百十国之志略，而附于一郡乘之后，这不仅是泉州港史上值得夸耀的大事，也是我国地方志旷古未有的奇观，由此亦可见泉州人对域外地理知识是多么的渴求。

汪大渊对域外地理知识拓展的贡献在于，《岛夷志略》不仅所载国家和地区比《诸蕃志》多40余个，而且明确提出和实践印证东西洋这一重要地理概念。所谓"东西洋"，是宋元提出的对我国疆域以外海洋的合称，是对以中国雷州半岛－加里曼丹岛西岸－巽他海峡为分界的元代海外交通贸易国家和地区的整体划分。迄今为止，我们知道《岛夷志略》正是最早同时提及东洋、西洋名称的两大著作之一，且从书中10余处提及的小东洋、东洋、西洋（包括大西洋和小西洋）地域范围看，汪大渊对于东西洋的把握十分到位，这在东西洋地理概念划分的初期是难能可贵的。[③] 与成书于1304

① （宋）赵汝适：《诸蕃志注补》卷上"志国·弼琶啰国"。

② 李仲均：《赵汝适与〈诸蕃志〉》，载《海交史研究》1990年第2期。

③ 详见《岛夷志略校释》，第135、187、193、214、218、264、280、318、325、339、352、360、364页。

年的《大德南海志》不同，汪大渊书中的东西洋不只是一个地理概念，而是“尝两附舶东西洋”[①]实践的结晶，因而其著作对后世的影响很大。

东西洋概念的提出，标志着国人对域外地理知识认识上的一次飞跃。在这一重要历史时刻，汪大渊和《岛夷志略》起着举足轻重的作用。

《诸蕃志》和《岛夷志略》的出现，拓展了中国人的域外地理知识，丰富了我国地理学的内容。

第三节　风水学中的科学知识

风水又称堪舆、卜宅、图宅、青乌、青囊、形法、阴阳、地理、山水之术等等。风水的概念在中国很古老，据说万年前的伏羲氏已谈风水。作为一门实用学术，在城郭室舍墓穴选址时，风水家们看重的是包括地质水文、生态、小气候及环境景观等在内的山川地理环境，因而风水虽有迷信色彩，但它亦具有我国古代哲理、美学、心理、地质、地理、生态、景观等方面的内涵。在长期的发展中，风水学说演化出不同流派，其中唐宋时期的闽赣风水流派对福建的影响很大，并结出漳州元代出水香炉这样的科技奇葩。

一、闽赣风水流派的兴起

唐宋以降，“方位理气”和“峦头形法”已成为闽赣风水流派的主流。所谓“方位理气”或风水理气派（亦称屋宇法、宗庙法），是指将阴阳、五行、八卦（先天、后天）、干支、四时、五方、七曜、九星、九宫、十二神、二十四节气、二十八宿、七十二候等相互配合，形成一套自圆其说的天地人三才对应系统，其中，五音相宅法、二十四山法、日法、符镇法在宋元时期广为流传，其余诸法在明清较为盛行。所谓“峦头形法”或风水形法派，主张依据大自然的山石流水形势，直观山脉与流水的起源，考察其终结，以此决定风水的方

① (元)汪大渊:《岛夷志略校释·张翥序》。

位，主要有觅龙、察砂、观水和点穴等实际操作手法，多用于相宅相墓之术。

"宗庙之法，始于闽中，其源甚远，及宋王伋乃大行。"[①]方位理气之说是随着东汉以来北方士民南迁后发展而成的，因而更多保持着中原实用文化传统的一些特质，如强调时间或方位的符镇法，当作镇宅风水器物的石敢当以及将重理气方位、星象的图宅术较早运用于城池营建等。一般认为，南宋王伋对福建理气派的发展有很大的推动作用。据《癸辛杂识别集》"阴阳忌乐"记载："王伋云：阴阳家无它，唯忌乐二字而已，乐惟乐其纯阳纯阴，忌惟忌其生旺库墓，此水法也。谓如子午向，午水甲水皆可向，即纯阳。艮震山庚辛水流纯阴。"[②]显然，王伋之术与《（黄帝）宅经》思想有相契之处，特别重视八卦方位同八干、四维、十二支的配合。此外，王伋亦早懂得风水罗盘的制作及星度的差异了。可见，在宋元的福建，方位理气派已形成较系统的理论体系，并融入了一些地域文化特色，从而创造性地扩展了早期堪舆术的内涵。

形法类的相墓相宅之术，最初可能是随北方士民南迁而传入福建的，约在晚唐时期，福建已形成了较完整的风水形法理论，其代表作即为莆泉黄妙应的《博山篇》。在该篇中，黄妙应对后世形法派的理论要点——"地理五诀"中的龙、穴、砂、水、向，已有相当详细的描述。[③] 不过，人们一般提到形法派，皆指江西之法，归宗于唐宋时期的杨筠松、曾文辿、赖文俊、廖禹等人，重视觅龙、察砂、观水、点穴之法，这一点与黄氏的理论相似，不同在于黄妙应代表的是形法一宗的理论雏形，较为表象化（如图偈），而江西杨筠松则代表着形法一宗较为成熟的理论形态，较为抽象化。进一步考证还发现[④]，后世流传的以杨筠松为代表的江西形法派著作，无论是自作，抑或是伪托，其实多糅杂着理气和峦体二宗。相反，闽中固有的形法和理气二

① （明）王祎：《青岩丛录（及其他一种）》，第16页。

② （宋）周密：《癸辛杂识别集》卷上"阴阳忌乐"。

③ 详见（清）陈梦雷《古今图书集成·艺术典·堪舆部》卷六六六。

④ 陈进国：《事生事死：风水与福建社会文化变迁》（厦门大学博士论文2002年），第62～63页。

派，反而保持着相对完整的独立理论体系。不过，随着赣南形法派风水术由福建的客家地区向福佬地区的逐渐扩张，两地的形法理论也慢慢地走向融合之势。

唐宋闽赣兴起的风水两大流派，在宋元福建民间有着广泛的影响，尤其是将风水学中蕴藏的水文地质知识巧妙运用于生活实践，漳州元代出水石莲花就是突出的一例。

二、风水学与漳州元代出水石莲花

在漳州市芗城区天宝镇路边村威惠庙一、二进之间的天井中，现存一个元代出水石莲花。石莲花是以青石雕造而成，高 1 米多，顶部直径约 0.4 米，分上、中、下三部分。上下两部呈喇叭形，中部若圆轮，整体外观近似觚的形状。其上浮雕莲瓣构成莲花，中部阴刻“泰定丙寅”“灵黾山主”“威惠庙立”等字。整个石莲花造型似两个士兵的头盔相互倒叠一起，中间形成一道缝隙。这个石莲花的神奇之处在于，只要两个人双手磨转其上部构件一周，石莲花中缝即有一股清泉水从缝隙冒出，转的速度越快，水流得越多，因而被当地文物管理部门定名为“出水石莲花”(参见图 4-3)。

图 4-3　漳州天宝镇元代出水石莲花

资料来源：《厦门晚报》2007-07-11(16)。

据考证[①]，出水石莲花是由韩观佑建造于公元 1326 年(即“泰定丙

① 《元代香炉出水之谜破解？——水文地质专家：香炉下的断裂带延伸到天宝大山上，其中流动神秘的裂隙水》，载《厦门晚报》2007-07-11(16)；《韩氏宗亲见证石莲花神奇》，载《厦门日报》2012-01-20(14)。

寅”)，是始建于元延祐六年(1319 年)的威惠庙的主要附属设施[①]。韩观佑不仅是路边村一带韩氏的开基始祖，并且“精治堪舆之书”(路边村韩氏族谱语)。因此可以推断，受风水意识的影响，韩观佑在建造居住村落和家族寺庙时，一定会选址有泉水的地方，也就是风水学中所说的“活穴地”，认为这样家族才能兴旺安康。而在泉水上精心设计建造出水石莲花，应是以此表达希望子孙后代兴旺发达的心愿。正是他的这一心愿和不懈努力，为我们留下了一份饱含古代科技智慧的人类杰作。

三、出水香炉中的水文地质知识

石香炉(莲花)为何能出水？其中蕴藏着怎样的科学知识？由于史料缺乏，600 多年来无人知晓。2007 年年中，福建省闽南地质大队原大队长、高级工程师陈占民通过实地考察，给出了一个符合科学原理的解释。在他看来，石莲花下面是一个泉水点，该泉水属于隐伏断裂带脉状裂隙水，其断裂带方向为北偏西 45 度，南偏东 45 度，长约 7 公里，宽约 50～100 米，从石莲花的西北面天宝大山一直延伸到路边村。裂隙水可以在很深的地底裂隙中流动，但出处在地表，在石莲花下面，成为上升泉，最高时与香炉中部的出水处持平。由于这些泉水的年变幅小，温度、水位都较稳定，所以不转动石莲花看不到水，水也不会流出。

具有如此深奥科学原理的出水石莲花是如何在元代的漳州建造出来的？石莲花的建造者又拥有怎样的经验与知识呢？首先，精通风水学是韩观佑巧夺天工设计出出水石莲花的首要因素。这是因为出水石莲花的设计关键在于找到上升泉，对于“精治堪舆之书”的韩观佑来说，这一点在地下水极为丰富的漳州盆地不难做到。其次，石莲花中部出水的高度是韩观佑经过多年观测确定的。在这个高度，水位达到最高时不会溢出，最低时通过转动就能出水。第三，为使石莲花能压住泉水使之不外溢，韩观佑对

① 今见的威惠庙，是清乾隆五十二年(1787 年)由漳州迁台的路边村韩氏族人台湾官员韩熙文带领在台宗亲倡修的，分别供奉开漳圣王、观音佛祖、韩氏先祖等。

泉水周边地貌进行了改造，用泥土砌成挡水设备，使泉水不再四溢，也不与外面的孔隙水（井水）相通。最后，转动可以出水的石莲花内部装置设计也充满了古代人民的智慧。为了保护文物，今人不能拆开石莲花。但据陈占民先生分析判断，应该是石莲花的上下部都有凹槽，且方向是相反的。转动时，上下凹槽相对应产生吸力，减压，水在内部压力作用下喷溅而出。[①]凡此种种，表明以风水学为设计理念的出水石莲花，蕴藏着一定的水文地质知识，是科技与人文思想的结晶。

第四节　墓葬保护和工程科学成就

宋元福建在实用科学方面的成就是多方面的，这里仅就墓葬保护和工程科学作一简单探讨。

一、墓葬保护：综合学科的兴起

宋元福建科技进步，还表现在一门综合学科的出现，那就是墓葬保护学。

墓葬保护在我国具有悠久的历史，是一门涉及生物、医药、建筑、地理与化学等的综合性科学。由于习俗和知识原因，福建墓葬保护学起步较晚，直到宋代才露端倪。1975 年与 1986 年在福州北郊发掘的南宋"黄昇墓"与"武将墓"，为我们研究宋元福建这一学科的发展提供了实物依据。

黄昇墓属三合土结构的石圹墓，位于福州北郊浮仓山北坡，是三圹并列夫妻合葬墓的一部分。从墓室结构看（参见图 4-4），黄昇墓石圹外包三合土，圹椁之间灌注松香，这种箱匣式的圹穴结构，具有封闭严密的特点，在福州地区尚属首见。[②] 加上墓室位于高处，土质干燥，使圹内不致积水，

① 《元代香炉出水之谜破解？——水文地质专家：香炉下的断裂带延伸到天宝大山上，其中流动神秘的裂隙水》，载《厦门晚报》2007-07-11(16)。

② 福建省博物馆：《福州南宋黄昇墓》，文物出版社 1982 年版，第 3～4 页。

有利于对葬具和随葬品的保护。正是由于黄昇墓具有良好的水封保存之特点，故墓内丝织物历经760余年仍得以较完整地保存下来，为当今学者探索利用水封冷藏法这一现代技术保护纺织文物提供了有益的借鉴。

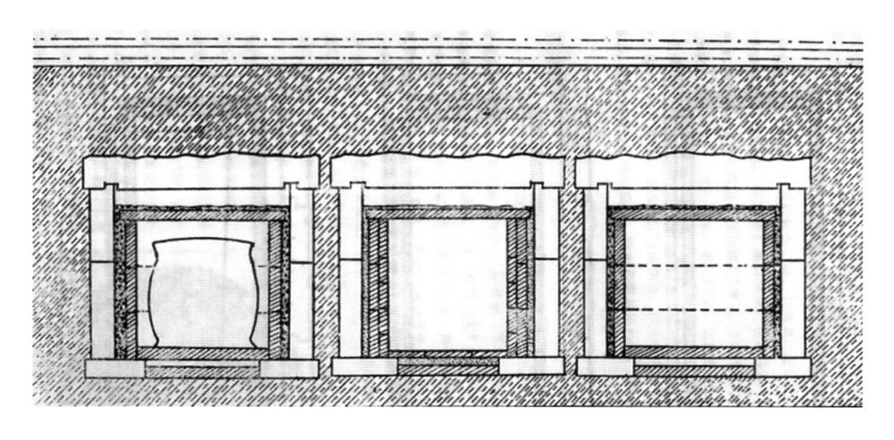

图4-4　黄昇墓室(位于右圹)横剖面图

资料来源：福建省博物馆《福州南宋黄昇墓》文第5页。

如此高水平的墓葬保护，出现在仰承宗室荫泽的“将仕郎”赵与骏[①]原配黄昇墓中，一方面说明我国古代福建墓葬保护学的博大精深，另一方面说明在南宋宗室退居江南的历史背景下，福建地区墓葬保护技艺得到迅速提升，并成为八闽古代科技的重要组成部分。

继黄昇墓之后，1986年8月，考古工作者又在福州北郊茶园村，发掘整理了一座南宋“将军墓”，出土了一对男女古尸和大批国宝级珍贵文物。[②] 据出土帛幡记载，墓主为南宋时的一位将军，葬于南宋端平二年(即公元1235年)，早于黄昇数年。但与黄昇墓不同的是，该墓主夫妇的尸身保存完好。男尸用麻质殓布包裹，交错打了5个结；女尸头发依然乌黑，而且发结式样完好。专家还发现，出土的男、女古尸肌肉仍较软，具有弹性，全身关节灵活，软组织保存完好，软骨细胞、软骨膜等均清晰可见，是全国

① 查《宋史·职官志》，将仕郎属文散官的最后一阶，系“奏补未出身官人”。也就是说，赵与骏仅是一位无实职无政绩的宗室皇族。

② 余光仁等：《福州端平二年宋墓解读》，载《收藏快报》2008-05-13。

罕见保存完好的夫妻古尸。解剖发现，男、女古尸腹腔内渗有水银颗粒，可起到较好的防腐作用，这可能是古尸近800年不朽的关键所在。

此外，在将军墓出土的近100件款式多样的丝织品中，无论是古尸上的穿着，还是捆扎后放于墓中的新衣，至今均保存完好，没有破损现象，而且色彩依然鲜艳。也就是说，无论是尸身还是随葬品，将军墓比黄昇墓都显示出更高的墓葬保护水准，可称得上是中国古代民间墓葬保护的杰作。

二、宋代工程科学的杰出代表谢德权

宋代是我国大型土木工程建设和规范的重要时期，出现了《营造法式》这样的宏伟著作，也涌现了一批谢德权式的杰出人物。

谢德权（953—1010年），字士衡，福州人。作为一名技术官僚，谢德权从政之初就主持了咸阳浮桥的筹划修复工作。“乃筑土实岸，聚石为仓，用河中铁牛之制，缆以竹索，繇是无患。”[①]修桥先修河，即先用土把河两边的堤岸筑结实，再砌石墙把堤岸包起来。然后采用黄河铁牛的形式对浮桥加以固定，并用竹索进行捆绑，这样进行标本兼治，咸阳浮桥从此再没有出现灾患。

谢德权主持的第二项重大工程，是京师开封的道路规划与建设。“京城衢巷狭隘，命德权广之。既受诏，则先撤贵要邸舍，群议纷然。有诏止之，德权面请曰：‘臣已受命，不可中止。今沮事者皆权豪辈，吝屋室僦资耳，非有他也。’上从之。因条上衢巷广袤及禁鼓昏晓之制。”[②]面对权贵豪强的阻挠和皇帝的犹豫不决，谢德权以理服人，并制定出详尽的拆迁建设规划，确保工程的顺利进行。这在今天的城市建设中亦有借鉴意义。

汴河是京师开封的运输大动脉，北宋政府对其多次治理，但效果并不理想。“前是，岁役浚河夫三十万，而主者因循，堤防不固，但挑沙拥岸址，或河流泛滥，即中流复填淤矣。”自谢德权接任“提总京城四排岸，领护汴河

① （元）脱脱：《宋史》卷三〇九“谢德权传”。

② （元）脱脱：《宋史》卷三〇九“谢德权传”。

兼督辇运”以来，改变施工方法，疏浚河道“须以沙尽至土为垠，弃沙堤外，遣三班使者分地以主其役”。加强质量监督，“又为大锥以试筑堤之虚实，或引锥可入者，即坐所辖官吏，多被谴免者”。建立生态防护，“植树数十万以固岸”。[1] 谢德权的一系列做法，在我国古代工程建设中并不多见。

此外，谢德权还主持了改建京城仓草场、疏浚北平砦濠、修葺蒲阴城、疏导金水河等国家重点工程，参与了玉清昭应宫规划设计工作，主导改革了东西八作司的管理模式，并对京师铸钱监和西窑务的废迁提出了合理化建议，是一位多面手的工程技术和管理人才。《宋史》赞曰：“德权清苦干事，好兴功利，多所经画。”[2]

除谢德权外，建州瓯宁的徐奭也是一名杰出的技术官僚。天圣初（约1023年），徐奭任两浙转运使，“苏州多水患，奭度赤门以东，筑土石为堤九十里，架桥梁四十余，以济不通。有诏褒嘉之”[3]。

第五节　志书笔记中的科学记载

“志所以志一方之事，凡可以裨益世教者无巨细皆可志也。”[4]我国地方志编修历史悠久，志书内容丰富，编写体例独特，被称为“地方百科全书”，是记载自然现象和科技活动的重要文献。此外，现存闽籍学者笔记中的科学记载也是一份珍贵的宝库。

一、志书笔记的兴起

我国地方志的编修自秦汉图经始，经南北朝隋唐的发展，至两宋初成体系。宋代俸禄优厚的文官体系吸引大量人才投身科举之中，形成了一个

---

① （元）脱脱：《宋史》卷三〇九“谢德权传”。

② （元）脱脱：《宋史》卷三〇九“谢德权传”。

③ （明）黄仲昭：《八闽通志（下册）》卷六四“人物·建宁府·良吏·［宋］·徐奭”。

④ （明）黄仲昭：《八闽通志（下册）》卷八五“拾遗”。

庞大的士阶层，为方志的发展提供了有利的社会人文环境。而官僚体制中产生的冗员有部分投入了地方志的编纂工作，给方志工作提供了必要的人才保障，所以有宋一代成为方志发展的繁荣时期。

作为我国文化后进地区，福建有地方志始于东晋太元十九年（394 年）晋安郡太守陶夔修纂的《闽中记》，后又有南朝梁萧子开撰《建安记》、梁陈（502—589 年）顾野王撰《建安地记》、唐大中五年（851 年）林谞撰《闽中记》、刊行于宋大中祥符四年（1011 年）的《漳郡图经》、宋庆历四年（1044 年）宋咸主修的《尤川志》，以及宋陈傅撰《瓯冶拾遗》、宋佚名纂《福建地理图》和《福建路图经》等。迨至北宋中期，随着文化和经济日益昌盛，福建各级政府编纂、刊印地方志蔚然成风，陆续刊刻了沙县（1056—1063 年）、建安（今建瓯，北宋末年；另有宋刘牧纂《建安志》及《建安续志类编》）、福州（作《闽中记》，1131—1162 年）、武阳（今邵武，1170 年）、临漳（今漳州，1178 年）、三山（今福州，1182 年）、莆阳（今莆田，约 1190 年）、清源（今泉州，作《清源志》，1195—1200 年）、清漳（今漳州，1213 年）、延平（今南平，约 1234—1236 年）、清漳（今漳州，作《清漳新志》，约 1250 年）、仙溪（今仙游，1257 年）、临汀（宋汀州，今长汀，1259 年）、福州（作《三山续志》，1328 年）、清源（作《清源续志》，约 1349 年）、莆阳（今莆田，1341—1368 年）、潭阳（今建阳，元）、建宁（元）、邵武（作《武阳志略》，元）等府县志，正所谓“闽为东南文献之邦，载籍所纪事迹甚伙”[①]，从而为后人研究当时社会科技发展状况提供了大量珍贵资料。遗憾的是，至今仅存留淳熙《三山志》、宝祐《仙溪志》和开庆《临汀志》3 部宋元方志。

在宋代闽籍学者的笔记中，建宁浦城何薳的《春渚纪闻》，是一部以记述宋代异闻奇事为主要内容的杂书。而作为宋代笔记中较为重要的一种，兴化仙游蔡絛的《铁围山丛谈》，也一向为学者所重视。

二、梁克家的《三山志》

梁克家（1128—1187 年），字叔子，泉州晋江人。“幼聪敏绝人，书过目

① （明）黄仲昭：《八闽通志（下册）》卷八五“拾遗”。

成诵”，以状元身份进入官场，先后累迁至中书舍人、给事中、签书枢密院事、参知政事、丞相等职，封仪国公，卒谥文靖，《宋史》评其一生曰“才优识远，谋国尽忠”[①]。

梁克家在从政的同时亦十分关注地方社会发展，淳熙六年（1179 年）三月出知福州期间，他“上穷千载建创之始，中阅累朝因革之由，而益之以今日之所闻见”[②]，于九年五月主修编纂成《三山志》（福州别称三山，明以前亦曾名《长乐志》）40 卷（后人增续 2 卷，故今本为 42 卷），全面记载了福州及所辖 12 县的自然、社会、人文等各方面情况，为后人了解和研究福州提供了大量丰富而翔实的一手资料。

作为我国负有盛名的佳志之一，《三山志》的编纂“自成志乘之一体”[③]。全书分为地理、公廨、版籍、财赋、兵防、秩官、人物、寺观、土俗等 9 门（大类），每门下又分为若干子目，条理清晰，归类严谨。其中的地理、版籍、土俗等类以及其他门下的子目包含有大量科学记载。如在“土俗类三・物产・果实・荔枝”保留有宋代福建荔枝种植区域的记载：“州（指福州）北自长溪、宁德、罗源至连江北境，西自古田、闽清皆不可种，以其性畏高寒。连江以南，虽有植者，其成熟已差晚半月。直过北岭，官舍民庐及僧道所居，至连江接谷，始大蕃盛。”这条荔枝种植界限的划分，与今天的科学认知基本吻合。又如在“土俗类四・物产・兽・猴”记述有唐代闽人动物保护意识萌生事件：“大历中（766—779 年），有数百（猴）集古田杉林中，里人欲伐木，杀之，有一老者飞下，纵火爇树傍家，于是，人走救火，遂得脱去。”再如在“土俗类四・物产・水族・鲨鱼”中梁克家对福州土贡特产鲨鱼的种类和形态记载较为翔实：鲨鱼“数种。胡鲨，青色，背上有沙，长可四五丈，鼻如锯，皮可剪为鲙缕，曝其肉为脩，可作方物。鲛鲨，鼻长似鲛，皮堪饰剑。一名锦魟出入鲨，初生随母浮游，见大鱼乃入口中，须臾复出，故名。帽头鲨，鳃两边有皮，形似戴帽。又有小鲨、大鲨之类”。还有地理类

① （元）脱脱：《宋史》卷三八四“梁克家传”。

② （宋）梁克家：《三山志・梁克家序》。

③ （清）永瑢：《四库全书总目》卷六八“三山志”。

有关福州城市建设、版籍类有关海田围垦和水利设施建设、土俗类有关土贡、物产等，都是科技含量较高的记载。此外，在“寺观类一·僧寺(山附)”中，梁克家还记载了10世纪福州人对温泉治病的科学认知：闽县崇贤里“地多燠泉，数十步必一穴，或迸河渠中，味甘而性和，热胜者气如琉黄，能熟蹲鸱，旱潦无增减。伪闽天德二年(944年)，占城，遣其国相金氏婆罗来道里，不时遍体疮疥，访而沐之，数日即瘳”[①]。

总之，作为福州乃至福建现存最早最完整的一部郡志，《三山志》中的科学记载是我们认识宋代福建科技发展状况的重要文献来源，值得进一步发掘和研究。

三、何薳的《春渚纪闻》

何薳，字子远(一称子楚)，北宋浦城人，号韩青老农。何薳知识渊博，见多识广，所著《春渚纪闻》十卷，有《杂记》、《东坡事实》、《诗词事略》、《杂书琴事》(附《墨说》)、《记研》、《记丹药》等章节，其科学记载主要集中在《记墨》和《记研》卷，不但对墨和研作了详尽介绍，而且列述制墨技艺，从中可窥见宋代以一家一户为主的手工业作坊父子相传的一些情况。

《春渚纪闻》所记著名造墨家有陈赡、潘谷、沈珪(子子宴)、张孜、柴珣、陈昱、关珪(弟关琐)、张处厚、高景修、朱觐、常和(子常遇)、苏浩然、李惟益、张谷、李廷珪(子承宴)、张遇、叶谷、胡景纯、梅赡、蒲大韶等，所记名研有端溪的龙香砚、紫蟾蜍研、端石莲叶研、龙尾溪的月研、玉蟾蜍研、石子研、金龙研、吕老煅研、澄泥研、铜雀台瓦研、南皮二台遗瓦研、风子晋研、乌铜提研、古斗样铁护研、龙尾溪研、歙山斗星研等。

在制墨技艺方面，何薳记载了和胶法、漆烟对胶、桐华烟如点漆、铜雀台瓦等名墨制作工艺，其中尤以“漆烟对胶”记述详备。“漆烟对胶；沈珪，嘉禾人。初因贩缯往来黄山，有教之为墨者，以意用胶，一出便有声称。后又出意取古松煤，杂用脂漆渣，烧之得烟极精黑，名为漆烟。每云韦仲将

① (宋)梁克家：《三山志》卷三三“寺观类一·僧寺(山附)·闽县·龙德外汤院”。

法，止用五（一说五十）两之胶，至李氏渡江，始用对胶，而秘不传，为可恨。一日与张处厚于居彦宝家造墨，而出灰池失早，墨皆断裂。彦宝以所用墨料精佳，惜不忍弃，遂蒸浸以出故胶，再以新胶和之，墨成，其坚如玉石。因悟对胶法，每视烟料而煎胶，胶成和煤，无一滴多寡也。故其墨铭云'沈珪对胶，十年如石，一点如漆'者，此最佳者也。……有持张孜墨较珪漆烟而胜者，珪言：'此非敌也。'乃取中光减胶一丸，与孜墨并，而孜墨反出其下远甚。余叩之，曰：廷珪对胶，于百年外方见胜妙。盖虽精烟，胶多则色为胶所蔽逮，年远胶力渐退，而墨色始见耳。若孜墨急于目前之售，故用胶不多，而烟墨不昧，若岁久胶尽，则脱然无光，如木炭耳。"[①]对名墨的创新过程和原理阐释精到，对今天的工艺创新亦有启迪意义。

值得一提的是，《春渚纪闻·记丹药》不仅记述了北宋真宗年间（998—1022年）福建长汀炼金术士王捷"药瓦成金"的传奇故事，而且其中的"丹阳化铜"篇是我国最早记载铜砷合金制法的史料文献。

四、蔡绦的《铁围山丛谈》

蔡绦，字约之，自号百衲居士，别号无为子，兴化仙游人，官至徽猷阁待制，是北宋著名误国宰相蔡京的季子。《铁围山丛谈》6卷，是蔡绦被流放到白州（今广西博白）时所作。该书记载了太祖建隆至高宗绍兴（约960—1162年）约200年间的朝廷掌故、琐闻轶事，不少为笔者亲历见证，其中卷一的九玺之源流、元圭之形制、九鼎之铸造、三馆之建置，卷二的大晟乐之宫律，卷四的宣和书谱、画谱、博古图之缘起，卷五的诸葛笔、张滋墨、米芾研山、大观端研、火浣布、玻璃母、龙涎香、蔷薇水、沈水香、合浦珠，卷六的镇库带、藕丝灯、百衲琴、建溪茶、姚黄花等，是我们窥视南宋以前工艺成就、技术创新和中外科技交流的第一手珍贵文献。

如诸葛笔："宣州诸葛氏，素工管城子，自右军以来世其业，其笔制散卓也。吾顷见尚方所藏右军笔阵图，自画捉笔手于图，亦散卓也。又幼岁当

① （宋）何薳：《春渚纪闻》卷八"记墨·漆烟对胶"。

元符、崇宁时，与米元章辈士大夫之好事者争宝爱，每遗吾诸葛氏笔，又皆散卓也。及大观间偶得诸葛笔，则已有黄鲁直样作枣心者。鲁公不独喜毛颖，亦多用长须主簿，故诸葛氏遂有鲁公羊毫样，俄为叔父文正公又出观文样。既数数更其调度，繇是奔走时好，至于挈竹器，巡闾阎，货锥子，入奴台，手妙圭撮者，争先步武矣。"（卷五）有考证有见闻，兼及创新与影响。

又如玻璃母："[约政和四年（1114 年），于奉宸库中得龙涎香二，琉璃缶、玻璃母二大篚]玻璃母者，若今之铁滓，然块大小犹儿拳，人莫知其方（用）。又岁久无籍，且不知其所从来。或云柴世宗显德间（954—960 年）大食所贡，又谓真庙朝（998—1022 年）物也。玻璃母，诸珰以意用火煅而模写之，但能作珂子状，青红黄白随其色，而不克自必也。"（卷五）近代玻璃制品的先声，中外科技交流的见证。

又如沈水香："香木，初一种也。膏脉贯溢，则其结沈水香。然沈水香其类有四：谓之'孰结'，自然其间凝实者也；谓之'脱落'，因木朽而解者也；谓之'生结'，人以刀斧伤之，而后膏脉聚焉，故言生结也；谓之'蛊漏'，□□而后膏脉亦聚焉，故言蛊漏也。自然、脱落为上。而其气和；生结、蛊漏，则其气烈，斯为下矣。沈水香过四者外，则有半结、半不结，为灵水沈（弄水沈）。弄水香者，番语'多婆菜'者是也。因其半结，则实而色也。婆菜中则复有名花盘斯（一说花盘头）、水盘斯（一说水盘头），结实厚者，亦近乎沉水。但香木被伐，其根盘必有膏脉湧（同"涌"）溢，故亦结。但数为水淫，其气颇腥烈，故婆菜中水盘斯（一说水盘头）为下矣。余虽有香气，既不大凝实，若是一品，号为'笺香'。大凡沉水、婆菜、笺香，此三名常出于一种，而每自高下其品类名号为多尔，不谓沉水、婆菜、笺香各别香种（有种）也。三者其产占城国则不若真腊国，真腊国则不若海南，诸黎洞又皆不若万安、吉阳两军之间黎母山。至是为冠绝天下之香，无能及之矣。又海北则有高、化二郡，亦出香，然无是三者之别，为第一种，类笺之上者。……古人说香暨《续本草》、《酉阳杂俎》诸家流语，殆匪其要。"（卷五）不迷信前人，依品质和工艺分类，以地域品评，面面俱到，杂而有序。

其他如张滋墨、米芾研山、大观端研、火浣布、龙涎香、蔷薇水、镇库带、藕丝灯、建溪茶、姚黄花等，所记不仅工艺成就历历在目，而且与其他史实比较有拨乱反正的纪事价值。

总之，《铁围山丛谈》的科技史料价值在于“足以订补他书之缺无、言前人所未言者”[①]，是“说部中之佳本”[②]。

五、其他重要记载

除《三山志》《春渚纪闻》《铁围山丛谈》外，宋代福建志书笔记中还有许多值得重视的科学记载，这里仅举数例。

1.叶廷珪的《海录碎事》

叶廷珪（《宋史·艺文志》等作“叶庭珪”），字嗣中，崇安（今武夷山）人（《八闽通志·儒林》作“瓯宁人”），宋宣和五年（1123年）进士，曾先后出知福清、泉州和漳州，积累了丰富的濒海州县管理经验，特别在福清知县任上，曾著有“《煮盐利害图》及书，州县往往遵用之”[③]。

另一方面，叶廷珪从小就爱书成嗜，并养成四处借阅和随手摘抄的读书习惯，使之成为一个学问渊博的学者，《八闽通志》称其“笃学淳雅，名重当时”[④]。后叶廷珪将多年研读积累的笔记和涉海从政的认知分门别类加以整理，取名《海录》，包括《海录警句》《海录未见事》《海录始事》《海录碎事》《海录杂事》和《海录本事》等共数十大册。其中尤以《海录碎事》内容最多，涉及天、地、衣冠、饮食、器用、百工、医技、音乐、农田等16类，有许多新奇的记载，是其他古代版籍中所未见的。

2.《山家清事》的园林设想

南宋林洪的《山家清事》，记载了相鹤诀、种竹法、酒具、山轿、山备、梅花纸帐、火石、泉、源、山房二益、插花法、诗筒、金丹正谕、食豚自戒、种梅养

---

① （宋）蔡絛：《铁围山丛谈·点校说明》。

② 《四库全书总目提要》卷一四一“子部·小说家类”，转引自蔡絛：《铁围山丛谈》，第122页。

③ （明）黄仲昭：《八闽通志（下册）》卷六五“人物·建宁府·儒林·[宋]·叶庭珪”。

④ （明）黄仲昭：《八闽通志（下册）》卷六五“人物·建宁府·儒林·[宋]·叶庭珪”。

鹤图记、江湖诗戒、山林交盟等内容，是唐宋以来福建山林玩乐和园林设想笔记中影响最深远的一部。这些山林清雅的玩赏娱乐，其中不乏珍贵的科技史料，例如"种梅养鹤图记"，就是福建第一篇有关园林的构想，很有研究价值。

"择故山滨水地，环篱植荆棘，间栽以竹。再植芙蓉，环以梅，重篱外植芋粟果食。内重植梅，结屋，前茅后瓦。阁名尊经，藏古今书籍。宇进三丈，设长榻二，中挂三教图，横匾大可山字。设寝室、书舍，后舍储酒，列农具、山具。……前鹤屋养鹤数只，还有犬、骡、牛等。暇则读书，课农圃、事母。刊当代名人题跋，拟晋唐帖，书唐宋诗词、名臣奏本、讽谏之篇……山有灵将大有际遇，少慰吾梅鹤。"[①]好一幅天人合一的画卷，充分反映了宋代文人雅士、退隐官吏园林构筑的审美观。当时，泉州海上交通贸易发达，城市繁荣，达官贵人来往频繁。紫陌红尘喧嚣之际，《山家清事》却从另一个方面反映了一部分士人的活动和追求。

3.《事林广记》和乡规民约中的科学意识

《事林广记》是南宋崇安（今武夷山）陈元靓所编的一部类书，其卷十"神仙幻术"篇中记载有两种磁铁石的利用记载。一是木刻指南鱼："以木刻鱼子，如拇（母）指大，开腹一窍，陷好磁石一块子，却以臈填满，用针一半金从鱼子口中钩入。令没（放）水中，自然指南，以手拨转，又复如出。"[②]另一种是木刻指南龟："以木刻龟子一个，一如前法制造，但于尾边敲针入去。用小板子，上安以竹钉子，如箸尾大。龟腹下微陷一穴，安钉子上。拨转常

---

① （元）陶宗仪：《说郛》引宋林洪等《山家清事》。

② 转引自金秋鹏《海事活动中的中外科技交流》，载《中国与海上丝绸之路》（福建人民出版社 1991 年版），第 9 页；李约瑟《中国科学技术史·（第四卷）物理学及相关技术·（第一分册）物理学》（科学出版社 2003 年版），第 237 页。另现存《事林广记》有多个版本，但这段文字仅见于 1325 年建安椿庄书院《新编纂图增类群书类要事林广记》，而不见于今天流传最广的 1340 年郑氏积诚堂《纂图新增群书类要事林广记》，以及其后刊刻的其他版本中。

指北，须是钉尾后。”[1]比较而言，指南龟是南宋初年[2]出现在闽北的一种指南针装置新法：将一块天然磁石安装在木刻的指南龟腹内，在木龟腹下挖一光滑的小穴，对准了放在顶端尖滑的竹钉子上，使支点处摩擦阻力很小，木龟便可自由转动以指南。这就是后来出现的旱罗盘的先声。

在闽北周宁城关5公里处的浦源村，村前有一处存续近800年的胜景“涧水鳞潜”，反映出人与自然和谐相处的环保理念。所谓“涧水鳞潜”，系指绕村而过的鲤鱼溪中万余尾鲤鱼的生活画面。鲤鱼溪长约500米，宽3～4米，溪中放养的鲤鱼有“闻声而至，见人而聚”的习性，颇为罕见。据浦源村《郑氏族谱》载：南宋嘉定二年（1209年）由河南荥阳迁至浦源的郑氏始祖，为预防村前溪涧受污染影响饮用，在拓居伊始就在溪中放养鲤鱼。迨至明朝初年，郑氏八世祖晋十公为确保溪中鲤鱼繁衍生息，遂集族人焚香起誓，订下村规，严禁捕食。从此，村民世代恪守信誓，爱鱼如子，形成人鱼相亲的传统民俗。这是福建历史第一例，也是中国古代为数不多的具有环境保护色彩的乡规民约，说明八闽先民早在宋代已有了环保意识的萌发。

---

① 转引自李约瑟《中国科学技术史·（第四卷）物理学及相关技术·（第一分册）物理学》（科学出版社2003年版），第239页。

② 李约瑟考证《事林广记》的编纂时间在1150年前后，即宋室南迁之后。

第二编　港口贸易与技术进步(上)

宋元福建社会发展与技术进步，与泉州港海外贸易的繁荣有密切关系，尤其在港市建设、海船制造、石桥建造、航海、制瓷、纺织等方面的表现更为突出。

第五章　泉州港：东方崛起的巨人

无论从政治、经济、科技角度观，还是从福建、中国、世界范围看，泉州港的崛起都是一个值得大书特书的事情。伴随着宋元泉州港繁荣与鼎盛时期的到来，港市建设及其技术创新与中外文化交流也达到了前所未有的高度。

第一节　泉州港的繁荣与鼎盛

泉州坐落在我国东南，倚山面海，地处南亚热带海洋性季风气候区域，盛夏秋初多吹东南风，春冬则多西北风，在靠风帆推进的航海时代，给海上往返的船舶带来了宝贵的动力。泉州的地形大势为西北高而东南低，流贯全境的晋江、洛阳江不仅是泉州远古文明的摇篮和农田水利之渊薮，而且是泉州港沟通腹地和扬帆海外的大动脉。围绕着泉州的漫长海岸线，既有突出的半岛，又有曲折入内地的港湾，还分布着星星点点的岛屿，整个海岸线呈“S”形轮廓。因此，那被岬角掩护的港湾和宽敞的入海河口，为舟楫的航行提供了许多躲避风浪、安全碇泊、便于货物装卸的口岸。从地理概念上说，古泉州港包括了位于晋江入海口的泉州湾和它南面的深沪湾、围头湾。在这广袤的港湾中，自北而南，分布着一个又一个支港，有洛阳、后渚、法石、蚶江和祥芝、永宁、深沪、福全以及金井、围头、石井、安海等等，故泉州港向有“三湾十二支港”之称。

泉州港初现，始于公元6世纪的南朝。五代中期开始，泉州地方主宰者凭借晚唐以降通商海外的传统，积极开拓海上贸易事业，泉州遂与交州[①]、广州、扬州（两浙）并列为我国的四大交通贸易港。[②] 南唐保大四年(946年)，留从效开始规模宏大的泉州城拓展工程，并沿城环植刺桐树[③]，刺桐从此便成了泉州美丽的象征，并常以它代称城市与港口。随着中外商人的足迹，“刺桐港”(ZAITUN)开始蜚声海外，为宋元走向繁荣奠定了基础。

伴随着宋王朝对外开放政策和福建经济社会的快速崛起，泉州港海外交通贸易焕发出更大的活力，发展速度不断加快。到北宋前中期，泉州港已经是一个“有蕃舶之饶，杂货山积”[④]的繁华港口。此时的泉州海外交通贸易虽不及广州之盛，却居于杭、明二州之上，成为全国第二大海港。正是鉴于这样的发展势头，北宋政府于元祐二年(1087年)在泉州正式增置福建市舶司[⑤]，“掌市易南蕃诸国物货航舶而至者”[⑥]，“掌蕃货海舶征榷贸易之事，以来远人，通远物”[⑦]。市舶司的设立，在泉州历史或是中国对外贸

① 古地名，指包括越南北部[即交趾(《宋史》作“交址”)]在内的岭海诸地。
② (元)脱脱：《宋史》卷一八六“食货志下八·互市舶法”。
③ (明)黄仲昭：《八闽通志(下册)》卷八〇“古迹·泉州府·晋江县·刺桐城”。
④ (元)脱脱：《宋史》卷三三〇“杜纯传”。
⑤ (清)徐松：《宋会要辑稿·职官四四之八“市舶司”》。
⑥ (清)徐松：《宋会要辑稿·职官四四之一“市舶司”》。
⑦ (元)脱脱：《宋史》卷一六七“职官志七·提举市舶司”。

易史上都是一件大事，标志着泉州进入我国最重要的海外交通贸易港的行列，泉州港亦进入全面繁荣发展时期，并在海外交通贸易方面的地位迅速赶上广州。“况今闽粤莫盛泉山，外宗分建于维城，异国悉归于互市[①]。”

“苍官影里三州路，涨海声中万国商。”[②]宋代泉州港海外贸易的发展，主要体现在以下三个方面：一是贸易形式多样化。不但有以朝贡形式出现的政府间贸易，还有垂涎于奇珍异宝和暴利的权贵官僚私牟贸易，更多的是以发财致富和谋求生计而兴贩海外的民间贸易。二是贸易地区相当广泛。据《云麓漫钞》记载，南宋中期常到泉州贸易的海外国家或地区有30多个[③]。另据曾于嘉定至宝庆间（1208—1227年）任福建市舶提举的赵汝适《诸蕃志》记载，这一时期同泉州发生贸易关系的国家或地区不下60处，其范围包括今天的东亚、东南亚、南亚、西南亚以及非洲的广大地区。[④] 三是贸易商品种类繁多，“物货浩瀚”[⑤]。输出货品大致可分为陶瓷器、纺织品、金属及其制品、农副产品，以及其他日常生活用品、药材、文化艺术品、化妆品和桐油等，其中以瓷器和丝绸最多，故有“海上丝绸之路”“海上瓷器之路”之称；输入货品亦达400余种，主要有宝货、香料、药物、布帛和杂货等，其中以香料和药物为最大宗。

至元代，泉州港进入鼎盛时期，成为梯航万国的世界第一大港，中外商品的集散地。泉州港的极盛，吸引了中世纪欧洲四大游历家马可·波罗、鄂多立克（即和德理）、马黎诺里和伊本·白图泰的莅临。在这里，马可·波罗看到的是“此城为世界最大良港之一，商人商货聚积之多，几难信有其事”[⑥]。伊本·白图泰则评价到“该城的港口是世界大港之一，甚至是最大

① （宋）王象之：《舆地纪胜》卷一三〇“福建路·泉州府·四六”引宋陈说《贺韩尚书》。

② （宋）王象之：《舆地纪胜》卷一三〇“福建路·泉州府·诗”引宋《清源集·李文敏》。

③ （宋）赵彦卫：《云麓漫钞》卷五“福建市舶司常到外国舶船”。

④ （宋）赵汝适：《诸蕃志》卷上。

⑤ （元）脱脱：《宋史》卷一六七“职官志七·提举市舶司”。

⑥ （意大利）马可·波罗：《马可波罗行记》第二卷第一五六章“刺桐城”（注甲）。

的港口。我看到港内停有大艟克[①]约百艘，小船多得无数”[②]。国内文献也高度称赞说泉州“水陆据七闽之会，梯航通九译(《八闽通志》作“泽”)之重”[③]；“泉本海隅偏藩，世祖皇帝(指元世祖忽必烈)混一区宇，梯航万国，此其都会，始为东南巨镇。……一城要地莫盛于南关，四海舶商诸蕃琛贡，皆于是乎集”[④]；更有两次从泉州附舶东西洋的杰出民间航海家汪大渊，以亲身经历写就的《岛夷志略》，记述了元代与泉州发生海道贸易的国家或地区(除澎湖外)达到98个，比宋代《诸蕃志》记载的增加了30～40个之多。此外，由于元代便捷的海陆交通，泉州同国内其他市场的联系也十分密切，不少远地货物纷纷聚集于泉州港，远销海外，而数量浩瀚的进口商品，也被转贩于国内其他市场，形成国内最大的中外商品集散地。元代的泉州港城市繁雄、蕃商云集、帆樯如林，真所谓“泉据南海津会”，“万货山积来诸蕃，晋江控扼实要关”[⑤]，达到空前绝后的辉煌。

第二节　港市建设及其技术创新

泉州港海外贸易的繁荣发展，为泉州港市一体化建设带来契机，随着以港立市理念的不断深化，泉州港市建设技术亦不断创新，从而带动整个泉州地区显出勃勃生机。

一、泉州城的拓建和港市布局

泉州城是泉州港交通贸易的政治支撑和人才高地，在海外贸易中具有

---

① “艟克”乃伊本·白图泰根据泉州方言对大型海船的称呼。

② (摩洛哥)伊本·白图泰：《伊本·白图泰游记》，第545页。

③ (宋)王象之：《舆地纪胜》卷一三〇“福建路·泉州府·四六”引谯楼上梁文；(明)黄仲昭：《八闽通志(上册)》卷二“地理·形胜·泉州府”引宋祝穆《方舆胜览》。

④ (清)黄任：《乾隆泉州府志(一)》卷一一“城池”引宋“庄弥邵记”。

⑤ (元)王恽：《秋涧先生大全集》卷五五“总管王公神道碑铭”。

战略地位。因此,唐宋政府对泉州城的修筑和拓建极为重视。泉州城初建于唐开元二十九年(741 年)以前①,后称之为衙城。为适应城市发展和海外交通贸易的需要,五代时泉州不仅建有"周三里百六十步"的子城②,还在其外围修筑了"周二十里,高一丈八尺"的罗城③,"泉城市,旧狭窄,至是扩为仁风、通淮等数门,教民间,开通衢,构云屋(货栈)……岁丰,听买卖,平市价,陶器、铜铁,泛于番国,收金贝而还,民甚称便"④,初步形成内子城外罗城的格局,为泉州城进一步发展打下良好基础。

北宋宣和二年(1120 年),郡守陆藻在五代版筑土垒的基础上,"增筑外砖内石"的罗城,划城南为对外商贸市场,港市一体化面貌初现。南宋嘉定四年(1211 年),在海外贸易兴盛的推动下,泉州官民共同出资"大修"城池。⑤ 为保证建筑质量和防止盗窃挪用,修建者还设立了专门的官窑场烧制砖瓦。2008 年 11 月,在泉州南俊路北拓工程工地上,发现的一块印有"嘉定三年修城官砖"字样的红色城砖(参见图 5-1),就是这次罗城大修的历史见证。⑥ 到了南宋绍定三年(1230 年),郡守游九功为防治晋江下游水患加砌"瓮门",又在南罗城外沿晋江北岸之东自浯浦西抵甘棠

图 5-1 泉州发现的"嘉定三年修城官砖"

资料来源:《厦门日报》2008-11-07(18)。

---

① (宋)王象之:《舆地纪胜》卷一三〇"福建路・泉州・官吏・赵颐正"引《清源集》。

② (清)黄任:《乾隆泉州府志(一)》卷一一"城池・子城";(清)周学曾,道光《晋江县志》卷九"城池志"。

③ (清)黄任:《乾隆泉州府志(一)》卷一一"城池・府治"。

④ 泉州《清源留氏族谱・宋太师鄂国公传》,福建省图书馆藏。

⑤ (清)黄任:《乾隆泉州府志(一)》卷一一"城池"。

⑥ 《泉州发现南宋古城砖——可能印证泉州古城墙走向》,载《厦门日报》2008-11-07(18)。

桥一线，增建了长“四百三十八丈、高盈丈、基阔八尺”的石砌翼城[①]，辟罗城镇南门外为“番人巷”，十洲之人在此聚居。因四方盗起，元至正十二年(1352 年)监郡偰玉立(《八闽通志》作“偰世玉”)拓南罗城地合翼城为一体，将泉州城建设为“周三十里、高二丈一尺、东西北基广二丈四尺，外甃以石；南基广二丈，内外皆石”[②]的大都市，同时把“四海舶商诸蕃琛贡皆于是乎集”即海外贸易最繁盛的“一城要地”“南关”围进城里[③]，港市一体化建设步伐加快，以港立市理念得到深化。随着城市带动与辐射功能不断提升和完善，宋末泉州社会经济发展进入鼎盛时期，户口由唐天宝年间(742—756 年)的 23806 户、160295 口，增加到南宋淳祐年间(1241—1252 年)的 255758 户、358874 口[④]，泉州已与汴京(今开封)、京兆府(今西安)、杭州、福州、长沙、庐陵、南京同称为全国八大望州，泉州府城亦成为拥有数十万人且充满活力的国际大都会，从而为海外贸易的持续繁荣发展提供了强大的人力和物力支持。

经过宋元几次大的修葺和拓建，泉州城的整体布局与功能布局更趋合理。从整体布局看，泉州城址的扩建，基本是遵循两大原则，一是因地制宜，循地势而为，即由子城直街延伸，向临晋江的南面拓展，形成了不很规则的梯形，整个城郭状似鲤鱼，故泉州又有“鲤城”之称[⑤]；二是依子城、罗城的递扩原则，整个泉州城向泉州港靠近，以充分发挥港市一体化优势。从功能布局看，“城内画坊八十”[⑥]，统于“五厢”[⑦]，说明泉州城内有规制宏

---

① (清)黄任：《乾隆泉州府志(一)》卷一一“城池·府治”。

② (清)黄任：《乾隆泉州府志(一)》卷一一“城池·府治”；(明)黄仲昭：《八闽通志(上册)》卷一三“地理·城池·泉州府·府城”。

③ (清)黄任：《乾隆泉州府志(一)》卷一一“城池”引“庄弥邵记”。

④ (明)黄仲昭：《八闽通志》(上册)卷二〇“食货·户口·泉州府”。另由于口数隐瞒现象严重，估计南宋泉州实际口数在 50 万以上，很可能超过 100 万，否则如何理解宋人赞泉州“城内画坊八十，生齿无虑五十万”这句话。

⑤ (清)黄任：《乾隆泉州府志(一)》卷一一“城池”。

⑥ (宋)王象之：《舆地纪胜》卷一三〇“福建路·泉州·风俗形胜”引陆守《修城记》。

⑦ (清)黄任：《乾隆泉州府志(一)》卷一一“城池”引《万历府志》。

丽的坊巷80区；官廨公署设于子城内“双门前头”之北，“贾肆皆聚于”今泮宫地方的“阛阓坊”，各功能区划分明确；城南是各国商客集聚的“蕃坊”和船舶停靠装卸物货之地，是泉州最繁华的地方，管理海外贸易的市舶提举司就设在城南水仙门内[①]；今聚宝街一带则是珍奇宝物荟萃交易之所，至今尚有“聚宝街夜夜元宵”之传说。可以说，整个泉州港市布局具有高度的统一性和科学性。正如元代文人吴澄所评述的：“泉，七闽之都会也，番货、远物、异宝、奇玩之所渊薮，殊方别域，富商巨贾之所窟宅，号为天下最。”[②]

二、港市建设技术的创新

明弘治《八闽通志》评价宋元泉州城：“郡旧有衙城，衙城外为子城，子城外为罗城，又罗城南外为翼城，内外有壕，舟楫可通城市。”[③]泉州港市建设技术的创新，表现在以下几个方面。

一是城市排水系统的创建。经过五代至南宋的近10次修建，到元代泉州城的排水系统已初具规模：子城和罗城均有广深6尺到2丈不等的外壕环绕[④]，子城内有支沟5条（即八卦沟），子城与罗城间有支沟6条，沟通全城厢坊街巷各条水沟池涵与罗城外壕的联系，形成“沟河池壕相为表里”[⑤]，纵横交错、迂回曲折的城市水域网。不过，由于罗城外东北一隅有“磐石十余丈，地势高仰”，阻碍罗城城壕潮水通流，故元至正十二年（1352年）监郡偰玉立拓建南罗城时，将“镇南桥壕东西相抵者悉砌以石”，变成城内壕。[⑥] 这样，“罗城、子城内外壕沟如人之一身血脉流贯，通则俱通，滞则俱滞”[⑦]，“外壕之水环罗城而会于江，潆回如带”[⑧]，形成独具特色的古代城

① （明）黄仲昭：《八闽通志（下册）》卷七七“寺观・泉州府・晋江县・武当行宫”。
② （元）吴澄：《吴文正公集》卷二八“送姜曼卿赴泉州路录事序”。
③ （明）黄仲昭：《八闽通志（上册）》卷一三“地理・城池・泉州府・府城”。
④ （清）黄任：《乾隆泉州府志（一）》卷一一“城池”。
⑤ （清）黄任：《乾隆泉州府志（一）》卷一一“城池”引明蔡克廉记。
⑥ （清）黄任：《乾隆泉州府志（一）》卷一一“城池・罗城”。
⑦ （清）黄任：《乾隆泉州府志（一）》卷一一“城池・罗城”引《万历府志》。
⑧ （清）黄任：《乾隆泉州府志（一）》卷八“形势・泉州府”引明蔡克廉记。

市排水系统。

二是港口航标与瞭望塔的设立。宋元时期，为适应海外交通贸易和海防的需要，泉州僧民在沿海港口附近建立了不少航标与瞭望塔，其中最有名的要数位于泉州湾的“六胜塔”和深沪湾的“姑嫂塔”(参见图 5-2)。“六胜塔”(又名万寿塔，俗称石湖塔)位于石狮市蚶江镇石湖港金钗山上，北宋政和元年(1111 年)始建，元顺帝至元二年(1336 年)重建。六胜塔坐北朝南，高 36.06 米，为仿木结构楼阁式空心石塔，平面作八角形，五层可登临，雕刻精工，雄伟壮丽，是一座可与开元寺东西塔媲美的宝塔。[①] 在宋元泉州海外交通贸易发达时期，六胜塔下的蚶江、石湖曾围筑城墙，有渡口 18 个，所泊船舶常近百艘，海路交通备极一时之盛，六胜塔因而成为当时海外交通的重要航标。“姑嫂塔”(原名万寿塔，正名为“关锁水口镇塔”，简称“关锁塔”)位于石狮市深沪湾畔宝盖山(俗名大孤山)山顶，建于宋绍兴年间(1131—1162 年)。[②] 姑嫂塔坐东朝西，为仿楼阁式空心石塔，高 21.65 米，底径 20 米，八角形，五层(内为四层)五檐，用花岗岩石砌筑而成，各层均有门，内有石阶盘旋可登塔顶。由于宝盖山上海风很大，所以姑嫂塔的设计与其他塔的形状不同。塔的外形收分很大，下大上小，看去有如“泰山稳坐”，这也是能保存近 900 年而仍健在的原因。“商舶自海还者，指为抵岸之期。”[③]“绝顶有石塔，宏壮突兀，出于云表，商船以为抵岸之标。”[④]“姑嫂塔”背靠泉州湾，面临台湾海峡，有镇南疆而控东溟之势，在宋元明时期不仅是永宁古港的重要航标灯塔，也是永宁卫(明初建制)的瞭望塔。六胜塔与姑嫂塔互为犄角，遥遥相对，这种以石塔为航标的做法，堪称世界航海史上的一绝。

---

① (清)黄任:《乾隆泉州府志(一)》卷六“山川一·金钗山”。

② (清)黄任:《乾隆泉州府志(一)》卷六“山川一·宝盖山”引《闽书》。

③ (明)黄仲昭:《八闽通志(上册)》卷七“地理·山川·泉州府·晋江县·宝盖山”。

④ (清)顾祖禹:《读史方舆记要》卷九九“福建五·泉州府·宝盖山”。

图 5-2　起航标作用的刺桐港六胜塔(左)与姑嫂塔

资料来源:百度百科;泉州海外交通史博物馆。

三是深水码头的出现。晋江是连接泉州城与泉州湾的黄金水系,港市一体化布局必须充分利用这一有利条件。关于这一点,泉州人民以创新的视野和行动做出了回答。南宋宝庆二年至绍定三年(1226—1230 年),在著名桥梁大师僧道询的带领下,人们在泉州城东浔美村(史称泉州府东门外三十七都,即今泉州东门外浔美社区)附近的晋江上建设了一座长约 460 米、下筑 5 墩的新颖大桥——普济桥渡,后世称之为浔海桥、浔尾渡(浔美俗称浔尾)或无尾桥。所谓"桥渡"或"无尾",是指该桥的一端伸入海中充当码头,是一座亦桥亦码头的新型桥梁,类似于今天的水门港船码头。由于普济桥渡连接的乌屿岛港道深邃,可以停泊大型海船,该桥实际上是我国最早有明确纪年的深水码头。作为泉州湾后渚港北侧的副港,普济桥渡的建成,极大地方便了海内外货物向泉州这个全国最大货物集散地的转运,故在当时有"金乌屿,银后渚"之说。显然,普济桥渡深水码头成为泉州港市建设技术创新的一大亮点。值得一提的是,道询为"普济桥渡和宝塔亭路"所题碑刻保存至今(现存泉州东门外浔美社区的青莲寺中),为揭示和理清科技史上这一重大事件提供了第一手宝贵资料。

此外,泉州港市建设技术创新的一个重要体现在于港市桥梁建造和布局方面。关于这一点,笔者将在本编第七章"闻名世界的桥梁建造技术"中加以阐述。

第三节　建筑与石刻：中外交往的见证者

“泉之为郡，风俗淳厚，其人乐善，素称佛国。”[①]以泉州为代表的八闽大地，历来是我国宗教的昌盛之地。尤其是宋元时期，不仅有大量佛教和道教寺院，还有伊斯兰教、基督教和印度教等建筑以及大批宗教石刻，因而带来了中外文化交流的契机和信息。

一、泉州清净寺——我国现存最早的伊斯兰教建筑

泉州清净寺（原名圣友寺，又名“艾苏哈卜清真寺”或“艾苏哈卜大寺”），位于泉州鲤城区涂门街中段，始建于南宋绍兴年间（1131—1162年）[②]，“元至正间（1341—1368 年）里人金阿里重建”[③]，是阿拉伯穆斯林在中国创建的现存最古老的伊斯兰教寺，与扬州仙鹤寺、怀圣寺和杭州凤凰寺并称为中国沿海四大清真寺。[④]

泉州清净寺现存主要建筑有门楼、奉天坛和明善堂 3 个部分。门楼朝南，高达 20 米，宽 4.5 米，分外、中、内三层（进）（参见图 5-3）。门楼外中两层（一、二进）皆为圆形穹顶拱门，建筑形式系天圆地方，与中国以直线方形为主的建筑特征不同。第二进（中层）系蜂窝纹半圆顶雕饰，第三进（内层）为拱拜式圆顶，甬道两壁有米哈拉布的建筑形式。此外，清净寺早年有光塔，清康熙年间被大风刮倒。穹隆顶、光塔、米哈拉布，这些伊斯兰建筑元素的出现，比照当地碑文史料记载，可以推断现存清净寺门楼，基本保持着 1310 年前后艾哈玛德或 1350 年金阿里重修时的中世纪伊斯兰教寺的建

① （清）黄任：《乾隆泉州府志（一）》卷二〇“风俗”引宋《张阐集》。

② （清）黄任：《乾隆泉州府志（三）》卷七五上“拾遗上”引《闽书抄》。

③ （清）黄任：《乾隆泉州府志（一）》卷一六“坛庙寺观・晋江县附郭・清净寺”。

④ 陈达生：《泉州伊斯兰教石刻》，宁夏人民出版社、福建人民出版社 1984 年版，第 3 页。

筑风格。但若从建筑的各个部分及细部看，门楼混有浓厚的中国建筑艺术手法。如第三进的拱拜式圆顶，在作圆时，其四角各架一斜梁，然后才逐渐收缩起圆，这与阿拉伯伊斯兰早期按圆周叠砌、一圈圈向上缩小的圆顶建筑风格是不同的，是中国传统"藻井"式建筑的一种变体。又如辉绿岩条石砌筑的大门雕刻比较精细，而二、三进的花岗石门的雕琢却较为粗犷，推测大门在元代以后可能再经修缮。

图 5-3 泉州清净寺门楼(左)及拱门仰视图

资料来源：泉州海外交通史博物馆。

与门楼相连的是占地面积约 600 平方米的礼拜大殿奉天坛(参见图 5-4)。1987 年的考古发掘表明[①]，历史上奉天坛曾经历至少 10 次较大规模的重修或改建，其中多发生在宋元时期。从发掘出土的各种迹象看，宋代的奉天坛是有四柱亭子的高台建筑，其南墙也并非如现存的 8 个长方形大窗，系用木柱接在石柱之上的大门门柱，可以推证当时的大门是在现南墙偏东部分，这种木接石的柱子是中国传统建筑的特色。此外，从发现的 3

① 福建省博物馆等：《泉州清净寺奉天坛基址发掘报告》，载《考古学报》1991 年第 3 期；黄天柱：《福建泉州清净寺建筑形式考察记》，载《考古》1992 年第 1 期。

层砖铺地面、石铺地面、硬土路面及天井挡石、墙基、水井、瓦砾等建筑遗迹，加上有过3次修建的地面及被火焚的痕迹，进一步推断宋代的奉天坛是中国式的木、石、砖瓦建筑，是跟现在的奉天坛完全不同的寺院式木结构高台建筑。

图5-4　清净寺奉天坛遗迹

资料来源：泉州海外交通史博物馆。

元代建筑遗迹有石柱墩位和石础27个，2段条石路面，2条砖槽地下排水沟及3层红、灰方砖铺地面，系东南部高台建筑周围续建而成的略呈曲尺形土木石相结合的中国式多开间住房结构，其四周均超出现存奉天坛建筑的范围，并发现火焚的遗迹。从碑文和文献所能查到的资料看，目前有关元代清净寺修建的记载有两条：一是阿拉伯文碑上记于公元1310—1311年艾哈玛德所修甬道、寺门和窗户，二是福州吴鉴撰立的汉文碑及《金氏族谱》《乾隆泉州府志》所载于公元1350年里人金阿里捐资与夏不鲁罕丁共修而“旧物征复，寺宇鼎新，层楼耸秀”[①]。

元末至明代晚期，奉天坛又至少经历过2次较大规模的修建。特别是

① （清）黄任：《乾隆泉州府志（三）》卷七五上“拾遗上”引《闽书抄》。

明万历三十六年(1608年)的大修,历时1年4个月(1608年6月至1609年9月)[①],其建筑风格除门龛外,基本上属于中国式的。现存奉天坛四面墙体与10个大磉墩,虽经后人数度修缮,尚保持明万历年间修建的形制。

明善堂位于奉天坛之北,是中国四合院式的建筑,与门楼和奉天坛一起,形成今日举世闻名的中阿合璧伊斯兰教寺。

二、晋江草庵——世界仅存的摩尼教寺院

晋江草庵,位于晋江安海华表山南麓余店苏内村,是世界现存唯一摩尼教寺院遗址(参见图5-5)。草庵始建于宋代绍兴年间(1131—1162年),初为草筑故名。摩尼教在中国又称明教、明门、魔教、牟尼教等,公元三世纪波斯(今伊朗一带)人摩尼(Mani,216—277年)所创始。摩尼教以拜火教为信仰基础,吸收基督教、佛教和古巴比伦宗教思想而设立。摩尼教崇尚光明,提倡清净,反对黑暗和压迫,曾是风靡一时的世界性大宗教。

图5-5 世界现存唯一摩尼教寺院遗址晋江草庵

资料来源:泉州海外交通史博物馆。

① (明)李光缙等:万历《重修清净寺碑记》,现存泉州清净寺内祝圣亭。

摩尼教于唐代传入泉州，现存草庵遗址为元顺帝至元五年(1339 年)建筑。[①] 该寺院紧依华表山(又名万山峰、万石山)麓，依山崖傍筑，建筑形式为石构单檐歇山式，四架椽，面阔三开间，间宽 1.67 米，进深二间 3.04 米，屋檐下用横梁单排华拱承托屋盖，简单古朴。草庵的核心是一尊岩壁上凿出的高 1.52 米、宽 0.83 米浮雕摩尼光佛像，周围刻着一个直径将近 2 米的环形佛龛(参见图 5-6)。佛像中的摩尼面相圆润，宽袖僧衣，结跏趺坐于莲花座上，背景是 18 道放射状光轮。因为石质不同，佛像的脸呈草绿色，手粉红，身灰白。整个佛像神态庄严慈善，衣褶简朴流畅，用对称的纹饰表现时代风格。晋江草庵的这尊摩尼佛像是目前世界仅存的一尊摩尼教石雕佛像，具有不可估量的实物价值，是中外文化交流的重要历史见证。值得一提的是，20 世纪初有人发现福州台江义洲浦西福寿宫(民间称之为"明教文佛祖殿")所祭祀的主神之一明教文佛之塑像，与晋江草庵摩尼佛塑像极为相似，认定该处最早为摩尼教庙宇[②]，可见摩尼教在福建沿海遗存尚需进一步发掘。

从草庵寺前出土的刻字黑釉碗推断[③]，草庵很可能在宋代就是摩尼教的寺院了，这也可从陆游《老学庵笔记》对南宋福建明教兴盛的描述加以佐证[④]。明初以后，由于受封建统治者严厉打击，作为一门具有严密理论体系的宗教，摩尼教在中国已消亡，草庵遂也成了道教或佛教的寺院了。但作为民间信仰，摩尼教一直在晋江草庵附近村社流传着[⑤]，显示出摩尼教本土化的强大生命力，中外文化交流的深厚底蕴。

---

① 详见粘良图《晋江碑刻选》(厦门大学出版社 2002 年版)，第 228 页。

② 李林洲：《福州摩尼教重要遗址——福州台江义洲浦西福寿宫》，载《福建宗教》2004 年第 1 期。

③ 萧春雷：《摩尼教的转世生命：从救世到捉鬼——草庵附近村社纪行》，载《厦门晚报》2007-08-26(15)。

④ 详见陆游《老学庵笔记》，第 125 页。

⑤ 郭志超：《作为民间信仰的摩尼教——晋江草庵附近村社的摩尼教变异遗存》，载《厦门晚报》2007-08-26(14)。

图 5-6　晋江草庵摩尼光佛石像

资料来源：泉州海外交通史博物馆。

三、泉州外来宗教石刻

唐代以来，尤其是宋元时期，数以万计的亚、非、欧各国侨民居住在泉州，其中以波斯人、阿拉伯人和印度人为多，形成“市井十洲人”[①]、“缠头赤脚半番商”[②]这样一种“夷夏杂处”[③]的万国都市景象。各种宗教如伊斯兰教、景教（基督教聂斯脱利派）、天主教（方济各会）、印度教、摩尼教、犹太教等也相继传入，并留下了大量珍贵遗物。其中尤以宗教石刻为多，仅泉州海外交通史博物馆就展出了500多方（参见图5-7），透露出中外文化交流的丰富内涵。

① （唐）包何：《送泉州李使君之任》，载彭定球等编纂《全唐诗》卷二〇八。

② （元）释宗泐：《全室外集》卷四“清源洞图为洁上人作”。

③ （宋）郑侠：《西塘集》卷八“代谢仆射相公”。

图 5-7　泉州宗教石刻陈列馆展厅一角

资料来源：泉州海外交通史博物馆。

在泉州外来宗教石刻中，以婆罗门教石刻最为珍稀。婆罗门教是印度古代宗教之一，形成于公元前 7 世纪，以崇拜婆罗贺摩（梵天）而得名。婆罗门教在印度社会中传播较早，衰落也早。因此，我国学者对婆罗门教是否传入中国多持否定态度。但从泉州发现的宗教石刻中，却雄辩地说明婆罗门教确曾传入中国。证据之一，是泉州发现了婆罗教三主神之一的毗瑟拿石雕。据考证，它是泉州番佛寺（建于原泉州南校场附近）的遗物，现陈列于泉州小开元宗教石刻陈列室。证据之二，是在泉州开元寺大雄宝殿后廊，有 2 根刻有浮雕图像的石柱（参见图 5-8）。据著名作家、英籍华人韩素音指认，其中一幅雕像中“树上的孩子叫科里西拿，是婆罗门教信奉的神之一”[①]。韩素音也是研究婆罗门教的学者，著有《印度教》一书[②]，她的考证应有相当的说服力。证据之三，是泉州东观西台附近，以前有座神龛，有 3

① 《稀世之宝——婆罗门教遗物》，载《泉州晚报》1985-09-22。

② 印度教的前身即婆罗门教。

块据查也是从番佛寺取来的婆罗门教石刻，被垒筑在一个高约 1 米的石座上。现在神龛已废，石刻影印图像被收入吴文良先生所著《泉州宗教石刻》一书的第四部分“泉州婆罗门教石刻”。如此稀世之宝，在泉州这么完整地保存着，充分说明婆罗门教确曾传入泉州，传入我国。

图 5-8　开元寺大雄宝殿后廊婆罗门教浮雕石柱及细部图

资料来源：泉州海外交通史博物馆；徐晓望《福建通史（第三卷）·宋元》扉页彩图。

在泉州外来宗教石刻中，以中外文合璧碑刻内涵最为丰富。如奈纳·穆罕默德墓碑为阿拉伯文、汉文；黄公墓百氏坟墓碑为阿拉伯文、波斯文、汉文合刻，是穆斯林夫妻合葬的墓碑；伊本·奥贝德拉墓碑，为阿拉伯文，插入“番客墓”3 个汉字；奉训大夫永春县达鲁花赤为阿拉伯文和汉文；艾哈玛德墓碑为波斯文、阿拉伯文、汉文，文中有“艾哈玛德·本·和加·哈吉妞·艾勒德于艾哈玛德的先辈娶刺桐人为妻”的记载，说明艾哈玛德的先辈曾娶刺桐人为妻，这是中阿人民通婚的见证。这些中外文合璧的碑文，有的汉文十分谙练，碑文的书法、历法的换算都使用中国传统的方法，说明中外文化交流已达到相当高的程度和水平。

在泉州外来宗教石刻中，以人名身份石刻数量最多。如出土的300多方伊斯兰教寺院建筑石刻、墓碑、墓盖石中，有来自波斯的施拉夫、设拉子、贾杰鲁妞、布哈拉、霍拉桑、伊斯法罕、大不里士、吉兰尼、哈马丹，土耳其的斯坦的玛利卡，亚美尼亚的哈拉提，也门的哈妞门，以及阿曼、叙利亚、花剌子模、伊拉克、里海地区和布哈拉等地的人。他们的身份有贵族、传教士、官员、商人、技艺人直至一般平民和奴隶。从这些人名石刻中，我们还可了解到宋元泉州创建和修建清净寺的大致情况。

此外，在泉州发现的30多方古基督教石刻中，有20多方属于景教。当中有古叙利亚文拼写的突厥语和中文合璧的、元代"管领江南诸路"的宗教高级官员也里可温（教长）失里门的墓碑，还有泉州路掌教官兼景教兴明寺住持吴咹哆呢嗯所书碑文，以及圣方济会泉州主教安德烈（意大利人）的古拉丁文墓碑，从中可以看到元代景教在泉州之兴盛，也可以看到泉州与中亚、波斯乃至欧洲之间的文化交流。

从外来宗教石刻所载内容不难看出，婆罗门教（印度教）、伊斯兰教、基督教（含天主教）、摩尼教（明教）以及犹太教、佛教等多种宗教，与长期流传于泉州的本土道教、民间信仰以及地方儒教文化和平共处，堪称世界宗教史上的奇观，泉州因而赢得"世界宗教博物馆"的美誉。通过泉州宗教这个侧面，可见在海外交通这个大平台上，宋元时期的福建是多么的开放，与海外各国的文化交流是多么的兴盛，这也是宋元福建科技高度发展的一个重要推动力量。

第四节　中外药物交流的兴盛及其影响

作为中国乃至世界的最大汇集地，宋元泉州港中外药物交流的兴盛，对中医药学发展和海外各国医药事业产生了积极影响。

一、中外药物交流的兴盛

宋元泉州港中外药物交流的兴盛，不仅体现在交流时间、形式、地区和数量等形式要素，而且突出表现在交流内容这一实质要素方面。

一是交流时间长、形式全。早在唐代，泉州港已成为中外药物交流的重要港口，当时穆斯林商人已通过海路，将香料等物运来我国，同时把肉桂、大黄等药材运往阿拉伯地区。[①] 五代时，许多外来药物经泉州港输入我国，我们从五代割据福建的地方政府向中原朝廷所进贡品可见一斑。[②]在入宋至元的400多年里，泉州港中外药物交流几乎得到不间断的持续发展，并在宋末至元达到历史的鼎盛。在交流形式上，既有官方参与，又有民间往来。官方交流大体可分为"朝贡""赐与"和博买两种基本形式，如建隆三年(962年)占城(今越南中南部)入贡"象牙二十二株、乳香千斤"[③]，元丰二年(1079年)应高丽(今朝鲜半岛)国王之请，宋政府曾"赐药一百品"以及牛黄、龙脑、朱砂、麝香、杏仁煮法酒等若干[④]。当"朝贡"与"赐与"这种政府贸易形式难以满足需要时，朝廷往往派人到海外或通过市舶司博买方式加以解决，如乾道三年(1167年)南宋政府特拨25万贯给福建市舶司，"专充抽买乳香等本钱"[⑤]。当然，宋元时期中外药物交流的主渠道是民间贸易，无论是南宋赵汝适的《诸蕃志》，还是元末汪大渊的《岛夷志略》，都有大量关于民间药物交流记载。1974年泉州湾后渚港出土的一艘满载外来药的南宋海船，则是泉州商人到海外大量采购进口药物的实物证据。

二是交流地区广、数量大。自宋至元，经泉州港与我国进行药物交流

---

① (英)伯纳·路易:《历史上的阿拉伯人》，中国社会科学出版社1979年版，第96页。

② 详见王钦若《册府元龟》卷一六九"帝王部·纳贡献";脱脱《宋史》卷一"太祖一";徐松《宋会要辑稿·蕃夷七"历代朝贡"》。

③ (元)脱脱:《宋史》卷四八九"外国五·占城传"。

④ (朝鲜李朝)郑麟趾:《高丽史》卷九。

⑤ (清)徐松:《宋会要辑稿·职官四四之二九"市舶司"》。

的国家或地区，不仅数量不断增多，而且地域亦不断扩大。据统计[①]，成书于1206年的《云麓漫钞》记载有中外药物交流的国家或地区26个，1225年的《诸蕃志》有33个，1349年的《岛夷志略》达66个，地域范围也从宋代的朝鲜、日本、东南亚、印度半岛、印度支那半岛、马来半岛、阿拉伯半岛，扩大到元代的非洲北部及东岸沿海地区。伴随着交流地区日益广泛，中外药物交流数量亦不断增大。据史料记载，南宋建炎四年（1130年），朝廷在泉州仅抽买乳香一项就达86780多斤[②]；乾道三年（1167年），占城（今越南中南部）运进泉州的商品中，仅香药一项就有乳香、沉香等8种共104385斤8两[③]。1974年泉州湾后渚港出土的南宋海船，单降真香、檀香、沉香等香药木，未经脱水重达4000多斤。[④]

三是交流内容广泛。宋元时期经泉州港输入我国的外来药很多，其中以香药为大宗，有脑子（即龙脑）、乳香（又名熏陆香）、没药（书中作末药）、血碣（当作竭）、金颜香（又名金银香）、笃耨香、苏合香油、安息香、沉香（又名沉水香）、笺香（又名栈香、煎香）、速暂香、黄熟香、生香、檀香、丁香、肉豆蔻、降真香、麝香木、木香、栀子花、蔷薇水、白豆蔻、胡椒、毕澄茄、龙涎香、南木香、没香、荜拨、海桐皮、乌犀骨、草豆蔻、片脑、破故纸、大腹、苁蓉、河子、舶上茴香、益智子、官桂、朝脑、苏和香、苏木、石脂等。其他植动物和矿物药品种还有槟榔、椰子、波（菠）萝蜜、没石子、乌满木、苏木、吉贝、椰心簟、阿魏、芦荟、新罗白附子、良姜、葫芦巴、人参、松子、榛子、松塔子、放风、白附子、茯苓、珠子、砗磲、象牙、犀角、腽肭脐、翠毛、鹦鹉、玳瑁、黄蜡、珊瑚树、硫磺（黄）、猫儿眼、朱砂、琥珀、硼砂、缩沙、水银、石决明，等等。[⑤] 与前代比较，宋元药物输入不仅品种大为增加，而且像玳瑁、降真香这样的传统

---

① 肖林榕等：《宋元时期泉州港中外药物交流》，载《福建中医药》1988年第6期。

② （元）脱脱：《宋史》卷一八五“食货志下七・酒”。

③ （清）徐松：《宋会要辑稿・蕃夷七之五〇“历代朝贡”》。

④ 吴鸿勇：《泉州出土宋海船所载香料药物考》，载《浙江中医学院学报》1983年第3期。

⑤ 详见赵汝适《诸蕃志注补》卷上；杨士瀛《仁斋直指方》等。

奢侈品，在宋代也被收入本草书以作药用，成为宋元中外药物交流的新成员。[①] 经泉州港输往海外的药物主要有大黄、黄连、川芎、白芷、樟脑、干良姜、绿矾、白矾、硼砂、砒霜及部分宋代已入中药的转口外来药计近百种。[②] 其中有些中药，如川芎、白芷、朱砂、白矾等，宋以前不见有外传记载，可能是自宋代才开始向海外运销的。显见，无论是传统奢侈品药品化，还是进出口新药品的出现，皆是宋元泉州港中外药物交流内容广泛的最佳注脚。

以泉州港为核心的宋元中外药物交流，在中外医药学发展史上占有重要的地位，对交流各国医药事业的发展都有着积极的影响。

二、进口药物对中医药学发展的贡献

作为拥有悠久研究历史和深厚研究基础的医学大国，中外药物交流对我国医药学发展的影响更大，主要表现在进口新药对宋元本草、医方和剂型方面的发展与变化做出了积极贡献。

第一，进口药物为宋元本草书增添了新品种。东汉时期的《神农本草》是我国现存最早的一部本草书，载有药物 365 种。随着药物学的发展和国外药物的进口，唐宋时期我国新药不断增多，北宋《开宝本草》收载药物 983 种，比唐《新修本草》增添新药 100 多种，其中外来进口药物就有 30 种之多。1974 年泉州湾后渚港出土宋船所载玳瑁、降真香，都是第一次载入本草书。南宋《重修政和经史证类备急本草》更将唐《新修本草》收载外来药 29 味的基础上增至 140 味，是北宋《开宝本草》的 2 倍多。[③] 此外，进口药物也丰富了宋元本草书的记载内容。不仅有北宋苏颂编写的《本草图经》关于进口药物形态、产地、性味等方面的系统研究，而且宋元医家对外来药功效较前人有更深刻的认识。以龙脑香为例，唐《新修本草》曰有治

① 参见李时珍《本草纲目》卷三四“木部 · 降真香”。

② 详见(宋)赵汝适《诸蕃志注补》卷上；杨士瀛《仁斋直指方》等。

③ 王慧芳：《泉州湾出土宋代海船的进口药物在中国医药史上的价值》，载《海交史研究》1982 年第 4 期。

“心腹邪气，风湿积聚，耳聋，明目，去目赤肤翳”功用[①]；宋元医家进一步发挥，王纶云“能散热，通利结气”，寇宗奭曰可“大通利关隔热塞”，李杲言“龙脑入骨，风病在骨髓者宜用之”等[②]。

第二，进口药物为宋代医方书增加了新内容。宋代以前，进口药物在我国医方中出现的并不多，中外药物交流对我国医方书的影响有限。但这种情况在宋代发生了重大转变，不仅出现了许多用进口药物组成的医方，而且不少还以进口药物的名称命名。据统计[③]，南宋初年出版的《太平惠民和剂局方》载有医方788个，用外来香药者275个，约占总数的35%。其中的苏合香丸、乳香没药丸、玳瑁丸、檀香汤、调中沉香、胡椒汤等就是以进口药物命名的典型例证。尤值得一提的是，身处贩货流通范围的南宋福州杰出民间医学家杨士瀛，在其所著《仁斋直指方》一书中，男女内外各方采用进口香药计有数十种，同时径以进口香药命名的方剂近20个，除常见的能治疗心肺肠胃及妇科儿科10多种疾病的苏合香丸（含有安息香、苏合香油、丁香、青木香、白檀香、沉香、荜拨、熏陆香、龙脑、白术、香附、苛子、乌犀、朱砂、麝香等进口香药15味）、能治疗“五种噎疾、九般心痛”[④]等症的撞气阿魏丸（含进口香药5味），还有沉香降气汤、顺气木香散、沉香开膈散、白豆蔻散、木香槟榔丸、琥珀膏、丁香半夏丸、草豆蔻丸、肉豆蔻散、木香化滞汤、大沉香丸、鹏砂散、葫芦巴丸、乳香膏、琥珀饮、琥珀散等等，对中外药物科学结合和创新运用上贡献甚巨。

第三，进口药物扩大了宋代临床应用。宋代进口的大量药物，除供“香药”原料外，多数经医家研究和应用后，被用作临床药物，其中以乳香、玳瑁、沉香和槟榔最具代表性。乳香一药，宋以前在外科上使用不多。宋代医家陈自明通过临床实践，认识到乳香具有活血、止痛生肌的功效，“凡疮

---

① （唐）苏敬：《新修本草》卷一三“木部·中品·龙脑香”。

② （明）李时珍：《本草纲目》卷三四“木之一·香木类·龙脑香”。

③ 吴鸿勇：《泉州出土宋海船所载香料药物考》，载《浙江中医学院学报》1981年第3期。

④ （宋）太平惠民和剂局：《太平惠民和剂局方》卷三“撞气阿魏圆”。

痨皆因气滞血凝，宜服香剂。盖香能行气通血也”[①]。他在《外科精要》一书中共收医方 63 个，其中用乳香的医方有 14 个。宋代在临床使用乳香过程中，常与没药同时使用，开创了乳香、没药临床并用的先例。玳瑁作药用始自宋代的“至宝丹”。宋代医家用玳瑁和其他药物组成的医方，治疗“卒中不语”(脑血管意外)和预解痘毒病症。当时，由玳瑁组成的有名成药有至宝丹、返魂丹、龙脑丸、玳瑁丸等。沉香被喻为植物中的钻石，其与生俱来的淡雅香气至今无法人工合成，但宋代以前多认为没有药用价值。宋代开始，认识到以沉水浮沉香、沉水沉香和奇楠为主要亚类的沉香具有降气调中，温肾助阴的效用。在临床上治疗脾胃虚寒引起的胸腹作痛、气逆喘促等症。并且以沉香为主药，制成了调中沉气汤、乌沉汤、白沉香散、丁沉煎丸等。槟榔以前只临床应用于杀虫、行水等方面，宋代发现它对健脾调中、除烦破结有一定的治疗作用。所以当时研制出槟榔为主药的槟榔丸、槟榔散等，用以治疗心腹胀满、不能下食、四肢烦满等病症。

第四，进口药物促使宋代盛行成药。我国药物的剂型，到宋时已发展至 20 种之多，但始终以汤剂为主，其他剂型较少使用。但这种情况在宋代起了很大的变化，主要剂型已不是汤剂，而是丸、散。如在政府编撰的《太平惠民和剂局方》一书中，剂型数量有 788 种，其中丸、散合计 515 种，约占总数的 65%。[②] 建于南宋中期的漳州和剂局“鬻川、广诸药，委医僧修制丸散三百余方，发入惠民局”[③]。宋代盛行丸、丹、散、膏，固然与政府推行的市易法和实行药物专卖有一定关联，但主要原因在于进口香料药物普遍含有挥发性物质，一般不宜久煎，煎熬容易破坏其有效成分，正如曾在宋廷担任收办药材官职的寇宗奭所指出：“木香……生嚼之，极辛香，尤行气。”“踌

① (宋)陈自明：《外科精要》，第 81 页。

② 王慧芳：《泉州湾出土宋代海船的进口药物在中国医药史上的价值》，载《海交史研究》1982 年第 4 期。

③ (明)黄仲昭：《八闽通志(下册)》卷六一“恤政·漳州府·龙溪县·[宋]·和剂局”。

(同“玳”)瑁……生者入药,盖性味全也,既入汤火中,即不堪用。”[①]此外,丸、丹、散、膏的贮藏、吞服、携带都较方便,深受病家欢迎。因此,丸、散等中成药在宋代的盛行便理所当然了。

强大的研发能力,开阔的吸收视野,使不少宋元进口药物成为中国传统医药学的有机组成部分。明代徐用诚《本草发挥》、王纶《本草集要》、李时珍《本草纲目》,清代汪昂《本草备要》、吴仪洛《本草从新》、吴其浚《植物名实图考》等,都收录有进口药物。新中国成立后,大部分进口药物被编入1963年、1977年颁布的《中华人民共和国药典》,并对乳香、降香、胡椒、槟榔等进行临床研究和药理分析。此外,用进口药物配制的著名成药“苏合香丸”“至宝丹”“紫雪丹”等,在今天临床上也仍被广泛采用。

总之,宋元外来药品原料与我国医方、医技相结合,从而产生许多经过实践证明行之有效的中药品,丰富和发展了我国中医药。

三、中药对海外各国医药事业的影响

作为承载医学知识的特殊商品,中药输出不仅促进了当地医药事业的发展,而且增进了海外各国对中医药的认识和带动了中国医学的海外传播。

一是中药外传促进了海外医药事业的发展。川芎,乃宋代治疗头疼风眩的首选良药,“今人所用最多,头面风不可阙也”。这一单方验药受到盛产胡椒的东南亚各地欢迎,“采椒之人为辛气熏迫,多患头痛,饵川芎可愈”。因此,地处今印度尼西亚爪哇岛的苏吉丹成为中药川芎的采购大户,“番商兴贩,率以二物(即川芎和外用治疮疥的朱砂)为货”[②]。除供当地需要外,元时还转销至印度洋沿岸各胡椒产地。[③] 又如砒霜“主诸疟”,在金鸡纳霜(奎宁)传入东方之前,是治疗疟疾的要药。爪哇岛上地处热带雨

① (宋)寇宗奭:《本草衍义》卷七“木香”、卷一七“瑇瑁”。

② (宋)赵汝适:《诸蕃志注补》卷上“苏吉丹”。

③ (元)汪大渊:《岛夷志略校释·下里》。

林，疟疾肆行，因此也需要从中国输入砒霜。[①] 此外，中国的麝香被认为“对治疗头部各种寒性疾病均有效”而大量输入到阿拉伯世界。[②] 中药外传对海外人民生活和医药事业的影响，由此可见一斑。

二是中药外传增进了海外各国对中医药的认识。13世纪阿拉伯药物学家伊本·巴伊塔尔在所著《药草志》一书中，提到印度有一种叫“合猫里”的植物来自中国，是驱小儿蛔虫的良药，“一次打净，而且不再产生”，这显然是指我国的使君子。随着对使君子药性认识的加深和普及，当地人民争相引种，以致“普遍种植”[③]。大黄是我国输往阿拉伯地区的传统道地药材，因而阿拉伯医学家对中国大黄有较全面的了解。在12世纪出版的《大黄考》专著中，伊本·贾米不仅高度评价了中国大黄在“强肝健胃以及促进其他内脏功能”“治疗急性腹泻、痢疾和慢性发烧”诸方面的医疗功效，而且对中国大黄“最有镇静作用、渗透性最强”的医理也有较为透彻的理解。[④] 此外，在当时的阿拉伯和波斯语中，有许多药物被冠以“中国”的名称，如中国王（肉豆蔻）、中国木（肉桂）等[⑤]，这表明大量输入这一地区的中国药物不仅被广泛地使用于各类疾病治疗，而且阿拉伯人和波斯人对中国医药的认识也日益丰富和深化。

三是中药外传带动了中国医学海外传播。随着我国与阿拉伯、波斯等国药物交流的日益频繁，中国的医术和医学理论也开始向这些国家和地区传播。从11世纪初年由阿拉伯医学之父伊本·西拿（西欧人称其为阿维森那）完成的《医典》里，我们可以看出许多内容来自中国，如糖尿病人之尿必甜、循衣摸床凶象、包括相思脉在内的30余种脉法等诊断方法[⑥]，用烧

---

① （宋）赵汝适：《诸蕃志》卷上“志国·阇婆国”。

② （法）费琅：《阿拉伯波斯突厥人东方文献辑注》，中华书局1989年版，第318页。

③ （法）费琅：《阿拉伯波斯突厥人东方文献辑注》，中华书局1989年版，第265～266页。

④ （法）费琅：《阿拉伯波斯突厥人东方文献辑注》，中华书局1989年版，第296页。

⑤ （法）费琅：《阿拉伯波斯突厥人东方文献辑注》，中华书局1989年版，第302、282页。

⑥ 《医典》所载有关诊断用48种脉象中，有35种与晋王淑和《脉经》所述者相近。

灼法治疗疯狗咬伤以及刺络放血法、吸角法(郁血疗法)、竹筒灌肠法等治疗技术。[1] 尤令人瞩目的是,伊利汗国著名政治家、医生兼学者拉施德,在13世纪末至14世纪初编译了一部波斯文的中国医学百科全书,名为《伊利汗的中国科学宝藏》。此书包括4部中国医药名著,不仅有《王叔和脉诀》全译本,而且还分门别类地介绍了有关经络针灸、本草、疾病病因、病理、防治与养生等方面的内容。纵观全书,举凡中国的脉学、解剖学、妇科学、药物学等都有论及[2],对中医药在波斯及西南亚伊斯兰地区的传播起了重要的推动作用。

鉴于11到13世纪中国医学在阿拉伯和波斯地区的广泛流传,因此有人推断,中国医学中的"脉学","其中一部分可能由伊本·西那(拿)(Ibn Sina)传入西方"[3]。中药外传的确带动了中国医学向阿拉伯、波斯乃至欧洲等地的广泛传播。

---

① 参见廖育群《中国科学技术史·医学卷》(科学出版社1998年版),第463页;赵璞珊《中国古代医学》(中华书局1983年版),第288页。

② 参见岳家明《中国医药在波斯》,载《中华医史杂志》1994年第1期。

③ (英)李约瑟:《中国科学技术史·(第一卷)导论》,科学出版社1990年版,第230页。

第六章　宋元海船的先进制造技术

宋元时期是我国历史上造船业和造船技术大发展的高潮时期，“海舟以福建为上”[1]，福建造船业及其制造技术在当时中国和世界占有领先的地位。

第一节　泉州湾出土的宋代海船

1974年和1982年，考古工作者分别在泉州后渚港和法石港发掘出两艘古船，从而拉开了福建宋代海船实物研究的序幕。

一、后渚港古船及其复原

发掘出土的后渚港古船（以下简称“后渚古船”）位于东经118°59′，北纬24°91′，距滩上2.1～2.3米，距古渡头135米，沉埋在由宋元青釉和宋代黑釉瓷器残片、宋代铜钱、香料木、船木、竹编、绳索残段、锈铁钉、鸟兽骨等包含物的宋元堆积层之中。船体甲板以上部分已荡然无存，只残留一个船底部。船身残长24.2米，宽9.15米，深1.98米，平面扁阔近椭圆形，尾方。

① （宋）徐梦莘：《三朝北盟汇编》卷一七六。

船壳为二、三重板结构，船内分为13个隔舱。从船底形状以及第一舱、第六舱分别保存的头桅和中（主）桅底座看，该船是一艘尖底型的多桅船（参见图6-1）。古船残体尚涂有白灰，底部的龙骨两端结合处凿有“保寿孔”，中放铜镜、铜钱，其排列形式为“七星伴月”状。“七星”是代表“七洲洋”（指现在的西沙群岛），因这一带多礁石，是航行的危险区。铜镜象征着光明，表示祈求安全通过这个经常触礁沉没的危险区。

图6-1 泉州湾出土的后渚古船

资料来源：泉州海外交通史博物馆。

伴随着后渚古船出土的文物很丰富。船上用品有桐油灰及灰括、铁钉及钉帽、铁板和麻绳、碇索、竹编等。助航工具有木桨及水时针，隔舱板和底座等。商业货品有用作药材或奢侈品的各种香料共4700多斤，胡椒5升左右，贵族或商人寄货用的标记木牌木签96件，还有唐宋铜铁钱504枚，其中的宋代铁钱尤为珍贵。生活用品有56件宋代陶瓷碎片，以及铜钵、铜溢、铜钩、铜镜、搭钩、铜钮、斧头和蓑衣、藤帽等。此外，船中出土物还有2000多个产于我国南海以及南海域的暖海贝壳，19枚响起子以及椰子壳、桃、李、银杏、橄榄、杨梅、荔枝等水果核。

根据出土海船残船体以上底层堆积情况、海船船型与结构特点、船舱出土遗物以及沉积环境等方面的考察和分析，后渚古船系南宋晚期的中大型远洋货船，航行于东南亚一带，估计是停泊时，遭到意外不幸而沉没的。①

尽管泉州湾出土的“后渚古船”基本上只是一个船底部，残存物都属于水下部分，但我们依据残船体的遗迹和它提供的数据，结合沿海各地造船传统经验以及参考有关宋代文献记载，大致可复原这艘宋代海船的基本情况(参见图 6-2)。

图 6-2　泉州后渚古船复原模型

资料来源：泉州海外交通史博物馆。

第一，根据残船尺寸，特别是完整龙骨的长度(17.65 米)，参考福建地区现代木帆船的尺度、历代各类船舶的长宽比和闽南民间造船经验推断，后渚古船长约 34 米，宽约 11 米，深约 4 米，是一艘排水量约 393 吨，可载重 200 吨左右的中大型船舶。

第二，鉴于后渚古船面阔底尖吃水深的船型特点和 13 个水密隔舱船体结构，以及货运设计用途，该船自下至上应有水密强力甲板(即主甲板)、首尾楼甲板和桥楼甲板等 3 层不同甲板，是一艘上层建筑安设在首尾(以尾部为主)的海运商船。

第三，从残留的舵杆孔和绞关轴、头桅和中桅底座、六角形篾编织物以及竹缆等出土遗迹，参照历史记载和考古发现，推断后渚古船是一艘拥有升降舵、三到四根桅杆、篾帆与布帆并用且使用木石碇或木碇等属具的适航海舶。

第四，后渚古船船底和船舷分别用二、三重板叠合，钉迹十分规整，船板尚新，没有修补、换板的痕迹，可以断定该船使用年限不长；再从船舱出土的铜钱分析，后渚古船是在咸淳七年(1271 年)之前不久建造下水使

① 泉州湾宋代海船发掘报告编写组：《泉州湾宋代海船发掘简报》，载《文物》1975 年第 10 期。

用的。

第五，从杉、松、樟 3 类用材，铁钉形状与钉合方法，以及麻绒桐油灰塞缝等造船工艺与同时代的“广船”加以比较，可以看出后渚古船具有鲜明的“福船”特征。而在主龙骨设有象征七星伴月的“保寿孔”，这是泉州造船的地方性标志，由此推断该船出自泉州造船匠师之手。

第六，依史料分析和沉船情况，后渚古船应沉没于南宋景炎二年（1277 年，元至元十四年）的 7 至 9 月间，是由于兵祸的破坏，造成船上无人管理，又在台风暴雨冲击下沉没的。[①]

《宋史》曾记载南宋船运情况时指出：“胡人谓三百斤为一婆兰，凡舶舟最大者曰独樯，载一千婆兰。”[②]由此可见，后渚古船是一艘 1271 年前建造于泉州，1277 年间沉没于后渚港的具有典型宋元福建海船特征的“最大者”远洋货船。

二、法石港古船及其特点

1982 年试掘的法石港古船（以下简称“法石古船”）船体残破也比较严重，上层建筑已无存，只有后部船底基本完好。船为有龙骨的尖底船，整个龙骨由主龙骨与尾龙骨两段木料拼接而成。船体的底部为单层松木结构，搭接尚好。现存的底板在搭接后，均用锹钉钉合，再用桐油灰、麻筋捻缝，使其密合不漏水。在保存较为完整的古船后部 4 个舱中，发现留有 3 道水密舱隔舱板残段。隔舱板底部留有过水眼，略显方形。在船底还发现了几处修补的地方。修补方法是利用船底板之间的台阶状起伏，用木板贴在凹处，使与凸处平齐，再用桐油灰等物捻合。此外，在清理船舱的过程中，还采集有竹帆 5 件，最大的一块宽为 50 厘米，长 94 厘米，厚 5 厘米，为多幅折叠而成。此帆表面为六角形竹编，中间夹铺竹叶，两边用竹管封边。竹编系由 6 条篾皮组成一个六角形的孔目，编织工整。竹帆中多数夹缠着麻

---

① 福建省泉州海外交通史博物馆：《泉州湾宋代海船发掘与研究》，海洋出版社 1987 年版，第 54～70 页。

② （元）脱脱：《宋史》卷一八六“食货志下八 · 互市舶法”。

织绳索的残段。

与1974年出土的后渚古船比较，法石古船在造型、结构、工艺与用材等方面与后渚古船有不少类似的地方，但法石古船也有自己的特点。[①]

第一，法石古船在船体造型上更先进。法石古船属有方龙骨的尖底造型，但与后渚古船比较底部较为平缓，尤其是尾部更为明显。尖底利于破浪，平底利于稳定，尖底与平底互补，这是宋元福建造船的一个新发展趋势，明代泉州船底演变为尖圆底，其后厦门更将船设计为圆底，俗称“鸡蛋底”，这种船稳定性极好，有如不倒翁，足以抗风击浪穿越大洋。[②]

第二，法石古船在制造工艺上较进步。船体是个空间壳体，特别在建造尖底海船这种弯曲弧度较大船舶时，木板的弯曲成形，对薄一些的木板，比较容易加工成形和装配固定，厚板的弯曲和安装固定要用专门的工具和夹具以及钉合固紧的铁钉、锔或榫卡联接方法。法石古船底板厚达9.5厘米，较比每层仅有6厘米左右的二重或三重板结构的后渚古船，在建造工艺上难度更大更复杂，制造的效率也更高，反映了造船工艺上较为进步。

第三，法石古船在细部处理上更科学。一是在船底板接合方面，法石古船每列底板之间均用高低榫接合以形成一级台阶，而非后渚古船高低榫与平接结合的三列一台阶模式。为便于上下行走和堆放货物，法石古船还将船底内壁台阶加工成倒角，后渚古船则用加钉木条的办法使台阶直角形成坡面。二是在隔船板与底板衔接工艺方面，除用方钉钉合外，法石古船还用木钩钉加强它们之间的钩连，打入船壳板的木钩钉可能还起着肋骨的作用，从而取代了后渚古船铁钩钉加肋骨的传统加固方式。三是在隔舱板拼接方面，与后渚古船同口榫接(即平接)加宽铁钩钉夹合不同，法石古船用的是四面削肩的直角方榫接合，并以锹钉加固。这种搭接接法，现在有人称之为“鱼鳞式”或“错装甲法”结构，其优点是板间联结紧密严实，整体

① 中国科学院自然科学史研究所、福建省泉州海外交通史博物馆联合试掘组:《泉州法石古船试掘简报和初步探讨》，载《自然科学史研究》1983年第2期。

② 《木帆船淡出大海，老师父改做船模——厦门帆船曾是第一艘横渡大西洋的中国帆船，他希望后人也能像他一样记住船的模样》，载《厦门晚报》2007-09-12(13)。

强度高，且不易漏水。

第四，法石古船确证了竹帆的存在。后渚古船曾出土六角形竹编，引起船篷还是船帆之争。这次在法石古船上发现了较大面积的系以绳索的竹编，从其厚度和叠迭状况看，相信这是船上的竹帆残存，而不是作为遮盖用的竹篷。结合《宣和奉使高丽图经》有关布帆与利篷的记载，可以确证宋元福建海船竹帆的存在。

第五，法石古船舱位设计更利于货运。尽管法石古船的长度有 23 米左右，载重量亦不过 120 吨上下，皆为后渚古船 2/3 强，但法石古船的舱距较大，两者最大舱距与最小舱距之比分别为 2.06 ∶ 1.84 和 1.66 ∶ 0.80（米）。可见法石古船容量大善装载，更宜于宋元进出口的丝绸、陶瓷、香料等轻泡物质的运输。

以上分析表明，法石古船与后渚古船年代相去不远，应同属南宋晚期福建制造的远洋货船，但法石古船固有的建造特点，说明其与后渚古船出自不同的造船厂商，或年代更晚些。

泉州湾宋船的出土，是我国造船史上一项重要发现，亦为我们研究宋元刺桐海船制造技术提供了可靠的实物依据。

第二节　宋元刺桐海船的多项创新

我国造船历史悠久，早在原始社会就能“刳木为舟，剡木为楫”[①]。到了宋元，由于海外贸易的日益繁荣，我国所造的海船，无论在坚固性、稳性、适航性，还是水密隔舱的广泛应用等，在当时的世界上都具有先进性。“海舟以福建为上”[②]，这句在宋元广泛流传的评语，说明以刺桐海船为代表的福建海船在我国造船史上具有领先地位，这种创新主要体现在船型设计、

① （元）保八：《周易系辞述·辞下六》。

② （宋）徐梦莘：《三朝北盟汇编》卷一七六。

重板船壳、水密隔舱、多桅船帆、航运设备、造船用材和联接工艺等方面。

一、适航的船型设计

宋元时期，我国船舶的船型已经定型，其中以福船、沙船、广船最为著名，被认为中国古代的三大船型，而应用最广、影响最大的要数福船[①]。关于宋代福船的船型特点，徐兢在《宣和奉使高丽图经》中描述说："其制皆以全木巨枋挽叠而成。上平如衡、下侧如刃，贵其可以破浪而行也。"[②]徐兢曾于北宋宣和四年(1122 年)出使高丽(今朝鲜半岛)，率领由福建客舟和"神舟"组成的船队往返中朝两地，因此他对福建海船的描述是较为可信和准确的。此外，《宋会要辑稿》也有福建所造海船为"面阔三丈、底阔三尺"[③]的具体记载。结合泉州湾出土的海船，可以看出以宋元刺桐海船为代表的福船具有底尖、船身扁阔、长宽比小、平面近椭圆形等船型特点。这种船底尖、船身扁宽的设计，使海船便于破浪前进，在遇到横风时横向移动也较小，适于在风力强、潮流急的海域航行。

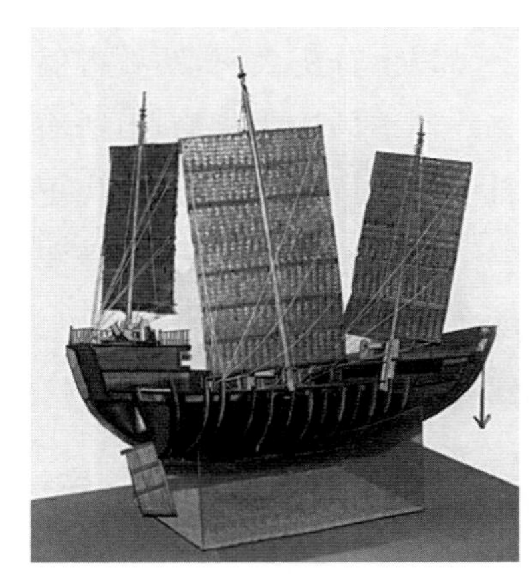

图 6-3　泉州后渚古船剖面模型

资料来源：泉州海外交通史博物馆。

另一方面，宋元刺桐海船在龙骨和肋骨的设计上也充分考虑到航行环境。后渚古船的龙骨是由两段粗大坚实的松木结合而成，贯穿整个船身底部，增大了船的纵向强度。而在隔舱板与船壳板交接处，都附贴着用粗大樟木制成的肋骨。这些肋骨与底部的龙骨组成一个坚固的立体三角架，增强了船体的横向强度(参见图 6-3)。尤值得一提的是，后渚古船船长中点以前的肋骨，都装在隔舱壁之后，而中点以后的肋骨又都装在隔舱壁之前。这种既考虑到船体

---

① 事实上，"福船"的名称直到明代才大量使用。

② (宋)徐兢：《宣和奉使高丽图经》卷三四"客舟"。

③ (清)徐松：《宋会要辑稿·食货五〇之一八"船·战船附"》。

的横向强度，又顾及结构排列整齐的做法，同近代船舶设计理念如出一辙。

此外，在船壳板细节设计方面，后渚古船船底两边壳板各外扩成四级阶梯状，使海船的回复力矩增大，有利于抗御横向波浪的冲击。还有体外龙骨的设计，其与尖底造型和四阶外壳板构成一个完整的防摇系统，使海船具有较强的稳性。

二、实用的重板船壳

关于刺桐海船多重船壳板的应用，中外史料皆有记载。马可·波罗在其游记中明确指出泉州造船时"有二厚板叠加于上"，并进一步指出刺桐海船修理时还可增添船板，"此种船舶，每年修理一次，加厚板一层，其板刨光涂油，结合于原有船板之上……应知此每年或必要时增加之板，只能在数年间为之，至船壁有六板厚时遂止"[①]。在这里，马可·波罗谈到刺桐海船船壳结构的两个特点：一是船壳在建造时基本结构是二重木板；二是船体每次大修时贴一重板，最多可大修4次，贴到六重板。国内文献也记载道"凡海舟必别用大木板护其外，不然则船身必为海蛆所蚀"[②]。马可·波罗等人记载的刺桐海船多重板船体结构，已为1974年泉州后渚港出土的宋代海船所证实。该船船底用二重板叠合，舷侧则用三重板叠合。后渚古船沉没时间与马可·波罗到刺桐港的时间相距不远，说明宋元时福建用多重板建造海船是较为普遍的事情。

刺桐海船船体之所以多重板，是因为尖底造型的船壳弯曲多、弧度大，采用此建造模式不仅取材和施工（包括维修）较容易，而且使船壳坚固耐波，经得起狂涛巨浪的冲击，有利于远航。此外，多重板船壳还有防海蛆浸噬和抗礁石撞击的功能，这些都是我国古代造船匠师长期实践的经验总结，具有时代的先进性。当然，1982年试掘的法石古船底板为厚重的单层松木，说明宋元时期刺桐海船不仅有多重板船壳，也有单层板船体，一切从

---

① （意大利）马可·波罗：《马可波罗行记》第三卷第一五七章。

② （宋）周密：《癸辛杂识·续集》卷上"海蛆"。

实际出发。

三、先进的水密隔舱

在我国，水密隔舱的设置可以上溯到唐代，并在宋元时期的刺桐海船得到广泛、创新的应用。马可·波罗曾记述说："有若干最大船舶有内舱至十三所，互以厚板隔之，其用在防海险，如船身触礁或触饿鲸而海水透入之事……至是水由破处浸入，流入船舱，水手发现船身破处，立将浸水舱中之货物徙于邻舱，盖诸舱之壁嵌隔甚坚，水不能透，然后修理破处，复将徙出货物运回舱中。"[①]水密隔舱板的设置，使全船分成若干舱，个别舱破漏水，不会流到其他各舱，既便于修复，增加抗沉性，且可加强船体结构，有利于船型的增大。马可·波罗的记载在后渚古船得到了证实。这艘可载重200吨左右的宋代海船，由12道隔舱壁将全船分成13舱，除舱壁近龙骨处留有小小的"水眼"外，所有的舱壁钩联十分严密，水密程度很高(参见图6-4)。在海外航运贸易兴盛的刺桐港，水密隔舱设置不仅有助于增强船舶的抗沉性，而且多隔舱亦具有便于货物装卸的优点。

值得注意的是，宋元刺桐海船在水密隔舱设计时增设"过水眼"，使水密隔舱与舱壁过水眼完美结合，充分体现了福建船工原则性与灵活性相辅相成的造船智慧。水密隔舱增强船体的抗沉性，这是造船的基本原则；但必要时可让进入船体的海水通过过水眼在各舱流动，以便自动发挥其调节海船稳定和船首船尾吃水深浅的作用，这是险恶环境下航行不可或缺的灵活性。水密隔舱完整功能的发挥，原则性与灵活性缺一不可，其创制与改进是我国劳动人民对世界造船技术的重大贡献。水密隔舱技术经13世纪的马可·波罗介绍传入西方，后在18世纪得到广泛应用。

四、独特的多桅船帆

宋元刺桐海船以多桅多帆著称。据《马可波罗行记》记载，进出刺桐港

① (意大利)马可·波罗：《马可波罗行记》第三卷第一五七章(注甲)。

图 6-4 泉州后渚古船水密隔舱

资料来源：泉州海外交通史博物馆。

的大海船最常见的是“四桅十二帆”和“四桅四帆”类型。[①]《伊本·白图泰游记》亦载，泉州、广州造的“大船有十帆至少是三帆”[②]。泉州湾出土的两艘宋船也皆为多桅形制，说明船舶多桅原理“具有典型的亚洲特点”[③]。其中四桅多帆是宋元刺桐远洋商船的典型配置。

多桅不仅意味着多帆，而且风帆的形制、功用也不相同。四桅船一般有 4 张主帆，其他的帆则称辅助帆。主帆形如斜刀，可转动换向采风，也可升降以调节受风面积，又可调动风帆作用力中心使之最佳受力，它们是具有东方特色的优秀风帆。辅助帆则有四角帆（亦称“头巾帆”）或三角帆之分，“大樯之巅，更加小飒十幅，谓之野狐飒，风息则用之”[④]（参见图 6-5）。它们都是当风力变化或风向不同时，用以调节船行速度的有力措施。主帆和辅助帆，有时多张有时少张，是根据不同航区、不同风力大小而调节的，

① （意大利）马可·波罗：《马可波罗行记》，第 40、620 页。

② （摩洛哥）伊本·白图泰：《伊本·白图泰游记》，第 486 页。

③ （英）李约瑟：《中国科学技术史·（第四卷第三分册）土木工程与航海技术》，科学出版社 2008 年版，第 510 页。

④ （宋）徐兢：《宣和奉使高丽图经》卷三四“客舟”。

所以记载中有四桅四帆或四桅十二帆之别。

图 6-5　宋元刺桐四帆海船示意图

资料来源：秋痕编辑《宋代造船业的发展与海外交往》，载《中国国学网科技专题》2007-10-22。

此外，四桅船舶中的二桅“可以竖倒随意”[①]。虽然宋元刺桐海船船桅可高达 10 余丈，但由于可以自由起倒，所以并不显得笨重和受限。相比之下，当时外国航船的船桅多“不可动”[②]，显见船桅转轴的安置是我国海船建造中的又一项重要创新。这样，宋元刺桐海船有多桅杆，可拆装；主帆可转动，可升降；又有三角帆或四角帆辅助，就使得帆船在各种复杂多变的海况条件下航行，也能应付自如，安全快速。正如宋人朱彧在《萍洲可谈》中谈到的那样：“海中不唯使顺风，开岸就岸风皆可使，唯风逆则倒退尔，谓之使三面风，逆风尚可用可（同“碇”）石不行。”[③]

① （意大利）马可·波罗：《马可波罗行记》第三卷第一五七章。

② （宋）沈括：《梦溪笔谈》卷二四“杂志一”。

③ （宋）朱彧：《萍洲可谈》卷二“舶船蓄水就风法”。

五、完备的航运设备

关于福建海船的船上设备，徐兢在《宣和奉使高丽图经・客舟》中有较为详细的描述："船首两颊柱，中有车轮，上绾藤索，其大如椽，长五百尺，下垂矴石……船未入洋，近山抛泊，则放矴著水底，如维览之属，舟乃不行。若风涛紧急，则加游矴，其用如大矴，而在其两旁。遇行，则卷其轮而收之。"[①]船首有正碇（"大矴"）和副碇（"游矴"），都用绞车控制，是停泊设备。接着，徐兢还告诉我们船尾有正舵和副舵，正舵又分成大小两种，可根据水的深浅分别使用；副舵供海上航行时配合主舵控制方向。此外，徐兢乘坐的官船还在船舷两边缚上大竹作为"橐"，其作用之一是抗拒风浪对船身的冲击，增加神舟的稳定性，"缚大竹为橐以拒浪"；其二是起着水线的作用，"装载之法，水不得过橐"[②]。橐就是满载的标志，这是迄今为止中国古代帆船有关水线概念的首次记录。

虽然徐兢讲的是北宋时期的福建客船，但结合泉州湾商船出土遗迹以及法石乡发现的宋元碇石[③]，我们可以清楚看到，宋元刺桐商客海船已配有正副木石锚碇、正副大小可升降方向舵，以及用来测量水线的装置等较为完备的航运设备。而在国外，方向舵的使用比中国晚了400多年。

此外，桨的使用在宋元刺桐商客海船上也很普遍。被摩洛哥游历家伊本・白图泰称作"艟克"的大海船，"船上约有二十只大如桅杆的大桨，每一桨前约有三十人聚拢在那里，分站成两排，面对面站着。大桨上系有两根粗绳，一派扯绳摇动大桨，将绳放松，另排再划桨"[④]。当海面风平浪静时，海船依靠划桨前行。据伊本・白图泰介绍，这样设备精良的海船，只有泉州和广州能够制造。

① （宋）徐兢：《宣和奉使高丽图经》卷三四"客舟"。

② （宋）徐兢：《宣和奉使高丽图经》卷三四"客舟"。

③ 陈鹏等：《泉州法石乡发现宋元碇石》，载《自然科学史研究》1983年第2期。

④ （摩洛哥）伊本・白图泰：《伊本・白图泰游记》，第537页。

六、科学的造船用材

宋代福建“林菁深阻”①,“林烟蓊霭,横属数百里”②,仅《三山志》所载福州地区就有松、樟、楠、杉等木 40 余种③,造船所需的木材极为丰富。长而笔直的杉木可做桅杆,耐水浸泡的松木可做船身,坚硬的梨木可制作舵。其中桅杆上挂帆,要经受数百吨至上千吨的压力,要求最高。一般而言,10 丈长的海船,一定要有一根长 10 丈的主桅,至少需要一棵高达 30～40 米的巨杉做主桅,否则无法承受海风的巨大压力。也就是说,从早期开始,福建船匠一直使用耐咸、硬挺能造海船船体及各构件的松、樟、楠、杉等作为造船的主要木材,泉州湾出土宋船如此,现代所造木船亦如此。这一点,福建与我国南方另一造船中心广州不同,“盖广船乃铁力木所造,福船不过松杉之类而已”④。福建海船能在强盛的南方造船集团中脱颖而出,除优质丰富的木材和选材思路佳外,科学的用材原则和方法也功不可没。

从出土的后渚古船看,凡是经受强大压力的构件和部位,造船工匠都采用坚硬的木材。一是在贴近龙骨的二路外壳板,用樟木板使船底坚实耐磨;二是用整根樟木制成艄柱和肋骨,以增大船体强度;三是第一道和第十二道隔舱壁全用樟木板,使之成为有力的防撞舱壁;四是舵承座与桅杆座分别用叠合大樟木和巨块樟木制成,加强了它们对舵和桅的承受力;五是用樟木制成其他干道隔舱壁紧贴船底的一路隔板,既增加了隔舱壁的强度,又达到了防腐的目的。以上事实说明,以后渚古船为代表的刺桐海船,其用材是经过认真选择的,在用材方面的安排也是很科学的,正所谓樟“高大,叶似楠而尖长,弥辛烈者佳,为大舟多用之”⑤。

---

① (宋)刘克庄:《后村先生大全集》卷九三之六“漳州渝畲”。
② (宋)梁克家:《三山志》卷四二“土俗类四 · 物产”。
③ (宋)梁克家:《三山志》卷四二“土俗类四 · 物产 · 木”。
④ (清)茅元仪:《武备志》,第 4775 页。
⑤ (宋)梁克家:《三山志》卷四二“土俗类四 · 物产 · 木”。

七、精巧的联接工艺

从泉州湾出土海船看，宋元刺桐海船的联接工艺也十分精巧。一是龙骨与艄柱的接连采用了直角榫合的工艺技术，具有美观坚固双重效果；二是船板上下左右之间都用榫接，并用铁钉加固，缝隙间都涂塞用麻丝、竹茹和桐油灰捣成的艌料，可使船体联结成坚固的整体，并有防渗漏功能；三是在木船的不同部位使用方、圆、扁不同形状的铁钉，采用“参”“吊”“锔”等适宜方法钉合，有效加强钉合部位乃至整个船体的强度；四是在钉合时还用钉送把铁钉送进木板深处，再用桐油灰将钉头密封，减少海水对铁钉的锈蚀，并提高船体的水密性。

使用铁钉加固以及桐油灰塞缝，是宋元福建特有的造船工艺技术，连邻近的广州民用海船也不具有。“深广沿海州军，难得铁钉、桐油，造船皆空板穿藤约束而成，于藤缝中以海上所生之茜草乾而窒之，遇水则涨，舟为之不漏矣。”[①]伊本·白图泰对刺桐海船的铁钉加固技艺印象深刻：“先建造两堵木墙，两墙之间用极大木料衔接。木料用巨钉钉牢，钉长为三腕尺。”[②]使用铁钉工艺，需要较高的捻缝技术相配合，因此游历中国多年并熟知中西造船技术的马可·波罗十分推崇刺桐海船桐油灰塞缝工艺，“船用好铁钉结合……然用麻及树油（按即桐油）掺合涂壁，使之绝不透水”[③]。

刺桐海船的木头榫联、铁钉加固以及桐油灰塞缝，是我国唐宋以来先进造船工艺的继承与发展，至今仍被普遍应有于木船的建造。与此形成对比，宋元时世界上许多航海国家的木船“惟联铁片”或“以铁镊露装”，尚未普遍使用铁钉加固。至于木头榫接和桐油灰塞缝这两种工艺，更是当时其他国家所未曾想到的，至多不过是“以椰子树皮制绳缝合船板，涂以橄榄糖

① （宋）周去非：《岭外代答》卷六“藤舟”。
② （摩洛哥）伊本·白图泰：《伊本·白图泰游记》，第486页。
③ （意大利）马可·波罗：《马可波罗行记》第三卷第一五七章。

泥的脂膏和他尔油”[1]或“取方相思合缝……惟以草塞罅漏而已”[2]，以至于“不使钉、灰”的甘埋里（今伊朗南部的霍尔木兹）船“渗漏不胜，梢人日夜轮戽水不使竭”[3]。

尽管“福船”的名称直到明代才大量使用，成为与沙船并称的我国历史上最重要的两种船型之一，但上述船型、结构、属具和造船工艺等的分析表明，宋元刺桐海船具有的结构坚固、稳性好、抗沉能力强、航行设备完备等先进性能，为日后福船扬名海内外奠定了雄厚的基础。宋元福建造船业的辉煌成就，与民间造船的兴盛与技术特点密不可分。

第三节　发达的民营造船业及其技术特点

福建有漫长曲折的海岸线，人民长于舟楫，擅于航海，造船业长期居全国领先地位。早在春秋战国时期，居住这里的闽越先民就创造了一种首尾尖高的船形“须虑”（汉语称“鹢舸”）。[4] 三国时吴曾在建安郡侯官（今福州）设有造船工场[5]，当时福建修造的海船多为方尖底型，并建有石压舱，以增强稳性和抗风力。到了隋唐五代，泉州和福州已成为区域造船中心，福建海船在坚固性、稳定性和适航性等方面都有长足的进步。[6] 进入宋元，在海外贸易的大力推动下，福建路的福、泉、漳、兴化（今莆田）等州军一跃成为我国造船业的主要基地，出现“州南有海浩无涯（《舆地纪胜》作

① （日）桑原骘藏：《蒲寿庚考》，中华书局1954年版，第95页。
② （明）郑若曾：《筹海图编》卷八。
③ （元）汪大渊：《岛夷志略校释·甘埋里》。
④ （汉）袁康：《越绝书》卷三“吴内传”。
⑤ （晋）陈寿：《三国志·吴志》卷四八。
⑥ 章巽：《我国古代的海上交通》，商务印书馆1986年版，第48页。

“穷”)，每岁造舟通异(《乾隆泉州府志》)作“夷”)域”[①]的兴盛景象。其中，贯穿两宋至元的民间造船热尤为引人瞩目，且以精、巧、实技术特点名扬海内外。

一、发达的民营造船业

与全国不同，宋元福建官营造船场并不兴隆，甚至陷于停顿，民间造船业却兴旺发达，故北宋大型志书《太平寰宇记》甚至把“海舶”列为泉州、漳州和兴化军的土产项目之一[②]，邵武李纲也深有体会地指出“官中造船，决不如民间私家打造之精致”[③]，南宋时任福建安抚使的张浚“因请大治海舟千艘，为直捣山东之计”[④]。民间造船业的兴旺发达带动了福建地产木材的热销，于是北宋天禧四年(1020年)有臣僚向真宗皇帝建请征收福建枋木税，且“每估一贯税一百文”[⑤]，船材枋木税比一般商税率高2～4倍，真乃质优利厚。这股民间造船热越刮越烈，至南宋嘉定年间(1208—1224年)，“漳、泉、福、兴化，凡滨海之民所造舟船，乃自备财力，兴贩牟利而已”[⑥]，这形势终宋一代未见大的衰减，故元至元十三年(1276年)元将高兴攻下兴化军时，一举截获“海舶七千余艘”[⑦]。鉴于此，至元十六年(1279年)与十九年(1282年)，元廷两次下旨令包括泉州在内的各地造战船和其他大小船只3600余艘。[⑧] 爰及明初，“漳、泉大艘旧(指元代末年)通番市者，不下千余”[⑨]。福建民间造船风气之盛，拥有海船之多可见一斑。

---

① (宋)祝穆：《方舆胜览》卷一二“泉州·谢履泉南歌”；(宋)王象之：《舆地纪胜》卷一三〇“福建路·泉州府·诗”引宋谢履《泉南歌》；(清)黄任：《乾隆泉州府志(一)》卷二〇“风俗”引宋“谢履诗”。

② (宋)乐史：《太平寰宇记》卷一〇二“江南东南一四·泉州·土产”。

③ (宋)李纲：《李纲全集(中册)》卷一二一“与张枢密书别幅”。

④ (明)何乔远：《闽书》卷四二“文艺志”。

⑤ (宋)马端临：《文献通考》卷一四“征榷一”。

⑥ (清)徐松：《宋会要辑稿·刑法二之一三七“禁约三”》。

⑦ (明)宋濂：《元史》卷一六二“高兴传”。

⑧ (明)宋濂：《元史》卷一〇、一二。

⑨ (清)顾祖禹：《读史方舆记要》卷九四～九五“福建读史方舆纪要”。

宋元福建民间造船业不但以数量取胜，而且质量在全国也首屈一指。南宋宰臣吕颐浩曾品评各地海船的质量高低时说："臣尝广行询问海上北来之人，皆云南方木性，与水相宜，故海舟以福建船为上，广东、西船次之，温、明州船又次之。"[①]质优价廉的福建海船常常成为朝廷征用和采购的对象。北宋宣和四年(1122年)，朝廷派徐兢率船队出使高丽(今朝鲜半岛)，他不是就近从北方雇船，而是向福建等地雇募民间中大型海船，据徐兢说这一做法在北宋已成"旧例"。其中被称为"客舟"的中型福船"长十余丈，深三丈，阔二丈五尺，可载二千斛粟"，其载重量与形制皆与泉州湾出土的后渚古船相近；被称为"神舟"的大型福船之"长阔高大、什物器用人数，皆三倍于客舟也"[②]。南宋绍兴初年(约1131年)，泉州知州连南夫奏请朝廷购买福建"商船二百艘"，不单省时省力，且可"省缗钱二十万矣"[③]。公元1292年，意大利人马可·波罗奉元帝忽必烈诏令，护送阔阔真公主去波斯(今伊朗)完婚。为安全快捷地将公主护送到目的地，马可·波罗特意在刺桐港停留了一个多月，精心编组了一支由当地13艘大型商客船组成的远航船队。"每艘具四桅，可张十二帆。"[④]《伊本·白图泰游记》中则具体提到泉州造船分三等，大者曰"艟克"，中者曰"艚"，小者曰"舸舸姆"，皆为泉州方言译音。大海船有四层，设备齐全，可载千人。[⑤]《宋会要辑稿》亦载福建海船"上等船面阔二丈四尺以上，中等面阔二丈以上，下等面阔一丈八尺以上"[⑥]。船型有明显等级之分，是造船定型化、规模化生产的表现，可见泉州港鼎盛时，福建的民间造船业也更上一层楼。

宋元福建民营造船业的兴盛，得到考古发现的证实。1959年在泉州涂门外法石村的乌墨山沃、鸡母沃等处，发现了宋元时代的船桅、船板、船

---

① (宋)吕颐浩：《忠穆集》卷二"奏议·论舟楫之利"。

② (宋)徐兢：《宣和奉使高丽图经》卷三四"客舟"。

③ (宋)韩元吉：《南涧甲乙稿》卷一九"连南夫墓碑"。

④ (意大利)马可·波罗：《马可波罗行记》第一卷第一八章。

⑤ (摩洛哥)伊本·白图泰：《伊本·白图泰游记》，第486页。

⑥ (清)徐松：《宋会要辑稿·兵二九之三二"备边三"》。

索和船钉等遗物。[①] 此后，在泉州南门外申公亭附近，以及惠安、南安、晋江沿海一带的许多地方，都发现了大量宋元时代的造船遗迹。[②] 尤其是1974年和1982年泉州湾宋代海船的出土，为宋元福建民营造船业的兴盛提供了更加有力的实物证据。

二、民间造船的技术特点

发达的造船业需要强大的技术支撑，成熟的技术体系具有久远的生命力。2007年9月11日，《厦门晚报》记者在厦门港沙坡尾避风坞采访了几位身怀传统造船绝技的老人，他们向记者展示和讲述了厦门古老的造船手工艺。[③] 笔者根据他们提供的资料以及文献记载和考古发掘，将宋元福建民间造船技术特点概括为"精、巧、实"三个方面。

所谓"精"，是指造船工艺的规范性和高效性。在长期的造船实践中，宋代福建人民探索出一套规范的手工造船模式：先定龙骨，后定水底板，再是隔舱板，在隔舱板与外板相接处遍设肋骨，起加固隔舱板与船壳板相连结的作用。这种制作顺序叫做"船壳法"，一直沿用至明初。[④] "船壳法"虽比其后的"结构法"[⑤]在船身整体结构牢固性方面稍逊，但同样工序规范，井然有序。受财力和物力限制，民间造船通常只能使用成本低廉的锯子、凿子、墨斗等简单工具，这样造一艘稍大的船不亚于建一座楼，工程之浩大，劳作之辛苦可想而知，同时也说明了古代福建民间造船有着较高的技巧和效率。规范性和高效性相结合，这正是宋元至明清民营造船业兴旺发达的一个重要原因。

---

① 泉州海外交通史博物馆调查组：《泉州涂关外法石沿海有关中外交通史迹的调查》，载《考古》1959年第11期。

② 庄为玑：《海上丝绸之路的著名港口——泉州》，海洋出版社1989年版，第44页。

③ 《木帆船淡出大海，老师父改做船模——厦门帆船曾是第一艘横渡大西洋的中国帆船，他希望后人也能像他一样记住船的模样》，载《厦门晚报》2007-09-12(13)。

④ 黄乐德：《泉州科技史话》，厦门大学出版社1995年版，第148页。

⑤ 所谓的"结构法"是先定龙骨，次安装肋骨及框架结构，再附上船侧板，最后钉船底板。

所谓“巧”，是指造船过程的经验性和智慧性。民间造船时大都在沙滩上，造船匠看一眼海平线，就能确定船的水平线了，这是实践经验积累与提炼的结晶。福建传统造船手工艺最绝的是“上稳”，即船体有着恰到好处的弧度，借此抗风击浪。那么，在没有借助任何机械或电力设备情况下，造船匠们是如何将一根直挺挺的木材弯成那样的弧形呢？原来竟是用开水将它烫弯的！即将烧开的水慢慢浇在木板上，待木板受热变软后，再将它的两头慢慢向上提升，一点点地形成弧度。在这过程，还得用绳子将木头扎紧，否则它会裂开。这种“土”方法充分显示出古代福建人民的智慧，他们善于抓住事物的特性，以巧取胜赢得造船的关键环节。正是考虑到民间造船的这一特点，我们才说单层厚板的法石古船比多重薄板叠合的后渚古船在制造工艺上更进步。

所谓“实”，是指造船目的的实用性和简便性。福建的造船匠造船时大都就地取材，福建山区丰富的林木、桐油、麻丝、海砺壳、荔枝树都能成为造船的材料，既实用又简便。与江河湖船不同，福建海船一般是尖底设计，厦门更将船设计为圆底，俗称“鸡蛋底”，这种船稳定性极好，有如不倒翁，足以抗风击浪穿越大洋。此外，厦门的商客船船型线条优美，比例匀称（参见图 6-6），船型设计方面体现出实用与优美并重的理念。还有，为解决海水侵蚀与渗漏问题，福建民间在造船实践中总结出一套应对办法，那就是历史上有名的“桐油灰塞缝法”，即将海砺壳烧后磨成灰，加入桐油、麻丝，捣上几千次，使之变得烂烂的，然后用于涂抹船缝，这种方法的确简便又实用。此外，福建海船素有“白底船”之称，这一简便易行的防腐技术源于宋代。1974 出土的后渚古船，其船底板外表就留有刷涂石灰水的残迹，可见当时的福建人民就已掌握了刷

图 6-6　1862 年的厦门帆船

资料来源：《厦门日报》2010-11-19（19）。

灰水防海生动物附着的工艺。

福建海船的先进制造技术不仅在宋元时期书写下辉煌，而且这种保留至今的古老造船工艺，在近代世界造船史上也留下了光辉的一页。1921年，用传统造船手工艺建造的三桅木帆船“Amoy(厦门)号”(参见图6-7)，曾创造了第一艘横渡太平洋和大西洋的中国帆船的记录。当时，在厦门海关工作的英国人阿尔弗雷达(Alfrde Nilson)，率领一组厦门船员，驾驶该船从厦门出发，取道上海，经日本、俄国横渡太平洋到达温哥华。后来又到达旧金山，再从巴拿马运河航行到美国东海岸的纽约，最后横渡大西洋抵达英国，历时两年，轰动了当时的西方世界。据考证[①]，“厦门号”出自厦门港造船世家汪家之手。福建海船的优异性能在近代航海实践中又一次得到验证。

图6-7 20世纪20年代横渡太平洋和大西洋的“厦门号”

资料来源:《厦门日报》2007-12-30(12)。

① 《木帆船淡出大海，老师父改做船模——厦门帆船曾是第一艘横渡大西洋的中国帆船，他希望后人也能像他一样记住船的模样》，载《厦门晚报》2007-09-12(13)。

第七章　闻名世界的桥梁建造技术

随着社会和科技的发展，宋元福建桥梁事业和建桥技术进入一个辉煌的发展期，不仅建有多座规模宏伟、工艺新颖的跨海、跨江、跨河大桥，而且桥梁技术十分先进。尤其是泉州地区的石梁桥，无论是规模、技术还是僧侣造桥群体，都享誉天下，写下了福建科技史光辉的一页，在中国和世界桥梁史上占有重要的地位。

第一节　天下第一桥——洛阳桥

洛阳桥，原名万安桥，位于泉州洛江区与泉州惠安县洛阳镇交界的洛阳江入海口的江面上（参见图 7-1）。洛阳桥修建于北宋中期，是我国第一座多孔式跨海长石桥，开创了在江河入海口上架桥的先例，加上多项领先国内外的建造技术，故其与北京的卢沟桥、河北的赵州桥、广东的广济桥并称为我国古代四大名桥，更有“天下第一桥”[1]或“海内第一桥”之美誉。[2]

① （清）黄任：《乾隆泉州府志（三）》卷七五“拾遗上”引明王世贞《弇州山人稿》。

② 本部分内容参考了金秋鹏《蔡襄及其科学贡献》，载《自然科学史研究》1989 年第 3 期。

图 7-1 洛阳桥现貌

资料来源：泉州海外交通史博物馆。

一、蔡襄与洛阳桥

洛阳桥是由北宋仁宗后期知泉州的蔡襄主持建造的。洛阳桥的建成是蔡襄执政为民理念和勇于创新精神的最好写照。

唐宋以降，泉州人民为摆脱洛阳江的阻隔曾付出了艰辛的努力。洛阳江位于泉州北上通往兴化（今莆田）、福州以至内地的交通要道，水湍流急，风大浪高，形势险峻。在建桥以前，人们只能摆渡过江，但时常因"遇飓风大作，或水怪为祟，沉舟而死者无算"[①]。为祈求平安过渡，人们称此渡口为"万安渡"，期盼早日建桥的愿望极其强烈。

船只过渡都不容易，造桥就更困难了。由于受险恶复杂地理地质环境

① （清）黄任：《乾隆泉州府志（三）》卷七五"拾遗上"。

的制约，人们多次造桥的尝试都遭到了失败。直到北宋庆历初年(1042 年前后)，“郡人李宠始甃石作浮桥(《八闽通志·桥梁》作“沉桥”)”[①]，即在江中堆聚石块，然后在其上架设浮桥。自然，在水湍流急、风大浪高的开阔入海口，“甃石作浮桥”并非解决问题的根本途径。不仅堆聚的石块易被水流和风潮所冲垮，而且其上的浮桥也极易被风浪吹打而漂散。因此，皇祐五年(1053 年)“僧宗己及郡人王实、卢锡倡为石桥未就”[②]。正当造桥工程遭遇困难之际，蔡襄出知泉州，毅然承担起主持修建石桥的重任。在蔡襄守泉两任计 3 年多的时间内，他率领民众大胆创新，不断对造桥工艺进行改进，终于攻克重重难关，于嘉祐四年十二月(1060 年 1 月)建成了一座规模空前的跨海石构长桥。

由于石桥建在万安渡口，故取名“万安桥”，又由于桥梁横跨于洛阳江上，故俗称“洛阳桥”。“累(垒)趾于渊，酾水为四十七道，梁空以行。其长三千六百尺(约合 1106 米)，广丈有五尺(约合 4.6 米)”[③]，因利用江中小岛构筑，故桥分为两段。整座桥梁全部用花岗岩石料筑成，桥面是用 2 尺见方、长 4～5 丈的大条石 7 道纵列安置而成。桥面两旁护以石栏，并置有石狮 28 座，石亭 7 座，石塔 9 座(参见图 7-2)，桥两端还立有石象和石武士像。桥塊四角石柱上有石琢葫芦，旁有洞，中雕有佛像，民间称之为“七七四十九只观音殿”。整座桥“飞梁遥跨海西东”[④]，气势磅礴，雄伟壮观。

洛阳桥的建成，使人们“去舟而徒，易危为安”[⑤]，成为“往来于其上者，肩毂相踵”[⑥]的泉州路上交通重要孔道。为了纪念蔡襄建造洛阳桥的历史功绩，泉州人民特在桥南修建了一座蔡襄祠，并将蔡襄亲撰《万安桥记》刻

---

① (清)黄任:《乾隆泉州府志(一)》卷一〇“桥渡·晋江县·万安桥”引《名胜志》;(明)黄仲昭:《八闽通志(上册)》卷一八“地理·桥梁·泉州府·晋江县·万安桥”。

② (明)黄仲昭:《八闽通志(上册)》卷一八“地理·桥梁·泉州府·晋江县·万安桥”。

③ (宋)蔡襄:《蔡襄全集》卷二五“万安渡石桥记”。

④ (清)黄任:《乾隆泉州府志(一)》卷一〇“桥渡·晋江县·万安桥”引明徐𤊹诗。

⑤ (宋)蔡襄:《蔡襄全集》卷二五“万安渡石桥记”。

⑥ (清)黄任:《乾隆泉州府志(一)》卷一〇“桥渡·晋江县·万安桥”引明康郎记。

图 7-2　洛阳桥上的宋代石塔

资料来源：泉州海外交通史博物馆。

成石碑，立于祠内。[①]

二、珍贵的造桥史料

蔡襄的"万安桥记"碑（参见图 7-3），是现存关于洛阳桥最早最可靠的史料。碑记全文如下："泉州万安渡石桥，始造于皇祐五年四月庚寅（即公元 1053 年 5 月 12 日），以嘉祐四年十二月辛未（即公元 1060 年 1 月 27 日）讫功。絫[《乾隆泉州府志》作"纍"（同"累"）]趾于渊，酾水为四十七道，梁空以行。其长三千六百尺，广丈有五尺。翼以扶栏，如其长之数而两之。靡金钱一千四百万，求诸施者。渡实支海，去舟而徒，易危为安，民莫不利。职其事卢锡、王寔、许忠、浮图义波、宗善等十有五人。既成，太守莆阳（今莆田）蔡襄为之合采谯（同"宴"）饮而落之。明年秋蒙召还京，道由是出。因纪（《乾隆泉州府志》作"记"）所作勒于岸左。"[②]寥寥 153 字，记明了造桥

① （清）黄任：《乾隆泉州府志（一）》卷一三"学校一・蔡忠惠祠"。

② （清）黄任：《乾隆泉州府志（一）》卷一〇"桥渡・晋江县・万安桥"引宋蔡襄自为记。

时间，桥梁的质地、型制、尺度，建造费用及其来源，桥建成后的功利，以及造桥负责人等，几乎涵盖了洛阳桥建造的全过程。读之，仿佛一座多孔大型架空石梁桥跃然碑上，眼前似乎展现出洛阳桥昔日的雄伟风姿。后人把造桥工程的伟大，碑记的精炼，以及蔡襄的书法并称为洛阳桥之“三绝”。需要指出的是，宋元时期福建境内大小桥梁建造达数百座之多，但像洛阳桥这样留下完整一手资料的，尚无他见，由此足能显示蔡襄《万安桥记》之珍贵。

泉州萬安渡石橋始造於皇祐五
年四月庚寅以嘉祐四年十二月
辛未訖功累趾于淵釃水為四十
七道梁空以行其長三千六百尺
廣丈有五尺翼以扶欄如其長之
數而兩之靡金錢一千四百萬求

图 7-3　洛阳桥南忠惠蔡公祠内的《万安桥记》碑刻之一

资料来源：中国硬笔书法在线・历代书法・五代两宋书法・蔡襄・万安桥记。

另一关于洛阳桥的早期重要史料，是来自两宋间（公元 1127 年前后）方勺的《泊宅编》。现存《泊宅编》有三卷和十卷两种版本，它们关于洛阳桥的记载大体相同，但亦有差异。其中三卷本（可能是初稿本）卷中的记载更为翔实，特转述如下：“蔡襄守泉州，创意造石桥（十卷本称“因故基修石桥”），两岸依山，中托巨石，因构亭观。累石条为桥基八十，所阔二丈，其长倍之，两头若圭射势，石缝中可容一二指釃潮水，每基相去一丈四尺。桥面阔一丈三四尺，为两栏以护之。闽中无石灰，烧蛎壳为灰。蔡公于桥岸造屋数百楹为民居，以其僦直入公帑，三岁度一僧俾掌桥事，故用灰常若新，无纤毫罅隙。春夏大潮水及栏际，往来者不绝如行水上。十八年桥乃成，即多取蛎房散置石基上，岁久延蔓相粘，基益胶固矣。元丰初（约 1078 年）王祖道知州，奏立法，辄取蛎房者徒二年。”①

方勺的这段文字记载了洛阳桥建造工艺与养护管理的一些细节，为我们研究洛阳桥提供了宝贵史料佐证。但方勺毕竟不是当事人，且记叙年代与建桥时间相距半个世纪之久，故所记难免有误，需仔细甄别。这里试举两例。十卷本中称蔡襄是“因故基修石桥”，三卷本则云其“创意造石桥”，但均未详言原委。从桥的修造过程看，十卷本的“因故基修石桥”之“故基”，可能指庆历初“甃石作浮桥”之桥基，或是皇祐五年（1053 年）开始建桥到至和二年（1055 年）蔡襄知泉州时所筑之基石。而三卷本说的“创意造石桥”，则似有偏颇，因造石桥是蔡襄知泉州前发起的，并非蔡襄所创意。当然，“创意”也可理解为蔡襄对造桥工艺的创新。另一例则是，三卷本关于桥基（指桥墩）工艺的记述则是十卷本所无，尽管所说桥墩数与实际不符，但从科技史角度看却具有重要的价值。它记述的桥墩结构和型制，是其他史料所缺的，并与现存桥墩的状况相符。

就福建乃至中国科技史研究而言，我国古代科技光辉灿烂，描述其成就及其价值的著述多矣，但具体涉及工艺技术的文字则十分稀少，尤其是一手材料更加匮乏。正是从这个意义上讲，蔡襄的《万安桥记》和方勺的《泊宅编》弥足珍贵。

三、洛阳桥的科技创新

“石架长桥跨海成，论功直得万安名。”②蔡襄建造洛阳桥时，勇于创新，善于突破，在工艺技术方面创造了多项中国乃至世界第一的伟大成就。

---

① （宋）方勺：《泊宅编（三卷本）》卷中；（清）黄任：《乾隆泉州府志（一）》卷一〇“桥渡·晋江县·万安桥”引《（十卷本）泊宅篇》。

② （宋）王象之：《舆地纪胜》卷一三〇“福建路·泉州府·洛阳桥诗（诸桥附）”引宋蔡若水《万安桥》。

一是首创筏形(型)基础。在整个桥梁建造中,桥基起着承载桥墩和桥面的重要作用,因此桥墩水下基础工程完成的好坏,是直接关系到桥梁能否经久耐用的大问题。洛阳桥位于江海会合的喇叭口端,江水湍急,海潮汹涌,更兼水下是长年淤积的烂泥,因而墩台基础的修筑无法采用传统的打桩方法,亦不可能去除淤泥直接利用水下岩石层,必须另辟蹊径。为此,蔡襄等首创现代称之为"筏形基础"的奠基新工艺,即利用落潮的间隙,在江底沿着桥梁中轴线抛置大量石块,并向两侧展开相当的宽度,成一横跨江底的矮石埕,以此作为桥墩的基础。据今人估算[1],洛阳桥的基础石埕长500多米,宽25米左右,高3米以上。垒石、匝石、叠石等"累趾于渊"的筏形基础,其建造方式对中国乃至世界造桥科学都是一个伟大的贡献,欧洲诸国直到19世纪才使用这一技术。

二是发明种蛎固基新方法。在江水入海口架石桥,必须妥善解决桥基和桥墩间石块的互相联结问题,否则在江流和潮汐的双向冲刷下,桥梁容易受损垮塌,这在没有速凝水泥的古代确是施工上的一大难题。就洛阳桥而言,由于其采用的筏形基础是在江底随桥梁中线两侧,有相当的宽度,所抛石头无规则地叠压,间隙疏散,不能联为整体,在风浪潮汐的冲刷下,很容易漂动甚至流失。为解决这一难题,蔡襄在总结前人对牡蛎生物特性认识的基础上,发明了"种蛎于础以为固"[2]的方法,即把牡蛎(又名蚝,俗称海蛎子)散置于石础和石墩上,利用牡蛎外壳附着力强,繁生速度快的特点,把桥基和桥墩牢固地胶结成一个整体,从而达到提高桥梁下层建筑坚固性和耐久性的目的。这种巧妙运用"石所纍(同"累"),蛎辄封之"[3]的介壳海生动物生长特性,实现封固桥基和桥墩的"种蛎固基法",创生物学应用于桥梁工程的世界先例,同时也是我国人工养殖贝类的开端。

三是发展尖劈形桥墩。根据现有资料,我国尖劈形桥墩最早出现于唐

---

① 中国科学院自然科学史研究所主编:《中国建筑技术史》,科学出版社1985年版,第239页。

② (元)脱脱:《宋史》卷三二〇"蔡襄传"。

③ (清)黄任:《乾隆泉州府志(一)》卷一〇"桥渡·晋江县·万安桥"引明王慎中记。

代的中桥[1]，宋初重修西京（今河南洛阳）天津桥时也采用了尖劈形石墩。蔡襄曾任西京留守推官，很可能亲自考察过天津桥和中桥的桥墩型制。因此，在建造洛阳桥时，蔡襄借鉴了天津桥“甃石（《宋史》为“巨石”）为脚，高数丈，锐其前以疏水势”[2]的做法，“累石条为桥基”“两头若圭射势”[3]（参见图 7-4）。与天津桥和中桥不同的是，蔡襄因地制宜，在用大长条石犬牙交错地垒砌桥墩时，将桥墩两端均筑成尖劈状，借以分开江流和潮汐的双向冲击力，达到全方位保护桥墩的目的。

图 7-4　洛阳桥的尖劈形桥墩

资料来源：福建省文物局。

四是采用悬臂式桥墩新工艺。在洛阳桥桥墩垒砌时，蔡襄设计在桥墩顶部逐次挑出 2 至 4 层条石，以达到承托石梁的作用。这一新颖做法，既

① 详见欧阳修《新唐书》卷一一七“李昭德传”的有关记载。

② （清）徐松：《宋会要辑稿·方域一三之一九“桥梁”》；（元）脱脱：《宋史》卷九四“河渠志四·洛河”。

③ （宋）方勺：《泊宅编（三卷本）》卷中。

增加了桥墩的跨径，又缩短了石梁的长度，可谓一举两得。而这种采用悬臂式桥墩的方法，对后来桥梁结构的发展亦起了先导作用。

五是浮运架桥法的最早应用。在石桥建造中，要将数十吨乃至上百吨重的石梁悬空安放在桥墩上，以铺成桥面，这在没有大型起重设备的宋代，似乎是一件不可能的事情。但蔡襄却巧妙地利用潮汐涨落现象，“激浪以涨舟，悬机以弦綍”[①]，即利用海潮高涨时机，用船将事先按规格尺寸加工好的石料运至桥墩之间，然后通过简单的吊装设备[②]，把巨石牵引就位；待落潮时，石料便会徐徐降落在预定位置上，从而顺利地起架为梁。这一充满智慧的架梁或筑墩方法，在蔡襄以后的福建石桥建造和维修中仍被屡屡采用，如一生造桥达200余座的道询和尚就曾多次“率其徒操舟运石（《大明一统名胜志·泉州府志·惠安县》《八闽通志》作“拿舟运石”）成桥”[③]，而明万历间（1573—1620年）姜志礼修桥时更有详细记载：“大石梁折，戴石补之，舟至泊于桥，择四月之十八日，乘潮长而上。连三日潮俱小，舟不加浮。匠师告惫，余曰，昔忠惠公以二十一日安桥，岂须是耶？及是日，滔天之水，果自东来，石梁遂上，二异也。悬空挈石，一绳千钧，架高千仞，下临深渊，每值狂风巨浪，人尽危之。自经始迄告成，木不摧，绳不断，石不陨，无几微虞，三异也。”[④]这个被后人称为“浮运架桥法”的施工方法，在现代桥梁工程中仍得到广泛应用。

可见蔡襄主持建造的洛阳桥，不仅是我国第一座海港大石桥，而且在工艺技术上有许多创新和突破，是我国古代桥梁建筑史上的伟大创举。现存洛阳桥石刻题词中，有一方称它为“海内第一桥”，实不为过。经过900多年的风风雨雨，洛阳桥现存桥长834米，宽7米，残存船型桥墩31座，加上钢筋混凝土公路下的石梁桥面遗存，人们依稀可见其当年的雄姿。洛阳

---

① （清）黄任：《乾隆泉州府志（一）》卷一〇“桥渡·晋江县·万安桥”引明王慎中记。

② 这也可从明末清初的《吴将军图》的画面中，用简易吊车维修洛阳桥的情景找到旁证。

③ （清）黄任：《乾隆泉州府志（一）》卷一〇“桥渡·惠安县·獭窟屿桥”引《名胜志》；（明）曹学佺：《大明一统名胜志·泉州府志·惠安县》。

④ （清）周学曾：道光《晋江县志》卷一一“津梁志·城外各都之桥·万安桥”。

桥现为全国重点文物保护单位。

第二节　先进的石梁桥建造技术

“视洛阳桥规划创建。”[①]洛阳桥建成后，在蔡襄创新精神和海外交通贸易的激励下，八闽大地掀起了一场轰轰烈烈的造桥热潮。据不完全统计(参见表7-1)，宋代福建八州军48县共建有一定规模的桥梁478座，平均每县约有10座，其中商品经济较发达的泉州和兴化军平均每县有20～27座之多，造桥运动达到了历史最高峰。就规模和时间而言，世界大港刺桐港所在地泉州，仅在南宋的153年里就建造了至少61座、总长在50里以上的大中型石梁桥[②]，故向有“闽中桥梁甲天下”[③]，“泉州桥梁甲闽中”之誉。

表7-1　《八闽通志》所载宋代福建路各州军大中型桥梁统计表

州军名	县　数(个)	桥梁数(座)
福　州	12	83
建宁府	7	71
泉　州	7	138[①]
漳　州	4	12
汀　州	6	20
南剑州	5	43
邵武军	4	31
兴化军	3	80
福建路	48	478

① (明)黄仲昭:《八闽通志(上册)》卷一九“地理·桥梁·兴化府·莆田县·迎仙桥”。

② (清)黄任:《乾隆泉州府志(一)》卷一〇“桥渡”。

③ (明)王世懋:《闽部疏》;(清)黄任:《乾隆泉州府志(一)》卷一〇“桥渡·晋江县·万安桥”引《闽中疏》。

注：①有关宋代福建各地造桥数量，各种史籍记载不一，今人看法也不相同。以泉州为例，乾隆《泉州府志》记载有宋一代泉州地区建造桥梁110座，今人根据《清源旧志》《泉州府志》《福建通志》《大明一统志》《古今图书集成·职方典》《大清一统志》等互参考证得出134座的结论（详见清黄任乾隆《泉州府志》卷一〇“桥渡”；傅宗文《刺桐港史初探》，载《海交史研究》1991年第1-2期。）。

资料来源：明黄仲昭《八闽通志》卷之十七～十九的“地理·桥梁”。

宋代福建桥梁建造不仅数量众多，而且技术先进，无论在建造速度、桥梁长度和跨度、石梁重量、桥型、桥梁基础以及施工技术等方面，都在洛阳桥的基础上向前迈进了一大步。[①]

一、大型石梁桥不断增多

南宋泉州建造的石梁桥不仅在数量上超过北宋，而且规模也比北宋大很多。

建于南宋绍兴八年至二十一年（1138—1151年）的安平桥（俗称五里桥或西桥），坐落在泉州府城西南八都的石井镇（今泉州晋江市安海镇与南安市水头镇之间），是跨越海湾的超大型石桥（参见图7-5）。

据《舆地纪胜》《八闽通志》《乾隆泉州府志》《道光晋江县志》记载[②]，此桥初建时“酾水为三百六十二道，长八百余丈（《乾隆泉州府志》和《道光晋江县志》作“长八百十有一丈”）”，为洛阳桥长（3600尺）的2.25倍，被誉为“天下无桥长此桥”[③]。因桥太长，建桥时就在桥上造了水心亭、中亭、宫亭、雨亭、楼亭等5座亭子，以便行人休息。

---

① 本部分内容参考了潘洪萱《南宋时期泉州地区的石梁桥》，载《自然科学史研究》1985年第4期；庄景辉《论宋代泉州的石桥建筑》，载《文物》1990年第4期。

② （宋）王象之：《舆地纪胜》卷一三〇“福建路·泉州·景物下·安平桥”；（明）黄仲昭：《八闽通志（上册）》卷一八“地理·桥梁·泉州府·晋江县·安平桥”；（清）黄任：《乾隆泉州府志（一）》卷一〇“桥渡·晋江县·安平桥”引《方舆纪要》；（清）周学曾：道光《晋江县志》卷一一“津梁志·安平西桥”。

③ 人们一般认为，安平桥是1905年郑州黄河大桥建成以前700～800年中我国最长的桥梁。现存桥长2255米，宽3～3.6米，桥墩331座。

除这类单体石梁桥外，宋时的泉州地区还建造了几座比安平桥更长的道路与石梁桥相间而行的“路桥”，如位于泉州府城东南二十九都的苏棣桥，“凡大桥四，计二十三间，……小桥一百一十四间(《乾隆泉州府志》作“百四十间”)，长二千三百余丈(《乾隆泉州府志》作“二千四百余丈”)”[①]；惠安县东二十五都的獭屈屿桥，“建桥七百七十间，直渡海门，凡五里许”[②]，桥孔多达770个，为安平桥桥孔数(362孔)的2倍以上；泉州府城南二十二都的泔江桥，“甃石为路二十里许，中为巨桥三。曰前埭，曰林湾，曰高港，悉覆以亭”[③]，是迄今为止有记载的古代最长路桥。此外，元代的泉州也建造了一座“六百二十间”[④]的超大规模单体石梁桥——行辇桥。超大型石桥成为跨海长桥、跨江大桥、海岸长桥、河网连桥群体与铺石砌路相接长桥的主体或骨干，成为四通八达交通的重要枢纽。

图7-5　晋江安平桥现貌

资料来源：泉州海外交通史博物馆。

---

① (明)黄仲昭：《八闽通志(上册)》卷一八“地理·桥梁·泉州府·晋江县·苏棣桥”；(清)黄任：《乾隆泉州府志(一)》卷一〇“桥渡·晋江县·苏棣桥”引《方舆纪要》。

② (明)黄仲昭：《八闽通志(上册)》卷一八“地理·桥梁·泉州府·惠安县·獭屈屿桥”。

③ (明)黄仲昭：《八闽通志(上册)》卷一八“地理·桥梁·泉州府·晋江县·泔江桥”。

④ (明)黄仲昭：《八闽通志(上册)》卷一八“地理·桥梁·泉州府·晋江县·行辇桥”。

此外，泉州历史上的十大名桥，除北宋的洛阳桥和元代的下辇桥（《八闽通志》作“行辇桥”）[①]外，其余8座均建于南宋，他们分别是安平桥、玉澜桥（长千余丈，1131—1162年建）、东洋桥（又名东桥，长865步或432丈，1152年建）、石笋桥（又名通济桥，1160—1168年建）、顺济桥（又名新桥，长151丈，1211年建）、金鸡桥（又名通济桥，亭屋长100余丈，1208—1224年建）、风屿盘光桥（又名乌屿桥，长400余丈，1253—1258年建）和海岸长桥（长770余间，约1165—1173年建）等，这些大型石梁桥的短时间建成，说明南宋时期福建桥梁建造速度在国内外首屈一指。对此，世界著名科技史专家、英国剑桥大学李约瑟博士给予了很高的评价，他说中国古代桥梁“在宋代有一个惊人的发展，造了一系列的巨大板梁桥，特别是在福建省。在中国其他部分或国外任何地方都找不到能和它们相比的”[②]。我国桥梁界泰斗茅以升在《中国古桥技术史》中也写道：“石梁石墩桥极盛于有宋一代，多见于福建一省，特别是泉州一府”，“福建的石梁和木梁石墩桥为数甚多，为工甚巨。”[③]

桥梁建造是一项科技含量高的系统工程，以南宋泉州为代表的宋代福建大型石梁桥的不断增多，说明宋代福建造桥综合科技能力建设取得了跨越式的进步。

二、桥梁跨越能力不断提高

桥中石梁的跨越能力是衡量造桥技术水平的一项重要指标。从现有资料看，北宋至南宋福建石桥的石梁长度呈不断增加趋势：洛阳桥石梁长为11.8米，石笋桥（建于1168年）则增至14.5米，漳州的虎渡桥（又名江东桥或通济桥，建于1238—1240年）更达到23米，被《世界之最》一书列为“世界上最大的石梁桥”（参见图7-6）。宋漳州郡守黄佐朴（《八闽通志·桥

① （清）黄任：《乾隆泉州府志（一）》卷一〇“桥渡·晋江县·下辇桥”引《隆庆府志》。

② （英）李约瑟：《中国科学技术史·（第四卷第三分册）土木工程与航海技术》，科学出版社2008年版，第182页。

③ 茅以升：《中国古桥技术史》，北京出版社1988年版，第42页。

梁》作"黄朴"）在《建桥记》中说，每一桥孔有三根石梁，最大桥孔的石梁每根"长八十尺，广博皆六尺有奇"；《八闽通志・桥梁》亦载"越四年，桥成，长二百丈，址高十丈，酾水一十五道"[①]，桥孔跨度为该书之最。

图 7-6　横跨九龙江北溪下游的虎渡古桥（右图为高架设钢筋混凝土改造前的虎渡桥）

资料来源：中国古代十大名桥；《厦门日报》2015-03-06(A11)。

经实测[②]，在虎渡桥现存两跨完好的古石梁中，其最大花岗石石梁长 23 米，宽 1.5 米，厚(高)1.6 米，与史书记载基本相符，说明该跨墩石梁是宋代建桥时的"原装产品"（参见图 7-7）。这样就产生了一个十分有意义的技术问题。花岗石容重一般为 2.7 吨/米^3，如此计算，最大的跨墩石梁的重量达近 200 吨。另据现代强度理论验算，当花岗石石梁长为 23 米时，则在自重的作用下，它的跨中截面的弯拉应力将达到其抗拉极限应力的 90%。也就是说，漳州虎渡桥 23 米的跨墩石梁已接近它允许的最大跨径，如果再增大，石梁将会在自身重量的压力下断裂。那么，在材料力学诞生的 500 多年前，福建造桥技术人员是如何发现这个数据的呢？"是通过辛苦的实

---

① (明)黄仲昭：《八闽通志（上册）》卷一八"地理・桥梁・漳州府・龙溪县・虎渡桥"。

② 《八百年江东古桥雄姿英发》，载《厦门日报》2015-03-06(A11)。

图 7-7　专家正在考察重达 200 吨的虎渡桥宋代石梁

资料来源:《厦门日报》2015-03-06(A11)。

际失败经验,或者可能在采石场进行过预备性的实际材料强度试验。"[①]如果是后者,福建石桥建造科技史将要重写。但无论如何,能找到这样的数据本身就是一项很了不起的技术成就,充分表现出宋代福建人民的高度智慧和精湛技艺。正如科学家郑雄飞在《江东桥的科学之谜》一书中所发出的赞叹:"如果跨径再大一些,石梁就要因本身的自重而断毁,多么精确的计算。翻开科学史,吉拉德的第一本材料力学的著作问世于公元 18 世纪末,而在 800 年前,古代的劳动人民就已解决弯曲理论的尖端问题。"[②]

桥下净空的增大,有利于泄洪、排潮和通航,所以在增大石梁跨度的同时,福建造桥工匠还向桥墩要空间。他们将过去建造厚桥墩改变为建造薄

① (英)李约瑟:《中国科学技术史·(第四卷第三分册)土木工程与航海技术》,科学出版社 2008 年版,第 189 页。

② 转引自《八百年江东古桥雄姿英发》,载《厦门日报》2015-03-06(A11)。

桥墩，并将桥墩建成悬臂式。如安平桥和石笋桥的桥墩宽度约为1.8～2米，不到洛阳桥桥墩宽度4.35米的一半；石笋桥还采用挑出四层，每层挑出20～30厘米的悬臂石墩来进一步扩大桥下净空。桥下净跨径与桥墩宽度的比值，是衡量造桥技术水平的重要指标。在不到100年的时间里，福建石梁桥的这一比值从1.034（洛阳桥）发展到7.25（石笋桥），说明这一时期福建建桥技术处于快速进步之中。

三、睡木沉基的创造与创新

在洛阳桥筏形基础的基础上，南宋福建工匠又发明创造了更简单方便的新型桥基工艺——睡木沉基。所谓“睡木沉基”，是指人们在潮落水枯时，将墩基泥沙抄平，然后用一层或多层纵横交错的木排固定在筑墩处，再在木排上垒筑墩石。随着墩石的逐层增高，其分量亦不断加重，木排在其重压下便会渐渐沉陷于泥沙之中，直到江底承重层。睡木沉基为南宋桥梁建筑中的一项重大技术发明，尽管这一工艺在福建至今未见史载，但近代考古却见证了它的真实存在。

1965年为解决晋江、南安、惠安三县农田水利灌溉，择于南宋嘉定年间（1208—1224年）建成的石墩木梁金鸡桥[①]旧址兴建水闸。拆墩之时，发现“睡木”桥基的实物，证实了传说中的“睡木沉基”法。据当时参加现场考古的王洪涛记载：“查旧桥墩之拆卸从上而下，层层卸石，石尽见底，即发现巨大松木二层纵横层叠，作为卧椿。每一松木皆赤松整株去枝叶截头尾，留皮面主干，其全长为16～18米之间，尾径粗40～50厘米之许，出土时木质未变（不蛀不蠹），树皮完好，……当松木被抬起后，其下即江底之沙积层。据此可知当初奠基时，松木即排放于沙上，纵横叠妥后，桥墩即叠砌而上。其未受墩之四周再铺压一层重石。”[②]显然，王洪涛所描述的金鸡桥旧桥基就是典型的“睡木沉基”，他的推断也完全符合情理。从历时近800年

① （清）黄任：《乾隆泉州府志（一）》卷一〇“桥渡·南安县·金鸡桥”。

② 王洪涛：《晚蚕集·下篇：考古篇》，华星出版社1993年版，第176页。另，（北京）三联书店2002年版的陈从周《书带集·闽游纪胜》第92页也有类似的记载。

仍坚固如初的“睡木”看，在沙土地区采用睡木沉基筑基方法，不仅建桥速度快，而且比采用其他方法经济合理。

1980年11月至12月发掘的安平桥桥墩基础，发现了两项在“睡木沉基”基础上的创新技术。一是睡木沉基与桩基础相结合的筑基方法。如呈船形的185号墩，墩底为烂海泥，墩也较小，发掘至墩底露出5根杉木，间隔平行卧于海泥之上，每根杉木的两端分别架于打入海泥中的桩木，作为桩基础。在靠南、北两侧的睡木外侧，又加2根木桩，可能是为了防止外侧睡木滚出墩外的缘故。墩的条石与睡木交叉叠砌。这种筑基法在安平桥船形墩和半船形墩中较为典型。另一项是睡木沉基与沙基相结合的筑基方法。如呈船形的312号墩和呈半船形的39号墩，前者墩底一层直径20多厘米的杉木编成木排，作为墩基，墩石垒于基上；后者筑基与前者类同，但睡木长短不一，长出的部分露在船形墩外，长达22～60厘米，这是就材选料，并没其他用意。上述两处墩底海泥中多渗有粗沙、石片、石砾，显然是为了加大烂泥的摩擦系数，缓慢下沉速度。值得一提的是，安平桥发掘的睡木沉基均用一层木排，这样做既达到了整体均衡沉基的目的，又节省了木材和施工时间，因此较之用多层木排沉基更科学。[①]

作为福建桥梁的代表，金鸡桥和安平桥的筑基新工艺在南宋的福建特别是泉州得到了广泛的推广，成为当时和以后相当时期的标准施工模式。然而也有例外，如虎渡桥。根据明代陈让的《虎渡桥》记载[②]分析，虎渡桥桥墩仍是采用蔡襄的“筏形基础”筑基方法。这充分说明宋元福建桥工不拘一格、因地制宜造桥的大家风范。

四、施工技术不断发展

与洛阳桥比较，1060年至1279年的福建桥梁施工技术又有许多重大发展，突出表现在桥墩、石料和石梁诸方面。

---

① 详见陈鹏《宋代泉州桥梁及其建造技术》，载周济《八闽科苑古来香——福建科学技术史研究文集》(厦门大学出版社1998年版)，第35页。

② (清)顾祖禹：《读史方舆记要》卷九九“福建五”。

一是桥墩砌法的科学性和桥墩型制的多样化。在桥基石墩台的砌筑方法与结构上，宋元福建的做法也颇具特色。国内常见的石墩砌法，一般是采取一丁一顺、交叉叠置的方法在墩基外围砌筑块石或条石，然后用大小不等、强度不一的零碎石料和沙土等填入其中，再用石灰砂浆或糯米猪血或铁件等胶凝嵌砌。而福建的石桥墩台，则全部采用整条大石，一层纵一层横垒置而成，不用人工胶凝嵌结，构造简单，施工便捷，整体性好，压重大，使浅基难以飘动和松散，还能有效应对江水冲刷和浪潮拍击，因而坚固耐用，是后世常常袭用的施工方法。如至今屹立在九龙江北溪下游的南宋虎渡桥，其桥墩通长 11.4 米、宽 5.3 米，就是以 0.35 米×0.4 米×5.2 米的条石交错叠砌而成的。[①] 宋元福建不仅桥墩砌法颇具特色，而且桥墩的型制也有所发展。随着造桥经验的不断丰富，南宋的桥工们已经能够根据不同桥梁的不同部位、不同需要建造不同形式的桥墩。如在安平桥的 362 座桥墩中，就采用了长方形、双边船形和单边船形 3 种不同的桥墩型制。在水流主干道上采用双边船形桥墩，可以有效分流来自江河与大海的水势，同时便于港道畅通。在海滩或其他水流区域多采用单边船形与长方形桥墩（安平桥此类桥墩现存多达 304 座），可以省工省料加快建桥速度。这种因地制宜多种桥墩设计理念，说明宋代福建人民对水流性质和桥梁功能的认识达到了相当的水平。

二是石料开采、运输和石梁架设的先进性。石基、石墩、石梁和石板，花岗石料是宋元福建造桥的关键材料。但在古代，花岗石的开采和利用并非易事，需要相当的智慧和技术。尽管有关这一时期福建造桥石料的开采、运输和石梁架设方面的史料十分匮乏，但我们仍能从残存石桥的石梁和石板上找到一些端倪。观察发现，在这些石梁和石板的边缘上，有和现代采石场加工石料大致相同的凿孔和火药眼，说明当时的石工已经基本掌握了现代石工手工凿石的技术，并已开始用火药爆裂大块的花岗石。有了这些技术手段，他们就能把坚硬质密的巨大花岗石从顶部到底部劈裂开

① 《八百年江东古桥雄姿英发》，载《厦门日报》2015-03-06（A11）。

来，而且劈面垂直平整，有些甚至可以直接运去造桥，有些则需用铁器凿切的方法再分割并加工成各种规格的石材，这样的技术和效率完全能够满足大规模石桥建造的需求。至于南宋漳州虎渡桥重达200吨的石梁是如何运输和架设的呢？李约瑟博士亲临考察后认为，江东桥“存在着一个有趣的历史性问题”[①]。中国著名桥梁专家罗英先生在《中国石桥》一书中对此提出了自己的看法，他通过稽考宋史和《癸辛杂志前集艮岳篇》中有关古代开采运输巨石的记载，推测虎渡桥可能是仿效“昭功敷庆神运石”的办法，即先将石梁各面琢平，后用杂泥麻筋等糊成圆柱形，晒干后用滚动的办法运送，先运到大木造成的车上，再运至特制的大木船上，待洪水暴涨时，运到墩旁，利用潮汐涨落，架到石墩上。[②]。这实质上就是蔡襄的“浮运架桥法”，相信宋元福建石桥建造工程中大多采用此法架设石梁。当然，关于这一问题的实情到底如何，有进一步探讨的必要。

五、学派与传统：僧侣技术家群体

人是各项事业发展的重要推动力量。英国科技史专家李约瑟博士在总结泉州洛阳桥科技成就和宋元福建造桥热背后的原因时指出：“人们可以意识到曾有某些造桥能手，他们创立了学派并奠定了传统”，并推断佛教僧侣“他们自己可能就是工程师”，建议“广泛地考察当地的历史和山川地形将会发现这些出家的工艺家更多的事实”[③]。

的确，《乾隆泉州府志》中，就记载了41位有名有姓的桥梁僧侣技术家，如造洛阳桥的义波与宗善，造安平桥的祖派，造石笋桥的文会，造悲济桥的法超，造蚶江桥的怀应，造玉澜桥的仁惠，造普利大通桥的智资，造苏棣桥的守徽，造金鸡桥的守净，造上陂桥的行传，造琼田延寿桥的大通，等

---

① （英）李约瑟：《中国科学技术史·（第四卷第三分册）土木工程与航海技术》，科学出版社2008年版，第189页。

② 罗英：《中国石桥》，人民交通出版社1959年版，第125页。

③ （英）李约瑟：《中国科学技术史·（第四卷第三分册）土木工程与航海技术》，科学出版社2008年版，第185～186页。

等。这41位僧人占所记造桥人数的40%左右,形成一个庞大的僧侣技术家群体。[①]

僧侣技术家群体不但人数众多,而且在福建特别是泉州的造桥大军中十分活跃。据《乾隆泉州府志》记载,41位僧侣共造桥74座,而且泉州历史上的十大名桥,其中有8座是僧侣修建或参与董事的,这在中国乃至世界都是极其罕见的,可以称其为"泉州现象"。就泉州一府七县而言,晋江县僧侣对造桥事业的贡献最为突出,在所有52座宋建石梁桥中,有23座是僧人主持修建的,约占总数的44%。就个人而言,南宋末年至元初的惠安白沙寺僧道询(俗姓王,泉州惠安人,病故于1268年左右)最有名。他一生修造大小桥梁200多座(平均每年建造近3座)[②],且所修造的惠安青龙桥、獭窑屿桥,晋江登瀛桥、清风桥、凤屿盘光桥,南安弥寿桥、通郭桥等,都是当时的著名工程。就凤屿盘光桥(又名乌屿桥)来说,分"百六十间,长四百余丈,广一丈六尺,是桥与洛阳桥海中相望,如二虹然"[③]。僧人造桥较多的还有元僧法助,他修造了适南桥、御亭头桥、下辇桥、泸溪桥、大拓海迳石桥、马山桥、结砖福利桥、梯云桥等桥梁,其中下辇桥长"六百二十间"[④],是宋元泉州十大名桥中的唯一一座元代建造的桥梁。值得一提的是,北宋皇祐年间(1049—1054年)法超建造的晋江悲济桥[⑤],开宋元福建僧人独资造跨海大桥的先河。

除丰富的建桥经验和"慈悲方便,普济众生"功德理念外,僧侣技术家群体善于继承和勇于创新的科学精神,也是推动宋元福建造桥事业蓬勃发展的重要因素。如泉州开元寺僧了性(俗姓黄,泉州安溪人)与守净(俗姓翁,泉州晋江人)就是当时有名的师徒工程师。了性建有晋江安济桥、安溪龙津桥和泉州龟山桥等,他的徒弟守净则建兴化军(今莆田)安利桥、延平

① 详见(清)黄任《乾隆泉州府志(一)》卷一〇"桥渡"。

② (清)黄任:《乾隆泉州府志(三)》卷六五"方外·宋·道询"。

③ (清)黄任:《乾隆泉州府志(一)》卷一〇"桥渡·晋江县·凤屿盘光桥"引《方舆纪要》与《闽书》。

④ (清)黄任:《乾隆泉州府志(一)》卷一〇"桥渡·晋江县·下辇桥"引《隆庆府志》。

⑤ (清)黄任:《乾隆泉州府志(一)》卷一〇"桥渡·晋江县·悲济桥"引《隆庆府志》。

（今南平）可渡桥、南安金鸡桥等，其中金鸡桥列选为“泉州十大名桥”，可谓青出于蓝而胜于蓝。他们师徒除广泛采用睡木沉基、船形桥墩、墩上迭涩三层、墩石迭压等传统福建桥梁建筑施工技术外，还在桥梁型制上有所创新。了性与守净根据闽南降水充沛的特点，独具匠心地创造出梁上架屋的建桥形式。这种桥式既可供行人歇脚、避雨，又增加桥梁稳定性，防止雨水渗入腐蚀木梁，还能增添山水之间无限画意，收到实用、坚固、美观的全面效益。了性与守净师徒两人技术经验相传，功力并称当世，正所谓八闽大地“桥梁大建筑家和他所创立的派系或遗规之存在”的一个见证。

由此可见，僧侣技术家的涌现及技术规范的相传，对福建造桥事业形成强大的技术推动力。“闽中桥梁甲天下”，僧侣技术家群体功不可没。

第三节　宋元福建石梁桥的地位及其影响

宋元福建石梁桥，无论在福建、中国还是在世界桥梁史上都具有重要的地位，其影响也是多方面的。[①]

一、奠定了桥梁技术基础

木（含竹）、石（含砖）、铁，是我国古代桥梁的主要建材。木材源于自然，性能久为人们熟知，先秦时期已被用来建造木梁木柱桥了。南宋时期，木材广泛用于建造桥墩基础（即“睡木沉基”）、桥身（包括桥柱、桥墩、梁身、桥屋、桥面及装饰、浮桥船体），甚至有的桥梁全部用木材建成。竹材则主要是被制成缆索以修造浮桥或绑扎其他桥梁构件。然而木竹易燃、易朽，“人情欲永逸而物废兴不常，成之未几坏已至矣”[②]。因而用木竹建桥，速就也易毁坏。

---

① 本部分内容参考了葛金芳等《南宋桥梁建材浅析》，载《华中建筑》2007年第11期。

② （宋）叶适：《水心先生文集》卷一〇“台州重建中津桥记”。

人类同石材打交道的历史可上溯至旧石器时代，对石材的性质也有了一个长期的了解过程。早在先秦、秦汉时期，砖、石料便被用于建造墓室。至南宋，石材被广泛用于建造桥墩和梁身，是我国石墩石梁桥的迅速发展时期，这一点在福建表现得尤为突出。享有“闽中石材冠中华”的福建沿海一带，有大量花岗岩露在地面，成为一项取用不竭的珍贵资源。花岗石是一种深层岩石，在地层深处缓慢冷凝而成，容重为每立方米2.3～2.8吨，吸水率为0.1%～0.7%，极限强度可达每平方厘米1000～2000公斤。所以花岗石质地均匀、致密、坚实，硬度高，耐腐蚀，是古代优良的桥墩梁身建筑用天然材料。[①] 正所谓“上重下坚，相安以固。涨不能没，湍不能怒，火不能热，飓不能倾。锁沉石以利行人，维两峡而捍固内气”[②]。不过，石材加工需耗费大量的人力和时间，运输、架设也存在巨大的工程量。

在桥梁建造中，铁最早用于索桥。建成于隋朝大业二年（606年）的赵州桥已有了腰铁、铁拉杆、铁柱的运用。南宋时期的桥梁建设中，铁用于浮桥的建造多有文字记载。铁虽源于自然，但需经过复杂的工艺才能锻成适于使用的建材。在古代，铁材的成本太高，只能用作桥梁的构件，其运用的普及性不及木、石。

正是建材的诸多优缺点，激励着福建先民在广泛的造桥实践中不断去摸索，促进了桥梁技术的不断进步与发展。事实上，宋代特别是南宋福建桥建设中已显示出一个较为明晰的逐步替代演进的轨迹，那就是同一桥址的桥梁至少经历了两种演进序列之一：一种是由舟渡过渡到浮桥，然后过渡到石墩梁桥（中间有可能经历一个由浮桥过渡到木桥的过程）；一种是木桥过渡到石墩梁桥。

对于第一种演进序列，安溪的龙津桥和漳州的虎渡桥是典型例证。龙津桥在县东黄龙渡，宋绍兴八年（1138年）始为浮桥，庆元五年（1199年）建石址木梁，嘉泰二年（1202年）始成之，“长六十八丈，广二丈四尺，上覆以

① 参见茅以升《中国古桥技术史》（北京出版社1986年版），第175页。

② 郑雄飞语，转引自《八百年江东古桥雄姿英发》，载《厦门日报》2015-03-06（A11）。

屋凡四十三间”[1]。虎渡桥，在南宋绍兴年间（1131—1162年）是浮桥。嘉定七年（1214年）改为木梁石墩桥。“累（垒）石为址，凡一十有五，架梁而覆以屋”，改名为通济桥。嘉熙元年（1237年）失火烧毁，于是花费4年时间改建为“长二百丈，址高十丈，酾水一十五道”[2]的石墩石梁桥。

对于第二种演进序列，南宋莆田刘克庄记述了端平年间（1234—1235年）南剑州（古称延平，即今南平）延平桥木桥过渡到石墩梁桥的鲜明对比。改建前，延平桥“接腐木为之，可十余丈，下临不测，覆以栈，半朽矣，举足则轧轧有声，幸达彼岸，回顾犹心悸未巳（已）”。改建后，“前之腐木易以坚石，朽栈化为康庄上屋”[3]。这种“以石易木”的演进趋势，表明南宋福建先民对石料性能的认识有所深化。在南宋庆元年间（1195—1200年）漳州三十五桥始建之初，有人以“役众费广，未易猝办”为由，建议建造木桥。漳州知州傅伯成则指出“此非所以为后图，必伐石为之乃可”[4]，其中所建鹿溪桥即“累石为址，上跨石梁”[5]，说明当时木料被石料取代的倾向已渐趋明显，并间接说明南宋福建造桥的技术水平已有了新的进步与发展。

的确，根据历史记载和现代调查，从唐代至清朝中期，福建省共建有2694座桥梁，目前尚存166座。[6] 在这些桥梁中，宋元石梁桥素以技术精湛、构造独特、规模宏大以及雕刻细腻而闻名中外，赢得“闽中桥梁甲天下”和“闽中桥梁最为巨丽”[7]之美誉。特别是北宋建造的泉州洛阳桥、福清龙

---

① （明）黄仲昭：《八闽通志（上册）》卷一八“地理·桥梁·泉州府·安溪县·龙津桥”。

② （明）黄仲昭：《八闽通志（上册）》卷一八“地理·桥梁·漳州府·龙溪县·虎渡桥”。

③ （宋）刘克庄：《后村先生大全集》卷八九“南剑州创延平桥”。

④ （宋）黄櫄：《三十五桥记》，载王文径《漳浦历代碑刻》（漳浦县博物馆1994年自印本），第9页。

⑤ （明）黄仲昭：《八闽通志（上册）》卷一八“地理·桥梁·漳州府·漳浦县·鹿溪桥”。

⑥ 《面临消失危险，别让福建“廊桥”成遗梦》，载《海峡都市报》2004-12-14。

⑦ （清）周亮工：《闽小纪》卷一“桥梁”。

江桥(参见图 7-8)[①],南宋建造的晋江安平桥和漳州虎渡桥,被并称为古代"福建四大名桥"。其中,洛阳桥还是我国第一座跨海港石梁桥,自古就有"北有赵州南有洛阳"的说法,它与北京的卢沟桥、河北的赵州桥、广东的潮州广济桥并称为我国古代四大名桥,更有"天下第一桥"之美誉;安平桥和虎渡桥亦分别被誉为"天下无桥长此桥"与我国古代十大名桥之一。

图 7-8　福清龙江桥现貌

资料来源:中国古代十大名桥(上)。

北宋洛阳桥的建成,揭开了中国桥梁史上新的一页,"筏形基础""种蛎固基""浮运架桥"等都属首创,其中"筏形基础"和"浮运架桥"在现代桥梁工程中仍在使用,"种蛎固基"可以说是人类头一次用生物方法建桥。在北宋建桥技术的基础上,随着南宋海外交通贸易发展的需要,以泉州地区为代表的整个福建又形成了中国历史上建桥的高潮时期,特别是在宽阔水面上建造了不少大中型石梁桥,其建桥技术又有许多新的发展,如抗拉应力极限的控制,睡木沉基工艺的运用,桥墩构式的改进,桥下净空的增大等,

① 龙江桥(始名"螺江桥",又称海口桥)位于福清市龙江街道与海口镇之间,建于北宋政和三年至宣和六年(1113—1124 年),桥长 476 米,宽 4.2～5.2 米,有船形桥墩 39 座,是福建目前保存最完整的宋代石梁桥。

表明福建造桥工匠们具有勇于创新的科学精神，值得赞叹和骄傲。当然，作为脆性材料，石料在现代建造桥梁已不太合适，但福建石梁桥在历史上所起的作用及对后来造桥发展的启示，是不容忽视的。一方面，花岗石属价廉地产，在造桥材料匮乏的宋元，没有因地制宜的石墩、石梁桥，就没有福建的大规模造桥活动，更谈不上造桥技术的探索和创新。另一方面，石梁桥的建造工艺奠定了福建乃至中国桥梁技术的基础，为桥梁的后续发展提供了技术支持。正如李约瑟博士所指出的，今天的钢筋混凝土和预应力混凝土桥梁，“确实是中国中古时期花岗岩桥的继承者”①。

二、对其他类型桥梁的影响

除“以石易木”外，宋元乃至明清福建山区还因地制宜，将石桥技术融入木桥，建造了许多有名的石墩木拱桥。

翻开黄仲昭的《八闽通志·桥梁志》，发现明中期以前几乎所有福建山区州县都建有“累石为址，架木为梁”的桥梁，且这些桥梁大都是在浮桥或木桥原址上改重建的。如建宁府城西门外的平政桥，曾是一座“造舟贯索”“天下第一”②的浮桥，南宋乾道初(约 1165 年)改建为“累石为址，架木为梁”③的木桥，“跨大溪。立趾十有一，各高七十二尺。酾水之道有九，梁空而行，复为屋二百六十楹(《八闽通志·桥梁》作“三百六十楹”)于其上，而栏翼之”④。高度达 72 尺(约合 20 米)的 11 座石桥墩，总长 260 亭、平均跨度达 2.2 间房的木梁，这些数据在当时是罕见的，是一座建造难度大、科技含量高的石墩木拱桥。

从技术细节看，复建于清光绪元年(1875 年)的永春通仙桥，是宋代石梁桥工艺技术对其他材质和型式桥梁影响的典型代表。通仙桥俗称东关

① (英)李约瑟:《中国科学技术史·(第四卷第三分册)土木工程与航海技术》，科学出版社 2008 年版，第 189 页。

② (宋)华岳:《翠微南征录》卷二“古诗·平政桥”。

③ (明)黄仲昭:《八闽通志(上册)》卷一七“地理·桥梁·建宁府·瓯宁县·平政桥”。

④ (宋)祝穆:《方舆胜览》卷一一“建宁府·桥梁·平政桥”。

桥，位于永春县东关镇东美村的湖洋溪上，始建于南宋绍兴十五年（1145年）[①]，虽历经元明清的多次重建与复建，但仍较完整地保留宋代石墩木梁桥建筑特点（参见图7-9）。该桥全长85米，宽5米，计有二台、四墩、五孔。船型桥墩均用青花岗岩石条，齿牙交错，榫合叠压，不用灰泥砂浆勾缝，而是逐层丁顺干砌而成。墩的两头俱作尖形，以分水势。墩下以大松木作卧桩形成睡木沉基，枯水时期，水浅木现。4个桥墩全部用巨石叠成三层以承架大梁，每个桥孔又由22根直径30～40厘米、长16～18米的特大杉木作梁铺设成上下两层。墩上以砖石砌墙，用木料做柱檩、桥板和护栏。据《永春县志》记载[②]，明弘治十三年（1500年），为防止雨水浸蚀桥板和供远行人歇脚，又在桥上建造了20间整齐划一的木屋，屋架、椽角和雨篷均用榫结构，成为闽南罕见的长廊屋盖梁式桥。

图7-9　永春通仙桥及石墩、木梁现貌

资料来源：《中国古桥》；福建最早木梁廊桥。

显然，像永春东关桥这种用巨木为梁的仿石桥，既延长了桥梁使用寿命，又摆脱了超重石梁架设难题，在远离大江大河的山区可谓一举多得，因

① （明）黄仲昭：《八闽通志（上册）》卷一八“地理·桥梁·泉州府·永春县·通仙桥”。

② 永春县志编纂委员会编：《永春县志》卷三一“文物志”。

而在宋元明清的福建得到广泛采用。据《方舆胜览》记载①，建宁府北溪的万石桥，建阳的朝天桥、拱辰桥等，都是南宋福建乃至全国知名的石墩木构桥。

不过，从类型学角度看，分布于闽浙边界山区“木梁而覆以亭”②的木拱廊桥更具分类价值。以屏南万安桥为例（参见图 7-10），这座现存全国最长的木拱廊桥长 98.2 米、宽 4.7 米，桥面至水面高度 8.5 米，五墩六孔。船形墩，不等跨，桥堍、桥墩均用块石砌筑，桥屋建 37 开间 152 柱，九檩穿斗式构架，上覆双坡顶，桥面以杉木板铺设。据嵌入桥墩的石碑记载，万安桥始建于北宋元祐五年（1090 年），历代多次重建，现存木质桥身为民国二十一年（1932 年）和 1954 年修造，是第六批国家重点文物保护单位“闽东北廊桥”的代表作之一。此外，屏南的千乘桥和百祥桥也是始建于宋代的有名木拱廊桥（参见图 7-11）。前者因造型别致、雄伟壮观，曾被著名桥梁专家茅以升记入《中国古代桥梁技术史》并作为其插图；后者单孔跨度 35 米，桥面至谷底高度 27 米，如彩虹凌空、飞架幽谷，有“江南第一险桥”之美誉。

图 7-10　屏南万安桥及桥屋现貌

① （宋）祝穆：《方舆胜览》卷一一“建宁府”。
② （明）黄仲昭：《八闽通志（上册）》卷一七“地理・桥梁・建宁府”。

图 7-11　屏南千乘桥(左)和百祥桥现貌

可见,以永春东关桥和屏南万安桥为代表的石墩木构桥,一方面继承了福建石梁桥的传统工艺,另一方面在材质和型式上有所创新,从而为古代福建桥梁建造技术的多元化和统一性增添了注脚。值得一提的是,在位于永泰大樟村一都溪古驿道上,有一座十分经济的简式石梁桥。[①] 该桥既无桥台,又无桥墩,而是用一根长 7 米多的大条石,铺设在直立于溪中制成"H"形的石构件上而成(参见图 7-12)。永泰大樟桥是目前福建发现的唯一磴步与石梁结合结构的古桥,建于南宋绍兴年间(1131—1162 年),至今能屹立不倒,说明它的设计理念和建造工艺并不简单。

图 7-12　结构独特的永泰大樟桥

① 《请留住古桥的辉煌!》,载《福建日报》2005-01-31(5)。

三、改善了福建陆路交通

福建地处我国东南沿海，三面环山，一面临海，区域内山岭叠嶂，溪流纵横，河谷与盆地交错分布，素有“东南山国”之称。正缘于福建山多，武夷山横亘于西，仙霞岭阻碍于北，造成了福建与内地交通的隔阂，天然地形成了面向海之封闭地形。陆上交通，无论是区域内，还是与中原各地都十分不便，甚至历史上曾有“闽道更比蜀道难”之说。对此，宋人有清醒的认识：“其路在闽者，陆出则厄于两山之间，山相属无间断，累数驿乃一得平地，小为县，大为州，然其四顾亦山也。其途或逆坂如缘絙，或垂岩如一发，或侧径钩出于不测之溪。上皆石芒峭发，择然后可投步。负戴者虽其土人犹侧足然后能进，非其土人，罕不蹶也。其溪行则水皆自高泻下，石错出其间，如林立，如士骑满野，千里上下不见首尾。水行其隙间，或冲缩蟉糅，或逆走旁射，其状若蚓结，若虫镂，其旋若轮，其激若矢。舟溯沿者，投便利，失毫分，辄破溺。虽其土长川居之人，非生而习水事者，不敢以舟楫自任也。其水陆之险如此。”[①]开辟出省通道，修建河道桥梁，成为福建改善陆路交通条件的两大途径。

唐宋时期，福建先后开辟了由福州“抵延平（今南平）、富沙（今建阳），以通京师”[②]的陆路驿道，和“由浙东……开山洞五百里，由陆趋建州”[③]的著名出省通道仙霞岭路，以及出闽北杉关、分水关至江西境内两条通道。由是，光泽县西经杉关可通江西南城、黎川，县北云际关通江西铅山（路通浙江），县西北铁牛关通江西资溪；崇安县西北分水关通江西铅山，县西桐木关经江西烟埠亦通铅山；武平县北石径岭（《福建公路史》作“县西湖界隘”，即今筠门岭）通江西会昌，县南象洞接潮州界（《福建公路史》作“悬绳隘通广东平远”），县南化龙溪水道入广东程乡（《福建公路史》作“大坝水道

① （明）黄仲昭：《八闽通志（下册）》卷八二“词翰·福州府·纪述·（宋曾巩）《道山亭记》”。

② （宋）梁克家：《三山志》卷五“地理类五·驿铺”。

③ （后晋）刘昫：《旧唐书》卷一九下“僖宗记”。

通广东蕉岭")。[1] 这些出省通道的开通,改善了福建与周边省份的交通条件,区域间的联系也得到了加强。此外,为改善境内外道路交通质量,两宋时福建各地进行了大规模的修路植树工程,如北宋前期知漳州的王言彻(《闽大记》作"王言澈")"翼道植松抵泉境二百余里"[2];嘉祐三年(1058年),知怀安县樊纪大力整治福州北取温州路怀安段:对"高一千八百步,十五里""顽石根互,沿崖而跻"的北岭,"乃奠高为夷,正曲为直,凹回者培,陷者续";对有"溪涧或江浦之阻"的道路,则"梁石以渡者五十一,木为桥十有六"[3];政和年间(1111—1118年),在建州、汀州、南剑州、邵武军和福州的官驿道路两畔,"共栽植到杉松等木共三十三万八千六百株"[4];乾道九年至淳熙二年(1173—1175年),福建观察使史浩募集人夫在仙霞岭铺筑石路3060级,长20里(参见图7-13);庆元年间(1195—1200年),漳州知州傅伯成修筑了漳州南门通往漳浦的石路,"为桥三十五,治道千二百丈"[5],"靡金钱五百万"[6];嘉泰年间(1201—1204年),知汀州陈映"甃清流路百四十余里"[7];嘉定六年(1213年),建宁知府李訦(《闽大记》作"李忱")"砌官道百二十里"[8],将建州至延平的道路铺砌为石路。值得一提的是,在开辟建宁崇安黎岭险山道路时,元代的福建率先采用了"烧爆法"这一创新技术。"岭之路旧为通衢,依山而险隘,行者病之。元延祐五年(1318年),县

---

① (明)黄仲昭:《八闽通志(上册)·地理·山川》;福建公路局编辑组编:《福建公路史(第一册)》,福建科学技术出版社1997年版,第12～13页。

② (清)黄任:《乾隆泉州府志(二)》卷四六"循绩·宋循绩一·王言彻";(明)王应山:《闽大记》卷三八"列传二十三·良吏·王言澈"。

③ (宋)梁克家:《三山志》卷五"地理类五·驿铺·北取温州路"。

④ (清)徐松:《宋会要辑稿·方域一〇之六"道路"》。

⑤ (元)脱脱:《宋史》卷四一五"傅伯成传"。

⑥ (宋)黄櫄:《三十五桥记》,载王文径《漳浦历代碑刻》(漳浦县博物馆1994年自印本),第9页。

⑦ (明)黄仲昭:《八闽通志(上册)》卷三八"秩官·名宦·郡县·汀州府·[宋]·陈映"。

⑧ (明)黄仲昭:《八闽通志(下册)》卷六六"人物·泉州府·名臣·[宋]·李訦"。

尹夹谷山寿，命工火其石而凿之，遂为坦途。”[①]所谓“火其石而凿之”，就是利用热胀冷缩原理对山石火烧、水泼而使其剥落，其效率倍于人工挖掘。

图 7-13 福建浦城到浙江江山的唐宋江浦古驿道遗迹

资料来源：《厦门晚报》2010-11-12(C)。

不过，真正标志着福建陆路交通改善则体现在宋代福建桥梁大规模建设上。横跨木兰溪的濑溪桥，洛阳江的洛阳桥，晋江的顺济桥、石笋桥，九龙江的虎渡桥等，形成沿海四州军的交通网络。据统计[②]，宋代福建全路共建成大小桥梁 646 座，其中尤以海外交通贸易发达的泉州地区最为突出。洛阳桥“当惠安属邑与莆阳（今莆田）、三山（今福州）、京国孔道”，“往来于其上者肩毂相踵”[③]；安平桥处安海与水头之间，这里“方舟而济者日以千计”，建成后，“舆马安行商旅通”；顺济桥则是“下通两粤，上达江浙”，“维桥之东，海船所凑”[④]；石笋桥更是“南通百粤北三吴，担负舆肩走蛛牝”[⑤]，泉州乃至全省的陆路交通条件由此得到全面、有效的改善。（参见图 7-14）就泉州地区而言，位于府城东鸾歌里三十八都的乌屿（今洛阳镇），“四面潮水环绕，居民辐辏。旧有石路，潮至则没，行者病之；宋宝祐中（1253—1258 年）始作桥（指凤屿盘光桥，又名乌屿桥）以通

---

① （明）黄仲昭：《八闽通志（上册）》卷六“地理 · 山川 · 建宁府 · 崇安县 · 黎岭”。

② 福建公路局编辑组编：《福建公路史（第一册）》，福建科学技术出版社 1987 年版，第 13 页。

③ （清）黄任：《乾隆泉州府志（一）》卷一〇“桥渡 · 晋江县 · 万安桥”引明康郎记。

④ （清）黄任：《乾隆泉州府志（一）》卷一〇“桥渡 · 晋江县 · 顺济桥”引清黄昌遇记略与明何乔远记。

⑤ （清）黄任：《乾隆泉州府志（一）》卷一〇“桥渡 · 晋江县 · 石笋桥”引宋王十朋诗记。

往来”[①]。乌屿岛东边港道深邃，可以停泊大型海船，对岸西南一带又是后渚、浔美、万安等码头或转运渡口，附近西方村还设有造船、修船的工场，岛上商栈林立，市貌繁荣，一向有“金乌屿，银后渚”之称，海外贸易地位十分显著。凤屿盘光桥的架设，保证了乌屿岛与外界的交通，从而使“金乌屿”发挥更大的作用。更为壮观的是，北宋元符年间（1098—1100年）在泉州府城南二十三都建造的“泔（蚶）江桥”，“甃石为路二十里许，中为巨桥三。曰前埭，曰林湾，曰高港，悉覆以亭”[②]。显然，这是一种海堤与桥梁相间而行的路桥，为改善晋江滨海地区的陆路交通起到了重要作用。

① （明）黄仲昭：《八闽通志（上册）》卷七“地理・山川・泉州府・晋江县・乌屿”。

② （明）黄仲昭：《八闽通志（上册）》卷一八“地理・桥梁・泉州府・晋江县・泔江桥”。

图 7-14 宋代福建陆路交通示意图

资料来源：福建公路局编辑组编《福建公路史(第一册)》，第 16 页。

第三编　港口贸易与技术进步(下)

第八章　航海成就与发达的航海技术

“维(同“惟”)闽之泉,近接三吴,远连二广。万骑貔貅,千艘犀象。”[①]作为我国古代对外交通大港,宋元时期泉州往来地区包括今天的印度支那半岛、印度尼西亚、菲律宾、波斯湾沿岸、阿拉伯半岛乃至埃及、东非和地中海等70多个国家和地区。当时泉州对外交通的航线主要有三条:一是自泉州起航,经万里石塘(今我国西沙群岛)至占城(今越南中南部),再由此转往三佛齐(今印尼苏门答腊)、阇婆(今印尼爪哇)、渤泥(《宋史》作“勃泥”,今加里曼丹岛北部文莱一带)、麻逸(今菲律宾民都洛岛)等地,史称“东洋航线”;二是由泉州放洋过南海,越马六甲海峡到故临(今印度西南部),进入波斯湾、亚丁湾,远达非洲东海岸,史称“西洋航线”;三是由泉州北上,经明州(今宁波),转航高丽(今朝鲜半岛)、日本。(参见图8-1)繁盛的海外交通贸易,极大地推动了航海技术的发展,泉州亦成为中世纪世界航海业最发达的地区。[②]

---

① (宋)王象之:《舆地纪胜》卷一三〇“福建路·泉州·风俗形胜”引宋连南夫《修城记》。

② 本部分内容参考了傅宗文《刺桐港史初探》,载《海交史研究》1991年第1～2期。

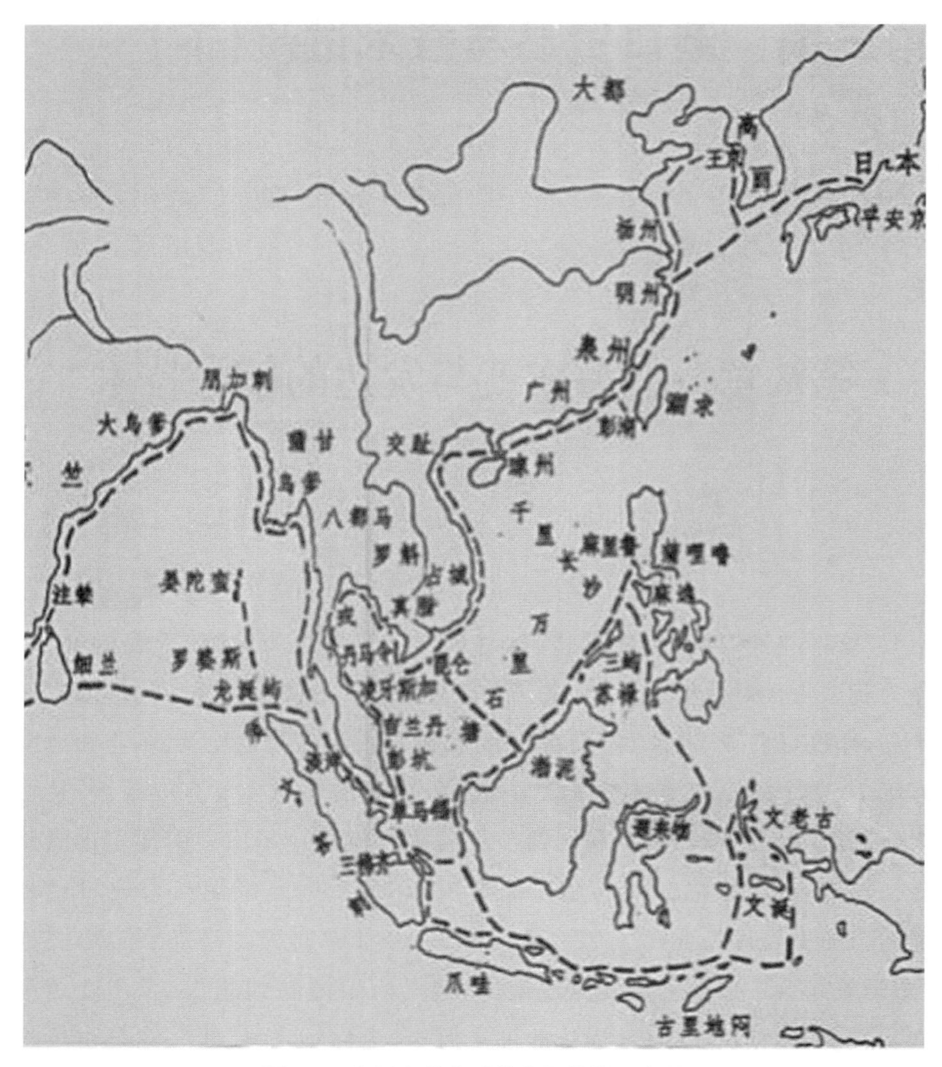

图 8-1　宋元泉州港对外交通航线示意图

资料来源:东阳书画论坛:海上丝绸之路·泉州。另本图的航线和地名以《诸蕃志》为主要依据,并参照《岛夷志略》《宋史·外国列传》等加以修正。

第一节　创辟东洋航线

所谓“东西洋”,是元代以来中国古籍对大陆疆域以外海洋的合称。成书于元大德八年(1304 年)的《南海志》是迄今所知最早同时提及东洋、西洋的著作。依该书所记,元代的东、西洋应以中国雷州半岛—加里曼丹岛西岸—巽他海峡为分界。加里曼丹岛和爪哇岛及其以东的海域、地区为东洋,其中爪哇岛、加里曼丹岛南部、苏拉威西岛、帝汶岛直至马鲁古群岛一带被称为大东洋,加里曼丹岛北部至菲律宾群岛被称为小东洋。西洋指加里曼丹以西至东非沿岸的海域和地区,其中又以马六甲海峡为界而分为大西洋和小西洋。西洋航线是一条古老的传统航线,据宋代周去非的《岭外代答》记载,早在唐代广州港已与西洋有往来,并在宋元海外贸易的刺激下不断得到拓展。相比之下,东洋航线的开辟和发展则晚得多,直到南宋淳熙五年(1178 年),从广州港起碇南下的帆船,碍于东北季风,于径直航抵三佛齐后,稍偏东南则至远驶及阇婆戛然而止。故其书在记叙交通海外诸藩航海见闻时,详西洋而略东洋,东洋只收录阇婆(即大东洋)一地而已。[①]南宋中期(约 1200 年)以前,东洋辗转往返剌桐港的也不过渤泥与阇婆数地。这样,创造性开辟通向东洋各国或地区新航线的历史使命,也就责无旁贷地落在具有季风优势的后继剌桐帆船的舵上。

福建人民开辟东洋航线的第一步,是开发澎湖群岛(史称“平湖”或“彭湖”)和交通流求(又名琉球,今我国台湾)。溯源澎湖开发史,至迟晚唐已悄然肇始[②],至南宋乾道年间(1165—1173 年),澎湖“编户甚蕃”,成为毗舍耶人的掠夺目标。[③]“自(泉)州正东海行二日至高华屿,又二日至鼊鼊屿,

① (宋)周去非:《岭外代答校注》卷二“海外诸藩国”。

② (宋)祝穆:《方舆胜览》卷一二“泉州·事要”。

③ (清)陈梦雷:《古今图书集成·方舆汇编·职方典》卷一一一〇“台湾府部杂录”。

又一日至流求国。”[①]澎湖群岛开发成功，既可以成为增进闽台交往的跳板，又可以成为发现菲律宾群岛的媒体，进而稳定地开拓出刺桐港驶向菲律宾群岛的新航线。“经由泉州澎湖到南洋航线，是宋元时期中国外销陶瓷航线中的一环。”[②]

随着海外贸易日益兴盛和航海技术不断进步，刺桐海船开拓东洋航线的步伐亦不断加快。南宋庆元年间（1195—1200 年），福建市舶司（设在泉州）常到外国泊船地点已增加了菲律宾群岛的麻逸、三屿（今菲律宾巴坦群岛中的 3 个岛屿）、蒲哩唤（今马尼拉）和白蒲迩（今巴布延群岛）诸地。[③] 据考证，1277 年间沉没于泉州后渚港的南宋海船就是一艘航行于南海等海域，有可能是从三佛齐返航的“香料胡椒船”[④]。元世祖至元二十九年（1292 年）十二月，元朝大军自泉州后渚港启碇，南征爪哇，其航线“过七洲洋（我国海南岛东北七洲列岛以南洋面）、万里石塘，历交趾（《宋史》作“交阯”，今越南北部）、占城界，明年正月，至东董、西董山（今越南东南洋面的卡特威克群岛中的萨巴特岛与大卡特威克岛）、牛崎屿（上述群岛中的小卡特威克岛），入混沌大洋（又称昆仑洋）、橄榄屿（在今印尼纳土纳群岛境）、假里马答（今印尼卡里马塔群岛）、勾阑（今印尼格兰岛）等山，驻兵伐木，造小船以入”[⑤]。显见这一远征航线应是刺桐港民间商贸直航阇婆（爪哇）路线的继承与发展，与 100 多年前周去非所述广州港帆船直航三佛齐必经东西竺屿（今马来半岛东南洋面奥尔岛）航线相去甚远。到元末顺帝年间（1333—1341 年），以泉州为起点的东洋航线已大体成形。这一时期的我国著名民间航海家汪大渊从刺桐港“尝两附舶东西洋”[⑥]，其《岛夷志略》所

① （宋）欧阳修：《新唐书》卷四一“地理志五・江南道・泉州”。

② 叶文程：《从澎湖发现的宋元陶瓷看宋元时期福建陶瓷的生产与外销》，载《中国古外销瓷研究论文集》（紫禁城出版社 1988 年版）。

③ （宋）赵彦卫：《云麓漫钞》卷五“福建市舶司常到诸国舶船”。

④ 福建省泉州海外交通史博物馆编：《泉州湾宋代海船发掘与研究》（海洋出版社 1987 年版），第 65～66 页。

⑤ 上海书店编：《二十五史・元史》卷一六二“史弼传”。

⑥ （元）汪大渊：《岛夷志略校释・张翥序》。

述航程，开篇为彭（澎）湖，次及琉球（即流求），再次即菲律宾群岛的三岛（即三屿）、麻逸等地，最后航抵尖山（今巴拉望岛南部）、苏禄（今苏禄群岛）。至此，刺桐帆船的寄碇点已西绕菲律宾群岛，到达东洋西缘的渤泥。这些被刺桐港航海志称为“小东洋”的尖山、苏禄、渤泥等地，皆为南宋中期以后泉州海商开辟的重要贸易区。

归纳起来，宋元称为东洋航线的主要线路有：(1)由泉州港起航，经我国西沙群岛（当时称万里石塘）至占城（越南中南部）。顺风二十余日可达[①]，是宋元刺桐港较为繁忙的航线。(2)自泉州入海，经西沙群岛先至占城，然后再转往三佛齐（苏门答腊）、阇婆（爪哇）、渤泥（文莱）等地，“自泉州舶一月可到”[②]。(3)由泉州出发，经广州、占城、渤泥至麻逸（菲律宾民都洛岛）、三屿（菲律宾巴坦群岛中的3个岛屿）；或自泉州出发，经澎湖、琉球（台湾）至麻逸，这是往菲律宾的两条航线。

将大东洋与小东洋连接起来，形成全新的东洋航线，是宋元福建人民对我国航海事业的巨大贡献。

第二节　拓展西洋航线

泉州港古代通航海外诸国或地区的航线主要是西行航线，此线唐代即已开辟通航，宋初印度洋沿岸伊斯兰教国家或大食（阿拉伯半岛南部）商业殖民地已成为刺桐港海外贸易的重要对象。[③] 至南宋中期，刺桐港与阿拉伯半岛之间的往来更加频繁。“自泉（州）发船，四十余日至蓝里（今苏门答腊岛北部班达亚齐）博易住冬，次年再发，顺风六十余日方至其国。”[④]“其国（指大食）在泉州西北，舟行四十余日至蓝里，次年乘风飘（同“帆”），又六

① (宋)赵汝适:《诸蕃志》卷上“志国·占城国”。

② (元)周致中:《异域志》卷上“爪哇国”。

③ 参见蔡襄《荔枝谱》，第2页。

④ (宋)赵汝适:《诸蕃志》卷上“大食国”。

十余日始达其国。”[1]虽然所引赵汝适《诸蕃志》“大食国”条有抄袭《岭外代答》之嫌，但从其对阿拉伯半岛诸寄碇点的政情、民俗、物产及中阿交往的千余字记述看，此时的福建市舶司对印度洋南亚次大陆以远航线已十分熟悉。据《诸蕃志》记载，南宋中期的刺桐港帆船还远驶非洲东海岸，到达层拔（今桑给巴尔）、弼琶啰（今索马里）、中理（今索马理的东北部海岸）、勿斯里（今埃及）、遏根陀（今埃及的亚历山大港）等地。[2] 这条航线是宋代开辟的，往返一趟大约需要 2 年。

元移宋祚，刺桐港迎来又一个海外贸易的春天，刺桐港帆船队以其拥有载重和远航、续航能力方面巨大的优势开始称雄亚非航线。关于这一历史画卷，元末汪大渊的《岛夷志略》有较为翔实的记载。据统计[3]，该书以地为纲、以事系地，记述亲历的国家、地区或部落寄碇名称多达 219 个，其中西洋的贸易点 63 个，计有中南半岛 25 处，苏门答腊岛 11 处，南亚次大陆 14 处，伊朗、阿拉伯半岛、东非沿岸各 3 处。对照前代，明显看出是新开辟的贸易点居多，且比较均衡地分布于各大陆或群岛海岸，导致这一时期的西洋航线呈现繁复又有所延伸的特点。

纵观宋元刺桐海船西洋航线的拓展，以公元 1258 年阿拔斯王朝覆灭为标志，大致可分为两个阶段。在前一阶段里，由于以巴格达为京师的阿拔斯王朝（史称“大食”）国势强盛，阿拉伯半岛俨然成为亚、非、欧国际贸易的枢纽，所以这一时期刺桐港海商致力开拓阿拉伯半岛航线，见著于刺桐港航海志的波斯湾内外寄碇点特别多。随着曾是海上“丝绸之路”劲旅的阿拔斯王朝覆灭和泉州海商集团鼎盛，后一阶段刺桐港西洋航线的拓展走向了前所未有的深度与广度。在印度洋西岸后起王朝开放贸易的刺激下，刺桐客商逐渐将贸易线路西移至埃及、红海一线，处于阿拉伯海与红海联结点的哩咖塔（今亚丁）成为刺桐港船队的重要碇点。以此为跳板，向北则

① （元）脱脱：《宋史》卷四九〇“外国六・大食传”。

② （宋）赵汝适：《诸蕃志》。

③ 傅宗文：《刺桐港史初探》，载《海交史研究》1991 年第 1～2 期。

深入红海西岸的阿思里(今库赛),向南直抵马达加斯加岛对岸位于南纬17°15′的加将(捋)门里(今克利马内),从而把中国古代帆船在非洲东海岸的寄碇点推进到最南端。[①]

归纳起来,可以称为西洋航线的线路有:(1)自泉州放洋,经南海、三佛齐,越马六甲海峡,至印度的故临(印度西南部),然后换乘小船前往波斯湾。这条航线在唐代的广州已经开辟。(2)由泉州出航,经南海、三佛齐、故临至波斯湾,再由波斯湾沿阿拉伯海岸西南行,至亚丁湾和东非沿岸的弼琶啰(今索马里)、层拔(今桑给巴尔)等地。这条航线是宋代开辟的,往返一趟大约需要2年。

上述可知,无论是创辟东洋航线还是拓展西洋航线,刺桐港人都以历史创造者的大无畏精神书写我国古代航海史的新篇章。这一点在当时就有所认识,因为在《宋史・外国列传》《诸蕃志》《岛夷志略》等重要宋元航海贸易著作里,计算海外各国或地区与我国的距离里程,往往以泉州为起点,福建人民应为此骄傲!

当然,除南下的东西洋航线外,宋元福建先民同样活跃在北转的高丽、日本航线上。“咸平五年(1002年),建州海贾周世昌遭风飘至日本,凡七年得还,其与国人滕木吉至,上皆召见之。”[②]这是宋元福建海商交通日本的最早记载。有人根据朝鲜人郑麟趾的《高丽史》的记载统计,自1012—1278年(即北宋大中祥符五年至南宋祥兴元年或元至元十五年)的266年间,宋元商人赴高丽者达129回5000余人。[③] 从有记载的商人籍贯来看,其中以泉州、福州商人最多。《宋史・外国列传》亦称,高丽“王城有华人数百,多闽人因贾舶至者,密试其所能,诱以禄仕,或强留之终身”[④]。高丽位于中国东北部,但到其国的中国商人,却以闽人为多,这充分说明宋元福建海外交通贸易是多么的繁荣和发达。

---

① (元)汪大渊:《岛夷志略校释》,第349、346～347、297页。

② (元)脱脱:《宋史》卷四九一“外国七・日本国传”。

③ 宋晞:《宋商在宋丽贸易中的贡献》,载《史学汇刊》1977年第8期。

④ (元)脱脱:《宋史》卷四八七“外国三・高丽”。

第三节　发达的航海技术

据《越绝书》记载，早在先秦时期，居住在福建的古闽越人就掌握了“以船为车，以楫为马”[①]的航海技术。六朝时，泉州已有到马来半岛及印度等地的航线。自隋唐至五代，随着对季风的利用和导航技术的逐渐成熟，刺桐港和刺桐海船的声誉渐起，形成了一些交通海外相对稳定的航线，从而为宋元航海技术的大发展奠定了坚实基础。

一、季风知识的普及与巧用

“船方正若一木斛，非风不能动。”[②]我国沿海有极规律的季风，冬季吹东北风，夏季则吹反向之西南风。利用海洋季风转化为帆船动力，是刺桐港古老的航海经验之一。唐天祐元年(904 年)至后唐长兴元年(930 年)在泉州任职长达 26 年的王延彬曾观察到：“岁屡丰登，复多发蛮舶以资公用。惊涛狂飙无有失坏，郡人藉之为利，号‘招宝侍郎’”[③]，可见当时人们利用季风航海已很稔熟。“北风航海南风回”[④]，遂成为南海航线驾驭季风的宝贵准绳。对航海季风的神效，南宋绍兴年间(1131—1162 年)提举福建市舶司(设在泉州)的林之奇曾扼要置评说：“象齿南龟，远出岛舶，以舟为趾，重译罔隔。沙阜石幢，涩如芒刃，以风为翼，万里一瞬，勃勃蓬蓬；怒号瀛海，以神为墟，立谈而改，羽盖云车，邈然浩荡；以礼为介，厥应如响，惟风必期，岁有常信。”[⑤]在他看来，季风是海船之翼，借它可以避开任何险阻，疾驰急驶。神是海船的寄托，可以令怒海无波。礼仪是通神的手段，祀神祈

① (汉)袁康：《越绝书》卷三“吴内传”。

② (宋)朱彧：《萍洲可谈》卷二“舶船蓄水就风法”。

③ (清)朱学曾：道光《晋江县志》卷三四。

④ (宋)王十朋：《梅溪后集》卷二〇“诗·提舶生日”。

⑤ (宋)林之奇：《拙斋文集》卷一九“祭文·祈风文”。

风，以收风期常信之效。

正是基于这样一种认识，从晚唐始刺桐港逐渐形成一种祈风制度，迨北宋元祐二年（1087年）福建市舶司设置之后，祈风更正式列为崇隆典礼。“舶司岁两祈风于通远王庙”，根据南安九日山现存有关祈风石刻（参见图8-2），泉州港一年祈风两次，初夏四月为“回舶南风”，十或十一月初冬为“遣舶所风”，届时知州、提舶则必亲率僚属举行隆重仪式。祈风固于事无补，但借助祈风祀典，有益于普及和提高人们对航海风力知识的认识。“泉州纲首朱纺，舟往三佛齐国，亦请神之香火而虔奉之。舟行迅速，无有艰阻，往返曾不期年，获利百倍。前后贾之于外蕃者未尝有是。”[①]显然，朱纺是泉州海商巧用航海风力的杰出代表。

图 8-2　南安九日山祈风石刻群

资料来源：泉州海外交通史博物馆。

值得注意的是，“回舶南风”也是去高丽、日本的信风，正如徐兢《宣和奉使高丽图经》所说，“舟行皆乘夏至后南风”[②]、“去日以南风，归日以西风”[③]。也就是说，夏季一方面有南海商客入港，一方面又有赴东北亚者出

① 陈衍：民国《福建通志·（附）福建金石志》卷九引宋方略《兴化军祥应庙记》。

② （宋）徐兢：《宣和奉使高丽图经》卷三“封境”。

③ （宋）徐兢：《宣和奉使高丽图经》卷三九“海盗六”。

海；冬季一方面有华商、蕃商往南海贸易，一方面有赴东北亚贸易者返来（参见图 8-3），一年中几无淡季可言。这与专营南洋的广州和专营高丽、日本的明州有所不同，故泉州一年祈风两次，而广州仅“五月祈风于丰隆神”[①]。泉州可兼营两地贸易，这固然与福建位于我国海岸线之转折处的优越地理位置有关，但更应看到其中蕴含着先民巧用季风的智慧和技术，终使后来居上的泉州港成为世界第一大港。

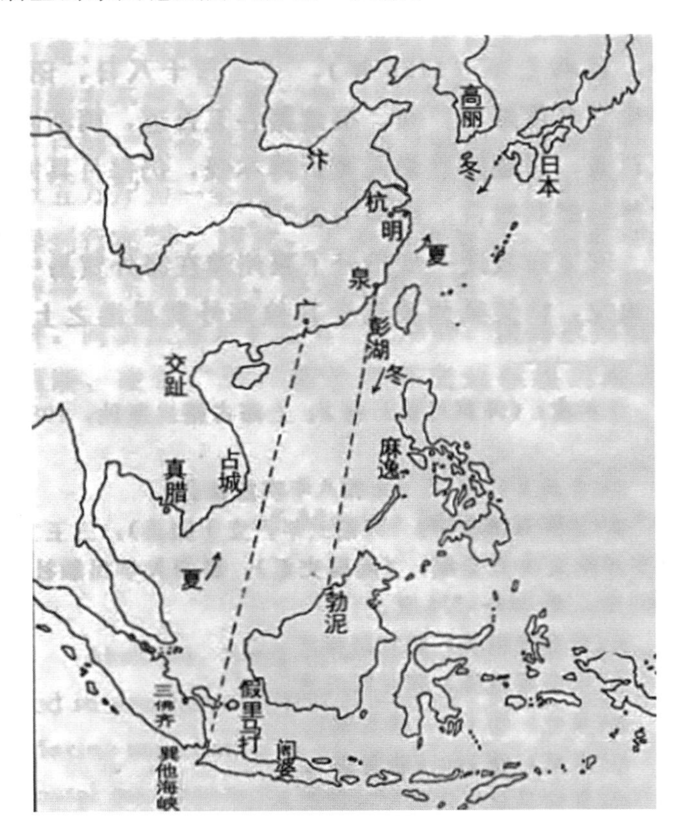

图 8-3 宋元泉州港南北季风航海贸易示意图

资料来源：李东华《九世纪—十五世纪初泉州与我国中古的海上交通》，第 107 页。

① （宋）朱彧：《萍洲可谈》卷二“舶船蓄水就风法”。

二、御风技能的提升

祈风制度虽然包含一定的经验知识在内，但终究是人的一种美好愿望，劈波斩浪航行大海最终还得依靠人类驾驭船舶的能力和技术。这种技能首先表现在船舶动力风帆的使用方面。

关于福建海船使用风帆的技能，徐兢在《宣和奉使高丽图经》“客舟”卷里有精彩的描述。“大樯高十丈，头樯高八丈。风正则张布飒五十幅，稍偏则用利篷，左右翼张，以便风势。大樯之巅，更加小帆十幅，谓之野狐飒，风息则用之。”[①]主桅、前桅，加上各种风帆，除顶风以外，其他方向的风，福建海船皆可通过调整帆的角度或使用不同种类的帆来航行。摩洛哥游历家伊本・白图泰在乘船来中国时，也亲身感受到泉州海船高超的制帆与用帆技能，他说“帆系用藤篾编织，其状如席，长挂不落，顺风调帆，下锚时亦不落帆”[②]。宋应星在《天工开物》更称“凡风篷之力，其末一叶，敌其本三叶。调匀和畅顺风则绝顶张篷，行疾奔马；若风力洊至，则以次减下；狂甚则只带一两叶而已”[③]。可见，这种多桅硬篷船，既能充分利用风力，又能灵活变换受力方向，唯当头风不行，其他七面风都可利用。在茫茫大海中，风云变幻寻常事，不必停船待风，可连续航行，这也是解决动力问题上的一大技术成就。

此外，为解决航行中的风向与水深问题以提高御风能力，福建舟师发明了“以鸟羽候风所向，以绳垂鈆（铅）锤以试之”[④]的简便实用方法，即用鸟羽悬于桅顶以测风向，并总结出风正用帆，稍偏则用利篷的风动力利用技巧；航行途中，用底部沾油的铅锤探测海底，以测量海水深度和辨别泥沙性质，为安全、快捷乘风行驶提供地理识别。南宋末年吴自牧的《梦粱录》

① (宋)徐兢:《宣和奉使高丽图经》卷三四“客舟”。
② (摩洛哥)伊本・白图泰:《伊本・白图泰游记》,第 486 页。
③ (明)宋应星:《天工开物・漕舫》,第 239 页。
④ (宋)徐兢:《宣和奉使高丽图经》卷三四“客舟”。

更记载了泉州海船可“测水约有七十余丈”[1]，说明当时已有比较熟练的深水测深技术了。

三、导航新技术的使用

指南针的广泛使用和“牵星术”的出现是宋元福建航海技术进步的重要标志。关于磁石的指南特性，早在东汉时期我国已有记载，北宋初年沈括《梦溪笔谈》关于人工磁化方法的记载，更为人们在航海中使用指南针创造了重要的技术条件。至迟11、12世纪之交，这项举世闻名的科学发现首先被广州舟师用于航海实践中，“舟师识地理，夜则观星，昼则观日，阴晦观指南针”[2]。几乎与此同时，泉州海船也开始采用这项新技术，“若晦冥，以用指南浮针，以揆南北”[3]。到了南宋，航海指南针的使用在刺桐海舶上已形成了制度。史料记载[4]，淳熙十五年(1188年)泉州巨商王元懋发船赴南海贸易，“使行钱吴大作纲首(即船长)，凡火长之属——图帐者三十八人，同舟泛洋，一去十年”。行钱是高利贷资本的代理人，火长则是南宋初年刺桐港海船创设的新编制人员。说是创设，是因为直到至元三十年(1293年)，元廷颁布的《市舶则法二十三条》舶船人员设置条中，仍无“火长”类一职。[5] 关于刺桐港海船普遍设置火长一职，吴自牧在《梦粱录》中说得更明确，“风雨晦冥时，惟凭针盘而行，乃火长掌之，毫厘不敢差误，盖一舟人命所系也。愚累见大商贾人言此甚详悉。若欲船泛外国买卖，则自泉州便可出洋”[6]。赵汝适《诸蕃志》亦载：“舟舶往来，惟以指南针为则，昼夜守视唯谨，毫厘之差，生死系焉。”[7]毫无疑问，至迟自12世纪70年代肇始，刺桐港海船在我国已率先普遍装备罗针盘，进入指南针导航的新时代。

---

① (宋)吴自牧：《梦粱录》卷一二“江海船舰”。
② (宋)朱彧：《萍洲可谈》卷二“舶船航海法”。
③ (宋)徐兢：《宣和奉使高丽图经》卷三四“客舟”。
④ (宋)洪迈：《夷坚志·夷坚三志己》卷六“王元懋巨恶”。
⑤ 详见《元典章·户部卷八·典章二十二·盐课》。
⑥ (宋)吴自牧：《梦粱录》卷一二“江海船舰”。
⑦ (宋)赵汝适：《诸蕃志》卷下“海南”。

与此同时，通过观测天体（特别是北极星）的高度，来判定观测时本船的地理位置（主要是南北位移，即纬度）的天文定位技术（阿拉伯人称之为“牵星术”，所用工具为“牵星板”），在宋代的刺桐海船上也已出现。1974年泉州后渚港出土的南宋末年沉船，在船尾舱发现一把竹尺。经专家研究，认为可能是“量天尺”，即早期的牵星板，可用它来定恒星出水高度，以判断海船所处的纬度方位。[1] 据韩振华《我国古代航海用的量天尺》一文的翻译和考证[2]，元至元年末（1292—1293年），马可·波罗率领的护送阔阔真公主的刺桐船队由马六甲海峡进入印度洋后，曾多次使用天文定位术确定船队的位置：戈马利（今科摩林岬），“北极星，可在是处微见之，如欲见之，应在海中前行至少二十迈耳（mile），约可在一古密（cubit），高度上见之”；马里八儿（今印度西南马拉巴海岸），“在此国中，看见北极星更为清晰，可在水平面十古密上见之”。这里的观测高度“古密”，即为“中国尺寸的欧洲译语”。1“古密”，相当于“1寸或25°25′”。国内译本《马可波罗行记》中，“可在水平面二肘上见之”“出现于约有六肘的高度之上”“所见北极星……星位更高”等有关北极星高度的记载也多次出现在游记中[3]，说明当时对“牵星术”的运用已达到相当的程度。牵星术定位法与指南针定量测向法的综合运用，真正实现了“夜则观星，昼则观日，阴晦观指南针”的全天候导航理念，从而确立了中世纪我国航海技术在世界突出的领先地位。

四、航海图与船队编组的出现

有关泉州港航海图的记载，最早见于赵汝适的《诸蕃志》。南宋嘉定十七年（1224年），赵汝适莅泉提举福建市舶，“暇日阅诸蕃图，有所谓石床、长沙之险，交洋、竺屿之限”[4]。显然，赵汝适看到的是一种早期的诸如标

① 《泉州湾宋代海船发掘简报》，载《文物》1975年第10期；黄乐德：《泉州科技史话》，厦门大学出版社1995年版，第133页。

② 转引自孙光圻《中国航海技术的发展与“海上丝绸之路”的演进》，载《中国与海上丝绸之路》（福建人民出版社1991年版），第214页。

③ （意大利）马可·波罗：《马可波罗行记》，第717、723、729页。

④ （宋）赵汝适：《诸蕃志注补·赵汝适序》。

记南海海域石床长沙(今我国西沙群岛)、交趾洋和东西竺屿(今马来半岛东南洋面奥尔岛)险阻的海图。迨至元代,常航行于宋元比较固定航线的刺桐海商、舟师,已备有指引航线的“针经”或“针簿”,记录由甲地到乙地的航向、时间、周围海域的情况,以及陆地、岛屿、山峰的名称与地形地貌特征等。[①] 航海图的出现,标志着福建航海已走出了“摸着石头过河”的初始时代,并为进一步发展海上交通事业提供了更多的技术工具与知识,因而是福建航海技术史上的又一大进步。

对于造访的外国游历家来说,元代刺桐海船的科学编组给他们留下了深刻的印象。在泉州一个多月的考察和护送阔阔真公主远嫁伊儿汗国(今伊朗)途中,意大利人马可·波罗详细记载了刺桐大小船舶配套编组航行的情况:大船“各有一舵,而具四桅”,船中“有船房五六十所,商人皆处其中,颇宽适”。这是长期海上航行生活所必需的。“具帆之二小舟”,可“单行”,亦可系于大船之后,需要时便“操棹而行,以助大舶”。另有“小船十数助理大舶事务”,以避免庞大船舶受港口深度限制而造成靠泊困难。[②] 摩洛哥游历家伊本·白图泰亦记载往来印度洋的中国船分大中小三类,大者有船员千人,并有随行船相随。随行船有“半大者,三分之一大者,四分之一大者”三级。[③]《宋史》亦指出:“胡人谓三百斤为一婆兰,凡舶舟最大者曰独樯,载一千婆兰。次者曰牛头,比独樯得三之一。又次曰木舶,曰料河,递得三之一。”[④]就是说,无论官方或是商运船队,宋元时期泉州港船舶都有所分工,形成完整的航行集体和运输体系,这是航海认知发展的必然结果。

宋代航海是中国古代航海的全盛时期,技术成熟,尤其是四大发明中的指南针,举世闻名。宋元福建卓越的航海成就与发达的航海技术,为中国和世界航海事业做出了重要贡献。此外,正是由于航海技术的提高与发

---

① 黄乐德:《泉州科技史话》,厦门大学出版社1995年版,第135页。

② (意大利)马可·波罗:《马可波罗行记》第一五七章。

③ (摩洛哥)伊本·白图泰:《伊本·白图泰游记》,第486页。

④ (元)脱脱:《宋史》卷一八六“食货志下八·互市舶法”。

达，使宋元刺桐港海上交通更具安全，航向更为稳确，航行时间也大为缩短，有利推动了泉州海外交通贸易的进一步发展，从而为福建科技整体大幅提升提供了有利条件。

第九章　制瓷技艺的大幅提高

宋元是福建陶瓷生产和技术进步的重要时期，不仅整个陶瓷业呈现跨越式发展的空前态势，而且建窑黑瓷、德化窑白瓷以及同安窑系青瓷等的工艺技术皆有突破性进展。同时，伴随着泉州港海上丝绸之路的兴盛，瓷器大量外销对世界文明做出了重要贡献。

第一节　陶瓷业的跨越式发展

福建是我国著名的陶瓷产区，陶瓷业一直是全省经济的重要支柱。尤其是到了宋元，无论是大批窑口的兴建，产品数量的激增，还是烧制工艺所达到的水平，都是以往朝代所不能比拟的，呈现出烧造区域分布广、名窑大量涌现的强劲发展态势。

到目前为止，福建境内调查发现的宋元古窑址达数百处之多，遍及山区、沿海40余县市，形成闽北、闽东、闽南三大区域格局。闽北自唐五代以来就是福建制瓷业的中心之一，宋元以建阳为中心的瓷业发展更加迅速，窑址遍布今建阳、武夷山、南平、建瓯、光泽、浦城、松溪、顺昌、建宁、三明、泰宁、宁化、长汀、永定等县市。闽东地区围绕福州港形成宋元福建另一重要的瓷业生产基地，窑址主要分布在今福州、闽侯、福清、闽清、连江、罗源、周宁、福安、屏南、宁德、莆田、仙游等地。闽南地区的制瓷业在南宋以后最为兴旺，从晋江流域的德化、永春、南安、泉州等地，到九龙江流域的龙海、长泰、漳州、南靖、华安、同安、厦门以及漳浦、云霄、平和、诏安、东山等闽南一带，窑址分布十分广泛，其中尤以泉州港周边地区密度最大。[①]

在宋元福建陶瓷生产大发展浪潮中，先后涌现了以建阳水吉窑为代表的黑釉瓷器窑系（史称“建窑”），以德化碗坪仑和屈斗宫窑为代表的青白釉瓷器窑系（史称“德化窑”），以同安窑为代表的青釉瓷器窑系，以及以晋江磁灶窑为代表的绿釉和釉下彩瓷器窑系，可谓名窑层出不穷。其中以黑釉瓷最具盛名，白釉瓷最具特色，青釉瓷分布最广。

建窑，亦称“黑建”“紫建”“乌泥建”，因处建州（建宁府）辖地而得名，位于今建阳市水吉镇池中、后井村一带（参见图9-1），创烧于晚唐五代，宋代尤其是南宋达到极盛。作为北宋我国八大窑系之一，建窑以烧制釉色发亮、闪烁着各种奇特花纹的黑釉茶具为著。这些釉面花纹与华丽的彩绘或繁缛的雕饰不同，它们是釉料在一定的温度和气氛中产生变化的结果，似为“窑神”之作，具有特殊的艺术魅力，陶瓷工艺界称之为“窑变”。由于建窑黑瓷在炉火中得到了淋漓尽致的发挥，故在我国瓷坛上素有“黑牡丹”之美称，并与青瓷、白瓷形成了“三分天下”之势。建窑之所以能在遍布全国各地的瓷窑中独树一帜，与当时的社会风俗有密切关系。宋代盛行“斗茶”，黑瓷因为能清楚地观察茶面上白沫的变化情况而大受欢迎。建窑所造茶盏“绀黑，纹如兔毫。其杯微厚，熁之久，热难冷，最为要用”[②]。因此建盏成为一时之选，建窑也由民间创办的民窑一跃成为具有民窑官用性质的全国名窑，烧造技术和产品质量更上一层楼，不少精品还成为进贡朝廷之物[参见图9-2（左）]。时至今日，人们仍可在水吉窑遗址废弃的垫饼和碗底中看到“进琖”“供御”等阳或阴刻字样[③]。在斗茶之风以及海外贸易

① 曾玲：《福建手工业发展史》，厦门大学出版社1995年版，第72页。

② （宋）蔡襄：《茶录·下篇论茶器·茶盏》。

③ 福建省博物馆：《福建建阳芦花坪窑址发掘简报》，载《中国古代窑址调查发掘报告集》（文物出版社1984年版）。

的推动下，宋元建窑炉火熊熊，窑址规模庞大，仅发掘面积就达 12.6 万平方米。尤引人注目的是，其中发掘的一座北宋龙窑斜长达 135.6 米(参见图 9-2)，是国内目前已发掘的最长龙窑，堪称世界之最。[①] 在建阳水吉窑的示范带动下，宋元时的武夷山(以遇林亭窑为代表)、南平(茶洋窑)、光泽(茅店窑)、浦城(半路窑)、闽侯(南屿窑与鸿尾窑)、福清(东张窑)、宁德(飞鸾窑)以及德化、晋江等地纷纷烧制黑釉瓷，造就了福建制瓷史上第一个辉煌时期，并对后世瓷业发展产生了深远影响。值得一提的是，除黑釉瓷外，建窑还烧造种类不同的青釉器、青黄釉器、青白釉器以及陶器和釉陶器等，且不同釉色瓷器分别采用支烧、叠烧、覆烧等不同烧造方法，这些都极大地丰富了建窑的文化和技术内涵。[②]

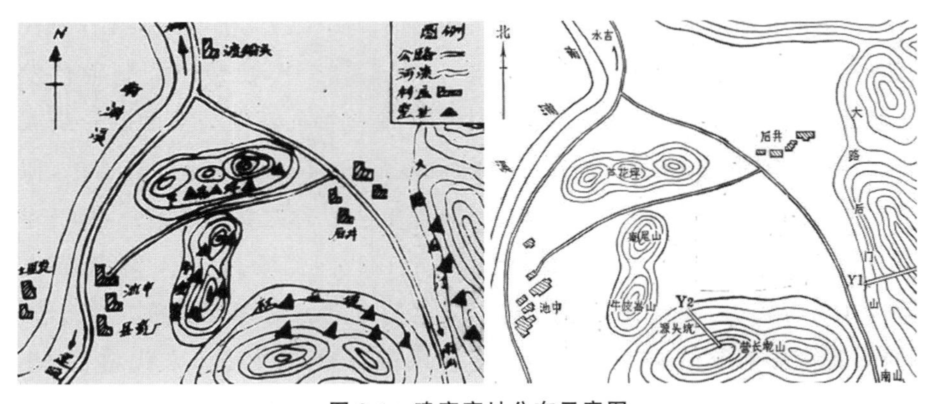

图 9-1　建窑窑址分布示意图

资料来源：谢道华《建阳文物小丛书・建窑》；建窑考古队《福建建阳县水吉北宋建窑遗址发掘简报》。另建窑窑址分布在芦花坪、牛皮仑(包括庵尾山)、大路后门和营长乾(又名社长埂)(包括园头坑)等处，方圆 10 余里，窑址总面积约 12 万平方米。

---

① 建窑考古队：《福建建阳县水吉北宋建窑遗址发掘简报》，载《考古》1990 年第 12 期。

② 福建省博物馆等：《福建建阳芦花坪窑址发掘简报》，载《中国古代窑址调查发掘报告集》(文物出版社 1984 年版)。

图 9-2　建窑代表作黑釉兔毫盏(左)与世界最长龙窑

资料来源:台北故宫博物院网站;德化网。

德化窑亦称“白建”,位于福建省德化县,故名。德化是我国著名的陶瓷产区,迄今已发现宋至民国时期的瓷窑遗址 237 处,分布在 16 个乡镇 67 个行政村。[①] 德化瓷因其质地洁白坚硬,工艺精良,造型雅致,色泽莹润而驰名中外,曾与江西景德镇、湖南醴陵并称为中国“三大瓷都”,不仅在我国白瓷系统中具有独特风格,而且在陶瓷史上也占有重要地位。宋元是德化窑形成和发展的重要时期,现已发现了 42 处瓷窑遗址,集中分布于浔中、三班、盖德等地。[②] 从有关方面对盖德碗坪仑宋代窑址与浔中屈斗宫宋元窑址的考古发掘和科学研究看,宋元德化窑在釉色品种、器物造型、窑炉结构和烧成技术等方面都有长足的进步,为明代德化窑乳白釉瓷的鼎盛发展打下了坚实基础。同时,作为具有南方特色的大型民窑,宋元德化窑的崛起为我国民窑体系的发展做出了积极贡献。值得一提的是,在德化窑的带动下,宋元福建各地烧制青白瓷蔚然成风(参见图 9-3),目前全省已发现浦城、建阳、武夷山、政和、光泽、建瓯、建宁、泰宁、安溪、南安、永春、泉州、同

① 徐本章:《德化县陶瓷考古工作的回顾》,载《中国古陶瓷研究会通讯》(1993 年)第 44 期。

② 徐本章:《德化瓷史与德化窑》,华星出版社 1993 年版,第 15 页。

安、仙游、莆田、闽清、连江、闽侯、漳浦等19个县市有青白瓷窑址遗存，是迄今所知“全国烧造青白瓷最多的一个省”①。

影青釉莲花尊

（沙县）

青白釉堆贴螭龙皈依瓶

（邵武）

影青釉执壶

（建宁）

图9-3　各地出土的南宋青白瓷

资料来源：福建博物院。

同安窑系亦称“青建”，是指以同安窑（亦称汀溪窑）为代表的，以烧制具有地方特色青瓷为特征的宋元福建瓷窑群。在同安窑系器物中，有一类器里画花篦点，器外刻线条纹，施淡暗褐色釉，底足露胎的青瓷茶碗（参见图9-4），因得到有日本“茶道之开山”（或“茶汤之祖”）之尊的村田珠光（1422—1502年）的厚爱而称著于世，被日本学者定名为“珠光茶碗”（或“珠光青瓷”）。② 在我国，首次发现并证实为珠光青瓷产地的是1956年发现的同安县（今厦门同安区）汀溪窑（窑址包括许坑窑、新民窑等）[参见图9-4（左）]，至20世纪80年代末在福建的松溪、浦城、建阳、南平、闽侯、连江、福清、莆田、仙游、泉州、南安、安溪、同安、厦门、漳浦等15个县市25处宋元窑址都发现了风格类似的青瓷（浙江、广东部分地区也有发现），但以

① 中国硅酸盐学会：《中国陶瓷史》，文物出版社1982年版，第273页。

② 详见滕军《中日茶文化交流史》，人民出版社2004年版，第161～163页。

同安汀溪窑产品种类最多、质量最好,因而概之以“同安窑系”或“同安窑系青瓷”。从出土器物的造型与装饰特征看,同安窑系青瓷的烧造年代应在北宋中期至元代,大致可以分为两个发展阶段。前段相当于北宋中晚期至南宋中期,产品以盛行双面刻画花为主要特征;后段相当于南宋晚期至元代,产品以器外单面刻画莲瓣纹和器心阴印花装饰为主。同安窑系最兴盛的年代当在北宋晚期至整个南宋时期。[①]

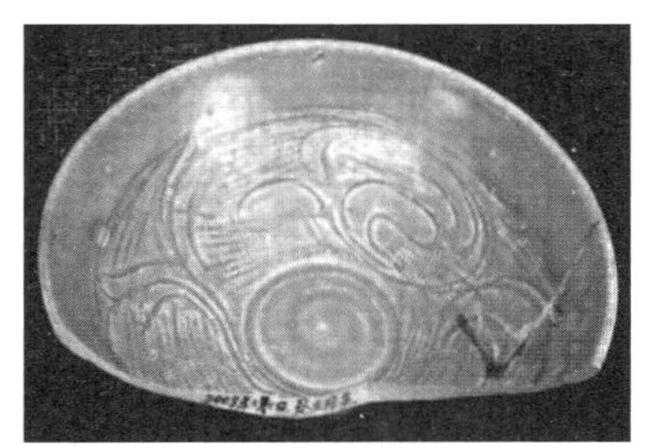

图 9-4　同安汀溪窑遗址(左)及其出土的青黄釉刻画花碗(即珠光青瓷)残片

资料来源:《厦门日报》2010-06-06(6);古玩世界网。

除建窑、德化窑、同安窑系外,晋江磁灶窑和光泽茅店窑也是宋元福建有代表性的知名瓷窑。磁灶窑和茅店窑都曾致力模仿浙江龙泉窑青瓷产品,被称为福建“土龙泉”。此外,磁灶窑还以烧制绿釉和釉下彩陶瓷著称(参见图 9-5),有印花、彩绘、堆、贴、刻、划、捏花等多种装饰技法,内容之丰富,在宋元福建窑系中极为罕见。类似磁灶窑的作品,在闽北浦城大口窑、

① 林忠干等:《同安窑系青瓷的初步研究》,载《东南文化》1990 年第 5 期。

南平茶洋窑也有生产，日本学者把此类瓷器称为华南彩瓷的磁灶窑系。[①] 兴盛于南宋中晚期的茅店窑则是福建博取景德镇青白瓷、建阳黑釉瓷、龙泉青瓷三家之长的杰出代表，其生产的青白瓷堪与景德镇媲美，黑釉瓷间或呈现油滴或兔毫纹，加上逼真的“土龙泉”，足以说明茅店窑陶工已经掌握了科学的釉药配方，控制窑炉火候气氛以及利用装烧窑位的差异，烧成各种色釉瓷器的技术。[②]

图 9-5　宋晋江磁灶窑烧制的绿釉军持(流残)

资料来源：泉州博物馆。

烧造区域广布，名窑不断涌现，宋元福建陶瓷业的跨越性发展，得益于制瓷工艺技术的持续提高，突出表现在建窑黑瓷、德化窑白瓷和同安窑系青瓷等三大瓷系。

第二节　建窑黑瓷的工艺成就

中国的黑釉瓷产生于东汉时期，经过近千年的发展，至宋代达到鼎盛。而建窑更以名品林立，工艺精湛，把黑瓷推向了历史高峰，成为我国陶瓷史上艺术成就最高的黑釉系统。[③]

① 叶文程:《宋元明外销东南亚陶瓷器初探》，载《中国古外销瓷研究论文集》(紫禁城出版社 1988 年版)。

② 林忠干:《福建光泽茅店窑的瓷业成就》，载《东南文化》1990 年第 3 期。

③ 本部分内容参考了李达《宋代油滴茶盏鉴赏》，载《收藏家》2005 年第 2 期；姚祖涛等《闽北古瓷窑址的发现和研究》，载《福建文博》1990 年第 2 期。

一、闻名中外的建窑黑瓷

从窑址出土或传世实物看，除少量灯盏[参见图9-6(左)]、钵、瓶、罐、高足杯、盏托、渣斗等外，建窑黑瓷中碗类占绝大多数，且一般器形较小，器身较浅，宋代文献称之为“盏”或“瓯”。建盏多是口大底小，有的形如漏斗(形如漏斗状的敞口碗俗称“斗笠碗”)；多为圈足且圈足较浅，足根往往有修刀(俗称倒角)，足底面稍外斜，少数为实足(主要为小圆碗类)；分为敞口、撇口、敛口和束口四大类，每类分大(口径15厘米以上)、中(11～15厘米)、小型(11厘米以下)。在四类十二型建盏中，撇口大型碗烧造成品率低，尤显名贵；口沿以下1～1.5厘米有“注汤线”的束口碗为建盏最具代表性的品种，也是产量最大的建盏之一，出土或传世品最多(参见图9-6)。建盏器身厚重，胎厚在0.3～0.6厘米之间，个别厚胎器达0.8～1厘米，手感普遍较沉。①

图9-6　建窑出土的黑釉灯盏(左)与福清东张出土的有“注汤线”束口碗

资料来源：谢道华《建阳市文物志》扉页；福建博物院。

建窑黑釉瓷的惊世之处在于色釉纹理的多变。建窑黑釉属于古代结晶釉的范畴，含铁量较高。在高温熔烧过程中，由于釉料配方的不同和烧成技术的变化，使釉面产生奇特的纹理或斑点。这些纹理或斑点大致可分为乌金、兔毫、油滴、鹧鸪斑、曜变及杂色等六大类。

一是乌金(绀黑)釉。这是建窑黑瓷较典型的釉色。乌金釉有的表面乌黑如漆，有的黑中泛青，还有的呈黑褐色或酱黑色(参见图9-7)。建窑乌

① 建窑考古队：《福建省建阳县水吉北宋建窑遗址发掘简报》，载《考古》1990年第12期。

金釉釉层普遍较厚，上乘者亮可照人，表现出庄重素雅之美。

图 9-7　传世建窑乌金釉盏（左）与连江定海出水宋元酱釉盏

资料来源：《厦门晚报》2006-11-23(14)；福建博物院。

二是兔毫釉。兔毫是建窑最典型且产量最大的产品[①]，以致人们常常习惯以“兔毫盏”作为建盏的代名词，“盏色贵青黑，玉毫条达者为上”[②]。所谓“兔毫”，就是在黑色的底釉中透析出均匀细密的丝状条纹，形如兔子身上的毫毛。由于“窑变”等因素影响，兔毫形状有长、短之分，粗、细之别，颜色还有金黄色、银白色等变化，俗称“金兔毫”“银兔毫”等（参见图 9-8）。1991 年 11 月至 1992 年 7 月，在建窑大路后门宋代窑址内，出土了一批闪现金色光芒或银色光芒的兔毫盏，为文献记载和传世之物提供了产地实据。[③]

① 如在建窑大路后门窑址，带兔毫纹的黑釉器约占出土瓷器总数的 60%。详见谢道华《建阳市文物志》（厦门大学出版社 1999 年版），第 79～80 页。

② （元）陶宗仪：《说郛》卷九三引宋赵佶《大观茶论·盏》。

③ 建窑考古队：《福建建阳县水吉建窑遗址 1991—1992 年度发掘简报》，载《考古》1995 年第 2 期。

图 9-8 传世建窑黑釉金(左)、银兔毫盏

资料来源:日本国立京都博物馆。

三是油滴釉。所谓"油滴",是指在黑色的底釉上散布着许多具有金黄色或银灰色金属光泽的小斑点(因而有"金油滴""银油滴"之分),斑点多为圆形,大小不一,大者直径3～4毫米,小者仅1毫米,甚至细如针尖,形如沸腾的油滴散落而成,使人眼花缭乱。油滴也是一种结晶釉,烧成难度较大,成品率低,传世或出土甚少,即使在建窑名窑如芦花坪和大路后门窑址也只偶见成品标本。在日本的文献记载中,"油滴"是仅次于"曜变"的名贵瓷品。在其珍藏的10余件传世品中,有一件口径12.2厘米、碗口镶有金边的南宋油滴天目碗尤为珍贵,被视为日本"国宝"级文物(参见图9-9)。值得注意的是,日本常常把建盏称为"天目",源于镰仓幕府时代(1192—1333年)在浙江天目山径山寺学佛的日本僧侣,回国时曾带走一批建窑烧

图 9-9 传世建窑银油滴斑茶盏

资料来源:日本大阪市立东洋陶磁美术馆。

制的黑釉茶碗并称之为"天目",引起日本国内的重视和喜爱,"天目"一词亦逐渐演变为建窑黑釉瓷的代称。此外,在2012年厦门唐颂古玩城高古瓷精品展上,展出了一件宋代建窑出产的银毫加油滴茶盏(参见图9-10),为古老建窑增加了新的光彩。

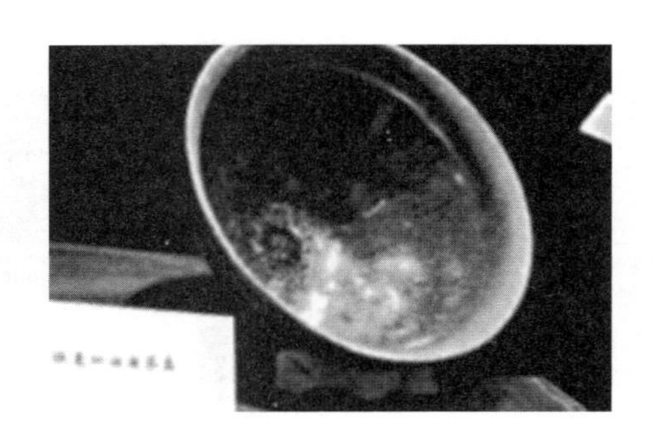

图9-10　宋代建窑银毫加油滴茶盏

资料来源:《厦门晚报》2012-06-04(14)。

四是鹧鸪斑。怎样的建窑黑釉纹理才能称得上"鹧鸪斑"呢?目前陶瓷界争议很大。一种观点认为,"油滴"就是"鹧鸪斑"。另一种观点认为,1990年建窑大路后门窑址发掘出土的稀珍瓷碗[参见图9-11(左)],就是宋代文献中的"鹧鸪斑"。此碗在晶莹光润、黑中透蓝的底釉上,自口沿向内心流淌着一道道鲜艳的黄褐色釉彩,黑黄两种釉色形成强烈对比,使之放射出耀眼的绚丽光彩,给人以美的享受。[①] 还有一种观点则认为,1992年在水吉镇池中村今建阳瓷厂内堆积遗址出土的"珍珠斑"釉面品类(参见图9-11),才是真正的建窑鹧鸪斑。该纹碗残件是在黑色的底釉上散落一颗颗圆形或椭圆形的白色釉点,这些釉点直径0.8~1厘米,形如一颗颗珍珠。鹧鸪为闽北山区常见的鸟类,"形似母鸡而小,臆前有白圆点,背间有紫色毛"[②]。宋代窑工依鸟胸部"白点正圆如珠"的羽纹特点,以"鹧鸪斑"来命名自己的得意之作,似乎更有说服力。但无论出土瓷品还是复窑制品看,鹧鸪斑纹似比油滴釉更富有立体感,正所谓"闽中造盏,花纹鹧鸪斑点,试茶家珍之"[③],其在古代受珍爱的程度可想而知。不过,由于此类釉品烧造技术很难掌握,所以窑内多生烧品或半成品,加上至今未见有传

① 建窑考古队:《福建建阳县水吉北宋建窑遗址发掘简报》,载《考古》1990年第12期。

② (宋)梁克家:《三山志》卷四二"土俗类四·物产·禽族·鹧鸪"。

③ (宋)陶谷:《清异录》卷上"禽名门·鹅·锦地鸥"。

世品报道,想必何为鹧鸪斑的争论还将持续下去。

图 9-11　1990 年建窑出土的“鹧鸪斑”釉纹碗(左)与建窑鹧鸪斑盏(复窑)

资料来源:福建博物院;武夷山古颐轩网。

五是曜变。成书于 15 世纪中期的《君台观左右帐记》中,把建盏珍品划分为若干等级,其中将“耀变(曜变)”列为“建盏之内无上”的神品,为世界所无之物。[1] 所谓“曜变”,就是在黑色的底釉上聚集着银白色金属光泽的圆点,这种圆点呈不规则状,其周围焕发出以蓝色为主的耀眼的彩虹般的光芒,故而得名。由于曜变烧成难度极大,故传世稀少。现存于世的 4 件曜变(日本誉称为“曜变天目”)均被日本视为“国宝”,而藏于日本静嘉堂文库美术馆的南宋曜变建盏,更被国际陶艺界公认为天下第一名碗(参见图 9-12)。20 世纪 90 年代初,在建窑大路后门宋代窑址,曾出土一批带曜斑的黑釉瓷片,为探明“曜变”这一绝代珍品的产生机理提供了实物依据。[2] 曜变的烧造成功,充分体现了宋元福建人民的创造才能和艺术品位。

① [日]能阿弥等:《君台观左右帐记》,载《茶道古典全集》(日本淡交社 1957 年版)第二卷。

② 建窑考古队:《福建建阳县水吉建窑遗址 1991—1992 年度发掘简报》,载《考古》1995 年第 2 期。

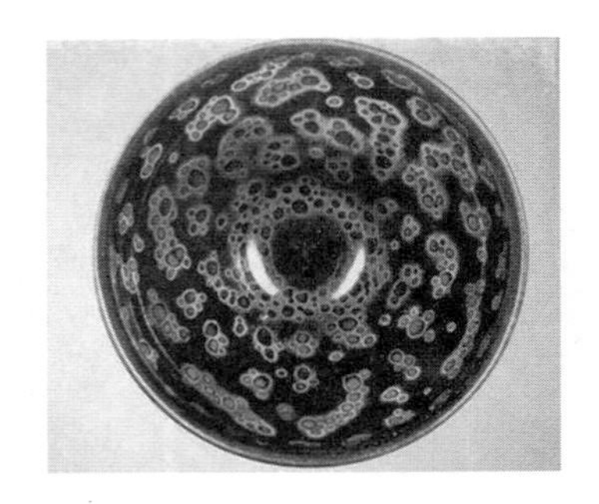

图 9-12　藏于日本静嘉堂文库美术馆的天下第一名碗——曜变建盏

资料来源：日本静嘉堂文库美术馆概要网。

六是杂色釉。由于建窑黑釉器系“窑变”所致，故釉面纹理变化多端，除上述五大类釉面纹理之外，还有一些杂色釉，如柿红色、赤红色、酱釉（酱绿釉、酱黑釉、酱黄釉）等。浙江金华曾出土了一件北宋早期建窑器物——西瓜花盏（参见图 9-13），表面呈现出精美的西瓜花纹饰，颇为珍贵。

图 9-13　浙江金华出土的建窑西瓜花盏

资料来源：《收藏快报》2007-06-27。

二、复杂的建盏烧造工艺

判断一件瓷器的烧制难度，可以从胎、釉、窑温和窑中气氛这四个制瓷因素的制约程度综合考虑。以建窑油滴为例。

先看胎釉配方。由于建窑胎的铁含量比釉料中的含量要高得多，这样才能在烧制过程中使瓷胎中铁向釉层扩散，因此油滴受胎的影响很大。胎的性质不同，斑点效果也不同。一般而言，建窑使用含铁量高达 8%左右的厚重黑胎，尽管胎中含有较粗颗粒石英，但胎体仍经受不住 1330℃左右的高温，产品极易变形或起泡。而油滴奇观的产生正是釉下气泡将胎中铁质带到器物表面的结果，釉的好坏直接影响花纹的效果。建窑瓷釉是筛选当地一种含铁量较高的釉石混合一定比例的草木灰而制成的析晶氧化物。在黑釉形成过程中,高温使釉中氧化铁部分价态起了变化,分解生成了黑褐色的四氧化三铁。又由于釉质中含有少量的锰铬等元素,使釉色加黑。由于建窑黑釉釉层普遍较厚,铁釉饱和溶液在室温下降时,部分以微晶的形式从熔融的釉中结晶出来,并出现互不混溶的液相相分离现象,从而产生诸如油滴的奇特花纹。由于不同纹理或斑点黑瓷烧造中的胎釉配方不是一成不变的,故无论是宋代原烧还是后世仿制,高品位建盏的烧制成功率都极低。要想达到斑纹既优美、成品率又高这一目标,建盏胎与釉的配方恐怕是永无终结的探索课题。

再看烧成技术。烧成技术包括窑温和窑中气氛两方面。在窑温方面,建窑油滴烧成温度范围比一般黑釉瓷更窄,因此火候的正确掌握是油滴斑点得以形成的关键,窑温偏低,斑点难形成;窑温偏高,斑点又易流成条形。在窑中气氛方面,由于油滴斑点是氧化铁结晶体,氧化铁中二价铁与三价铁的比例不同,斑点效果就不同,因此还原气氛控制二价铁与三价铁的比例,对斑点的形态与色彩影响极大。一般来说,油滴或兔毫中的金色斑纹相对比较好烧,因为烧成前期虽需还原,但后期可转氧化。相比之下,银色斑纹就难烧了,析晶时二价铁与三价铁的比例处于临界状态,若三价铁稍高,斑纹就变灰色,灰色斑纹表面有脏物感,还不如金色美观;若二价铁稍高,斑纹又易变模糊或消失。特别是银色带蓝的斑纹,更是处于稍纵即逝的状态。这就是为什么建窑许多银兔毫的斑纹不如金色兔毫明显的缘故,而斑纹通达又清晰可见的银兔毫是极少的,所以宋徽宗才会感叹"玉毫条达者为上"①。蔡襄也指出:"建安所造黑盏,纹如兔毫。然毫色异者,土人谓之毫变盏,其价甚高,且艰得之。"②

最后看胎釉窑结合。无论是油滴、兔毫还是曜变,它们都是胎釉窑完美结合的产物。一方面,结晶釉在析晶时,受还原气氛影响越大,其烧制难

---

① (明)陶宗仪:《说郛》卷九三引宋赵佶《大观茶论·盏》。

② (宋)祝穆:《方舆胜览》卷一一"建州"引蔡襄《茶录》。另今本蔡襄《茶录》并无此语。

度就越大。这就是为什么银色斑纹的兔毫成功概率很小,烧斑纹有色彩的曜变就更罕见了。还原气氛不仅影响曜变的色彩,还影响斑纹的形状和清晰度等。另一方面,由于釉流动性大,因此对烧成技术和施釉手法要求甚高。窑温稍高或釉层稍厚或烧成时间稍长,釉就流下粘底,造成严重缺陷。为使胎形固定不变,还需采取快速升温和较短时间保温等技术措施。面对如此复杂的烧造工艺,有人认为建窑油滴和曜变只能在烧兔毫时偶然得到,实际未必如此。第一件油滴无疑是在烧兔毫时产生的,但效果不一定好,当窑工发现这种特异斑纹后,肯定会想方设法追求更多更好的作品。从现存油滴和曜变器形的完美程度可以判断,它们是由最好的师傅着意烧制的,这种有意识的创作,就不可能靠偶然之窑火(即所谓的“窑变”)。正是由于建盏的烧成同时受到胎、釉、窑温和窑中气氛的严重制约,所以一件斑纹优美且外观没有缺陷的优秀建盏,是在大量废品和次品的基础上产生的,这一点从古窑遗址那令人惊讶如山包状堆积的废弃物就不难看出。20世纪50年代对建窑的调查,发现芦花坪等处窑址的堆积物高达10米,犹如一座小山。[①] 关于优质建盏的烧造难度,还可从建窑出土物中得到证实。1990年,考古人员曾在大路后门山的Y1窑炉中段窑室内出土了几十件带彩点、彩斑的釉纹器。带彩点的皆为黄褐釉上蓝绿色圆点,是未烧成品,带黄斑似花瓣纹的酱褐釉则是半成品,这两种釉彩的正烧品则应是黑釉黄褐纹的“鹧鸪斑”。[②] 生烧品、半成品的大量出现,说明烧造诸如“鹧鸪斑”纹的技术较难掌握,因而传世品亦极为少见。

此外,名贵建盏的烧成难度还可从烧成概率反映出来。银兔毫烧成概率比金兔毫小得多,油滴更小,估计不会超过万分之一,而曜变就像海市蜃楼般难展芳姿。如此复杂的烧造工艺,如此低下的成品率,致使建窑黑瓷珍品生产技术在历史上犹如昙花一现,早在元末就失传了。我们在赞叹古代陶瓷大师们无限创造力和独特艺术构思的同时,也为福建失去这一世界

---

① 详见宋伯胤《“建窑”调查记》,载《文物参考资料》1955年第3期。

② 建窑考古队:《福建建阳县水吉北宋建窑遗址发掘简报》,载《考古》1990年第12期。

著名品牌感到深深惋惜!

第三节　德化白瓷的技术进步

在中国三大瓷都中,德化以白瓷著称。德化白瓷烧造始于宋[①],盛于明,衰于清。形成中的宋元德化白瓷在胎釉原料、器形装饰、烧成技术和烧造工艺诸方面皆有长足的进步,为明代德化窑的大发展奠定了基础。[②]

一、胎釉原料的配选

作为重要技术因素之一的原料,其本质与制瓷工艺有着密切的关系。据明人记载:"德化县白瓷,即今市中博山佛像之类是也。其坯土产程寺后山中,穴而伐之,绠而出之,碓极细滑,淘去石渣,飞澄数过,倾石井中,以漉其水,乃砖填为器,石为洪钧,足推而转之。薄则苦窳,厚则锭裂,土性然也。初似贵,今流播多,不甚重矣。"[③]从对当地典型瓷石原矿和细颗粒部分的化学分析和差热、失重曲线以及电子显微镜观察可知,德化瓷石是一种天然混好的石英—高岭—绢云母(少量长石)三元矿物组成的系统,可直接用于制胎或配釉。由于德化瓷石钾含量高,故是一种能防止高温下变形的优良制瓷原料,为烧造提供了便利。此外,德化白瓷的白度非常高,相对白度在85%～100%,这也与原料组成成分密切相关。以上分析表明,德化瓷石是一种天然混合好的适于制造白瓷的优质原料,且具有"近地者制

① 1965年,福州五代闽国刘华墓中曾出土了一件口径18.3厘米,高7厘米,底径7.5厘米,造型优雅,瓷面莹洁的敞口白釉瓷碗(详见福建省博物馆《五代闽国刘华墓发掘报告》),有人据此推断德化白瓷的烧造历史可追溯到唐末五代。

② 本部分内容参考了郭演仪《历代德化白瓷的研究》,载《硅酸盐学报》1985年第2期;林忠干《宋元德化窑的分期断代》,载《考古》1992年第6期;叶文程《也谈德化屈斗宫"鸡笼窑"类型问题》,载《厦门大学学报(哲社版)》1983年第4期;福建省博物馆《德化窑》,文物出版社1990年版。

③ (明)陈懋仁:《泉南杂志》卷上。

胎，深处者制釉”“不须调和其他原料”的特点[①]，因而在白瓷生产上具有先天优势。

陶瓷烧制品质不仅取决于瓷石原料，而且胎釉的配选工艺也十分重要。从盖德碗坪仑和浔中屈斗宫窑址出土的白瓷残片分析看出，宋元德化制胎原料多数经过磨细漂净，因而胎质洁白细致而坚硬，但淘洗并不十分严格，造成成分上仍有波动。由于德化瓷石原料中镁和钠的含量很微，故实质上德化釉应属一种典型的钾钙质釉，因此钙和钾的配比一直是德化窑工的探索对象。从出土残片釉的特征和变化规律分析，历代德化白瓷釉中氧化钙的含量在宋代比较分散，比一般白瓷中含量低约 5%。元代瓷釉中氧化钙则比较高，其含量在 10%～13%之间。明清白瓷釉中氧化钙的含量降低了几乎一半。相反，氧化钾的含量自宋至明清却是提高较大。这表明至明清釉中使用富含氧化钙釉灰的量已大为降低，减少到宋代使用量的一半，转而采用风化程度差的瓷石来提高氧化钾的含量，以改变和满足釉中溶剂成分。从明代德化建白瓷傲立世界瓷林看，宋元德化窑工在釉料配方上的探索是较为成功的。

此外，从宋代创烧伊始，德化瓷釉的釉层就较薄，这样有利于通过薄釉层显现出半透明胎的特点，这也是德化白瓷呈玉石感的重要因素之一。

二、器形装饰的多样

宋元德化白瓷以盒居多，其次是盘、碗、洗、钵、碟、炉、执壶、军持、瓶等。前期器物成型的总体特征是圈足器与平底器并行，卧足器较少，未见实足器，底足切削较为规整。后期产品数量、品种、造型更加丰富，盘、碗、钵、碟、洗类圈足器普遍变得宽矮，而且流行实足；盒、执壶、军持（参见图 9-14）、瓶等器形体普遍变得瘦削起来，更具有实用和审美价值，体现时代的进步。特别是碗坪仑窑址下层各种大小不同的盒类，出土之多，式样之美，

① 高振西：《福建永春、德化、大田三县地质矿产》，载福建省地质土壤调查所《地质矿产报告第三号》（1931 年油印本）。

为全国所仅有。

对比碗坪仑窑址下层与屈斗宫窑址出土的白釉和青白釉器物装饰，可知宋元德化白瓷装饰既有继承又着重创新，总体显得丰富且具地方色彩。宋代器物纹饰刻画与模印并重，因器而异。刻画主要施作于碗、盒内里，盛行卷草纹、篦纹。模印图案以盒类最为丰富多彩，盖面中心为主题装饰，纹样有莲花、牡丹、菊花、萱草、兰花、马兰花、茶花、海棠花、缠枝卷草、芦苇、浮萍、草花与芦雁、蜜蜂、游鱼等；周边点缀以卷草、卷云、水波、联珠、连弧、弦纹，构图疏密有致，既富于变化又层次清楚，十分细腻工整。这一时期德化白瓷造型之别致，装饰之华丽，在江南地区首屈一指。屈斗宫宋元器物装饰上的主要变化，是大量使用器外模印方法，以瘦长的莲瓣纹和缠枝卷草纹最为盛行，而南宋晚期出现的压印工艺在部分碗盘器里亦可见到。这一时期盒类器物上的装饰极具时代和地方特色，盒盖中心主题图案有缠枝卷草、莲花、牡丹、梅花、葵花、菊花、飞凤、婴戏、狮球、钱纹与“福”“寿”“般”“金玉”“金玉满堂”“寿山福海”“长寿新船”等文字，周边一般装饰缠枝卷草纹，但构图不如以前生动活泼，显得烦琐呆板。

图 9-14　德化盖德窑址出土的南宋军持

资料来源：福建博物院。

三、窑炉与烧成技术的革命

通过对历代德化白瓷的分光反射率测定分析可知，宋代德化白瓷主要是在还原焰下烧成，元代开始部分白瓷则是在氧化焰中烧成，至明代德化窑工已熟练地掌握了氧化焰气氛烧成技术。烧成技术的变化对瓷器透光度有明显影响。在氧化焰下烧成的白瓷透光度比在还原焰气氛下烧成的为高，这是由于在还原焰下烧成的瓷胎中往往有微量碳元素沉积所造成的。因此，现代白瓷都是在氧化焰中烧成的。

宋元德化白瓷烧成技术的变化与窑炉结构的改变有密切关系。从1976年盖德碗坪仑和浔中屈斗宫窑址发掘可知，宋元德化窑经历了从龙窑到鸡笼窑（或称“分室龙窑”）的转变。碗坪仑窑址下上层分别代表北宋晚期至南宋中期与南宋晚期至元代初期，该期白瓷均是利用龙窑焙烧而成，也就是在还原焰气氛下烧成的。到了元代早期至元代晚期的屈斗宫窑，则出现了一种新型窑炉，从而引起烧成技术的革命。从窑基出土现状和结构推断，该窑炉“窑身宽大，火膛狭小，窑身斜平，不分阶级，有隔墙、通火孔和火路沟，门开单边”[①]。从这些结构特点看，屈斗宫的窑炉既不同于宋代的龙窑，也有别于明清时的阶级窑，而是属于龙窑发展到阶级窑的一种过渡窑炉类型，即当地所称之“鸡笼窑”（参见图9-15）。它与安溪、闽清以及广东潮州一带的平底窑有相类之处，是德化独有的集成创新窑炉类型。

图 9-15　德化屈斗宫鸡笼窑遗址

资料来源：德化网。

鸡笼窑引起烧成技术变化的关键因素在于隔墙的设置。这种室与室之间的隔墙（或称挡火墙）底部设置通火孔（或称通气孔），其作用是将原来火力流通时的平焰改为倒焰。也就是说，屈斗宫鸡笼窑的出现，不仅标志着德化窑工创制出一种较易控制烧成火焰的新的窑炉类型，而且开始尝试改变宋初以来一直使用的还原焰烧成技术，进入采用氧化焰烧成技术的新时代。

① 德化古瓷窑址考古发掘工作队：《福建德化屈斗宫窑址发掘简报》，载《文物》1978年第5期。

陶瓷是火的艺术。在陶瓷生产的众多工序中,窑炉烧成工艺是技术最难、科技含量最高的工序,窑炉新建和改建也是陶瓷生产投资比重最大的事项。因此,宋元德化屈斗宫鸡笼窑的出现,在福建乃至中国陶瓷发展史上具有重大的意义。

值得一提的是,借助氧化焰烧成新技术,屈斗宫窑已烧造出部分乳白色瓷器,开明代我国建白瓷的先河。“建白瓷”,是学术界对明以后福建德化创烧的特色白瓷品的专有称呼。建白瓷瓷质细腻坚致,釉色白中闪黄,釉面晶莹滋润。瓷器表面光泽柔和,如凝脂润玉,又如象牙,故又被称为“猪油白”“象牙白”“中国白”等。建白瓷与高白瓷、艺术瓷雕合称德化瓷中三朵金花。

四、烧造工艺的演变

除窑炉结构引发的烧成技术革命外,宋元德化在其他烧造工艺上亦有不少进步。

在装烧窑具方面,除托座、垫钵、匣钵、支圈及垫圈、垫饼等常规窑具外,碗坪仑宋代窑址出土的托盘与托柱组合的“伞形窑具”(亦称“塔式窑具”),是这一时期最有创新特色的装烧窑具。该窑具采用约高 12 厘米、直径 8 厘米的黏土柱,上托直径约 40 厘米的泥质圆盘,盘上再立一柱,柱上再置圆盘,一盘一层往上叠摞,直至窑顶,其状如伞,高度可达 2 米左右。粉盒、碗碟之类瓷胚就放在圆盘上烧成。屈斗宫宋元窑址出土的装烧窑具则呈现种类趋多、形式多样、制作更加规范化等特点。

在装烧方法方面,宋代德化盛行托座叠烧法,元代则以支圈组合窑具覆烧和匣钵正置仰烧为主,利用托座叠烧已退居次要地位。覆烧法是北宋中期河北定窑对传统装烧工艺的一项重大变革,引进消化吸收创新后成为德化瓷的主流装烧技术,匣体有 10 余种之多,都是根据各类器物形状的需要而特制。支圈的使用也有改进,圈的高度变得矮小,增加了装烧密度,提高了生产效率。

在窑室规模方面,依山而建的宋元屈斗宫窑窑基坡长 57.1 米,宽1.4～

2.95 米之间，共有 17 间窑室，装烧量也比宋代龙窑大大增多了。

在窑门设计方面，屈斗宫窑共有 14 个窑门，一般都开设在窑室的前端。其中有 11 个开在东边，只有 3 个开在西边。窑门大多数开在一边，这固然与装窑和出窑便利有关，但更多的是出于保持室温，节省燃料的考虑。如此窑门设计，是烧成技术进步的一种表现。

纵观以盖德碗坪仑窑和浔中屈斗宫窑为代表的宋元德化窑工艺技术发展史，借鉴与创新成为这一时期的主要特征。从整体上看，北宋晚期至南宋中期以及元代，德化窑与江西景德镇窑关系较为密切，南宋晚期至元代初期则受浙江龙泉窑以及本省建窑的影响较大。在借鉴的同时，宋元德化窑产品无论是胎釉装饰还是品种造型，其工艺技术的地方色彩也是相当浓厚的，如宋代的大海碗、大型盒、瓶、军持以及元代的盒、洗、盅等，皆为其他地区所罕见。当然，屈斗宫鸡笼窑氧化焰烧成技术，本身就是借鉴和创新的重大成果，其对元代德化白瓷科技含量的提升和工艺技术进步的贡献，皆具有十分重大的意义。

第四节　同安窑系青瓷的特色

宋元时期，我国南方逐渐形成了以江西景德镇青白瓷、福建建阳和江西吉州黑瓷、浙江龙泉青瓷三大瓷业系统。在它们的影响下，福建创烧出许多具有浓厚地方特色的知名陶瓷，同安窑系青瓷就是引进消化吸收龙泉窑再创新的典型。与龙泉窑传统工艺技术比较，同安窑系青瓷无论在胎骨釉色、器形装烧，还是在窑炉结构和花纹装饰方面都有自己的特色。[①]

在胎骨釉色方面，同安窑系胎骨呈灰白、浅灰乃至青灰色，质地比较坚硬。釉层较薄，一般玻璃质感较强，光泽度较好，胎釉结合紧密。有的厚薄

① 本部分内容参考了林忠干等《同安窑系青瓷的初步研究》，载《东南文化》1990 年第 5 期。

不均或釉水垂流，釉面开细冰裂纹，也有少量不甚透明的。釉色多呈青黄、黄绿和青灰色，也有少量青绿匀净、釉层略厚、莹润如粉青、梅子青一类产品。釉水通常是一次施成，最多二次施成，器物上施半釉或不及底，底足均露胎。釉是同安窑系青瓷的一大亮点，其釉料组成不是单一植物草木灰与石灰的简单搭配，而是巧妙地采用了稻草、竹子和茅草多种植物的混合型草木灰料。[①] 通过对同安窑瓷器釉色的进一步分析，"可以看出产品的釉色既没有大绿大红的色相比较，也没有黑白悬殊的色泽对比，而是若隐若现，以光影叠错的艺术感观取胜，以自然美和内在美感染人"[②]。特别是最高级的枇杷黄釉色的瓷器（即日本所谓"珠光青瓷"）（参见图 9-16），是一种在釉中添加适宜草木灰的经典杰作，是传统青瓷制造中的一大创新。

图 9-16　同安汀溪窑遗址出土的枇杷黄釉色珠光青瓷

资料来源：《厦门日报》2010-06-06(6)。

在器形装烧方面，同安窑系产品均以碗类为大宗，盘、碟、洗类次之，还有壶、瓶、炉、杯、罐、钵、砚、水注和人物塑件等多达 20 多种。[③] 器物造型朴实厚重，多口薄底厚，底部不甚规整，挖足比较草率，旋坯痕迹明显。装烧方法主要有三种：一是匣钵正置仰烧法，每钵装一件碗，底垫泥饼，匣钵多呈漏斗形凸底，也有敛口或敞口深腹平底的。二是匣钵复烧法，匣钵呈凹底形，装烧时将钵体倒扣，每钵装 1～3 件碗，以泥饼垫圈或支钉间隔，然后

① 《消逝数百年的窑火重燃，汀溪珠光青瓷"复活"了》，载《厦门晚报》2013-12-16(15)。

② 《同安窑珠光青瓷重现》，载《厦门晚报》2010-02-09(6)。

③ 《汀溪水库水位降了，千年古瓷露出来——平常淹没于水下的宋元窑址难得一见》，载《厦门晚报》2014-01-16(A11)；《同安珠光青瓷曾是中国古瓷"黑马"》，载《厦门日报》2012-03-08(23)。

层层相套，这种方法源于龙泉窑。[①] 三是托座叠烧法，将数件至十数件规格相同或大小不等的碗重叠装烧。为防止粘连，器内底需刮釉一周，俗称“涩圈”。这种改进后的托座叠烧法，不仅消除了支钉和垫圈所留下的疤痕，而且对增加装烧密度、节省原料、提高产品烧成率具有很大意义，是古代福建地区瓷器装烧工艺持续发展的一大特色。

在窑炉结构方面，同安窑系主要有龙窑和葫芦形窑（亦有人认定为“馒头窑”）两大类型。龙窑的优点是升温快，降温也快，可以快烧，可以维持还原气氛，所以说龙窑是青瓷的摇篮。但自南宋开始，随着釉中氧化钙含量不断减少，氧化钾逐渐增多而出现的石灰碱釉，造成釉的高温黏度增加，因而窑炉结构急需加以改进。南安石壁水库曾发掘出土的束腰型葫芦窑，就是应因这一变化的创新窑炉。该窑通长 7 米多，椭圆形，最宽 1.5 米左右，它是龙窑和北方馒头窑优点结合起来的产物，为我国窑炉结构的演进做出了贡献。[②]

在花纹装饰方面，同安窑系产品受龙泉窑影响也很流行花纹装饰，其装饰技法、花纹题材及装饰部位变化多端，大体可分为以下几种类型：（1）器内外双面刻画花。器内多为卷草篦纹或莲花篦纹，器外为直线纹，主要装饰碗类，腹部深浅皆有。腹部较深的底心往往模压略凹下，形成一个圆圈，日本和中国台湾学者称其为“线环青

图 9-17　宋代同安窑内壁对饰草叶纹、双面刻画花碗

资料来源：《厦门日报》2014-10-31(C03)。

① 中国社会科学院考古研究所浙江工作队：《浙江龙泉县安福龙泉窑址发掘简报》，载《考古》1981 年第 6 期。

② 刘振群：《窑炉的改进和我国古陶瓷发展的关系》，载《中国古陶瓷论文集》（文物出版社 1982 年版）。

瓷”(参见图 9-17)。此外,颇受日本人喜爱的同安窑系“珠光青瓷”就出于此类型。(2)器内单面刻画花。饰纹题材略同第(1)类,器物造型有碟、洗、碗等。(3)器外单面刻画花。主题纹饰为莲瓣纹,形体较瘦长。施行此类装饰的器物有碗、洗、盘、罐以及几何形网格纹的敛口鼓腹罐等。(4)器内单面印花。饰纹题材有花卉纹、单鱼或双鱼纹、吉祥文字三类。器物造型有敛口弧壁碗、侈口圆腹碗(俗称“墩马碗”)、敛口弧壁盘(俗称“镗锣盘”)、折口或板沿弧壁洗(或称盘)等,印花部位多在器心,少量在内壁。此类型产品多出元代沿海窑口。

概言之,同安窑系青瓷与浙江龙泉窑的不同在于:龙泉窑珠光青瓷釉色多偏绿,而汀溪窑瓷则大多为枇杷黄釉色;汀溪窑珠光青瓷大多开冰裂纹,而龙泉窑珠光青瓷增加了些玉质感;龙泉窑多数纹饰刻画繁缛,汀溪窑多数纹饰刻画疏朗、明快、简洁,更为流畅;在施釉工艺上,汀溪窑多施釉不到底、露足;而龙泉窑施釉到足墙乃至裹足,只有足底面未施釉。也就是说,虽然宋元同安窑系青瓷工艺技术整体落后于浙江龙泉窑,且多数时间和多数窑口仅限于跟踪模仿,但其佼佼者汀溪珠光青瓷却以其窑场规模之大,窑群之密集;器物釉色之纯正,纹饰之精美;产品种类之丰富,器型之多样,堪称珠光青瓷窑之“最”。[1] 尤为重要的是,同安窑系青瓷的崛起和发展,对福建陶瓷业和泉州海外贸易有不可磨灭的贡献。正是有了同安窑系青瓷,方有“黑建”“白建”“青建”三分天下的良性竞争格局,进而确立起福建陶瓷大省的历史地位;正是有了同安窑系青瓷,才能大幅降低陶瓷出口成本,有力提升各国人民生活品质,从而促进泉州港海外贸易的鼎盛发展。当然,我们更应深入挖掘同安窑系青瓷的丰富内涵,让更多类似“珠光青瓷”“线环青瓷”等具有地方特色的精品早日与世人见面。

① 《同安珠光青瓷曾是中国古瓷“黑马”》,载《厦门日报》2012-03-08(23)。

第五节　繁盛的瓷器贸易及对世界文明的贡献

在宋元，福建以生产大量物美价廉的外销瓷器闻名于世。借助泉州港繁盛的“海上陶瓷之路”，以建窑为代表的黑釉瓷，以德化窑为代表的白瓷与青白瓷，以同安窑为代表的青釉瓷，以及以磁灶窑为代表的绿釉瓷和釉下彩等福建陶瓷器大量外销，对海外人民生活和瓷业发展有着深远影响，对世界文明做出了重要贡献。

一、盛况空前的海路瓷器贸易

从史料记载看，泉州港早在唐五代时就将地产陶瓷大量销往海外。唐开元时（713—741 年），晋江林銮就“采集磁灶之瓷器”[①]航舟远运，因“陶瓷而得名”[②]的晋江磁灶成为福建乃至我国较早的外销瓷生产基地。到五代时，前有王延彬治泉时在窑前村“建窑为陶工之役，以充蛮舶交易”[③]，后有留从效将泉州城扩至“仁风、通淮数门……陶器铜铁，泛于番国，取金帛而还，民甚称便”[④]。仁风门即泉州东门，方位与今天发现的众多碗窑遗址相吻合。

迨至宋元，陶瓷器更是深受海外诸国喜爱的贸易品，也是泉州港出口贸易的主打商品。南宋泉州市舶司提举赵汝适《诸蕃志》翔实记载了 15 个“博易用瓷器”的国家和地区，分有“瓷器”“盆钵”“五色烧珠”“青白瓷器”“白瓷器”之属。元代著名游历家王大渊《岛夷志略》更记叙了泉州港“贸易之货用瓷器”的盛况，当时陶瓷外销所至之处，有分别属于今日本、菲律宾、

---

① （清）蔡永兼：《西山杂志・前铺》（手抄本），转引自郑学檬《宋代福建沿海对外贸易的发展对社会经济结构变化的影响》，载《中国社会经济史研究》1996 年第 2 期。

② （清）蔡永兼：《西山杂志・磁灶》。

③ （清）蔡永兼：《西山杂志・窑前》。

④ 《留氏族谱・宋太师鄂国公传》，转引自叶文程《中国古外销瓷研究论文集》（紫禁城出版社 1988 年版），第79～80 页。

印度、越南、马来西亚、印度尼西亚、泰国、孟加拉、伊朗等国家的50多个地区，贸易品种增加到“青瓷花碗”“(紫、四色、五色、黄红、红绿、青、红)烧珠”“粗碗”“青白花碗”“壶、瓶”“青白碗”“青(瓷)器”“大小水埕(埕瓮)”“粗埕”“(青)盘”“花碗”“青白花瓷器”“小罐”“处(州)瓷器”“大瓷”等各属。在这些外销瓷器中，大部分是福建窑口烧制的。实际上，元代周达观所著《真腊风土记》卷二十一“欲得唐货”中曾明确记载输往该国(即今柬埔寨)商品有“泉处之青瓷器”[①]。显然，“泉处青瓷器”是通过泉州港外销的闽南地区窑品的泛称。

大量海外考古发现也还原了宋元福建瓷器外销的历史状况。在日本福冈市镰仓时代(1185—1391年)的博多遗址中，出土了包括“珠光青瓷”在内的许多碗、碟、洗等同安窑系青瓷器，以及闽北大口、茶洋、华家山、社长埂等窑的青白瓷器[②]；在福冈、松川等地还出土有晋江磁灶窑生产的“黄釉铁绘花纹盘”和德化窑生产的“白瓷盒子”。在马来西亚、印度尼西亚以及菲律宾等国家的博物馆里，陈列着许多当地出土的泉州宋窑军持、瓶、盘、盒等。印度出土过泉州宋代的贯耳瓶，斯里兰卡曾发现德化窑的莲瓣碗和墩子式碗。土耳其的伊斯坦布尔博物馆收藏的1万多件中国瓷器中，也有泉州宋代青瓷器。肯尼亚发现有安溪窑的宋代瓷瓶，而埃及早在11、12世纪的法帖梅时代，就输入漂亮的德化瓷器了。[③] 而坦桑尼亚达累斯萨拉姆以南317公里的基尔岛出土的元代德化白瓷莲瓣碗，则是迄今发现的福建瓷器销路最远的一例。[④] 值得一提的是，一些海外大量出土的宋元福建瓷器却很少在国内发现，显见它们是专为外销而烧造的。如德化碗坪仑窑和屈斗宫窑生产的青白瓷印花盒，主要出土于菲律宾、新西兰、日本等国，国内极少发现。[⑤] 德化的陶瓷设计师们还根据不同用途，设计出大盒、

① (元)周达观:《真腊风土记校注》，第148页。

② 李知宴等:《宋元时期泉州港的陶瓷贸易》，载《海交史研究》1984年总第6期。

③ 庄为玑:《海上丝绸之路的著名港口——泉州》，海洋出版社1989年版，第39页。

④ 马文宽:《中国古瓷在非洲的发现》，紫禁城出版社1989年版，第116页。

⑤ 中国硅酸盐学会:《中国陶瓷史》，文物出版社1982年版，第269页。

中盒、小盒、子母盒(大盒之中带3个小盒)等多种式样，款式上则有圆式、八角式、瓜棱式之别，加上盒盖上几达百种的丰富纹饰[①]，可谓在青白瓷印花盒外销方面做足了功课。

近年来我国水下考古发现也印证了800多年前福建陶瓷外销的盛况。无论是广东阳江海域发掘的“南海一号”，还是西沙群岛的“华光礁1号”，都相继出水了大量南宋福建陶瓷。特别是“南海一号”，经过2007年至2014年长达7年的保护发掘，已识别出船舱内超过6万件层层叠叠、密密麻麻的南宋瓷器，主要由江西景德镇窑系、浙江龙泉窑系、福建德化窑系、闽清义窑系和磁灶窑系等五大民窑瓷器构成[②]，这验证了曾多次参与“南海一号”水下探挖的福建省博物院考古研究所所长栗建安的预判：“从古沉船上前期探挖的出水古瓷器上看，大约有八成以上来自德化窑系、磁灶窑系、建窑系的福建产品。已出水的福建古瓷器数量多，种类多，质量好，是前所未有的。”[③]的确，2001年水下考古队曾从“南海一号”打捞出一批印花盒，后经到德化县实地考证，确定这些陶瓷印花盒都是产自宋代德化盖德碗坪仑窑[参见图9-18(左下)]。此外，在德化陶瓷博物馆里，人们还可以发现十几件从西沙“华光礁1号”古沉船出水的瓷器[参见图9-18(右)]，它们在造型式样上与该馆原先珍藏的陶瓷完全相同，这些珍藏品主要出土自该县三班春岭及盖德碗坪仑古窑址。[④]

① 曾凡：《再谈关于德化窑的问题》，载福建省博物馆《德化窑》(文物出版社1990年版)。

② 《“南海一号”发掘取得进展：超6万件宋瓷重见天光》，载《厦门日报》2015-02-01(A07)。

③ 《建阳黑釉瓷惊现“南海一号”》，载《厦门日报》2007-7-20(10)。

④ 《水下考古频频捞起德化古瓷》，载《厦门日报》2007-6-7(22)。

"南海一号"右侧中部船舱散落着一摞摞德化窑白瓷器和磁灶窑绿釉器

"南海一号"德化印花盒

"华光礁1号"德化荷口瓶

图 9-18 "南海一号"与"华光礁1号"出水的福建瓷器

资料来源:《厦门日报》2015-02-01(A07);《厦门日报》2007-06-07(22)。

不仅如此,"南海一号"这艘被中外专家考证为迄今为止世界上发现的海上沉船中年代最早、船体最大、保护最完整的远洋贸易商船,这个有"水下兵马俑""海中敦煌"之称的南宋沉船,它的始发港很可能在泉州①,这进一步印证了福建窑系烧制的陶瓷早在千年前就在国际市场上备受青睐,福建是宋元我国海外陶瓷贸易的主要输出地和产区。值得一提的是,"南海一号"出水文物中还有一些"喇叭口"大瓷碗"洋味"十足,与国内发现的同期产品有着很大差异。还有一些陶瓷首饰盒等物品,其式样、造型及风格都与国内同类物品迥异,显然是为国外客户专门制作的。考古学家据此认

① 《"南海一号"始发港在泉州?——中国古外销瓷权威专家叶文程提出两点理由加以佐证》,载《厦门日报》2007-12-25(23)。

为，早在千年之前，“来样加工”这一国际商业合作及贸易形式就在中国出现了。[①]

2010 年 5 月，福建省水下文物考古队从漳浦海域一艘南宋古沉船内外，打捞出近百件闽北民窑生产的黑釉碗和青白瓷(参见图 9-19)，从而为宋元福建陶瓷贸易东南亚增添了新的佐证。[②]

图 9-19　漳浦南宋古沉船出水的闽北民窑瓷器

资料来源:《厦门日报》2010-05-25(12)。

二、瓷器外销对世界文明的贡献

史料记载，在中国瓷器输入之前，贸易各国有着多种不同的饮食及其方式，但均无理想的饮食器具。登流眉国(今马来半岛)“饮食以葵叶为碗，不施匕筯，掬而食之”[③]；苏吉丹(今印度尼西亚爪哇岛的苏吉丹)“饮食不用器皿，缄树叶以从事，食已则弃之”[④]；勃泥国(今加里曼丹岛北部文莱一带)“无器皿，以竹编、贝多叶为器，食毕则弃之”[⑤]；柬埔寨寻常百姓，做饭用“瓦釜”，做羹用“瓦铫”，以树叶为碗，用菱叶为匙，取椰壳为杓。盛饭用的“瓦盘”还是从中国进口的。[⑥] 适用的器皿如此匮乏，中国瓷器备受欢迎就是很自然的事了。宋元福建外销产品以日用之碗、盘、杯、碟为大宗，而且物美价廉，无疑为输入国人民，尤其是那些社会经济发展迟缓的地区，提

① 《小舱竟藏 4000 多件文物——主要是福建、江西等地出产的精品古瓷》，载《厦门晚报》2007-12-22(17)。

② 《漳浦古沉船距今近千年》，载《厦门日报》2010-05-25(12)。

③ (宋)赵汝适:《诸蕃志注补》卷上“登流眉国”。

④ (宋)赵汝适:《诸蕃志注补》卷上“苏吉丹”。

⑤ (宋)赵汝适:《诸蕃志注补》卷上“勃泥国”。

⑥ (元)周达观:《真腊风土记校注》，第 165 页。

供了理想的卫生饮食器具。这一点在菲律宾、印度尼西亚等东南亚国家表现得尤为明显。据考证[①]，从泉州港始发，满载大量泉州德化窑、晋江磁灶窑等窑口贸易瓷的“南海一号”，其目的地很可能就是东南亚。德化盖德碗坪仑窑出土的大型海碗，口径在25～30厘米之间，大型盘的口径也在25厘米以上[②]，为国内各窑所罕见，显然是专为惯用大碗大盘的东南亚各国设计生产的。

瓷器外销不仅影响到输入国人民的物质生活，而且对精神生活也有相当的提升作用。在东亚，唐宋时代传入日本的饮茶习俗，逐渐演化成独具特色的日本茶道文化。在日本茶道习俗的形成和发展中，建窑黑釉茶盏和同安窑系青瓷起了相当重要的作用。至今，日本流传下来的建窑碗盏，多系寺院传世之宝。其特别优秀者，被视为“名物”或“大名物”。国家征集或民间收藏的珍品，则列为“国宝”或“重要文化财富”。[③] 在东南亚，宋代德化窑、磁灶窑系等生产的各色军持是伊斯兰教徒必备之物，磁灶窑系生产的“龙瓮”则是菲律宾、印度尼西亚群岛民众顶礼膜拜的圣物。[④] 在北非和东非，不少国家和地区把中国瓷器当作财富和高雅的象征置于宫室或寺庙，坦桑尼亚基尔岛大清真寺遗址出土的元代德化白瓷莲瓣碗，就是真实的例证。[⑤] 此外，宋代福建窑工为向移居南洋群岛的同胞传达故国之情，用“出于污泥而不染”的莲花为题材，在器皿上进行十分传神的刻画，表现了闽地初夏山水的风光景致。[⑥] 还有，德化专为海外生产的青白瓷印花盒，有些用于盛装香料，有些是为了装置妇女化妆用品如敷脸用的粉、画眉

---

① 《“南海一号”始发港在泉州？——中国古外销瓷权威专家叶文程提出两点理由加以佐证》，载《厦门日报》2007-12-25(23)。

② 福建省博物馆：《德化窑》，文物出版社1990年版，第12、23页。

③ 详见滕军《中日茶文化交流史》，人民出版社2004年版，第111～112页。

④ 陈春惠等：《福建古瓷外销及其对世界文明的贡献》，载《福建史志》1995年第1期。

⑤ 马文宽：《中国古瓷在非洲的发现》，紫禁城出版社1987年版，第27页。

⑥ （日）坂井隆夫：《贸易古陶瓷史概要》，转引自叶文程等《福建陶瓷》（福建人民出版社1993年版），第241页。

用的黛、抹唇用的朱玉等，而在日本则多放置于经塚之中[1]，这些皆有助于提升当地人民的生活品质和精神追求。

在“海上陶瓷之路”媒介下，宋元福建陶瓷声名远播，其先进实用的制造技术也成为海外诸国引进的目标。率先来福建拜师学艺的是日本人。南宋嘉定十六年(1223 年)，对我国黑釉瓷极为推崇的日本山城人加藤四郎左卫门氏随道元禅师同来中国，在福建学习制造黑釉瓷的技术，历经 5 年学成，归国后在日本尾张濑户(今名古屋市郊约 55 里)设窑仿烧黑釉瓷，获得成功，由此开创了日本瓷业之先河。濑户烧造的瓷器被称为“濑户物”，加藤四郎也因此被尊为日本“陶瓷之祖”。[2] 建盏——这个代表我国南方艺术的瑰宝，曾影响着日本近 2 个世纪的陶艺创作。此外，宋代德化窑发明的伞形支烧窑具，也随中日陶瓷技术交流传入日本[3]，为日本陶瓷业的兴起和发展做出了贡献。

中国瓷器大规模进入欧洲始于宋代末期。当时荷兰人由福建贩运瓷器至欧洲，价值与黄金相等且有供不应求之势。在荷兰人贩运的瓷器中，闽南地区瓷窑产品占着相当大比重。受此影响，元代游历我国的意大利人马可·波罗十分重视福建陶瓷生产，他在《马可波罗行记》一书中向欧洲人介绍了德化以及德化瓷器的制造过程：德化“除制造磁质之碗盘外，别无他事足述。制磁之法，先在石矿取一种土，暴之风雨太阳之下三四十年。其土在此时间中成为细土，然后可造上述器皿，上加以色，随意所欲，旋置窑中烧之。先人积土，只有子侄可用。此城之中磁市甚多”[4]。马可·波罗的介绍，引起了西方人的强烈兴趣，马可·波罗携带的德化窑青白釉瓶(又称马可波罗瓶)，至今仍保存在意大利威尔斯市圣马可博物馆。当时瓷器在欧洲还是新奇而珍贵的用具，在中国却是廉价的日常生活用品。欧洲商

---

① 中国硅酸盐学会：《中国陶瓷史》，文物出版社 1982 年版，第 269 页。

② 详见谢道华《建阳市文物志》(厦门大学出版社 1997 年版)，第 93 页。

③ 详见熊海棠《东亚窑业技术发展与交流史研究》(南京大学出版社 1995 年版)，第 98、302 页。

④ (意大利)马可·波罗：《马可波罗行记》第二卷第一五六章。

人由此想到用德化瓷器模仿欧洲家庭使用的银餐具和陶器。按照欧洲商人提供的式样，德化窑工不断研究和改进产品造型，烧制出带过滤的茶壶、带嘴的水罐、咖啡壶和啤酒杯等日用饮食器皿供应欧洲市场。同时表现欧洲人生活题材的雕塑作品如商人、家庭妇女、旅行者以及狮子、骆驼和神话里的怪兽等，也由德化窑烧制而流行于英、法、荷兰等国。欧洲不少皇家瓷器工厂如法国的圣科得和查得密、德国的迈森等还纷纷仿制德化瓷器，从而推动了欧洲陶瓷工业的发展。[①]

① 详见朱培初《明清陶瓷和世界文化的交流》(中国轻工业出版社 1984 年版)，第157～164 页。

第十章 纺织业的兴盛与纺织技术的发展

经过长期的发展和积累，在海上丝绸之路和官办纺织手工业的带动刺激下，宋元福建纺织业与纺织技术取得了突破性发展，不仅丝织品产量和质量名列全国前茅，而且在植棉纺织领域掀起了技术创新与推广浪潮，福建已成为中古时期我国最具实力的纺织重镇。

第一节 海上丝绸之路和官办纺织手工业

谈到宋元福建纺织业，不能不提到海上丝绸之路和官办纺织手工业。前者激发了福建先民发展丝棉纺织的热情和智慧，后者显著提升了福建纺织业的技术和品质。

所谓"海上丝绸之路"，是与陆上丝绸之路相应的概念，是指古代中国与海外各国互通使节、贸易往来、文化交流的海上通道。由于地理和经济原因，宋元福建泉州成为海上丝绸之路的重要港口，成为这一时期我国丝棉纺织品的生产和集散地。

关于宋元泉州港对外贸易状况，南宋赵汝适的《诸蕃志》与元末汪大渊的《岛夷志略》给我们留下了较为详细的资料（见表10-1）。在这份对比清单中，丝绸和布匹始终属大宗商品，所不同的只是地区和品色的差异。南宋中期泉州港对外丝绸贸易口岸只有14个，到了元末丝绸和布匹贸易口岸分别达到39和55个，数量成倍增加。至于商品种类，仅汪大渊在海外所见就达29个之多，其中既包括绢、生绢、缬绢、五色绢、五色缬绢、假棉、建阳锦、缎锦、锦绫、白绫、皂绫、丝帛、象眼以及白布、红吉贝、五色茸等我国各地生产的纺织名品，也有来自海外诸国经泉州港中转的麻逸布、阇婆布、西洋布、甘理布、塘头市布、巫仑布、八丹布、八都剌布、八节那涧布、剌速斯离布等各种商品，可谓品色多样，令人目不暇接。除整体状况外，日本古文献《朝野群载》卷二十还提供了一份泉州港海外纺织贸易的个案。据森克己书中记载[①]，北宋时泉州商人兼纲首(即船长)李充曾多次赴日本贸易，其中仅崇宁四年(1105年)一次就运载了“象眼肆十疋(同“匹”)、生绢拾疋、白绫贰拾疋、磁垸贰百床、磁碟壹百床”。应该说，如此批次纺织品出口，在宋元时期的泉州港并不罕见。泉州港是名副其实的我国海上丝绸之路贸易大港。

表10-1 《诸蕃志》与《岛夷志略》所载泉州港海外贸易种类与地区

(《诸蕃志》只有部分数字)

书名	品名	丝绸	布匹	瓷器	陶器	铁	铜	铜铁器	金	银	金银器	饰品	文化用品
诸蕃志(1225)	口岸(18)	14	0	17	4	2	0	0	8	6	5	4	2
	%	77	0	94	22	11	0	0	44	33	27	22	11
岛夷志略(1349)	口岸(81)	39	55	44	14	35	21	14	22	34	1	24	12
	%	48	67	54	17	43	25	17	27	41	1	29	14

资料来源：傅宗文《刺桐港对海上“丝绸之路”的双向支撑》，载《中国与海上丝绸之路》第336页。

① 原载森克己《日宋贸易的研究》，第38页，转引自李东华《泉州与我国中古的海上交通》(台湾学生书局1986年版)，第247～250页。

泉州港海外贸易的兴盛，无疑会加大纺织品的需求。福建先民紧紧抓住这一历史机遇，不仅开发出建阳锦和刺桐缎这类闻名海内外的丝织品牌，而且纺织行业整体技术水平亦得到大幅度提升，成为我国丝绸和棉纺的先进地区之一。

在中国封建社会，官办手工工场往往是先进工艺技术的主要体现者，并对民间有引导和促进作用。在福建，大型官办纺织手工业起源于五代时闽国的“百工院”，其织造的“九龙帐”[①]，是唐末五代福建丝织工艺水平的杰出代表。到了南宋建炎三年十二月（1130年1月），随着管理皇族的“西外宗正司”和“南外宗正司”避乱迁来福建，专为宗室服务的“宗正纺染丝绢局”也在泉州异地重建，带来大批熟练工匠和先进织染理念。1975年福州南宋黄昇墓出土了一件重仅16.7克，质地轻薄，手感柔韧的牡丹花罗背心（参见图10-1），其织造工艺技术水平之高达到了惊人的程度。因为生产如此高级的丝织品，不仅要有高超的丝织技术，而且其缫丝技术，以及用纺车、线架等工具进行并丝、拈丝、络纬等生丝制造技术，也必须同步达到非常先进的水平。根据出土丝织品上墨书“宗正纺染金丝绢官记”等字样来判断，该织品乃是黄昇之父、福建市舶司提举黄朴在泉州任职期间，利用与宗室的关系和擅外贸之权得来的，出自在闽宗室织染工匠之手。[②] 进入元代，福建行省又在福州建立了规模庞大的“文绣局”，其产品“绣缎、衲袄、刺白系腰”被列为贡品。[③] “去年居作匠五千，耗费府藏犹烟云”，由于耗费过

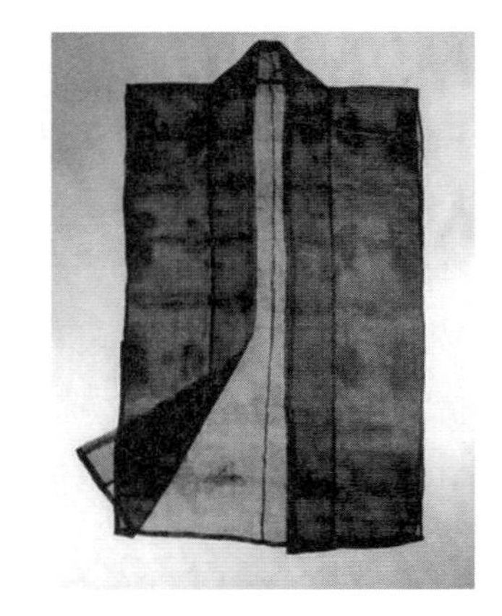

图10-1 福州南宋黄昇墓出土牡丹花罗背心

资料来源：福建博物院。

① （清）吴任臣：《十国春秋》卷九四。

② 福建省博物馆：《福州南宋黄昇墓》，文物出版社1982年版，第137～138页。

③ （明）黄仲昭：《八闽通志（上册）》卷二〇“食货·土贡·福州府”。

大，民不堪负，文绣局后被朝廷废除。但民间“生子数岁学绣文”[①]的习俗未变，福州遂成为“闽绣”的发源地和故乡。由于技艺高超和人才辈出，有元一代闽绣始终得到朝廷的青睐。先有元太子“命福建取绣工童男女六人”[②]入宫为其服务，后有朝廷特诏命“减福建提举司岁织段三千疋（同“匹”），其所织者加文绣，增其岁输纳服二百”[③]。这一减一增，可以看出元代闽绣在我国丝绸纺织业的突出地位。事实上，一直到清朝，闽绣都是国内有代表性的刺绣，可与苏绣、湘绣等并列。此外，在丝织业发达和海外贸易兴盛的泉州，元政府还设置了规模庞大的“织染局”，能织染工艺复杂的“纻丝、五色缎绢、五彩布”等，特别是苎麻与蚕丝合织的纻丝布，至元三十年（1293 年）前一直是“岁输”朝廷的珍品[④]，有力推动了海上丝绸贸易的发展。

除纺织实体外，元政府还先后在福州设置了“织绣提举司”和“木棉提举司”等管理机构，向机户、绣户订购供御的丝棉纺织品。“外烦织造御用段疋一事，亦须先此派散机户。”[⑤]这种官督民办的生产方式，对福建纺织品质量和技术的提升也不容忽视。一般而言，官办纺织手工生产精益求精，对产品的质料、纹样、色彩和规格皆有严格的要求，因此其产品无论在质量上还是在产量上，都有促进技术进步的客观需要，并引导民间不断提高纺织品的质量。同时，官府把各地能工巧匠征调到一起，也为交流和发展纺织技术提供了有利条件。因此，宋元时期官办纺织机构在闽地的出现，是推动福建纺织技术进步的重要力量。

① （元）范德机：《范德机诗集》卷四“闽州歌”。
② （明）宋濂：《元史》卷一七八“王约传”。
③ （明）宋濂：《元史》卷一九“成宗二”。
④ （明）黄仲昭：《八闽通志（下册）》卷八五“拾遗·福州府·[元]”。
⑤ （元）李士瞻：《经济文集》卷二“与阮参政书”。

第二节 丝绸纺织技术跻身全国先进行列

作为我国新四大发明之首[①]，丝绸是中国古代出现最早、应用最广、传播最远、技术最高的创造发明。作为后开发地区，福建在丝绸生产上一直处于较为落后的状态，但这一现象在五代宋初有了彻底的改观。"千家罗绮管弦鸣"[②]，"绮罗不减蜀吴春"[③]，安溪开先县令詹敦仁、北宋宰相同安苏颂的这两句赞词，说明当时福建特别是泉州生产的丝织品可与我国著名丝绸产区四川(蜀锦)、浙江(吴绢)相媲美，丝绸纺织技术出现跨越式发展，为我国丝绸发明的应用、传播和创新做出了贡献。

一、养蚕缫丝技术的进步

入宋以来，我国丝绸纺织格局发生了重大变化。以太湖流域各县蚕桑业崛起为标志，中国丝织业中心从河北转移到江南，对福建蚕桑业产生了重大影响。[④]

首先表现在对地产桑蚕丝的清醒认识。与质量优秀的"湖丝"相比，梁克家认为福州地产"桑叶小，不甚宜蚕，得丝粗才可为䌷"[⑤]。䌷是一种质地较粗的绸，可见当时人们认为福州丝织品质量不好的主要原因，是地产蚕丝与湖丝相比有差距。而任职漳州的朱熹进一步看到，"蚕桑之务，亦是本业。而本州从来不宜桑柘，盖缘民间种不得法"。于是，见多识广的朱熹在其劝农文中仔细列出种桑法，教民种植。[⑥] 正是有了这种清醒认识，宋

---

① 由国家文物局和中国科协近年重新定义的中国古代四大发明分别为丝绸、青铜、造纸印刷和瓷器。

② (五代)詹敦仁:《余迁泉山城留候招游郡圃作此》，载《全唐诗》卷七六一。

③ (宋)苏颂:《苏魏公文集》卷七"送黄从政宰晋江"。

④ 本部分内容参考了徐晓望《宋元福建丝织业考略》，载《福建史志》2002 年第 3 期。

⑤ (宋)梁克家:《三山志》卷四一"土俗类三 · 物产 · 丝麻"。

⑥ (宋)朱熹:《朱熹集》卷一〇〇"劝农文"。

元福建不断加强与江南的蚕丝贸易，以加工生产高端丝绸商品的方式来获取超额利润，“民间所须织纱帛，皆资于吴航所至”[①]。

不过，在特殊时期，一些地区的种桑养蚕之风还是颇为兴盛的。如在福建重新实行榷茶制度的元丰年间（1078—1085 年），崇阳（即崇安，今武夷山）县令张忠定“命拔茶而植桑。民以为苦。其后榷茶，他县皆失业，而崇阳之桑皆已成，其为绢而北者岁百万匹”[②]。一年可输出百万匹丝织品，可见当时崇安种桑养蚕的规模和技术都是相当可观的。此外，因“其地宜桑”[③]，故在漳州漳浦曾有“大桑屿”“小桑屿”这样的地名出现。

其次是巩固区域优势，改良种养技术。自南朝以来，泉州就是福建蚕丝业的中心，种桑养蚕之风甚盛，特别是入宋以来，“桑麻迷杜曲”[④]已成为当地一景，蚕丝质量和数量皆上一层楼，曾作为地方土特产进贡朝廷[⑤]。乾德五年至乾道八年（967—1172 年），福建路每年丝线税贡达 33448 两[⑥]，这与泉州的贡献是分不开的，说明缫丝仍是当地的重要产业。

再次是因地制宜大力发展野蚕放养与缫丝技术。在宋元，福建人民充分利用山区优势，积极探索野蚕的放养与利用，其中最常见的是以柞、柘树叶为饲料放养的野蚕。南宋梁克家《三山志》就有“桑与柘为二种，皆可以蚕”[⑦]的记述，出现“桑柘千村曙色新”[⑧]、“蚕眠曲箔女红齐”[⑨]的田园气象，柞树的种植和生长特性也屡见宋人史志笔记。除柞蚕和柘蚕外，当时养蚕甚盛的福州、兴化两郡，还有橡蚕等其他野蚕品种。一般而言，野蚕茧在缫

---

① （明）黄仲昭：《八闽通志（上册）》卷二五“食货·土产·福州府·帛之属·丝”引宋《闽中记》。

② （宋）陈师道：《后山谈丛》卷三。

③ （明）黄仲昭：《八闽通志（上册）》卷八“地理·山川·漳州府·漳浦县·大桑屿”。

④ （宋）黄公度：《知稼翁集》卷上“自法石早归”。

⑤ （明）黄仲昭：《八闽通志》（上册）卷二〇“食货·土贡·泉州府”。

⑥ （清）徐松：《宋会要辑稿》“食货六四之九”。

⑦ （宋）梁克家：《三山志》卷四二“土俗类四·物产·木·桑”。

⑧ 南安县《榜头吴氏族谱》载元人陈大规唱和诗，转引自傅宗文《刺桐港对海上“丝绸之路”的双向支撑》（载福建人民出版社 1991 年版《中国与海上丝绸之路》）。

⑨ （元）洪希文：《续轩渠集》卷六“鸡豚社”。

丝前的加工处理比桑蚕茧困难，而宋代南剑州（今南平市）曾出现“一一野茧抽”[①]的盛况，说明当时下茧、剥茧、烘茧下蛹、练茧、蒸茧等缫丝前加工技术已具相当水平，因而缫出来的丝质地与桑茧不相上下，赢得世人的赞赏和咏颂。

在福建，野蚕的利用有其独特的价值。一方面，野蚕丝不仅可制成我国独特的丝绸品种——茧绸，而且柘叶饲养的桑蚕或野生柘蚕还用作乐器上的弦线，“清鸣响彻”[②]，因而得到封建政府的重视，时常作为地方土特产贡赋朝廷。另一方面，这一时期的兴化军仙游县不仅以野蚕丝絮作御寒和打线纺粗帛之用，而且还能利用野蚕丝特别强韧的特性，织造精细美观的丝苎合织之布。“布帛之幅，则治麻与蕉，织丝以纻。细织纻麻皮杂丝织为布。本军土贡葛布一匹，非土宜，乃以本县土产兼丝代之。”[③]因此，尽管宋元我国已确立了桑蚕和棉花的纺织格局，但福建尤其是山区一带先民对野蚕放养利用技术的改进一直没有放弃，这是宋元福建纺织科技的一大特点。

二、建阳锦与刺桐缎的织造技术

“纱出于土机者最精，细鬻于蚕户者为良。”[④]与养蚕缫丝比较，宋元福建在织染方面的进步更是日新月异，产量、品种和质量均达到历史高峰。从品种和质量看，《宋会要辑稿》统计记载的锦绮、鹿胎、透背类、罗、绫、绢、絁绫、縠子、隔织类、紬（绸）、布、丝绵、茸线类、杂色匹帛等九大类织染品，两宋时期的福建路“岁总收”无所不包[⑤]，其中泉州的“花素丝布”曾作为上贡佳品进献朝廷[⑥]。从产量看，北宋乾德五年至南宋乾道八年（967—1172

---

① （宋）朱松：《韦斋集》卷三“吉贝”。另在朱松“吉贝”一诗中，“茸茸鹅毛净，一一野茧抽”，是将木棉花絮的抽取比拟作野蚕缫丝，间接反映了野蚕茧加工情况。

② （宋）陈元靓：《事林广记》卷四“耕织・农桑・种桑养蚕・种柘法”。

③ （宋）黄岩孙：宝祐《仙溪志》卷一“物产”。

④ （宋）黄岩孙：宝祐《仙溪志》卷一“物产”。

⑤ （清）徐松：《宋会要辑稿・食货六四之五～九“匹帛”》。

⑥ （清）徐松：《宋会要辑稿・食货四一之四四“历代土贡”》。

年),福建路“税租”有绢28545匹[①],加上江南西路“洪、虔等九州年支布(丝布)五万匹,自来并从福建路州军收买转般应副”[②],仅此两项每年就需丝织品约8万匹。徽宗大观元年(1107年),“大观库物帛不足,令两浙、京东、淮南、江东西、成都、梓州、福建路市罗、绫、纱一千至三万匹各有差”[③],福建升格为国库重要补充来源之一。此外,为解决边备军需和充实库藏物帛,宋王朝还派专人到丝绸产量大的“福、泉、漳州、兴化军四处置场收买”[④],福州的“轻绢、丝布”[⑤],泉州的“花素丝布”[⑥],漳州的“漳纱、漳缎”[⑦]以及兴化的“䌷、絁”[⑧]等地方丝织名品,均成为官府的收购对象。入元以后,福建进一步发展成为我国南方最重要的丝绸产地之一,朝廷每年都要在闽地征调大量丝织品,甚至皇室也向建宁机户直接订购高级丝织品,“外烦织造御用段匹一事,亦须先此派散机户”[⑨]。所以,元代官员认为,在福建做官“独以絺绣为劳”[⑩]。据记载,当时元廷在福建的一次采购,就曾“不数月得绫、絁、䌷、锦、绮、缯、布、丝、枲十数万”[⑪],福建丝织品生产量之大、品种之丰富由此可见一斑。其中,尤以技艺高超的建阳锦和畅销海外的刺桐缎,代表着这一时期福建丝绸纺织的工艺技术水平。

“建阳锦”以地而名,出自宋元时期的建宁府(路)建阳县,故亦称“建宁锦”。据王象之《舆地纪胜·景物》记载,在宋代建阳织锦技术就闻名天下,织造的别具特色的“红锦、绿锦”,其精美可与四川相比,故有“小西川”之称。宋徽宗崇宁、大观之际(1102—1110年),皇宫殿柱需要围裹织有升龙

---

① (清)徐松:《宋会要辑稿·食货六四之一“匹帛”》。
② (清)徐松:《宋会要辑稿·食货六四之二一“杂录”》。
③ (元)脱脱:《宋史》卷一七五“食货志上三·布帛”。
④ (清)徐松:《宋会要辑稿·食货六四之二一“杂录”》。
⑤ (宋)乐史:《太平寰宇记》卷一〇〇“江南东道十二·福州”。
⑥ (清)徐松:《宋会要辑稿·食货四一之四四“历代土贡”》。
⑦ (清)李维钰:《光绪漳州府志》卷三九“物产·帛之属”。
⑧ (明)周瑛:《重刊兴化府志》卷一二“户纪·货殖志”。
⑨ (元)李士瞻:《经济文集》卷二“与阮参政书”。
⑩ (元)袁桷:《清容居士文集》卷二三“送闵思奇调闽府序”。
⑪ (元)贡师泰:《玩斋集》卷六“送李尚书北还序”。

花纹的锦衣，“凡易百工不成，因以殿柱尺度付蜀工，亦不能造”，转而交付“善织”的建阳织锦工匠，“既成，施之殿柱，文合为龙不差”[①]。可以想见，织造这类花纹循环变化大、结构组织复杂、色彩配置讲究的御用品，需要在蚕丝染色、色丝配置、穿综上机以及提花程序诸方面具有高超的技艺和创新的改进。就具体织造技术而言，不仅需要巧妙运用多综多蹑的机构和提花束综结合起来的大型花楼束综提花机械，而且在挑花结本技术方面也必须有所创新和发展。因此，加金龙纹锦衣的织造成功，充分体现了我国古代束综提花机上最复杂、最奇特的结花本技术，也是当时我国织锦中心之一的蜀工不能为之的症结所在。这一成就的取得，也标志着宋代福建人民对传统结花本的科学原理的认识和创新均达到了国内先进水平。此外，作为区域织锦中心，建阳锦在宋元海外贸易中同样大显身手。据赵汝适《诸蕃志》记载，早在北宋时期，“建阳锦”就大量销往渤泥（今加里曼丹岛北部文莱一带）等地[②]，到元代后期，“尝两附舶东西洋”的汪大渊在真腊（今柬埔寨）仍可看到“建宁锦”的旺销景象[③]，建阳锦对海外的影响由此可见一斑。为应对海内外对建阳锦的大量需求，建阳建立了数量众多、规模庞大的织锦工场，织锦工人沿溪河濯锦，留下了“濯锦桥”[④]、“濯锦溪”[⑤]等历史遗迹。

入宋以来，随着海外贸易的兴盛和织缎技术的大幅度提高，泉州及其腹地生产的“泉缎”（或称“泉州缎”）享誉海内外，且“与杭州并称一时之盛”[⑥]，成为朝廷赐赠和海上贸易的主要物品之一。公元1342年，元朝派遣使者至印度，在赠送印度国王的礼物中有精美绸缎五百匹，“其中百匹系在

① (宋)王象之:《舆地纪胜》卷一二九“福建路·建宁府·景物上·红锦、绿锦”。

② (宋)赵汝适:《诸蕃志》卷上“渤泥国”。

③ (元)汪大渊:《岛夷志略校释·真腊》,第70页。

④ (宋)王象之:《舆地纪胜》卷一二九“福建路·建宁府·风俗形胜·小西川濯锦桥”。

⑤ (明)黄仲昭:《八闽通志(上册)》卷六“地理·山川·建宁府·建阳县·锦溪”。

⑥ 张星烺:《中西交通史料汇编(第二册)》,中华书局2003年版,第635页。

刺桐织造，百匹系在汗沙（今杭州）织造”[①]。泉州古称刺桐，因此泉缎往往以“刺桐缎”的名称销往海外市场。摩洛哥游历家伊本·白图泰在其游记中曾指出：泉州“是一巨大城市，此地织造的锦缎和绸缎，也以刺桐命名”[②]。随着以质地精良、花色丰富、轻清耐久见称的泉州丝织品畅销海外，刺桐缎也逐渐成为一种语言文化融入当地社会。据考证[③]，中世纪波斯（今伊朗一带）语中的 zeituni，迦思梯勒（今卡斯蒂利亚）的 setuni，意大利的 zetani 和法兰西（今法国）的 satin，疑皆出于“刺桐缎”。这是宋元福建人民对世界丝绸文明发展的一大贡献。

从织造技术上看，早期的缎类织物是在变化斜纹组织上起不规则缎纹的混合丝织品，其织造原理和所采用的织机具均未摆脱传统斜纹织物的局限。自唐代出现完全组织的正规缎纹以来，构思独特的缎纹即与提花及二重等结合起来，产生许多新的织物品种。宋元时期更出现了缎纹变化组织，如在一个组织循环内用不同飞数而构成变则缎纹组织。1975 年福州南宋黄昇墓出土的纹纬六枚提花缎，地经浮点不规则，是目前所见最早的实物（参见图 10-2），且宋代以前未见记载有此织法，可能是泉州首先开创的，因而成为元代誉满全球的“刺桐缎”织造技术的基础。此外，为满足海内外对泉缎的大量需求，元明时期福建出现了数量众多、结构和用途各异的先进木制缎织机具，并创制出结构更为复杂，用于织造精美缎织品的五层缎经面与多重纬纹巧妙交织的重型提花缎织机，缎织品的生产地域也由泉州辐射至漳州和福州等地。

① （摩洛哥）伊本·白图泰：《伊本·白图泰游记》，第 453 页。

② （摩洛哥）伊本·白图泰：《伊本·白图泰游记》，第 540 页。

③ （意大利）马可·波罗：《马可波罗行记》第二卷第一五六章“刺桐城”（注一）。

图 10-2　福州黄昇墓出土泉缎组织结构图(放大 21.5 倍。左为正面,右为背面)

资料来源:福建省博物馆《福州南宋黄昇墓》文第 109 页。

三、福州宋代闽产丝织实物考释

宋元福建是与苏杭比肩的丝织业中心的历史定位,在现代考古中也得到了证实。1975 年与 1986 年,考古工作者先后在福州北郊的浮仓山和茶园山发掘了两座南宋古墓——“黄昇墓”与“武将墓”,出土了 450 多件精美的丝织品(参见图 10-3)。据对这些丝织实物的织造技术、花纹设计及装饰手法诸方面特点的考释,可以推断其中有相当部分织品出自福建官私手工作坊或民间机织工匠之手,从而为我们翔实考察宋代福建丝织工艺技术水平的发展提供了宝贵的实物资料和科学依据。[①]

图 10-3　福州南宋黄昇墓出土罗制褶裥裙(左)与褐黄色罗镶花边广袖袍

资料来源:福建博物院。

① 本部分内容参考了福建省博物馆编著《福州南宋黄昇墓 · 丝织品的种类和工艺技术》,文物出版社 1982 年版。

1975 年发掘整理的黄昇墓，出土了罗、绫、绮、绢、纱、绉纱、缎等七大类 354 件丝织品。其中，二经绞花罗中的单经浮花、三经绞花罗的牡丹花心套织莲花和在芙蓉叶内填织梅花的织造技术，以及花绮的菱形格内填织菊花等，这些在江苏金坛、武进宋墓出土的丝织品中所未见，可能是福建丝织工艺的特点。其中尤为突出的是在主花花芯套织莲花和在芙蓉的叶子上填织梅花（参见图 10-4），此类织物不仅纹样设计别具匠心，大胆创造，使写实与装饰图案融为一体，而且这种花罗的织造工艺也较一般提花织物更为复杂。上机时需要提花的束综与纹综装置相互配合，操作时也需两人协同进行。一人坐在花楼上掌握提花程序，另一人则在下专司投梭和打纬。这类复杂的提花工艺，在手工织机的繁难操作条件下，的确是十分费时和需要高超技巧的，充分体现了宋代福建人民在织造和提花工艺上的突出进步。

在牡丹花心套织莲花的三经绞花罗

左图花纹复原图

在芙蓉叶内填织梅花织物花纹复原图

图 10-4　福州南宋黄昇墓出土主花花芯套织莲花和芙蓉叶子填织梅花丝织品

资料来源：福建省博物馆《福州南宋黄昇墓》图版第 53 页、文第 96～97 页。

黄昇墓出土的紫棕色菱纹菊花绮残片（参见图 10-5），最富有福建地方特色。该花绮经线是细丝，纬线则一粗一细。粗纬显现出菱形框和菊花纹，经线和细纬呈平纹组织，地暗花明，花地差别非常明显，富于艺术感染力。鉴于粗纬线的浮长可依据花纹设计的实际需要来决定，因此出土织物的菊花纬突破了惯常4枚的限制，出现了横跨8根经线的特长浮长，设计理念和织造工艺都相当先进。此外，菱纹菊花绮的织造成功，也充分说明当时福建的缫丝工艺，以及用纺车和线架等工具进行并丝、拈丝、络纬的技术均达国内一流水平。尽管此类花绮在元明时期的福建已不多见，但其织造原理和工艺技术却为明代的漳绒和漳缎所继承，并在此基础上得到进一步的创新和发展。

图10-5　福州黄昇墓出土紫棕色菱纹花绮及花纹复原图

资料来源：福建省博物馆《福州南宋黄昇墓》图版第56页、文第108页。

从花纹图案设计看，黄昇墓出土的福建地产丝织品趋于写实奔放。纹式则以花卉为主，大小牡丹为常见题材。牡丹花有作为单一纹样出现，也有与其他花卉组合成繁花锦簇的精美图案。其次为芙蓉和山茶花。此外尚有月季、菊花、梅花、蔷薇、海棠、兰花、芍药、玫瑰、百合、栀子以及松和竹等。织品花纹图案设计得十分丰满瑰丽，花纹组合单位最大的为41厘米×15厘米，单朵花径最大的为12厘米，此与金坛、武进宋墓出土的以矩纹和牡丹花为主题的丝织品有所不同。从装饰手法看，由于黄昇墓出土的绝大多数服饰的花边，皆运用了彩绘、印金、贴金与填彩相结合以及刺绣等不同工艺技巧，因而制作出来的花纹图案内容丰富，形式多样，为已出土南宋丝织品所少见。

1986年发掘整理的武将墓，系葬于南宋端平二年（1235年），不仅年代与黄昇墓相近，而且出土丝织品的风格也与黄昇墓相仿。“它与1975年福州黄昇墓出土的丝织品一道，证明了福建悠久的丝绸生产历史。”[①]福州市博物馆馆长张振玉如是说。武将墓出土的近100件丝织品有丝棉絮、帛幡、花绫裙、纱罗对襟上衣、印花背心、绢麻鞋、钱包、镶边绉纱窄袖上衣、对襟男上衣、丝质宽袖袍、印花裙、烟色镶金边绉纱上衣、提花开裆裤等，色泽鲜艳，款式多样（参见图10-6）。所不同的是，武将墓出土的丝织品，无论从丝绸的质量和工艺，还是衣服的款式和花样，都更具特色，为一方独有。如图所示的镶边绉纱窄袖上衣，不仅它的窄袖在古代是极为罕见的，而且衣边的工艺绣也很特别，制作时先在布料上画图案，然后采用绣银箔的方法制成，这很可能是闽绣的一种技法。因此，这批丝织品的出土，进一步印证了福建在宋代的纺织业已经十分发达的事实。

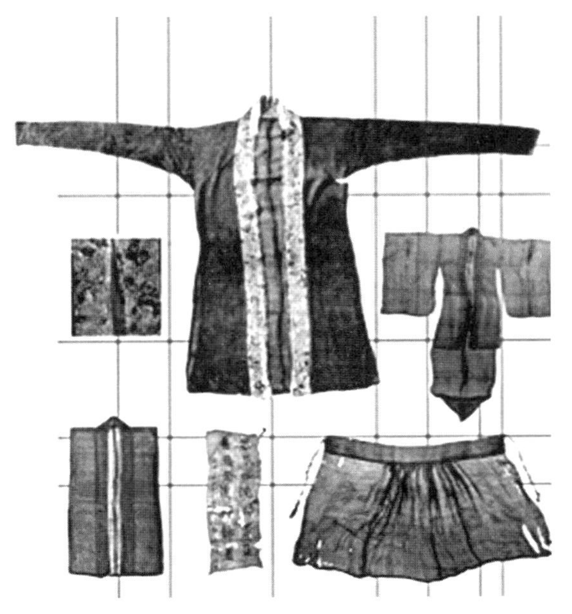

图10-6　福州武将墓出土的部分丝织品

资料来源：《收藏快报》2008-05-13。

① 余光仁等：《福州端平二年宋墓解读》，载《收藏快报》2008-05-13。

无论是养蚕缫丝技术的进步，还是建阳锦、泉州缎和福州南宋墓丝织品的出现，都表明宋元福建丝绸纺织技术处于历史发展的最高峰，堪与国内先进地区相媲美，从而奠定了福建在我国丝绸纺织领域的历史地位。

第三节　植棉纺织技术的创新与推广

福建是我国古代植棉纺织业的发祥地之一。早在中原商周时代，福建即出现地产木棉织品。西汉三国时期，木棉在闽地已有规模种植，并形成木棉手工或简单机械纺织工艺技术。到了宋元，福建植棉纺织业进入全面发展的鼎盛时期，不仅有全国最大的木棉种植区，而且使用和创制了一系列先进棉纺生产工具。此外，宋人总结的福建植棉、纺织技术经验，也为全国棉纺织业的发展奠定了基础。

一、植棉业大发展和种植技术北传

经过近900年的探索和实践，宋代福建木棉栽培技术已趋成熟和普及，木棉种植业呈现大发展的态势，主要体现在以下三个方面。

第一，种植地区遍及八闽。从宋人笔迹和文献史料得知[①]，当时福建路的建州(今建瓯)、南剑州(今南平)、兴化军(今莆田)、泉州和漳州等地均植棉，地域已从山区扩展到沿海冲积平原。到宋末，在植棉业特别兴盛的漳泉兴化地区，木棉已成为与桑麻比肩的大田作物，兴化军莆田县甚至出现了“家家余岁计，吉贝与蒸纱”[②]的全民皆棉景象。

第二，植棉专业户的出现。“闽、岭以南多木绵，土人竞植之，有至数千株者，采其花为布，号吉贝布。”[③]显见，“数千株”的种植规模已非普通农户

---

① (宋)华岳:《翠微南征录》卷二;(宋)朱松:《韦斋集》卷首;(宋)刘弇:《龙云集》卷三;(元)脱脱:《宋史》卷四七四“奸臣四·贾似道传”。

② (宋)刘弇:《龙云集》卷七“莆田杂诗十二首”。

③ (清)陈元龙:《格致镜原》卷二七。

所能为，而是种植专业户的杰作。“嘉树种木绵，天何厚八闽，……木绵收千株，八口不忧贫。”[①]种植木棉已成为当时棉农衣食之资，木棉商品经济初露端倪。

第三，植棉技术的不断改进。“木棉二三月下种，秋生黄花。”[②]“闽广多种木棉树，高七八尺，叶如柞，结实如大菱而色青，秋深即开露，白棉茸然，……当以花多为胜，横数之得一百二十花，此最上品。”[③]这些记载说明了宋时福建棉农已经掌握了木棉生长特点，并依此不断进行棉种优选改良、棉苗高产培育等技术革新。按照木棉生态特点，“秋生黄花”为良种，它应是一种较商周武夷山联核木棉产量更高、纺织性能较好的多年生离核木棉。而“横数百二十花”木棉的出现，说明培植高大粗壮棉株以求多结棉铃的高产方法，在当时已取得相当成效。

作为全国植棉业发达地区和南方植棉前沿省份，福建在我国植棉技术由南向北传播中起着重要作用。一般而言，学术界把元初黄道婆从崖州（今海南崖县）返回松江府乌泥泾镇（今上海闵行区华泾乡）作为植棉纺织技术北传的标志性事件，认为“宋元时向北推广的是一年生棉花”[④]，似乎一年生草本亚洲棉是宋元北传的唯一品种和全部内涵，未能给予福建在这一历史过程中应有的地位。事实上，早在黄道婆返回松江府前，当地人已对闽广传统植棉技术有所了解。“闽、广多种木棉，纺绩为布，名曰吉贝。松江府东去五十里许，曰乌泥泾，其地田硗瘠，民食不给，因谋树艺，以资生业，遂觅种于彼。”[⑤]1966年浙江兰溪南宋高氏墓出土的棉毯，“从棉毯的纤维形态看，它和武夷山船棺出土的棉纤维有相似之处”[⑥]。这一实物证据更能说明福建植棉纺织业曾在我国长江流域产生过重大影响。至于“一年生棉花”问题，曾任信州永丰（今江西广丰）县令，且对南方植棉技术做过系

---

① （宋）谢枋得：《叠山集》卷一“谢刘纯父惠木绵布”。

② （清）陈元龙：《格致镜原》卷六四。

③ （宋）方勺：《泊宅编》卷三。

④ 陈维稷：《中国纺织科学技术史（古代部分）》，科学出版社1984年版，第151页。

⑤ （元）陶宗仪：《辍耕录》卷二四“黄道婆”。

⑥ 陈维稷：《中国纺织科学技术史（古代部分）》，科学出版社1984年版，第148页。

统总结的元代农学家王祯则指出，宋以后北传的是与南方灌木状者为同类的植物，只是需每年播种而已。“木绵，一名吉贝。谷雨前后种之，立秋时随获所收。其花黄如葵，其根独且直。其树不贵乎高长，其枝干贵乎繁衍。不由宿根而出，以子撒种而生。……其种本南海诸国所产，后福建诸县皆有。近江东、陕右亦多种，滋茂繁盛，与本土无异。”[①]这似乎意味着以“黄道婆事件”为界，植棉技术北传存在两个阶段。先是多年生闽产木棉向长江两岸和关中地区的传播，从而拉开植棉技术北传的序幕。但由于需“年年播种”，这样就丧失了木棉“一种而数收”的原有优势，且木棉纤维纺织性能的确不及亚洲棉和非洲棉，因此在种植木棉基础上，择优选种草棉并大力推广是历史的必然。仅就这一点而言，福建在我国植棉技术推广中的历史地位不容忽视。

更何况，南宋后期福建北传棉花品种也是一个值得探讨的问题。因为除多年生木棉外，早在三国时期福建已开始引种一年生亚洲棉。[②] 至唐元和年间（806—820 年），仅泉州一地，已具有向朝廷每年纳贡数千斤亚洲棉布的生产能力。[③] 这样看来，谈到宋元福建植棉技术北传，不能仅局限于木棉一项。进一步我们还看到，古人笔下的木棉或吉贝，常指植物类的棉花，以别于动物类的蚕棉。至于木棉或吉贝中既有（多年生）木本又有（一年生）草本，则缺乏明确的区分。因此，在现有证据面前，我们既不能得出福建亚洲棉北传的结论，也不能否认这种事实存在的可能性。

二、领先国内的棉纺机具创新与配套

宋元福建植棉业的大发展，有力推动了棉纺机具的创新，初步形成了一整套赶、弹、卷、纺、轩等工艺技术。

---

① （元）王祯：《东鲁王氏农书译注·百谷谱集之十·杂类·木绵》。

② 详见容观琼《关于我国南方棉纺织历史研究的一些问题》，载《文物》1979 年第 8 期。

③ 详见庄为玑《海上丝绸之路的著名港口——泉州》（海洋出版社 1989 年版），第 9 页。

棉花就纺前的脱籽、弹松和制棉条是近代棉纺业的基本加工工序。在我国,这些工艺的确立和配套首先出现在唐宋闽广一带。先看脱棉籽。古代轧棉技术曾经历了手剥、赶搓和车轧三个阶段。“闽广多种木棉树,……土人摘取去壳,以铁杖桿尽黑子。”[①]宋人的描述说明当时福建棉农用铁杖类工具赶搓棉花却除棉籽的做法已相当普及,在全国率先以赶搓法取代了原始手剥棉籽。[②] 至于元初兴起的搅车轧棉的使用情况,因缺乏史料难以考证,推测由于自产自纺生产形态的衰退,此类轧棉机械并未能在元代的福建得到推广。

再说弹花。宋代“玉腕竹弓弹吉贝”,即利用振荡原理集开棉和清棉于一身的竹弓弹花方法,是弹棉工艺的历史性突破。据明黄仲昭《八闽通志》记载[③],“玉腕竹弓弹吉贝”是宋代诗人林夙咏泉南风物中的一句,据此,李仁溥先生考证认为[④],这种线弦竹弧小竹弓,当是宋代闽南劳动人民发明的。用振荡法开松纤维,充分显示出我国古代人民对纺纱原理的独到见解,较比近代开清机械上采用的角钉、刺辊、打手等剧烈方法,至今仍有借鉴意义。事实上,现代探索中的振荡开棉技术,正是这一古老工艺的新发展。[⑤]

最后讲制棉条。用竹杆卷成棉条或棉筒就纺是伴随纺车出现的一项棉花初加工技术。棉纤维经轧棉、弹花后已相当松散,在使用纺抟(纺坠)或捻棉轴纺纱时,可用手握茸就纺。但在用纺车时,因锭子转速较快,古老的“以手握茸就纺”[⑥]常常导致成纺条不匀现象出现,故必须采用卷筳工

① (宋)方勺:《泊宅编》卷三。

② 事实上,在1295—1296年黄道婆回到家乡前,松江乌泥泾人还是“用手工剖去子”[(元)陶宗仪《辍耕录》卷二四“黄道婆”]。

③ (明)黄仲昭:《八闽通志(上册)》卷二六“食货·物产·泉州府·货之属·吉贝”引宋林夙诗。

④ 详见李仁溥《中国古代纺织史稿》(岳麓书社1983年版),第128页。

⑤ 参见中国大百科全书出版社编辑部《中国大百科全书·纺织》(中国大百科全书出版社1984年版),第364页。

⑥ (宋)赵汝适:《诸蕃志》卷下。

艺。最早记载卷筳制作材料和操作方法的是元代王祯的《农书》[1]。不过，从胡三省《资治通鉴》注中关于闽广木棉“卷为小筩，就车纺之”，且能达到“自然抽绪如缫丝状”[2]的描述看，宋元之际福建卷棉制筒技艺已趋成熟。“棉条就纺”不仅是福建人民对古代纺纱工艺进步的又一重大贡献，并且为现代棉纺加工中的梳棉成条技术诞生铺平了道路。实际上，卷筳工艺从宋代一直沿用到近代且较少改进。

脚踏纺车的出现标志着宋代福建棉纺织技术的突破性发展。成书于1214年的南宋建本《新编古列女传》中有一幅“鲁寡陶婴图”，描绘了一个妇女使用一架小型三繀脚踏纺车纺棉的生动形象：纺纱者右手搦捻棉纱，左手紧握棉纱的末端向左上方牵引。在左臂伸展的同时，更巧妙地运用了向手掌上绾纱的作法。这是纺纱者已将手中棉筒全部纺成棉纱的最后姿态(参见图10-7)。这幅由建安(实为建阳)余靖安勤有堂模刻的插图，恰恰是当地纺纱户已较普遍使用脚踏纺车纺棉的真实写照。依次推断，“脚踏纺车的发明时间，应比《新编古列女传》成书时间还早若干年”[3]，更比元代王祯《农书》所载“木绵纺车”整整早了近1个世纪。脚踏棉纺车在福建的率先使用，说明其改制成功可能出自福建工匠之手。说是“改制”而不是原始创新，是因为脚踏棉纺车的设计理念可能源自手摇棉纺车和脚踏丝麻纺车。“建安城西关邻女善搔木绵，日可成一二十缕。仆向尝见撚绵者，于此颇类，然就手中提出，便纺成丝，与撚绵特异。”[4]认识到棉纺与丝麻并拈两种手工操作的差异，这就为纺纱工艺改革指明了方向。随着植棉业大发展和棉纺专业户的出现，脚踏棉纺车在南宋福建率先发明就不足为奇了。事实上，南宋嘉定年间(1208—1224年)寓居建宁的诗人华岳在“邻女搔绵吟”一诗中就出现“鹦嘴踏车声络络，……如今织出秋江练”[5]这样的诗句，

---

① 详见元王祯《东鲁王氏农书译注・农器图谱集之十九・纩絮门・木绵卷筳》。

② (宋)司马光：《资治通鉴》卷一五九“胡三省注”。

③ 李崇州：《我国古代的脚踏纺车》，载《文物》1977年第12期。

④ (宋)华岳：《翠微南征录》卷二“邻女搔绵吟”。

⑤ (宋)华岳：《翠微南征录》卷二“邻女搔绵吟”。

说明当时闽北棉纺专业户已开始使用效率更高的踏车纺棉。此外，关于13世纪末黄道婆在家乡乌泥泾镇改制脚踏棉纺车的史载，也恰恰说明了福建是此前东南沿海植棉区唯一使用脚踏棉纺车的省份。福建拥有脚踏棉纺车的发明优先权，黄道婆则是该创新技术推广的历史第一人。

图 10-7　南宋建本《新编古列女传》中的“鲁寡陶婴图”（左）及临摹图

资料来源：李崇州《我国古代的脚踏纺车》。

除铁杖脱籽、竹弓弹松、竹杆制棉条和脚踏纺车纺纱外，宋元福建还发明了木棉拨车、軠床等棉纱后加工机具。拨车是将各个管纱绕于纴上，便于接长成绞纱。纴由4根细竹组成。由于竹有弹性，绞纱易于脱卸，故拨车效率不高，“终日悠悠听拨旋”，而所得无几。后改用軠床（参见图10-8），“竖列八繀，下引绵丝。转动掉枝（曲柄），分络軠上。丝纴（似宜作“绵纴”）既成，次第脱卸。比之拨车，日得八倍”[①]。根据元代王祯《农书》的记载，这一种发明最初出现在福建建州。也就是说，軠床在福建的发明不会晚于14世纪初。现今后纺工序的络纱、并筒、拈线、摇纱等工艺所用的机具，可以说是这些古老工具的延续和改进。

① （元）王祯：《东鲁王氏农书译注·农器图谱集之十九·纩絮门·木绵軠床》。

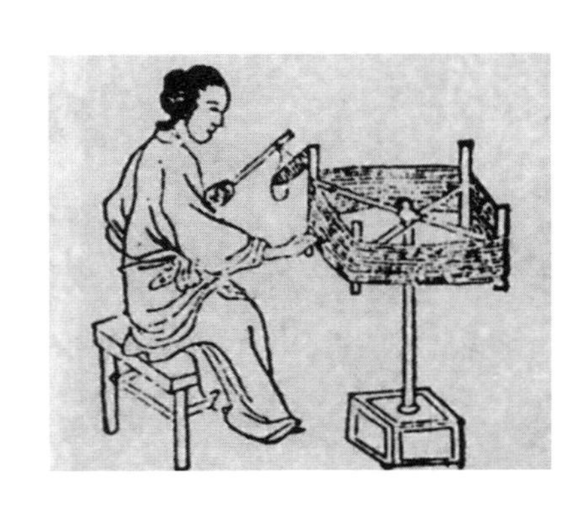
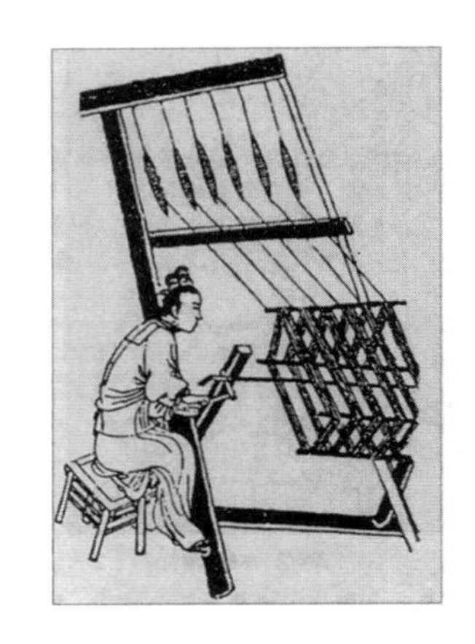

图 10-8　王祯《农书》中的木绵拨车(左)与木绵軠床(后者以六繀作代表)

资料来源:王祯《东鲁王氏农书译注》第 712～713 页。

生产工具是衡量一个时代、一个地区科技发展水平的重要标志。宋元福建棉纺科技进步,不仅极大地带动了植棉业的发展,而且有力推动了棉织经济与织造技术的提升,从而确立了宋元福建植棉纺织在全国的历史地位。

三、棉织专业户涌现和织造技术进步

南宋初年,福建棉织业摆脱了自织自用的传统生产方式,棉纺织品成为市场交换的重要商品。“建安(今建瓯)城西关邻女善搔木绵,日可成一二缕。……因问女岁可成几端? 女云每岁可得二十匹。”[①]按当时的生产水平,一个女子从弹棉到纺织,一年能独立完成 20 匹之数,说明她是一个主要从事纺织的手工业者。这种情况在地少人密的泉州表现得更加突出。南宋后期曾“治广凡六年”[②]的莆田人方大琮说过:“吉贝布自海南及泉州来,以供广人衣着”,“泉亦自种收花,然多资南花。”[③]方大琮的记述说明了

① (宋)华岳:《翠微南征录》卷二“邻女搔绵吟”。

② (明)黄仲昭:《八闽通志(下册)》卷七一“人物・兴化府・名臣・[宋]・方大琮”。

③ (宋)方大琮:《铁庵集》卷三三。

两点：一是棉花与棉布在南宋时已投入我国南方商品市场参与流通，所以泉州织户可从海南岛购进原料棉花，纺织后再将优质棉布销往纺织基础雄厚的广东参与市场竞争；二是由于专业“机户”的大量涌现，以致泉州当地棉花供不应求，不得不向海南采购棉花。这表明在以自然经济为主体的中国社会中，南宋的泉州棉业生产已显示出更具活力的商品经济萌芽。据方志记载，自南宋绍兴年始，泉州每年仅上供棉布就达5000匹，“为奉使赐予及使者私觌之用”[①]。

棉纺织业出现的由传统耕织家庭副业向专业化商品生产形式的过渡，有力地推动了福建棉布织染技术向高层次迈进。1966年在浙江兰溪南宋高氏墓中曾出土一条相当完整的双面起绒棉毯（参见图10-9），经现代技术鉴定[②]，该棉毯不仅使用了宽幅重型棉纺织机织造技术，而且还运用了纬纱起绒的独特工艺，整个棉毯的设计织造具有突出的时代先进性，堪称当时的高科技棉品。据考证，出土棉毯或直接来之闽广一带，或是当地织品。即使是后者，也充分“反映了当时福建棉纺织技艺对浙江的影响”[③]。尽管具体介绍宋元福建棉布织染技术和工艺的史料不多，但从能生产出“洁白如雪积，丽密过绵纯”[④]的高档棉布，以及出现“老妇攀机女掷梭”[⑤]的生产场景，推测除普通织机外，宋代福建使用两人操作的花楼提花织机也已普遍。在印染方面，“蒸纱”与棉布精炼并重，“斑布”与印花工艺同存，福建成为我国早期棉织业中心之一。迨至元至元二十六年（1289年），朝廷更在福建设立“木绵提举司”，直接管理闽地的棉织业生产，产业规模和产品质

---

① （清）黄任：《乾隆泉州府志（一）》卷二一“田赋·历朝上供”。

② 详见陈维稷《中国纺织科学技术史（古代部分）》（科学出版社1984年版），第401～403页。

③ 容观琼：《关于我国南方棉纺历史研究的一些问题》，载《文物》1979年第8期；李崇州：《我国古代的脚踏纺车》，载《文物》1977年第12期。

④ （宋）谢枋得：《叠山集》卷一“谢刘纯父惠木绵布”。

⑤ （宋）华岳：《翠微南征录》卷一〇。

量更上一层楼，仅每年向元廷贡纳的棉布就约达 2 万匹之多。[①] 元末至明清，随着优质草棉在长江和黄河流域引种成功并大面积种植，福建地产木棉的种植逐渐走向衰落，工艺机具的创新与引进转向纺纱、织布及染整等方面。

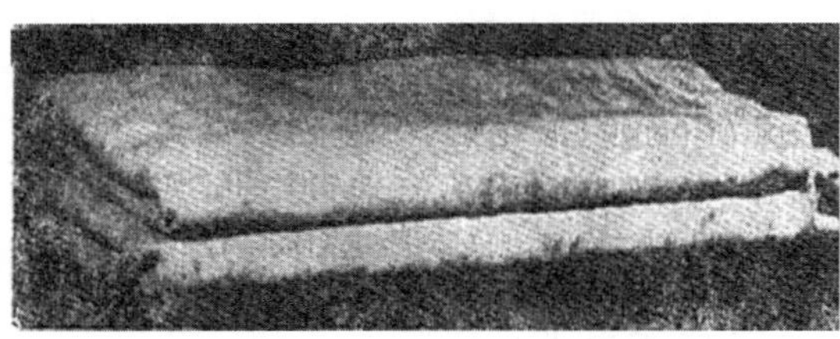
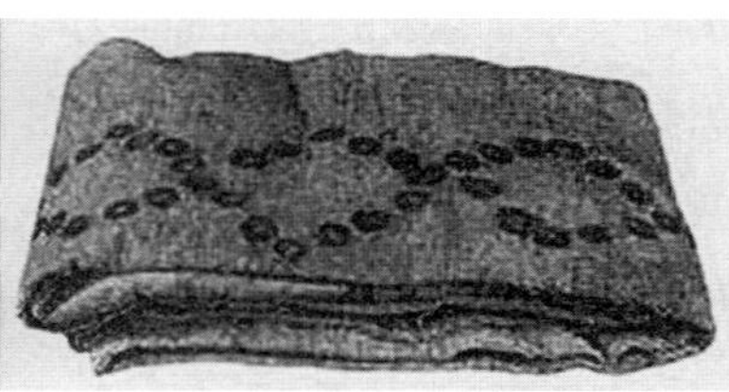

图 10-9 浙江兰溪南宋高氏墓中出土的双面起绒棉毯及复原图

资料来源：陈维稷《中国纺织科学技术史（古代部分）》第 402 页。

值得一提的是，作为我国植棉纺织技术改革的先驱省份之一，福建的做法在宋代就引起了有识之士的高度重视。他们涉身八闽大地，考察、总结生产经验和工艺技术，有力推动了福建植棉纺织技术在内地的传播和推广。其中尤以方勺的《泊宅编》、史炤的《资治通鉴释文》以及胡三省的《资治通鉴》注文记述较详、影响颇大。记载 1086—1117 年北宋末期情况的《泊宅编》，最早述及福建木棉初加工有赶（铁杖）、弹（小弓）工艺，且观察到当时闽地已培植成功"横数百二十花"高产棉株；成书于 1160 年的史氏通鉴释文和稍后的胡三省通鉴注，则进一步详述木棉生长特点和栽培技术，并对净棉（铁铤）、弹花（绒弦竹弓）、纺纱（卷筒、车纺）和织车等一系列工艺和设备加以具体说明，从而为南宋至元福建植棉纺织技术的推广增添了助力。

① （明）宋濂：《元史》卷一五"本纪第十五·世祖十二"。另当时元朝向福建等五省木绵提举司每年征收 10 万匹棉布，平均一省在 2 万匹左右。

第四编　农业及其加工技术的发展

农业是封建经济决定性的部门，农业生产技术是衡量一个地区科技发展水平的重要指标。宋代是我国经济重心南移过程完成时期，在这一历史大潮中，福建加强与各先进农业区的联系，农业生产和技术呈现加速发展态势，无论在农田水利的开发规模上，还是在生产技术的升级创新上，福建皆迈入全国先进行列，并由此带动了种茶制茶与食品加工技术的巨大进步。

第十一章　垦田与水利科技的发展

农田是农业发展的物质基础，水利则是农业发展的先决条件。福建素有“八山一水一分田”之称，在自然环境存在如此严重制约的情况下，宋元福建先民发展农业，首先选择以农田垦辟和水利建设为突破口，且治水与治田兼顾，形成垦田与水利科技发展的高潮。

第一节　垦田热及其科技进步

福建地处我国东南沿海，负山枕海，平原极少，海域辽阔，素有“东南山国”之称。“闽之为郡，山多田少，地狭人稠，丰年乐岁，尚有一饱不足之忧。”[①]在这种自然条件下，要养活众多的人口并非易事，出路只有一个：向山要田，与海争地。因此，宋代福建掀起了大规模的垦田热，同时在围垦科技方面亦有突出进步。[②]

一、盛极一时的垦田热

发展山田，向滩涂要地，是宋代福建垦田热的两大主轴。

山田（梯田）的垦辟，是宋代福建建州、南剑州、邵武军和汀州等山区州军（亦包括沿海山区）扩大耕地面积的主要举措。这一活动在五代北宋时期就已大规模展开[③]，到了南宋达到高潮，出现“垦山陇为田，层起如阶级”[④]壮观景象，因而常常成为当时文人赋诗的题材。在邵武，“地狭山多，田高下百叠”[⑤]；在南剑州与建州，“层高而田，尺敷寸耕”[⑥]，“田敷百阶级”[⑦]；在汀州，“其旁隙地壅为圳亩，千塍百圩，仅如盘盂”[⑧]。而在人口最密集的泉州，山田垦辟更达到“山到崔巍尽力耕（《舆地纪胜》作“山至崔嵬犹力耕”）”[⑨]、“层山之巅，苟可寘（同“置”）人力，未有寻丈之地不丘而为田”[⑩]的极限程度，整个福建呈现“一岭复一岭，一巅复一巅，步邱（同“丘”）

---

① （清）徐松：《宋会要辑稿·瑞异三之三〇“水灾”》。

② 本部分内容参考了彭文宇《福建古代围垦技术略考》，载周济《福建科学技术史研究》（厦门大学出版社 1990 年版）。

③ 关于福建开垦梯田的记载，以唐末五代徐寅的诗句“民田凿断云根引”（徐寅《和尚书咏泉山瀑布十二韵》，载《全唐诗》卷七一一）为最早，以五代安溪诗人詹敦仁咏梯田诗“晋江江畔趁春风，耕破云山几万重”（詹敦仁《留侯受南唐节度使知郡事辟予为属以诗谢之》，载《全五代诗》卷八七）为翔实。

④ （宋）方勺：《泊宅编》卷三。

⑤ （宋）祝穆：《方舆胜览》卷一〇“邵武军”。

⑥ （宋）方大琮：《铁庵集》卷三〇“将邑丙戌劝农文”。

⑦ （宋）陈藻：《乐轩先生集》卷一“剑建途中即事”。

⑧ （明）王世懋：《闽部疏》，载《丛书集成初编》第 3161 册，第 10 页。

⑨ （宋）方勺：《泊宅编》卷三引宋朱行中诗；（宋）王象之：《舆地纪胜》卷一三〇“福建路·泉州·诗”引宋朱行中诗。

⑩ （清）徐松：《宋会要辑稿·瑞异二之二九“旱”》。

皆力穑，掌地也成田”[①]寸土必争景况，梯田开垦量位居我国各地区之首。与此同时，宋代福建沿海州军也积极开展山田垦辟活动。与“上四州”不同的是，福州、兴化军、泉州和漳州的山田主要用于园林，因而南宋福建园地面积呈快速增长态势。以福州为例，淳熙年间（1174—1189 年）的“垦田、若园林、山地等顷亩较之，比国初（按北宋初）殆增十倍”[②]。南宋整个福建呈现出山田垦辟的热潮和高潮。

“海田”（亦称埭田），王祯《农书》称之为“涂田”，系指对滨海滩涂地的围垦，也是宋代福建扩大耕地面积的重大举措。福建围垦活动可追溯到隋唐时代，但规模和范围均有限。迨至宋代，福建沿海开发围垦活动呈逐渐活跃态势，有关围垦情况的记载在各地方志书里俯拾即是。如在沙洲和沼泽较多的兴化军莆田县，“有陂塘五所胜寿、西街、大和、屯前、东塘，自来积水灌注塘下沿海咸地一千余顷为田，约八千余家耕种为业”[③]。仅此一项，受益农家每户平均可得 12.5 亩以上的稻田。在北洋（俗称平畴为洋，即今莆田县北部），通过修建三步泄、濠塘以及芦浦、陈坝和慈寿各斗门，“向之咸地悉为沃壤，不知其几十万顷也”[④]。刘克庄记载的数未免夸大（南北洋至今平原耕地仅有 20 余万亩），但也说明当时莆田北洋已基本得到了围垦。除兴化军外，其他沿海州军也都开展了大规模“海退淤田”围海造田工程，其中福州的成绩尤为突出。据淳熙《三山志》记载，当时福州诸县已有海田“一千二百三十顷有奇”，围海堤坝“长五千六百二十丈”[⑤]，出现“兴修田土，惟福州为多”[⑥]的时评和“海舶千艘浪，潮田万顷秋”[⑦]的吟咏。值得一提的是，宋代福建沿海围垦，无论是规模还是范围，都是前所未有的，同

---

① （清）沈钟：乾隆《安溪县志》卷一二“艺文下”引宋黄锐《题大眉小眉山》。

② （宋）梁克家：《三山志》卷一〇“版籍类一 · 垦田”。

③ （宋）蔡襄：《蔡忠惠公文集》卷一八“劄子 · 乞复五塘劄子”。

④ （宋）刘克庄：《后村先生大全集》卷九二“义勇普济吴侯庙”。

⑤ （宋）梁克家：《三山志》卷一二“版籍类三 · 海田”。

⑥ （宋）梁克家：《三山志》卷一二“版籍类三 · 沙洲田”。

⑦ （宋）王象之：《舆地纪胜》卷一二八“福建路 · 福州 · 福州诗”引宋鲍祗《咏长乐县》。

时在全国也位列先进，所创建的海田，较两浙路的涂田规模还大。[①] 至今在福建沿海，仍有一大批港、浦、埭、塘、屿、洲等命名的村落，这些地名无疑都具有围垦造田的含义，正如明人所说："凡诸港、浦、埭、塘，皆古人填海而成之。"[②]正由于"筑堤障海以为田"，沿海百姓始得"向之斥卤变为膏腴"[③]，社会各项事业才得以又好又快地发展。考虑到北宋元丰年间(1078—1085年)福建路官民田合计只有 110914 顷，占全国耕地顷数(4616556 顷)的 2.4%左右[④]，宋代垦田热在推动福建发展上厥功至伟。如仅福州一地，垦田数从闽国宋初时期的 14143.16 顷增至南宋淳熙年间的 42633.18 顷[⑤]，200 年间可耕田增加了 2 倍，真可谓"万工填巨海，千古作良田"[⑥]。

此外，福建的垦田热和成功经验，还开辟了宋代屯田事业的新篇章。据《宋史·食货志》记载，正当宋太宗为北方新复之地是否依前代之例开垦屯田犹豫不决时，时任沧州临津令闽人黄懋上书言："闽地惟种水田，缘山导泉，倍费功力。今河北州军多陂塘，引水溉田，省功易就，三五年间，公私必大获其利。"朝廷信其言，并命黄懋为大理寺丞充判官，"发诸州镇兵一万八千人"，"兴堰六百里，置斗门，引淀水灌溉"，经挫折最终取得成功，"屯田三百六十七顷，得谷三万五千四百六十八石"[⑦]，为后来者树立了典范。

二、围垦科技的进步

在古代，围海造田及滩涂盐碱地改造是一项艰巨而复杂的系统工程，不仅先要解决认识上的问题，而且还要在筑堤防潮、配套水利建设以及改良土壤等方面做文章。

---

① 冀朝鼎：《中国历史上的基本经济区与水利事业的发展》，中国社会科学出版社 1981 年版，第 36 页。

② (明)何乔远：《闽书》卷八"方域志"。

③ (清)黄任：《乾隆泉州府志(一)》卷九"水利·同安县"。

④ (宋) 毕仲衍：《中书备对辑佚校注》卷二"二税"。

⑤ (宋)梁克家：《三山志》卷一〇"版籍类一·垦田"。

⑥ (宋)梁克家：《三山志》卷一六"版籍类七·水利·福清县"引郭按田诗。

⑦ (元)脱脱：《宋史》卷一七六"食货志上四·屯田"。

首先是围垦科学认识的提高。福建先民很早就有将滩涂改造成良田的美好愿望和不懈努力，这从隋唐开始的围垦活动中可见一斑。到了宋代，人们对围海造田的可行性认识上升到理论高度。梁克家《三山志》就曾指出："海退泥淤沙塞，瘠卤可变膏腴。"[①]刘克庄《后村先生大全集》说得更明确："卑者弥望斥卤，不可种艺；智者相地形为陂塘，使水有所蓄泄，以补造化不及之功。"[②]人们坚信，只要经过科学改造，滩涂一定会变成良田。正是基于这种认识，入宋以后福建出现了"人射利者争趋焉"[③]的全方位围垦热。

其次是筑堤防潮措施的实施。围海造田的第一步，是修筑堤坝，以抵御海潮对农田的浸蚀，"濒海之田，依堤为固，名曰长围"[④]。这种海堤"长围"往往工程量很大，如泉州的烟浦埭(《读史方舆记要》作"湮浦埭")，就有埭岸"三万丈，陡门四间"[⑤]。同时，沿海各地的一些海塘护岸还借鉴钱塘江石塘经验，采用石护岸，大大提高了海塘拒咸蓄淡能力，是宋代福建海塘修筑技术上的一大进步。当然，筑堤只是为了防止海潮卷土重来，而要改造海田成良田，还需引入灌溉洗涤这一重要环节。

再次是配套水利设施的升级。在古代，洗涤是海田脱盐的主要动力，因而围垦成功与否，与水利灌溉条件的优劣密切相关。在唐代，由于围垦规模较小，人们往往以"塘"的形式洗涤灌溉海田，"使斥卤化而为膏腴，污薮变而为沃壤"[⑥]。到了宋代，随着规模和范围的不断扩大，这种"朝满夕除"[⑦]的小型蓄水设施已不能满足围垦造田的需要，水容量大可持续灌溉

---

① (宋)梁克家:《三山志》卷一二"版籍类三·沙洲田"。

② (宋)刘克庄:《后村先生大全集》卷九三"新筑石塘"。

③ (清)李维钰:《光绪漳州府志》卷一四。

④ (宋)刘克庄:《新修三步泄记》，载《福建宗教碑铭汇编·兴化府分册》(福建人民出版社1995年版)，第39页。

⑤ (清)黄任:《乾隆泉州府志(一)》卷九"水利·晋江县·埭·烟浦埭"引《隆庆府志》;(清)顾祖禹:《读史方舆记要》卷九九"福建五·泉州府·晋江县·湮浦埭"。

⑥ (元)王祯:《东鲁王氏农书译注·农桑通诀集之三·灌溉篇第九》。

⑦ (宋)刘克庄:《后村先生大全集》卷九二"协应李长者庙记"。

的水利工程“陂”便得到了普遍重视和利用。“初未免凿塘开窟为救济，继而作陂筑坝引水灌田，南北洋始成乐土。”[①]莆田陈池养的感慨，道出了配套水利设施升级的必然性。“陂者，障水以入田也”[②]，这种水利工程往往是将溪流拦腰截断，以提高水位，最大限度地满足偏远地区的围垦需要。据冀朝鼎先生统计[③]，在宋代福建402次的水利兴建中，陂占有绝大多数比例，在全国独占鳌头。

最后是土壤改良技术的进步。除在围垦方法上有独到之处，宋代福建先民还在改良土壤技术上有许多值得后人借鉴的经验。以水洗去卤气即“纳清泻卤”[④]是最常用的基本措施，当地百姓有“夏放水以救旱，冬放水以洗卤”之谚语，通过不断对海田灌水洗涤，以期收到大幅度降低土壤所含盐分的效果。有的地方则采用“一年抛荒，二年冲淡，三年种植”的办法，但这种做法是比较消极的。大多数地区的围垦是直接种植稗、田菁等耐碱植物，一则可消耗地质中的碱性，二则可增加围田的绿肥，“初种水稗，斥卤既尽，可为稼田”[⑤]，三则可获经济效益，稗秆一亩，价值米一石，可谓一举多得。还有的用家畜的粪便，或烧土肥田的方法来改造围垦田的土质，同样也能达到除去卤气的目的。这些做法因地因时而异，效果也不尽相同。一般而言，具备水利灌溉条件的海田，因可多管齐下，就容易在较短时间内改良成稻田；水利资源不足的地方，海田改良所需时间就相对长一些。由于土壤改良方法和措施得当，南宋福建海田的亩产量还是相当可观的。就福州法海寺而言，其在绵村的百余顷围田，即可“岁入五千斛”[⑥]。宋代围田种植技术的这一进步，也得到现代科学的验证。抽样调查发现，无论是含盐达1%的福清海口一带，还是含盐8‰的漳浦地方围田，均能成功种植水

---

① （清）陈池养：《莆田水利志》卷五。

② （明）周瑛：《兴化府志》卷五三“水利志”。

③ 冀朝鼎：《中国历史上的基本经济区与水利事业的发展》，中国社会科学出版社1981年版，第36页。

④ （清）黄任：《乾隆泉州府志（一）》卷九“水利·晋江县·陂·六里陂”。

⑤ （元）王祯：《东鲁王氏农书译注·农器图谱集之一·田制门·涂田》。

⑥ （宋）梁克家：《三山志》卷一二“版籍类三·海田”。

稻，说明在一定含盐量土壤里种植水稻是完全可能的，关键看品种选择。

关于围垦，梁克家《三山志》还记载了另一种形式。“今沿海泥淤之处，不限寺观、豪势、民庶之家，与筑捍为田，资纳二税。海田卤入，盖不可种，暴雨作，辄涨损，以故田家率因地势筑捍，动辄数十百丈，御巨浸以为堤塍，又砌石为斗门以泄暴水，工力费甚。”[①]在书中，梁克家还列举了北宋初年福清东禅塘的围垦建设。“开宝中(968—976年)，中山人刘逢以滨海地数千丈(《八闽通志》作“卤地四千丈”)施于东禅寺，乃筑埕塍，高一丈五尺，厚三丈，塍内港水凡三道，设泥门一十五防淤，间则以泥门通之，涨溢则以斗门泄之。凡十年，斗门凡三筑乃成，自是不陷者百余年，岁收千石。”[②]显然，这种“筑捍为田”已是名副其实的围海造田了，是沿海人民在“与海争地”实践中的一大创举，在福建乃至中国围垦技术发展史上具有重要的意义。

由于围垦生产技术的不断进步，使福建沿海的大片滩涂得到开发利用，加快了沿海地区社会经济的发展。从宋代开始，以福州、莆田、泉州、漳厦4个平原为主的沿海地区，逐渐成为福建政治、经济、文化最为发达的地区。

第二节　水利的大开发及其特点

福建“平衍膏腴之壤少，而崎岖硗确之地多，民之食，出于土田，而尤仰给于水利”[③]，因而治田必须治水。在垦田热的带动和刺激下，宋元福建迎来了水利建设的黄金时期，有领先全国的项目开发数量，也有因地制宜的建设特点，更有举世罕见的草木拦水坝，从而为福建水利开发增添了光彩

① (宋)梁克家:《三山志》卷一二“版籍类三・海田”。

② (宋)梁克家:《三山志》卷一六“版籍类七・水利・福清县・灵德里・东禅塘”。

③ (明)黄仲昭:《八闽通志(上册)》卷二〇“食货”。

的一笔。[①]

一、全国领先的水利开发

宋时福建兴建的水利工程项目之多，居全国领先地位。从横向比较看（参见表11-1），两宋福建水利建设呈现加速发展态势，水利建设项目已跃居全国前列，仅次于浙江，与江苏并驾齐驱。从纵向比较看，10至12世纪福建共修有名水利工程项目324处（其中241处位于福州沿海），多于江苏、浙江、安徽等地的315处。[②] 从区域比较看，整个宋代福建共兴修大中型水利工程达402项[③]，在福建历史上独占鳌头。尽管由于资料来源、统计对象和时间选取的不同，以上3组数据存在一定差异，但宋代是福建水利大开发的黄金时期，水利建设项目位居全国领先地位，却是一个不争的事实。在这场建设浪潮中，沿海的福、泉、兴化诸州军表现得尤为突出。

表11-1　唐宋北南方主要省份水利项目统计表

	陕西	河南	山西	直隶	江苏	浙江	江西	福建
唐	32	11	32	24	18	44	20	29
北　宋	12	7	25	20	43	86	18	45
金及南宋	4	2	14	4	73	185	36	63

资料来源：冀朝鼎《中国历史上的基本经济区与水利事业的发展》中的“中国治水活动的历史发展与地理分布的统计表”。

福州地处闽江下游，河流纵横，又是福建路首府所在地，因而水利建设得到格外重视。北宋庆历五年（1045年）和嘉祐元年（1056年），蔡襄两知福州，先后主持了修复古五塘和挖疏渠、浦、河等水利建设工程。五塘在东

① 本部分内容参考了彭友良《两宋时代福建农业经济的发展》，载《农业考古》1985年第1期；张德团《千年拦水坝“贤良陂”》，载《福州史志》2007年第6期。

② （美）珀金斯：《中国农业发展史1368—1968·附录8“水利资料”》，上海译文出版社1984年版，第460页。

③ 陈鹏：《唐宋时期泉州的农田水利建设》，载《农业考古》1983年第2期。

湖，是晋代初筑福州新城时开凿的，到宋时东湖渐塞，“数十里溪涧无所归宿，每逢淫雨，则淹为泽国。偶遇亢旱则涓滴无资”[①]。在蔡襄的倡导和主持下，修复后的五塘可灌溉“怀安县七千九十四亩”[②]良田，成为“旱涝可以无虞”[③]的民心工程，直到清代仍是人们效法的榜样。更大规模的水利兴修发生在蔡襄二度知福州时，重点在所属各县与州城内河。如闽县“开淘负城河浦百七十六（条），计（长）二万一千九百七十六丈，均用民力凡八万九千（个），溉田三千六百余顷”[④]；侯官县“疏导渠浦六十九（条），延袤百二十五里”[⑤]；怀安县“从（福州）乐游桥下开沿城外至汤门、琴亭、湖心，至北岭下去思桥，北出河尾船场，散入塍北小浦、中浦、石泉、安国以北”[⑥]。在福州城内，蔡襄则主持开展了大规模的河道开挖和疏导工程，仅开挖环城河浦就计达 14 条，总长约 1789 丈。[⑦] 整治后的福州城内水网密布，形成一个可以通行船只、四通八达的水道系统，书写了福建城市水利建设的新篇章。宋代福州水利建设的另一样板，是近 300 年里官民持续修复连江东塘湖。淳化二年（991 年），连江县令鞠促谋（《八闽通志》作“鞠仲谋”）以“木斗门朽坏，琢石代之，架以桥梁，覆之亭宇”，“外造小桥六，小斗门七”；庆历初（约 1041 年），“乡人陈铸、林简复授资倡众，筑堤于湖之东西北三面，计一千四百余丈，立石柱一百二十，以表湖面”；“嘉祐初（约 1056 年）县令朱定、乾道间（1165—1173 年）县令曾模皆增修之”；“淳熙间（1174—1189 年）县令傅伯成、嘉定间（1208—1224 年）县令陶武、淳祐间（1241—1252 年）县令游义肃、咸淳间（1265—1274 年）县令宋日隆俱尝修斗门”。[⑧] 此外，大中祥符年间（1008—1016 年）福清知县郎简修筑的可“溉废田百余顷（《三山

① （民国）何振岱：《西湖志》卷一“水利”。
② （宋）梁克家：《三山志》卷四“地理类四・内外城壕（桥梁附）”。
③ （民国）何振岱：《西湖志》卷一“水利”。
④ （宋）梁克家：《三山志》卷一五“版籍类六・水利・闽县”。
⑤ （宋）梁克家：《三山志》卷一五“版籍类六・水利・侯官县”。
⑥ （宋）梁克家：《三山志》卷一六“版籍类七・水利・怀安县”。
⑦ （宋）梁克家：《三山志》卷四“地理类四・内外城壕（桥梁附）”。
⑧ （宋）梁克家：《三山志》卷一五“版籍类六・水利・连江县・进贤里・东塘湖”。

志》作“溉田种五百石以上”)”的石塘陂[①]、天圣二年(1024年)福清县“溪道锵石”“溉田千余顷”的苏溪陂[②]、元祐四年(1089年)宁德县民僧共筑“溉田三百十八顷,受种二千四百石”的赤镒陂(《八闽通志》作“赤鉴湖”)[③]等,皆为北宋福州地区水利建设中的佼佼者。当然,值得重视的还有元符二年(1099年)福清知县庄正柔(一说庄柔正)主持重修的天宝陂,该工程采用了“汁铁以锢其基”全新施工技术,使这个陂基“广十丈”,“溉田种千余石”[④]。更名为“元符陂”的这项水利设施至今仍能发挥作用[⑤],成为福州现存最古的大型工程,赢得了世人的广泛赞誉。

有宋一代,泉州水利事业的发展成效卓著,各县相继修筑和开凿了许多湖、塘、陂、埭、淮、坑、圳、坝、浦、潭、泉、池、井,以为灌溉之用。位于泉州南部可灌田1800顷的清洋陂(亦称陂洋陂)、濒湖仰水之田万余亩的龟湖塘[⑥]以及灌地8000多亩的洑田塘[⑦]等,均是在宋代兴修起来的。如北宋熙宁年间(约1068—1077年)初筑、南宋淳熙七年(1180年)“累石埠之”的清洋陂,“自南安白石五峰而下,有九溪合于磻溪、梅花溪以及诸山溪涧,凡九十九溪之水会于清洋陂,乃达于大小桥,所溉之田曰下浯洋曰沿江洋曰吟啸洋曰磻湖洋曰池店洋曰新店洋曰沟头洋曰下埭洋曰陈翁洋曰孤坑洋,凡溉田千八百顷”[⑧]。同时,一些前代重要的水利设施,如天水淮[⑨]、万家湖

---

① (元)脱脱:《宋史》卷二九六“杨徽之传”;(宋)梁克家:《三山志》卷一六“版籍类七・水利・福清县・文兴里・石塘陂”。

② (宋)梁克家:《三山志》卷一六“版籍类七・水利・福清县・安香里・苏溪陂”。

③ (宋)梁克家:《三山志》卷一六“版籍类七・水利・宁德县・临海里・赤镒陂”。

④ (宋)梁克家:《三山志》卷一六“版籍类七・水利・福清・新丰里・元符陂”。

⑤ 现存拦水坝系河卵石堆筑,长219米,高3.5米,可灌田1.36万亩。详见福建省水利史志办:《福清天宝陂》,载《福建水利史志资料》1986年第4期。

⑥ (清)黄任:《乾隆泉州府志(一)》卷九“水利・晋江县・塘・龟湖塘”。

⑦ (清)黄任:《乾隆泉州府志(一)》卷九“水利・晋江县・塘・洑田塘”。

⑧ (清)黄任:《乾隆泉州府志(一)》卷九“水利・晋江县・陂・清洋陂”。

⑨ (清)黄任:《乾隆泉州府志(一)》卷九“水利・晋江县・淮・天水淮”。

(亦名东湖,《乾隆泉州府志》亦名万婆湖)[①]、烟(一作湮)浦埭等,也得到修浚或改造。其中尤以熙宁初(约1068年)和绍兴六年(1136年)两次整治烟浦埭的意义特别重大,"其捍三万丈,陡门四间,皆因天然全石,与陈埭陡门共为尾闾泄水"[②]。作为唐宋晋江最大的水利工程,蓄水库区的清洋陂、灌溉渠道的六里陂和捍海潴水的烟浦埭,形成一个"内积山之源流,外隔海之潮汐,纳清泻卤"[③],陂、埭、斗门配套的完整工程,"广袤五六十里,襟带三十六埭,绵亘永靖(《乾隆泉州府志》作"永清")、和风、永福、永乐、沙塘、聚仁六里,水源凡九十有九所,县田三分之一仰溉于此"[④]。该工程至明清仍发挥重要作用。据统计[⑤],自唐贞元以迄南宋,泉州各县总计修建湖塘陂坝大小水利工程1400多处,有的至今还起着防洪蓄水抗旱保收的作用。

兴化军也是福建农田水利搞得相当突出的一个地区,地处木兰溪下游的莆田县尤其著名。早在唐五代,莆田就先后凿成诸泉、历浔、永丰、横塘、颉洋、国清等南洋六塘,以及筑有北洋延寿陂,溉田3000余顷。北宋嘉祐年间(1056—1063年)由知军刘谔倡导,利用荻芦溪水堰水为陂,然后沿山凿圳,且在山壑数处别作砥柱以架石船,引水从空中流过,蛇行20余里,建成了工程相对艰巨的太平陂,以灌溉兴教、延寿二里(今梧塘一带)田700顷[⑥],从此莆田县的北洋地区基本得到了灌溉。不仅如此,今人对现存高4米、长92米的陂坝遗址考察发现[⑦],位于荻芦溪中游的太平陂,利用荻芦溪两岸山崖陡峭和河中礁石林立的地形,因地制宜作深砌卵石坝,即坝体

---

① (明)黄仲昭:《八闽通志》(上卷)卷二二"食货·水利·泉州府·晋江县·万家湖";(清)黄任:《乾隆泉州府志(一)》卷九"水利·晋江县·湖·东湖"引《万历府志》。

② (清)黄任:《乾隆泉州府志(一)》卷九"水利·晋江县·埭·烟浦埭"引《隆庆府志》。

③ (清)黄任:《乾隆泉州府志(一)》卷九"水利·晋江县·陂·六里陂"。

④ (明)黄仲昭:《八闽通志》(上卷)卷二二"食货·水利·泉州府·晋江县·烟浦埭";(清)黄任:《乾隆泉州府志(一)》卷九"水利·晋江县·埭·烟浦埭"引《闽书》。

⑤ 陈鹏:《唐宋时期泉州的农田水利建设》,载《农业考古》1983年第2期。

⑥ (清)廖必琦:乾隆《兴化府莆田县志》卷二"舆地·水利"。

⑦ 福建省水利史志办:《莆田太平陂》,载《福建水利史志资料》1985年第4期。

用河卵石浆砌成，坝顶滚水。这种浆砌河卵石坝是宋代福建人民对我国古代陂坝类型的新贡献。到了11世纪下半叶，莆田又着手兴筑大型水利工程木兰陂。木兰陂建成后，加上原有的太平陂水利设施，莆田遂成为福建农业经济相当发达的地区。“由此屡稔，一岁再收，向之窭人皆为高赀温户。”[①]此外，宣和初(约1119年)，通判兴化军权郡事的郭汝贤，对唐代修筑的国清塘进行了大规模整治。“郡有国清塘，周三十里，溉由(应为“田”)数千顷，岁久不修，僝工增筑，民赖其利。”[②]

宋政权南渡后，福建路的地位日见重要，泉州港的对外贸易也日益繁荣，推动福建水利建设进一步发展。首先表现在对以往水利设施的整治。如淳熙十年(1183年)，福州知州赵汝愚曾对北宋末年淤塞的西湖进行了“兴复开浚”[③]，使闽县、侯官和怀安3县7311亩农田不再受旱。绍熙间(1190—1194年)，溉田2000余顷的连江东湖“堤坏”，知县傅伯成率众在东湖“下流南港为石堤三百尺，民蒙其利”[④]。绍兴间(1131—1162年)，漳州郡守刘才邵在周回千余亩的东湖“沿湖建斗门”，并“沿浦筑渠凡四十(《宋史》称“开渠十有四”)”，至明中叶民蒙其利。[⑤] 其次是新水利工程的建设，如南宋乾道九年(1173年)长乐知县徐謩“为斗门及湖塘陂堰百四所，溉田二千八十三顷”，其中的大塘设“大斗门二”，“方广二十余丈，两旁抵海，长一千五十丈，高一丈八尺，阔一丈，沟港共长三千七百丈，阔一丈二尺，深八尺，潴福清界水，溉田千石”[⑥]；乾道九年(1173年)，连江知县曾模主持“开浚东湖塘二十余里，造水闸、筑埕塍一百二十余所，灌溉田二十(千)余顷”[⑦]；淳祐间(1241—1252年)，宁德县令李泽民“躬率僚佐，鸠工筑

① (明)周瑛：弘治《兴化府志》卷二九引宋林大鼐《李长者传》。

② (明)黄仲昭：《八闽通志(下册)》卷六四“人物·建宁府·良吏·[宋]·郭汝贤”。

③ (宋)梁克家：《三山志》卷四“地理类四·内外城壕(桥梁附)”。

④ (元)脱脱：《宋史》卷四一五“傅伯成传”。

⑤ (明)黄仲昭：《八闽通志(上卷)》卷二三“食货·水利·漳州·龙溪县·东湖、新渠”。

⑥ (宋)梁克家：《三山志》卷一六“版籍类七·水利·长乐县”。

⑦ (清)徐松：《宋会要辑稿·食货六一之一二三“水利杂录”》。

堤”，在县东一都修筑了“凡百丈，周围九百七十五步”的东湖，“由是田无旱涝之虞”[①]。南宋新水利工程建设在漳州表现得尤为突出。绍兴中（1131—1162 年），知漳州刘邵才在“城东开渠十有四，为闸与斗门以潴汇决，溉田数千亩，民甚德之”[②]；淳熙七年（1180 年），“漳州龙溪县丞范薰劝率田户开垦东湖，修饰斗门及陂塘、浦港六十一所，灌田甚多”[③]；嘉定年间（1208—1224 年），漳浦县令赵师缙在县城西门外“凿湖筑岸，创立水门”，形成“周围五百一十五丈”，可“时其蓄泄，以溉民田”的西湖[④]。龙溪县广济陂，为宋郡守傅□（似为“壅”，约嘉定十二年任职漳州）（一说傅伯成）所筑，“累石为堰，长一百三十丈。……溉田千有余顷”[⑤]。据道光《福建通志》记载，至清后期，漳州腹地长泰县有水利设施陂 152 座，其中宋代所筑达 122 座[⑥]，宋代福建水利建设之盛可见一斑。

元代福建开创性水利工程较少，目前仅知的有木兰陂万金斗门分水工程和泉州南安万石陂。后者是元代福建最大的水利工程，因施工时垒砌了万块“砻石”，建成后能“溉田万余顷”[⑦]，故得名。此外，建于至元间（1264—1294 年）的晋江安海东埭，可“灌田四百石”[⑧]；筑于延祐间（1314—1320 年）的漳州龙溪禾平埭“溉南山寺田数十顷”[⑨]，也是元代福建较大的水利设施。

---

① （明）黄仲昭：《八闽通志（上册）》卷二四“食货・水利・福宁州・宁德县・东湖”。

② （元）脱脱：《宋史》卷四二二“刘邵才传”。

③ （清）徐松：《宋会要辑稿・食货六一之一二五“水利杂录”》。

④ （明）黄仲昭：《八闽通志（上册）》卷二三“食货・水利・漳州府・漳浦县・西湖”。

⑤ （明）黄仲昭：《八闽通志（上册）》卷二三“食货・水利・漳州府・龙溪县・广济陂”。

⑥ （清）陈寿祺：《福建通志》卷三六。

⑦ （清）黄任：《乾隆泉州府志（一）》卷九“水利・南安县・陂・万石陂”。

⑧ （清）黄任：《乾隆泉州府志（一）》卷九“水利・晋江县・埭・东埭”。

⑨ （明）黄仲昭：《八闽通志（上册）》卷二三“食货・水利・漳州府・龙溪县・禾平埭”。

二、山区与沿海水利的特点

由于自然条件和功用目的的差异,宋代福建山区与沿海水利建设呈现不同的特点。

在山区,水利建设以灌溉为目的,并视不同情况分别采用汲导或开渠的建设模式。对"人率危耕侧种,塍级满山,宛若缪篆"[①]的梯田来说,灌溉之水是需巧妙安排的。山区先民根据"层起如阶级"梯田的特点,确立了"汲引"和"导泉"两大水利建设思路。所谓汲引,就是在近江靠河的地方,通过翻车(即龙骨车)和筒车(参见图 11-1)的"轮吸筒游"方式,辅以"梁渎横纵,淡潮四达"系统[②],达到"远引溪谷水以灌溉"[③]的目的。所谓导泉即"缘山导泉"[④],就是"泉溜接续,自上而下,耕垦灌溉,虽不得雨,岁亦倍收"[⑤]。至于既无水可引又无泉可导的梯田,也"各于田塍之侧开掘坎井,深及丈余,停蓄雨潦,以为旱干一溉之助"[⑥],真正做到"水无涓滴不为用"[⑦]的水利境界。除充分开发利用已有水利资源外,水利建设搞得比较好的建宁府,也兴建了一些较大规模的山区水利项目。如北宋庆历初(约 1041 年),崇安(今武夷山)知县赵抃"相地开渠",修建陈湾陂(后人称之为"清献陂")一座,"灌田数千顷"[⑧]。建安(今建瓯)则以水利工程多著称,宋时所建陂达 215 所。[⑨] 此外,南剑州的险滩治理工作也卓有成效:北宋天圣中(1023—1032 年),郡守刘兹在剑浦(今南平)最险的东溪黯淡滩"开其港

① (宋)梁克家:《三山志》卷一五"版籍类六·水利"。

② (宋)梁克家:《三山志》卷一五"版籍类六·水利"。

③ (宋)方勺:《泊宅编》卷三引宋朱行中诗。

④ (宋)李焘:《续资治通鉴长编》卷三四"淳化四年三月记事"。

⑤ (清)徐松:《宋会要辑稿·瑞异二之二九"旱"》。

⑥ (清)徐松:《宋会要辑稿·瑞异二之二九"旱"》。

⑦ (宋)方勺:《泊宅编》卷三引宋朱行中诗。

⑧ (明)黄仲昭:《八闽通志(上册)》卷三七"秩官·名宦·郡县·建宁府·崇安县·[宋]·赵抃"。

⑨ (明)黄仲昭:《八闽通志(上册)》卷二二"食货·水利·建宁府·建安县"。

道”[①]；南宋绍兴间（1131—1162年），郡守上官愔等一方面在黯淡滩“凿其险为港，阔三丈，又为二乾港，阔减三之一”，另一方面又花费250万巨资，大开南溪大伤、天柱、龙窟诸险滩，“南溪之险悉平”[②]。

图11-1 王祯《农书》中的翻车（左）和筒车［图中筒车的激水方向画反了］

资料来源：王祯《东鲁王氏农书译注》第571、574页。

值得一提的是，在山区水利建设中，福建先民还引进和发明了一些颇为先进的方法，如元丰五年（1082年），再知泉州的陈世卿遇大旱，“教民用牛车汲水入东湖溉田”[③]，这种以牲畜为龙骨车动力的“牛转翻车”（参见图11-2），是首次出现在福建境内的。又如在闽东宁德，庆历间（1041—1048年）士民修筑“障海为陂”的桐山陂时，“设水车灌溉田亩”[④]。此外，闽南等

① （明）黄仲昭：《八闽通志（上册）》卷九“地理・山川・延平府・南平县”。

② （明）黄仲昭：《八闽通志（上册）》卷九“地理・山川・延平府・南平县”。

③ （清）陈寿祺：道光《福建通志》卷三四“水利”。

④ （明）黄仲昭：《八闽通志（上册）》卷二四“食货・水利・福宁州・本州・桐山陂”。

地还出现了“塘中龙骨高数层，龟坼田中纵复横”[①]的奇观，这是一种用几台龙骨车相接数层以提水灌溉高田的创新手法，从而将宋代福建山区水利建设推进到极致。迨至明代，在宋时就曾“转车激水，注为濠池”[②]的汀州府上杭县，其境内竟出现以“旁置高车，转水溉田”为名的“高车滩”[③]，水利机械的运用持久而进步。在“依山为郡，民多楼居；瞰虚凭高，甍连栋接，民或不戒于火，扑灭良艰”的南剑州，宋绍熙二十八年（应为“绍兴二十八年”，即1158年），“郡守胡舜举创水铺以防虞，器具种种毕备”[④]。显然，“水铺”是现代城市消防设施的雏形，也是宋代福建山区以水为利的一项创举。

图 11-2　王祯《农书》中的牛转翻车

资料来源：王祯《东鲁王氏农书译注》第577页。

与山区不同，沿海水利建设突出潴防结合模式。福建的农田，多集中于濒海的一些小平原上。沿海多风多浪，田地不时受到海潮的袭击。降雨量虽大，但由于河道多奔腾于群山之中，水流湍急，无所储蓄，即泄于海中，几天不雨就又感到干旱，滨海地区尤其如此。“并海之乡，斥卤不字，饮天之地，寸泽如金，然而得水，必获三倍。诗人谓‘一掬清流一杯饭’，盖歌水

① （宋）黄榦：《勉斋集》卷四〇“诗·甲子语溪闵雨四首”。

② （明）黄仲昭：《八闽通志（上册）》卷一三“地理·城池·汀州府·上杭县城”。

③ （明）黄仲昭：《八闽通志（上册）》卷八“地理·山川·汀州府·上杭县·县溪诸滩·高车滩”。

④ （明）黄仲昭：《八闽通志（下册）》卷六一“恤政·延平府·南平县·［宋］·水铺”。

难得也。”[①]处于这样的自然条件，福建沿海的水利建设就表现出一潴二防的主要特点。所谓“潴”，就是把溪水蓄存起来，“防”就是筑成阻御海潮的堤防。以福州长乐为例，海滨“山浅而泉微，故潴防为特多，大者为湖，次为陂，为圳，埕海而成者为塘，次为堰，毋虑百五十余所。每岁蓄溪涧，虽不泄涓滴，亦不足用”[②]。绍兴初（约 1131 年），长乐县修浚湖塘陂堰 150 余所，沟渠 3700 余丈，建立斗门 104 所，促进了长乐县农业经济的发展。此外，沿海不少州县还因地制宜进行水利建设，如《乾隆泉州府志》记载，晋江有湖 15 个，陂 85 个，埭（土堤）121 个，大多为宋时所建。[③] 其中的留公陂（旧名丰谷陂，俗称陈三坝）是较大的水利工程之一，既防海潮，又蓄溪流，可灌晋江、惠安两县农田“二千六百余亩”[④]。事实证明，这种以潴防结合为原则，或为疏通淤塞湖泊河渠，或为兴筑陂塘港浦的工程类型，较好适应了沿海平原对灌溉的用水需要，故《宋史·地理志》称福建“民安土乐业，川源浸灌，田畴膏沃，无凶年之忧”[⑤]。

值得注意的是，宋代福建不仅在水利建设方面成绩斐然，而且在科学用水方面也十分突出。如前所述，作为“县田三分之一仰溉于此”的晋江平原最重要水利工程，蓄水库区的清洋陂、灌溉渠道的六里陂、埕海潴水的烟浦埭以及控制进出水的六斗门，在南宋前中期已基本整治和建成。为充分发挥陂、埭、斗门整个配套工程的灌溉效益，重建后里人举“有恒产恒心兼有才干人”为陂首，率陂夫 42 名共同管理。陂首负责统一用水调度。陂的用水规定为：上沟水深一丈则放下一尺，水深五尺则放下五寸，用水为蓄水十分之一。[⑥] 规模蓄水与有效用水的协调统一，是宋代福建水利建设的一大特点。

---

① （宋）梁克家：《三山志》卷一五“版籍类六·水利”。

② （宋）梁克家：《三山志》卷一六“版籍类七·水利·长乐县”。

③ （清）黄任：《乾隆泉州府志（一）》卷九“水利·晋江县”。

④ （清）黄任：《乾隆泉州府志（一）》卷九“水利·晋江县·陂·留公陂”。

⑤ （元）脱脱：《宋史》卷八九“地理志五·福建路”。

⑥ （清）黄任：《乾隆泉州府志（一）》卷九“水利·晋江县·陂·六里陂”引明陈琛《论六里陂水利书》。

三、罕见的草木拦水坝贤良陂

在闽清云龙乡际上村起傅岩，曾矗立着一座近900年的草木拦水坝，颇具特色，世所罕见。据史料记载①，该水坝属于贤良陂引水工程，建于北宋绍圣至政和年间(1094—1117年)，是由当地贤良科进士、礼部侍郎陈旸率众凿建的，故称“贤良陂”，可灌溉农田数百亩。

草木拦水坝修建在由整片岩石构成的河床上。由于河水长年磨濯，河床已变得棱角荡然，几乎搁不住半点沙石，加上坝址前方的河床又一折而下，成为悬崖陡壁。正由于坝址特殊的地形地貌，所以常见的石筑堤坝在此显然是行不通的，必须另辟蹊径。

根据实地考察和当地人的描述②，贤良陂在修筑时采用的是“凿洞竖桩，木草建坝”的创新施工方法。首先在与河中心线成45度斜角的河床上，间隔2米垂直向下凿出直径约20厘米的圆形石洞，然后在洞中竖栽松木桩，木桩之间以若干细长的松木横置编成栅栏，并在栅栏的迎水面铺垫莽草，最后再加筑黏土，覆以沙石，这样一座独具特色的草木拦水坝即告完成。

在既没有平坦、牢靠基础赖以砌石，又无就地可取河石的地质条件下，采取凿洞竖桩方式建坝，确实是高明之举。更可贵的是，陈旸等人还因地制宜选取松木莽草作为建坝材料。“千年松柏万年莽”，这句在福建农村广泛流传的谚语，说的是将刚采伐的生青松木或莽草置于水中，可经久不朽。这就是农村土建工程为什么常用松木打地桩，烂泥田多用松木做垫脚木的缘故。毫无疑问，出身陇亩的陈旸一定深谙松木与莽草的这一特性，才会有如此巧妙的选材用料。也就是说，草木筑坝并非陈旸“标新立异”之举，而是一项颇合时宜的、科学的水利工程方案。

贤良陂草木拦水坝虽无石坝的雄伟壮实，甚至还略显几分粗陋，几分

---

① 张天：《闽清县志·引水工程篇》卷六“水利”；(明)黄仲昭：《八闽通志(上册)》卷二二“食货·水利·福州府·闽清县·贤良陂”。

② 详见张德团《千年拦水坝“贤良陂”》，载《福州史志》2007年第6期。

单薄。然而，由于其建坝形式和选材用料的独到之处，反而衍生出更为实际的现实意义——工程简单、整修容易、省工省本。这不禁使人想起了古代水利工程史中浓墨重彩描绘的四川都江堰。同样作为拦水坝，都江堰与贤良陂不同之处仅在于，前者以圆木构成三脚架，置于河卵石上作为固定桩（即闻名世界的“杩槎技术”）；后者则是在河床岩石上凿洞竖栽固定桩。除此外，其余技术措施几乎如出一辙，真可谓“距万里竟不谋而合，隔千年还异曲同工”。应该说，无论是都江堰还是贤良陂，两者都是先辈们聪明智慧的结晶，也是务实思想的体现，更是因地制宜创新的典范。

可惜的是，贤良陂草木拦水坝，这个历经数百年而不垮的古代水利工程杰作，却在上个世纪70年代遭到拆除，取而代之的是水泥块石混砌的现代水坝。

当然，要说宋元福建益民效益和科技成就最高的水利项目，非莆田木兰陂水利工程莫属。

第三节　著名水利工程木兰陂及其科技成就

位于莆田市西南4公里处的木兰陂，是北宋年间修建的一座引、蓄、灌、排、挡综合利用的大型水利工程，也是我国现存最完整和最具代表性的古代水利工程之一，在福建和中国科技发展史上占有重要地位。[①]

一、李宏与木兰陂

木兰陂位于木兰溪下游的木兰山麓，是李宏等人为彻底根除木兰溪水患，变害为利的为民工程。

木兰溪发源于德化戴云山脉，流经永春、仙游两县，汇聚360多条溪涧

① 本部分内容参考了陈长城等《十一世纪的水利工程木兰陂》，载《福建地方志通讯》1985年第6期；惠富平等《中国古代稀见农田水利志——〈木兰陂集考述〉》，载《西北农林科技大学学报（社会科学版）》2015年第3期。

之水，横贯莆田县境，把兴化平原(亦称莆仙平原)分开为南、北二洋(溪南、溪北二平原)。溪流全长116公里，流域面积达1832平方公里。由于木兰溪径流短，河道陡，易涝易涸，尤以在莆田境内溪海汇流，咸淡不分，为害甚大。明代余飏《莆阳木兰水利志》描述建陂前的水害情形曰："按永春、德化、仙游溷三十六涧之水，由维新里(今华亭、濑溪一带)突流而下，海涛潮汐又从白湖(今阔口港)鼓涌而上。方春夏交，霪涝奔腾，则四郊皆泽国也；若遇秋汛涛翻，则望洋渼滆，四郊又斥卤也。只有六塘可资潴蓄，然利不胜害，下流之潴蓄不能胜上流之崩突也。"[①]可见，虽有唐五代凿建的六塘蓄水设施，但这远远无法满足海边滩涂地带冲淡灌溉之需，因而在木兰溪上建造大型配套水利设施的重任，便历史性地落在了宋代福建先民的肩上。

第一个向木兰溪发起挑战的是长乐女子钱四娘。北宋治平元年(1064年)，钱四娘集资来莆，于潮水所及的将军岩(今樟林村畔)"堰溪为陂"[②]，并以鼓角山西南开渠引水，灌溉南洋。由于将军岩地势高，落差大，水势左急右缓，加上坝基地质复杂，结果陂刚落成，便为上游一场暴雨所造成的洪峰冲垮。钱四娘痛心疾首，投水以殉。在钱四娘的精神感召下，她的同里进士林从世再次集资来莆，在钱陂下游的温泉山(水)口复筑新陂，继续钱四娘的未竟事业。但由于温泉山口紧靠港湾，地势低洼，港狭潮急，在大坝即将落成之时，却被一股无情的大潮所冲毁。[③] 第二次筑陂又告失败。

面对一次又一次失败，福建人民没有被吓倒，反而激起更大的勇气和智慧。北宋熙宁八年(1075年)，侯官(今闽侯县)李宏(1042－1083年)应诏再次携家资7万余缗来莆，第三次向木兰溪发起挑战。在水利工程师冯智日的帮助下，李宏认真总结了钱、林两次筑陂失败的经验教训，认为钱陂筑在地高流急之处，"与水争势，是以不遂"；而林陂则位于"隙扼两岸，涛怒

① (明)余飏：《莆阳木兰水利志》，载莆田市图书馆藏十四家本《木兰陂集》。

② (清)陈池养：《莆田水利志》卷一"木兰陂图说"；(明)黄仲昭：《八闽通志(上册)》卷二四"食货・水利・兴化府・莆田县・木兰陂"。

③ (明)黄仲昭：《八闽通志(上册)》卷二四"食货・水利・兴化府・莆田县・木兰陂"。

流悍”的地方，故被冲垮[①]。失败为成功之母。为保证选址的科学性和合理性，李宏和智日细心勘察了沿溪的地质水情，最终选择在钱、林二陂中间的木兰山下，重新构筑陂坝（参见图 11-3）。此处“溪面宏阔，水势迂缓……溪流无冲击之患，海潮无吞噬之忧”[②]。不过，有利必有弊。木兰山陂址的最大隐患在于软土地基，但李宏等人有信心有能力处理这一难题，事实也证明了这一点。由于决策科学，施工得当，加上莆田当地 14 家大户“舍钱七十万余缗”[③]相助，历经 8 年努力，终于在元丰六年（1083 年），一座流芳后世的雄伟陂坝成功矗立在八闽大地上。

陂首工程建成后，李宏又致力于修筑附属工程。先在陂首的南端修建了一座惠南桥（明时改称“回澜桥”），作为通向南洋的进水闸[④]；继开配套疏渠导水“为大沟七条，小沟一百有九”[⑤]，“障东流而南注者三十余里，……凡溉田万余顷”[⑥]；复设置斗门、水闸、涵洞等排水建筑物，并在滨海地段构筑海堤，以障潮水，组成一个完整的水利工程体系，“自是南洋之田，天不能旱，水不能涝”[⑦]。借助水利，南洋人民改单种为双种，“稻收再熟”[⑧]“一岁再收”[⑨]，粮食产量大幅度提高。“木兰陂田岁收租谷二千六百

---

① （清）廖必琦等：乾隆《莆田县志》卷二“水利”。

② （清）廖必琦等：乾隆《莆田县志》卷二“水利”。

③ （宋）谢履：《奏请木兰陂不科圭田疏》，载《（十四家本）木兰陂集》（莆田市图书馆藏），第 2 页。

④ （明）黄仲昭：《八闽通志（上册）》卷一九“地理·桥梁·兴化府·莆田县·回澜桥”。

⑤ （明）余飏：《莆阳木兰水利志》，载《（十四家本）木兰陂集》（莆田市图书馆藏），第 29 页。

⑥ （明）黄仲昭：《八闽通志（上册）》卷二四“食货·水利·兴化府·莆田县·木兰陂”。

⑦ （明）周瑛：弘治《兴化府志》卷二九引宋林大鼐《李长者传》。

⑧ （宋）徐鉴：《募修木兰陂引》，载清陈池养《莆田水利志》卷七。

⑨ （明）周瑛：弘治《兴化府志》卷二九引宋林大鼐《李长者传》。

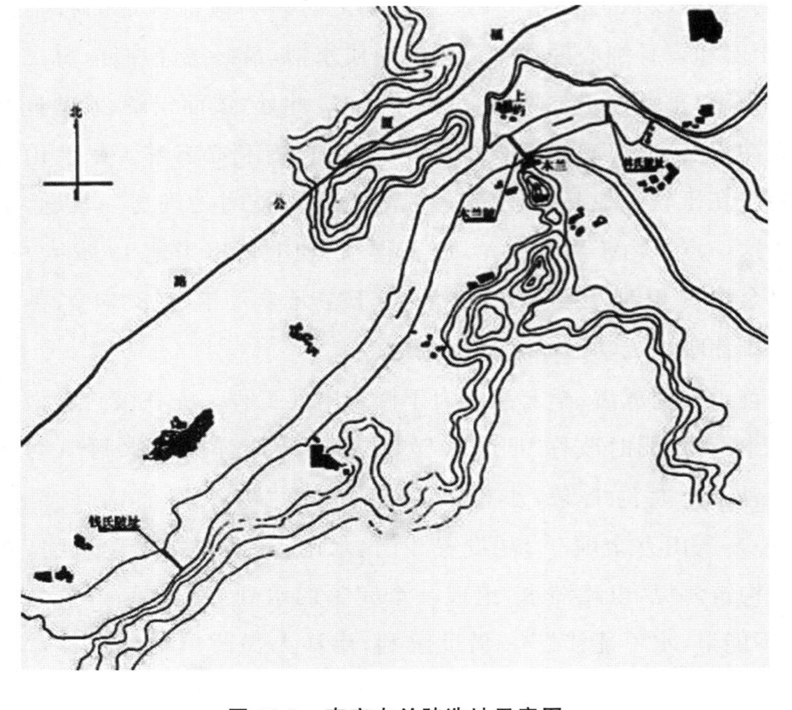

图 11-3　李宏木兰陂选址示意图

资料来源：中国百科网。

六十五石，尽输本军以赡国赋。”[①]“兴化军储才六万斛，而陂田输三万七千斛。”[②]南宋建炎三年（1129 年）至隆兴二年（1164 年），兴化军秋税“岁余军储外，犹剩米二万四千四百余石，供给福建”[③]，木兰陂遂成为福建灌溉制度最完善、富民强国效益最显著的水利工程。

① （宋）谢履：《奏请木兰陂不科圭田疏》，载《（十四家本）木兰陂集》（莆田市图书馆藏），第 2 页。

② （明）周瑛：弘治《兴化府志》卷二九引宋林大鼐《李长者传》。

③ （元）脱脱：《宋史》卷一七四“食货志上二 · 赋税”。

二、木兰陂水利工程

作为“截溪海混流之陂”[①]的复杂水利工程，木兰陂可分为陂首工程、渠系工程和堤防工程三大部分。

陂首工程由溢流闸堰（堰闸式滚水坝）、进水闸和导流堤等组成，其中溢流闸堰是整个工程的枢纽（参见图11-4）。关于木兰陂工程的建设情况，明代余飏等人校辑的《莆阳木兰水利志》有较为翔实的记载：“先筑上下堰，以障溪海二流，然后握（掘）海底。深三丈五尺，长阔各三十五尺，累石其中，以为基址（础）。钩锁结砌，鳞次节（栉）比，渐高渐杀，至石梁乃分为三十二门，每门各监（竖）两巨石，为将军柱，厚四尺五寸，长一丈二尺，高出水上叠极（板）为闸。涝则纵，旱则闭。又于上流布长石以接水，下流布长石以送水，各百有余丈。又筑南北两岸以护陂，先叠石为地牛，伸入地中，纵横参错，中实以灰砾。外加巨石为护，高各三丈有奇，广三十余丈，长三百余丈。于是陂立水中，矫若龙翔，屹若山峙，下御下潮，上截永春、德化、仙游三县流水，灌田万余顷。”[②]根据这段文字，加上《八闽通志》卷二十四的相关记载并结合现代实地勘测[③]，我们可描绘出900多年前木兰陂工程及其科技成就的大致情况。

溢流闸堰高7.25米（《八闽通志》称“陂深二丈五尺”），建在250米宽的河道上。工程分二期施工：第一期是在河道南半部筑“上下游围堰，以障溪海之流，引水从别道入海”[④]，即在河道南半部的主航道上围堰清基建堰闸，而以北半部河道作为施工导流渠；第二期是待闸堰建成后，破堰通水，等到枯水季节的适当时机，一举把导流渠堵口合龙，然后砌石加固，以防渗漏。建成后的堰闸式坝长113米（《八闽通志》称陂“阔三十五丈”），分为32孔（《八闽通志》称“迭石创陂三十二间”；另元至正间改为29孔，至1949

① （清）廖必琦：乾隆《莆田县志》卷二“水利”。

② （明）余飏：《莆阳木兰水利志》，载莆田市图书馆藏十四家本《木兰陂集》。

③ 详见福建省水利史志办《莆田木兰陂》，载《福建水利史志资料》1985年第6期。

④ （明）余飏：《莆阳木兰水利志》，载莆田市图书馆藏十四家本《木兰陂集》。

年前为 28 孔），孔宽 1.85～3.1 米（总净宽 70.4 米），每孔置启闭闸板（《八闽通志》称“间各树石柱二，而置闸其中，以时纵闭”），以适应木兰溪洪枯流量相差极大的特点。启闸时，可增加泄洪每秒 400 立方米，降低上游水位 0.39米。堰闸式坝南端还置冲沙闸一孔，门宽4.2米，闸底比其他闸孔低0.5米，以排除淤积流沙，保证溢流堰的正常运用。这种根据平原流水特点创造的堰闸式滚水坝，足以与都江堰、灵渠等我国古代著名水利工程相媲美。

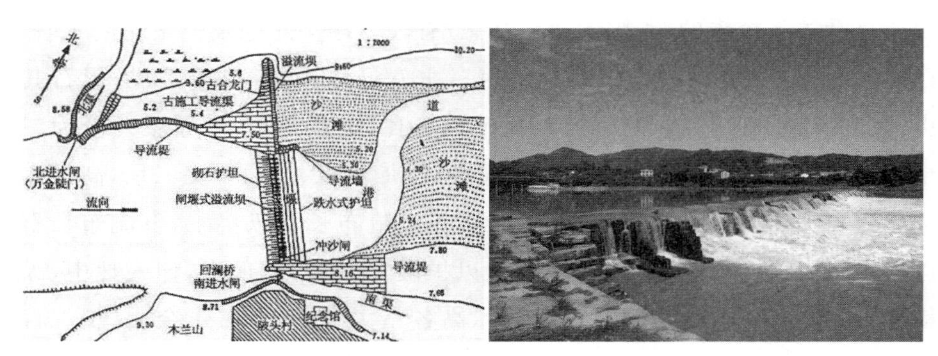

图 11-4　木兰陂陂首枢纽工程示意图(左)与景观

资料来源：《木兰陂纪念册》；莆田市档案局(馆)。

木兰陂原设计只引水灌溉南洋，故双孔进水闸（即“回澜桥”）建在溢流闸堰的最南端，闸宽分别为 2.35 米和 3.35 米，进流量每秒 11 立方米。为彻底解除北洋旱涝灾害的威胁，元延祐二年（1315 年），兴化路总管郭朵儿和张仲仪先后“自木兰陂浚沟引流，环郡东北，与延寿溪会，溉北洋田万余顷”，同时又在溢流闸堰的北端建了一座“视旱涝而闭泄之”的“万金斗门”（《木兰陂集》作“万金陡门”），作为通向北洋的进水闸。[①] 北堰进水闸为单孔，宽 2.6 米，进流量每秒 5.5 立方米，目的是补充延寿溪等的流量，故分水量仅及南渠的 1/2。万金斗门的建立，使南北洋灌区汇成一片，木兰陂工

① （明）黄仲昭：《八闽通志（上册）》卷三九“秩官・名宦・郡县・兴化府・[元]・郭朵儿”；（明）黄仲昭：《八闽通志（上册）》卷二四“食货・水利・兴化府・莆田县・木兰陂”；（元）金汝砺：《万金陡门记》，载《（十四家本）木兰陂集》（莆田市图书馆藏），第 71 页。

程效益面积也随之扩大了近1倍。

渠系工程，是从进水闸下游开出引水渠。初挖南干渠“大河（即大沟）七条，横阔二十余丈，深三丈五尺，支河（即小沟）一百有九条，横阔八丈，深二丈有奇，转折旋绕至三十余里”①。后经历代陆续扩展延伸，现在的南洋沟渠总长达199.8公里。北洋渠道，则是利用原有延寿陂的沟渠加以扩展绵延，现总长达109.7公里。如今的木兰灌区内渠道纵横交错，密如蛛网，水面积达22000多亩，可蓄水3100多万立方米，有“平原水库”之称。木兰陂渠系工程不仅保证了莆田20万亩农田灌溉之需和50万人口生产生活用水，还兼收交通运输、水产养殖之利。

堤防工程即南北洋海堤建在滨海地段，以确保农田不受潮汐之害，同时又在沿海修建陡（斗）门涵闸。“陡门之设，旱则障溪水使不得出，潦则泄溪水使不得溢，是陡门者又木兰（陡）之大通大塞也。”②时李宏在南洋“立林墩斗门一所，洋埕（《八闽通志》作“洋城”）、东山水泄（涵洞）二所，东山石函（洞）一所”，“又恐泄水不足，立东南等处木涵（洞）二十九口，以杀其势”③。李宏所建海堤为外堤，原有御潮堤为内堤，“内堤以障清水，外堤以障海潮”④。经历代维修整固，现有海（外）堤总长87.5公里，沿线建有泄洪建筑物100多座，其中大型排水闸17座55孔，泄水涵洞91座，保护面积20万亩，是福建省四大堤防之一。

900多年来，木兰陂陂首工程、渠系工程和堤防工程有机地连成一片，“有堤有港，有塘有沟，有圳有泄，因天时与地形以纵闭”⑤，发挥着引水、蓄水、灌溉、排涝、挡潮等效能，实现了灌区水利化的梦想（参见图11-5）。

---

① （宋）方天若：《木兰水利记》，转引自张芳《中国古代灌溉工程技术史》（山西教育出版社2009年版），第246页。

② （清）廖必琦：乾隆《莆田县志》卷二“水利·余飏记”。

③ （宋）方天若：《木兰水利记》，转引自张芳《中国古代灌溉工程技术史》（山西教育出版社2009年版），第246页；（明）黄仲昭：《八闽通志（上册）》卷二四“食货·水利·兴化府·莆田县”。

④ （清）陈池养：《莆田水利志》卷一“东角遮浪镇海堤图说”。

⑤ （清）陈池养：《莆田水利志》卷八引宋郑寅《重修濠塘泄记》。

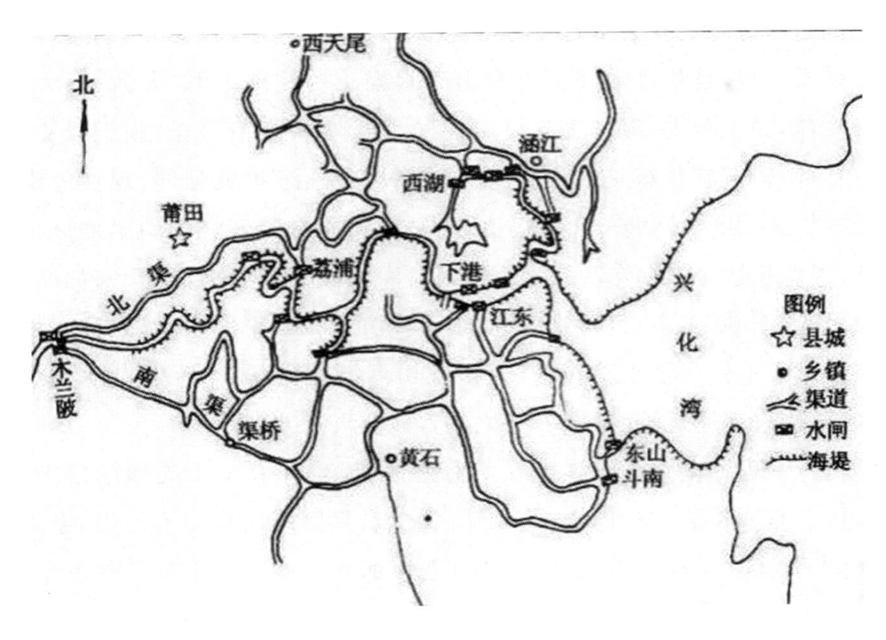

图 11-5 木兰陂灌区示意图

资料来源:《木兰陂纪念册》。

三、木兰陂的科技成就

木兰陂是我国古代水利科技史上的一项重要成果,特别是在设计理念、选址方案、枢纽配套、施工技术等方面成就突出,对今天的水利建设仍有参考和借鉴价值。

第一,因地制宜的设计理念。木兰陂工程所处的位置,一年四季旱、涝、洪、潮时常交错发生。木兰溪源短流急,洪水易涨易落,流域内雨量充沛却又分配不均(年均雨量约 1400 毫米,其中四月至九月占 74%),洪枯流量差别极大(最大洪峰流量达每秒 3710 立方米,最小流竟低至每秒0.04 立方米),每年七月至九月又时常同时出现台风、暴雨和大潮。在这样复杂的自然条件下,工程设计者不能单纯考虑引水灌溉这一点,必须权衡利弊,才能达到扬利抑害的效果。这就是为什么李宏等人在木兰陂设计中将陂首工程、渠系工程和堤防工程融为一体的原因。堰闸式陂首巧妙地把灌与挡、引与蓄、蓄与泄辩证地统一起来；由灌溉排水系统构成的纵横交错规模庞大的平原河网，既可防旱，又可缓减洪涝；在濒海地段修建的大、中、小型配套涵闸，涝时启放以排除洪涝，旱时关闭以蓄水灌溉。可见，陂首、渠系和堤防三大工程同时施工，互相支援，共同发挥引、蓄、泄等择利避害整体功效，正是木兰陂因地制宜设计理念的完美体现。

第二，科学合理的选址方案。木兰陂址位于木兰山与北山山麓之间，河面较宽，又是直段，水流较缓，而且海拔适中，潮水到此冲力减弱，是一处较为理想的坝址所在。不过，这样的水文条件导致河床淤积层深厚，这是建坝不利的一面。两者相较，李宏等人采取换土固基、以大博小的明智选择，在构筑坝基时，通过挖除淤泥，回填河卵石和沙砾的方法，终于在软土地质上建起千年耸立的宏伟水坝。此外，陂址紧靠在南北洋平原上游的边缘，渠道接近灌区，不必空流远行，既节省了修渠费用，又减少流水浪费。还有，由于陂址恰处木兰溪下游的上端，沿溪河谷狭长，这样即使遇到回水，淹没农田面积不过300亩，受淹时间不到1天，损失很小。总之，科学的坝址选择，合理的陂基处理，使木兰陂具备技术可行性与经济合理性的现代工程理念。

第三，注重效益的枢纽配套。作为木兰陂的枢纽工程，全长232米的拦河坝，北段采用长119米的重力坝型，南段采用堰闸坝型，这样既保证坝址稳固，又适应洪枯流量相差极大的溪流特点。这种带有泄水闸的大型砌石重力坝，在我国的水利史上木兰陂是首创。木兰陂位处河流直段，上游300米以上两山峡宽130米，仅为陂前宽度（210米）的一半左右。这样的地势导致上游河窄流急，下游河宽流缓，因而带来淤沙之患。针对这一情况，李宏等人在北岸修建了一条长150米自北向南收缩的导流堤，该堤直抵堰闸坝的北端，以缩减河宽，加快流速。此外，又在陂的南端进水口附近建一座冲沙闸，再加上利用泄洪时全面开闸派沙等管理措施，这就有效解决了南洋进水口的淤积问题。至于北洋进水口，因选址在大坝北端上游有底岩之处，可利用地势之利，永绝淤沙之患。正是有了如此高效的配套工程，木兰陂修建900多年来，创造了陂前基本没有淤积的奇迹，从而保证了整个工程发挥效益。可见,无论是枢纽还是配套,效益优先始终是木兰陂建设者们追求的目标。

第四,精益求精的施工技术。在整个木兰陂水利工程中,由闸室、上游护坦和下游阶梯式消能坦组成的堰闸坝是技术最复杂的施工标段。施工时,首先在围堰内清除软土,回填河卵石和沙砾,并根据堰闸和上下游坦负重不同增减回填土厚度,一般可达 2.5 至 4 米,其中还夹几层纵横交错的鲜松木。其次,在此基上置 35 厘米×60 厘米×300 厘米的花岗岩条石为基础(《八闽通志》称“陂基下有石盘据水底”,“陂盖因石为址”),钩锁结砌,渐高渐缩,至石梁乃分为 32 个门。再次,用高与长 1.6 米×4.6 米的巨石砌筑坝墩,墩身结构为紧密相连的前后两部分:上游半个墩长 3.1 米,近水面砌成锐角三角形,以减少水流对闸墩的冲击力,墩顶则盖上 310 厘米×90 厘米×45 厘米、重达 3 吨的压顶石[①];向下游的半个闸墩内竖立断面 60 厘米×60 厘米的元宝形石柱(俗称将军柱)4 根,自上游向下游紧靠成排(上游方向第 1 根与墩顶齐,其后依次略低成阶梯状),石柱竖插嵌入坝基,柱左右凿凹槽,跟包砌它的层层条石的石榫相钩锁,类似木建筑的榫卯结合法,再在其间“熔生铁灌之以固址,互相钩钻”[②]。下游半个墩建好后,四面用条石包砌,使之与上游半个墩合为整体,这样可以利用石柱顶托上游的半个墩身,增强闸墩的稳定性(《八闽通志》称“凡两石相甃处各为函如银锭状,而范铁汁其中,故能与洪流敌之,经久不坏”)。

最后,在闸室上下游布长条石为护坦,各有百余丈,以保护上下游河床免受冲刷。其中将下游护坦砌成阶梯跌水形式,分段跌水消能,抵抗溢流水力冲激保护坝身安全(参见图 11-6)。此外,在整个堰闸坝砌筑过程中,坝体砌石之间均采用含有白灰、糯米、红糖浆和黄土等成分的特殊胶结材料填缝,以保持整座坝体的稳定和密合。当然,不仅是陂首枢纽工程堰闸坝如此,其他如堤岸接头、南北护陂以及冲沙闸、进水闸等的砌筑都达到平

---

① 据《八闽通志》记载,压顶石是明永乐十一年(1413 年)重修时加盖的。

② (明)余飏:《莆阳木兰水利志》,载莆田市图书馆藏十四家本《木兰陂集》。

图 11-6 木兰陂堰闸坝下游护坦

资料来源:海西旅游网。

整密合,施工技术精益求精。

可见,木兰陂修建过程中运用了大量当时最先进的营造手法和技术手段,施工过程极为严谨,堪称宋代乃至整个古代农田灌溉工程修建的典范。900 多年来,木兰陂经受了台风、洪水、大潮和地震的袭击,体现了我国古代人民的高度智慧和卓越的创造能力。

值得一提的是,成书于明嘉靖四年(1525 年)的十四家本《木兰陂集》[①](或称《木兰陂志》《木兰陂水利志》,该书清前中期曾重修重印,现藏于莆田市图书馆),是我国古代稀见珍贵的农田水利志。该书收录有宋元明清四朝 61 篇相关文献,其中由"协创木兰陂十四功臣裔孙"余飏等人共同编校辑录的《莆阳木兰水利志》一文,从陂、沟、斗门、涵洞、桥、塘、堤岸、亭、庙宇

① 除"十四家本《木兰陂集》"外,李宏后人也曾编印有《木兰陂集节要》,即李氏《木兰陂集》,该书现已亡佚。

等 9 个方面对木兰陂工程做了完整而细致的描述，不仅内容丰富，而且写作年代较早，所记木兰陂及其附属建筑基本保持了原有特色，属于珍贵的一手文献资料。此外，撰写于北宋宣和元年（1119 年）詹时升《木兰陂志序》①、宋方天若《木兰水利志》、宋林大鼐《李长者传》（1174 年）、宋郑樵《重修木兰陂记》、宋陈仕楚《重修木兰陂南北岸记》、元金汝砺《万金陡门记》、元刘俚荣《重修木兰陂记》、明余谦一《元复南洋海堤记》、明余洛《木兰陂志叙》，以及宋刘克庄《宋协应庙记》和宋谢履《奏请木兰陂不科圭田疏》等，对于木兰陂水利工程及相关遗产的保护、利用与研究也具有重要参考价值。

① 詹时升曾组织编纂了《木兰陂志》，但该书早已散佚，仅留书序得以流传。当今十四家本《木兰陂集》中的部分文章，或许是源于詹时升编纂的陂集。

第十二章　农作物及其耕种技术的跃进

农田水利的大开发，为农业大发展奠定了坚实基础。在宋代，无论是农作物的品种和质量，还是农田耕作与种植技术，福建都取得了实质性进步，成为我国农业较为发达的地区之一。

第一节　粮油作物的引种与栽培

粮油是民生之本。宋代福建人多地狭，地力较弱。在这样的环境下，福建先民发扬勤劳勇敢的精神，在粮油作物的引种与栽培方面不断探索，走出了一条引进与创新相结合的发展道路。[①]

一、占城稻的引种与推广

水稻，是宋代福建最主要的粮食作物。“江南、两浙、荆湖、广南、福建土多粳稻。”[②]尽管水稻对生长条件和栽培技术的要求都较高，但因有充沛的雨量和发达的水利，加上梯田和圩田的大量修建，故宋时福建各州县皆

① 本部分内容参考了傅宗文《刺桐港史初探》，载《海交史研究》1992 年第 1～2 期。

② (元)脱脱：《宋史》卷一七四“食货志上二・赋税”。

遍种水稻。特别是沿海地区,"弥望尽是负郭良田"[①],整个福建路呈现水稻种植勃兴景象。与此同时,在与东南亚传统水稻种植国家的交往中,福建先民还积极引进优良品种,不断改进当地稻种结构。占城稻就是其中突出的一例。

越南中南部,古称"占城"。占城稻就是对从越南引进稻禾的俗称,"稻比中国者穗长而无芒,粒差小,不择地而生"[②]。占城稻适应性强,具有耐旱早熟的突出品质,是一种能够种植在高昂地段上的优良稻禾,对于山田和沙质土壤较多的福建来说,无疑具有重大的引种价值。据考证[③],占城稻是宋真宗大中祥符元年(1008 年)引进福建并成功试种,由此引发福建乃至全国水稻种植的一场革命。

占城稻二月中下旬至三月上旬下种,"用好竹笼周以稻秆,置此稻于中,外及五斗以上,又以稻秆覆之,入池浸三日,出置宇下,伺其微熟如甲拆状,则布于净地,俟其萌兴谷等,即用宽竹器贮之,于耕了平细田,停水深二寸许布之,经三日决其水,至五日视苗长二寸许,即复引水浸之一日,乃可种莳"[④]。占城稻的引种成功,激发了福建先民改良稻种的积极性。仅南剑州(今南平)一地,就先后培育出金黍、赤鲜、白稌、先黄、金牛、青龙、虎皮、女儿、狭糖、黑林、先白计 11 种[⑤];福州则有早晚稻两类品种,"早种曰献台,曰金州,曰秫;晚种曰占城,曰白香,曰白芒"[⑥];闽清更多,培育出早稻"曰早占城、乌羊、赤城、圣林、清甜、半冬"计 6 种,晚稻"曰晚占城、白茭、金黍、冷水香、栉仓、奈肥、黄矮、银城、黄香、银朱"计 10 种,糯米"曰金城、白

① (宋)梁克家:《三山志》卷四"地理类四·内外城壕"引赵汝遇语。

② (元)脱脱:《宋史》卷一七三"食货志上一·农田"。

③ 徐晓望:《福建通史(第三卷)·宋元》,福建人民出版社 2006 年版,第 223~224 页。

④ (清)徐松:《宋会要辑稿·食货六三之一六四~一六五"农田杂录"》。

⑤ (宋)乐史:《太平寰宇记》卷一〇〇"江南东道十二·南剑州"。

⑥ (宋)梁克家:《三山志》卷四一"土俗类三·物产·谷·稻"。

秫、黄秫、魁秫、黄莀秫、马尾秫、寸秫、黐秫、牛头秫、胭脂秫”计11种。[1] 显然，这里的“早占城”“晚占城”，都是占城稻传入后福建农民根据本地土壤和气候特点，对其进行改良后的新品种。大批优良品种的培育，对提高福建稻作物的产量和质量都具有重要意义，是宋代福建农业生产技术进步的具体表现。

占城稻在闽地的成功引种与培育，引起了朝廷和各地的关注。大中祥符五年（1012年）五月，宋真宗因“江、淮、两浙稍旱即水田不登”[2]，“遣使福、建州，取占城稻三万斛，分给江、淮、两浙三路转运使，并出种法，令择民田之高仰者，分给种之”[3]，同时把种植方法用雕版印刷，“揭榜示民”[4]，以扩大占城稻在江淮流域的种植面积。到了南宋初年，江南西路（道）（指今江西及湖南东部等地）所种稻田，70％～80％是占城稻。苏、湖一带土地肥沃，改种占城稻以后，部分地区甚至可以一年两熟，大大提高了稻作产量。大中祥符五年事件再次说明，福建不仅是占城稻引进的先驱省份，也是占城稻推广的中坚力量，是宋代福建农业科技取得突出成就的典型例证。

除占城稻外，福建官民也为我国优良稻种的推广做出了贡献。据杨亿《谈苑》记载，宋初建安（今建瓯）人江翱任汝州鲁山令时，看到“邑多旷土，连岁枯旱”，就将家乡培育的“耐肥，旱繁实，可久蓄，宜高原”的抗旱高产旱稻品种引入，使鲁山“邑人多之，岁岁足食”[5]。

二、小麦等粮油作物的栽培

据《宋史·食货志》记载[6]，至迟到北宋端拱至淳化年间（988—994

---

① （宋）梁克家：《三山志》卷四一“土俗类三·物产·谷·稻”引《闽清图经》。另文中说“糯米之种十有一”，但名称只载10种。

② （元）脱脱：《宋史》卷一七三“食货志上一·农田”。

③ （清）徐松：《宋会要辑稿·食货六三之一六四“农田杂录”》。

④ （清）徐松：《宋会要辑稿·食货六三之一六五“农田杂录”》；（元）脱脱：《宋史》卷一七三“食货志上一·农田”。

⑤ （宋）杨亿：《杨文公谈苑》第一〇七篇“江翱”。

⑥ （元）脱脱：《宋史》卷一七三“食货志上一·农田”。

年），福建已从淮北州郡引进“粟、麦、黍、豆”诸谷并加以推广种植，迨至南宋种麦之风大盛。“建炎之后，江、浙、湖、湘、闽、广，西北流寓之人遍满。绍兴初，麦一斛至万二千钱。农获其利，倍于种稻。而佃户输租，只有秋课。而种麦之利，独归客户。于是竞种春稼，极目不减淮北。”[①]强劲的需求引发了南宋福建种麦热，“年年麦熟梅欲黄，连城千里皆波光”[②]，“新秧未插水田平，高低陇麦（《八闽通志》作“麦垅”）相纵横”[③]，“风摇陇麦东西浪，春入郊原远近花”[④]，“麦陇青青水满塘，天晴墟落散牛羊”[⑤]，“秀色连云原上麦，清香夹道刺桐花”[⑥]，这些咏麦诗透露出建州、莆田、仙游和泉州等地皆有大规模冬小麦种植，以致出现淳熙十二年（1185 年）“福建饥，亡麦”[⑦]“（嘉定）十六年（1223 年），闽旱，亡麦、禾”[⑧]，以及嘉泰三年（1203 年）夏四月壬寅“福州瑞麦生”[⑨]这样的官方记载。

除小麦外，南宋福建还引入大麦、黍（黄黏米）、菽（豆）、粟（小米）、麻（胡麻，又名脂麻，即芝麻）等多种粮油作物。“小麦含花大麦黄，一年春事已相将”[⑩]，这是泉州知州王十朋劝农时的吟咏，真德秀亦指出泉州“有黍有禾，有麦有菽”[⑪]。朱熹在漳州任知州时提倡山地、旱地栽种“粟、豆、麻、麦、菜、蔬、茄、芋”[⑫]等粮油及经济作物，以增加当地生产量。而在建宁府，

---

① （宋）庄绰：《鸡肋篇》卷上。

② （宋）华岳：《翠微南征录》卷二“古诗·平政桥”。

③ （宋）郑樵：《夹漈遗稿》卷一“谷城山松隐严”。

④ （明）黄仲昭：《八闽通志（下册）》卷七九“寺观·兴化府·仙游县·三会瑜伽寺”引宋林象《春日三会寺闲行》。

⑤ （明）黄仲昭：《八闽通志（下册）》卷七九“寺观·兴化府·仙游县·清泉院”引宋林象《寓清泉院即事》。

⑥ （宋）徐玑：《二薇亭诗集》二二“永春路”。

⑦ （元）脱脱：《宋史》卷六七“五行志五·土”。

⑧ （明）黄仲昭：《八闽通志（下册）》卷八一“祥异·福建布政司·[宋]”。

⑨ （元）脱脱：《宋史》卷三八“本纪第三十八·宁宗二”。

⑩ （宋）王十朋：《梅溪先生后集》卷四〇“劝农文”。

⑪ （宋）真德秀：《西山文集》卷四〇“劝农文”。

⑫ （宋）朱熹：《朱熹集》卷一〇〇“劝农文”。

"高者种粟，低者种豆，有水源者艺稻，无水源者布（播）麦"[①]。梁克家《淳熙三山志》则称福州麦"有大麦、小麦。……又有一种秋花冬收，名荞麦"；麻"有胡麻，有大麻。胡麻，即油麻也，有白、黑二种，……今长溪者佳。大麻，牝麻之子也，诸色皆有之"；豆"有黑者、紫者、白者、绿者、红者、羊角者、虎爪者、如钱片者。又有扁豆，种于篱落间；有蚕豆，蚕熟时有之"；粟"粒细者香美，南地以稻灰种之，不必锄治"；穄"《瓯冶遗事》：'穄米与黍米相似而粒大'"；薏苡"春生，苗茎高三四尺，叶如黍，开红白花作穗，五六月结实，形如珠子而稍长，故名薏珠"。[②] 可见，多种粮油作物的栽培在南宋时的福建已蔚然成风，这对福建地区粮食生产的多样化、品种的培育和选择，以及换茬、复种等新技术的应用，都起着非常重要的作用。

事实上，根据王祯《农书》记载[③]，宋元时南方种麦已有相当水平，单位面积产量并不比北方差。不仅如此，由于麦和稻的生长季节不同，只要安排得好，就可以在秋季收稻以后种麦，夏季收麦以后插秧，同一块田一年可以两熟。因此，麦的引种与推广并不妨碍稻的栽种面积，相反等于给福建增加了一季粮食。正是鉴于这样的认识和探索，大约在南宋前中期，福州在福建率先实现了麦稻两作制[④]，其后闽北建阳也出现了"四月麦熟胜秋收"[⑤]的可喜景象。到明时，小麦已占到福建居民口粮的1/20左右[⑥]。

第二节　经济作物的勃兴

宋元时代，福建广大农民充分发挥自然条件优势和勇于创新精神，大

① （宋）韩元吉：《南涧甲乙稿》卷一八"建宁府劝农文"。
② （宋）梁克家：《三山志》卷四一"土俗类三・物产・谷"。
③ （元）王祯：《东鲁王氏农书译注・百谷谱集之一・谷属・大小麦》。
④ （宋）梁克家：《三山志》卷四一"土俗类三・物产・谷"。
⑤ （宋）谢枋得：《叠山集》卷一"七言绝句・谢惠面"。
⑥ （明）宋应星：《天工开物译注》卷上"乃粒第一・麦"。

力发展茶叶、水果、甘蔗、棉花、竹木等亚热带经济作物，并后来居上，一举成为我国经济作物大省。本书在相关章节已论述了茶树栽培和棉花的引种与普及情况，这里只着重阐释果树、甘蔗与竹木等种植业的勃兴。

一、果树种植区的形成

宋元福建堪称"水果之乡"，仅《淳熙三山志》所载福州就有"荔枝（有江家绿等28种）、龙眼（一名益智）、橄榄（脆美者曰碧玉）、柑橘（有朱柑、蜜橘、柚子等18种）、橙子（有佛头橙等6种以上）、香橼子、杨梅、枇杷、甘蔗（有荻蔗、竹蔗）、蕉（有牙蕉、红蕉、水蕉）、枣（有骰子、龙牙、麸枣）、栗、葡萄、莲、鸡头（芡也）、芰（菱也）、樱（有朱樱、蜡樱）、木瓜、瓜（其小者谓之一握青）、柿（有花柿、卯柿、乌柿、朱柿）、杏（有金杏、木杏、银杏）、石榴（有黄、赤、白三色）、梨（有鹅梨等8种）、桃（有红桃、白合桃、十月桃）、李（有绿李、赤李、琥珀李、鹅黄李）、林檎（一名来禽，有甘酢2种）、胡桃、柰、榅桲、杨桃、王坛子、茨菇、菩提果、金斗、新罗葛（一名土瓜）"[①]等35类110余种，其中不少是宋代引进种植的新果类。如葡萄，"龙须蔓衍，水沃其本，须臾露泫藤抄。故根号木通。花细而黄白，实如马乳，碧者叶差厚，此果之珍者。今州有之"（"土俗类三·物产·果实·葡萄"）；杏，"圆者名金杏，熟最早，扁而青；黄者名木杏；外皮中实者名银杏，即鸭脚也，州近亦有之"（"土俗类三·物产·果实·杏"）；石榴，"有黄、赤二色，近亦有白者。实亦甘、酢二种，甘者为果，酢者入药"（"土俗类三·物产·果实·石榴"）；鹅梨，"旧出近京，今州亦有之。皮薄而浆多，味差短于宣城乳梨，香则胜之"（"土俗类三·物产·果实·梨"）；榅桲，"味酸甘似橙子而大，旧生北土，今亦有之"（"土俗类三·物产·果实·榅桲"）。西瓜则是元代福建引进的最有名水果。王祯《农书》记载说西瓜"一说契丹破回纥，得此种归……北方种者甚多，以供岁计。今南方江淮闽浙间，亦效种"[②]。这是西瓜引进福建的最早

① （宋）梁克家：《三山志》卷四一"土俗类三·物产·果实"。

② （元）王祯：《农书·百谷谱集之三》。

材料。另据考证[①]，《三山志》所称“根甚大，色青白，一名土瓜”（“土俗类三·物产·果实·新罗葛”）的新罗葛（即凉薯），原产美洲，后由西班牙人传入菲律宾，并在宋代从新罗经海道传入福建，成为我国一种既可作水果又能当蔬菜的新作物。

随着栽培技术的进步和商品意识的提高，宋元兴化、福州的荔枝，福州、兴化、泉州的龙眼，福州的佛手柑，泉州的香蕉，福州、泉州的橄榄，福州的杨桃（又名阳桃），泉州的枇杷，以及漳州、泉州的山姜花、泉州的松子等，均已成为闻名全国的品牌水果，形成了福州、泉州、兴化三大果树种植区和天下知名的水果之乡。以荔枝为例，其品质“闽中第一，蜀川次之，岭南为下”[②]、“闽中所产，比巴蜀，南海尤为殊绝”[③]、“莆田荔枝为天下第一，乌石荔枝为莆田第一”[④]，成为北宋和元代福建土贡的大宗果品[⑤]，仅宣和年间（1119—1125年）福州每年贡“荔枝台万颗……圆荔枝一万颗”[⑥]；其数量“福州种殖（同“植”）最多，延貤原野。洪塘水西，尤其盛处。一家之有，至于万株。……一岁之出，不知几千万亿”[⑦]。经过精心培植，到南宋前中期仅福州一地就有荔枝品种近30个之多[⑧]，“名园荔子尝三熟”[⑨]，荔枝生产走上了专业化发展道路，成为福建特色农业的重要组成部分。此外，元时的建宁府出产一种“均亭李”，“紫色，极肥大，味甘如蜜，南方之李，此实为

---

① 闵宗殿：《海上丝绸之路和海外农作物的传入》，载《中国与海上丝绸之路》（福建人民出版社1991年版），第111页。

② （宋）唐慎微：《重修政和经史证类备用本草》卷二三“果部”。

③ （宋）梁克家：《三山志》卷四一“土俗类三·物产·果实·荔枝”。

④ （宋）王象之：《舆地纪胜》卷一三五“福建路·兴化军·风俗形胜”。

⑤ （宋）梁克家：《三山志》卷三九“土俗类一·土贡”；（明）黄仲昭：《八闽通志》（上册）卷二〇“食货·土贡·福州府”。

⑥ （清）徐松：《宋会要辑稿·崇儒七之六〇“罢贡”》。

⑦ （宋）蔡襄：《荔枝谱·第三》。

⑧ （宋）梁克家：《三山志》卷四一“土俗类三·物产·果实·荔枝”。

⑨ （宋）梁克家：《三山志》卷三三“寺观类一·僧寺（山附）·闽县万岁寺”引宋许敦仁诗。

最”[1]。时至今日，闽北地区晒制的干李(李干)仍闻名海内外。

二、全国著名的甘蔗产区

甘蔗历来是福建的土特产，在唐时已在全国小有名气。到了宋代，在先进技术与比较利益的引领驱动下，福建掀起了种植甘蔗的热潮，特别是在田少人多的建宁府，甚至出现了宁肯挤掉粮食生产，也要种植甘蔗的违禁事件。[2] 到明代，福建和广东两地的甘蔗产量占到全国的9/10之多。[3]

宋元福建甘蔗种植品种主要有两种，“赤色名昆仑蔗，白色名荻蔗，出福州以上皮节红而淡，出泉漳者皮节绿而甘”[4]。福州侯官还因盛产甘蔗制糖，竟出现了“甘蔗州(《八闽通志》作“甘蔗洲”)”[5]“甘蔗寨”[6]这样的地名。“甘蔗洲在府城西北十五都江心。……居民数百家，悉以种蔗为业，弥山亘野，岁课甚丰。”[7]种植之盛，名声之隆，由此可见一斑。福州亦与浙东四明、广东番禺和四川广汉、遂宁，并称宋代我国著名甘蔗产区。

甘蔗种植是一项费力费财且技术性强的劳作。据王灼《糖霜谱》记载，到南宋福建等地的甘蔗种植技术已趋于成熟，形成了整、选、种、轮等系列规范。整就是翻整土地，“深耕杷搂燥土，纵横摩劳令熟”，深耕细作，以利甘蔗种植与生长。选就是选时与选种，甘蔗是一种季节性很强的作物，需每年十一月种植，稍差时日，甘蔗的产量将减少，含糖量会降低；种要“择取短者”，因为甘蔗的新芽“生于节间，短则节密而多芽”。种就是种法，“掘坑深二尺，阔狭从便，断去尾，倒立坑中，土盖之”。轮就是轮作，由于甘蔗“最因地力，不可杂他种；而今年为蔗田者，明年改种五谷，以休地力”。[8] 从王

① (元)王祯：《东鲁王氏农书译注·百谷谱集之六·果属·李》。
② (宋)韩元吉：《南涧甲乙稿》卷一八“建宁府劝农文”。
③ (明)宋应星：《天工开物译注》卷上“甘嗜第四·蔗种”。
④ (明)何乔远：《闽书》卷一五〇“南产志”引苏颂《本草图经》。
⑤ (宋)梁克家：《三山志》卷四一“土俗类三·物产·货·糖”。
⑥ (清)徐松：《宋会要辑稿·瑞异三之三二“水灾”》。
⑦ (明)黄仲昭：《八闽通志(上册)》卷四“地理·山川·福州府·侯官县·甘蔗洲”。
⑧ (宋)王灼：《糖霜谱·第三》。

灼的记述中可以看出，甘蔗的种植是精耕细作、集约经营制度的产物，需要紧张的、高强度的劳动。此外，福建农民还把甘蔗和谷物轮流栽种，借以保持地力。

值得一提的是，现代研究表明，与其他各省比较，福建种植的甘蔗含糖量普遍较高，而且还是地球同一纬度上甘蔗产糖量最高的地区，这一点在晋江、莆田、尤溪三地表现得尤为显著。优良的甘蔗品质和适宜的种植环境，为宋元福建制糖业的发展提供了有利条件。

三、其他经济作物的移植与栽培

除茶叶、水果、甘蔗、棉花外，竹木也是宋代福建的重要经济作物，特别是到了南宋时代，福建已成为全国最重要的木材供应地，仅《三山志》记载的福州地区就有“松、柏、相思、棁、椒（土椒）、樟、桧、金荆、黄杨、蘗、槚（今楸树或茶树）、木槵、榑（榕）、桂、楠、楮、楝、椿、樗（即臭椿）、梓、橡、石南、桄榔、榉柳、柽（一名河西柳，一名雨师）、椴木、加条、青刚、棕榈（亦曰并榈）、檀、枫、杉、桐（有青桐、梧桐、白桐、岗桐 4 种）、槐（叶大而黑者名棕）、皂荚（有雌雄）、槠、白牙、水杨、柳、桑”（“土俗类四・物产・木”）等木 40 余种，“慈竹（亦谓子母竹）、斑竹（又有紫竹）、鹤膝竹、箭竹、苦竹（又有苦伏竹）、淡竹、石竹、麻竹、江南竹、秋竹（以为篾用）、虫竹、豁竹、筋竹”（“土俗类四・物产・竹”）等竹 10 余种，其中相思“木坚有文，堪作器用。几案、棋局、书筒、柏板之属”，樟“高大，叶似楠而尖长，弥辛烈者佳，为大舟多用之”，白牙“最白紧，可为器玩”（“土俗类四・物产・木”），鹤膝竹“生古田县，似灵寿藤，不需琢削，自合杖制”，筋竹“肉厚而窍小，可为弓弩材”（“土俗类四・物产・竹”）。此外，当时福建不仅有自然生长的竹木，而且还出现了人工种植的规模化行道树和山林，如北宋庆历五年至八年（1045—1048 年），时任福州知州和福建路转运使的蔡襄，“令诸邑道傍皆（松）植之。又自大义渡夹道达于漳、泉，人称颂之”（“土俗类四・物产・木・

松”);熙宁元年至三年(1068—1070 年),知州程师孟率福州军民植榕树“万株”[①],福州因此赢得“榕城”之美名。在建宁府,淳熙中(1174—1189年)太守韩元吉在距府城三里的马鞍山(又名瑞峰),“种万松于其麓”[②];在兴化军,“里中豪民吴翁,育山林甚盛,深袤满谷”[③]。这样的情况延续至元代,闽北建安(今建瓯)大富山更出现了由当地乡绅杨福兴(嘉靖《建宁府志·山川》作“杨达卿”)出资培植的“万木林”(今占地 1600 亩)[④]。人工造林,这在全国来说都是罕见的,表明宋元福建人民具有较强的永续经营和商品化理念。

香料作物末丽(又有红末丽,即今茉莉)、素馨、酴醾、瑞香、阇提、玉簪(亦名白鹤)、含笑(有 2 种)、朱槿(一名佛桑,一名佛日)、岩桂(俗呼谓九里香)等[⑤],染料作物红花、紫草、蓝淀(分蓼蓝和槐蓝)等[⑥],观赏植物牡丹、芍药、紫玫瑰(亦名徘徊花)、四月山丹、长春、真珠(有单叶、百叶)、梅花(又有红梅、蜡梅、百叶梅)、蔷薇(亦有黄蔷薇、淡黄蔷薇)、海棠、斗雪红(亦名胜春)、百合(亦名倒山、花白,另有川百合种)、紫荆、葵(有数种)、菊(分真菊、黄菊和孩儿菊)、玉蝴蝶、山茶、金凤(有红、白、紫、粉红数种)、拒霜(一名木芙蓉,另有醉芙蓉)、凤尾(有 2 种)等[⑦],在宋时的福建也有栽培。“渍蓝为靛,红花可以朱,茈草可以紫。”[⑧]特别是那些自晚唐以降陆续移植入闽的海外香花茉莉、素馨、阇提、佛桑等,既具有观赏价值,又可以提炼香油,“皆可合香”[⑨],因而成为福建城乡居民竞相种植的经济作物,开创了我国香料

---

① (宋)梁克家:《三山志》卷四二“土俗类四·物产·木·榊”引程师孟诗。

② (明)黄仲昭:《八闽通志(上册)》卷五“地理·山川·建宁府·建安县·马鞍山”。

③ (宋)洪迈:《夷坚志·夷坚支景》卷九“林夫人庙”。

④ (明)黄仲昭:《八闽通志(上册)》卷五“地理·山川·建宁府·建安县·大富山”。

⑤ (宋)梁克家:《三山志》卷四一“土俗类三·物产·花”。

⑥ (宋)梁克家:《三山志》卷四一“土俗类三·物产·货”。

⑦ (宋)梁克家:《三山志》卷四一“土俗类三·物产·花”。

⑧ (宋)黄岩孙:宝祐《仙溪志》卷一“物产”。

⑨ 陈敬:《陈氏香谱》卷一“南方花”;(宋)唐慎微:《重修政和经史证类备用本草》卷一三引苏颂《本草图经》。

油加工业之先河，“果有荔枝，花有末丽，天下所未尝有”[1]。此外，随着泉州港海外贸易日益兴盛，花卉出口成为一项有利可图的事业，出现了许多莳花专业户，其中尤以泉州丰州(今晋江)的花琳、花世昌父子最为著名。花家通过填海筑埭造花田，不断培育花卉新品种，在宋时造就了“花卉炫雅，一盆之值百金”“蕃舶之易珠、瑁，盆卉更贵重”[2]的辉煌业绩，成为富抵一方的名门望户。

作为佛教重地和宜种地区，蔬菜在宋代闽人饮食中占有重要地位，人称“蔬亚于谷”。仅以福州而言，淳熙《三山志》就记载有菘(即今白菜)、芥(有青芥、紫芥、白芥、南芥、花芥、石芥数种)、莱菔(俗呼为萝卜)、莼(亦名丝莼)、凫葵(即荇菜)、白苣(又有鸡苣)、莴苣、芸台(即今油菜)、蕹菜(一名畜瓮菜)、水靳(有获芹、赤芹 2 种)、菠薐(即今菠菜)、苦荬、莙荙、东风菜、茄子(一名落苏，有紫茄、重茄、青水茄、白茄数种)、苋(有人苋、赤苋、白苋、紫苋、马苋、五色苋 6 种)、胡荽(一名鹅不食草，亦称园荽或香荽，即今香菜)、同蒿(即今茼蒿)、蕨、姜、葱(有山葱、胡葱、陈葱、汉葱数种)、韭、薤、葫[大蒜，祘(同“算”)为小算]、冬瓜(白瓜)、瓠、瓟(小者名瓢)、白蘘荷、紫苏(一名荏)、薄荷、马芹子(即今水芹)、茵陈、海藻、紫菜、鹿角菜、芋、枸杞(一名地骨，一名西王母杖)等 37 类近 100 种[3]，不仅有芋类、瓮菜等大众菜，而且将海藻、紫菜、鹿角菜等海洋植物亦列入蔬菜，可见宋代福建蔬菜品种之丰富，丝毫不逊于现代。其中的鹿角菜、紫菜和干姜还曾进贡。[4] 此外，在“海藻”条下，梁克家还特别注明食用海藻可治“瘤疬”。瘤疬学名“瘰疬”，俗称“大脖子”，是缺碘引起的一种病症。以现代观点看来，食用含有大量碘的海藻防治瘰疬症，不仅科学，而且易行，是古人智慧的结晶。

值得一提的是，随着经济作物的勃兴，宋代福建一些地区的非粮用地面积超过了粮食种植面积。以福州为例，至南宋前期，其农田仅 42633 顷，

---

① (宋)梁克家:《三山志》卷四一“土俗类三・物产”引陈傅《瓯冶遗事》。

② (清)蔡永兼:《西山杂志・花埭》。

③ (宋)梁克家:《三山志》卷四一“土俗类三・物产・菜瓜”。

④ (清)徐松:《宋会要辑稿・崇儒七之六〇“罢贡”》。

而“园林、山地、池塘、陂堰等”达62,581顷[①]，高出前者约47个百分点。也就是说，随着茶叶、水果、甘蔗、棉花、竹木、香料、蔬菜等经济作物在农业生产中的比例越来越大，宋代福建农业已从传统单一的粮食生产体系逐渐走向粮油经济作物全面发展的农业体系。显然，这种过渡性农业体系具有时代进步性，是宋代及其后来福建农业科技发展的有力保证。

第三节　耕种技术的大跃进

农作物的大发展，离不开耕种技术的革新。其中，尤以耕作技术、水稻复种技术和荔枝繁殖技术表现得尤为突出。

一、先进耕作技术的出现

垦田热与耕作方式革新，是宋代福建农业发展的两大基石。除少数自然条件较差的山区和半山区，宋代福建农业基本上摆脱了“畲田高下趁春耕，野水涓涓照眼明”[②]式的“刀耕火种”传统经营模式，进入精耕细作式的集约经营时代。“潮田种稻重收谷”[③]，“田或两收，号再有秋”[④]，沿海发达地区出现可与成都府路比肩的农田耕作方式。关于这一点，南宋时曾任福州知府的真德秀有较为翔实的记载。他在《福州劝农文》中写道：“勤于耕畲，土熟如酥；勤于耘耔，草根尽死；勤修沟塍，蓄水必盈；勤于粪壤，苗稼倍长。”[⑤]“耕”“耘”“水”“肥”及“种”，以“勤”作为五者的纽带，这大约是以两浙路为代表的宋代我国精耕细作式集约经营的高度概括，也是福建借鉴先

① (宋)梁克家：《三山志》卷一〇“版籍类一・垦田”。

② (明)黄仲昭：《八闽通志(上册)》卷三八“秩官・名宦・郡县・延平府・尤溪县・[宋]・王廷彦”引宋陈宗《拏洋驿》。

③ (宋)祝穆：《方舆胜览》卷一〇“福建路”引宋初谢泌诗句。

④ (宋)真德秀：《西山文集》卷四〇“福州劝农文”。

⑤ (宋)真德秀：《西山文集》卷四〇“福州劝农文”。

进耕作技术的方向和实施情况的经验总结。毫无疑问,先进耕作技术的出现与推广,使宋代福建种植业从浸种、育秧到插秧、耘草,乃至施肥、改良土壤等方面皆取得了长足的进步。

在耕作技术发展的同时,间作制度在宋代的福建也受到广泛重视和普遍推广。宋时的福建间作在麦、桑、麻与蔬菜、豆类之间广泛进行,正如真德秀所说:"豆麦黍粟,麻芋菜蔬,各宜及时,且功布种。"[①]如果麦稻与豆类、蔬菜,或桑、粟与豆类、蔬菜,或麦与桑,或桑与麻,或水果与其他作物在季节上有互相交叉时,他们都有可能间作。这种间作就是套种,既增加了单位面积产量,又丰富了人们的生活,可谓一举两得。不过,宋代福建最引人注目的是茶桐间作。"茶宜高山之阴,而喜日阳之早。"[②]如果茶桐套种,桐树可以替茶树遮阳保温。"桐木之性,与茶相宜。而又茶至冬则畏寒,桐木望秋而先落;茶至夏而畏日,桐木至春而渐茂,理亦然也。"[③]北苑茶桐间作的创新,说明宋代福建间作技术达到了历史新高峰。

工欲善其事,必先利其器,先进耕作技术离不开先进的生产工具。宋代是我国古代冶铁技术和铁制工具变革的又一重要时期,灌钢法、百炼钢法以及铁产量的激增,为农业生产工具的改进奠定了坚实的基础,特别是江南水田稻作农具的配套定型,是唐代所不及的。福建毗邻铁制农具先进的两浙地区,加上自身发达的冶铁业,使宋代福建成为我国深耕细作的牛耕区。"黄牛角缩而短悍,水牛丰硕而重迟,出福清以南。水牛新孳,下其乳为团,出城东松屿。"[④]南宋绍兴年间,福建时常成为政府收买和起发耕牛的重要地区。"(绍兴五年)浙东、福建系出产耕牛去处,欲令两路各收买水牛一千头。"[⑤]"今岁[指绍兴十二年(1142 年)]缘牛疫,民间少阙耕牛,……广西、湖南、福建、江浙起发耕牛。"[⑥]牛是机器耕作之前最重要的

① (宋)真德秀:《西山文集》卷四〇"再守泉州劝农文"。
② (宋)宋子安:《东溪试茶录》。
③ (宋)赵汝砺:《北苑别录·开畲》。
④ (宋)梁克家:《三山志》卷四二"土俗类四·物产·畜扰·牛"。
⑤ (清)徐松:《宋会要辑稿·食货二之一三》。
⑥ (清)徐松:《宋会要辑稿·食货六三之二〇二"农田杂录"》。

生产资料，唐宋是我国牛耕机具创新和应用的黄金时期。作为宋代南方养牛大省，耕牛成为福建农业生产工具升级换代的重要媒介。有了牛，曲辕犁（即江东犁）就有了用武之地，取代踏犁成为主要水田整地农具；有了牛，耧车便可得到广泛使用，下粪耧种一体化播种方式成为可能。同时，秧马、耘盪（同“荡”）（即今耥耙，又叫稻耥）等宋代创新工具的及时采用，提高了福建育秧移栽与水田中耕的效率。（参见图 12-1）

耕作技术的进步，大大提高了宋代福建粮食生产水平。就地区而言，宋代福建“每亩所收者，大率倍于湖右之田（指湖北一带）”[①]；就单产而言，福建“长田一亩三石收”[②]。对此，曾通判福州与知桂阳军的陈傅良有较为深入的分析。他在《桂阳军劝农文》中指出：“闽浙（按指浙南）之土，最是瘠薄，必有锄耙数番，加以粪溉，方为良田。此间不待施粪，锄耙亦希，所种禾麦自然秀茂，则知其土膏腴胜如闽浙，然闽浙上田收米三石，次等二石，此间所收却无此数，当是人力不到。”[③]北宋末的秦观也注意到亩产与地力反差这一现象：“今天下之田称沃衍者莫如吴越闽蜀，其一亩所出，视他州辄数倍，彼闽蜀吴越者，古扬州、梁州之地也。按《禹贡》，扬州之田第九，梁州之田第七，是二州之田在九州之中，等最为下，而乃今以沃衍称者何哉？吴越闽蜀地狭人众，培粪灌溉之功至也。”[④]粮食单产是衡量农业生产质量和土地生产率的重要指标。作为历史上“等最为下”和现实中“最是瘠薄”的地区之一，福建稻米亩产能在宋代拔得头筹，胜过许多膏腴之地确属不易，是福建农民勤奋耕作和先进技术结合之硕果。迨至元代，“福建宪司职田每亩岁输米三石”[⑤]。租额 3 石，说明福州最好的农田亩产可达 5～6 石米！

① （宋）王炎：《双溪文集》卷一一。
② （清）曹庭栋：《宋百家诗存》卷三〇“雪林删余·（张至能）丰年行”。
③ （宋）陈傅良：《止斋先生集》卷四四“桂阳军劝农文”。
④ （宋）秦观：《淮海集》卷一五“进策·财用下”。
⑤ （明）黄仲昭：《八闽通志》（上册）卷三六“秩官·名宦·齐履谦”。

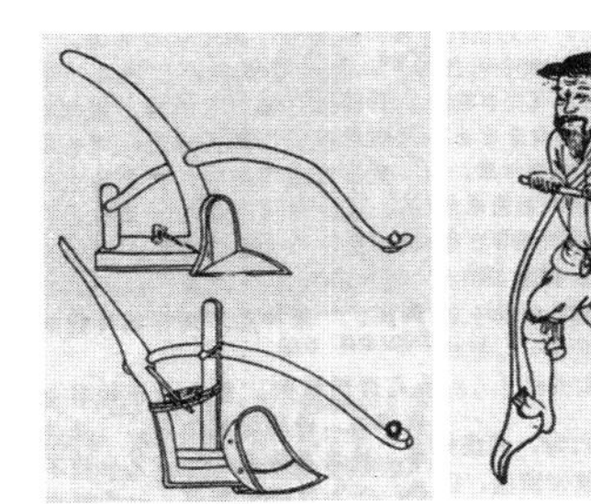

犁(注①)与长镵(踏犁)

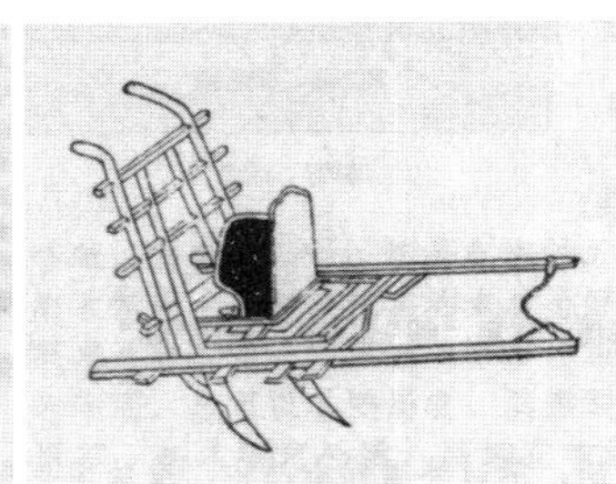

耧车与耧车下种图(注②)

秧　马(注③)

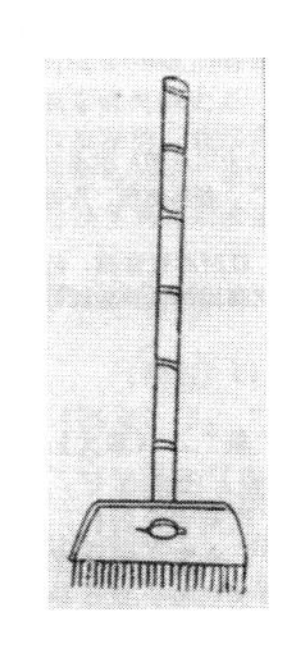

耘

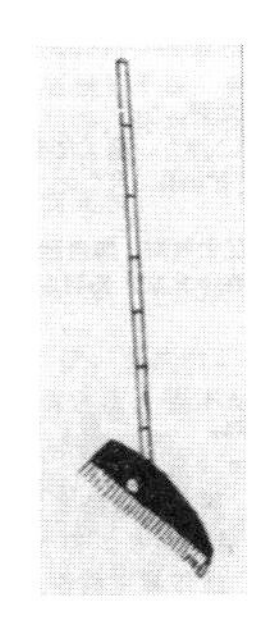

𦓂

图 12-1　王祯《农书》记载的宋元农具

资料来源:王祯《东鲁王氏农书译注》第 378、409、394、395、400、430 页。

注①:王祯《农书》农器图谱集图示的犁,并非文中所说的江东犁。与传统两牛抬杠长辕犁比较,由于采用了向下弯曲的辕,唐后期出现的江东犁(亦称曲辕犁)大大提高了耕作效率,是我国犁耕史上的一次重大革命。

注②:耧车下种图采自清代的《授时通考》。

注③:王祯《农书》中的这幅秧马图,往往给误认秧马是插秧农具者提供了"铁证"。但从书中文字中可知,王祯心目中的秧马属拔秧农具,故此图可能不是王祯原图。

二、领先全国的水稻复种技术

复种制是我国农业耕作制度的重大改革，是伴随着宋代复种技术兴起而发展起来的新型耕作制度。在这一历史演变中，福建农民做出了突出贡献。

宋代的复种制主要包括双季稻和稻麦两熟制。关于双季稻的出现年代问题，我国学术界历来存有争议。有人认为，古人“再熟”之说与现代两熟、三熟制是有区别的，所以晋代左思《吴都赋》中的“国税再熟之稻”，南宋范成大《吴郡志》“再熟稻，一岁再熟”，以及蒋堂《登吴江亭》诗“经秋田熟稻生孙”句，均不足证明当地存在双季稻的复种，恐为再生稻[①]，甚至至道二年(996年)“处州稻再熟”亦被郑重写入国史[②]，并非复种。“因为在当时的两浙路，以至长江流域一带，早稻的成熟期在六七月，而晚稻的插秧期则不得迟于五月。……晚稻的插秧期与早稻的收获期须隔一二个月，要实现复种是不可能的。”[③]当然，若从宋代单季稻种植情况看，无论早、中、晚，都不可能一年两熟，因为水稻的生长期一般要150天。假如早稻的生长期能缩短到3个月甚至2个月，则早晚稻的双季连作就有可能了。也就是说，早晚稻复种的关键是早熟稻品种培育问题。

在宋代，福建单季稻大都为中晚稻，生育期为150～180天。不过，早熟占城稻的引种与培育改变了这一稻种结构。占城稻传入之初一般在高田(又称旱田)种植，后来也在水田种植。在占城稻(早稻)水稻化过程中，

---

① 所谓“再生稻”，是指一次插种，首季收割后，让宿根在田中再生长结穗，而后再次收割，构成两熟，故称为再生、再撩、再熟，亦称作孙稻。另据《太平寰宇记》卷一〇二所载泉州水稻“春夏收讫，其株又苗生，至秋薄收，即吴都赋云再熟稻”，有人推断西晋左思《吴都赋》中的“再熟稻”出自福建泉州境内，且至宋初再生稻在国内也十分稀少(详见徐晓望《福建通史(第二卷)・隋唐五代》，第179～180页)。

② (元)脱脱：《宋史》卷五“本纪第五・太宗二”。

③ 王曾瑜：《宋代的复种制》，载《平准学刊第三辑(上册)》(中国商业出版社1986年版)。

福州率先出现了俗称“百日黄”[①]的新品种，意谓生长期为100天，比传统的粳稻缩短了2个月。有了成熟期明显提前的“百日黄”，福建农民便可在单季稻之前，先插一季占城稻，获得一年两熟。“濒海之稻岁两获”[②]，“负郭潮田插两收”[③]，“两熟潮田世独无”[④]，真正实现了“一岁再插之田”[⑤]的梦想。对此，明弘治《八闽通志》曾明确指出：“早稻，春种夏熟。晚稻，盖早稻既获再插，至十月而熟者”，并引述明以前《邵武志》的记载说早熟稻“其种有六十日可获者，有百日可获者，今八郡皆有之”[⑥]。的确，随着占城稻的大规模推广，气候条件与福建相近的江西、浙江等地，也相继出现了双季稻，且通过自然变种和人工筛选，占城稻及其他品系早熟稻的生长期在宋代已缩到60日或80日[⑦]，从而为复种制的进一步推广打下了更为坚实的基础。

事实上，由于地力和自然条件优越，福建闽南的双季稻种植探索活动可能早在宋初就已展开。五代后期及宋初居住在九龙江海口三角洲北部(即今漳州龙海的角美镇乡村)一带的丁祖，在其托名远祖丁儒所作的《归闲二十韵》诗篇中，说当地“嘉禾两度新”[⑧]。在同一作物耕地里，一年两次插种和收割方是“两度新”，其与盛行于长江下游三角洲的再熟稻截然不同。考虑到这里气候暖热湿润，几乎无冬，且降雨量充沛，具备栽培双季稻的客观条件，因此推断福建乃至中国双季水稻栽培成功首先出现在九龙江海口三角洲北部是可信的。曾任职漳州和泉州的朱熹也说：“闽南地暖，管

---

① (宋)梁克家：《三山志》卷四一“土俗类三·物产·谷·稻”。

② (宋)卫泾：《后乐集》卷一九“福州劝农文”。

③ (宋)梁克家：《三山志》卷三三“寺观类一·僧寺(山附)·闽县万岁寺”引宋许敦仁诗。

④ (宋)梁克家：《三山志》卷四一“土俗类三·物产”引宋马益《福州诗》。

⑤ (宋)梁克家：《三山志》卷八“公廨类二·祠庙·会应庙”。

⑥ (明)黄仲昭：《八闽通志(上册)》卷二五“食货·土产·福州府·谷之属·稻”。

⑦ (宋)沈作宾：(嘉泰)《会稽志》卷一七，考证见(美)何炳棣《中国历史上的早熟稻》，载《农业考古》1990年第1期。

⑧ (清)陈梦雷：《古今图书集成·职方典》卷一一〇六“漳州府部艺文”引唐丁儒《归闲二十韵》。

下田土，才及冬春之交，民间已是耕犁。”[①]闽南在冬春之际便插下水稻，在收获后再种一季晚稻，不会有困难。当然，由于受品种和技术等诸多条件的限制，双季稻在福建的稳定种植应出现在南宋时期，且种植规模和地域都相当有限，主要集中在福、泉、漳、兴化的沿海县域。

在我国古代耕作制度所发生的变化中，稻田耕作制度的变化困难最大，对历史的影响也最为深远。正因如此，我们应充分肯定宋代福建先民种植双季稻的不懈努力，为他们的探索精神和成功实践感到骄傲！

三、掇树法引起荔枝繁殖技术革命

所谓“掇树法”（又称锯芦、圈枝），是一种无性繁殖荔枝幼苗的技术。其方法是在品种性状优良的母树上，选择向阳、生长健壮的2～3年生枝条，将其环状剥皮（圈枝）后，在伤口处包上泥条等生根媒介，使其长新根，然后锯离母树，移植成一新植株。此法现称之为“高枝压条法”。

我国是世界上最早发明植物无性繁殖技术的国家。据东汉崔实《四民月令》和贾思勰注记载[②]，早在公元2世纪，我国就产生了果树良种无性繁殖（压条）技术。南朝时已认识到压条胜于核种，同时还发现了嫁接技术，在方法上已有皮下接和劈接等。唐代，则进一步认识到近缘果树嫁接易于成活的规律。至迟在12世纪前期，空中压条技术已在浙江产生。[③] 但就荔枝而言，直至南宋前期仍处于核种的实生繁殖阶段，这种有性繁殖法有两大弊端：一是易导致荔枝品种变异，使优良品种难以繁殖推广；二是核种荔枝树至少要十几年才能结果，有的甚至还不会结果。因此，改革荔枝繁殖方法势在必行。

最早记载荔枝无性繁殖技术（掇树法）的是张世南的《游宦纪闻》。“三山（今福州）荔子丹时最可观……品佳者不减莆中。二十年来，始能用掇树

① （宋）朱熹：《朱文公文集》卷二一“回申转运司乞候冬季打量状”。

② 详见缪启愉《四民月令辑释》（农业出版社1981年版），第26页。

③ 闵宗殿：《中国农学系年要录》，农业出版社1989年版，第142页。

法。取品高枝，壅以肥壤，包以黄泥，封护惟谨。久则生根，锯截移种之。不逾年而实，自是愈繁衍矣。”[①]《游宦纪闻》成书于南宋嘉定十五年即1223年，则搬树法应在1202年前后出现在福州，可能是12世纪浙江“接果术法”应用于荔枝的结果。不过，成书于南宋淳熙九年（1182年）的梁克家《三山志》，有一段记载值得深究。他说星球红“止一木，出灵岫里田间。枝条生，叶大三倍，色红而不绛，蒂根于脐。锐者如爪，扁者如桔，圆者如鸡子，颀者如皂荚，形殊状诡。核皆如丁香，亦有绝无者。大者挈不能盈，细者拳之颇重。甘诡而韵，盖神品也，夺其气者竟莫能逮焉（以上近所称）”[②]。“止一木”“枝条生”“近所称”，似乎说明早在12世纪中后期福州就开始了荔枝搬树法的探索，是一项连作者都为之称奇而大书特书的新生事物。事实上，在我国，福建之所以率先实现荔枝繁殖技术的重大变革，有其历史必然性。因为早在北宋时期，福建人民对核种荔枝品种变异就有所认识。蔡襄《荔枝谱》云：“陈紫……今传其种子者，皆择善壤，终莫能及，是亦赋生之异也。”[③]这里所说“赋生之异”，实指核种导致荔枝的品种变异。到了南宋初期，洪迈则进一步认识到这种变异是一种普遍现象[④]。有认识就有行动，所以搬树法在13世纪初福建的产生，就成为顺理成章的事了。

搬树法的优点在于可保持和推广优良荔枝品种，而且可把荔枝从幼苗到结果的时间缩短到3～5年，大大提高了荔枝生产的效率。“荔核入土种者，气薄不蕃；虽蕃，不结实。间有成树者，经十余岁，稍稍结颗，肉酸涩无味。乡人于清明前后十日内，将枝梢刮去外皮，一节上加腻土，用棕裹之。至秋露，枝上生根。以细齿锯从根处截下，植之他所，勿令动摇，三岁结子累然矣。”[⑤]这种在明万历年间（1573—1620年）闽地已十分成熟的搬树法，直到现在仍被全国各荔枝产区广泛采用。因此，搬树法的发明是我国荔枝

① （宋）张世南：《游宦纪闻》卷五。

② （宋）梁克家：《三山志》卷四一“土俗类三·物产·果实·荔枝”。

③ （宋）蔡襄：《荔枝谱·第三》。

④ （宋）洪迈：《容斋随笔·四笔》卷八“莆田荔枝”。

⑤ （明）徐𤊹：《荔枝谱》卷下“一之种”。

史上的一次技术革命，是继蔡襄《荔枝谱》之后的又一项具有里程碑性质的科技成就。

农作物栽培的多样化，良种的培育与推广，新农具的普遍使用，耕种技术的大幅提高等，是宋代福建农业生产与技术发展的重要表现。

第十三章　北苑茶的技术成就及其影响

历经唐五代的开发，茶已成为宋代福建重要的经济作物，产茶区遍布八闽各州军，其中尤以建安北苑贡茶最为有名，是福建历史上第一个在全国有较高知名度的茶叶品牌，也是福建茶业从地方走向全国和世界的第一步。[①]

第一节　北苑茶的兴起与鼎盛

北宋初年，宋廷接管了凤山茶园，成为宋代两大官营茶园之一。[②] 同时，朝廷将贡焙重心由江浙移至福建，“岁修建溪[③]之贡”[④]，为北苑茶的兴

① 本部分内容参考了郑立盛《北苑茶史》，载《农业考古》1991 年第 2、4 期和 1992 年第 2 期。

② 另一个在淮南的蕲、黄、庐、舒、光、寿等 6 州，即今湖北、安徽与河南的部分地区。宋初福建建州（包括南剑州）官营茶园岁课额为 39.3 万余斤，仅及淮南“山场”的 4.5%（详见《宋史》卷一八三“食货志下五・茶上”）。不过，北苑在发展过程中，采取了扩大产地的办法。至南宋淳熙年间（1174—1189 年），北苑御园已从唐末宋初的 25 处增加到了 46 处，“方广袤三十余里”[（宋）赵汝砺：《北苑别录・御园》]。除北苑外，北苑以南的壑源、东南的佛岭以及北边的沙溪均属官家茶园，范围远远超出了凤山，故北苑茶园是宋代规模最大的官茶园。

③ 建溪是建安境内的主要河流，为建安的代称。

④ （清）陆廷灿：《续茶经》卷上“茶之源”引宋赵佶《大观茶论》。

起与鼎盛奠定了基础。

北苑茶发展的重大转机出现在太平兴国二年(977年)。这一年,宋太宗派遣官员来建安北苑,建立了御园和龙焙(参见图13-1),专门监制龙凤茶,“以别庶饮”[①]。所谓“龙凤茶”,就是在茶膏压模定型的模具,刻上龙、凤、花草图案,这样压模成型后的茶饼表面就有了龙凤的造型。受观念和技术所限,龙凤茶开始制作的品种和数量不是很多,“建州岁贡大龙凤团茶各二斤,以八饼为斤”[②],即使加上石乳、的乳、白乳等数品,每年贡额亦不过50斤[③],“赐宰相、文明、翰林、枢密直学士、中书舍人、节度观察使建州所贡新茶”[④]成为太平兴国八年(983年)宋廷的一件国事。

图13-1 北苑御园龙焙(凤凰山)遗址一角

资料来源:王振镛《宋代建安北苑茶焙遗址考之二 北苑考》。

① (宋)熊蕃:《宣和北苑贡茶录》。

② (宋)叶梦得:《石林燕语》卷八。

③ (宋)熊蕃:《宣和北苑贡茶录》。

④ (清)徐松:《宋会要辑稿·礼六二之二“赉赐·节赐”》。

不过，随着咸平初年(约998年)福建转运使丁谓的到来，这一情况有了很大的改变。在监造贡茶时，丁谓突出抓了早(每年惊蛰前后采制茶叶)、快(每天数千人分工序制作)、新(花样品种刻意翻新)三个环节，使北苑茶从采造到入贡不过十几天。[①] 他还精工制作了四十饼(大)龙凤茶，作为进贡的换代新品。[②] 在丁谓改革的推动下，北苑茶"贡额骤溢，斤至万数"[③]，建州观察推官"岁春夏率丁夫数万采茶"[④]，形成龙、凤、的乳、白乳、头金、腊(蜡)面、头骨、次骨、第三骨、末骨、山茶等11个茶色品种(《宋史》作"有龙、凤、石乳、白乳之类十二等")[⑤]，其中专贡皇室的龙团凤饼更是誉满京华，号为珍品，"茶之品，莫贵于龙、凤"[⑥]。当时建安凤凰山一带有官私焙1336所，其中包括北苑龙焙在内的官焙32所[⑦]。在北苑茶的带动下，天圣末(约1032年)福建岁市茶"增至五十万斤"，至和中(1054—1056年)又"增至七十九万余斤"[⑧]，是北宋五大产茶地(即淮南、江南、两浙、荆湖、福建)产销量唯一持续增长的地区。北苑茶亦由此走上了兴旺发达的道路。

宋仁宗庆历年间(1041—1048年)，蔡襄为福建路转运使，把北苑贡茶发展到一个新的高度。蔡襄对茶叶有较深的研究，上任后，他从改造北苑茶的品质花色入手，求质求形，花样不断翻新。在外形方面，他把过去八饼为一斤的茶饼(大团茶)，改为二十八饼(欧阳修《归田录》作"二十饼")为一

---

① (宋)胡仔:《苕溪渔隐丛话后集》卷一一"建安北苑茶"引丁谓《北苑焙新茶·序》。

② (宋)张舜民:《书墁录》卷七"团茶"。

③ (宋)熊禾:《勿轩集》卷三"记·北苑茶焙记"。另明何乔远《闽书·方域志》记"的乳以下万八千四百六十五斤有奇"。

④ (清)黄任:《乾隆泉州府志(二)》卷四六"循绩·宋循绩一·陈纲"。

⑤ (清)徐松:《宋会要辑稿·食货二九之一·茶号》。

⑥ (宋)欧阳修:《归田录》卷二。

⑦ (宋)宋子安:《东溪试茶录·总叙焙名》引丁谓《建安茶录》。另据考证[黄旭辉等《建安北苑贡茶:四百五十八年的辉煌茶事》，载《闽北日报》2008-11-16(2)]，32所官焙以今天建瓯东峰镇裴桥村焙前自然村为中心，分布在建溪流域的建瓯、建阳、武夷山、政和、延平等地。

⑧ (元)脱脱:《宋史》卷一八四"食货志下六·茶下"。

斤的小茶饼(小团茶)[1],并创制出椭圆形、四方形、菱形等式样的茶饼。在品质方面,蔡襄"别择茶之精者"[2]即采用鲜嫩的茶芽做原料,并改造了制作工艺,达到"名益新,品益出"[3]的技术革新和茶与茶艺融为一体的境界,所造小片龙茶(即小龙团),"仁宗皇帝尤珍惜,虽辅相未尝辄赐"[4],"其品绝精(一作精绝),……其(一斤)价直金二两。然金可有而茶不可得"[5]。不仅如此,蔡襄还通过其名著《茶录》,向人们翔实介绍了北苑茶的品质、品尝、保存以及制茶与茶器具等,极大地提高了北苑茶的社会声望和影响力,建安北苑成了宋代极品茶的代名词。

在丁谓、蔡襄成功的鼓舞下,其后负责监制北苑贡茶的官员们皆刻意求新,致使龙团凤饼的花样不断翻新,品质亦不断提高。元丰五年(1082年)贾青造"斤为四十余饼"[6]的密云龙,"其云纹细密,更精绝于小龙团";绍圣间(1094—1098年)改密云龙为"瑞云(一作雪)翔龙";大观至政和间(1107—1118年)"又制三色细芽及试新銙、贡新銙"。"三色细芽"指御苑玉芽、万寿龙芽和无比寿芽(蔡绦《铁围山丛谈》作"长寿玉圭");"銙"即带銙,原指古代官员腰带上的圈形小饰物,这里指形制仿銙的极小茶饼,如长寿玉圭"凡廑(同"仅")盈寸"[7]。"自三色细芽出,而瑞云翔龙顾居下矣。"北苑贡茶到北宋宣和年间(1119—1125年)达到了极致,创制出极品名茶"绿线水芽",即把惊蛰前后刚刚萌生出来的茶芽采摘下来,蒸后"将已拣熟芽再剔去,只取其心一缕,用珍器贮清泉渍之,光明莹洁,若银线然。其制方寸新銙,有小龙蜿蜒其上,号龙园胜雪"[8]。如此耗费制作出来的御茶,

---

① (宋)熊蕃:《宣和北苑贡茶录》注引蔡襄《北苑造茶诗·自序》。

② (宋)叶梦得:《石林燕语》卷八。

③ (宋)蔡绦:《铁围山丛谈》卷六。

④ (宋)王象之:《舆地纪胜》卷一二九"福建路·建宁府·景物下·北苑焙"引《皇朝类苑》。

⑤ (宋)欧阳修:《归田录》卷二。

⑥ (清)徐松:《宋会要辑稿·食货三〇之一八·茶法杂录上》。

⑦ (宋)蔡绦:《铁围山丛谈》卷六。

⑧ (宋)熊蕃:《宣和北苑贡茶录》。

成为北苑贡茶中最为上等的精品。难怪宋徽宗赵佶也撰文盛赞北苑龙团凤饼“采择之精，制作之工，品第之胜，烹点之妙，莫不盛造其极”[①]。随着采制技术的日益完善，北苑茶迎来了它的鼎盛期，“大观以后制愈精，数愈多，胯式屡变，而品不一，岁贡片茶二十一万六千斤”[②]。最盛时，北苑一年上贡的茶品就达41种[③]，岁贡达35.77万余斤[④]，不但有细色粗色之分，而且各有正贡、创添及建宁府附发之别，可谓盛极一时，史称“龙凤盛世”。

在北苑贡茶的激励和带动下，宋时福建路的建州、福州、泉州、南剑州、漳州、汀州、邵武军皆产茶，产量也随着激增，仅建州一地，就从11世纪初的年产30余万斤[⑤]增加到1084年（元丰七年）的300万斤[⑥]，在短短的80余年里增加了9倍，形成“自建茶出，天下所产，皆不复可数”[⑦]、“建安茶品甲于天下”[⑧]、“建溪官茶天下绝”[⑨]、“天下之茶，建为最；建之北苑，又为最”[⑩]的全国茶叶生产新格局，从而奠定了建茶在我国制茶领域的突出地位。

---

① （清）陆廷灿：《续茶经》卷上“茶之源”引宋赵佶《大观茶论》。

② （元）脱脱：《宋史》卷一八四“食货志下六·茶下”。

③ （宋）赵汝砺：《北苑别录·纲次》汪继壕按引《清波杂志》（今本周辉《清波杂志》卷四“密云龙”）。

④ （清）徐松：《宋会要辑稿·食货二九之一五·山泽之入》。

⑤ （宋）姚宽：《西溪丛语·附录一·吴曾能改斋漫录七则·北苑茶》。

⑥ （元）脱脱：《宋史》卷一八四“食货志下六·茶下”；（清）徐松：《宋会要辑稿·食货三六之三二》。

⑦ （宋）胡仔：《苕溪渔隐丛话前集》卷四六“蜀茶、紫笋及建茶”引蔡宽夫《诗话》。

⑧ （宋）宋子安：《东溪试茶录》引丁谓语。

⑨ （宋）陆游：《剑南诗稿校注》卷一一“建安雪”。

⑩ （宋）王象之：《舆地纪胜》卷一二九“福建路·建宁府·风俗形胜·北苑之最”引宋周绛《茶苑总录》。

第二节　龙凤团茶的采制工艺

“建宁蜡茶，北苑为第一。”[①]随着北苑茶的兴起与鼎盛，制茶技术也有了突破性发展，形成了一整套采茶、拣茶、蒸茶、榨茶、研茶、造茶、过黄生产工序，特别是精益求精的龙团凤饼，把我国古代团茶的采制工艺推进到极致，宋代北苑贡茶因而被茶学界誉为中国古代精制茶的发祥地。

一、科学精细的采茶

在宋代，人们根据采摘季节，通常将茶分为芽茶、早茶、晚茶和秋茶四色。[②] 芽茶一般在谷雨前采摘，谓之雨前茶，以数量少质量上乘著称，“其最佳者曰社前，次曰火前，又曰雨前”[③]。北苑贡茶以芽茶为主，因“其地暖，才惊蛰，茶芽已长寸许”[④]，故多在惊蛰前后采摘。天气温暖，在惊蛰前10天采茶；天气寒冷，则在惊蛰后5日采摘，否则“先芽者气味俱不佳，唯过惊蛰者最为第一”[⑤]。对建安茶农的这一经验，黄儒在《品茶要录》中做了注解：“芽茶尤畏霜。有造于一火、二火，皆遇霜，而三火霜霁，则三火之茶胜矣。”[⑥]所谓“一火”“二火”“三火”，是指第一轮、第二轮、第三轮采的茶芽，可见北苑茶在采摘时机的把握上颇为科学。

在采茶时间、方法和标准上，北苑贡茶的要求也十分严格。“凡采茶，必以晨兴，不以日出。日出露晞，为阳所薄，则使芽之膏腴出耗于内，茶反受水（按指制茶前再以水洗）而不鲜明。故常以早为最。凡断芽，必以甲，

① (元)脱脱：《宋史》卷一八四“食货志下六·茶下”。

② (宋)苏辙：《栾城集》卷四一“申本省论处置川茶未当状”。

③ (元)脱脱：《宋史》卷一八四“食货志下六·茶下”。

④ (宋)胡仔：《渔隐丛话·后集》卷一一“玉川子”。

⑤ (宋)宋子安：《东溪试茶录·采茶》。

⑥ (宋)黄儒：《品茶要录·一采造过时》。

不以指。以甲则速断不柔，以指则多温易损。”[①]为避免茶芽因阳气和汗水而受损，采茶时每人“以罐汲新泉悬胸间，得必投其中”[②]。采摘标准是小芽或中芽，“凡茶芽数品，最上曰小芽，如雀舌、鹰爪。以其劲直纤锐，故号芽茶；次曰中芽。乃一芽带一叶者，号一枪一旗”[③]。此外，北苑对采茶工也要经过严格的挑选。“大抵采茶亦须习熟。募夫之际，必择土著及谙晓之人。非特识茶早晚所在，而于采摘亦知其指要。”[④]可谓面面俱到，精细至极。

值得一提的是，宋代北苑研造龙团凤饼所用的茶芽，是一种乔木型大叶种的“柑叶茶”。“次有柑叶茶。树高丈余，径头七八寸，叶厚而圆，状类柑橘之叶。其芽发即肥乳，长二寸许，为食茶之上品。”[⑤]显然，这种“建溪名株”（北宋梅尧臣诗语）与现今闽北所种的灌木型丛茶截然不同。品种差异与缺失是导致当地仿制北苑贡茶屡屡失败的原因之一。事实上，南宋初年的庄绰《鸡肋编》就曾援引“常监建溪茶场”人士的话说，当时的北苑“茶树高丈余者极难得”[⑥]，可见贡茶盛衰与所采茶种的优劣密切相关。

二、严谨的拣茶与蒸茶

芽茶虽为茶中珍品，但其中也有高低之分。宋代建安制茶者把采下的芽叶分为六类：小芽、水芽、中芽、紫芽、白合、乌带（一作乌蒂）。小芽是指有芽无叶的茶芽，其中细小如针的茶芽古人认为是小芽的上品，蒸熟后要放置水盆中拣剔出来，又称为“水芽”。“先蒸后拣，每一芽，先去外两小叶，谓之乌蒂。又次取两嫩叶，谓之白合。留小心芽置于水中，呼为水芽。”[⑦]一芽一叶（一枪一旗）叫中芽（一作拣芽），一芽二叶（一枪两旗）叫白合（熊

① （宋）宋子安：《东溪试茶录·采茶》。
② （宋）黄儒：《品茶要录·七压黄》。
③ （宋）熊蕃：《宣和北苑贡茶录》。
④ （宋）赵汝砺：《北苑别录·采茶》。
⑤ （宋）宋子安：《东溪试茶录·茶名》。
⑥ （宋）庄绰：《鸡肋编》卷下“水芽”。
⑦ （宋）姚宽：《西溪丛语》卷上“北苑茶”。

蕃《宣和北苑贡茶录》称之为"紫芽"，今称鱼叶），紫色的茶芽叫紫芽，乌蒂是指茶芽梗基部带有棕黑色乳状物。芽茶优劣的排列顺序是："水芽为上，小芽次之，中芽又次之。紫芽、白合、乌蒂，皆在所不取。"[1]拣茶就是把紫芽、白合、乌蒂拣剔除去。"不去乌蒂，则色黄黑而恶；不去白合，则味苦涩。"[2]

蒸茶亦称蒸叶，即以蒸汽加热杀青。蒸叶是把拣好的茶青，摊置甑上，待锅水开后，放在锅上面蒸。蒸叶以前要把茶芽洗涤数次，洗干净后方可开蒸。蒸叶是否适当，对茶饼品质影响较大，"过熟，则色黄而味淡；不熟，则色青易沉，而有草木之气"[3]。蒸叶过熟了，叶色过黄，芽叶糜烂，不易胶结；蒸叶不熟，出现青草气，色泽过青，泡茶易沉，而"正熟者味甘香"[4]。茶青蒸好后，要用冷水淋洗，使之迅速冷却。

三、高超的榨茶与研茶

榨茶，即将蒸熟的"茶黄"，榨出其水和"膏"。榨茶一般需经小榨、大榨和翻榨3个环节。蒸过的茶青冷却后，先放入小榨榨去水分，然后用布帛包起来，在外层束以竹片，放入大榨榨去茶汁，压至半夜，要取出来揉匀一遍，再包捆起来复压，叫作翻榨，一般要榨至拂晓，方可榨干。茶青质量比较好的水芽，由于茶叶嫩，含水量高，要用压力较大的"高榨"来榨。这一点与传统的顾渚贡茶制法不同，"建茶味远而力厚，非江茶之比。江茶畏流其膏，建茶惟恐其膏之不尽。膏不尽，则色味重浊矣"[5]。江茶是指江苏、浙江、江西等长江流域的顾渚茶，它们之所以不能榨得过干，是因为其滋味没有建茶浓厚。此外，江茶留有一定的茶汁，这样制成茶饼后，茶饼才有光泽，易于出售。显然，茶黄经压榨而尽去其膏，是北苑制茶的特有工艺流

---

① (宋)赵汝砺:《北苑别录·拣茶》。
② (宋)宋子安:《东溪试茶录·茶病》。
③ (宋)赵汝砺:《北苑别录·蒸茶》。
④ (宋)黄儒:《品茶要录·四蒸不熟》。
⑤ (宋)赵汝砺:《北苑别录·榨茶》。

程，与茶树品质和斗茶风气密切相关。

研茶的工具是一头大一头小的木杵和陶瓷制成的盆（陶研钵）。研茶就是将压榨过的茶芽放置盆内捣研，捣研过程要多次加水，加水次数视茶的等级而定。高等茶研的时间长，加水次数多，反之则时间短次数少。北苑茶工把这种研茶质量和加水次数的关系称作“水”，并按“分团酌水”原则依次分为十六水、十二水、六水、四水、二水等不同等级。如最高等的龙园胜雪、白茶为十六水，较低等的拣芽（中芽）为六水，小龙凤为四水，大龙凤为二水，其他名品则为十二水。研茶的标准是把水研干，茶叶大小均匀、柔韧。水没有干则茶没有研熟，茶不熟制成的茶饼外表不均匀，粗糙而光泽差，泡茶时会下沉，所谓“每水研之，必至于水干茶熟而后已”[①]。“建州龙焙，面北，谓之北苑。有一泉，极清澹，谓之御泉。”[②]凤凰山“有凤凰泉，一名龙焙泉，一名狮泉。自宋以来，于此取水造茶上供”[③]。据今人发掘考证[④]，御泉位于凤凰山下，深不过数尺，泉水清澈甘甜，当地人称之为“龙井”（参见图 13-2）。研茶时就取用龙井的水，以此提升茶叶的品质。研茶最耗工时，研制十二水以上者，身强力壮的研工每日只能研一团（即一研盆）；六水以下者，“日研三团至七团”[⑤]。

四、独特的造茶与过黄

造茶属定型工艺。将茶从研盆取出来，经过揉匀，使之变得柔腻，然后放入模子中，压成饼状。北苑贡茶“取象于龙凤，以别庶饮”[⑥]，其模子是用银子做的，有圆形、方形、菱形、花形、椭圆形等，上面刻有龙凤、花草各种图纹。茶饼的周围边缘有银圈、铜圈和竹圈，一般是无龙凤图纹的用竹圈，有龙凤图纹的用银圈或铜圈。北苑造茶原先分为四个茶堂，后来为了便于管

① （宋）赵汝砺：《北苑别录·研茶》。
② （宋）姚宽：《西溪丛语》卷上“北苑茶”。
③ （明）黄仲昭：《八闽通志（上册）》卷五“地理·山川·建宁府·建安县·凤凰山”。
④ 王振镛：《宋元建安北苑茶焙遗迹考》，载《福建文博》1999 年第 1 期。
⑤ （宋）赵汝砺：《北苑别录·研茶》。
⑥ （宋）胡仔：《渔隐丛话·后集》卷一一“玉川子”。

图 13-2　北苑“龙井”(御泉)发掘现场

资料来源:王振镛《宋元建安北苑茶焙遗迹考》。

理和提高效率,合并为相互竞争的东西两个茶堂。“茶堂有东局、西局之名,茶銙有东作、西作之号。”[①]也就是说,东局和西局不仅各自独立造茶,而且还有自己的定型标记。1995年建瓯焙前村茶事摩崖石刻的发现以及北苑御焙遗址的发掘(参见图13-3),进一步证明这里就是宋代著名的“漕司行衙”“御茶堂”等北苑御焙所在地。[②]

① (宋)赵汝砺:《北苑别录·造茶》。

② (明)黄仲昭:《八闽通志(上册)》卷四〇“公署·郡县·建宁府·文职公署·建安县·北苑茶焙”;福建省博物馆:《福建建瓯北苑遗址第一、二次发掘简报》,载《福建文博》1996年第1期。

图 13-3 位于石门垱水田下的北苑衙署(左)与茶堂建筑遗迹

资料来源：王振镛《宋元建安北苑茶焙遗迹考》。

过黄是北苑制茶的最后一道工序。过黄就是把茶饼烘干。“茶之过黄，初入烈火焙之，次过沸汤爁之。凡如是者三，而后宿一火。”[①]过黄开始时要有较大的火进行烘焙，然后沾以沸水，再用烈火烘焙，这样反复3次后，让茶饼烧烤一夜，第二天改用温温的小火烘烤，叫作“烟焙”。烟焙的火不可过猛，太猛了茶饼表面会发泡，而且会发黑；也不能有烟，否则茶饼带有烟味，茶香尽失。烟焙的时间依茶饼的厚薄而定，一般烘焙的时间都要10天左右，最多达16天，少的要6日火。茶饼烧焙至足干后，用热水在茶饼表面刷一下，然后尽快放进密室用扇子扇，茶饼色泽就变得自然光洁，这个过程叫“出色”。[②] 好的蒸青团饼茶的要求是色泽莹洁光润不驳杂，质地细密，团饼紧结，碾细的时候比较坚硬铿然有声。

从采、拣、蒸、榨、研、造茶到过黄，北苑贡茶全部都是手工劳动，而且是很细致的手工劳动，因而需要很好的技术和经验。宋子安在总结北苑茶焙制工艺时，曾高度概括为“择之必精，濯之必洁，蒸之必香，火之必良。一失其度，俱为茶病”[③]，可谓一语中的。《宋史》亦高度评价说：“片茶蒸造，实棬模中串之，唯建、剑则既蒸而研，编竹为格，置焙室中，最为精洁，他处不能造。”[④]此外，北苑贡茶在包装上也很讲究。南宋孝宗乾道、淳熙年间

① (宋)赵汝砺：《北苑别录·过黄》。

② (宋)赵汝砺：《北苑别录·过黄》。

③ (宋)宋子安：《东溪试茶录·采茶》。

④ (元)脱脱：《宋史》卷一八三“食货志下五·茶上”。

(1165—1189年),“仲春上旬,福建漕司进第一纲蜡茶,名‘北苑试新’。皆方寸小夸(同“銙”)。进御止百夸,护以黄罗软盝,借以青箬,裹以黄罗夹复,臣封朱印,外用朱漆小匣,镀金锁,又以细竹丝织笈贮之,凡数重”。北苑贡茶包装之精美,由此可见一斑。当然,内装之物价值更高,“此乃雀舌水芽所造,一夸之直四十万,仅可供数瓯之啜耳”[①]。如果说北宋末的龙园胜雪“每胯计工价近三十千”[②]、“岁以一百万缗进御”[③],那么到了南宋初的“北苑试新”雀舌水芽,则“一夸之直四十万”,整个贡茶生产“每岁漕司费钱四五万缗,役夫一千余人”[④],靡费程度骇人听闻。

第三节　北苑贡茶对后世的影响

南宋时期,北苑承袭北宋团茶生产工艺,技术上没有什么变化,有的只是在款式品种、包装装潢上的变化与改进,以及生产和进贡数量的增减,如绍兴二年(1132年)“蠲未起大龙凤茶一千七百二十八斤。五年,复减大龙凤及京铤之半”[⑤],绍兴四年(1134年)“罢建州腊茶纲”[⑥]且贡茶4万斤[⑦],绍兴五年(1135年)“减福建贡茶岁额之半”[⑧],绍兴三十二年(1162年)与乾道年间(1165—1173年),建宁府产茶额分别为95万斤和983493斤[⑨],北苑茶在朝廷和社会中仍享有很高的声誉。到了元代,随着工艺简单、茶

---

① (宋)周密:《武林旧事》卷二“进茶”。

② (宋)姚宽:《西溪丛语》卷上“北苑茶”。此外,在赵汝砺《北苑别录·纲次·细色五纲》中,赵汝砺有“龙园胜雪为最精,而建人有直四万钱之语”。今人分析,如以三十千说,能买粮100万担,刚好丞相1年粮饷,有“皇帝一杯茶,丞相一年粮”之典故。

③ (元)脱脱:《宋史》卷一七九“食货志下一·会计”。

④ (清)徐松:《宋会要辑稿·食货三一之一五“茶法杂录下”》。

⑤ (元)脱脱:《宋史》卷一八四“食货志下六·茶下”。

⑥ (元)脱脱:《宋史》卷二七“本纪第二十七·高宗四”。

⑦ (清)徐松:《宋会要辑稿·食货三二之三〇·茶盐杂录》。

⑧ (元)脱脱:《宋史》卷二八“本纪第二十八·高宗五”。

⑨ (清)徐松:《宋会要辑稿·食货二九之三～四·产茶额》。

香自然的叶茶即蒸青散茶在全国的兴起，极度靡费的北苑团茶开始走下坡路，成为朝廷炫耀地位和财富的奢侈品。明洪武二十四年（1391 年），明太祖朱元璋为了减轻民间负担，下诏罢免北苑贡龙凤团茶，结束了北苑团茶从唐朝末年到明初持续了 458 年[①]的贡茶地位。龙凤团茶被罢贡后，北苑改贡探春、先春、次春、紫笋及荐新等叶茶[②]，但由于在品种和采制上不具备优势，到了后来北苑就不再有御茶的特殊地位了，北苑茶区也与其他行政区合并为一个新的行政地区，北苑之名随之消失，明代及后来的府县志地名卷中再也查不到北苑这个地名了。

“建溪官茶绝天下，独领风骚数百年。”盛极一时的北苑龙凤贡茶虽已走入历史，但北苑蒸青团茶的精湛采制技术，却在其后的中国乃至世界茶业发展史中留下了足迹。

首先，北苑茶对其后乃至今日茶品的贡献。1988 年，四川万源县石窝乡古社坪村发现一方保存完整的《紫云平植茗灵园记》摩崖石刻，文中记载了北宋元符二年（1099 年）引种建溪绿茗的事。“筑成小圃疑蒙顶，分得灵根自建溪”，说明建茶在产茶大省四川亦有相当影响。据考证[③]，千年茶都北苑一流的方法和技术，不仅对当时全国各地茶叶生产产生了影响，而且这种影响流传至今。如今普洱茶中的一些品种，像七子饼、沱茶（古称团茶），及日本的蒸青团茶，都还保存着与龙凤团饼相似的加工技艺。此外，独领风骚 400 多年的龙凤团茶，不仅是一种技术，而且成为一种艺术，因而陆龙先生研究认为：“日本国人从中土引进了茶种、制茶技艺，并在吸收宋人茶艺的基础上，形成了有大和民族特色的日本茶道文化，建安成为中国茶艺文化的发祥地，日本茶道文化的根。”[④]

其次，北苑茶对武夷茶崛起的贡献。元大德六年（1302 年），元廷在武

① 即从南唐五代十国龙启元年（933 年）至明朝洪武二十四年（1391 年）。

② （明）何孟春：《馀冬序录摘抄内外篇》卷五。

③ 郑立盛：《北苑茶史》，载《农业考古》1992 年第 2 期。

④ 转引自廖建生等《北苑茶文化研究现状与展望》，载《中国茶叶加工》2002 年第 3 期。

夷九曲溪的第二曲之西(后移至第四曲处)创建了“御茶园”[1],专制贡茶进贡朝廷,武夷岩茶开始崭露头角。事实上,在此以前,武夷茶就借助北苑的名声不断拓展其发展空间,成为北苑贡茶的重要组成部分。据考证[2],北苑贡茶“石乳”,就是源自武夷茶区的名品。正是有了北苑贡茶的经历,武夷御茶园才能在短短的66年里[即到至正二十八年(1368年)],从无到有,贡茶产量达到990斤之多。[3] 明初罢造龙团御茶园后,武夷各岩寺院僧人奋起改革茶叶制法,将北苑贡茶成熟的蒸青、揉捻、烘干等技术引入散茶焙制工艺中,继续保持在全国贡茶的领先地位,“天下茶贡岁额止四千二十二斤,而福建二千三百五十斤”[4]。优良的茶树品种和先进的采制工艺结合,造就了武夷岩茶日后的辉煌。

最后,也是最为重要的,是北苑贡茶对乌龙茶的贡献。曾发现并培育出武夷名枞白鸡冠的南宋福州诗人葛长庚(道号白玉蟾)在《水调歌头·咏茶》一词中写道:“采取枝头雀舌,带露和烟捣研,结就紫云堆。轻动黄金碾,飞起绿尘埃。汲新泉,烹活火,试将来。放下兔毫瓯子,滋味舌头回。”[5]将捣研后的芽叶堆成一堆,形成半红半绿或紫色的“紫云堆”,依现在的观点,这是芽叶发酵的结果。“结就紫云堆”,是诗人对不完全发酵龙团凤饼原料本质的生动描绘。正是有了发酵这一关键环节,才使龙团凤饼有了味浓香永,“滋味舌头回”的独特品饮效果,成为风靡一时的供御名茶。也就是说,北宋兴盛的北苑茶(特别是用于斗试的私焙名茶)是一种发酵茶,属于“半发酵”的乌龙茶类。乌龙茶又名青茶,因芽叶酶性部分氧化而呈紫色或褐色,是处于红茶(完全发酵芽叶变红)和绿茶(不发酵)之间的世界三大茶类之一。福建是乌龙茶的原产地,据考证[6],早在唐代,福建茶农

---

① (明)黄仲昭:《八闽通志(上册)》卷四〇“公署·郡县·建宁府·文职公署·崇安县·御茶园”。

② 巩志:《中国贡茶》,浙江摄影出版社2003年版,第57页。

③ (清)周亮工:《闽小纪》卷一“闽茶”。

④ (明)何孟春:《馀冬序录摘抄内外篇》卷五。

⑤ (宋)葛长庚:《水调歌头·咏茶》,载唐圭璋《全宋词》。

⑥ 庄晚芳:《中国茶史散论》,科学出版社1988年版,第95~96页。

通过高山采茶，就认识到“茶叶在筐子里经过一天的摇荡积压，会在无形中发生部分红变”的发酵原理。到了宋代，北苑茶匠已能运用捣碎后再经堆积的“后发酵”方法，制作被称之为“紫笋”的乌龙茶类。茶类发展是乌龙茶在先，红茶继后。因此，不完全发酵乌龙茶的出现，是人类制茶史上的一场革命。值得一提的是，乌龙茶名可能与宋代北苑茶有关，甚至有人认为就是龙团凤饼贡茶演变而来，因为“龙团改为散茶之后，沿袭了北苑龙团名。茶叶经过晒、炒、焙加工之后，色泽乌黑，条索似鱼(也称为龙)，以后商人为了表示武夷茶的珍贵，则以乌龙为商标。在市场畅销之后，被统称为乌龙茶，译名为(Oolong tea)”[①]。

① 庄晚芳：《中国茶史散论》，科学出版社1988年版，第101页。

第十四章　食品加工技术的重大进步

“濒海者恃鱼盐为命，依山者以桑麻为业。”[1]“中产借曲蘖以营生，细民莳蔗秫以规利。”[2]人稠地狭的严酷现实，迫使宋元福建先民大力发展糖、盐、酒、果品、水产等高营利商品，从而推动食品加工技术向高层次迈进。

第一节　制糖技术的巨大进步

福建气候温润湿热，适宜种植甘蔗，是我国较早利用甘蔗榨糖的地区之一。据现有史料记载，早在西汉初年闽越王就曾向汉高祖刘邦进贡“石蜜五斛”[3]，到南北朝时闽地的甘蔗制糖技术已较为成熟，从而为宋元福建制糖技术进步和制糖业发展打下了坚实基础。[4]

① (明)黄仲昭:《八闽通志(上册)》卷三“地理·风俗·泉州府”引宋《图经》。

② (宋)黄岩孙:宝祐《仙溪志》卷一“风俗”。

③ (晋)葛洪:《西京杂记》卷四。

④ 本部分内容参考了徐晓望《福建古代的制糖术与制糖业》，载《海交史研究》1992年第1期。

一、煮糖技术的普及

宋代福建制糖的主要原料是“竹蔗”。据北宋苏颂《本草图经》记载：甘蔗“今江、浙、闽、广、蜀、川所生，大者亦高丈许。叶有二种：一种似荻，节疎(疏)而细短，谓之荻蔗；一种似竹，麄(粗)长，笮(榨)其汁以为沙糖，皆用竹蔗。泉、福、吉、广州多作之”[①]。南宋梁克家《三山志》也说：“糖，取竹蔗捣蒸。”[②]值得注意的是，苏颂《本草图经》和梁克家《三山志》所载的“竹蔗”，并非明宋应星《天工开物》所说“不可以造糖”的果蔗(即竹蔗 Saccharum sinensis)，而是“人不敢食”的糖蔗(即荻蔗 Saccharum officinarum)。[③] 否则，难以理解《本草图经》“蔗有两种，赤色名昆仑蔗，白色名荻蔗，出福州以上皮节红而淡，出泉漳者皮节绿而甘。其于小而长者名管蔗，又名蓬蔗，居民研汁煮糖，泛海鬻吴越间”[④]这段话，更不消说明弘治《兴化府志》有关“宋志以今蔗为竹蔗，别有荻蔗煎成水糖，今不复有矣”[⑤]的记述。简言之，宋代福建文献上的“竹蔗”或管蔗或蓬蔗就是今天的荻蔗，而“赤色昆仑蔗”则是今天的竹蔗，是一种含糖少可做“水糖”的果蔗。事实上，梁克家《三山志》中所描述的两种福州甘蔗，“短者似荻节而肥，长者可八九尺，似竹管”[⑥]，其生态特征分别与今天的竹蔗(节而肥)和荻蔗(似竹管)相符(参见图 14-1)。

① (宋)苏颂：《本草图经》，第 546 页。

② (宋)梁克家：《三山志》卷四一“土俗类三・物产・货・糖”。

③ (明)宋应星：《天工开物译注》卷上“甘嗜第四・蔗种”。

④ (明)何乔远：《闽书》卷一五〇“南产志”引苏颂《本草图经》。

⑤ (明)周瑛：《重刊兴化府志》卷一二“货殖志”。

⑥ (宋)梁克家：《三山志》卷四一“土俗类三・物产・果实・甘蔗”。

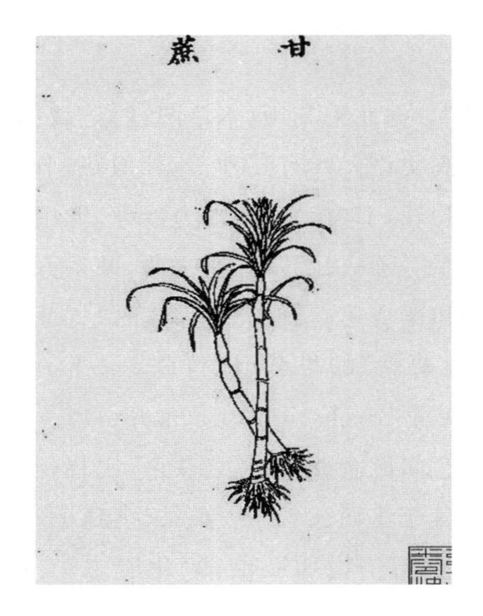

图 14-1　明清典籍插图中的竹蔗(左)与荻蔗

资料来源:李时珍《本草纲目·图卷》卷中之下“甘蔗”;吴其浚《植物名实图考》卷三二“果类·甘蔗”。

宋时我国普遍以煮糖法制糖,“煎蒸相接”,工艺复杂。“凡治蔗,用十月至十一月,先削去皮,次锉如钱。上户削锉至一二十人,两人削供一人锉,次入碾,碾缺则舂。碾讫,号曰泊。次蒸,泊蒸透出甑入榨,取尽糖水,投釜煎。仍上蒸生泊,约糖水,七分熟,权入瓮,则所蒸泊亦堪榨,如是煎蒸相接。事竟,歇三日,再取所寄,收糖水煎,又候九分熟,稠如饧。”[①]由于不知道用碱中和蔗糖中酸素的办法,这种先“捣”后“蒸”用高温脱水法制出的糖浆很难凝结,所制出的糖大多是液态的。正如马可·波罗所说:“此城制糖甚多,运至汗八里城(指北京),以充上供。温敢城(指今永春或永安)未降顺大汗前,其居民不知制糖,仅知煮浆,冷后成黑渣。”[②]连进献朝廷的贡

① (宋)王灼:《糖霜谱·第四》。

② (意大利)马可·波罗:《马可波罗行记》第二卷第一五四章“福州国·注丙”。

糖都如此，更不消说一般的民间贸易品了。“仙游县田耗于蔗糖，岁运入浙淮者，不知其几万罂(坛)。”[①]用笨重、易碎的瓮坛来装载进行贸易，可见宋代福建的糖主要为糊状液体。

煮糖技术的普及，有力推动了福建糖业生产和贸易。惠安“宋时，王孙、走马埭及斗门诸村皆种蔗煮糖，商贩辐辏，官置监收其税”[②]。元代林亨(字蒙亨)在《螺江风物赋》咏仙游枫亭中则有更精彩的描绘：“其沃衍之畴，则植蔗以为糖。……于以盛之，万瓮竹络。于以奠之，千艘挂楫。顺风扬帆，不数日而达于江浙、淮湖都会之区。”[③]便利的交通，规模化生产，使福建在宋元跃居成为我国蔗糖的主要产地之一。

二、结晶工艺的初步掌握

除液态沙糖外，宋代福建的一些地方还能制作冰糖，是当时全国掌握结晶工艺的少数郡县之一。北宋苏颂在《本草图经》中指出：福建“居民研汁煮糖，泛海鬻吴越间。糖有两种，曰黑糖，曰白糖，有双清，有洁白，炼之有糖霜，亦曰冰糖；有蜜片，亦曰牛皮糖”[④]。所谓的“蜜片”或“牛皮糖”，应是指“冷后成黑渣”(马可·波罗语)的蔗浆或液态沙糖，是福建传统、大宗的糖品。而被苏颂称之为“白糖”的糖霜或冰糖，则是宋代福建新推出的产品，是糖液中加入异物的自然结晶体。南宋曾师建《闽中记》亦指出：兴化军“荻蔗节疏而细短，可为稀糖，即冰糖也”[⑤]。据《糖霜谱》记载，糖霜(即今天的冰糖)是唐大历年间(766—779年)的技术发明，因制作工艺复杂，直至南宋初年在我国仍是罕有之物。“糖霜，一名糖冰，福唐、四明、番禺、广汉、遂宁有之。独遂宁为冠。四郡所产甚微而碎，色浅味薄，才比遂宁之

① (宋)方大琮：《铁庵集》卷二一“乡守项寺丞”。另“罂”四库全书本作“億”，本文根据明正德八年方良杰刻本与清钞本，将“億”更正为“罂”。

② (明)张岳：《嘉靖惠安县志》卷五“物产”。

③ (明)周瑛：《重刊兴化府志》卷三二“艺文志”引元林蒙亨《螺江风物赋》。

④ (明)何乔远：《闽书》卷一五〇“南产志”引苏颂《本草图经》。

⑤ (明)黄仲昭：《八闽通志(上册)》卷二六“食货·物产·兴化府·货之属·冰糖”引曾师建《闽中记》。

最下者。凡物以希有难致见珍……则中国之大，止此五郡，又遂宁专美焉。”[①]宋人的“福唐”有二义，或指福州，或指福清县，这里称“福唐郡”，应是指福州府。不过，福州或兴化军冰糖生产很不稳定，运气好，糖农所熬糖也仅能产生少许细碎的冰糖结晶，运气不好，则什么也没有，说明宋时福建制冰糖技术还很不成熟，冰糖的质量与四川遂宁冰糖相距甚远。

从工艺水平看，无论是沙糖还是冰糖，宋代福建制糖技术整体处于比较落后的状况，制糖业的兴旺主要建立在资源优势和勤勉劳作方面。不过，随着加灰凝固法的引进和黄泥脱色技术的发明，元代福建制糖业逐渐转向依靠技术进步的发展道路上来。

三、加灰凝固方法的推广

用简易高效的方法制作固体白糖，一直是宋元福建制糖业致力攻克的目标。事实上，太平兴国四年（979年）成书的《太平寰宇记》第一百卷，就有福州土贡“干白沙糖”的记载[②]，说明至迟在北宋初年，福建已能制造固体白糖，这也是中国最早的固体白沙糖。不过，“干白沙糖”能被列入土贡，说明当时福建白沙糖的产量还很少，制造工艺也难以推广。即使从全国范围看，南宋的《都城纪胜》《梦粱录》等书记载了都城杭州的20多种糖制品，但均不见白沙糖一词，说明白沙糖在南宋还是十分昂贵的。究其原因，白沙糖一般是由红沙糖脱色而成的，而元以前，无论是福建还是全国，固体红沙糖尚十分少见，白沙糖当然就少之又少了。

元代以前，制沙糖大都运用高温脱水的方法使蔗糖凝固，该方法的缺点在于无法除去蔗糖中的酸素，蔗糖很难凝固，弄不好蔗糖会在高温下碳化。元朝统一福建后，“时朝中有巴比伦（指埃及）地方之人，大汗遣之至此城（温敢城，指今永春或永安），授民以制糖术，用一种树灰制造”[③]。糖浆

① （宋）王灼：《糖霜谱·原委第一》。

② （宋）乐史：《太平寰宇记》卷一〇〇“江南东道十二·福州·土产”。

③ （意大利）马可·波罗：《马可波罗行记》第二卷第一五四章“福州国·注丙”。

加入碱性树灰后，酸性被中和，便会很快凝结，形成固体。这一技术很快被推广到福建各地。明《兴化府志》记载了莆田民间制糖法："黑糖，煮蔗汁为之，冬日蔗成后，取而断之，入碓（碓）捣烂，用大桶装贮，桶底旁侧为窍，每纳蔗一层，以灰薄洒之。皆筑实，及满，用热汤自上淋下，别用大桶自下承之，旋取入釜烹炼，火候既足，蔗浆渐稠，乃取油滓点化之，别用大方盘挹置盘内，遂凝结成糖，其面如漆，其脚粒粒如沙，故又名沙糖。"[①]这种制黑糖（红沙糖）的方法简单易行，在福建乃至全国得到迅速推广，有力推动了元明制糖业的繁荣发展。

四、黄泥脱色技术的发明

有了量产的红沙糖，脱色技术就成为攻克白沙糖工艺的关键所在。这一突破口出现在元代的福建南安。查乾隆《泉州府志》有这么一段记载："初人不知盖泥法，相传元时南安有一黄姓墙塌压糖，去土而糖白，后人遂效之。"[②]明何乔远《闽书》也说："初，人莫知有覆土法，元时，南安有黄长者，为宅煮糖，宅垣忽坏，压于漏端，色白异常，遂获厚赀，后遂效之。"[③]

后人曾对这段记载产生怀疑，黄泥压到糖之上，糖就变白，世界上有这么巧的事吗？明代周瑛《兴化府志》是目前已知最早记载黄泥脱色法的文献[④]，考察其中所载莆田等地的白沙糖制作工艺，也许就会找到答案。"白糖，每岁正月内炼沙糖为之。取干好沙糖置大釜中烹炼，用鸭卵连清、黄搅之，使滓渣上浮，用铁笊篱撇取干净。看火候足，别用两器上下相乘，上曰圂，下曰窝，圂下尖而有窍，窝内虚而底实。乃以草塞窍，取炼成糖浆置圂上，以物乘热搅之。及冷，糖凝定，糖油坠入窝中。三月梅雨作，乃用赤泥封之；约半月后，又以封之，则糖油尽抽入窝。至大小暑月，乃破泥取糖，其

① （明）周瑛：《重刊兴化府志》卷一二"货殖志"。

② （清）黄任：《乾隆泉州府志（一）》卷一九"物产·货之属·糖"。

③ （明）何乔远：《闽书》卷一五〇"南产志"。

④ 详见赵匡华《我国古代蔗糖技术的发展》，载《中国科技史料》1985年第5期，以及《季羡林文集·（第九卷）糖史（一）》（江西教育出版社1998年版），第358页。

上者全白，近下者稍黑，遂曝干之。”[①]白沙糖是黑（红）沙糖二次加工而成的，其关键工序在于“用赤泥封之”，黄泥水下渗，久而久之，红沙糖就变为白色的了。由此推断，元代南安黄长者原本制作的是红沙糖，后在连绵不断的春雨中，黄的糖坊的黄土墙不幸倒塌，压在糖盘上。由于福建的雨季很长，黄长者没有及时地把糖挖出来，迨至夏天放晴时，糖盘已被压1～2月，经过黄泥长期渗透，红沙糖脱色转白。这样，他便在偶然中发现了黄泥脱色法。

福建糖房工匠偶然发现的盖泥法经过后人的不断效仿，匠人们逐渐意识到黄泥浆具有脱色的本领，于是改盖泥法为加入黄泥浆的办法。明代宋应星《天工开物》记载道：“待黑沙结定，然后去孔中塞草，用黄泥水淋下，其中黑滓入缸内，溜内尽成白霜。”[②]（参见图14-2）如此一来不仅脱色效果更佳，而且制糖效率得到了很大提高，再无须从“三月梅雨作”一直等到“大小暑月”。黄泥脱色法在很长时间内为我国糖坊所沿用。在20世纪20年代时，四川内江、广东汕头、福建泉州等地糖坊的脱色工艺与明末的情况无大差异。

五、历史地位与影响

《农桑辑要》是元政府编写的大型实用农书，其“新添”关于制糖法的记载为：“煎熬法：……将初刈倒秸秆，去梢叶，截长二寸，碓捣碎。用密筐或布袋盛顿，压挤取汁。即用铜锅内，斟酌多寡，以文武火煎熬。……熬至稠黏似黑枣，合色。用瓦盆一只，底上钻箸头大窍眼一个，盆下用瓮承接。将熬成汁，用瓢豁于盆内。极好者澄于盆，流于瓮内者，止可调渴水饮用。将好者，止就用有窍眼盆盛顿，或倒在瓦罂内亦可，以物覆盖之。食则从便。”[③]这显然是制造液态糖的方法，说明至元初我国北方产糖区采用的仍

① （明）周瑛：《重刊兴化府志》卷一二“货殖志”。

② （明）宋应星：《天工开物译注》卷上“甘嗜第四·造白糖”。

③ （元）大司农司：《农桑辑要译注》卷六“药草·甘蔗”。

图 14-2 《天工开物》中的“澄结糖霜瓦器”图

资料来源:《天工开物译注》第 64 页。

是传统制糖工艺。以此为发端,福建在短短的数十年里,就完成了液态糖到红沙糖再到白沙糖的重大技术变革,确立了在我国制糖业的领先地位。即使是宋代还处于相对落后的冰糖,在元时其工艺也有很大的提升。“凳豆鲜明透水晶,南州气暖体寒凝。甘香远敌汉宫露,清冽难为凌室冰。齿颊一时增爽快,襟怀六月解炎蒸。玉环昨夜方中酒,渴肺相逢喜可胜。”①元代莆田洪希文的这首《糖霜》诗,说明当时兴化军地产冰糖质量上乘。到明代,福建的白冰糖比四川遂宁的紫冰糖更加流行,畅销全国。“今糖霜率自福建来,白如水晶,不闻有紫者,岂今法更妙于古耶?”②时至今日,福建莆田仍是我国冰糖的主要产地之一。

从世界范围看,在元朝以前,中国与印度、西亚亚洲各国的制糖业各有所长。印度、西亚人善于制造固体沙糖,制白糖技术落后于中国。中国则擅长冰糖和白糖,制沙糖工艺不如印度、西亚。到了元代,由于中国人掌握

① (元)洪希文:《续轩渠集》卷六“七言律诗下·糖霜”。

② (明)周文华:《汝南圃史》卷五“水果部·蔗”。

了西亚制固体沙糖的技术，在白糖制造方面又发明了更为实用的黄泥覆盖法，加上独有的冰糖制造工艺，中国的制糖技术便全面领先亚洲各国。在技术进步的强劲推动下，明代我国一跃成为亚洲乃至世界最大的产糖国和输出国。

此外，制糖技术进步也促进了产业结构的调整和演进，其中尤为引人关注的是糖坊的出现，形成蔗户、糖霜户和糖坊三分的生产格局。“蔗户”是指除种植甘蔗外还进行糖品制作的专业户，是宋元福建糖业发展的基础力量。“糖霜户”则是把种植甘蔗和制作糖品合起来，其经济力量一般来说比蔗户要强，经营规模较大的糖霜户在生产旺季可能还要临时“雇请人工”，是宋元福建糖业发展的中坚力量。“糖坊”可能是脱离了甘蔗种植而专门从事制糖业的作坊，这类作坊不仅在福州等城市存在，在盛产甘蔗的乡村也可见，是宋元福建糖业发展的新生力量，也是制糖技术进步的推动者和需求方。

第二节　盐业的勃兴与海盐晒法的出现

福建雄踞我国东南沿海，海盐历来是民众不可或缺的生活和生产资源。不过，福建有组织的盐业生产始于唐代，封建政府在侯官设置盐监[①]，统筹管理侯官、长乐、连江、长溪（今霞浦）、晋江、南安 6 县的盐场[②]。迨至宋元，在创新技术的推动下，闽盐生产得到迅速发展，成为我国六大海盐产区之一。[③]

① （宋）欧阳修：《新唐书》卷五四“食货志四”。

② （宋）欧阳修：《新唐书》卷四一“地理志五·江南道”。

③ 本部分内容参考了许维勤《两宋福建盐政论略》，载《福建论坛（文史哲）》1988 年第 4 期；郭正忠《我国海盐晒法究竟始于何时》，载《福建论坛（文史哲）》1990 年第 1 期。

一、盐业的发展与勃兴

作为地区重要的生产项目，宋代福建盐业经历了恢复、发展到勃兴的演进过程。

受历史因素和王朝更替影响，宋初福建海盐的产量较低，甚至需要从浙江进口食盐。好几种史料在提到北宋初福建路产额时，都只载福州长乐、福清等属县的“祖额”每年 100300 石（计 5015963 斤，或 501.5 万余斤）[①]，说明在北宋前三朝（960—1022 年）政府榷盐地区还主要限于福州沿海属县。但从仁宗天圣年间（1023—1032 年）开始，福建盐业呈现快速增长态势，“福漳泉州、兴化军皆鬻盐，岁视旧额增四万八千九百八石”[②]，见于文献记载的产盐地，除福州属县外，增加了晋江、同安、惠安、龙溪、漳浦、邵武等县的盐场或盐亭，神宗时（1068—1085 年）又设福清海口仓、长乐岭口仓、莆田涵头仓以统收闽盐。

“岁视旧额增四万八千九百八石”，当然不能理解为每年都有如此的增长速度，但从北宋中期到南宋初，闽盐产量的确是呈直线上升趋势。天圣六年（1028 年），仅长乐、福清 2 县产量合计就达 571.8 万余斤（确切数为 5718245 斤）[③]，比原福州 6 县的“祖额”还多。至元丰初（1078 年左右），海口、岭口、涵头 3 仓的贮量达到近 1976.8 万斤（确切数为 19767500 斤）[④]，崇宁三年（1104 年）福建路产额更高达 2540 万斤，是宋初的 5 倍多。南渡后，因产量最大的淮盐产区被金兵占领，两浙产区也因受战乱影响而产量大幅度下降，所以宋朝廷对闽盐更加依赖和重视，至绍兴二十三年至二十六年（1153—1156 年），福建八州军年产额达到 3000 万斤，攀上历史新高峰。绍兴以后，由于盐法混乱，私盐兴炽，官盐积压，福建盐业生产能力受

---

① (清)徐松:《宋会要辑稿・食货二三之三四》;(元)脱脱:《宋史》卷一八三“食货志下五・盐下”。

② (元)脱脱:《宋史》卷一八三“食货志下五・盐下”。

③ (清)徐松:《宋会要辑稿・食货二三之三四》。

④ (清)徐松:《宋会要辑稿・食货二七之三八～三九》。

到影响，产量始终在 1600 万～2000 万斤之间徘徊，不过与福建历史和全国同期比较，仍保持较高的生产水平。[1]

元朝在宋盐场(亭)基础上，增设海口、牛田、上里、惠安、浔美、浯州、浯州等 7 处盐场[2]，不断扩大在闽的海盐生产，产量也随之不断攀升。特别是至元十三年至至大四年(1276—1311 年)的短短 36 年里，卖盐引数从 6055 引猛增至 130000 引[3]，官府手中掌握的盐数高达 5200 万斤(每引按 400 斤计算)，是南宋最高产额的 1.73 倍。实际上，由于私盐泛滥，元代福建盐产量远高于官方的这一统计数字。

宋元福建之所以能在全国产盐区中脱颖而出，与拥有先进的制盐技术密不可分。

二、煎煮技术的改进

宋代福建海盐生产，多采用前代的煎煮法，即通过煮盐办法从海水中制取食盐。[4] 但至迟到南宋初中期，福建盐民已掌握了先进的取卤和验(试)卤方法，改进了传统生产技术，提高了盐业生产效率。

成书于南宋淳熙九年(1182 年)的梁克家《三山志》卷四十一曾引用《福建盐埕经》(四库全书文渊阁本称“福清盐埕经”)的一段话，较详细地说明了“刮土淋卤法”即制卤煮盐的原理和操作程序：“海水有咸卤，潮长而遇埕地，则卤归土中，潮退日曝至生白花，取以淋卤。方潮未至，先耕埕地，使土虚而受信，既过，刮起堆聚，用车及担挚致墩头，穴土为窟，名为漏坵，以杵筑实，用茅衬底，满贮土信，取咸水淋之，堆实则取卤必咸，旁用芦管引入卤榣，榣在漏坵之下，掘土为窟以受卤，茅草覆之。”[5]显然，《福建盐埕经》

① 郭正忠：《宋代东南诸路盐产考析》，载《中华文史论丛》1983 年第 2 辑。

② (明)黄仲昭：《八闽通志(上册)》卷二七“秩官·职员·方面·[元]·诸司附·福建等处都转运盐使司·盐场”。

③ (明)宋濂：《元史》卷九七“食货志”。

④ 据唐刘恂《岭表录异》《新唐书·食货志》和北宋乐史《太平寰宇记》等书记载，唐时福建有些地区已开始由直接煮海水成盐向制卤煮盐转变。

⑤ (宋)梁克家：《三山志》卷四一“土俗类三·物产·货·盐”。

所记载的制卤法，比宋初淮东等处的刮咸淋卤法进步。不仅如此，南宋福州盐工还在取卤效率方面下功夫。“埕有三等，沙埕为上，夹沙次之，泥埕为下。沙埕喜受潮信，退则易干实，漏丘则易淋，故为上。半沙半泥，故为次。泥湿拒潮，且难干淋，故为下。大埕一、二亩，小者半亩，大水取信，小水暴干。……一年之间，惟五、六、七、八月土信特厚，盖烈日之功也。”[①]

除取卤外，这一时期的福建滨海盐民还发明了验卤技术。“取鸡子或桃仁置卤中以候浮，则卤咸可煎。”[②]比《三山志》时代稍早的姚宽《西溪丛语》也提到类似技术，且更为具体：“闽中之法，以鸡子、桃仁试之。卤味重，则正浮在上；咸淡相半，则二物俱沉。”[③]姚宽曾监台州杜渎盐场，“日以莲子试卤”，他的话应十分可信。

此外，《福建盐埕经》还有这样一段文字：“筑土为斛，畎在宫灶旁，以竹管接入盐盘，如畎浍之流”[④]，这是管道输送技术在煎煮工序中的创新应用。至明代，福建已形成一整套煮盐技术程序：退潮时从海边卤壤上刮取被烈日晒结的卤花，“坎地为池，用茅底而坚筑之，复穴下为井，有窍相通，以芦管引之，取所聚卤花实于池，淋咸水，循芦管下注井中，投鸡子或桃仁，若浮则卤可用，别为土斛灶，傍微高于灶，乃泄卤其内，亦引以芦管，乘高注之于盘”[⑤]，然后开始烧煎。显然，煮盐生产中的取卤、验卤、管道输送等关键技术，皆创始于宋代。

关于改进后的煎煮法效率如何，史料缺乏明确记载，但可从横向比较中推知大概。“绍兴初，灶煎盐多止十一筹，筹为盐一百斤；淳熙初，亭户得尝试卤水之法，灶煎至二十五筹至三十筹（《宋会要辑稿》作“每一灶一伏火煎二十五筹至三十筹”）。”[⑥]也就是说，由于创新与推广“石莲试卤法”[⑦]，淳

① （宋）梁克家：《三山志》卷六“地理类六・海道”引叶庭珪语。
② （宋）梁克家：《三山志》卷四一“土俗类三・物产・货・盐”。
③ （宋）姚宽：《西溪丛语》卷上“试卤之法”。
④ （宋）梁克家：《三山志》卷四一“土俗类三・物产・货・盐”。
⑤ （明）张岳：嘉靖《惠安县志》卷五“物产・货属”。
⑥ （元）脱脱：《宋史》卷一八二“食货志下四・盐中”。
⑦ （清）徐松：《宋会要辑稿・食货二八之二〇》。

熙初年淮东亭户较前煎煮效率提高了 1.3～1.7 倍。考虑到福建产区较早采用了取卤、试卤、管道输送等先进技术，闽盐的生产效率至少不应低于淮盐。值得一提的是，由于工序复杂，盐的煎煮必须集体操作(每个盐灶至少要 2～3 个工人)，因此制作成本始终居高不下，两宋时期福建“盐之入官”最低也要“斤为钱四”[①]，最高则达 17 文钱[②]。

真正推动宋元福建盐业勃兴和重大技术创新的，是海盐晒法的出现。

三、海盐晒法的出现

我国海盐晒法究竟始于何时，史学界历来存有争议。据考证[③]，现存最早有关晒卤成盐的记载出现在南宋程大昌《演繁露》卷十一：“《唐会要·祥瑞门》：‘武德七年，长安古城盐渠水生盐，色红白而味甘，状如方印。’按，今盐已成卤水者，暴烈日中，数日即成方印(盐)，洁白可爱；初小，渐大，或十数印累累相连。则知广瑞所传，非为虚也。”[④]从工艺技术角度看，这段记载透露了两件事：一是晒卤成盐现象已在唐初的长安被观察到，但时人并未认识到其中的生产价值，仅以祥瑞视之；二是为印证前者，程大昌作了试验，将盐化为卤水，然后暴晒成盐，从而得知“广瑞所传非为虚也”。程大昌曾在孝宗、光宗时(1163—1194 年)担任过浙东宪臣、泉州知府、建宁知府以及明州知府等职[⑤]，他的认知想必对东南各地的海盐制法有一定的启发和影响。事实上，明黄仲昭《八闽通志》卷二十九所载莆田县涵头盐仓南宋淳熙间(1174—1189 年)省去催煎官一事[⑥]，应与晒卤产盐法实施后产量增加有关。

海盐晒法较为确切的史载见于宋末元初。成书于 1257 年前后的著名

---

① (元)脱脱：《宋史》卷一八二“食货志下四·盐中”。

② (清)徐松：《宋会要辑稿·食货二五之三七》，详见戴裔煊《宋代盐钞制度研究》(华世出版社 1982 年版)，第 5 页。

③ 郭正忠：《我国海盐晒法究竟始于何时》，载《福建论坛(文史哲)》1990 年第 1 期。

④ (宋)程大昌：《演繁露》卷一一“盐如方印”。

⑤ (元)脱脱：《宋史》卷四三三“儒林三·程大昌传”。

⑥ (明)黄仲昭：《八闽通志》(上册)卷二九“秩官·职员·兴化府”。

类书《古今合璧事类备要》(亦作《事类备要》)外集卷四十七,在引录李焘《续资治通鉴长编》关于两大类盐介绍后,作了如下的论述:“獒(同“熬”)波,或结沙,不可以不察。”[①]这里的“结沙”,显然是与“熬波”不同的另一种海盐制法,即海岸浮沙晒盐法。考虑到编纂者谢维新、虞载(编纂《事类备要外集》)乃建安(今建瓯)人,他们的记述应视为福建沿海已有晒盐法似无疑;且从《事类备要·外集》记载文字看,海岸浮沙晒盐可能是宋末福建引进陕西解州池盐畦晒技术的一种尝试,即在盐池周围辟盐畦,“灌水盈尺,暴以烈日,鼓以南风,须臾成盐”[②]。而元代官方典籍《元典章》,则明确记载了大德五年(1301 年)福建运司所辖盐场的晒盐情况:“所辖十场,除煎四场外,晒盐六场,所办课程,全凭日色晒曝成盐,色与净砂无异,名曰砂盐。”[③]正因为晒盐法所制砂盐(又称结砂、漉沙)“色与净砂无异”,使不法分子有机可乘,引起封建王朝的高度警觉和明令禁止。熬波煎制所得为粉末状盐,结砂晒制为颗粒稍大砂盐,这种“其状又有不能不异者”[④],即有关结晶特征的明确区分,说明海盐晒法的出现早于《古今合璧事类备要》成书年代。明人何乔远也考证说:“盐有煎法,有晒法;宋元以前(闽地)二法兼用,今则纯用晒法。”[⑤]

不过,同样是明人编纂的福建方志,有人则断言“入国朝来始有晒法”[⑥],清代的《莆田县志》更具体言道:“天下盐皆煎成,独莆盐用晒法。传,明初有陈姓者,居涵江,试取海水晒,日中遂成盐,乃教其乡人。后人因效之。”[⑦]据此,近代论者多认为海盐晒法始于明代。事实上,根据成书于

① (宋)谢维新:《事类备要·外集》卷四七“盐醯门”。

② (元)脱脱:《宋史》卷一八一“食货志下三·盐上”。另据《宋会要辑稿·食货二四之三四》记载,“土俗称为瑞盐”的陕西解州池盐畦晒技术,出现在北宋建中靖国元年(1101年)。

③ 《元典章·户部卷八典章二十二·盐课》。

④ (宋)谢维新:《事类备要·外集》卷四七“盐醯门”。

⑤ (明)何乔远:《闽书》卷三九“版籍志·盐课”。

⑥ (明)周瑛:《重刊兴化府志》卷一二“货殖志”。

⑦ (清)廖必琦:乾隆《莆田县志》卷二“舆地志·物产·货类·盐”。

明弘治十六年(1503年)《兴化府志》的记载,明初出现的海盐晒法更为先进:“潮退后,各家就圳地(即海荡地)犁取海泥而邱阜聚之,别坎地为溜池(广七八尺、深尺四五),池下为溜井[大如釜,深倍之,约盛水二擔(担)],各槌砑使光,不至漏水。池底为窍以通于井,窍内塞以草复瓦土以塞其外(土稍粘稻糠,令水得出)。遇天日晴霁,开取所聚泥曝之,务令极干,搬置池中(池面及底皆稍布稻糠),以海水淋之,水由窍渗漉入井,渗尽干取泥滓而出之,别置新泥就以井中水淋之,如是者再,则卤可用矣(凡试卤以莲子,莲子浮则卤成矣,若沉复淋,如前法)。仍治地为盘,名邱盘,铺以断瓮,分为畦塍,广狭不过数尺,乃运井中水倾注盘中,遇烈日,一夫之力可晒盐二百斤。”[①]成书于明嘉靖八年(1529年)的《惠安县志》和万历四十四年(1616年)的《闽书》也有类似的记载,只不过(邱)底盘已由“断瓮”改为“石砌”。[②]显然,这种邱盘晒盐法较比元代的盐埕砂盐法工艺要求更高,也更科学。当然,史料记载的差异也可能透露出这样的信息:由于官方与民间技术交流障碍,明初人们对晒盐又经历了一个再探索和再认识的过程,在这个过程中,莆田涵江先民对海盐晒法做出了自己的独特贡献。值得一提的是,邱盘晒盐法亦为明后期海盐晒法的重大变革——埕坎晒盐法的发明奠定了坚实基础。

从宋末的浮沙晒盐,到元中的盐埕砂盐,再到明初的邱盘晒盐,福建海盐晒法一直走在全国的前列。晒盐法的最大特点是免去煎煮卤水这一复杂操作过程,让卤水经日光曝晒,在自然力的作用下,自然结晶成盐。与煎盐法相比,晒盐不需要柴薪,减少了操作程序,提高了工作效率,一人一日可晒盐200斤,制盐成本因此减低,“其工本钞,煎盐每引递增至二十贯,晒

① (明)周瑛:《重刊兴化府志》卷一二“货殖志”。

② 嘉靖《惠安县志·物产篇》有关晒盐法的记载言简意赅:“晒法亦为池与井,聚卤之咸者实于池,别汲海水淋之,渗漉入井。渗尽则斡去旧泥入新泥,就以井中水淋之。如是者再,则卤可用矣。乃运井水注盘中,盘以密石砌治,极坚,为风吹荡,故广狭不过数尺。一夫之力,一日亦可得二百斤。”

盐每引一十七贯四钱”[①]。技术进步加上产能扩大，到明中后期福建每斤盐成本“极高不过钱二文”[②]，是宋时最低本钱的1/2。

宋元明福建制盐技术的改进与创新，节省了生产成本，促进了盐业的大发展，福建由此成为我国重要的产盐地区之一。

第三节　其他食品加工技术

除糖和盐外，宋元福建的荔枝加工、酿酒以及水产养殖等技术都有了长足的发展，从而为海内外运销和明清发展打下了坚实基础。

一、荔枝加工技术的多样化与系列化

荔枝鲜果具有“一日而色变，二日而香变，三日而味变，四五日外，色香味尽皆去矣”[③]的特性，因而鲜果加工成为荔枝规模化生产和商品化经营的重要环节。至宋代，福建已出现了盐渍法、红盐法、白曝法、蜜浸法、蜜洗法、晒煎法和焙制法等，呈现加工技术的多样化与系列化倾向。

盐渍法。即用盐水浸泡荔枝，以防腐、防虫，这是一种最简陋的加工技术。钱易《南部新书》（约1017年）载：“旧制东川进浸荔枝，盖以盐渍。其新者今吴越间谓之鄞荔枝，乃闽福者自明之鄞县来。”[④]这条信息告诉我们，至宋初福建仍在大量加工盐渍荔枝，并通过浙江鄞县（今宁波）将其“水浮陆转”运往京师和内地。

红盐法。以盐梅卤浸泡佛桑花制成红浆，然后把荔枝放进渍泡，最后捞起晒干，就成为荔枝干。用该法加工的荔枝，“色红而甘酸，可三四年不

① （清）陈寿祺：道光《福建通志》卷五四“盐法·元盐法”。

② （明）何乔远：《闽书》卷三九“版籍志·盐课”。

③ （唐）白居易：《白氏长庆集》卷二八“书序·荔枝图序”。

④ 陈衍：民国《福建通志》卷三“物产志”。

虫(去声)”[1]。杂色荔枝一般要用红盐法加工。

白曝法。把新鲜荔枝置于烈日下晒至核硬为止,然后储存于瓮中,密封百日。蔡襄把这道密封工序“谓之出汗”,“去汗耐久,不然逾岁坏矣”[2]。由于白曝荔枝可贮藏1～2年,故成为商贩远销各地的主打产品。

蜜浸法。把新鲜荔枝去壳、去核后放在蜜汁中贮藏,以达保鲜目的。蜜浸法和白曝法是宋时加工上等荔枝的主要方法,福建每年都有此类产品进贡皇宫,被视为上方珍果。“荔枝干:大中祥符二年(1009年),岁贡六万颗。……宣和(1119—1125年),于祥符数外,进八万三千四百。”“荔枝煎:大中祥符二年,定额一百三十瓶,丁香荔枝煎三十瓶。”“圆荔枝:崇宁四年(1105年),定岁贡一十万颗。大观元年(1107年),增一万。宣和中,增十万六百颗。”[3]

蜜煎(洗)法。“剥生荔枝,笮去其浆,然后蜜煮之。”[4]如此加工出来的产品就是荔枝果脯,是一种受人喜爱的传统名贵食品。

晒煎法。将荔枝晒至半干后再放进蜜中煮之。经此加工的荔枝,“色黄白而味美可爱”。这是蔡襄知福州期间自己创造的一种加工技术。但由于“其费荔枝,减常岁十之六七。然修贡者皆取于民,后之主吏,利其多取以责赂,晒煎之法不行矣”[5]。此乃社会政治经济因素限制科技推广应用的显例。

焙制法。元时兴化仙游的林蒙亨在《螺江风物赋》中写道:“其树之所出,则侧生荔枝……则日干而火烘。”[6]这“火烘”之法即焙制法。关于焙制法的工艺流程,明代徐𤊹有较为详细的描述:“择空室一所,中燔柴数百斤。两边用竹筲各十,每筲盛荔三百斤,密围四壁,不令通气。焙至二日一夜,

① (宋)蔡襄:《荔枝谱·第六》。

② (宋)蔡襄:《荔枝谱·第六》。

③ (宋)梁克家:《三山志》卷三九“土俗类一·土贡”。

④ (宋)蔡襄:《荔枝谱·第六》。

⑤ (宋)蔡襄:《荔枝谱·第六》。

⑥ (明)周瑛:《重刊兴化府志》卷三二“艺文志”引元林蒙亨《螺江风物赋》。

荔遂干。实过焙伤火,则肉焦苦不堪食。”荔枝一经焙干,则“藏于新磁瓮。每铺一层,即取盐梅三五个,箬叶裹如粽子状,置其内,密封瓮口,则不蛀坏”。[1] 焙制法的优点在于:不受气候影响,克服了白曝法及晒煎法常受夏雨约束之弊;所需空间小,不像白曝法及晒煎法需要较大的晾晒面积;生产效率高,短时间内可焙制大量的荔枝干。因此,焙制法的产生,表明宋代福建荔枝加工技术已初步完善。

荔枝色、香、味绝佳,古有岭南四大佳果之首的美称。多样化、系列化的加工技术,不仅促进了福建荔枝在全国各地的热销,而且还通过泉州港海上丝绸之路大量行销海外诸国,“水浮陆转,以入京师,外至北戎、西夏。其东南舟行新罗、日本、流求、大食之属[2],莫不爱好”[3],成为深受海内外人民喜爱的美味珍果。值得一提的是,北宋宣和年间(1119—1125 年),福州“以小株结实者置瓦器中,航海至阙下,移植宣和殿,锡二府宴”,这一别出心裁的“移植”得到宋徽宗的极大欢心,赐御诗云:“蜜移造化出闽山,禁御新栽荔子丹。琼液乍凝仙掌露,绛苞初绽水精丸。酒酣国艳非珠粉,风泛天香转蕙兰。何必红尘飞一骑,芬芬数本座中看。”绍兴初(约 1131 年),这种“生荔枝”保鲜法被纳入福州土贡之属。[4]

二、酿酒及其制曲工艺

与近古不同,唐宋以前“闽人以粳稻酿酒”[5]。唐时汀州长汀谢公楼就以粳稻酿造好酒闻名于世。“谢公楼上好醇酒,二百青蚨买一斗。红泥乍

---

① (明)徐𤊹:《荔枝谱》卷下“五之焙”。

② 西夏:古国名,与北宋对峙,辖境有今宁夏、甘肃一带,对北宋而言是“外国”。新罗:朝鲜半岛中古国名。流求:古国名,隋时建国,即今琉球群岛。大食:古国名,我国史书上称古阿拉伯帝国为大食。

③ (宋)蔡襄:《荔枝谱·第三》。

④ (宋)梁克家:《三山志》卷三九“土俗类一·土贡·生荔枝”。

⑤ (清)黄任:《乾隆泉州府志(一)》卷一九“物产·稻之属”引《闽中记》。

擘绿蚁浮，玉碗才倾黄蜜剖。”[①]至宋代，酒已成为闽人最普通的食物之一，“诸州城内皆置务酿酒，县、镇、乡、闾或许民酿而定其岁课”[②]。1999 年 8 月，在泉州中山公园出土了 2 件长方形石碾，其中 1 件外壁一侧刻有“酒库造碾，绍兴二十年七月，一样两只公用”字样，显示该处曾是南宋泉州官办的酿酒作坊。[③] 闽中的特色是酿红酒，“闽中公私酝酿，皆红曲酒，至秋尽食红糟，蔬菜鱼肉，率以拌和，更不食醋”[④]。同时，由于“福泉汀漳州、兴化军”[⑤]不实行榷酤之法，故在宋代福建的沿海地区，酿酒与煮盐同被视为可小户经营的富民项目。“千家沽酒万户盐，酿溪煮海恩无极。”[⑥]生活与生产的双重需求，促进了宋代福建酿酒及其制曲工艺的发展。

宋末元初崇安（今武夷山）陈元靓在其编纂的《事林广记》“酒曲”一节对红酒制曲工艺进行了较为翔实的记述。“但凡造红曲，都要先造曲母。”红酒制曲工艺一般分为造曲母和造红曲两大步骤。先看“造曲母”：“秫米淘洗干净后蒸熟，用少量水，如同造酒的方法和匀，放入瓮内，冬季放置七日，春秋放置五日，夏季三日即可，以酒熟为准，放入盆中磨为稠糊状。”再说“造红曲”：“白粳米一石五斗，用水淘洗后浸泡一晚上。第二日将白粳米蒸到八分熟，分作十五处，每一处加入上述的曲二斤，用手搓揉，均匀之后并为一堆。”[⑦]造红曲一般需 4～5 天时间，其间要十分关注温度变化并不断将红曲分堆和并堆，还要用大桶盛新汲出来的井水蘸湿红曲，红曲制成的标准是在水中“自然浮而不沉”，然后“趁着中午太阳炙热时，晒干用以造

---

① （明）黄仲昭：《八闽通志（下卷）》卷七四“宫室·汀州府·长汀县·谢公楼”引唐张九龄诗。

② （元）脱脱：《宋史》卷一八五“食货志下七·酒”。

③ 曾萍莎等：《南宋泉州“酒库造碾”和“小口陶瓶”》，载《海交史研究》2005 年第 2 期。

④ （宋）庄绰：《鸡肋编》卷下。

⑤ （元）脱脱：《宋史》卷一八五“食货志下七·酒”。

⑥ （宋）王象之：《舆地纪胜》卷一三〇“福建路·泉州府·诗”引宋杨炳《上太守朱卿馀乞罢官盐》。

⑦ （宋）陈元靓：《事林广记》卷四“耕织·酒曲”。

酒”。一般而言，“白糯米一斗，可制作上等的好红曲二斗”。[1]

宋代福建糯米种植十分广泛，产量也颇为可观。据《三山志》记载：“糯米之种十有一：曰金城、白秫、黄秫、魁秫、黄莔秫、马尾秫、寸秫、膈秫、牛头秫、胭脂秫，而寸秫颗粒最长。盖诸邑亦或通有之。”[2]正是有这样的种植基础，宋代福建成为我国制曲酿酒业较为发达的地区。据《宋会要辑稿·食货志》记载[3]，建州的州城及浦城、松溪、开(关)隶、建阳、崇安县和天受、大挺、幽胡、永兴、大同山、通德场、柳源坑等地，南剑州的州城及尤溪、将乐、顺昌、沙县和王丰、杜唐、娄杉、安福、石牌、叶洋、龙蓬、龙泉、梅宫(梅营)、小安仁、杨兴、新丰、安仁场等地，邵武军的军城及光泽县和黄土、龙鬓(龙须)等地，纷纷“置坊造酒出卖”，仅建州7县，就曾年“科糯米三万三千余石”用于官营“酒务支用”[4]，相比北宋都城汴梁(今河南开封)“酒户岁用糯三十万石”[5]，产量之大可见一斑。

三、水产养殖加工技术的萌发

“闽有负海之饶。”[6]早在唐时福州的“海蛤”、漳州的“鲛鱼皮”，就已成为福建土贡之属。[7] 据现有文献记载，福建规模化水产养殖始于宋代，其中尤以贝类和紫菜海水养殖历史最悠久。

早在北宋年间蔡襄建造万安桥(即洛阳桥)时，就曾经“取蛎房散置石基上，岁久延蔓相粘，基益胶固矣”[8]。养蛎护基，其实是人工移植，以石块作为基质的养蛎方法。宋梅尧臣《食蚝诗》云：“亦复有细民，并海施竹牢。

---

① (宋)陈元靓：《事林广记》卷四“耕织·酒曲”。

② (宋)梁克家：《三山志》卷四一“土俗类三·物产·谷”引《闽清图经》。

③ (清)徐松：《宋会要辑稿·食货一九之一九“酒曲杂录”》。

④ (清)徐松：《宋会要辑稿·食货七〇之九八“税·赋税”》。

⑤ (元)脱脱：《宋史》卷一八五“食货志下七·酒”。

⑥ (唐)刘禹锡：《唐故福建等州都团练观察处置使福州刺史兼御史中丞赠左散骑常侍薛公神道碑》，载董浩《全唐文》卷六〇九。

⑦ (明)黄仲昭：《八闽通志(上册)》卷二〇“食货·土贡”。

⑧ (宋)方勺：《泊宅编(三卷本)》卷中。

掇石种其间，冲激恣风涛。咸卤日与滋，蕃息依江皋。”[①]这是插竹养蛎的记载。《八闽通志》则引述旧志曰：“莆田海滨有蚶田百顷，号大蚶山。”[②]至明代，福建沿海各州县养殖蛎、蛤、蛏等已非常盛行。

紫菜是福建海水藻类养殖中最早的一类，据《八闽通志》记载，早在五代长乐县东北二十二都海边就有一处“周围十余丈”的“闽王禁石”，“石产紫菜，纤而味美。闽王审知时，岁以供贡，禁民私采”[③]。到北宋太平兴国三年(978年)，福州平潭、莆田沿海岛屿已开展规模紫菜养殖活动，主要采用的是菜坛式栽培法，即对潮间带岩礁(菜坛)加以人工管理。[④] 由于品质出众，宋代平潭产的紫菜已充作贡品[⑤]，其中尤以白水滩石金色产紫菜味尤佳，养殖技术和加工品质皆达先进水平。

除海水养殖外，淡水养殖在宋代的福建也有记载。福建现存史料中，最早记述淡水鱼类的是南宋梁克家《三山志》，书中记载当时福州地区有淡水鱼类如鲤鱼、鳊鱼、白鱼、鲫鱼(一名鲋鱼)、江鳗、鳢鱼、乌鱼、黄赖鱼、䱁鱼(亦名甜鱼)、泥鳅鱼以及白虾、芦虾等[⑥]，资源相当丰富。福建淡水养殖可追溯至宋代，在连城、长汀、永安、沙县等方志中有记载宋明时期当地水田一季种稻一季养鱼之事。鲤鱼“最易生长，恒觅食虫类，畜于水田有保护稻苗之功”[⑦]。对于不适合种双季稻的内地山区来说，稻田养鱼不仅是对水田的充分利用，而且对稻鱼生长互相都有利，是一举多得的事情。迨至明清，以池塘养鱼为主的淡水养殖事业日兴，成为福建渔业生产的重要组

---

① 《深圳旧志三种·嘉庆新安县志》卷二四“艺文志·诗”引宋梅尧臣《食蚝》。

② (明)黄仲昭：《八闽通志(上册)》卷一一“地理·山川·兴化府·莆田县·大蚶山”。

③ (明)黄仲昭：《八闽通志》(上卷)卷四“地理·山川·福州府·长乐县·闽王禁石”。

④ 《福建渔业史》编委会编：《福建渔业史》，福建科学技术出版社1988年版，第205～206页。

⑤ (元)脱脱：《宋史》卷八九“地理志五·福建路”；(宋)梁克家：《三山志》卷三九“土俗类一·土贡·紫菜”。

⑥ (宋)梁克家：《三山志》卷四二“土俗类四·物产·水族”。

⑦ 李熙：民国《政和县志》卷一〇“物产·鳞属·鲤”。

成部分。

在水产加工方面，莆田腌制的子鱼十分味美，畅销省内外。子鱼“身圆鬣小，冬深盈腹皆子也，腌作酢。肥美，可充方物”[①]；“兴化军莆田县去城六十里有通应侯庙，江水在其下，亦曰通应。地名迎仙，水极深缓，海潮之来，亦至庙所，故其江水咸淡得中。子鱼出其间者，味最珍美。上下十数里，鱼味即异。颇难多得。故通应子鱼，名传天下”[②]。得地理之先，承加工之美的通应（北宋政和前名“通印”）子鱼，得到王安石“长鱼俎上通三印”、苏轼“通印子鱼犹带骨”、黄庭坚“子鱼通印蠔破山”等宋代大诗人的吟咏[③]，成为福建水产外销的名牌产品。

值得一提的是，早在五代，莆田人陈致雍就撰写了《晋安海物异名记》三卷[④]。据明陈懋仁《泉南杂志》记载，该书因“荒余之产，职方不入，郭璞未详，张华不载，沈莹临海记、颜之推稽圣赋、崔豹古今注、交州异物纪、岭表录异、山海经东方异物等记，及诸家博物之例，物同而名异者，集在此卷，就其方言而正之”[⑤]，从而为宋元福建水产养殖加工技术发展提供了知识储备。

① (宋)梁克家:《三山志》卷四二“土俗类四·物产·水族·子鱼”。

② (宋)庄绰:《鸡肋编》卷中“莆田通应子鱼”。

③ (宋)王象之:《舆地纪胜》卷一三五“福建路·兴化军·景物下·子鱼潭”;(明)黄仲昭:《八闽通志(上册)》卷一一“地理·山川·兴化府·莆田县·双鱼山”。

④ 陈致雍《晋安海物异名记》今佚，部分内容散见于石有纪等修纂的民国《莆田县志》。

⑤ (明)陈懋仁:《泉南杂志》卷上。

第五编　建筑与手工业技术的重大进步

宋元是福建科技发展的高峰期，这一点不仅体现在与海外贸易密切相关的造船、造桥、航海、制瓷、纺织等行业，也表现在农业及其技术加工领域，还包括建筑与印刷、造纸、矿冶、手工艺等其他手工业生产部门。

第十五章　独具特色的建筑工艺技术

建筑既是人类物质生活的基石，也是精神文化的重要载体。在社会经济大发展和民族交融日趋紧密的推动下，宋元福建建筑呈现多元化、特色化发展格局，表现在建筑形式日益丰富，建筑规模日益庞大，工艺技术成熟创新诸方面。在这长达400多年的发展中，尤以福州城建、寺塔建筑与土楼民居成就突出，颇具典型性和代表性。

第一节　福州城：福建城市建设的典范

作为福建首府和闽都，福州城建设受到历代统治者的重视，集中体现了福建城建历史及其所蕴含的技术特点与建筑成就。

一、福州城的历史变迁

福州地处闽江下游出海口的福州盆地，属冲击——海积平原。2200多年来，随着沙洲的扩展，汉冶城、晋子城、唐罗城、五代夹城、宋外城、明府城这前后六城不断向南、向东南方向拓展，形成不同时期福州城市建设的历史风貌。

“闽之有城，自冶城始。”[①]冶城位于福州新店镇，是闽越王无诸和“奉闽越先祭祀”[②]的汉初越繇王丑居住的都城。而历代所说的“冶城”(即东冶)，实指“刻‘武帝’玺自立”[③]的东越王余善的宫殿，位于今福州冶山路、钱塘巷一带。后无诸子孙据险叛汉被灭，闽越二王的“冶城”均被废弃。晋太康三年(282年)，福州置晋安郡，首任太守严高“顾视险隘”，认为位于越王山(今屏山)的闽越王故城“不足以聚众”[④]，遂将城池向东南方向迁移，“定宅方位”[⑤]，修筑了晋安郡城(亦称晋子城)，并开凿东西二湖及运河(即宋大桥河，今晋安河)[⑥]，形成早期的福州城市格局，奠定了后世福州城的发展基础。

唐中和至文德年间(881—888年)，福建观察使郑镒和陈岩修拓晋子城，“先是开城南河”，然后“修广其东南隅”至今八一七北路(南街)一带，并“甃之砖石”即以砖贴墙[⑦]，成为中国历史上较早的砖城之一[⑧]。唐天复元年(901年)，“开闽王”王审知创筑城上屋廊达“一千八百有十间”[⑨]的罗城，

① (清)林枫：《榕城考古略》卷上“城橹·附旧城考略”。

② (汉)司马迁：《史记》卷一一四“东越列传”。

③ (汉)司马迁：《史记》卷一一四“东越列传”。

④ (宋)梁克家：《三山志》卷四“地理类四·子城”。

⑤ (宋)梁克家：《三山志》卷七“公廨类一·府治”。

⑥ (宋)梁克家：《三山志》卷四“地理类四·内外城壕(桥梁附)”。

⑦ (宋)梁克家：《三山志》卷四“地理类四·子城”。

⑧ 有人认为这是中国第一座砖城，详见《中国古代史常识·专题部分》(中国青年出版社1980年版)，第267页。

⑨ (唐五代)黄滔：《唐黄御史文集(唐黄先生文集)》卷五“碑记铭·灵山塑北方毗沙门天王碑”。

将晋子城和汉冶城囊括其中，城内民居逐段以高墙隔开，形成以“三坊七巷”为代表的街区布局雏形。罗城“设大门及便门十有六，水门三”[①]，南边已到利涉门（今安泰桥边），是一座东西宽3000多米，南北长2000多米的椭圆形城[参见图15-1（左）]。罗城面积虽扩大，但仍不能满足福州经济发展和人口增加的需要。后梁开平元年（907年），王审知又在椭圆形罗城的南北两端加建夹城（月城），“（罗城与南北月城）周圆二十六里四千八百丈，基凿于地十有五尺，杵土胎石而上，上高二十尺，厚十有七尺，外甃以砖，凡一千五百万片”[②]，形成“新城似月圆”[③]的城市景观。新筑夹城南端已由安泰桥边的“利涉门”，向南扩展到今南门兜的“宁越门”；北端由钱塘巷的“永安门”，扩展到越王山麓的“严胜门”“遗爰门”一带，乌山（乌石山、闽山）、于山（九仙山）、屏山（越王山）也被圈入城内（参见图15-1）。北宋开宝七年（974年），时任吴越国福州刺史的钱昱在闽国初修的基础上重筑东南夹城，“东夹城今行春门南北，南夹城今合沙门东西，即今外城也”（参见图15-2）。《三山志》所谓的东南外城“凸则为基，坳则为洫”，建设工程浩大：“南自光顺门（即合沙门）而西，城三百二十九丈，其门楼六间，敌楼三十间。东自东武门（即行春门）而北安边、临江门楼，皆五间，便门二，敌楼九间，城二百七十四丈，开沿城河二千九百尺。自东武门而南，门楼三间，敌楼二十四间，城三百一十丈，开沿城河三千六百尺。凡城高丈有六尺，而厚半之，石其基，累甓而覆以屋，二年乃毕”[④]，古代福州城的规模趋于定型。同时，这种下用坚石墙基，上砌以砖甓，且覆以屋盖的筑城模式，成为日后福州乃至福建的基本方向。不幸的是，整个福州城郭在东南夹城建成后的第三年[即太平兴国三年（978年）]就被下令拆毁，“四周城墙只高三五尺，可以遮闭牛羊，至于私商小儿皆可逾越”[⑤]。

---

① （宋）梁克家：《三山志》卷四“地理类四·罗城”。

② （唐五代）黄滔：《唐黄御史文集（唐黄先生文集）》卷五“碑记铭·灵山塑北方毗沙门天王碑”。

③ （宋）梁克家：《三山志》卷四“地理类四·夹城”引唐五代黄滔《万岁记》。

④ （宋）梁克家：《三山志》卷四“地理类四·外城”。

⑤ （宋）蔡襄：《蔡襄全集》卷一七“乞相度开修城池”。

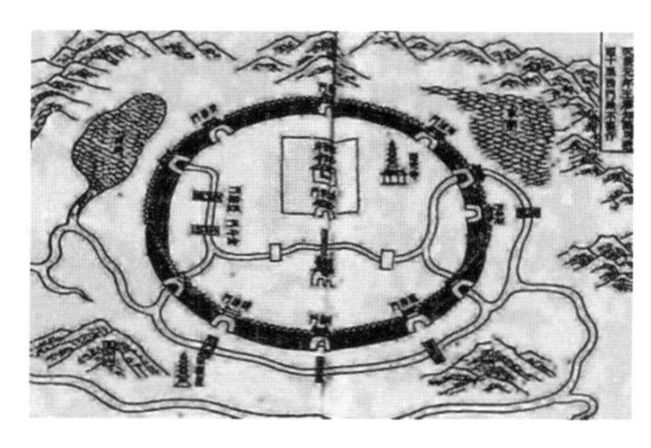

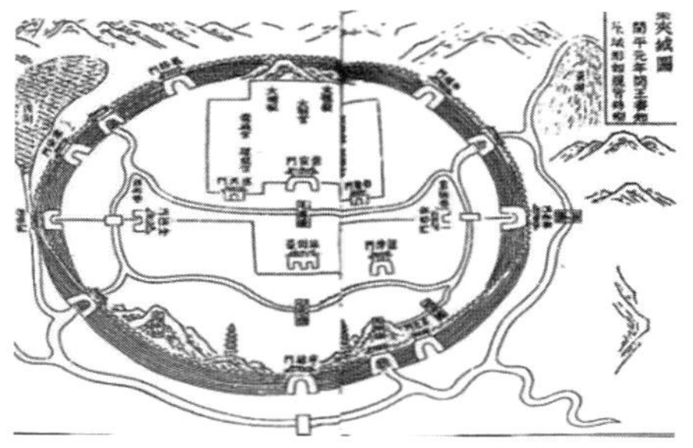

图 15-1　唐福州罗城(左)与梁福州夹城示意图

资料来源:明王应山《闽都记》彩图三、彩图四。

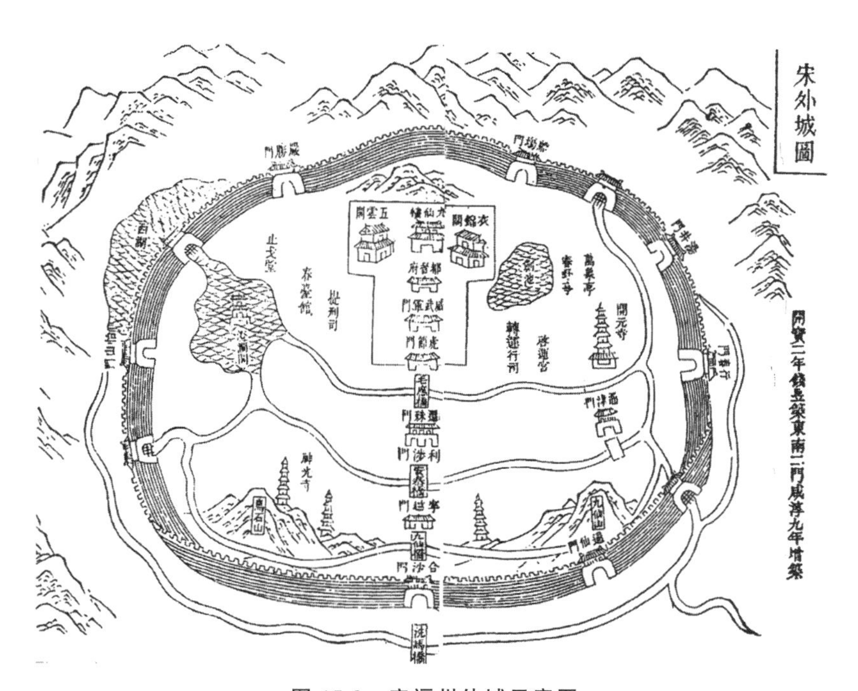

图 15-2　宋福州外城示意图

资料来源:明王应山《闽都记》彩图五。

“城里三山古越都，相望楼阁跨蓬壶；有时细雨微烟罩，便是天然水墨图。”[①]宋代福建社会经济和科技文化的高度发展，推动福州兴起新一轮城市建设高潮。由于“伪闽以来，涂多凹弊，石亦未徧（遍）”，所以城市道路修建首先提到议事日程。“康定元年（1040 年），乡民黄浩然等砌东渎。熙宁以后（即 1068 年以后），道士颜象环劝募，周更营干，凡三十年。”[②]在民众热情感召下，地方官员也积极行动起来。皇祐四年（1052 年），知州曹颖叔率先修复北夹城，“自严胜门始甓百五十丈”，拉开了福州城“以渐开修”的序幕。[③] 嘉祐元年至嘉祐二年（1056—1057 年），蔡襄第二次任职福州时，组织开展了大规模河道开挖和疏导工程，福州城市内河水网体系由此形成。治平四年（1067 年），福州太守张伯玉推广“编户植榕”制度，福州遍植榕树，“绿荫满城，行者暑不张盖”[④]，“榕城”之名由此大盛。熙宁二年（1069 年）四月，知州程师孟又就唐五代子城旧址加以修复和扩展，“益以西南隅，周九百五十丈，厚五寻，而杀其半，崇得五之四。表里累以甓石，上设女墙。其下覆以椽瓦为台，以抗其隅。创九楼城上。下负墙为亭三，浚其隍，为桥十二，拒以一钟，疏以二门，费缗钱一万九百七十四，用工十一万七千三百八十九日卒功”[⑤]。修复扩建后的福州子城，其范围可从《三山志》所载 6 个城门及其遗址中得知梗概：南虎节门（今虎节路口），东南定安门（今卫前街），东康泰门（今丽文坊），西丰乐门（今旧米仓巷附近），西北宜兴门（即旧子城门，宜兴门桥遗址在今渡鸡口），西南清泰门（今杨桥路）。疏浚护城壕并架桥，在鼓楼城门上添置沙漏计时器，使福州（子）城具有了时代气息。经过北宋的数次大规模整修，到南宋淳熙九年（1182 年）《三山志》成书时，福州形成了以子城（内城）和罗城、夹城、外城各 6 城门以及城涂（城市道路）、子城坊巷、罗、夹城坊巷、内外城壕及桥梁为主要节点的城市格局。

---

① （宋）王象之：《舆地纪胜》卷一二八“福建路 · 福州 · 福州诗”引宋陈轩诗。
② （宋）梁克家：《三山志》卷四“地理类四 · 城涂”。
③ （宋）梁克家：《三山志》卷四“地理类四 · 外城”。
④ （宋）梁克家：《三山志》卷四“地理类四 · 城涂”。
⑤ （宋）梁克家：《三山志》卷四“地理类四 · 子城”。

福州城在元末明初的战乱曾再度隳毁。迨至明洪武四年(1371年),福州又大兴土木,重砌石城,称为府城。明代福州城基本沿袭五代夹城格局,北跨越王山,南则绕乌石、九仙二山而围之,“周围三千三百四十九丈”[①]。又在越王山巅造一谯楼,作为“样楼”供各城门楼参照。因置身楼中可望闽海,是远航进福州港标记,又名“镇海楼”。重扩建后的福州城池十分壮观,“城高二丈一尺七寸(约7米),阔一丈七尺(5米多)”[②],以石砌成,共有东(旧行春门)西(旧迎仙门)南(旧宁越门)北(旧严胜门)4门以及水部门、汤门(旧汤井门)、井楼门等7个城门(参见图15-3)。后代虽对垣墙、门楼屡有重修,大体仍按旧制。辛亥革命后,因拓展马路,城墙、门楼陆续被拆除,只留下口口相传的地名。

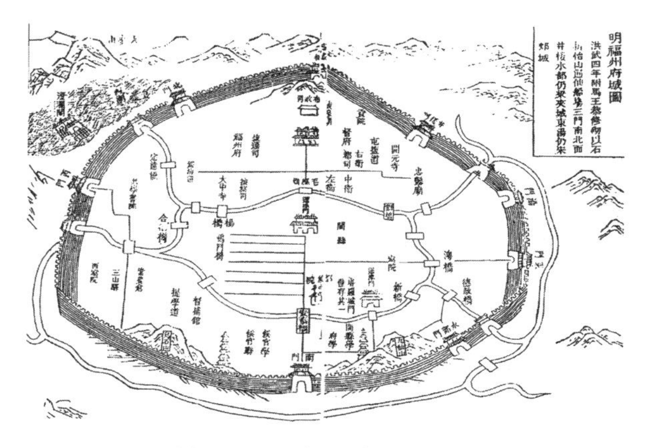

图15-3 明福州府城示意图

资料来源:明王应山《闽都记》彩图六。

作为福建政治、经济和文化中心,福州城的变迁(参见图15-4),是福建古代城市建设和发展的历史缩影。

① (明)黄仲昭:《八闽通志(上卷)》卷一三“地理·城池·福州府·府城”。

② (明)黄仲昭:《八闽通志(上卷)》卷一三“地理·城池·福州府·府城”。

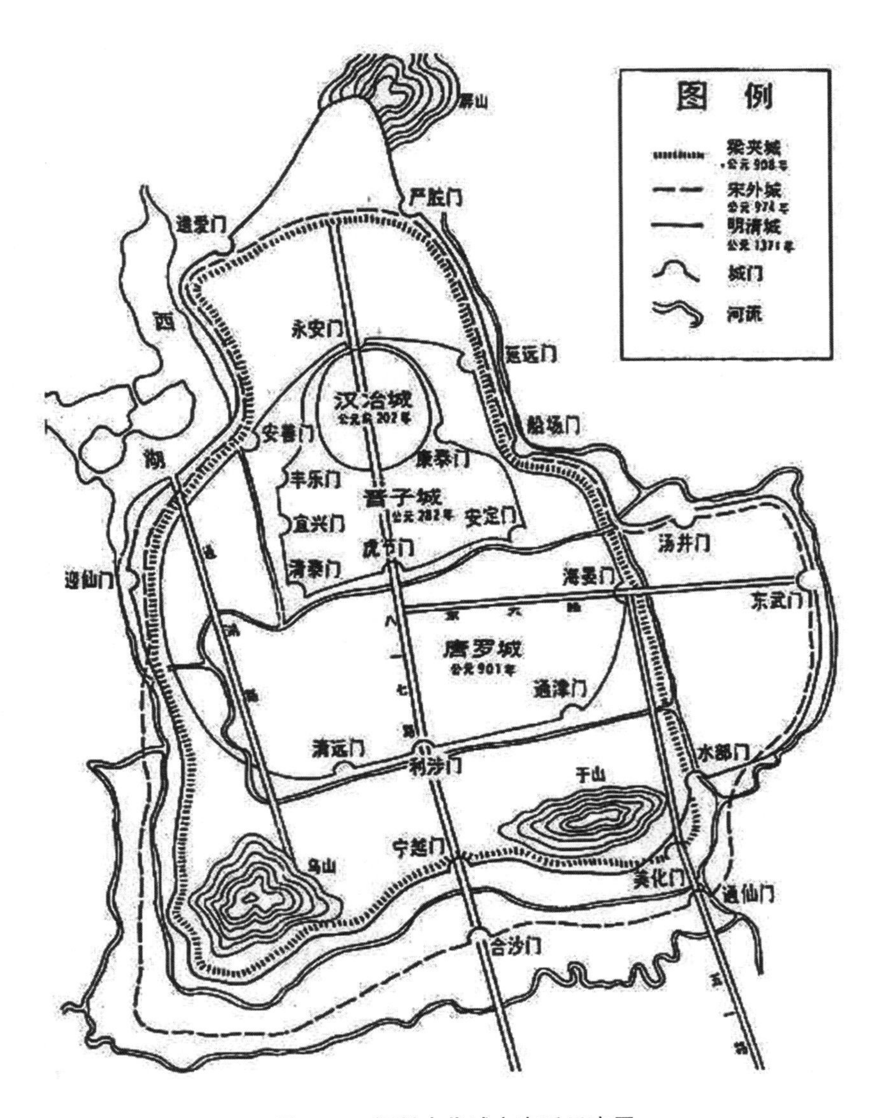

图 15-4 福州古代城市变迁示意图

资料来源:《福州市志(第一册)》封页。

二、福州城建的技术特点

“城郭缭绕，鼎立三山，飞阁层楼，驾空耸汉，得泉石之胜，不可殚纪。”[①]“其山川之胜，城邑之大，宫室之荣，不下簟席而尽于四瞩。”[②]作为宋朝六大城市之一，唐宋福州在城市格局、城市水系和港区建设方面皆有不凡之处。

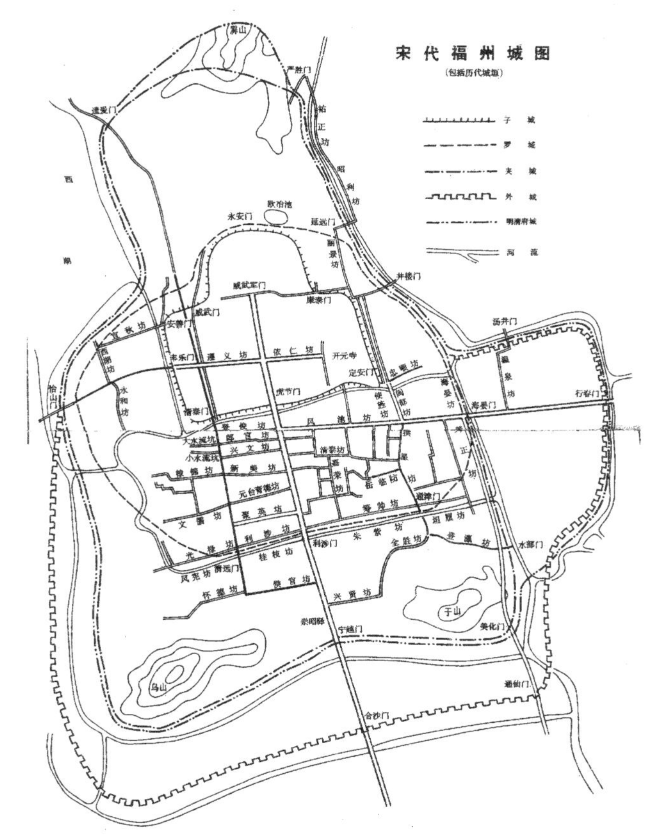

图 15-5　宋代福州城示意图

资料来源：《福州市志（第一册）》封页。

一是独特的城市空间格局。经历代规划和扩建，至宋代，福州城内于山、乌石山、屏山三山鼎立，白塔、乌塔两塔以峙，构成“三山两塔”的“城中有山，山中有城”的城市空间格局（参见图 15-5）。五代夹城拓建后揽屏山、乌山、于山于城内，成为城市空间形态发展的一个重要转折点，并形成了城市中的 3 个制高点。屏山为主位，位于城市中轴线的

① （宋）梁克家：《三山志》卷四〇“土俗类二・岁时・重阳・登高”引宋曾师建语。

② （明）黄仲昭：《八闽通志（下册）》卷八二“词翰・福州府・纪述・（宋曾巩）《道山亭记》”。

北端，是城市主干道的重要对景点。乌山、于山在城市南部呈中轴对称拱卫左右，位于乌山和于山山麓的坚牢塔（全称为崇妙保圣坚牢塔，俗称乌塔）和定光塔（全称为报恩定光多宝塔，俗称白塔）更成为城市空间的重要节点标志，形成了“三山两塔”的城市空间格局。

二是工整的坊巷布局。福州城内的百余处坊巷是沿着3条南北走向且大致平行的轴线布局的，别具一格。“自南台渡江十里合沙门（即外城南门），次宁越门（夹城南门），次利涉门（罗城南门），次还珠门（子城南门外），次虎节门（子城南门），次威武门，次都督府门，丽谯凡七。”[①]早在唐五代，福州先民就沿着这条城市中轴线，建起了一组排列工整的“新村”，如在子城，东有依仁坊、东衙等，西有遵义坊、西衙等；在罗城和夹城，东有凤池坊、大隐坊、使旌坊、嘉荣坊、旌隐坊、骁骑坊、涟漪坊、朱紫坊、兴贤坊等，西有登俊坊、郎官坊、兴文坊、新美坊、元台育德坊、聚英坊、利涉坊、桂枝坊、侯官坊等。[②] 然后，与中轴线平行，在城市的东、西面，分别建起另一组坊巷。这些坊巷大多完成于宋代，后经明清演变，形成今天的街区布局和建筑风格。这一点从保存至今的三坊七巷中可见一斑。

三是先进的城市水系。与今日以陆路交通为主的城市不同，宋时福州可称得上是一座“水城”，“其城之内外皆涂（道路），旁有沟，沟通潮汐，舟载者昼夜属于门庭”[③]。因此，维护和建设城市水系，成为历代福州地方官的重要职责。“今城东南地势卑平，潮上大江（即闽江），自南台东北入河口津，经通仙门、美化门之东，至临河务入南锁港北过德政桥，至去思桥（旧名澳桥、通津桥），为罗城大壕。过桥北，出锁港，散入东湖。其西分为三：一自通仙门之南入通仙桥，西行经洗马桥，而西，会于夹城壕之西南隅；一自美化门之西入教场南，过宁越门外九仙桥（旧名合沙桥），西逾宿猿洞址，过西门迎仙桥，乃北通西湖，至遗爱门池桥；一自德政桥之西南，至河西桥（亦

---

① （宋）梁克家：《三山志》卷四“地理类四·外城”。

② （宋）梁克家：《三山志》卷四“地理类四”。

③ （明）黄仲昭：《八闽通志（下册）》卷八二“词翰·福州府·纪述·（宋曾巩）《道山亭记》”。

称使君桥)以西置闸(旧名清水堰,南宋名使君闸)吸大河水贯城,而西经通津门桥(旧名兼济桥),次安泰桥,次清远门桥、次板桥、次金斗门桥,直抵浦尾折而东,经金墉桥,与甘棠闸潮相遇。其东别为二,一自通仙门之东北行,至临河务水门,分支壕,绕外城而北,过行春门外乐游桥,又绕外城而西至汤井门,接去思桥河尾。其北又分为二:一自去思桥北,西入甘棠闸。又西行过延庆桥,次师桥,次经院前桥,次长利桥,通阛桥,次虎节门大桥,次清泰门雅俗桥,至子城西南隅发苗桥,与清水堰潮相遇,北行至丰乐门(旧名乐输门)义和桥(亦称定远桥),次宜秋桥至鹿顶门墙止。一自去思桥北北行,稍不附城,至严胜门并石泉而北,乃东折至安国之左。若其子城之东南,自长利桥北,走经定安门仁爱桥并开元而北,逾康泰门(旧名东康)乐游桥,趋将军山之南。西南自清泰门东众乐桥水门入子城,经开通桥,次便民桥,次宜兴门桥,沿都仓至威武堂西澄澜阁,通西园池。又自西北绕郡城之后,东入欧冶池。"[①]《三山志》所描述的福州内外城壕及桥梁,大多是伴随着唐五代福州城拓建而兴建的,并在宋代得到不断修复与完善,如绍兴二年(1132 年)修建的甘棠闸和使君闸、绍兴十四年(1144 年)兴筑的德政桥、淳熙十年(1183 年)"尽复旧制"的西湖等。其中最大规模河道开挖和疏导工程,出现在蔡襄任知府的北宋嘉祐二年(1057 年)。根据蔡襄自己的记述[②],该工程分为四个部分:一是自罗城东南外的清水堰口(南宋改建为使君闸),西经兼济门桥(通津门桥)→利涉门桥→清远门桥,过发苗桥北上至子城西南的清泰门桥,然后沿子城南向东,经后河口开元寺前小石桥→经院前桥→南禅寺斗门,全长约 1312 丈,这是"吸大河水贯城"的重要组成部分;二是自子城西南隅的发苗桥开挖,经乐输(即丰乐)门桥北上至鹿顶门,全长 204 丈,这是子城西北以接西湖之水的开放河浦。三是自子城西南的清泰门北上,经旧子城宜兴门桥直抵州衙,全长 173 丈,这是保证城市中心水系畅通的工程。四是自子城东南的小石桥始,经定安门抵东康(即康泰)

① (宋)梁克家:《三山志》卷四"地理类四·内外城壕(桥梁附)"。
② (宋)梁克家:《三山志》卷四"地理类四·内外城壕(桥梁附)"。

门桥，全长173丈，这是改善子城东南水系的工程。“州东带沧溟，百川丛会，控清引浊，随潮去来。”[①]《三山志》作者的感叹说明，经过历代的开挖疏导后，福州内河已形成一个庞大的给排水工程系统。它充分利用福州西高东低的形势，引东北方向的新店溪和石溪等流进城东，通过护城壕注入闽江；闽江涨潮时，又可利用河潮约2米的落差，让水从河口尾洄流入城内外河道、浦、渠和塘等，“朝夕为池”[②]，实现水流有法、吐故纳新的愿望。此外，通过在各渠浦连接处设置水闸以调节水量，依靠护城壕使整个城内河道互相通连形成网络，使宋代福州的给排水系统具有明显的先进性。

四是精巧的筑城工艺。这一点从发掘出土的福州鼓楼和延远门可见一斑。福州鼓楼(《三山志》作“威武军门”，《八闽通志》作“谯楼”)，位于鼓屏路与鼓西路交叉路口西北角，始建于唐元和十年(815年)，宋嘉祐八年(1063年)更为双门，“上建楼九间”。熙宁二年(1069年)，知州程师孟“始创滴漏。有鼓角，更点”。[③] 后屡毁屡建，特别是元泰定年间(1324—1328年)的重建，“增筑两观，构重楼八楹，用石柱凡四十有四，高九十八尺，深八十一尺，广二百一十尺”[④]，赢得元明“闽中第一楼”之称。2001年11月，经过半年的考古发掘，五代后唐时的福州鼓楼终于重见天日。在百余平方米的探方上，考古人员挖掘出保存完整的后唐天成时期(926—930年)的城门楼基遗址(参见图15-6)。从出土的柱础石、墙砖、铺地砖、夯土台基以及门框位置看，后唐福州鼓楼是一座砖石结构的宏大城门楼，也是全国最早的砖石结构鼓楼建筑。铺地砖表面镌刻着莲花、牡丹等纹样，部分墙砖侧面印有金钱纹样，建造细节亦可圈可点。[⑤] 据《三山志》记载：“梁开平元年(907年)，王审知初筑南北夹城……初，王氏筑城，令陶者印塼(砖)，悉为

① (宋)梁克家:《三山志》卷四“地理类四·内外城壕(桥梁附)”引《旧记》。

② (宋)梁克家:《三山志》卷四“地理类四·内外城壕(桥梁附)”引《吴都赋》。

③ (宋)梁克家:《三山志》卷七“公廨类一·府治·威武军门”。

④ (明)黄仲昭:《八闽通志(下册)》卷七三“宫室·福州府·怀安县·谯楼”。

⑤ 《福州历史古城最重要的标志性建筑——后唐鼓楼重见天日》，载《福州日报》2001-11-21。

钱文。”[①]由此推断，五代后唐时福州鼓楼建筑中的金钱纹样墙砖，可能是王审知筑南北夹城时的遗留物或同窑生产品。

图 15-6　五代福州鼓楼遗址及出土柱础石

资料来源：福州鼓楼遗址公园。

据《三山志》记载，晚唐王审知创筑的罗城“设大门及便门十有六，水门三”[②]。1999 年，考古工作人员在位于冶山路附近的建筑工地发掘出一段古夯土城墙及城门遗址，根据方位和实物推测，应属于晚唐罗城的东北门（一说为闽国所筑北月城的一个城门遗迹），即《三山志》所记载的“通远门”（亦称“延远门”）。出土城门宽 3.66 米，门道由石板、砖块和夯土组成（参见图 15-7）。城墙宽 7.55 米，长 40 多米，局部城墙残高有 3 米多，且发现多处宋代改建或增补遗迹，与“崇宁二年（1103 年），王秘监祖道重作”[③]史载颇合。此外，在城门南侧还发现一条排水沟，位于城墙下方。可贵的是，此排水沟为暗式，整个水沟两侧用石头砌成，沟底和盖顶用木板铺砌。[④]此外，1993 年在市区钱塘巷以南的北大路两侧，还发现了五代夹（复）道遗迹。[⑤] 该夹道上宽 10.8 米，底宽 10 米，高 2.5 米，两壁下部用木板分 3～4 层紧贴两壁土层，上部则用不规则的石块垒砌成石墙。据《三山志》记载：

---

① （宋）梁克家：《三山志》卷四“地理类四·夹城”。

② （宋）梁克家：《三山志》卷四“地理类四·罗城”。

③ （宋）梁克家：《三山志》卷四“地理类四·罗城”。

④ 《福建发现晚唐城墙遗址》，载《华声报》1999-06-06。

⑤ 福建省考古队等：《福州五代夹道遗址发掘简报》，载《福建文博》1994 年第 2 期。

"闽时,(西)湖周回十数里,筑室其上,号水晶宫。时携后庭游,不出庄陌,乃由子城复道,跨罗城而下,不数十步至其所。"[①]就是说,这条夹道应为闽国时修筑的从皇城(子城)通往西湖的通道,是唐宋福州精巧筑城工艺的一个缩影。

图 15-7 福州出土的晚唐罗城通远门城门遗址

资料来源:人民网。

五是配套的港区建设。作为我国东南沿海重要的港口城市,港区建设历来是福州城市规划的重要组成部分。特别是宋元,随着内河运输重要枢纽地位的确立和泉州港海外贸易重要补充作用的发挥,福州港区建设取得了重大进展,其中最重要的是台江(南台江)港区的建设。

北宋元祐八年(1093 年),随着福州城东南闽江流沙的变化,南台港区被积沙形成的楞严洲一分为二。当时福州太守王祖道为打通福州至莆田的南路交通,"相其南北,造舟为梁。北港五百尺,用舟二十,号合沙北桥;南港三千五百尺(《三山志》明崇祯刊本作"二千五百尺"),用舟百,号南桥。

① (宋)梁克家:《三山志》卷四"地理类四 · 内外城壕(桥梁附)"。

衡舟从梁板其上，翼以扶栏，广丈有二尺，中穹为二门，以便行舟。左右维以大藤缆，以挽直桥路于南北。中岸植石柱十有八而系之，以备癡（痴）风涨水之患，靡金钱千万”[1]。这个历时1年多、耗费千万缗的福建史上最大规模浮桥架设工程，将闽江两岸的中州、仓前山与江中的楞严洲连成一体，形成江中有港，港中有江的新型港区，南台江自此成为“九桅徐行怒涛上，千艘横系大江心”[2]的内河运输重要枢纽。迨至元大德七年（1303年），在南宋不断尝试以石墩桥道取代木船浮桥的基础上，历时20年，终于在福州城南建成第一座跨越闽江的大石桥——“釃水为二十九道”“长一百七十丈有奇”[3]的万寿桥，极大提升了台江港区的货物聚散能力。此外，为实现“浮于海，达于江，以入于河”[4]的大交通格局，在福州城区，由“自南台东北入河口津，经通仙门、美化门之东，至临河务入南锁港北过德政桥，至去思桥”的罗城大壕，和与之相接的“通大船往来”的通津门桥，可直抵罗城南门外的安泰桥[5]，使之成为城区运河交通总枢纽。商舶可从安泰桥边的码头随潮出入闽江，形成“百货随潮船入市”[6]、“潮廻（回）画楫三千只”[7]的海内外贸易盛况。在远郊，将怀安洪塘纳入港区范围，使之成为闽江上游各县货物中转的重要基地，由此完成了福州港的整体规划和建设。

三、三坊七巷的建筑成就

作为唐宋福州城建的杰出代表，位于福州古城中心的三坊七巷取得了令世人瞩目的成就。

依据《三山志》的描述[8]，所谓“三坊七巷”，是指以子城西南清泰门至

---

① （宋）梁克家：《三山志》卷五“地理类五·驿铺·南路·浮桥”。

② （宋）陆游：《陆放翁诗词选·度浮桥至南台》，第5页。

③ （明）黄仲昭：《八闽通志（上册）》卷一七“地理·桥梁·福州府·闽县·万寿桥”。

④ （宋）梁克家：《三山志》卷六“地理类六·江潮”。

⑤ （宋）梁克家：《三山志》卷四“地理类四·内外城壕（桥梁附）”。

⑥ （宋）王象之：《舆地纪胜》卷一二八“福建路·福州·福州诗”引北宋陈昌期诗。

⑦ （宋）王象之：《舆地纪胜》卷一二八“福建路·福州·福州诗”引宋温益诗。

⑧ （宋）梁克家：《三山志》卷四“地理类四·罗、夹城坊巷”。

罗城西南清远门（即南后街）为中心轴线的“非”字形结构街区（即今日东临八一七北路，西靠通湖路，北接杨桥路，南达吉庇巷、光禄坊的福州市区），由衣锦坊[1]、文儒坊[2]、光禄坊[3]和杨桥巷（现为杨桥东路）[4]、郎官巷[5]、安民巷[6]、黄巷[7]、塔巷[8]、宫巷[9]、吉庇巷（现为吉庇路）[10]组成的街区（参见图15-8）[11]。在这片占地40公顷的居民区内，坊巷纵横，石板铺地；白墙青瓦，结构严谨；房屋精致，匠艺奇巧，集中体现了闽越古城的民居特色，是闽江文化和建筑艺术的荟萃之所。

三坊七巷始建于西晋末年，发展于唐宋，鼎盛于明清，纵贯历史1600余年。在这漫长的历史演变中，三坊七巷形成了与众不同的建筑格局与装饰手法。

从建筑空间的处理看，三坊七巷在中轴线上的主厅堂，比北方的厅堂明显高、大、宽，与其他廊、榭等建筑形成高低错落，活泼而又极富变化的空间

---

① 衣锦坊南宋以前称通潮巷，是三坊七巷街区最靠近西湖的坊巷，因宋明时此巷曾出过大官，故改名衣锦坊，《三山志》指称“棣锦坊”。

② 文儒坊曾名山阴巷、儒林巷，宋时国家最高学府的“校长”——国子监祭酒郑穆曾在此安居，致使里人学风日盛，故名，《三山志》亦称“文儒坊”。

③ 光禄坊是为纪念对福州文化科技有突出贡献的程师孟而得名，以光禄大夫卒的程师孟曾于北宋年间任福州太守并留恋于此，《三山志》指称“中光禄坊”。

④ 杨桥巷乃俗名，《三山志》指称“登俊坊”。

⑤ 郎官巷因宋时刘涛一家数代世袭郎官一职荣耀乡里而得名，《三山志》指称“郎官坊”。

⑥ 安民巷乃唐末命名。当时农民起义军占领福州后出榜安民，无意中将此城乡交界处的无名小巷纳入视野而得名，《三山志》指称“元台育德坊”。

⑦ 黄巷因晋朝永嘉之乱时有一迁徙入闽的黄氏家族落户于此而得名，更因唐朝末年崇文馆校书郎黄璞退隐归居于此而名声大震，《三山志》指称“新美坊”。

⑧ 塔巷因五代闽国王审知部将曾在此募缘建造木制佛塔而得名，《三山志》指称“兴文坊”。

⑨ 宫巷旧名仙居，以巷内有紫极宫得名，《三山志》指称“聚英坊”，是福州保护得最完整的古巷坊。

⑩ 吉庇巷俗呼“急避巷”，《八闽通志・坊市》认为此乃“及第”——曾居其内的郑性之南宋嘉定元年（1208年）高中状元——之讹传；明代以谐音改巷名为“吉庇巷”。

⑪ 由于吉庇巷、杨桥巷和光禄坊改建为马路，现在保存的实际只有二坊五巷。

格局。厅堂一般是开敞式的，与天井融为一体。特别要指出的是，为了使厅堂显得高大、宽敞、开放，一般在廊轩的处理上着力，承檐的檩木，或再加一根协助承檐的檩木，都特意采用粗大而长的优质硬木材，并用减柱造的办法，使得厅堂前无任何障碍，这在北方建筑及其他南方建筑中，都极少见到。

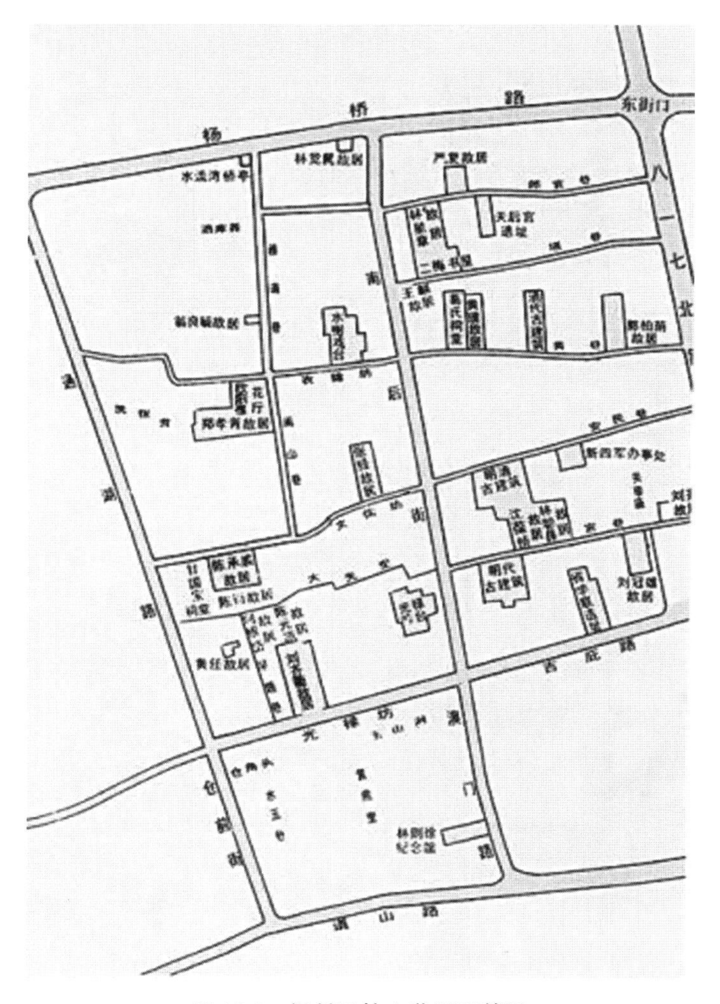

图 15-8　福州三坊七巷平面简图

资料来源：福州市鼓楼区档案局(馆)。

从围墙和门面的建造看，三坊七巷民宅沿袭唐末分段筑墙传统，都有高、厚砖或土筑的围墙。墙体随着木屋架的起伏做流线型，翘角伸出宅外，状似马鞍，俗称马鞍墙。墙只作外围，起承重作用全在于柱。江南建筑中，绝大多数是成90度角直线构成的阶梯形山墙，唯独在福州三坊七巷民居中出现曲线形的马鞍墙，且这种马鞍墙一般两侧对称，墙头和翘角皆泥塑彩绘，形成了福州古代民居独特的墙头风貌。此外，三坊七巷建筑门的处理也颇具特色，或在前院墙正中由石框构成与墙同一平面的矩形师门，或是两侧马鞍墙延伸作飞起的牌堵，马鞍墙夹着两面坡的屋盖形成较大的门楼等。流畅的曲线山墙，舒展的门罩排堵，勾勒出福州历史文化名城民居的特色。

从门窗扇的雕饰手法看，三坊七巷中的普通居民梁柱多不加修饰，简洁朴实，但在门窗扇雕饰上却煞费苦心，其窗棂制作之精致，镶嵌的木雕之华美，是其他省份居民难以企及的。一是窗饰的类型特别丰富，有卡榫式图案漏花，有纯木雕式窗扇，也有两者相间使用，可以说是江南艺术的集大成者；二是在卡榫式漏花中，工匠通过精心编排，构成不同的装饰效果，有直线型、曲线型、混合型——直线型疏密有致，曲线型富有动感，混合型变化多端，且各有吉祥寓意；三是在木雕式窗扇中，有透雕，有浮雕，题材有飞禽走兽，人物花卉，整个窗扇雕饰有对称式有不对称式。如文儒坊尤恒盛的明代古宅，在二进厢房的门窗隔扇上，透雕了较复杂的瓶花图案，花瓶寓意住居平安。涤环板上是浅浮雕的花开富贵.这些用卡榫斗拼或木材镂空精雕而成的花窗雕饰，充分显示了福建民间工匠的高超技艺。

关于唐宋福州建筑魅力的源泉，曾任福州知州的宋代散文大家曾巩在他所撰的《道山亭记》中曾有所阐释："麓多桀(杰)木，而匠多良能，人以屋室巨丽相矜，虽下贫必丰其居，而佛老子之徒，其宫又特盛。"[①]物美价廉的建材，技艺高超的工匠，追求华丽居所的民风，参研佛道建筑的精神，造就

① (明)黄仲昭:《八闽通志(下册)》卷八二"词翰·福州府·纪述·(宋曾巩)《道山亭记》"。

了盛极一时的三坊七巷,使之成为福州古建筑的杰出代表。曾几何时,三坊七巷深宅云集,大院比肩,多达1000余座,现尚存明清两代古建筑268座,是我国南方保存较为完整的古代建筑群,被誉为“明清建筑博物馆”。(参见图15-9)

图15-9 三坊七巷明清建筑俯视图

资料来源:福州市鼓楼区档案局(馆)。

第二节 寺塔建筑的技术成就

建筑是技术和艺术的融合体,也是宗教文化的重要表达形式。作为我国宗教兴盛之地,福建至今仍存留不少精美的宋元寺塔建筑,其中尤以福州华林寺大殿、莆田元妙观三清殿、泉州开元寺东西塔和莆田释迦文佛塔最为著名,体现了宋元福建建筑技术成就。

一、福州华林寺大殿

华林寺大殿(大雄宝殿),位于福州北部屏山(又名越山、越王山)南麓,是一座全木结构的建筑,华林寺仅存遗构。大殿坐北朝南,高12.8米,面阔三间(15.87米),进深四间(14.68米,包括深3.84米的殿前敞廊),单檐歇山九脊顶(参见图15-10)。该殿于1958年文物普查时被发现,一度定为南宋建筑,后几经考察和全面测绘,确认其风格型制颇具隋唐遗风,建造年代不会晚于五代末北宋初。这与宋《三山志》等史书有关吴越国拥有福州时,郡守鲍修让于钱氏十八年(北宋乾德二年即公元964年)拆除五代闽国宫殿用于修建华林寺等庙宇的记载相吻合。[①] 后虽经历代重修,但大殿主要构架还是初建时原物。作为千年古刹,华林寺大殿的建筑成就在于[②]:

第一,华林寺大殿是江南现存最古老的木构建筑。在我国历代重要木构建筑中,若按建筑年代排列,华林寺大殿列在山西省五台县的南禅寺大殿、佛光寺大殿,芮城县的广仁王庙,平顺县的天台庵、大云院和平遥县的镇国寺大殿之后,居全国第7位。前6座建筑均保存在气候干燥的高原地区,而福州多雨、潮湿、蚁虫害严重,华林寺大殿能屹立千年,实属罕见。它的建成,比浙江宁波的保国寺大殿和莆田的元妙观三清殿要早半个世纪左右,可称得上是长江以南最古老的木构建筑,是研究我国南方木建体系的珍贵实物资料。

图15-10 20世纪80年代落架重修的华林寺大殿外景图

资料来源:福建省文物局。

第二,华林寺大殿结构古朴合理,在唐宋木构建筑中独树一帜。华林寺大殿为八架椽屋,共用18根柱子支撑。14根檐柱柱头由间额、额枋纵

① (宋)梁克家:《三山志》卷三三"寺观类一·僧寺(山附)·怀安越山吉祥禅院"。

② 本部分内容参考了福建省文物局《华林寺大殿》,载《福建文物》2004-06-04。

横联结，形成外层大方形框架结构。4根内柱之间由前后内额、四椽袱纵横联结，形成内层四方框架。为了容纳内槽佛像的高度，内柱高过檐柱2.62米，但其柱头上又有高度近3米的拱枋与四周檐柱上三层首尾相接，形成一个不在同一标高上的铺作层。大殿四檐及内柱头上均施斗拱，梁架斗拱为七铺作、双杪、三下昂、偷心造（参见图15-11），具有唐宋风格。这种柱子以上全由斗拱支撑，不用一根铁钉的抬梁式殿堂架构，是华林寺大殿的独特所在，它曾流行于南北朝时期，隋唐以后已不多见。正是由于华林寺大殿结构的合理性和稳定性，使其经受了千年风雨的考验，至今保存完好。

图15-11　华林寺大殿外檐梁架斗拱构造图

资料来源：福建省文物局。

第三，华林寺大殿构件尺度大，用材等级高。前檐柱与内柱径64～67.5厘米，柱头栌斗68厘米见方，脊檩和月梁的直径均在50厘米左右，外檐转角铺作昂身长达8米多，云形驼峰长者近3米、高在1米左右。三间殿所用斗拱断面高度在30～34厘米不等，特殊的达37厘米，实测足材高47厘米，标准足材高45厘米，斗拱（栌斗）用材硕大，居中国现存实例之首（参见图15-12）。古建筑基本上是按面阔开间的多少来确定用材等级的。华林寺大殿按例只能用第五等的材料，而实际上却与山西五台山佛光寺大殿九开间一样，用第一等的材料，说明

图15-12　华林寺大殿用材硕大的斗拱

资料来源：福建省文物局。

华林寺大殿用材规格是超等级的，国内罕见。此外，按现代材料力学观点，福州华林寺大殿所用33厘米×17厘米的材料，其高宽比值近于2∶1，可有效提高梁的抗弯能力，这一点在古代是难能可贵的。

第四，华林寺大殿建筑手法灵活多样，科学艺术性强。一是殿内柱子布局采用减柱法(由6根减为4根)，以达拓展殿堂内部空间的效果，属我国较早应用例。二是山面中平槫缝出际梁架，与山面中柱铺里转，处理得大胆巧妙。三是斗拱组合简洁严谨，檐下四周外向与内向斗拱铺作均按需要加减，并大量运用插拱。四是保留早期手法多拱头卷杀无瓣，皿斗的应用以及形式多样的驼峰造型等，皆为宋代木构建筑所少见。五是大殿椽屋中的斗拱和梁架交融在一起，柱子以上几乎全由斗拱支撑整个屋顶，梁的作用反而比斗拱小[参见图15-13(左)]。六是檐柱比例肥短，柱高尚不足柱径的8倍，并沿用南北朝盛行的中径大、底径和上径小的两头卷杀做法(参见图15-13)，此种梭形柱式在隋唐后的国内极为少见。七是装饰构件与浅雕团窠及彩绘巧妙结合，线条简洁粗犷，具有独特风格，为国内罕见。

图15-13　华林寺大殿斗拱支撑的屋顶(左)与有南北朝遗风的华林寺大殿檐柱

资料来源：福建省文物局。

此外，华林寺大殿的一些特殊手法，如曲线的昂嘴探头和圆形断面月梁等，在日本镰仓时代和朝鲜高句丽时代建筑中也有发现。尤其是日本镰仓时期(12 世纪末)的“大佛祥”“天竺祥”建筑深受华林寺大殿建筑风格影响，是中外文化交流的重要历史见证。

木构建筑最能代表中国古代建筑技术成就。华林寺大殿建筑布局合理，工艺技术精湛，构件造型精美硕大，团窠雕饰花样繁多，既保留中国传统建筑元素，又有浓郁地方气息和海外影响，是我国古代建筑中的瑰宝。它的建成，比《营造法式》这部建筑史上有里程碑之称的官方典籍还要早近 150 年，集中体现了唐宋福建建筑既先进又成熟的历史风貌。值得一提的是，华林寺在五代原名“越山吉祥禅院”，不过是个中等庙宇，但它的建筑已令人赞叹不已，当时福州其他寺庙建筑成就可想而知。

二、莆田元妙观三清殿

元妙观(曾名天庆观、玄妙观)三清殿，位于莆田市城厢区梅园路东段北侧，始建于唐贞观二年(628 年)，重建于宋大中祥符八年(1015 年)，坐北朝南，重檐歇山顶，面阔七间(原面阔五间，明扩为七间)，进深六间(原为四间)，是以 20 根直径 54 厘米的石柱承托着抬梁式厅堂木构架的大型建筑(参见图 15-14)。三清殿虽经历代修葺，但建筑结构和营造手法基本保持宋代重建时的原样(即“八架椽前后乳栿传四柱”)，是福建建筑年代最早、现存最大的道教建筑，也是目前我国仅

图 15-14　莆田元妙观三清殿

资料来源：福建省文物局。

有的三处宋代道观建筑遗存之一[①]和中国南方宋代木构建筑珍品。

因创建于唐初，重建时间又早于国家典籍《营造法式》80 余年，所以三清殿比华林寺大殿更多体现了前代建筑遗风和八闽特有制作手法。

一是石柱柱头铺作华拱两跳用单材挑出，与三根大昂相接，呈七铺作双杪双下昂（上加一个昂状耍头）重棋偷心造。柱头大斗施重拱汉代有，北魏偶尔见到，延至隋唐几无一例，而三清殿有此作法，偷心造正是唐代典型特征。

二是补间铺作前后檐只一朵，且栌斗口上的华拱向外出跳虽同柱头铺作，但里转出五杪偷心，第五跳跳头施瓜子拱、慢棋承下平椽，与柱头铺作不同，这些不无宋前特点。

三是前后檐柱头的第四跳跳头施令棋由替木承撩檐椽，撩檐椽其下必施替木同斗棋交接，这是唐代手法；撩檐椽，檐柱椽，中平椽开间之间的搭接部下面都用翼棋头一块，其做法及功能与山西五台山唐代建筑佛光寺大殿的下平椽垫木如出一辙。

四是两柱之间只施阑额，不用普柏枋，唯唐构如此。斗棋用材硕大，斗底作皿板形，斗欹有頔。

五是三清殿中的泥道拱材长于令拱，正是唐代特征；而棋端做四瓣卷杀，与宋代中原承唐余绪一样，而当时南方仍见卷杀无瓣做法，故三清殿棋端内颇具地方特色。

六是宋代檐柱头上棋立面高与檐柱高的比一般是 1∶3，而三清殿如唐风约为 1∶2。殿中梭形石柱柱径与柱高的比有 1∶5 或 1∶5.7 的，还有低矮肥瓣的覆莲式柱础，都是唐代原物。三清殿屋架举高约为二点八分举一，近于唐代。

七是三清殿只用十字令棋加翼形棋托脊棋，是孤例，斗欹与斗耳高之比不合《营造法式》，斗的形制尺寸颇类同地区的释迦文佛塔，抑或是地方性的前代手法。

① 其他两处为苏州玄妙观三清殿和四川江油窦山云岩寺飞天藏殿及飞天殿。

八也是最重要的是玄妙观三清殿所用材的高宽比值接近 3∶1(柱头铺作华拱为 29 厘米×10.5 厘米,补间铺作华拱为 29 厘米×9.5 厘米,泥道拱为 29 厘米×12 厘米),这是比《营造法式》所定断面 3∶2 更为合理、更为科学的用材法,进一步说明八闽古建筑具有的先进性和探索性。(参见图 15-15)

图 15-15　三清殿殿内结构图

资料来源:中国旅游网·游易天下。

以上八方面特点,体现了莆田三清殿承上启下的建筑风格,有等级高的唐、五代建筑文化积淀,又开了宋代建筑的先河。可以想见,北宋中后期成书的《营造法式》,无疑是在总结包括莆田三清殿这类木构建筑经验基础上的历史杰作。以现代观点看,三清殿属厅堂型构架混用殿阁型做法的建筑类型,这样不仅使其结构更加丰富,同时又具备了抗震抗侧的优点。三清殿梁架纵横、柱网罗列,显示出变化中统一和谐的美;斗拱出跳,下昂调节,又显示等差有度的节奏感;同时深度出跳的舒展下昂和一朵朵绽放朝上的各式斗，互为呼应，俯仰有致，其形象艺术美使人既感到亲切又觉得幽秘，整座建筑沉浸在“大音稀声”的艺术氛围中。置身其中，又仿佛置身于立体图案的建筑文化空间。还有那双面对称刻莲芯、云纹的云形驼峰、绘道教“八宝”图案的椽檩和斗拱构件，无一不是精美的艺术品。正因为如此，莆田三清殿创建伊始就吸引了古今中外众多目光，宋人李俊甫称以三清殿为主的“天庆观三殿宏丽，甲于八郡”①，日本“大佛祥”建筑群中的许多构造和制作手法更直接取材于三清殿，今人则把它与福州华林寺大殿、宁波保国寺大殿一同誉为“江南古建筑之花”。

三、泉州开元寺东西塔

图 15-16　泉州开元寺东西塔

资料来源：王寒枫《泉州东西塔》扉页彩图。

东西塔，耸立在泉州鲤城区西街开元寺拜庭两侧广场中，相距约 200 米。东塔名“镇国塔”，唐咸通六年（865 年）初建，为九层（一说五层）木塔，后经数次毁坏与重修，易木为砖，南宋嘉熙二年（1238 年）又易砖为石，至淳祐十年（1250 年）前后经 12 年才形成今天的规模。西塔名“仁寿塔”，五代梁贞明二年（916 年）始建，中经易木为砖，南宋宝庆至嘉熙元年（约 1225—1237 年）[一说南宋绍定元年至嘉熙元年（1228—1237 年）费时 10 年]易砖为石，除高度略低外，其形制与东塔基本相同。②（参见图 15-16）东塔“凡大柱四十，大小梁各四十，大斗百九十二，小斗四百四十，桁四十，大拱百有十二，小栱（拱）八十，皆巨石为之”③。作为我国古代石构建筑瑰宝，东西塔以塔身

① （宋）李俊甫：《莆阳比事》卷一“寺观相望户口日殷”。

② （清）黄任：《乾隆泉州府志（一）》卷一六“坛庙寺观・晋江县附郭・开元寺”。

③ （清）黄任：《乾隆泉州府志（一）》卷一六“坛庙寺观・晋江县附郭・开元寺”引明蒋德璟《双塔记略》。

之雄伟、形制之奇妙、建筑之神工和雕镂之精美扬誉海宇。[①]

东西塔为平面八角套筒结构仿木五层楼阁攒顶式建筑，属于仿木结构的翚飞式石塔。东塔通高 48.24 米，直径 18.5 米，边长 7.8 米，西塔高44.06 米[②]，是中国最高也是最大的一对石塔。与木构建筑不同的是，东西塔省去木构中常见的平坐，使其塔身更加雄伟壮观，可谓独具匠心。第一层塔身之下有一比较低矮的基座，为须弥座形式。座身上下，刻莲花叶瓣、卷草花叶各一层，8 个转角处，雕有承托巨座的负塔侏儒像各一。基座的四正面，各设踏步五级。塔身分回廊、外壁、塔内回廊和塔心八角柱 4 个部分。塔檐呈弯弧状向外伸展，檐角高翘，使塔身有凌空欲飞的态势，显得轻盈。塔身每一层采用相间的方法开四门、四龛，但逐层门龛位置互换，既平均分散重力，又可使塔的外形更加生动和美观。每层塔檐角各系铜铎一枚，微风吹动之时，铎一声叮咚，悦耳怡人。塔顶有 8 条大铁链，连接 8 个翘角与刹顶，显得气势磅礴，紫气飘摇。值得一提的是，东西塔的高度，与各自塔身第一层外围周长相近[③]，这种以塔身周长作为塔身高度的设计理念，使东西塔在视觉上有一种和谐之美。

作为孑然而立的单体高层建筑，东西塔绝对平面小，因此它的重心稳定至关重要。除了从下而上逐层收分集聚重心外，东西塔最为关键部位就是塔室中心的用花岗岩条石砌筑起来的平面八角的塔心柱，从第一层直通塔顶，是全塔的支撑。各层塔心柱上的 8 个转角处均架有石梁，搭连于 2 米厚的塔壁和倚柱，顶柱的栌斗出华拱层层托出，以缩小石梁跨度。（参见图 15-17）石梁与梁托如同斧凿，榫眼接合，使塔心与塔壁的应力联结相依形成一体，大大加强了塔身的牢固性。收尖的塔顶，采用在 8 条斜撑平梁上横加 8 条肋梁，再铺上檐枋[参见图 15-18(左)]，这种八角攒尖顶盖没有照搬《营造法式》木结构和砖结构的手法，而是根据自身特点采用民间建筑

---

① 本部分内容参考了王寒枫编著《泉州东西塔》，福建人民出版社 1992 年版。

② 这是 1952 年的数据。1986 年福建省测绘局测绘东塔高 48.27 米，西塔高 45.066 米。

③ 东塔第一层外围周长 46.40 米，西塔 44.48 米。

的简易手法，其设计是合理而科学的。此外，东西塔形制奇妙之处还在于，从第二层开始至第四层，转角的大立柱不是浑然一根，而是用3段短石柱叠接而成的(古建筑术语称为“墩接柱”)(参见图15-18)，具有减轻地震破坏力的功效，这应是古代仿木石构建筑的一项科学成就。稳固的基础[①]，配置着符合力学原理的坚实塔心，使这两座重达万余吨的建筑物虽经历760多年风雨乃至台风地震仍岿然不动。

图15-17　东西塔平面示意图(左)与仁寿塔(西塔)一层华拱

资料来源：王寒枫《泉州东西塔》第15页；中华古迹学习知识库。

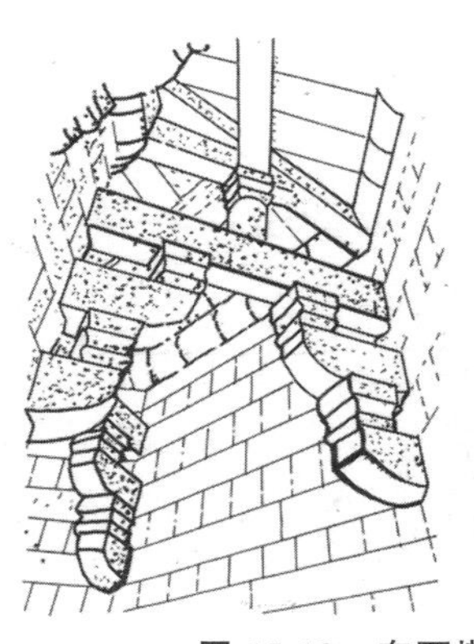

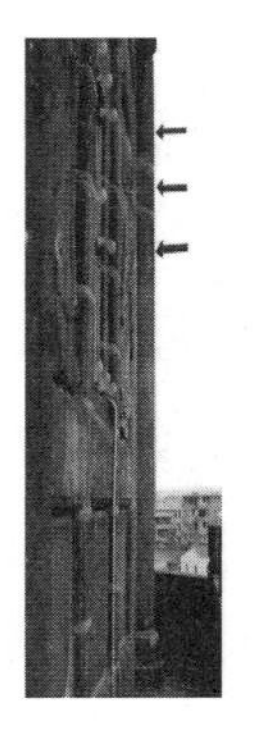

图15-18　东西塔顶收尖结构(左)与三段式接柱

资料来源：王寒枫《泉州东西塔》第22、32页。

① 1977与1986年先后两次地质探测表明，东西塔地基的地质结构分4层，即人工填土、黏土、亚黏土和风化壳，这对双塔的荷载稳定性起很多作用。

从内部结构看，东西塔不把楼梯砌在塔壁或塔心柱上，而是忠实模仿木塔楼层的形式，在靠塔心柱的一侧留出方孔以安设梯子上下，这与一般砖塔的盘旋式或穿心式不同。塔心柱为石砌八角形实心柱体，没有塔心室，只是在正对塔门的一面设长方形佛龛，内置佛像。塔壁用厚 30～40 厘米、长 1～2 米的条石，一层横向，一层纵向，交换相叠地砌筑而成。这种一顺多丁的砌筑法，比之平顺企缝砌筑法更具有力学上的优点。塔心柱体与外壁的联系，为内回廊楼层。楼层的结构是在塔壁与塔心柱都作单混或双混出涩，上覆压排列 10 厘米厚的长条石，并有八角环形梁加以支撑。由于花岗岩质地刚硬，加工制作不及木材自如，所以在泉州东西塔出现之前，我国一些石塔，严格地说只是楼阁式，但却不是仿木楼阁式。所谓仿木楼阁式，就是要仿照木构建筑，突出斗拱梁枋各种构件的特点和作用。东西塔仿木结构的构件有立柱、栌斗、跳拱、楣枋、阑额、飞昂、翚（飞）檐、雀替等，都是宋代流行的形式，且雕镌“至为忠实，实可贵之罕见例也”。尤其是在斗拱的设计与运用上，东西塔各具匠心（参见图 15-19）。“东塔斗拱计心造，西塔偷心造。”“东塔上下五层，每层均用补间铺作两朵，西塔下两层用两朵，上三层只一朵。”“东塔转角铺作，与栌斗两侧各安附斗角，自出铺一缝。西塔则无附斗角。”[①]这些是我国表现在花岗岩仿木斗拱结构上的最具权威性的成就。显见，技艺高超的泉州石工匠师，既掌握 130 年前颁布的《营造法式》大木作制度，又从建造石塔的实际情况出发，吸收民间建筑手法，利用那时中国已积累了千余年的造塔经验，借鉴福州崇妙保圣坚牢塔、晋江姑嫂塔和莆田释迦文佛塔的建筑实例，按照木作匠艺的要求，把两座石塔造成中国民族风格十足的建筑，成为中国前无先例，后无可比的真正仿木楼阁式石塔。

① 梁思成：《中国建筑史》，百花文艺出版社 1998 年版，第 217 页。

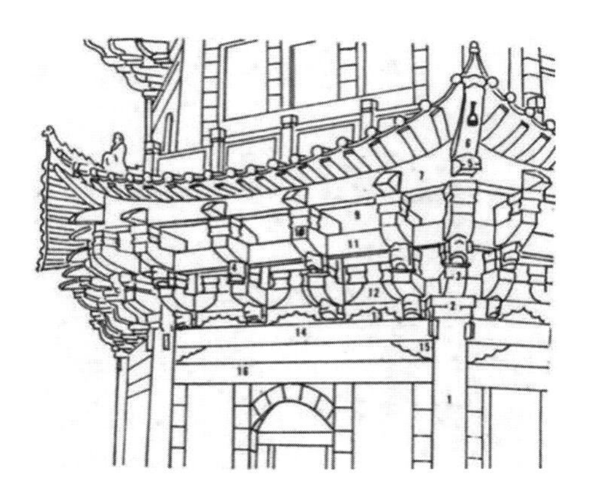

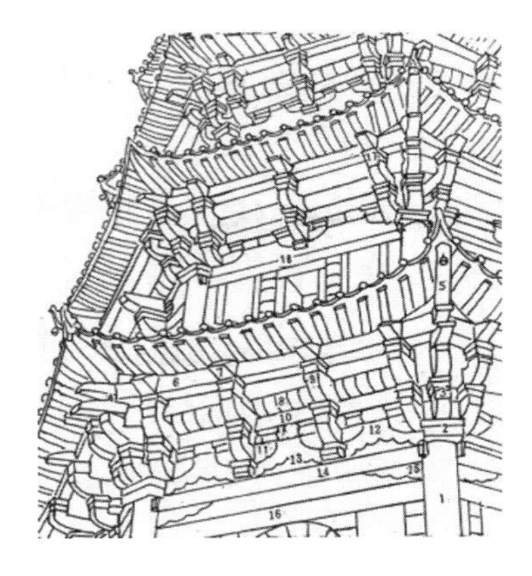

图 15-19　镇国塔(左)与仁寿塔仿木斗拱结构

资料来源：王寒枫《泉州东西塔》第 33、34 页。

东西塔塔身和东塔须弥座嵌有多达 200 余方(幅)佛教人物与故事浮雕，都是糅中外艺术精粹的罕见之作。尤其是东塔(象征东方娑婆世界，即指我们所生活的现实世界)，每一层塔壁上刻有 16 幅如同真人一般大小的佛教人物浮雕，包括人天乘(四大天王、四部众神、八大金刚)、声闻乘(十六罗汉)、缘觉乘(高僧、大师、神僧等)、菩萨乘(文殊、普贤、观音等诸大菩萨)和佛乘(以释迦牟尼为中心的成道四种佛和有关联的人物)等共计 80 幅。除有一部分浮雕刻有陪衬性的人物或动物、花卉之外，多数的画面空隙处都没有多余图像背景，因而人物显得突出，画面充实，空间和谐。匠师们运用粗中有细的圆刀技法，借鉴当时绘画的柔中带刚的线条，勾勒出人物的种种形态；平面部分则用大刀阔斧手法，麻点较粗，凿痕刀迹明显，而细部处理则是精雕细刻，把粗朴和精巧两种不同工艺和谐地结合在一起，人物的表情、姿态动作、衣饰器物显得自然逼真，体现了南宋时期泉州石刻艺术的高超水平。[参见图 15-20(左中)]东塔已于 1997 年入选全国四大名塔邮票，可称得上“石塔之王”。如果说东西塔上的肖像浮雕主要表现单体的、个别的人物的形貌神态，那么东塔须弥座束腰部位的佛教故事浮雕除了表现故事中的人物，还要表现出与人物相关联的复杂情节和场景。从理论上说，平面肖像浮雕是二维空间的静态艺术造型(虽然有的肖像在静态中表现出动感，但在空间上它是孤立的），而故事浮雕则是二维空间艺术的动态造型。因此，表现须弥座佛传图内容要比塔上单体人物来得复杂，特别是要在每方只有1米宽、0.3米高的辉绿岩（俗名青草石）上，雕刻出具有人、物、景三者互相关联的故事画面来，是需要独具匠心的。此外，西塔（象征西方极乐世界）的男性有须观音及猴行者浮雕也引起学者的广泛兴趣，后者可称得上我国最早期的猴行者（孙悟空）造型之一（参见图15-20）。结合被海峡两岸信众尊为齐天大圣祖身的顺昌宝山顶大圣石像，福建遂被专家学者誉为我国齐天大圣信仰文化的发祥地，两岸文化认同的又一重要载体。[①]

图15-20　东西塔塔壁上的人物浮雕（左中）与仁寿塔中的猴行者浮雕

资料来源：徐晓望《福建通史（第三卷）·宋元》扉页。

体形庞大，出檐深远，勾栏环绕，门户洞开，望之宛如木构一般。作为我国可以登临的同类型石塔中做工最精细的，东西塔的造型与结构较忠实地反映了南宋时期福建地区木构建筑的风格，充分体现了福建先民的高度智慧和伟大创造性。它既是中世纪泉州海外交通贸易鼎盛时期社会空前繁荣的象征，也是泉州历史文化名城特有的标志。做人要“站着像东西塔，躺着像洛阳桥”，这句流传民间的格言见证了东西塔在泉州人民和海外侨

① 《顺昌宝山顶大圣石像：台湾信众尊为齐天大圣祖身》，载《厦门晚报》2009-05-17（4）。

胞心目中的分量。

值得一提的是，以泉州东西塔为代表的福建石塔群在中国古塔建筑材料的演变中占有重要地位。研究发现[①]，宋代以前，我国古塔建筑材料以窑砖、木材为主，石材一般用来砌筑基础或须弥座。但从宋代特别是南宋开始，中国古塔在建筑材料方面发生了很大的变化。正当北方砖塔（包括砖木和砖石结构）风行不艾的时候，南方则出现了许多用花岗岩石材建成的楼阁式塔，而且多数集中在福建沿海地区。这是我国建塔史上一个新的时期，也是中国古代建筑史上新的一章。建筑材料的改变，必然引起塔的造型规制和建筑结构方面的创新。

四、莆田释迦文佛塔

释迦文佛塔，俗称广化寺塔，位于莆田凤凰山南麓广化寺东侧，修建于南宋乾道元年（1165年）以前，是在更为久远的舍利塔旧址上重建而成的。塔为辉绿岩石构筑的五层八角空心仿木构楼阁式建筑，通高 36 米（塔高 30.6 米），是福建乃至全国石塔建筑之精品。（参见图 15-21）

图 15-21　莆田广化寺释迦文佛石塔

资料来源：福建省文物局。另塔刹为 1983 年维修时所安装。

释迦文佛石塔坐西北朝东南，由须弥座和塔身组成。须弥基座为八角形，束腰间雕刻狮子滚绣球和牡丹花等图案，转角和间柱处雕刻作负重状的侏儒力士，造型皆极为优美生动。座上每面为回廊，外面由满雕波涛云气纹图案的石栏板砌成。栏板没有采用通常的望柱和枋板式的栏杆组合，而是使用了较低的通连矮栏，使厚重的塔基增加了轻巧之感。每层塔身八面浮雕立佛、花卉、飞天，柱头以上叠涩拱出跳，每个拱头均雕朵云、牡丹、凤凰、飞天、菩萨、迦陵频伽等佛教图案纹

① 王寒枫：《泉州东西塔》，福建人民出版社 1992 年版，第 4～8 页。

饰。屋面石雕筒瓦扇形条石塔檐，八角雕龙状的鸥吻翘脊。塔心室层层筑石阶，各层塔心室与塔心外回廊相通。塔身每层平面皆为正八面形，自下第一层至上第五层逐层自然收缩，形态美观。底层东北、西南面设通道门，西北面做影门洞，东南面门内为一殿室。二层至五层的塔身东南、东北、西南、西北均设门洞，东、西、南、北外壁皆设矩形石龛，内安佛像。塔身外壁八角用瓜楞连础倚柱，倚柱上置栌斗，栌斗上出华拱，上置齐心斗，再承一个下昂，昂上又出一挑斗拱，承上面戗角昂，使柱头呈一杪一昂再加一杪一昂的铺作。类似的双杪双下昂手法也出现在补间铺作。这种每层柱头铺作、补间铺作表现为一杪一昂再加一杪一昂的做法及形式，只有敦煌榆林窟第 16 窟五代壁画中的建筑才有，在我国现存的古建筑中极为罕见，为研究古代建筑的斗拱结构提供了不可多得的实物资料。

塔身内部空间布局结构则有所不同。第一层从塔心向北拾级而上第二层外廊，平面呈“丁”字形通道至二层；从第二层到第五层的塔心室内壁皆为正八面形，宽敞明亮；第五层塔室成八面，内为回廊式，形成第四层仰视为藻井式的塔室顶面。由于释迦文佛塔的各层塔檐均先用巨石叠砌出二层，然后上置薄而又长的薄石板挑出，因而显得整个建筑外形稳重坚固，出檐深远而又玲珑。此外，释迦文佛塔塔身上有近千幅雕刻秀美、形象生动、细腻逼真的浮雕，充分展示和完整保存了宋代我国石雕的艺术成就和丰富内涵。如对罗汉立像面部表情及神态的生动刻画，堪称我国石雕艺术的精华；手施密宗手印或手持铃杵等密教法器的菩萨和罗汉，均为同期国内罕见，为研究佛教密宗宋代还在东南沿海传播提供了宝贵实物资料。

此外，国内罕见的集宋元明海棠花式柱、圆柱、方柱、楞梭柱和蟠龙柱于一身的泉州开元寺大雄宝殿（雅称“百柱殿”）［参见图 15-22（左）］，建于五代或宋初有全国最大阿育王式实心石塔之称（高 7.4 米，边长 5.1 米，四方形五层）且塔身浮雕造型与艺术均堪称一绝的仙游枫亭天中万寿塔（参见图 15-22），始建于宋末且保留着罕见苏式画法彩画和八角形螺旋状藻井的华安南山宫（参见图 15-23），以及仅存的具有闽北唐宋元明四朝建筑风格的顺昌宝严寺大殿，皆从不同侧面体现了宋元福建寺塔建筑的技术成就，是我国古代建筑之瑰宝。

图 15-22　泉州开元寺百柱殿（左）与仙游枫亭天中万寿塔

资料来源：泉州开元寺；莆田市档案局（馆）。

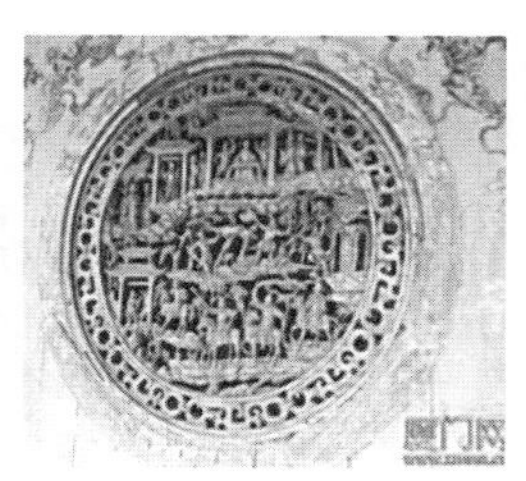

图 15-23　华安南山宫（左）及其彩画（中）和藻井

资料来源：《厦门日报》2011-04-20(16)。

第三节　民居及其他重要建筑

随着社会经济文化日益昌盛，唐宋福建建筑形式日趋多元化，出现了土楼、陶塔、学府文庙、民间祠庙等新型建筑，极大丰富了古代八闽建筑技术内涵。

一、福建土楼建筑的兴起

所谓“土楼”，是指利用不加工的生土，夯筑承重生土墙壁所构成的群居和防卫合一的大型楼房建筑，主要分布于我国东南客家人和闽南人聚居的福建、江西、广东三省交界地带，其中以福建境内的“福建土楼”最为著名。

用夯土墙承重的大型群体楼房住宅，在我国历史悠久。据考证[①]，我国殷商时代就有夯土建屋，唐长安的皇城、宫墙均为夯土墙。福建土楼是中原移民历尽沧桑，将远古的生土建筑艺术发扬光大并推向极致的特殊产物。

福建土楼兴起于唐宋，发展于元明，鼎盛于清至近代，迄今已有1200多年的历史。福建土楼的起源可追溯到唐朝陈元光戍兵漳州时期。当时闽南尚是荒蛮封闭之地，出于群居、防卫和便宜的考虑，落户闽南的中原官兵因地制宜地创建了土楼建筑形式。从现存最古老的永定馥馨楼（建于769年）可以看出，唐代福建土楼基本沿袭了中原庭院建筑风格，整个建筑没有石基，墙身通体以生土夯成，显得方正实用（参见图15-24）。这种单元式闽南土楼成为中国土楼的鼻祖和主要类型。

唐末黄巢起义和宋朝政权南移，引发了客家族群入闽大潮。在闽西落地生根的客家人建造了大量内通廊式客家土楼，特别是有包容空间和瞭望优势的圆形土楼被纷纷采用，圆楼与方楼遂成为福建土楼建造的两大基本类型，距今已有800多年历史的永定金山古寨圆楼遗址就是这一演变的最早见证者，形成了以闽南土楼和客家土楼同荣共存，方形楼和圆形楼为典型形式，客家圆楼为杰出代表的福建土楼发展格局。

在宋元福建土楼兴起过程中，曾出现两件对后世影响深远的事件。一是“东倒西歪”裕昌楼的成功建造。裕昌楼位于南靖县书洋镇下坂村，始建于元朝中期（1308—1338年），是一座由内外环组成，外环高5层、直径36

---

① 《看福建土楼，到客家永定》，载《厦门日报》2010-08-17(14)。

图 15-24　有 1200 多年历史的永定馥馨楼

资料来源：郑金明摄影《神奇的土楼》。

米的圆楼。传说造楼时工匠与主人因误会导致嫌隙，算错尺寸，导致楼层立柱东倒西歪，"下梁正来上梁歪"，层越高柱子倾斜度越大的奇异景象[参见图 15-25(左)]，然而却屹立数百年不倒，堪称建筑史上的奇迹。裕昌楼的成功建造，加深了福建先民对土楼结构的认识，激发了开拓创新建楼热情，这一点不难从明清遗留的大量风格独特、技术精湛的土楼中看出。二是天人合一土楼群布局理念的萌发。形成于 13 世纪初的永定初溪土楼群，位于海拔 400～500 米大山深处的山坡上，依山就势，错落有致(参见图 15-25)。这个被中外专家称为最集中、最美丽、最完整的土楼群，其建筑布局至今仍保留着古代的传统格局，充分显示出人与自然完美结合、和谐相处的建设理念。

图 15-25　裕昌楼东倒西歪的立柱(左)与保留传统天人合一布局的初溪土楼群

资料来源：春辉旅游·土楼旅行；《厦门晚报》2008-12-30(32)。

作为世界独一无二的大型民居形式和中国传统民居瑰宝，福建土楼不仅历史悠久，底蕴深厚，还具有独到的营造技艺。从材料看，土楼一般就地取材，由红壤(生土)掺上杉木、鹅卵石、石灰、细砂、竹片、糯米粉汤及红糖、蛋清等夯造而成，甚至有的还掺和铜渣(参见图 15-26)，费工费时，因此大型土楼需要家境殷实人家集数代人之力才能造成。从工艺看，夯筑时要配上竹木作墙骨牵拉，分层交错夯筑，在丁字交叉处用木定性锚固，丁字牵拉，务求坚固耐用。由于土楼需长时间晒干方能入住，且日照多的一面往往会向日照少的一面偏斜，故初建时墙往往要整得倾斜一些，太阳晒上一段时间后会自然矫正过来。土楼建造的这一环节叫"整墙"或"日送墙"，完全靠经验因时因地判断，是整个工艺中最关键和最难把握的环节。从结构看，土楼一楼为厨房，二楼贮藏粮食堆放农具，三楼卧室并对外开窗；不仅有相当的公共空间，还可设置祖堂和学校。如此营造的土楼冬暖夏凉，采光通风均匀通透，基本满足了山区先民对居住的人文地理需求。

宋元是福建土楼探索和演变的重要时期，到了明清，土楼这种可达数千平方米面积且聚族而居的民居形式，以简单几何形建筑构筑于闽西南山岭峡谷之间，创造了举世无双的生土建筑奇观。

二、福州涌泉寺千佛陶塔

千佛陶塔为一对，位于福州东郊鼓山白云峰麓涌泉寺天王殿前两侧。

图 15-26　掺和铜渣的平和钟腾村宋代永平楼墙体

资料来源:《厦门日报》2011-02-21(21)。

左边(东边)一座称"庄严劫千佛陶塔",右边(西边)一座称"贤劫千佛陶塔"。塔是用上好的陶土烧制,并上紫铜色釉彩,表面光泽明亮,因此又有人称它为瓷塔。两塔形制相同,高 6.83 米,底座直径 1.2 米,塔身自下而上逐层收缩,造型轻巧玲珑。塔为平面八角形,九层,塔刹为三重葫芦式,上冠以宝珠(1972 年以前塔顶覆以铁釜),乃仿宋代木构楼阁建筑风格。塔身、门窗、柱子、塔檐、斗拱、椽飞、瓦陇等各种构件,都是事先按照木结构形制做出陶坯,用分层逐段烧制的方法上釉烧成,然后再按榫口砌叠安装。这样不仅便于制作,又便于搬迁和装配,构思十分巧妙。两座陶塔塔壁各贴塑神态各异、形象逼真的佛像 1078 尊,因而被称作千佛陶塔或千佛宝塔(参见图 15-27)。八角塔檐另塑有僧人、武将各 36 尊,悬挂陶制塔铃 72 枚,清风徐来,叮当作响,有如仙乐。塔座还塑有莲瓣、舞狮、侏儒等,并刻有铭文。据塔座铭文记载,这两座千佛塔烧制于北宋元丰五年(1082 年),烧造时间之早,建造材料之特殊,设计装饰之艺术,塔身之高大,全国罕见,是宋代福建建筑与陶艺相结合的光辉典范。

图 15-27 福州涌泉寺千佛陶塔及其细部图

资料来源:福州涌泉寺。

三、泉州府文庙大成殿

泉州府文庙(孔庙),位于泉州市鲤城区中山路,为福建现存最大型礼制古建筑群,在全国上千座文庙里亦屈指可数,具有很高的科学、艺术和历史价值。

作为古代地方文化教育兴起的重要标志,泉州府文庙始建于唐中叶,北宋太平兴国初年(约 976 年)移建今址,南宋绍兴七年(1137 年)郡守刘子羽"靡金钱五万余缗"[①],按"左学右庙"(即东学西庙)规制重建大成殿(亦称先师殿)、东西两庑、明伦堂等,至嘉泰元年(1201 年)着手建造棂星门,规模逐渐形成。[②] 后经历代修葺和扩建,逐步形成以泮宫(亦称圣贤门)、戟门(亦称庙门)与露庭、棂星门(亦称先师门)、大成门和金声、玉振门、泮池和月台(又叫露台、拜亭)、大成殿及两庑为主要建筑,以庄际昌祠、崇圣祠、明伦堂、尊经阁(又名魁星楼)、名宦祠、乡贤祠、夫子泉、海滨邹鲁亭、珠泗桥为附属建筑,占地面积达百余亩的文庙建筑群。

---

① (清)黄任:《乾隆泉州府志(一)》卷一三"学校一·泉州府学"。

② (明)黄仲昭:《八闽通志(下册)》卷四四"学校·泉州府·府学"。

在泉州府文庙建筑中，以大成殿成就最高(参见图15-28)。作为文庙的主体建筑和祭祖孔子的正殿，大成殿为重檐庑殿顶，面阔七间(35.3米)，进深五间(22.7米)，以48根石柱(横8柱，纵6柱)承托抬梁式木构架，基本保持南宋初年修建时的原貌。大殿柱身平面毫无雕饰，仅柱础为简朴的莲花座，线雕覆盆式，与基石连成一块，具有早期儒家的古朴风格。正面殿前檐下有2根浮雕盘龙金柱和6根浮雕盘龙檐柱，造型优美生动，风格古朴，为全国现存孔庙所罕见。大殿外檐斗拱用五铺作单杪双下昂，昂尾抵下平榑，仍保持宋代的真昂形制，出檐深远；四椽栿对乳栿，前后用四柱，外檐斗拱与雀替全为素面木材，不饰雕镂；重檐九脊中的正脊两端起翘1.4米，与脊长16.1米成11∶1之比；正脊两端雕饰2条跳跃的小龙，其他各脊用泥塑、瓷雕、彩绘装饰着飞禽走兽、农耕狩猎、草木花卉等，色彩艳丽，这些无不体现闽南建筑的构造特点和艺术特色。此外，在宋代营造法式中，大成殿属最高规格建筑，在我国东南地区独一无二，充分显示泉州先民对文化教育的渴望和重视。

图15-28　泉州府文庙大成殿

资料来源：泉州府文庙。

四、罗源陈太尉宫正殿

陈太尉宫(又称高行先生祠、大宫)，位于罗源县中房镇干溪村。始建于五代后梁开平三年(909年)，南宋嘉定二年(1209年)扩建，以后又几经扩(重)建。现存建筑坐西向东，由宋代建的正殿、明清建的北南配殿、戏台和门楼组成，占地面积1155平方米[参见图15-29(左)]，是我国现存年代最早又共存有不同时期建造手法的民间祠庙建筑之一，享有“古代建筑博物馆”之美誉。

图 15-29　罗源陈太尉宫全景图(左)与别具一格的陈太尉宫正殿大屋架

资料来源:福建省文物局。

陈太尉宫正殿为祠庙主体建筑,重檐歇山顶(明代后增添下檐),面阔三间(14.1 米),进深五间(21.22 米),其中明间间阔 6.8 米,木构架中保留有早期构件。根据现状分析[①],正殿抬梁式构架的原构,进深应为四间八架椽,南宋扩建时将后金柱位置后移,并向后扩展一间二椽,改为十椽屋,梁架随之变动,屋脊也相应抬高;清代扩建时,又于殿前加建轩廊一间,构成现状。陈太尉宫正殿 36 根梭形柱硕大、齐平,拱头卷杀无瓣。柱头不施普柏枋,阑额出头,垂直搭交,且垂直平截。垂拱素枋重复叠置,大屋架采取以山面横架铺作支撑架两道大额枋,不用内柱,其上再安重拱分别支承前后两中平椽缝上的梁架,中结方形藻井,层叠有致,别具一格。(参见图 15-29)阑额、额栿、乳栿、四椽栿及平梁,截面近圆形,几乎是采用原木搭建,为宋代福建地方木构建筑的典型代表。

此外,古建筑、古码头、古雕刻、古官道、古城堡等宋代集市元素保留完好的福安廉村古堡,以南园、金池园、棋盘园等为代表的宋元泉州花园建筑,皆从不同侧面丰富了宋元福建的建筑形式与风格。

① 福建省文物局:《陈太尉宫》,福建文物网,2004 年 6 月 4 日。

第十六章　建本与造纸印刷技术的勃兴

书籍是人类进步的阶梯。作为中国古代四大发明中的两项，印刷术和造纸术在宋元时期得到了空前的应用和发展。宋元福建因地制宜，充分发挥后起优势，在造纸印刷技术领域取得了令人瞩目的成就，一举成为我国出版事业的排头兵。

第一节　宋元建本与科技发展

宋元是福建刻书印刷事业兴旺发达的黄金时期，不仅在我国图书出版史上占有重要的地位，而且对中国古代科技发展也有相当的贡献。[①]

一、闻名中外的宋元建本

所谓"宋元建本"，是指以建阳麻沙、崇化坊肆刻为主，出现于宋元福建

① 本部分内容参考了方彦寿《建阳刻书史》，中国社会出版社2003年版；任继愈主编《中国版本文化丛书》之《宋本》《元本》《家刻本》《坊刻本》《插图本》，江苏古籍出版社2002年版。

的全国图书刻印中心的史称。[①] 我国是世界上最早印刷图书的国家，大约隋代就发明了雕版术[②]，唐代逐渐将此技术用于印刷图书，到了宋代印本图书在中华大地上兴旺发达，并形成了福建（“建本”）、杭州（“浙本”）、四川（“蜀本”）三大雕版印刷中心。

福建刻印业肇始于五代，到赵宋王朝时期已形成建阳、福州、泉州等区域刻印中心，其中以建阳的麻沙、崇化两地最为发达，“宋刻书之盛，首推闽中，而闽中尤以建安为最”[③]，这里的“建安”，实指建阳麻沙、崇化一带。麻沙镇，位于今南平市建阳区西面约 30 公里；崇化里（亦称“书坊街”或“书林”）距麻沙 7 公里，位于今建阳区书坊乡所在地。麻沙、崇化刻印业兴起于南宋，鼎盛于元明（参见图 16-1），宋元时两地坊肆林立[④]，并形成了中国经济发展史上极为罕见的以书籍为主要交易对象的文化集市，“书市在崇化里，比屋皆鬻书籍，天下客商贩者如织，每月以一、六日集”[⑤]。由于印书量极大，远销国内外，故在宋代建阳就获“图书之府”[⑥]美誉，进而有“麻沙本”称谓流传后世。不过，就两地而言，刻印图书最繁盛的是崇化里而不是麻沙镇，我国出版印刷史上赫赫有名的余氏刻书就世代居住在崇化里，因而历来所称的麻沙本，有相当一部分出自崇化刻印家或刻工之手。

---

① 据清叶德辉考证，以“建本”指称闽中造纸印书，始于宋岳珂（实为元初岳浚）的《九经三传沿革例》，参见叶德辉《书林清话》卷二“宋建安余氏刻书”。

② 福建至今发现最早的雕版实物，是 1958 年永安县曹远乡上曹水库工地上出土的一块唐代陶制佛教雕版。该雕版是内凹的，凹处雕 3 尊人像，可在柔软面食上印出人像。详见《永安发现唐代佛教雕饰》，载《福建文博》1995 年第 2 期。

③ （清）叶德辉：《书林清话》卷二“宋建安余氏刻书”。

④ 关于宋元麻沙、崇化两地坊肆家数，学者有不同的看法：张秀民《中国印刷史》认为有 37 家，方彦寿《建阳刻书史》则考证说有近 70 家（包括由宋延续至元的坊肆）。

⑤ （明）冯继科：嘉靖《建阳县志》卷三“封域志附乡市 · 崇政下乡 · 书市”。

⑥ （宋）祝穆：《方舆胜览》卷一一“建宁府”。

图 16-1　明嘉靖《建阳县志》卷首"建阳书坊图"(左)与建阳书坊乡旧书林门

资料来源:方彦寿《建阳刻书史》第 33、124 页。

除建阳外,宋元福建刻印业发达的还有福州、泉州等地区。与建阳存在大量坊肆刻不同,宋代福州以寺院刻闻名全国。其中最有代表性的是两部大藏经和一部道藏的刻印,工程之大,世所罕见。始于北宋神宗元丰三年(1080 年)开雕的"福州东禅寺大藏"(也称"崇宁万寿大藏",简称"福州藏"),历经 23 年之久,先后共刻印 580 函 6434 卷,可谓规模空前。这部经书的刊刻成功,开我国民间募刻大藏经之先河①。10 年之后,即政和二年(1112 年)在福州开元寺(参见图 16-2)开始刻印的"毗卢大藏",总 595 函 1451 部 6132 卷,更历经 60 年才基本完成。② 与此同时的政和四年(1114 年),福州知府黄裳奏请朝廷

图 16-2　宋代《毗卢大藏经》刊刻地

资料来源:福州市鼓楼区档案局(馆)。

---

① 崇宁二年(1103 年)后,东禅寺继续刻经,至南宋淳熙三年(1176 年)共完成 595 函 6870 卷,前后费时 96 年。

② 6132 卷包括南宋乾道八年(1172 年)以后陆续增刻的部分。

建“飞天法藏”藏天下道书，并由福州天宁万寿观招工镂板，这项被皇诏命名为“政和万寿道藏”[①]的庞大工程，历经60余年才完成，共刻印5481卷分装540函。[②] 这是我国第一部木板雕刻的道藏，也是中国最早的官版雕印的道教总集，对道教的发展影响深远。

作为我国东南沿海文化古城，泉州早在南宋嘉定年间(1208—1224年)就设置了专门从事编辑出版的官方机构“印书局”，先后刻印了《资治通鉴纲目》《唐人诗选》《西山仁政类编》《安溪县志》《后村先生江西诗选》等大批图书。[③] 同时，泉州刻本也以精品闻名后世，如南宋淳熙八年(1181年)泉州州学刻本《禹贡论》，就赢得“纸墨精莹，如初搨黄庭，光采照人，为宋刻书中杰作”[④]的后人高度评价。此外，宋时长汀(今属连城)四堡乡刻书也很有名，世称“四堡刻本”。据清杨澜《临汀汇考》记载：“长汀四堡乡皆以书籍为业，家有藏板，岁一刷印，贩行远近；虽未必及建安之盛行，而经生应用典籍以及课艺应试之文一一皆备。”又云“宋时闽版推麻沙，四堡刻本，近始盛行，阅此，知汀版自宋已有”。[⑤] 也就是说，宋元福建建阳书林之外，又有长汀书林；麻沙刻本之外，又有四堡刻本，建本内涵更加丰富。

多个区域刻印中心的并存共荣，使福建成为宋元我国图书发行量最大、影响最广的地区之一。宋代叶梦得就有“福建本几遍天下”[⑥]的评语，明代胡应麟则认为天下图书“其精，吴为最，其多，闽为最”[⑦]，清代陈寿祺更明确指出：“建安、麻沙之刻，盛于宋，迄明未已。四部巨帙，自吾乡锓板，以达四方盖十之五六。今海内言校经者，以宋椠为据，言宋椠者以建本为

---

① (清)徐松：《宋会要辑稿·礼五之二三“祀宫观·天宁万寿观”》。

② (宋)梁克家：《三山志》卷三八“寺观类六·道观(山附)·闽县报恩光孝观”。

③ (清)黄任：《乾隆泉州府志(一)》卷一七“古迹·安溪县·印书局”引《隆庆府志》。

④ 北京图书馆：《中国版刻图录(第一册)》，文物出版社1961年版，第35页。

⑤ (清)杨澜：《临汀汇考》卷四“物产考”。

⑥ (宋)叶梦得：《石林燕语》卷八。

⑦ (明)胡应麟：《少室山房笔丛·甲部·经籍会通四》，转引自叶德辉《书林余话·卷上》，第267页。

最，闽本次之。”[1]可见，早在宋元明清时期，建本就确立了其在国内刻印发行市场的较高地位。近代著名古籍版本目录学家顾廷龙亦给予建本图书以很高的评价，他说：“建阳书林之业自宋迄明六百年间，独居其盛。”[2]据《中国古籍善本书目》统计，历代建本图书被列为国家级古籍善本的，有经部书171种、史部书480种、子部书505种、集部书304种、丛部书8种，合计近1500种，对祖国文化的保存与传播起到了举足轻重的影响。迄今，有不少建本图书为日、英、法等国国家级图书馆所珍藏。建本图书成为福建历史上最具世界性影响力的文化现象。

作为宋元我国雕版印刷中心之一[3]，建本不仅畅销国内各地，而且还远销朝鲜、日本等海外诸国，正如朱熹所说的那样：“建阳版本书籍行四方者，无远不至。”[4]南宋泉州市舶提举赵汝适在其《诸蕃志》“新罗（即高丽）”条目下记载有“商舶用五色缬绢及建本文字博易”[5]等字样，宋末元初的熊禾更进一步指出建版“书籍高丽日本通”[6]。据考证[7]，福州刻印的福州藏和毗卢大藏两部大藏经，早在南宋嘉定年间（1208—1224年）就由日本僧人庆政上人等贩运回日本。而南宋建阳黄善夫和刘元起的庆元版“三史”，即《史记》《汉书》《后汉书》，更被日本列为“国宝”。值得一提的是，在建本远销海外的过程中，福建工匠的贡献不可磨灭，他们不仅在本地为海外诸国刻书，有的还直接奔赴目的国从事雕刻出版事业。据统计[8]，宋元时期福建有多达50余名刻书能工前往日本，直接在该国刻印汉字图书，其中最

---

① （清）陈寿祺：《左海文集》卷八“留香室记”。

② 潘承弼：《明代版本图录初编》卷八“书林”。

③ 有元一代，建阳仍是全国四大雕版印刷中心[大都（今北京）、平水（今山西临汾）、杭州、建阳]之一。

④ （明）黄仲昭：《八闽通志》（下册）卷八二“词翰·建宁府·纪述·（朱文公）《建阳县学藏书记》”。

⑤ （宋）赵汝适：《诸蕃志》卷上“新罗”。

⑥ （元）熊禾：《熊勿轩先生文集》卷五“建同文书院上梁文”。

⑦ （日）木宫泰彦：《日中文化交流史》，商务印书馆1980年版，第347～348页。

⑧ （日）木宫泰彦：《日中文化交流史》，商务印书馆1980年版，第483～486页。

著名的当属元末兴化路莆田县仁德里的俞良甫。这位出身崇化余氏坊肆的能工巧匠侨居日本长达 25 年，手雕图书既精又多，现存传本就有《月江和尚语录》、《宗镜录》、《碧山堂集》、李善注《文选》、《新刊五百家注音辨唐柳先生文集》、《新刊五百家注音辨昌黎先生文集》、《春秋经传集解》等近 10 种，被称为“俞良甫版”或“博多版”。以上种种事件，不仅促进了中外文化交流，而且提高了建本在海外的知名度。

当然也不应回避，在福建刻印业大发展的宋元，出于易成速售等商业化考虑，建本特别是麻沙本出现了一些纸板低劣、校刊不精、编排失当甚至任意删剪、有意作伪等不良做法，影响了建本的声誉。但瑕不掩瑜，宋元福建刻印业在推动我国文化传播，提升中国出版水平等方面所做的贡献是有目共睹的。事实上，前人有关宋元建本的恶评，大多源自南宋初叶梦得“今天下印书，以杭州为上，蜀本次之，福建最下”的评语以及其《石林燕语》所载北宋流传的“乾为金，坤又为金(应为“釜”)”的版本故事[①]，却少有提及同时代朱熹和王应麟的不同看法。朱熹在比较建本与浙本后曾说：“向到临安，或云建本误，宜用浙本。后来观之，不如用建本。”[②]王应麟则通过监本与建本《荀子·劝学篇》的比较，得出“监本未必是，建本未必非”[③]的论断。从迄今保留宋版书中约有 2/5 为建本看[④]，朱熹和王应麟所言不虚。时至今日，凡研究宋元古籍的海内外学者无不研究福建刻本，出版家重刊宋元古籍无不以福建刻本为底本或校勘本。功远大于过，这是历史对宋元建本的公正评价。

二、建本对科技发展的贡献

在科技发展大潮中，科技传播和科技创新相辅相成，缺一不可。尤其

① (宋)叶梦得：《石林燕语》卷八。

② (宋)朱熹：《朱子全书(第拾肆册)·朱子语类(一)》卷一三“力行”。

③ (宋)王应麟：《困学纪闻》卷一〇“地理”。

④ 参见林申清《宋元刻牌记图录》上编；徐晓望《福建通史(第三卷)·宋元》，第 379 页。

是在科技传播渠道狭窄的古代，图书作为科技创新传播的主要渠道，对科技发展的贡献不容低估。

在宋元中国雕版印刷中心中，建本以接近生活、迎合时代而著称。两宋是我国科技高度发展的黄金时期，科技意识不断提高，科技著作大量涌现。福建书商紧紧抓住这一历史机遇，编印出版了大批供平民和科举考试用的医书、算书、农书以及科技内容丰富的类书和地方志等，从而使宋元建本成为推动我国科技发展的有生力量。

1.刻印出版科技名著，普及科技知识

中国是一个具有光辉历史的文明古国，科技创新不断，科技成果丰富，但长期受制于狭窄、昂贵的传播渠道，科技继承只能在少数人身上得到体现，阻碍了科技的群众性发展。雕版印刷技术的出现，使人们看到扭转这一传统格局的希望。借助于技术和成本优势，宋元福建官民积极投身于科技名著刻印出版的大潮中，为我国科技知识普及事业和社会进步做出了贡献。

宋元福建最重要的科技名著校定和刻印工作是围绕算经十书展开的。所谓"算经十书"，是指《周髀算经》、《九章算术》、《孙子算经》、《五曹算术(经)》、《夏侯阳算经》、《张丘(邱)建算经》、《海岛算术(经)》、《五经算术(经)》、《缀术》(或《术数记遗》)和《辑古算经》等10部书，是我国传统数学的宝贵遗产。在宋代，算经十书曾进行过两次大规模刻印。一次是在北宋元丰七年(1084年)。为依唐代制度再置算学，当时的中央刻书机构秘书省挑选了一批在数学领域有相当造诣的学者参与算经十书校定工作，其中就有福建邵武的叶祖洽。据考证[①]，叶祖洽以秘书省校书郎的身份参与了《周髀算经》《五曹算经》《孙子算经》《夏侯阳算经》《五经算术》《辑古算经》诸算经的校定工作，是北宋监本算经的主要校定者之一，也是第一位在国家层级的科技传播事业中做出重大贡献的闽籍学者。另一次刻印发生在

① 郭金彬：《宋代福建数学发展之特色》，载周济主编《八闽科苑古来香——福建科学技术史研究文集》(厦门大学出版社1998年版)。

南宋嘉定六年(1213 年)。受战乱和传播渠道影响,到南宋中后期,北宋监本算经面临绝世危险。在这关键时刻,嘉定六年(1213 年)以朝奉郎知汀州的鲍瀚之,竭力承担起算经十书的翻刻工作。“宋元丰七年刊十书人(入)秘书省,人(又)刻于汀州学校:《皇帝九章》(即《九章算术》)、《周髀算经》、《五经算法》、《海岛算法》、《孙子算法》、《张丘建算法》、《五曹算法》、《缉(辑)古算法》、《夏侯阳算法》、《算术恰(拾)遗》。”[1]《九章算术》鲍瀚之序亦说:“自衣冠南渡以来,此学遂废,非独好之者寡,而《九章算术》亦几泯灭无传矣。”[2]借重南宋福建刻书兴盛之势,上任伊始,鲍瀚之就将多年访求的古算经付之刊刻,使之成为现存算经十书的祖本,无论是明代的《永乐大典》还是清代的《四库全书》,其中古算经所依皆为鲍瀚之汀州刊本。值得一提的是,汀州刊本《术数记遗》原不在北宋监本之列,是鲍瀚之在汀州七宝山(在今长汀县东南 200 里处)三茅宁寿观寻得此书,“即就录之,以补算经之阙”[3]。这是宋代福建对中国传统数学遗产的独特贡献。

《新刊王氏脉经》是宋元福建普及科技知识的又一杰作。这部由西晋王叔和撰写的医学名著,在宋元明时期的福建曾有多个刊本。其中现存最早、刻印质量上乘的是元天历三年(1330 年)建安叶日增广勤堂的十卷本《脉经》(参见图 16-3),民国《四部丛刊》本和 1956 年人民卫生出版社本皆据此影印。关于刊刻此书目的,广勤堂在卷首王叔和序后有告白木记七行,其文曰:“天地以生物为心,故古之圣贤,著书立论,教人以智而济人之生也,得其书而自秘者,岂天地圣贤之心乎。夫治病莫重于明脉,脉法无出于王氏脉经之为精密。本堂所藏,不欲自秘,先以针灸资生经梓行矣,今复刻脉经与众共之,庶以传当世济人之道,且无负古人著书之意云。”遵从圣贤,立世济民,治病救人的出版意识跃然纸上。事实上,早在宋代福建就有刊刻医学名著之传统,并对社会产生了重大影响。据日本丹波元胤《中国医籍考》记载,南宋陈孔硕曾为王叔和《脉经》作序云:“更访老医,得《脉经》

---

① (明)程大位:《算法统宗校释》卷一七“算经源流”。

② (晋)刘徽:《九章算术·(鲍瀚之)九章算术后序》。

③ (汉)徐岳:《数术(术数)记遗·(鲍瀚之)后记》。

十卷，……验之乃建本，自是求之建阳书坊。……嘉定己巳（1209 年）岁，京城疫，朝旨会孔硕董诸医，治方药，以拯民病。因从医学，求得《脉经》，复传阁本，校之与予前后所见者，同一建本也。”①这段话透露出三个重要信息：一是由于造价低和出版量大，宋代建本医书曾在民间广为流传；二是建本医书刻印质量上乘，堪与中央政府的秘阁藏本相媲美；三是建本医书，特别是王叔和《脉经》曾对南宋杭州疫病防治有过重大贡献。值得一提的是，除《新刊王氏脉经》外，叶日增广勤堂还曾刻印过宋王执中撰《针灸资生经》七卷目录二卷并流传至今，闽版书对我国医学发展的贡献可见一斑。

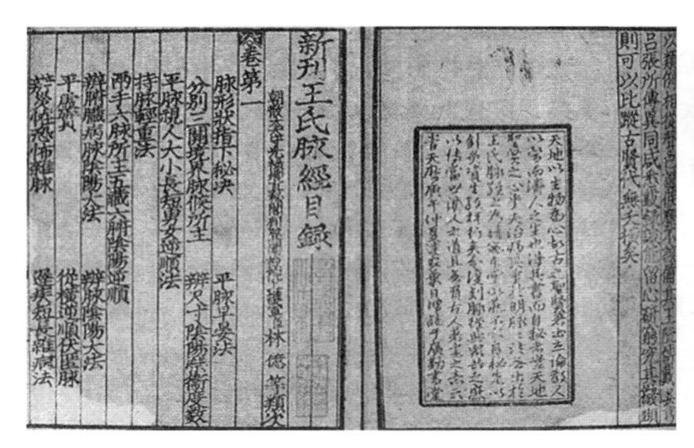

新刊王氏脉經目錄

朝散大夫守光祿卿直秘閣判登聞檢院上護軍臣林億等類次

卷第一

脉形狀指下秘訣　平脉早晏法

分別三關境界脉候所主　辨尺寸陰陽榮衛度數

平脉視人大小長短男女逆順法

持脉輕重法

兩手六脉所主五藏六腑陰陽逆順

辨藏府病脉陰陽大法　辨脉陰陽大法

平虛實　從橫逆順伏匿脉

辨災怪恐怖雜脉　遲疾短長雜病法

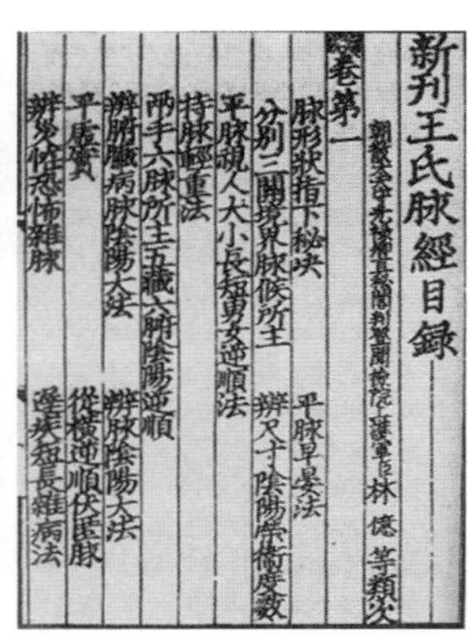

新刊王氏脉經目錄

朝散大夫守光祿卿直秘閣判登聞檢院上護軍臣林億等類次

卷第一

脉形狀指下秘訣　平脉早晏法

分別三關境界脉候所主　辨尺寸陰陽榮衛度數

平脉視人大小長短男女逆順法

持脉輕重法

兩手六脉所主五藏六腑陰陽逆順

辨藏府病脉陰陽大法　辨脉陰陽大法

平虛實　從橫逆順伏匿脉

辨災怪恐怖雜脉　遲疾短長雜病法

图 16-3　叶氏广勤堂刻本《新刊王氏脉经》

资料来源：陈红彦《元本》第 156 页；黄镇伟《坊刻本》第 100 页。

除“算经十书”和《脉经》外，宋元福建刊刻的其他科技名著包括：

题唐杜光庭撰《广成先生玉函经》一卷，宋麻沙刊刻。

无名氏撰《三辅黄图》六卷，元致和元年（1328 年）余氏勤有堂刻印。这是一部记述秦汉时期长安古迹的古地理书，内容涉及京畿三辅的沿革，及城池、宫殿、寺观、陵庙等，是研究关中历史的重要资料。

唐孙思邈撰《孙真人养生书》一卷，元至正五年（1345 年）建宁路官医提领陈志刻印。

① （日）丹波元胤：《中国医籍考》卷一七“诊法一·王氏（叔和）《脉经》”引陈孔硕序。

值得一提的是，朱熹传注并在闽刻印的儒家经典[1]中的科技著作，如《尚书》中的《尧典》[2]和《禹贡》[3]、《礼记》中的《月令》[4]、《周礼》中的《考工记》[5]，以及《大戴礼记》中的《夏小正》[6]等，也是建本对科技发展贡献的重要内容。更为重要的是，朱熹在传注儒家经典时，不仅对其中许多科技著作作了详细解说，而且还加入了不少新的自然知识。[7] 这些后来成为科举考试官方教材的朱熹传注儒家经典[8]，无疑在古代科技知识传播中起到更加直接和广泛的作用。

2.编辑出版科技新著，增强科技交流

宋元我国科技发达，人才辈出，出现了许多在国内外有影响的科技新著。相较于科技名著，宋元福建刻印界刊行科技新著的热情更高，编辑出版了一大批有深远影响的经济植物学和医经医方等著作。

在科技新著中，影响最大的应推闽版经济植物学。宋代是福建农业经

---

① 仅绍熙初年(1190—1191年)朱熹知漳州时，就刊刻了由其传注的《易》《诗》《书》《春秋》"四经"和《论语》《大学》《中庸》《孟子》"四子书"。

② 《尧典》是古代重要的天文学著作，李约瑟称之为"中国官方天文学的基本宪章"(载李约瑟《中国科学技术史·(第四卷)天学(第一分册)》，第42页)。

③ 《禹贡》是古代重要的地理著作，李约瑟称之为"中国历史上最早出现的自然地理考察著作"(载李约瑟《中国科学技术史·(第五卷)地学(第一分册)》，第14页)。

④ 《月令》包含着丰富的农业科技方面的知识。它按照一年中季节的变化顺序，对各个季节的天象、物候作了记述，对农事活动等作了规定，是古代重要的与农学有关的著作，开古代月令式农书之先河。

⑤ 《考工记》记述了古代手工业生产的设计规范、制造工艺等，是"一部有关手工业技术规范的汇集"(载杜石然《中国科学技术史稿(上册)》，第108页)。

⑥ 《夏小正》是"我国现存最早的、具有丰富物候知识的著作"(载杜石然《中国科学技术史稿(上册)》，第73页)。该书按照一年中各月份的先后顺序，对各个月份的物候、气象、天象和农事活动分别作了记述，涉及天文、气象、动植物等多方面的知识。

⑦ 详见乐爱国《朱子格物致知论研究》(岳麓书社2010年版)，第226～230页。

⑧ 据《宋史·朱熹传》记载："熹没，朝廷以其大学、语、孟、中庸训说立于学官。又有仪礼经传通解未脱稿，亦在学官。"《明史·选举二》则记载：明初朝廷"颁科举定式，初场试《四书》义三道，经义四道。《四书》主朱子《集注》，《易》主程《传》、朱子《本义》，《书》主蔡氏《传》及古注疏，《诗》主朱子《集传》，《春秋》主左氏、公羊、谷梁三传及胡安国、张洽《传》，《礼记》主古注疏"。

济植物发展的高峰期，出现了一批有关茶和荔枝的农艺专书。就茶而言，围绕名闻天下的北苑贡茶，两宋出现多达16部专著。其中丁谓的《北苑茶录》、蔡襄的《茶录》、宋子安的《东溪试茶录》、黄儒的《品茶要录》、熊蕃的《宣和北苑贡茶录》、赵汝砺的《北苑别录》和佚名《北苑修贡录》等茶事名著，或由闽籍学者手书刊刻，或由福建书商雕版印行，对我国茶文化与科技的传播做出了贡献。如熊蕃的《宣和北苑贡茶录》，这部记载北苑贡茶渊源最为翔实的著作，曾由其子熊克于淳熙九年（1182年）手书刊刻。又如佚名的《北苑修贡录》，由提举茶事的转运司官员于南宋淳熙间（1174—1189年）交由建阳麻沙书坊刻印。

作为福建经济植物学开拓者之一，蔡襄的《茶录》首刊于11世纪50年代的福州，史称樊纪本（早已失传）。由于樊纪刊本多舛谬，故蔡襄于治平元年（1064年）“辄加正定，书之于石，以永其传”[①]。现所见《茶录》（序外又增“后序”）（参见图16-4），皆为治平元年刊本（墨本）或石本[②]。现藏于上海图书馆的《北宋拓本》，经鉴定乃为蔡襄治平初手书石刻小楷之原拓，是仅见的善本，谓海内孤帙。此外，南宋淳熙九年（1182年），“闽中漕台新刊《茶录》”[③]，成为蔡襄《茶录》的又一宋刻版本。也就是说，无论是墨本还是石本，福建刻书家皆为《茶录》的传播做出了重要贡献。

《荔枝谱》是蔡襄经济植物学的又一力作，从宋至明见存版本较多，粗略统计有《百川学海（咸淳本）癸集》、《百川学海（弘治本等）癸集》、明汪氏刊本、《山居杂志》、《说郛（宛委山堂本）》、《四库全书・子部・谱录类》、《古今说部丛书》三集、《丛书集成初集・应用科学类》、《艺术丛编》第一集、《百部丛书集成・癸集》、《艺圃搜集》本、《闽中石手刻迹本》、《闽中荔枝通谱》

① （宋）蔡襄：《茶录・后序》。

② 蔡襄手书曾刻成石板嵌在建安县学壁间，版本学称其为“建州石本”。

③ （宋）熊蕃：《宣和北苑贡茶录》。

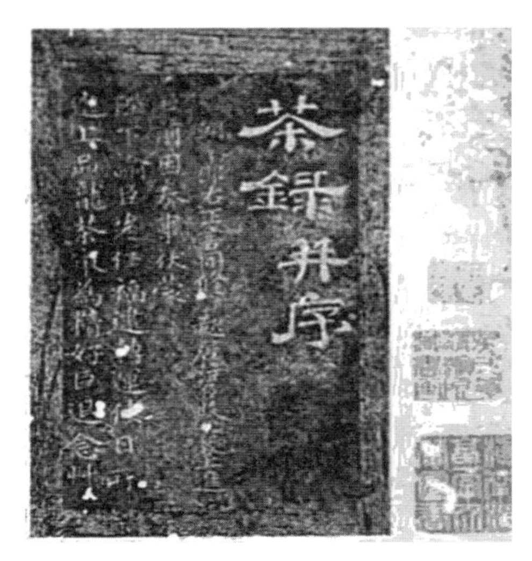

图 16-4　蔡襄《茶录》封面

资料来源：中华和谐文化网·中华宝库。

十六卷本、《闽中荔枝通谱》八卷本（万历本）、《邓道协荔枝通谱本》，等等。其中相当部分出自福建家刻和坊刻，包括清中叶尚传于世的蔡襄“手写刻之”《荔枝谱》墨本以及蔡襄《端明集》所收录的《荔枝谱》[1]。此外，作为对家乡科技事业有突出贡献的闽籍官员，《蔡忠惠集》无疑是后人研究蔡襄其科技活动及思想的一手资料。这部由王梅溪作序，长达 36 卷的大型综合文集，于南宋乾道年间（1165—1173 年）首刻印于泉州，并辗转翻刻流传至今。此外，由南宋陈景沂编、祝穆订正，麻沙坊肆刊行的《全芳备祖》，是我国现存最早的植物学辞典。

在科技新著中，种类最多的应属闽版医经医方。如在基础理论方面，有宋李駉撰《句解八十一难经》八卷，宋麻沙刻书坊印。

宋刘温舒撰《素问入式运气论奥》三卷《黄帝内经素问遗篇》一卷，宋麻沙书坊刻印。

金成无已撰《伤寒明理论》三卷《方论》一卷，宋景定二年（1261 年）建

① 参见永瑢《四库全书总目提要》卷一一五“子部·谱录类”。

安庆有书堂刻印。

金成无已撰《伤寒论注解》十卷《图解》一卷，元至正二十五年（1365年）建阳西园余氏（又作余氏西园精舍）刻印。

在方书本草方面，有宋王怀隐等编著《太平圣惠方》一百卷，南宋绍兴十七年（1147 年）福建路转运司重刊发行。该书为北宋太平兴国三年至淳化三年（978—992 年）朝廷钦定的大型综合性医药书[①]，不仅大量应用于临床实践，而且对民间生活也有广泛影响。此次重刊发行的《太平圣惠方》计有 26 册 3539 版，且“对证内有用药分两及脱漏差误共壹万余字，各已修改开版”[②]，是一部受到后人称赞的宋版书。

宋邵武刘信甫撰《新编类要图注本草》四十二卷《序例》五卷，宋建阳余彦国励贤堂刻印。

无名氏撰《杨氏家藏方》二十卷，宋建阳阮仲猷种德堂刻印。

无名氏撰《备全古今十便良方》四十卷，宋庆元二年（1196 年）武夷安乐堂刻印。

宋许叔微撰《类证普济本事方》十卷《后集》十卷，宋宝祐元年（1253年）建安余唐卿明经堂刻印。

无名氏撰《新编近时十便良方》四十卷，宋麻沙万卷堂刻印。

宋王璆《新刊续添是斋百一选方》二十卷，元至元二十年（1283 年）建安刘承父刻印。全书分 31 门，受医方 1000 多条。“凡方之传授，治之效验，记述甚详。在宋人方书中，足称善本。”[③]该书底本“王璆《百一选方》二十八卷”，《宋史·艺文志》有著录。

宋陈师文等撰《太平惠民和剂局方》十卷，元大德八年（1304 年）建阳勤有堂刻本（名《增注太平惠民和济局方》）、元至正二十六年（1366 年）建安高氏日新堂刻本（包括《指南总论》三卷《图经本草药性总论》一卷），以及元末建安郑天泽宗文堂刻本（包括《指南总论》三卷）和建安双壁陈氏留畊

① （元）脱脱：《宋史》卷四六一“方技上·王怀隐传”。

② （清）叶德辉：《书林清话》卷三“宋司库州军郡府县书院刻书”。

③ （清）陆心源：《仪顾堂题跋》卷七“是斋百一选方跋”。

书堂刻本等多个刊本。此外,宋时福建提举司还刊刻了《诸家名方》二卷,内容为“市肆常货,而局方所未收者”①。这里的“局方”,指的就是《太平惠民合剂局方》,《诸家名方》是补此书之所遗之作。

宋唐慎微著《新编证类图注本草》四十二卷《序例》五卷,元建阳书坊刻印。

金刘守真撰《新刊河间刘守真伤寒论方》三卷,另有后、续、别集各一卷,元建阳熊氏种德堂和元建安虞氏曾分别刻印。另有金刘完素撰《新刊河间刘守真伤寒直格》三卷,元天历元年(1328 年)建阳刘氏翠岩精舍刻印。

在临床各科方面,有宋邵武刘信甫撰《活人事证方》二十卷,宋嘉定九年(1216 年)建安余恭礼宅刻印。

宋陈自明撰《新编妇人大全良方》二十四卷《辨识修制药物法度》一卷,以及无名氏撰《新刊铜人腧穴针灸图经》五卷,元大德八年到至正五年(1304—1345 年)建阳余氏勤有堂刻印。

元危亦林撰《世医得效方》十九卷,元至正五年(1345 年)建宁路官医提领陈志刻印。

无名氏撰《新编西方子明堂灸经》八卷,元建阳熊氏卫生堂刻印。

宋陈言撰《三因极一病证方论》十八卷,元建阳书坊刻印。此现存本乃南宋刻配补元建阳书坊复刻。该书的“三因说”思想被后世医家所继承,可以说与闽版书的再三刊行是分不开的。

宋三山郡(今福州)杨士瀛撰《仁斋直指方》二十六卷《仁斋小儿方论》五卷《伤寒类书活人总括》七卷《医脉真经》一卷,元福州环溪书院刻印。

在医学类书与其他方面,有元孙允贤撰《医方集成》,元至正三年(1343 年)建阳书林詹氏进德书堂刻印。

宋建阳宋慈撰《宋提刑洗冤集录》五卷,元至顺元年(1330 年)建阳余

---

① (日)丹波元胤:《中国医籍考》卷四六“方论二十四·亡名氏诸家名方”引宋陈振孙《书录解题》语。

氏勤有堂刻印。作为世界上第一部系统法医学著作，闽版《洗冤集录》的刊印流传对国内外的影响是不言而喻的。

值得一提的是，南宋淳熙十一年（1184年），福州长乐朱端章在知南康军（治所在今江西星子县）任上自编自刻了《卫生家宝产科备要（方）》八卷《卫生家宝方》六卷《卫生家宝小儿方》二卷《卫生家宝汤方》三卷等医著，开启了福建医家自编自刻医学的传统，明代建阳的熊宗立、清代长乐的陈修园就是这一传统的著名承继者，在我国医学界和刻书界皆占有重要地位。今国家图书馆藏有《卫生家宝产科备要》原刊本，日本存有《卫生家宝汤方》传抄本。

由于年代久远，大量宋元闽版医学新著在战争动乱和自然损耗中散失，但从以上见存刻本中可以看出，从中医学基础理论到本草、方剂，以至临床内、外、妇、儿、针灸、骨伤、病因病理等学科，宋元福建官民无一不刻，无一不刊，对我国医药事业发展做出了积极贡献。《中国医籍考》卷四十九"方氏（导）家藏集要方"按语引《本草纲目》牛膝注云：宋代临汀（即今长汀）书坊刻印的《集要方》，流传各地后，"得九江太守王南强书云：老人久苦淋疾，百药不效，偶见临汀《集要方》，中用牛膝者，服之而愈"[①]。这是建本对科技发展贡献的又一确凿记载。

除经济植物学和医经医方类外，宋元福建还刊刻了许多其他科技类新著。如南宋淳熙四年（1177年）和淳熙八年（1181年），泉州州学分别刊刻宋程大昌《禹贡山川地理图》二卷及其学术论著《禹贡论》，后者为该书第一刻本。

南宋咸淳三年（1267年），建宁知府吴坚、刘震孙委付"书铺张金瓯"[②]刻印建阳祝穆所著《方舆胜览》七十卷。这是祝洙在其父祝穆嘉熙三年（1239年）自刻本基础上的重订本。值得一提的是，在祝洙翻刻此书时，将南宋嘉熙二年（1238年）颁布的禁止盗版刻印《方舆胜览》的两浙转运司榜

① （日）丹波元胤：《中国医籍考》卷四九"方论二十七·方氏（导）家藏集要方"。

② （宋）祝穆：《方舆胜览·祝洙跋》。

文和福建转运司牒文印入卷首（参见图 16-5），使今人可以看到世界上第一份具有法律效力的版权文告的诞生过程，这在中国和世界科技传播史上都是一件值得大书特书的事情。

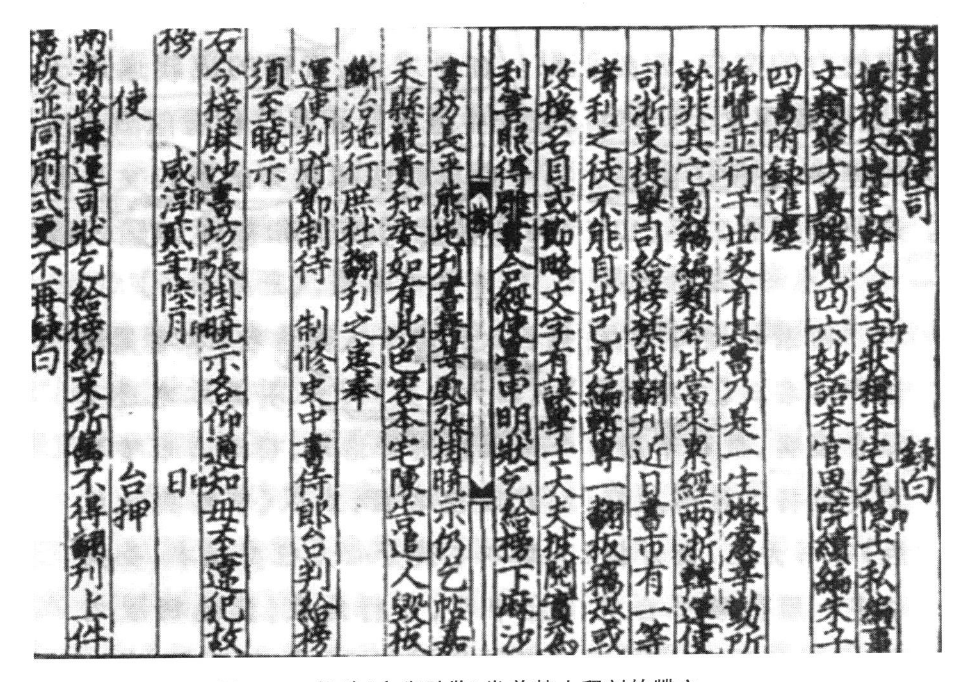

兩浙轉運使司　錄白
據祝太傅宅幹人吳吉狀本宅先隱士私編事
文類聚方輿勝覽四六妙語本官思院續編朱子
四書附錄進塵
御覽並行于世家有其書乃是一生燈窗辛勤所
就非其它剽竊編類者比當來累經兩浙轉運使
司浙東提舉司給榜禁戢翻刊近日書市有一等
嗜利之徒不能自出己見編輯一書翻板竊取或
改換名目或節略文字有誤學士大夫披閱實為
利害照得雕書合經使臺申明狀乞給榜下麻沙
書坊長平熊屯刊書籍等處張掛曉示仍乞帖嘉
禾縣嚴責知委如有此色容本宅陳告追人毀板
斷治施行庶杜翻刊之患奉
運使判府節制待制　制修史中書侍郎台判給榜
須至曉示
右今榜麻沙書坊張掛曉示各仰通知毋至違犯故
榜
咸淳貳年陸月　日
使　台押
兩浙路轉運司狀乞給榜約束所屬不得翻刊上件
書板並同前式更不再錄白

图 16-5　祝穆《方舆胜览》卷首禁止翻刻的牒文

资料来源：方彦寿《建阳刻书史》第 144 页。

元至元间（1264—1294 年），建宁路总管张仲仪刻印《农桑辑要》七卷。该书乃元世祖时成立的大司农司于至元十年（1273 年）所编印和颁发，建宁路官方“刻而传之”的目的，是“将以广朝廷务农重本之意于天下，诚使家置一本，奉行以谨，则人人衣食以足，而风俗可厚，教化可兴矣”①。《农桑辑要》引用古代农书《齐民要术》《四时类要》等 10 余种，编辑人自撰的“新添”材料约计 30 条，是一部实用价值极高的农学读本。但因系官书，《农桑

① （元）熊禾：《勿轩集》卷一“农桑辑要序”。

辑要》一直由朝廷直接颁发给朝官和主管农业的各级地方官吏应用，流传到民间的极少。所以，建宁路“诚使家置一本”的刻印宗旨，是对福建农业发展的一大贡献。

元大德间（1297—1307年），福州奉东宫之命刊刻郑樵《通志》二百卷，“凡万余版”[①]，藏之秘阁，为该书第一刻本。

值得一提的是，无论是科技名著还是科技新著，借助于泉州港中外文化交流渠道，建本图书对世界科技发展也起到了积极的推动作用。根据《图书寮汉籍善本书目》和《日本访书志补》等书记载[②]，元闽版《经史证类大观本草》和《太平惠民和剂局方》流传到日本，成为其国内极其珍贵的方书本草。特别是建本宋慈《宋提刑洗冤集录》，通过元明海外交通贸易输入朝鲜、日本、东南亚以及波斯和阿拉伯后，辗转流传到世界各地，成为全球影响力最大的科技著作之一。此外，元时建阳余氏勤有堂刻本《新刊铜人腧穴针灸图经》与建安刘承父刊本《新刊续添是斋百一选方》流传到朝鲜和日本后，曾被多次复刻翻印，促进了中医学在海外的传播。[③]

3.大量刻印类科技图书，满足社会需求

依现代观点，除少量专著外，我国古代劳动人民的科技活动及其成果，大都分散记载在子部、集部以及类书和地方志这些“类科技”图书之中，人们也常常习惯于在此类图书中寻找所需的科技知识。因此，将建本中的“类科技”图书视为其对科技发展的一种贡献，应是合情合理的。

① 陈衍：民国《福建通志》卷二七“福建版本志·史部（三）”。

② 详见肖林榕等《宋元时期闽版医书的印刷及其影响》，载《福建中医药》1988年第1期。

③ 方品光：《福建刻书对日本雕板印刷的影响》，载《福建师范大学学报》1992年第3期。

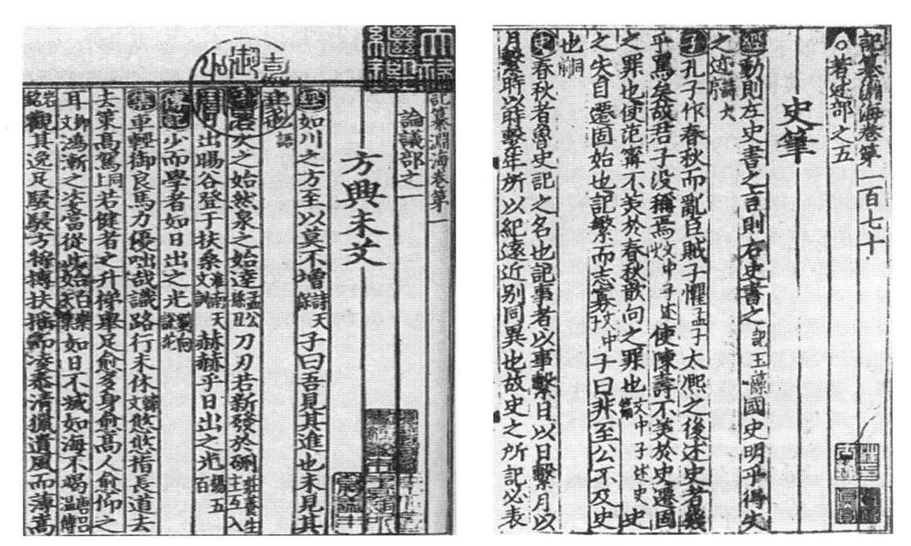

記纂淵海卷第一
論議部之一
方興未艾
如川之方至以莫不增 詩天保 子曰吾見其進也未見其
火之始然泉之始達 孟子公孫丑 刀刃若新發於硎 莊子養生主
出暘谷登于扶桑 赫赫乎日出之光
少而學者如日出之光
車輕御良馬力優哉識路行未休 指長道去
去業高騖 若健者之升梯舉足愈多身愈高人愈仰之
觀其逸足驟騁方將摶扶搖而凌泰清躡遺風而薄嵩

記纂淵海卷第一百七十
著述部之五
史筆
經 動則左史書之言則右史書之 記玉藻 國史明乎得失之迹 詩大序
子 孔子作春秋而亂臣賊子懼 孟子 太史公之後述史者幾乎罵矣故君子没稱焉 文中子述史 使陳壽不美於史遷固之罪也使范曄不美於春秋歆向之罪也 文中子述史 史之失自遷固始也記繁而志寡 文中子 子曰非至公不及史也
史 春秋者魯史記之名也記事者以事繫日以日繫月以月繫時以時繫年所以紀遠近別同異也故史之所記必表

图 16-6　南宋后期建阳坊刻本《记纂渊海》

资料来源：黄镇伟《坊刻本》第 106、108 页。

刊行各种大型类书或日用百科全书，做到广采博收，分门别类，使读者易于获取某个方面的专门知识，是宋元福建刻的一大特色。这些出自“乡塾陋儒”①的图书，往往含有大量的科技信息，是古代科技传播的重要渠道。从现有材料看，宋元福建既刊刻像李昉等《太平御览》一千卷（南宋初，建宁府）、王钦若、杨亿等《册府元龟》一千卷②、曾慥《类说》六十卷（1140 年，建阳麻沙书坊；1226 年，建宁郡斋）、叶廷珪《海录碎事》二十三卷、祝穆《事文类聚》以及潘自牧《记纂渊海》一百九十五卷（南宋后期，建阳书坊）（参见图 16-6）这样的大中型类书，更刊印了大量诸如《事林广记》、《居家必用》（1339 年，建阳吴氏友于堂）这样的民间日用百科全书，从一个侧面为科技发展做出了贡献。如《海录碎事》，其内容涉及天、地、衣冠、饮食、器用、百工、医技、音乐、农田等 16 类，有许多新奇的记载，是其他古代版籍中

---

① （清）永瑢：《四库全书总目提要》卷一三五“子部四十五 · 类书类一 · 源流至论”。

② （清）徐松：《宋会要辑稿 · 崇儒五之一“文苑英华”》。

所未见的。又如《事文类聚》，这是一部内容极其丰富，涉及当时社会生活的各个层面的日用类书。该书不但有南宋建阳祝穆自刻本，还有元刘氏云庄书院的《新编古今事文类聚》前后续别新外六集二百二十一卷，以及元泰定元年(1324 年)刘锦文日新堂的自编《新编事文类要启札青钱》五十一卷，分前后续别各十卷，外集十一卷。

更重要的是《事林广记》，这是宋末元初崇安(今武夷山)陈元靓编纂的一部生活类百科全书，内容包括天象、节气、农桑、人纪人事、家礼、仪礼、帝系纪年、历代圣宝、幻学、文房、佛教、道教、养身、官制、医学、文籍、辞章、算命、选择器用、音乐、武艺、闺妆、茶汇、酒曲、饮馔、郡邑风水等。由于适合百姓生活需求，自宋末印行后便广为传播，并不断被全国各地特别是建阳坊肆所翻刻。如元至顺间(1330—1333 年)建安椿庄书院(实为坊肆)的《新编纂图增类群书类要事林广记》，就是国内外现存最早的刻本[①]。全书共 42 卷，分为 43 类，每类皆配有精美的插图，且不少版画颇具科技性和思想性。如农桑类中的《蚕织图》与《耕获图》(参见图 16-7)，地舆类中的《历代国都图》与《历代舆图》，先贤类中的周敦颐、程颐、朱熹等全身像，等等。这种图文并茂、形象生动的传播形式，深受平民百姓的喜爱。由于适销对路，椿庄书院之后，元代建阳坊肆又先后推出郑氏积诚堂(1340 年)、陈氏积善书堂(约 1340 年)和余氏西园精舍(约 1365 年)等刻本的《事林广记》，有的还新增了一些元代民间日常生活知识方面的内容[②]，做到与时俱进，成为后人了解宋元日用科技的重要窗口。同时，作为我国现存最早的插图本日用百科全书，《事林广记》在编撰体例、内容以及版画制作上，开了元明建阳坊肆编辑和刊刻插图本日用类书之先河，使福建成为我国早期"类科技"图书出版发行的重要基地。

---

① 李约瑟认为这是《事林广记》的初刊本，时间为 1325 年。详见李约瑟《中国科学技术史·(第四卷)物理学及相关技术·(第一分册)物理学》(科学出版社 2003 年版)，第 237 页。

② 如现今流行的郑氏积诚堂《纂图新增群书类要事林广记》，由于新增了一些元代生活百科，刻本扩为 51 类 42 卷。

图 16-7　建阳椿庄书院(左)与郑氏积诚堂《事林广记》刻本插图

资料来源:薛冰《插图本》第 26 页;黄镇伟《坊刻本》第 2 页。

地方志是记载当地自然现象和科技活动的重要文献。作为文化和经济昌盛地区,北宋末年以来福建各级政府编纂、刊印地方志蔚然成风,陆续刊刻了建安(今建瓯)、武阳(今邵武)、临漳(今漳州)、三山(今福州)、延平(今南平)、仙溪(今仙游)、临汀(今长汀)、清源(今泉州)、莆阳(今莆田)、潭阳(今建阳)、福州(《三山续志》)、建宁、邵武(元《武阳志略》)等府县志,从而为后人研究当时社会科技发展状况提供了大量珍贵资料。遗憾的是,至今仅存留淳熙《三山志》、宝祐《仙溪志》和开庆《临汀志》3 部宋元方志。不过,宋元方志部分内容在明清刊刻流传的志书中有所体现。

除科技和类科技图书外,福建书商编印的其他图书有时也承担着科技传播的重要使命。如刻印于 1214 年的《新编古列女传》,该书中有一幅"鲁寡陶婴图",描绘了一个妇女使用一架小型三瓘脚踏纺车的生产形象。据清代叶德辉《书林清话》考证，此书乃“建安余氏靖安刊于勤有堂”[1]。脚踏棉纺车的出现，标志着我国棉纺织技术的突破性发展。正是根据《新编古列女传·鲁寡陶婴图》和建安余氏勤有堂刻印这一史料，有人推断，脚踏棉纺车的改制成功很可能出自福建工匠之手，且发明时间“应比《新编古列女传》成书时间还早若干年”，更比元代王祯《农书》所载“木棉纺车”整整早了近1个世纪[2]。也正是由于这一明确记载，宋元福建人民在脚踏棉纺车发明与推广的历史功绩才得以大白天下。可以想见，这一类事件在宋元福建刻印史上并不罕见，值得深入挖掘和认真对待。

众所周知，道家是古代中国最具科技意识的知识分子群体，其编撰的《道藏》蕴含着不少有关天文、地理、医药、化学、工程等的理论知识和实践体认，值得后人研究和学习。但由于受誊写传播渠道所限，长期以来能接触到的人很少。北宋政和年间福州刊印的《万寿道藏》，极大地缓解了这一困境。作为我国第一部刊印道藏，其中的科技传播意义，至今仍为中外学者所称道。

根据钱存训先生《纸与印刷》一书中的计算[3]，印本与抄本的成本比率大约是1∶10，即印本图书比抄本图书的成本下降了90%。这还只是全国刻本图书的总体水平而论，由于建本图书以普及为主，价格在全国图书市场中最低，比率肯定还要低于这个数字。由此可见，作为宋元我国雕版印刷中心之一，建本图书对国内外科技发展的贡献是广泛而深远的。

---

① （清）叶德辉：《书林清话》卷二“宋建安余氏刻书”。另据方彦寿先生考证，见存的勤有堂《古列女传》，实为元大德八年到至正五年（1304—1345年）余志安所传刻，并非宋版。详见方彦寿《建阳刻书史》（中国社会出版社2003年版），第203～206页。

② 李崇州：《我国古代的脚踏纺车》，载《文物》1977年第12期。

③ （美）钱存训：《纸与印刷》，科学出版社、上海古籍出版社1990年版，第339页。

第二节　雕版印刷技术的进步

经过五代时期的发展，福建的雕版印刷技术从最初的萌芽阶段逐步走向成熟，表现在随着印刷出版事业的迅猛发展，宋元福建在许多工艺技术领域有所创新，从而在我国雕版印刷技术发展中留下不可磨灭的足迹。

一、雕版印刷技术的普及

雕版印刷是用木板雕刻文字图画，把墨刷在文字或图画上面，再铺上纸张进行印刷的复制技术。在古代，雕版印刷是一项技术含量较高的手工工艺，因此技术的普及是宋元福建雕版印刷事业兴旺发达的首要因素。

从刻印地域看，宋元福建所辖福、建、泉、漳、汀、南剑以及邵武、兴化等八州军无不刻印图书，且各地涌现出不少刻书名家名肆，如宋代福建漕治（治所建瓯）吴坚（刻《邵子观物篇》《渔樵问对》等），汀州军鲍瀚之[刻“算经十书”(1213)]，邵武军学[刻《论语要义》(1166)、《高峰先生文集》(1171)]，福州东禅寺和开元寺，邵武廖莹中世彩堂（刻《九经》、韩、柳集，以纸墨莹洁，精美绝伦著称），邵武东乡朱中奉宅[刻《史记集解》(1140)]，兴化莆田黄汝嘉（重修《春秋传》、刻《江西诗派》等），建宁府建阳县的建安蔡子文东塾之敬室[刻《康节先生击壤集》(1066)]、建安余仁仲万卷堂（刻《九经》《画一元龟》等）、建阳刘诚甫[刻《中兴以来绝妙词选》(1249)]、刘氏天香书院（刻《监本纂图重言重意互注论语》《礼部韵略》）、建安蔡琪一经堂[刻《汉书集注》《后汉书注》(1208—1224)]、建阳崇化书坊陈八郎宅[刻《文选注》(1161)、《新书》八卷]，建宁府黄三八郎书铺（刻《韩非子》《钜宋广韵》）、魏齐贤富学堂（又称毕万裔富学堂）（刻《圣宋名贤五百家播芳大全文粹》《李侍郎经进六朝通鉴博议》）、建安江仲达群玉堂（刻《二十先生回澜文鉴》），闽山阮仲猷种德堂[刻《春秋经传集解》(1176)、《杨氏家藏方》]，麻沙万卷堂（刻《新编近时十便良方》）以及东阳崇川余四十三郎宅（刻《新雕初学记》)，钱塘王叔边家(刻《后汉书》《前汉书》)，建安黄善夫家塾之敬室(刻《史记》，前后《汉书》等，以刻印技术精湛著称)，麻沙水南刘仲吉宅(刻《类编增广黄先生大全文集》《新唐书》等)，建安刘元起家塾之敬室(修补刷印黄善夫刻前后《汉书》)，建安刘日新宅三桂堂[刻《童溪王先生易传》(1205)]，麻沙刘通判宅仰高堂(刻《纂图分门类题五臣注扬子法言》《音注河上公老子道德经》)，建安刘叔刚宅(又称刘叔刚一经堂)(刻《附释音毛诗注疏》《附释音春秋左传注疏》等)、建安蔡梦弼家塾(刻《史记集解索隐》《杜工部草堂诗笺》等)、建安魏仲举家塾(刻《新唐书》《新刊五百家注音辨昌黎先生文集》等)等；元代有福州路儒学，武夷詹光祖月崖书堂(刻《资治通鉴纲目》、重刊《黄氏补千家注纪年杜工部诗史》等)，建宁建安书院[刻《蜀汉本末》(1351)]，崇安南山书院[刻《广韵》(1366)]，熊禾武夷洪源书堂[刻《易学启蒙通释》(1289)]，建阳的刘君佐翠岩精舍[刻《广韵》(1356)]、《渔隐丛话前集》等)、余志安勤有堂(刻《李太白诗》《国朝名臣事略》等)、刘锦文日新堂(刻《揭曼硕诗集》《伯生诗续编》等)、建安虞氏[刻“全相平话五种”(1321—1323)]、叶日增广勤堂[刻《新刊王氏脉经》(1330)、《针灸资生经》等]、建安陈氏余庆堂(刻《续宋中兴编年资治通鉴》)、建安虞氏务本书堂(刻《赵子昂诗集》《增刊校正王状元集注分类东坡先生诗》等)、郑氏积诚堂[刻《纂图增新群书类要事林广记》(1340)]、建安郑天泽宗文堂[刻《静修先生文集》、《艺文类聚》(1330)等]等。(参见图 16-8)这些名家及其名肆的主人不少本身就是学者，同时也是作者、编辑和校勘行家。如被鲁迅称为“建阳书贾”的魏仲举，既是魏氏坊肆的主人，同时又编刻有《新刊五百家注音辨昌黎先生文集》(参见图 16-9)和《五百家注音辨唐柳先生文集》等图书。魏氏编刻本流入日本后大受欢迎，被热捧为“儒书”。又如日新堂主人刘锦文“博学能文，教人不倦，多所著述。凡书板磨灭，校正刊补，尤善于诗，有《答策秘诀》行世”[1]，显见是一位文人兼书商。这些有学者经营或参与经营的著名坊肆通常刻印时间长，技术力量雄厚，有力带动了当地雕版

① (明)冯继科：嘉靖《建阳县志》卷一二“列传・儒林类・刘文锦”。

印刷事业的普及与发展。值得一提的是，名家名肆间的携手合作，也是推动闽刻事业发展的重要动力。如黄善夫与刘元起，他们共同校刻了史学名著《汉书》和《后汉书》，又先后推出了同样刻印精湛、版新墨莹的原刻初印本和改刻后印本，成为南宋建本的代表之作。[①]

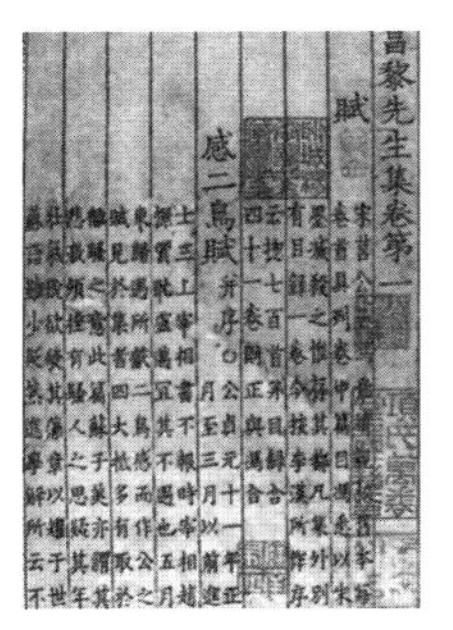

廖莹中《昌黎先生集》(1265—1274)

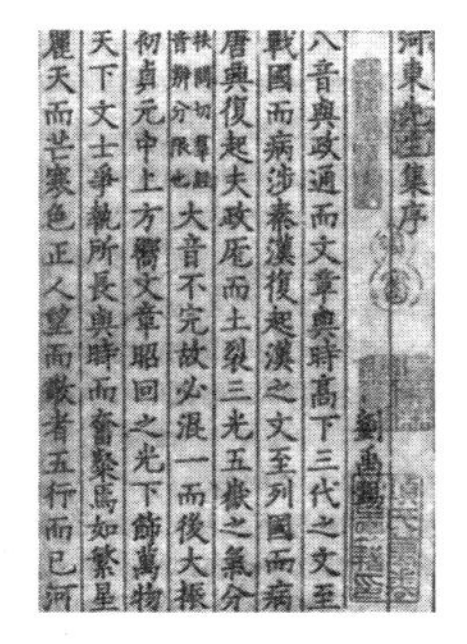

廖莹中《河东先生集》(1265—1274)

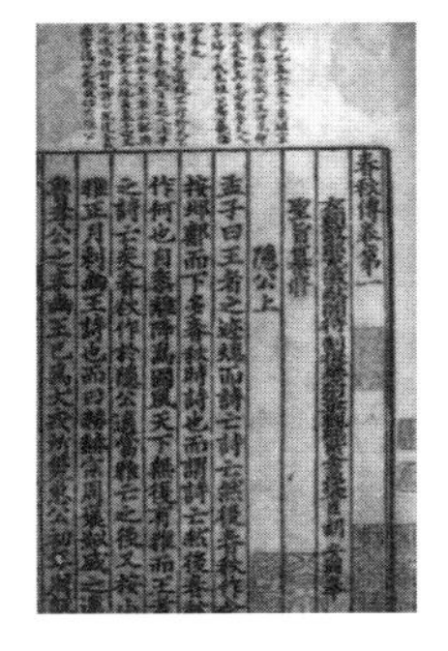

黄汝嘉重修本

《春秋传》(1199)

刘诚甫《中兴以来绝妙词选》

(1249)

蔡琪一经堂《汉书》

(1208)

① 详见张丽娟《宋本》(江苏古籍出版社 2002 年版)，第 77～81 页。

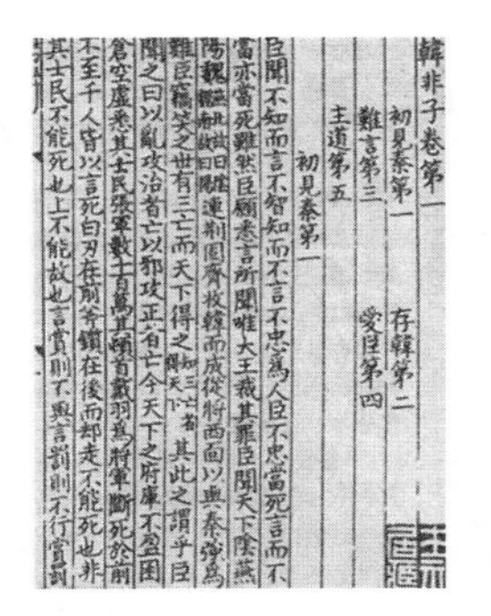

韓非子卷第一

初見秦第一　存韓第二

難言第三　愛臣第四

主道第五

初見秦第一

臣聞不知而言不智知而不言不忠為人臣不忠當死言而不當亦當死雖然臣願悉言所聞唯大王裁其罪臣聞天下陰燕陽魏連荊固齊收韓而成從將西面以與秦強為難臣竊笑之世有三亡而天下得之其此之謂乎臣聞之曰以亂攻治者亡以邪攻正者亡今天下之府庫不盈囷倉空虛悉其士民張軍數十百萬其頓首戴羽為將軍斷死於前不至千人皆以言死白刃在前斧鑕在後而卻走不能死也非其士民不能死也上不能故也言賞則不與言罰則不行賞罰

黄三八郎书铺

《韩非子》(1165)

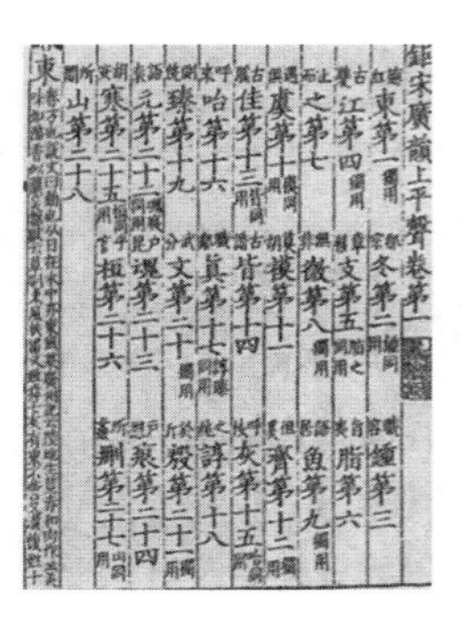

鉅宋廣韻上平聲卷第一

東第一獨用　冬第二鍾同用　鍾第三

江第四獨用　支第五脂之同用　脂第六

之第七　微第八獨用　魚第九獨用

虞第十模同用　模第十一　齊第十二獨用

佳第十三皆同用　皆第十四　灰第十五咍同用

咍第十六　真第十七諄臻同用　諄第十八

臻第十九　文第二十欣同用　殷第二十一

元第二十二魂痕同用　魂第二十三　痕第二十四

寒第二十五桓同用　桓第二十六　刪第二十七山同用

山第二十八

東

黄三八郎书铺

《钜宋广韵》(1169)

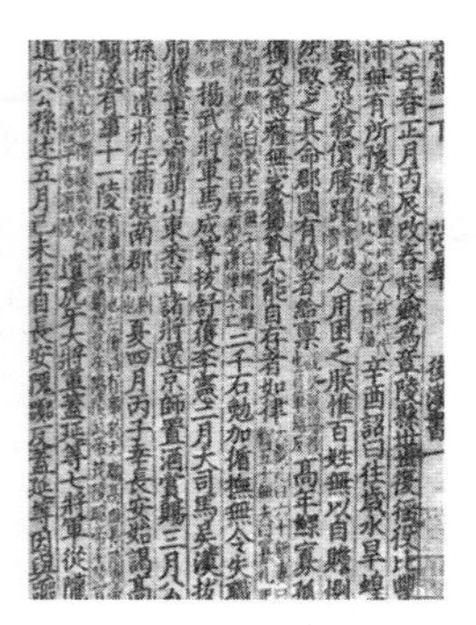

王叔边《后汉书》

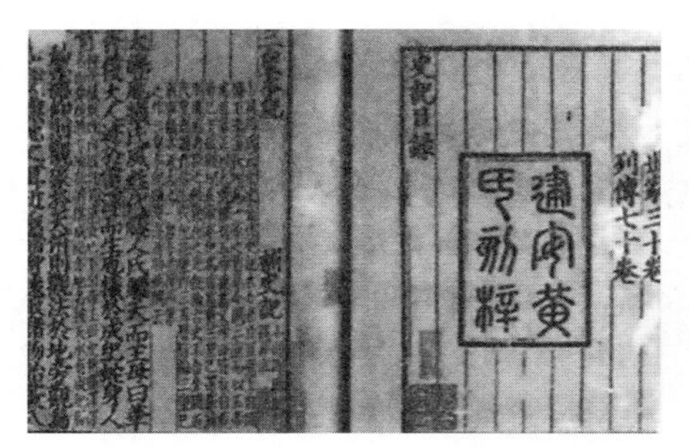

黄善夫《史记集解索隐正义》(1196)

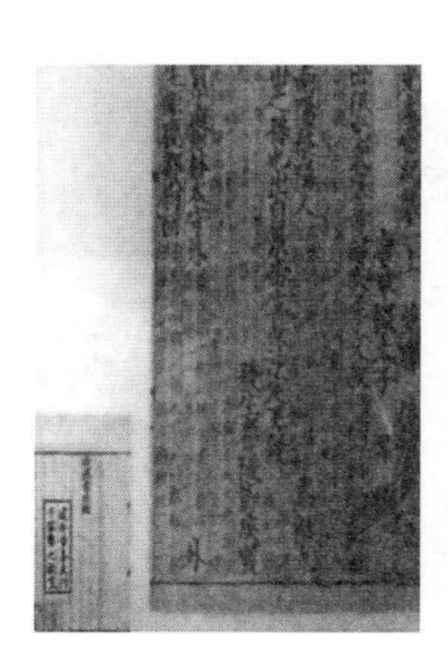

黄善夫《后汉书》

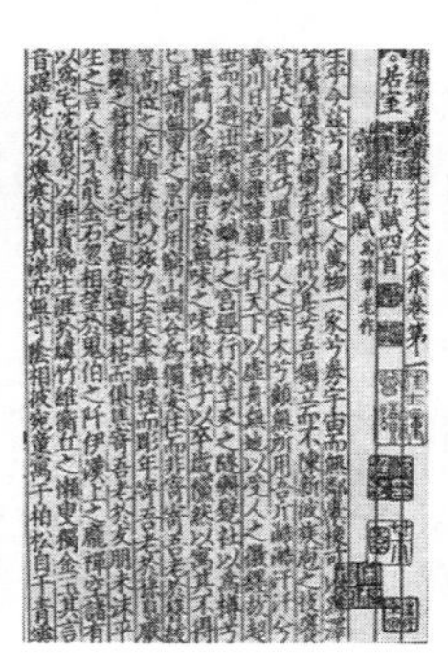

刘仲吉《类编增广黄先生大全文集》(1165—1173)

建安劉元起刊于家塾之敬室

黄善夫刻刘元起修补《汉书》

(1195—1200)

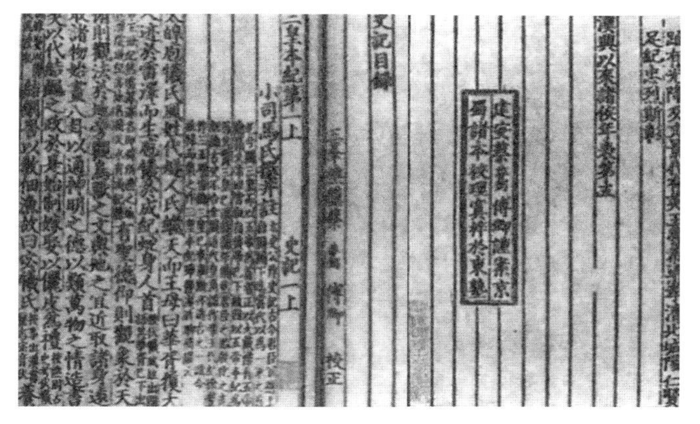

蔡梦弼《史记集解索隐》(1171)

蔡梦弼《杜工部草堂诗笺》(1204)

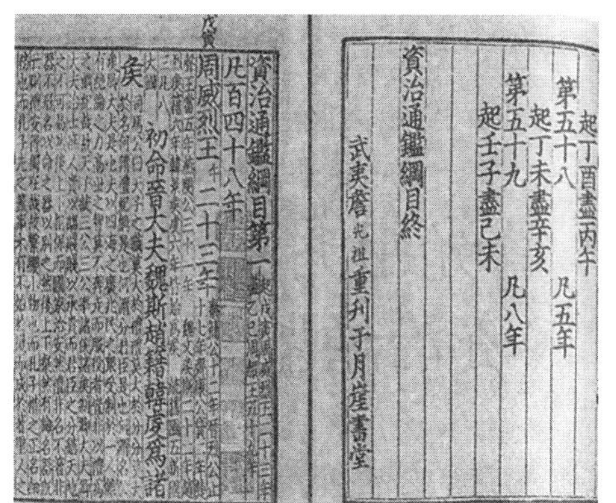

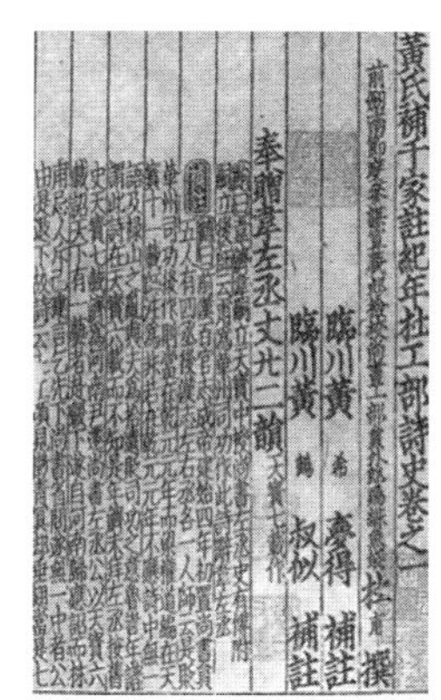

詹光祖《资治通鉴纲目》(1287)
与《黄氏补千家注纪年杜工部诗史》(1287)

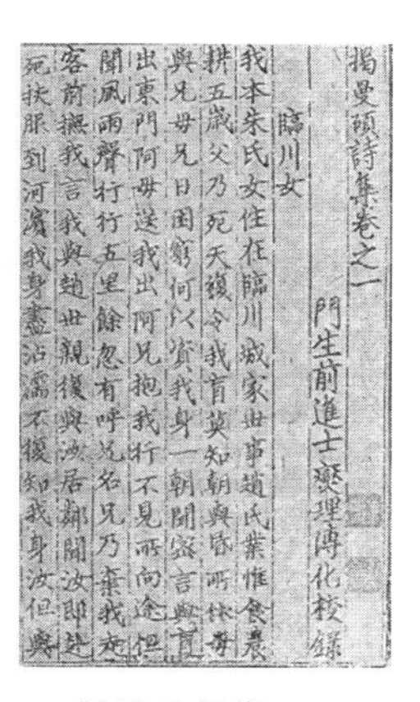

刘氏日新堂
《揭曼硕诗集》(1340)

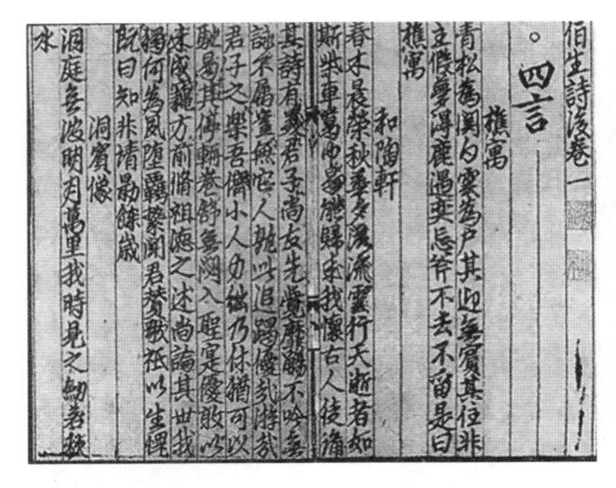

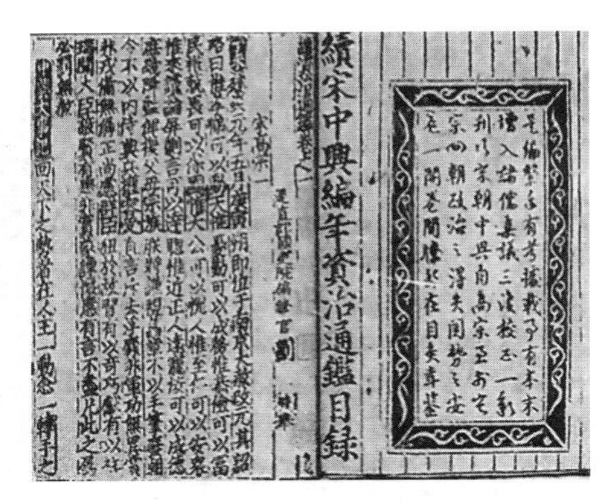

刘氏日新堂《伯生诗续编》(1340)　　陈氏余庆堂《续宋中兴编年资治通鉴》

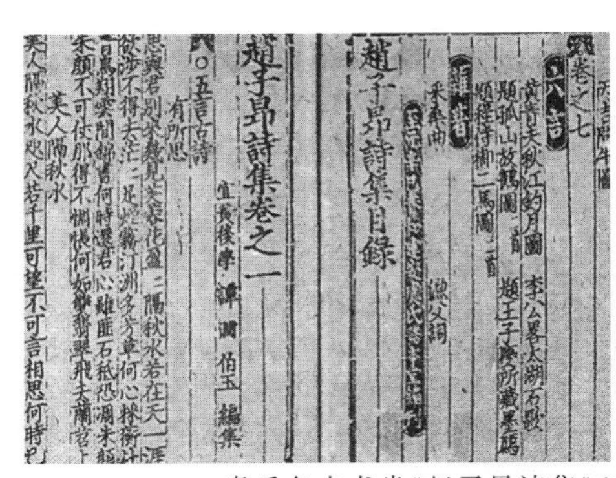

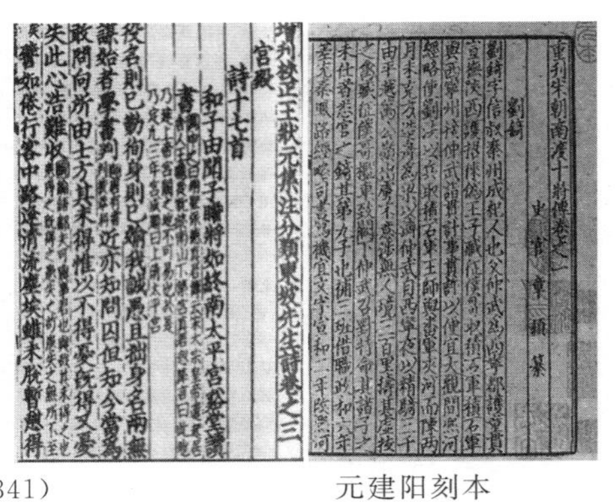

虞氏务本书堂《赵子昂诗集》(1341)　　元建阳刻本

与《增刊校正王状元集注分类东坡先生诗》　　《重刊宋朝南渡十将传》

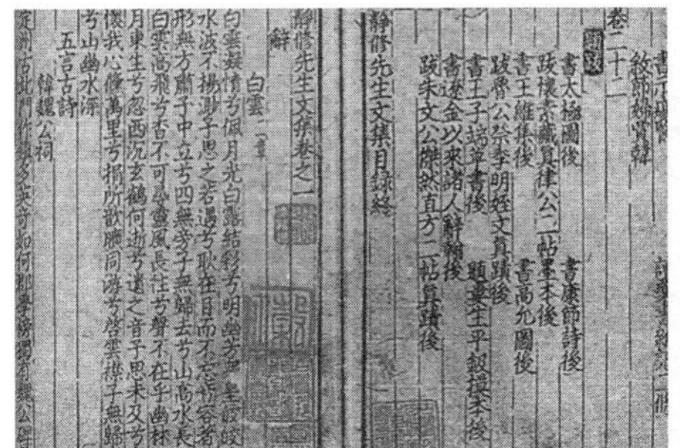

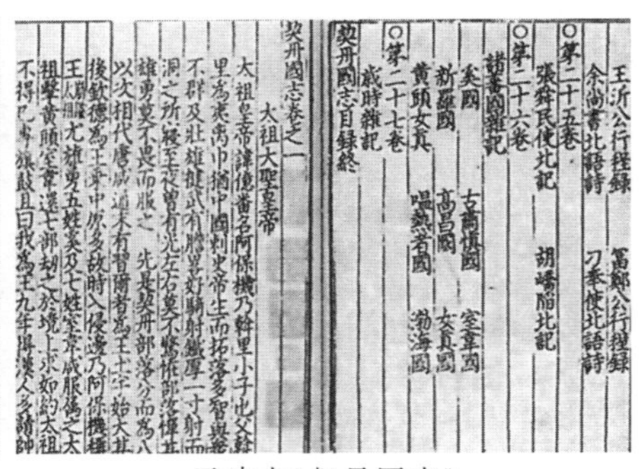

郑氏宗文堂《静修先生文集》(1330)　　元建本《契丹国志》

图 16-8　宋元福建名家名肆见存刻本举隅

资料来源：任继愈主编《中国版本文化丛书》之《家刻本》《坊刻本》《宋本》《元本》。

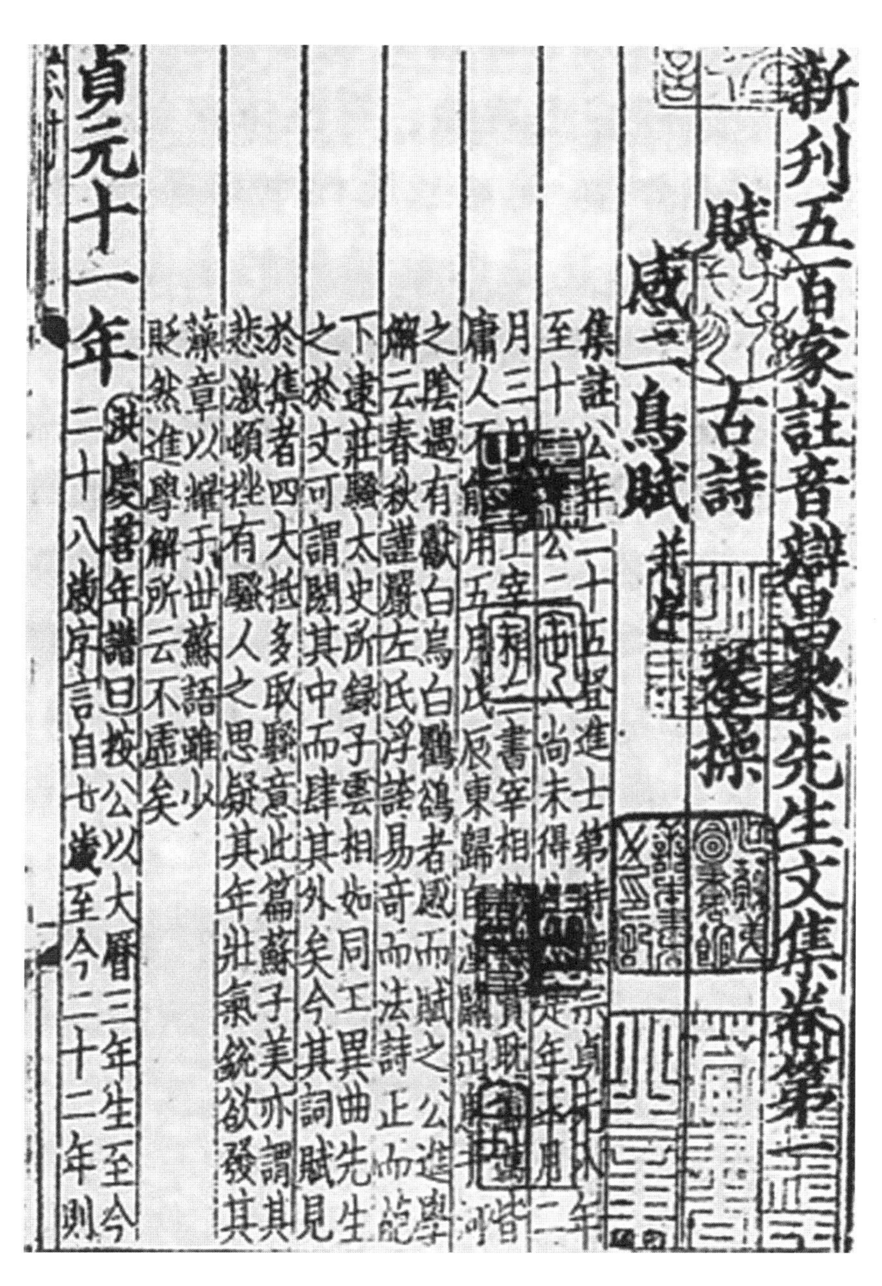
新刊五百家註音辯昌黎先生文集卷第一

賦　古詩

感二鳥賦　并序

集註公年二十五登進士第[illegible]貞[illegible]年至十[illegible]公二[illegible]尚未得[illegible]年[illegible]月二年月三[illegible]上宰[illegible]書宰相[illegible]貫既[illegible]皆庸人不能用五月戊辰東歸自潼關出息于河之陰遇有獻白烏白鸜鵒者感而賦之公進學解云春秋謹嚴左氏浮誇易奇而法詩正而葩下逮莊騷太史所錄子雲相如同工異曲先生之於文可謂閎其中而肆其外矣今其詞賦見於集者四大抵多取騷意此篇蘇子美亦謂其悲激頓挫有騷人之思蓋其年壯氣銳欲發其藻章以耀于世蘇語雖以貶然進學解所云不虛矣

貞元十一年　洪慶善年譜曰按公以大曆三年生至今二十八歲序言自七歲至今二十二年則

图 16-9　魏仲举家编刻本《新刊五百家注音辨昌黎先生文集》

资料来源:黄镇伟《坊刻本》第 24 页。

从刻印主体看，宋元建本大体可分为官署刻、书院刻、寺院刻、坊肆刻和宅塾刻等[①]，即官民学商及宗教各界无不刻印图书。其中，尤以官署刻和坊肆刻影响最大。据考证[②]，福建官署刻肇始于五代，闽王王审知为莆田籍著名文学家徐寅刊印《钓矶文集》，开福建官署刻与刻书业之先河。[③]而蔡襄则堪称北宋中叶福建官刻印书业的带头人，他不仅在治平元年(1064年)重新刊行了自己的名著《茶录》，而且还刻印了所著《荔枝谱》和《荔枝故事》以及白居易《洛阳牡丹记》。宣和五年(1123年)，福建路还因大规模"印造苏轼、司马光文集"等元祐学术禁物遭到朝廷毁板的处罚。[④]到了南宋，福建官刻印书业进入黄金时期，从路一级机关到各府、州、军、县纷纷以公帑刻印各类图书。以建宁府及驻守在建宁的福建路派出机构为例，先后刊刻了《济北晁先生鸡肋集》七十卷(1137)、《大戴礼记》十三卷(1175)、《东坡别集》四十六卷(1174—1189)、《夷坚志》八十卷(1180)、《太平御览》一千卷(1195年前)、《西汉会要》七十卷(1215)、《北苑修贡录》(1237—1240)、《河南程氏遗书》(1241—1252)、《太平圣惠方》一百卷(1147)、《东观余论》十卷(1147)、《皇朝大诏令》二百四十卷(1210)、《类说》六十卷(1226)、《晦庵先生朱文公易说》二十三卷(1252)、《方舆胜览》七十卷(1267)，以及咸淳年间(1265—1274年)著录作"吴坚福建漕治"刻本五种，等等。[⑤] 入元以后，各级政府和地方官吏沿袭宋朝的做法，仍以公款刊行了一些卷帙浩大的图书。如福建行中书省参知政事魏天佑于至元二十六年至二十八年(1289—1291年)刻《资治通鉴》二百九十四卷《目录》三十卷，世称福州魏天佑刻本[参见图16-10(左)]。一般而言，官署刻因财力充

---

① 清叶德辉《书林清话》将书院刻归并官署刻，寺院刻归并宅塾刻，形成官刻、私宅(家刻)、坊行(坊刻)三大系统。

② 连镇标：《福建官刻考略》，载《福建师范大学学报》1990年第2期。

③ 方彦寿先生有不同看法，认为从徐寅"拙赋偏闻镌印卖"诗句中，推断其著作应刊印于福州或莆田或建阳的民间书坊。详见方彦寿《建阳刻书史》(中国社会出版社2003年版)，第9页。

④ (清)徐松：《宋会要辑稿·刑法二之八八"禁约二"》。

⑤ 详见方彦寿《建阳刻书史》(中国社会出版社2003年版)，第54～62页。

裕，所刻多字大行疏，甚至“字大如钱”。如南宋咸淳元年（1265 年）吴革建宁府刻本《周易本义》（参见图 16-10），每半叶（页）六行，每行十四字，给人以疏朗大气的美感，加上纸墨用料考究，刻印俱精，成为宋刻本中的上品。官署刻以雄厚资金和技术力量，为宋元福建雕版印刷技术的普及和提高做出了积极贡献。

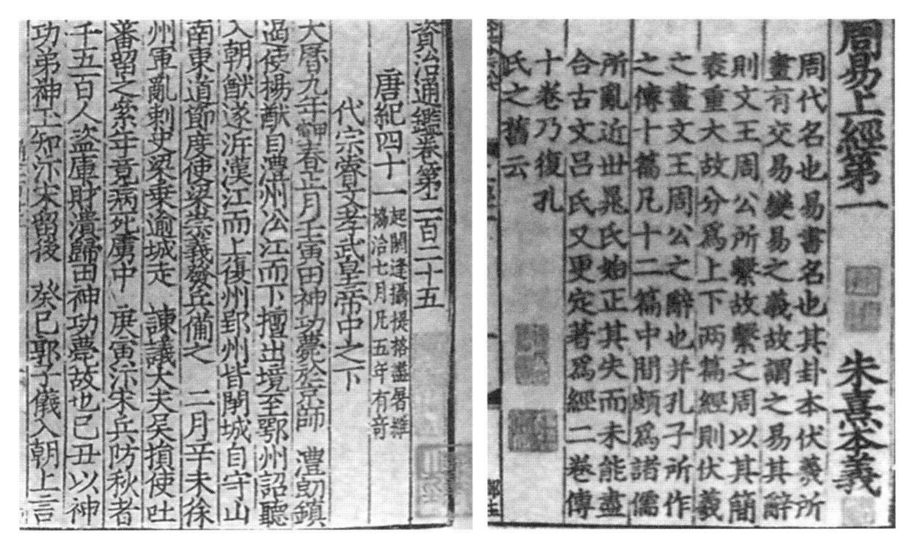
资治通鑑卷第二百二十五
唐紀四十一 起閼逢攝提格盡屠維協洽七月凡五年有奇
代宗睿文孝武皇帝中之下
大曆九年甲寅春正月壬寅田神功薨於京師 灃朗鎮遏使楊猷自灃州沿江而下擅出境至鄂州詔聽入朝猷遂泝漢江而上復州郢州皆閉城自守山南東道節度使梁崇義發兵備之 二月辛未徐州軍亂刺史梁乘逾城走 諫議大夫吳損使吐蕃留之累年竟病死虜中 庚寅汴宋兵防秋者千五百人盜庫財潰歸田神功薨故也 己丑以神功弟神玉知汴宋留後 癸巳郭子儀入朝上言

周易上經第一 朱熹本義
周代名也易書名也其卦本伏羲所畫有交易變易之義故謂之易其辭則文王周公所繫故繫之周以其簡袠重大故分爲上下兩篇經則伏羲之畫文王周公之辭也并孔子所作之傳十篇凡十二篇中間頗爲諸儒所亂近世晁氏始正其失而未能盡合古文呂氏又更定著爲經二卷傳十卷乃復孔氏之舊云

图 16-10　魏天佑刻本《资治通鉴》（左）与吴革建宁府刻本《周易本义》

资料来源：陈红彦《元本》第 176 页；张丽娟《宋本》第 36 页。

与全国各地不同，从宋至明，福建刻书是以建阳为代表的民间坊肆刻为主，且坊肆数量一直为全国之冠。这种具有家族化、商业化、规模化特质的民间出版业在宋元时期就爆发出强大生命力。据统计[①]，早在南宋，坊肆刻已遍及福州、侯官、怀安、永福、福清、福鼎、建安、建阳、崇安、泉州、晋江、南安、同安、南剑州、漳州、龙溪、汀州、宁化、邵武军、兴化军、莆田等福建大部分地区。及至元代，无论是坊肆家数、刻本数量还是分布地区均都大大超过宋代，形成全国独有的文化现象，以致在全国现存元代刻本中，以坊肆刻为主的建本几乎占了半数。作为福建刻书业的主流，有的坊肆还拥

① 张秀民：《中国印刷史》，上海人民出版社 1983 年版，第 94 页。

有自己的书工、刻工和印刷、装订工匠，并聘请编、校、撰人；有的坊肆主人则自编自刻，集编、刻、售于一身，相当于现代的出版社和书店；有的坊肆则接受委托雕印，相当于今天的印刷厂。就是说，在官署刻、书院刻、寺院刻、坊肆刻和宅塾刻几大系统中，无论从历史、技术、经验、数量、质量、销路以及社会影响来考察，民间坊肆刻的成就无疑是最大的，是福建傲立于宋元中国刻印中心的中坚力量。

除官署刻和坊肆刻外，宋元福建雕版印刷技术还普及到书院、寺院和宅塾。宋元福建书院林立，为教学和研究的需要，书院多刻印图书，著名的有南宋淳祐八年（1248 年）漳州龙溪书院刻印的陈淳《北溪集》五十卷《外集》一卷、南宋咸淳元年（1265 年）建宁建安书院刻印的朱熹《晦庵先生朱文公集》一百卷《目录》二卷《续集》十一卷《别集》十卷、元大德十年（1306）建阳考亭书院刻印的《王荆文公诗》五十卷首三卷、元至正二十年（1360 年）崇安屏山书院刻印的《止斋先生文集》五十二卷、元至正二十六年（1366 年）崇安南山书院刻印的《广韵》五卷《大广益会玉篇》三十卷、元建阳云庄书院刻印的《新编古今事文类聚》前后续别新外六集二百二十一卷，等等。福建是宗教兴盛之地，僧侣们为弘扬教义和积功颂德，也纷纷加入到刻印图书的行列，其中最著名的是福州各寺院，在北宋元丰三年到南宋乾道八年（1080—1172 年）不到 100 年的时间里，他们就刻印了宋代四部佛藏中的两部和唯一的一部宋代道藏，其雕版当近 30 万块，工程之盛大与艰巨可想而知。降至元大德十年（1306 年）与延祐二年（1315 年），福州开元寺和建阳报恩万寿寺又先后刻刊《毗卢大藏经》（史称“延祐藏”），凡数万卷 100 多套，分藏全国 100 多个大寺。[①]“毗卢大藏”的 3 次刻板，充分显示了宋元福建寺院刻的实力和水平。宅塾刻是宋元福建刻印业一支不可忽视的力量，这种由私宅、家塾或个人出资刻印的图书，有别于以营利为目的的坊肆刻，重在兴趣和实用，因而有很高的学术性。据考证[②]，两宋时期仅闽北建

---

① 详见徐晓望《福建通史（第三卷）·宋元》（福建人民出版社 2006 年版），第 450 页。另福州鼓山涌泉寺现藏建阳报恩寺元刊本《大藏经》762 卷，字体秀丽、刻印精美。

② 方彦寿：《建阳刻书史》，中国社会出版社 2003 年版，第 62～91 页。

阳就有学者如游酢、胡安国、罗从彦、朱熹及其门人蔡元定、俞闻中、祝穆、刘爚、刘炳以及熊克、吴炎、余允文、黄升等刻过书,且出现王叔边、刘仲吉、刘元起、刘日新、刘通判、刘叔刚、陈彦甫、黄善夫、虞叔异、虞氏、蔡梦弼、魏仲举、魏仲立、魏县尉等宅塾刻坊20余家,形成学者型与家塾型私家刻书双峰并峙的鼎盛局面,从而为宋元建本大家庭增添了多彩的一笔。特别值得一提的是,作为我国学者型宅塾刻的杰出代表,朱熹一生编刻印图书多达30余种,且刻印地点多在建阳和漳州[包括《论孟精义》三十四卷(1172)、《程氏遗书》(1173)、《程氏外书》(1173)、《上蔡语录》、《游氏妙旨》、《庭闻稿录》、《近思录》十四卷(1176)、《南轩集》四十四卷(1187)、《小学》六卷(1187)、《易》《诗》《书》《春秋》各一卷(1190)、《四书章句集注》十九卷(1190)、《古易》十二卷、《音训》二卷、《芸阁礼记解》十六卷等],极大地提升了宋代建本图书的质量和品位,推动了雕版印刷技术在闽地的传播。

二、崇化余氏刻本及其特点

在宋元明兴盛的福建刻印界,出现了许多百年家族与名肆。以家族而言,建阳的余氏、刘氏、熊氏、陈氏均从宋代延至清初;黄氏、蔡氏、虞氏、魏氏则从宋代延续至明末;郑氏、叶氏、詹氏从元代至明末。以名店而言,建阳的刘氏翠岩精舍从元延祐元年(1314年)至明嘉靖元年(1522年),营业时间长达208年(参见图16-11);刘氏日新堂从元至元十八年(1281年)至明嘉靖四十三年(1564年),营业时间长达283年;叶氏广勤堂从元泰定元年(1324年)至明嘉靖三十一年(1552年),营业时间长达228年;郑氏宗文堂从元至顺元年(1330年)至明万历三十三年(1605年),营业时间长达275年,等等。这些百年家族与名肆所刻印的图书,被国内外学者视为传世善本和珍宝。其中位于建阳崇化,名肆层出的书林余氏最具代表性。

刘君佐像

翠岩精舍刻书牌记

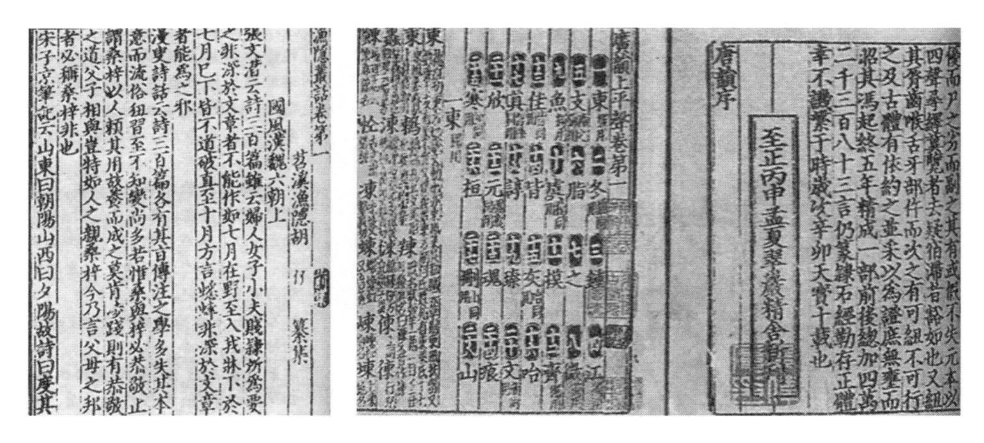

《渔隐丛话前集》

《广韵》(1356)

图 16-11　刘氏翠岩精舍及其元刻本

资料来源：黄镇伟《坊刻本》第 147～150 页。

据考证[①]，余氏一族北宋初年迁居建阳崇化里，在南宋至清初的近600年间从事刻书事业，成为我国古代雕版印书最多、时间最长、影响力最大的家族，“前有建安余氏，后有临安陈氏”[②]。其中以南宋余仁仲万卷堂、元代余志安勤有堂和明代余象斗三台馆（或双峰堂）最为著名（参见图16-12）。

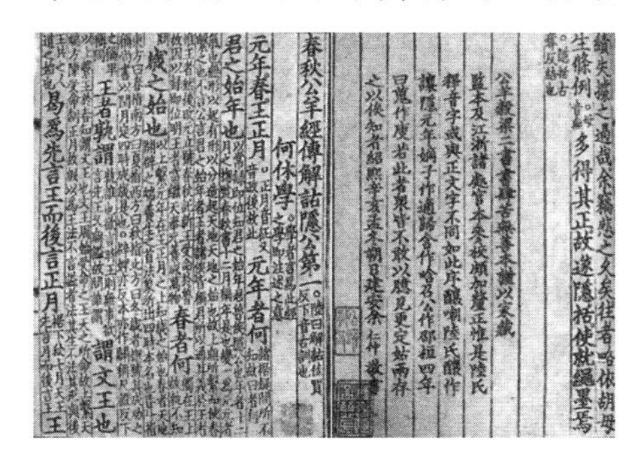

《春秋公羊经传解诂》(1191)

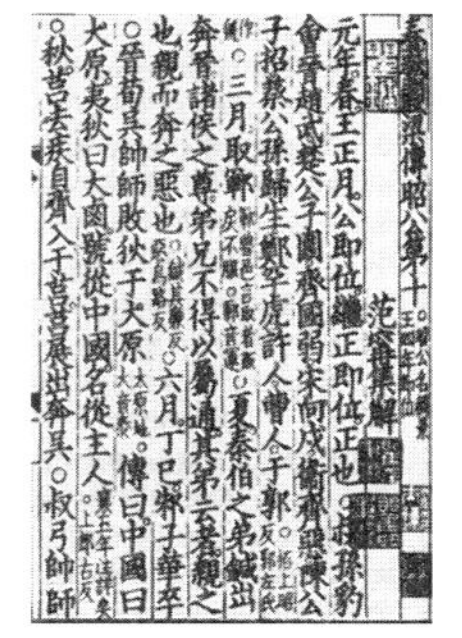

《春秋谷梁传》(1191)

《礼记》(1191)

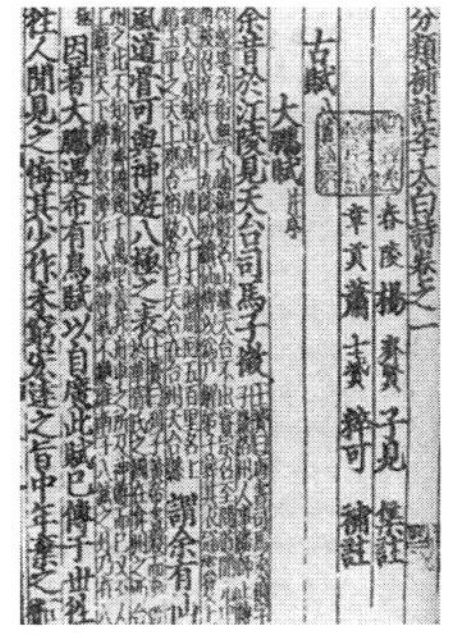

《分类补注李太白诗》(1310)

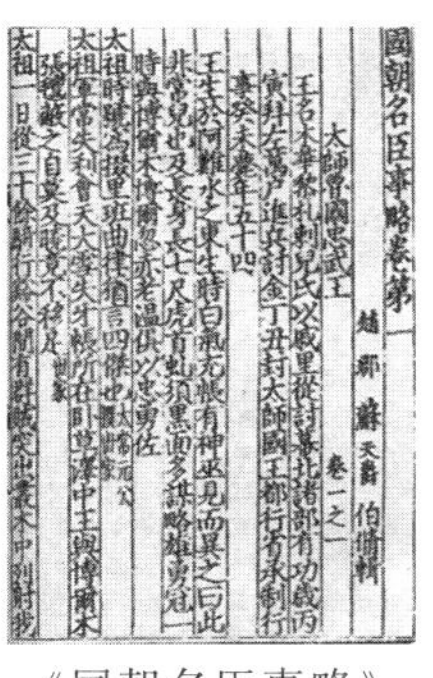

《国朝名臣事略》(1335)

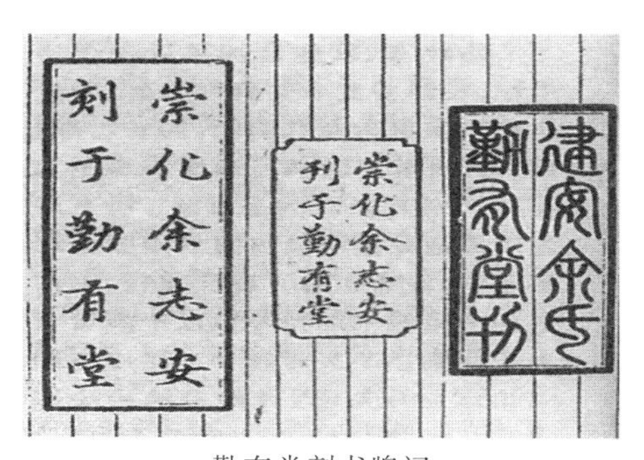

勤有堂刻书牌记

---

① 肖东发：《建阳余氏刻书考略（上）》，载《文献》（1984年）总第21辑。

② （清）叶德辉：《书林清话》卷三“宋坊刻书之盛”。

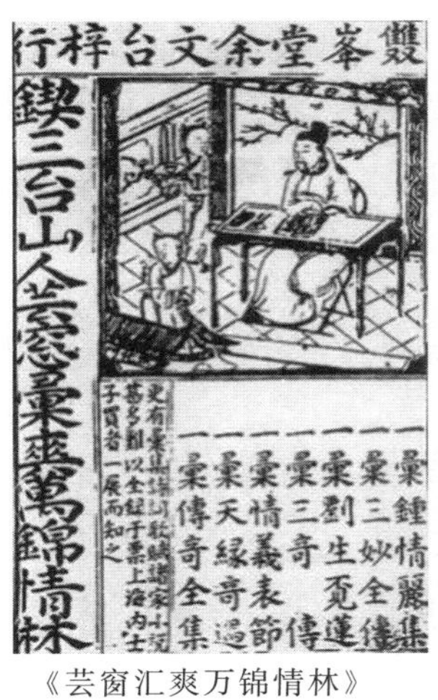

《芸窗汇爽万锦情林》

（1598）

三台馆（或双峰堂）刻书牌记

图 16-12　余氏万卷堂（上）、勤有堂（中）、三台馆刻本与牌记

资料来源：任继愈主编《中国版本文化丛书》之《坊刻本》《宋本》。

余仁仲，生平事迹无考。宋绍熙（1190—1194 年）前后，他以“余仁仲万卷堂”“余仁仲家塾”名号刻书甚多，包括《礼记》二十卷、《春秋经传集解》三十卷、《春秋公羊经传解诂》十二卷、《周礼》十二卷、《易经》、《尚书正义》在内的《九经三传》，以及《画一元龟》、《王状元集百家注分类东坡先生诗》二十五卷、《重修事物纪原集》二十卷首目二卷、《尚书精义》五十卷等。特别是余仁仲精心校雠的《九经》，世称建安余氏本，在当时就被誉为善本。“世所传《九经》，自监、蜀、京、杭而下，有建安余氏、兴国于氏二本，皆分句读，称为善本。”[①]后代藏书家更将余氏刻书均视为珍宝，赞美之词溢于言表。“字划端谨，楮墨精妙。”[②]“字画流美，纸墨精良，洵宋刻之上驷。”[③]值得一提的是，根据现存残本内容推测[④]，余仁仲刻本《画一元龟》应是一部规模

① （宋）岳珂：《九经三传沿革例》。

② （清）瞿镛：《铁琴铜剑楼藏书目录》卷五“春秋类”。

③ 冀淑英：《自庄严堪善本书目·跋翁藏书题识》，天津古籍出版社 1985 年版，第 110 页。

④ 张丽娟：《宋本》，江苏古籍出版社 2002 年版，第 7 页。

达数百卷的类书。以私人之力刊刻完成如此大部头图书，充分说明南宋建阳雕版印刷技术的成熟和熟练技术工匠的大量存在。

余志安（1275—1348 年），又名余安定，一生致力于发展雕版印刷事业。从元大德八年到至正五年（1304—1345 年）的 41 年间，他以“勤有堂”名号刻书 30 余种，其中包括《太平惠民和剂局方》十卷（1304）、《分类补注李太白诗》二十五卷（1310）、《集千家注分类杜工部诗》二十五卷《文集》二卷《年谱》一卷（1312）、《书集传辑录纂注》六卷又一卷《朱子说书纲领辑录》一卷（1318）、《三辅黄图》六卷（1328）、《四书通》二十六卷《四书通证》六卷（1329）、《宋提刑洗冤集录》五卷（1330）、《唐律疏议》三十卷《纂例》十二卷（1332），《国朝名臣事略》十五卷（1335）、《诗童子问》二十卷（1343）、《书蔡氏传旁通》六卷（1345），以及《严氏诗辑》三十六卷、《新编妇人大全良方》二十四卷、《辨识修制药物法度》一卷、《仪礼图》十七卷、《麟溪集》十二卷、《新刊铜人腧穴针灸图经》五卷、《古列女传》七卷《续列女传》一卷等，品种遍及经史子集。

余象斗（约 1560—1637 年），名文台，象斗乃其字，号仰止子、三台山人、三台馆主人，又有别名余世腾、余象乌、余季岳、余君召、子高父、元素等，双峰堂、三台馆、文台馆等均为其书堂之名。作为明后期我国最负盛名的刻书家，余象斗从明万历十六至崇祯十年（1588—1637 年）的 50 年间刻书达 50 余种，包括通俗小说类《新刻按鉴全像批评三国志传》二十卷（1592）、《京本增补校正全像忠义水浒志传评林》二十五卷（1595）、《新刊京本春秋五霸七雄全像列国志传》八卷（1606）、《新刊京本编集二十四帝通俗演义东西汉志传》二十卷等，应试举子决胜科场参考读物类《四书拙学素音》、《四书披云新谈》、《四书梦关醒意》、《四书萃谈正发》、《四书兜要妙解》以及《刻九我李太白十三经纂注》十六卷等，史部和子部类《新刻汤会元辑注国朝群英品粹》十六卷（1596）、《三台馆仰止子考古详订遵韵海篇正宗》二十卷（1598）、《新刻天下四民便览三台万用正宗》四十三卷（1599）、《鼎锲崇文阁汇选士民万用正宗不求人全编》三十五卷（1607）等，以及《新刻圣朝颁降新例宋提刑无怨录》十三卷（1606）、《袁氏痘疹丛书》五卷、《大河外科》

二卷等。余象斗刻书，可谓集历代建阳余氏刻书之大成，既有雕镌精美的质量上乘之作，也有胡编乱凑，偷工减料、冒名顶替的下品。

此外，余唐卿明经堂[刻印《类证普济本事方》十卷《后集》十卷(1253)]、余彦国励贤堂(刻印《新编类要图注本草》四十二卷《序例》五卷)、余氏勤德堂[刻印《增修互注礼部韵略》五卷(1344)、《广韵》五卷(1344)、《春秋后传》十二卷、《增修宋季古今通要十八史略》二卷、《新刊类编历举三场文选》(1341)]、余氏双桂堂[刻印《诗集传名物钞音释纂辑》二十卷(1351)、《书集传》六卷(1351)、《广韵》五卷、《联新事备诗学大成》三十卷(1312—1313)、《周易传义大全》二十四卷《纲领》一卷《朱子图说》一卷(1496)、《四书集注大全》四十三卷(1529)、《新刊性理大全》七十卷(1552)]、余氏西园精舍(又作西园余氏)[刻印《伤寒论注解》十卷《图解》一卷(1365)、《新编纂图增类群书类要事林广记》前后续集各十三卷别集十一卷(1365)、《新刊刘向先生说苑》二十卷(1416)、《增广类联诗学大成》三十卷(1516)、《魁本袖珍方大全》四卷(1528)、《新刊明解图像小学日记故事》十卷]、建安余卓(刻印《诚斋四六发遣膏馥》前后续别四集四十一卷)、余氏新安堂[刻印《重刊五色潮泉插科增入诗词北曲勾栏荔镜记戏文全集》(1566)、《新刊京本增和释义魁字千家诗选》二卷(1573—1619)]、书林余氏自新斋[从明嘉靖十二年至万历四十三年(1533—1615年)刻书35种，知名的刻书家先后有余允锡、余泰垣、余绍崖、余明吾、余良木、余文杰等]、余彰德、余泗泉萃庆堂[刊行小说、类书以及经、史、子、集计有30多种，其中《运筹纲目》(十卷)和《决胜纲目》(十卷)是建本中比较罕见的兵书刻本]以及书林余成章永庆堂[现存刻本10余种，其中《新刻全像牛郎织女传》(四卷)是现存最早的描写牛郎织女传说故事的刻本]等，也是宋元明福建乃至全国有名的刻书坊肆。

作为古代福建雕版印刷技术成就的重要见证者，余氏刻本在我国书林中独树一帜。有人从《美国国会图书馆藏中国善本书提要》、日本宫内省《图书寮汉籍善本书目》、《台湾公藏善本书目书名索引》以及北京、北大、故宫、北师大等图书馆汇集了宋元明余氏刻书版本201种，并分析了其中的特点①。从版式行款和装潢式样看，万卷堂、勤有堂宋版为小字双行、细黑口、左右双边；勤有堂、勤德堂元版为黑口、四周双边；三台馆明版为白口、四周单边，宋元明三代存在明显的继承与创新关系。从用纸方式看，印纸多是竹纸，亦有黄粗皮纸印的，概因闽北盛产竹纸之故。宋版竹纸廉纹很阔，一般是两指宽，也有超过两指的；明代竹纸廉纹只一指宽，与宋代纸完全不相似。从印墨工艺看，万卷堂余仁仲探索使用当地“聚墨池”地下水印书，克服了印书墨渗纸的弊端，所印之书具有字迹清晰均匀、色泽鲜洁、墨气香淡等诸多优点。正是基于上述特点，崇化余氏刻本不仅在国内遐迩闻名，而且也受到了国外的好评。美国著名学者卡特(T.F.Carter)在谈到流传至今的余氏图书时就曾写道：“他们所刊刻的经籍，是我们图书馆中所藏最精美的版本。”②崇化余氏刻本是连接福建和世界的重要桥梁。

三、宋元建本的技术创新

从崇化余氏刻本的特点可以看出，编辑、选板、雕刻、版式、装帧工艺以及印刷辅材的不断创新，是宋元建本技术进步的主要内容。

在编辑方面，南宋建阳刻书家摒弃以往经文与注疏各自独立成书的传统做法，率先把正文、注疏、音释等汇刻成一书，使读者翻阅十分便利，这在当时实是一个创举。如今存的建安刘叔刚一经堂《附释音毛诗注疏》《附释音春秋左传注疏》，皆半叶十行，故世称“十行本”。这种附释音注疏本诸经，不仅元代有翻刻本，而且明李元阳、清阮元的《十三经注疏》均自宋刻祖本出，其影响之深远可见一斑。为了增加图书的通俗性和趣味性，早在宋代福建刻书家就大量在书中纂图插画，成为世界上刊行插图书籍最早最多且极富创造性的地区之一。(参见图16-13)如绍兴年间(1131—1162年)建阳刊本《尚书图》，就有规整的上图下文插图70余幅。由于这种有图

---

① 肖东发：《建阳余氏刻本知见录》，载《福建省图书馆学会通讯》1983年第2期。

② (英)T. F. 卡特：《中国印刷术的发明和它的西传》，商务印书馆1957年版，第73页。

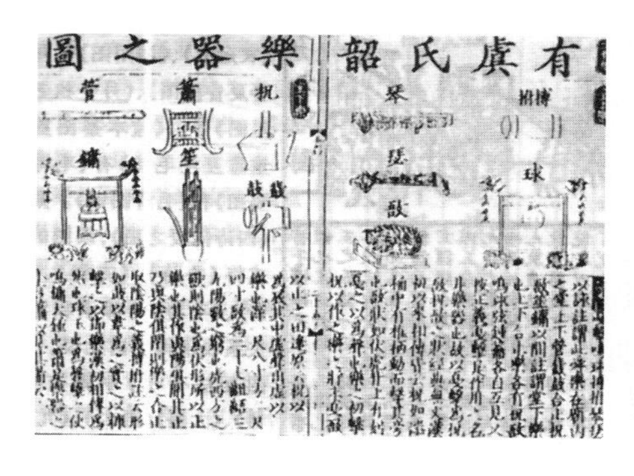

早期建本插图本《尚书图》

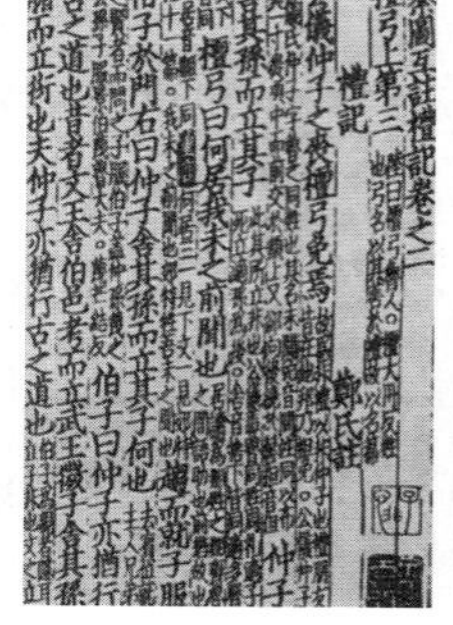

纂图互注本《纂图互注礼记》(1190—1194)

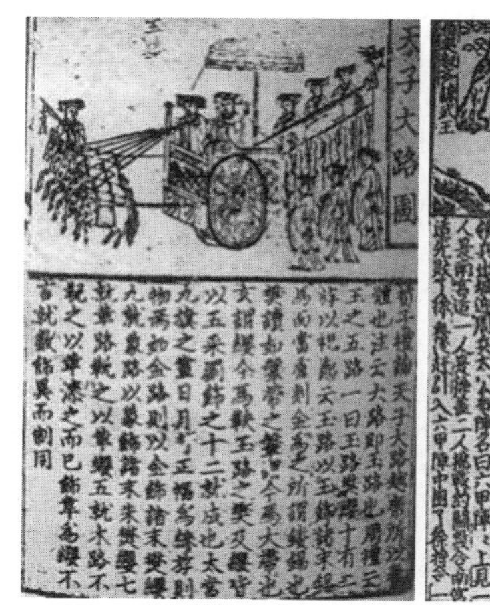

纂图互注本
《纂图互注荀子》

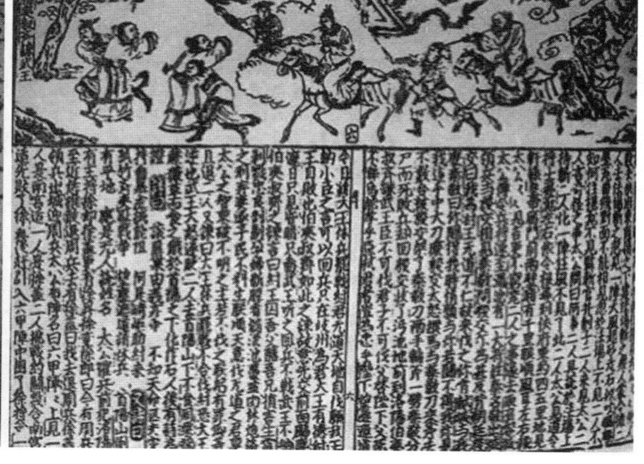

有扁长方形插图的建安虞氏
《新刊全相武王伐纣平话》

图 16-13　宋元建本插图本举要

资料来源：方彦寿《建阳刻书史》第 151 页；黄镇伟《坊刻本》第 81、82 页；薛冰《插图本》第 22、124 页。

有文的“纂图互注”为广大读者喜闻乐见，所以插图本书籍在元代福建特别是建阳坊肆中日益盛行，且创造了多项中国第一。如向被推为小说插图之冠的余氏勤有堂《古列女传》，有精美版画插图 123 幅，是后世竞相传摹影印的样本。而至治年间（1321—1323 年）建安虞氏所刊《全相平话五种》

(包括《新刊全相武王伐纣平话》《新刊全相乐毅图齐七国春秋后集平话》《新刊全相秦并六国平话》《新刊全相续前汉书平话》《新刊全相三国志平话》),则是元代最为重要的小说插图本。全书共有插图 228 幅,上图下文,每一对页下方的文字由栏线分隔为两面,而上方约 1/3 的篇幅则绘成一幅扁长方形插图。画幅虽狭却长,便于展现复杂的故事情节,颇有咫尺千里的气势,对后世的版刻插画有深远的影响。还有,《全相平话五种》还将连环插画这一艺术形式运用于全书,每种书的插图在情节发展上首尾相衔,气韵贯通,成为中国古代书籍插图中一部具有典范性的长篇连环作品。此外,元至正年间(1341—1368 年)建安坊肆雕印的《新编连相搜神广记》,把儒释道三教尊者的形象都包容在内,是我国早期小说插图本中的杰作。明承宋元例,到了明后期,福建刻本几乎到了无书不图的程度。值得一提的是,南宋嘉泰二年(1202 年)邵武俞闻中家塾刻本《儒学警悟》七集四十卷,是我国现存最早的丛书,有"丛书之祖"美誉。而崇安江贽于北宋政和年间(1111—1118 年)节编的《通鉴节要》二十卷,开我国司马光《资治通鉴》节本之先河,也为宋元明建阳坊肆大量节编刊行经史普及本之先例。

在选板和雕刻方面,雕版印刷对刻板和刻字的要求都很高,雕刻家或工匠们先在平滑的木板上誊写文字,绘制图画,而后下刀雕刻。建本多采用闽北盛产的纹路细碎、质地柔韧、易于挖补删改的梨木及枣木,梨木尤其红梨木[参见图 16-14(左)]不仅易形成"纸坚刻软,字画如写"[①]的上佳效果,而且出版快、数量多、书价廉,成为建本图书占领国内外市场的一大秘诀,正所谓"福建本几遍天下,正以其易成故也"[②]。宋版建本多柳体,字体隽丽而势圆,结构较宽博,刀法显得方峭而锐利,横细直粗极为鲜明,笔画多棱角,横笔多有向右上微斜之势,并略带弧形,整体显示出锋崚峭厉的风貌。被誉为南宋初四大诗人之一的杨万里有一首诗专赞建本《东坡集》的

① (明)高濂:《遵生八笺·燕闲清赏笺(上卷)·论藏书》。

② (宋)叶梦得:《石林燕语》卷八。

妙处："富沙枣木新雕文，传刻疏瘦不失真，纸如雪茧出玉盆，字如霜雁点秋云。"①宋代建本中这种方正严谨、瘦劲疏朗的书体，是现代印刷业中仍被广泛使用的仿宋体的滥觞。民国年间出版的著名丛书《四部备要》本，就是根据这种书体制作的铅字排印的。当然，无论刻风、字体和版画，宋元建本都在不断创新。如南宋末期的建刻本，字体笔法已近于元刻本的圆润，和前期建本很不相同；而元代建阳坊肆刻多用简体字，以致现今才使用的一些简化字如"禮"作"礼"、"賢"作"贤"之类，就早已出现在元代建本中，说明当时福建民间就有了文字改革的超前意识。至于版画方面，元代勤有堂插图本《新刊古列女传》，对其中的屏风、几案、树石等大块面背景图案，均采用保留墨板，以简单线条勾出纹饰的手法雕版，这实际是一种凹版阴刻，产生了通过黑白对比使画面更鲜明的艺术效果（参见图 16-14）。《古列女传》凹版技艺的运用，标志着元代福建雕版技术又有新的提高，位列全国各大刻书中心前茅。

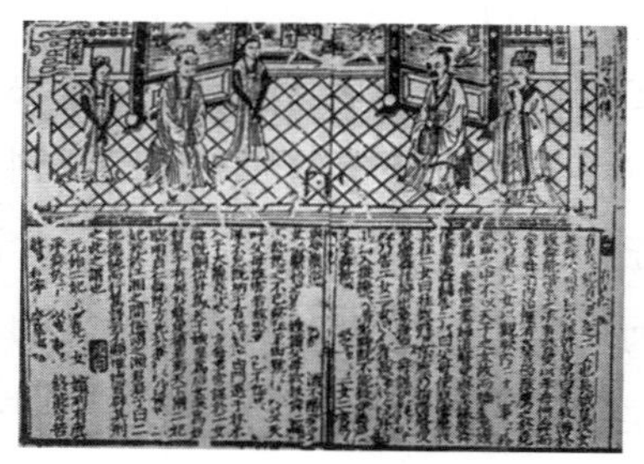

图 16-14　红梨木印板《蔡氏九儒书》（左）与凹版阴刻《新刊古列女传》插图

资料来源：谢道华《建阳市文物志》扉页图版；薛冰《插图本》第 164 页。

① （宋）杨万里：《谢福建茶使吴德华送东坡新集》，载吴之振《宋诗钞》，第 2174 页。按富沙乃古建州别称，源于五代时王延政任富沙王。

在版式和装帧方面，宋版的浙本和蜀本多是白口，左右双栏，建本则多为黑口，早期为细黑口，后来转为粗黑口，四周双栏。这黑口，等于折页时的标线，既便于工作又能整齐划一，这种刻风开元代雕版之先河。有一些宋版建本如余仁仲《礼记》、黄善夫《史记》与前后《汉书》，以及蔡梦弼《杜工部草堂诗笺》等，刊本栏外左上角有“耳子”，耳子内刻篇名或小题，便于读者查找，这是福建刻书家面向大众、扩大发行量实践中发明的好方法，在出版史上是个有意义的创造，现代排版印刷还在沿用。在装帧创新上，南宋淳熙十四年（1187 年）朱熹武夷精舍刻印的《小学》六卷，封面（书名页）作“武夷精舍小学之书”[①]，这是我国有文字可考的最早使用封面的图书。迨至元至元三十一年（1294 年），建安书堂刊行的《新全相三国志□□》（原书残缺，疑为“故事”两字），更在封面上方雕印有“三顾茅庐”图，形成我国出版史上的创新之举。这种带图画的封面形式，后为建安虞氏刊印《全相平话五种》时广泛采用。而元至正十六年（1356 年）翠岩精舍刊印的《广韵》，封面版式更突破了以往格局，不但有书名、出版印刷者、印刷年代，而且有“校正无误”“五音四声切韵图谱详明”等宣传性内容。整个版面对称严谨，字体大小、布局十分讲究，在正文中还采用了反白字，使版面看起来非常活跃。（参见图 16-15）此外，在书的装订方法上，福建刻本亦率先改包背为线装，线装书从此成为中国古代典籍的代名词。

在印刷辅材方面，墨和笔的制取成就较为突出。在宋代大儒真德秀看来，笔墨纸中以墨的制法最难。他曾结交了一位名叫杨伯起的瓯宁（今建瓯）墨工，知其制墨诀窍为“烟欲浮而轻，胶欲老而征，均调猱治，不失其剂量，然后吾墨以成”。真德秀携带这位墨工的制品“游四方，得者宝之”[②]。辗转流传 800 余年的黄善夫刻本《史记》和汀州刻本《五曹算经》，至今仍墨色如漆，光彩夺目，可见宋代闽北制墨技术之高超。在制笔方面，与瓯宁仅隔一华里的建安，在南宋时就以善于制笔闻名于世。其中笔工蔡藻十分出

① （宋）朱熹：《朱子全书（第贰拾伍册）·晦庵先生朱文公续集》卷二“答蔡季通”。

② （宋）真德秀：《西山先生真文忠公文集》卷二八“送造墨杨伯起序”。

众，朱熹曾写《赠笔工蔡藻》、《跋蔡藻笔》两文，称其“以笔名家，其用羊毫者尤劲健，予是以悦之。藻若去此而游于都市，盖将与曹忠辈争先”[①]，“蔡藻造笔，能书者识之……所制枣心样，喜其老而益精”[②]，欣赏之情溢于言表。正是由于普遍采用“劲健”的羊毫笔，宋代建阳书工才能写出锋崚峻峭、瘦劲有力的独特书体。此外，据苏轼记载，建安吉苑里的凤凰山“当其味有石苍黑，坚致如玉”，经名家雕琢，成为风靡一时的名砚“凤味”[③]。就是说，笔、墨、纸、砚四大文房之宝，在宋时的建阳一带都有上佳产品，从而保证了宋元建本的品质和数量。

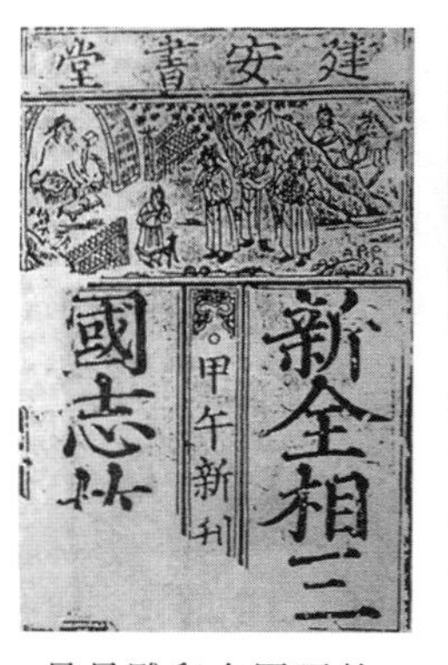

最早雕印有图画的

《新全相三国志□□》封面

建安虞氏《全相平话五种》

封面插图

封面版式

具有突破性的《广韵》

图 16-15　元代建本封面创新举要

资料来源：薛冰《插图本》第 29 页；方彦寿《建阳刻书史》第 177、201 页；陈红彦《元本》第 46 页。

---

① （宋）朱熹：《朱子全书（第贰拾肆册）·晦庵先生朱文公文集（五）》卷七六“赠笔工蔡藻”。

② （宋）朱熹：《朱子全书（第贰拾肆册）·晦庵先生朱文公文集（五）》卷八四“跋蔡藻笔”。

③ （明）黄仲昭：《八闽通志（上册）》卷五“地理·山川·建宁府·建安县·凤凰山”引苏轼《凤味石砚铭序》。

值得一提的是，福建可能是我国较早采用活字印刷技术的地区之一。朱熹《朱文公文集》卷三十八《答李季章》云："前此附书，似是因李普州便。书中欲烦借黄文叔家地里木图为制一枚，不知达否？此近已自用胶泥起草，似亦可观，若更得黄图参照尤佳。"[1]据台湾学者黄宽重考证，朱熹文集的这段话，是南宋活字印刷方法应用于出版书籍和图籍的重要佐证之一[2]。朱熹一生刻书多达30余种，且多在漳州和建阳刊印，故尽管此条资料稍嫌记载不明，但可能是福建采用活字印刷技术的最早记载。考虑到自北宋毕昇发明活字印刷术到元代王祯出版《农书》的200多年间，除偏远的西域地区和江西周必大《玉堂杂记》外，活字印刷长时期在中华大地并没有得到广泛使用，因此朱熹"自用胶泥起草"事件在福建乃至我国印刷史上具有重要意义。

此外，通过坊号牌记和告白文字树立市场品牌，是宋元福建名家名肆刻书流通天下的一大秘诀。坊号牌记用来表示印本书的刻印者及其刻印年月，其形状和文字形体变化常常成为不同书坊的特定标记，具有鲜明的广告色彩。如宋廖氏世綵（同"采"）堂刻《河东先生集》的"世綵廖氏刻梓家塾"的篆体木字、元建安魏氏仁实堂刻《唐诗如音》长方形楷体木记，以及稍后出现的讲究艺术造型的叶氏广勤堂钟型、鼎式木记等。告白属于印本书的题记文字，是坊肆刻本经常采用的宣传方式，其文字往往是手写，以区别于正文，比较醒目。如南宋麻沙镇刘仲吉宅刻《类编增广黄先生大全文集》、元刘氏日新堂刻《伯生诗续编》、翠岩精舍刻《渔隐丛话》的告白形式就是典型代表。（参见图16-16）正是由于注重广告宣传的市场效应，宋元时期建阳坊肆刻本的流通量超过蜀浙两地，增强了建本技术创新的内在动力。

雕版印刷技术的发明，是我国劳动人民对世界文化发展的伟大贡献。在这一历史进程中，以建阳麻沙、崇仁为代表的宋元福建刻印业及其技术，

---

① （宋）朱熹：《朱子全书（第贰拾壹册）·晦庵先生朱文公文集（二）》卷三八"答李季章"。

② 详见张丽娟《宋本》（江苏古籍出版社2002年版），第11页；另多数学者将这段话理解为朱熹曾亲手用胶泥制作了地图。

曾起到积极的推动作用，在我国古代和世界中世纪雕版印刷史上占有相当重要的地位。可以自豪地说，“宋元建本”是福建人民对世界文明的又一突出贡献。

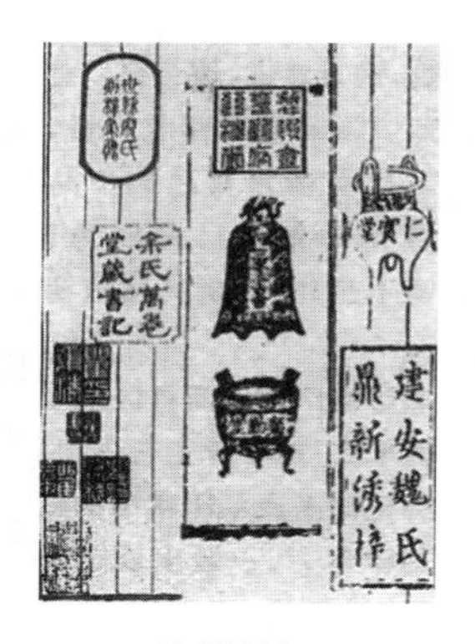

坊号牌记

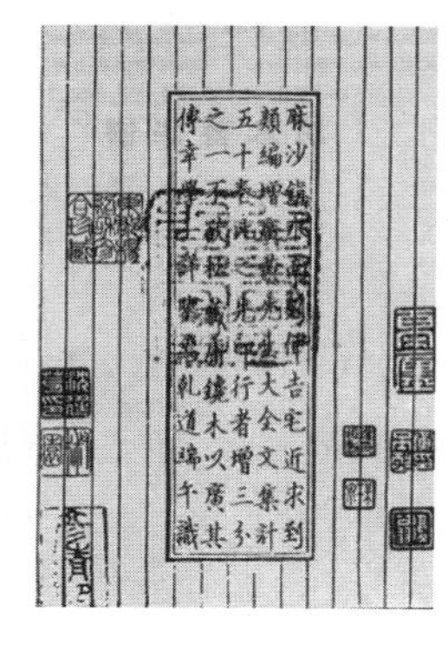

刘仲吉

《类编增广黄先生大全文集》

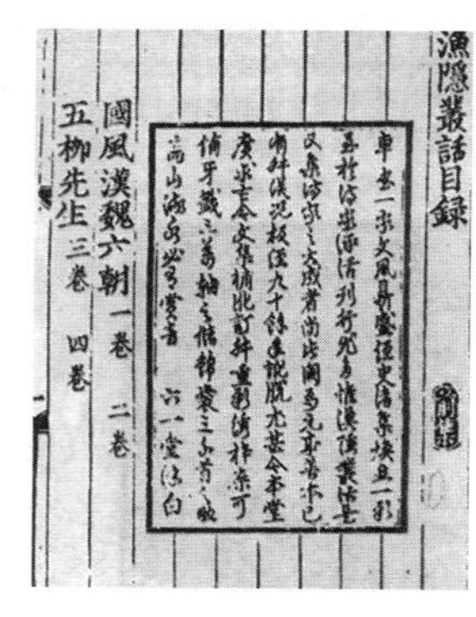

翠岩精舍《渔隐丛话》

图 16-16　宋元福建有代表性的名家名肆坊号牌记与告白文字

资料来源：黄镇伟《坊刻本》第 58、76、60 页。

第三节　造纸业与竹纸制造技术

纸张是图书印刷的关键原材料。宋元建本所以几遍天下，与福建发达的民间造纸业和先进的竹纸制造技术密不可分。造纸业和雕版印刷业相互促进，极大提高了宋元福建造纸印刷技术水平。

一、发达的民间造纸业

自东汉蔡伦革新造纸术以来，我国各地因地制宜发明了许多不同原料造纸新技术，持续推动造纸业的快速发展。魏晋南北朝时，以浙江剡溪（今浙江嵊州）为代表的藤皮造纸术兴起，其出产的“剡藤”成为官方文书的主要用纸，全国造纸中心亦开始移至江南地区。由于藤生长缓慢，产地有限，不能满足社会文化发展的需要，因此从隋唐到宋代，南方逐渐以竹作为主要造纸原料，并得到迅速发展。“宋板书刻，以活衬竹纸为佳，而蚕茧纸、鹄白纸、藤纸固美，而存遗不广。”[①]嫩竹是造纸的良好原料，它具有量多(两根嫩竹可抵上一担麻秆的麻皮)、质好(纤维细嫩)、生长快(每年一次自然生长)、处理方法多样(可以沤制，亦可蒸煮)等优点，所以竹纸生产技术的出现为造纸业开辟了广阔的前景。同时由于竹茎的结构较为紧密，纤维较硬，成分较为复杂，技术处理比较困难，故竹纸技术的诞生是造纸技术发展史上的一个里程碑，标志着我国造纸业已进入相当成熟的阶段。在这一历史重要时刻，福建先民做出了重大的贡献。

福建山多竹林茂密，生长着大量“竹穰皆厚”的“篁竹、麻竹、绵竹、赤枧竹”[②]等优良品种，是竹纸生产的理想场所。尤其是地产粉竹，“粉竹春丝，为佳纸料者，美于江东白苧(苎)”[③]。但与传统麻、楮、藤纸技术比较，由于竹料制浆难度较大，必须改进制浆方法，提高制浆效率。这一问题在北宋初期的福建就已得到基本解决，即所谓“闽人以嫩竹……为纸”[④]。这种由选料、破料、洗料、蒸料、腌料、碎料、抄纸、榨干、晾晒、包扎等10余道工序组成的古老造纸工艺，至今仍可在福建偏远山村里看到。[⑤] 到了明代，福建的竹纸技术和造纸业已在南方占有突出位置，“凡造竹纸，事出南方，而闽省独专其盛”[⑥]，福建遂成为我国造纸业的兴盛之地。

从全省纸业生产发展史来看，宋元福建造纸业的中心位于闽北。明嘉靖《建阳县志》曾对宋以来建阳造纸情况作了如下记述：“嫩竹为料，凡有数品，曰简纸、曰行移纸、曰书籍纸，出北洛里，曰黄白纸，出崇政里。”[⑦]建阳还

---

① (明)高濂：《遵生八笺·燕闲清赏笺(上卷)·论藏书》。

② (清)郭柏苍：《闽产录异》卷一。

③ (明)王世懋：《闽部疏》，载《丛书集成初编》第3161册，第13页。

④ (明)李时珍：《本草纲目》(下册)卷三八“服器部·服器之二·纸”引宋苏易简《纸谱》。

⑤ 详见郑长灵等：《福建山村：千年手工造纸工艺得保存》，中国纸业信息网，2008年4月22日。

⑥ (明)宋应星：《天工开物译注》卷下“杀青第十三·造竹纸”。

⑦ (明)冯继科：嘉靖《建阳县志》卷四“户赋志·货产·货之属·纸”。

生产一种专门用于印书的竹纸“建阳扣”，土人呼为书纸，“宋、元‘麻沙板书’，皆用此纸二百年”[①]。叶德辉《书林清话》亦有“建安余氏勤有堂之纸，远在北宋初”的记载[②]。这些历史记载，得到了现存版本的证实。经专家鉴定[③]，现存于北京图书馆的宋乾道七年（1171 年）蔡梦弼刻本《史记集解索隐》、元天历三年（1330 年）叶氏广勤堂刻本《王氏脉经》、元后至元六年（1340 年）郑氏积成堂刻本《事林广记》和元至顺三年（1332 年）余氏勤有堂刻本《唐律疏议》等，用的都是竹纸。随着雕版印刷事业的兴旺，建阳“麻沙纸”和浦城“顺太纸”还远销海内外，闽北遂成为宋元我国竹纸制造业的重要基地。与此同时，在丰富资源和社会需求的强大推动下，福建山区各州县乡竞相开槽制纸，呈现“延、建、邵、汀之间以竹为纸”[④]、“竹纸出古田、宁德、罗源村落间”[⑤]、古田青田乡“西寮、盖竹、杉洋、徐坂、皮寮、西溪、潭书（皆造竹纸）”以及“黄柏、茶洋（造竹纸）”[⑥]的发达景象。据考[⑦]，在明清逐渐跃居全国前列的闽西造纸业也发端于唐代，而且与北方“蔡侯纸”有直接的渊源关系，至今长汀（又名汀州）民间仍留下不少关于蔡伦造纸的传说就是有力的证据。而汀纸由于品质优良，早在宋代已成为四堡雾阁印刷雕版图书的理想用纸。1946 年编印出版的《福建长汀造纸调查》也指出：“闽省造纸肇始于唐、宋，自宋以后，产纸即达三四十个县，相沿迄今已有千余年历史。”[⑧]由此可见，宋元福建竹纸制造业不仅地域广，而且具有广泛的民间性。

除竹纸外，宋元南剑州的顺昌县还盛产黄麻纸，并有相当部分用于印书。在新中国成立后北京中国书店收购的宋元建本中，就有《监本附音春

---

① （清）郭柏苍：《闽产录异》卷一。

② （清）叶德辉：《书林清话》卷六“宋造纸印书之人”。

③ 参见潘吉星《中国造纸技术史稿》（文物出版社 1979 年版），第 91 页。

④ （明）何乔远：《闽书》卷一五〇“南产志”。

⑤ （宋）梁克家：《三山志》卷四一“土俗类三・物产・货・纸”。

⑥ （宋）梁克家：《三山志》卷三“地理类三・叙县・古田县・青田乡”。

⑦ 官鸣：《福建长汀造纸技术史初考》，载周济《福建科学技术史研究》（厦门大学出版社 1990 年版）。

⑧ 中国工业合作协会东南区办事处编：《福建长汀造纸调查》[民国三十五年（1946 年）版]，转引自周济《福建科学技术史研究》（厦门大学出版社 1990 年版），第 144 页。

秋公羊注疏》《资治通鉴纲目》《纂图互注扬子法言》《朱文公校昌黎先生文集》《经进周昙咏史诗》以及元翠岩精舍《陆宣公奏议》等书，用的是顺昌黄麻纸印刷。[①] 与此同时，福建还积极引进国内其他地方先进技术，生产各种名贵纸。如据《太平寰宇记》记载[②]，当时海外贸易发达的泉州就出产一种用桑皮制造的䌷符纸。该纸原产于温州，洁白坚滑，为东南第一，几乎和江南的澄心堂纸一样名贵，是宋代国内屈指可数的高档加工纸之一。泉州䌷(符)纸的出现，不仅满足了海外贸易的迫切需求，也极大提升了福建造纸技术水平，推动福建造纸业向更高层次迈进。

值得一提的是，宋元福建先进的造纸技术也传播到周边地区，推动了当地造纸业的发展。据报道[③]，被誉为古代造纸"活化石"的浙江温州瓯海区泽雅镇四连碓造纸作坊(参见图 16-17)，其创办者就是元末明初避战乱迁徙来此的福建南屏人，故 600 多年来泽雅镇用古造纸法生产的竹纸一直被称为"屏纸"或"南屏纸"。四连碓现已被列为国家重点文物保护单位，"泽雅纸山文化"也正在积极申报世界文化遗产，宋元福建先民的造纸成就今天仍将感动世界。

图 16-17　温州泽雅四连碓造纸作坊

① 详见方彦寿《建阳刻书史》(中国社会出版社 2003 年版)，第 148 页。

② (宋)乐史:《太平寰宇记》卷一〇二"江南东道十四 · 泉州 · 土产"。

③ 夏桂廉等:《古代造纸"活化石"的呼唤》，光明网，2005 年 11 月 2 日。

二、革新竹纸制造技术

宋代是我国造纸业和造纸技术大发展的黄金时期，出现了“蜀人以麻，闽人以嫩竹，北人以桑皮，剡溪以藤，海人以苔，浙人以麦面稻秆，吴人以蚕，楚人以楮为纸”[①]的工艺格局。其中尤以竹纸品种多、质量高、产量大、工艺精，引起后人的高度关注。最早最全面总结竹纸生产技术经验的是明代科学家宋应星。在《天工开物》一书中，他辟专节记述了“斩竹漂塘”“煮楻(同“篁”)足火”“舂臼”“荡料入帘”“覆帘压纸”“透火焙干”等技术环节，其工艺流程大致为[②]：

(1)砍竹，以“节届芒种”(P225)登山砍伐为宜。造纸的竹材以将生枝叶的新生竹(常称为“青竹”或“嫩竹”)为佳，纸浆丰富。

(2)浸沤，将上料青竹“截断五、七尺长，就于本山开塘一口，注水其中漂浸”(P225)，目的是利用天然微生物分解竹子的青皮。[参见图16-18(左)]

(3)槌洗，“浸至百日之外，加工槌洗，洗去粗壳与青皮”。这一工序称为“杀青”，可使“其中竹穰形同苎麻样”(P226)。嫩竹经过砍条、冲浸、漂塘以及剥离和洗晒竹丝等工艺后，成为可以下山进入作料阶段的竹麻丝。

(4)第一次蒸煮，“用上好石灰化汁涂浆，入楻桶下煮，火以八日八夜为率”。经过碱液的蒸煮，原料中的木质素、树胶、树脂等杂质被除去。(参见图16-18)

(5)漂洗，取出蒸煮过的嫩竹“入清水漂塘之内洗净”(P226)。

(6)第二次蒸煮，将漂洗后的竹料放进另一楻桶浸柴灰水蒸煮，如此反复进行十几天。经过反复蒸煮、漂洗，竹子的纤维逐渐分解，即竹麻丝在反复的碱液处理及蒸煮后成为熟料。

---

① (明)李时珍:《本草纲目》(下册)卷三八“服器部·服器之二·纸”引宋苏易简《纸谱》。

② 以下图文均引自潘吉星译注的《天工开物译注》卷下“杀青第十三·造竹纸”。

图 16-18 《天工开物》"斩竹漂塘"(左)和"煮楻足火"图

资料来源:潘吉星《天工开物译注》第 225 页。

(7)舂捣,将蒸煮后"自然臭烂"的竹絮取出入臼受舂,"舂至形同泥面"(P226)。舂捣一般使用"水碓"(P226),以节省人力。

(8)添加纸药,即将纸浆倒入抄纸槽与水和匀,并使"槽内清水浸浮其面三寸许,入纸药水汁于其中"。"纸药"是指造纸过程中起悬浮剂作用的某些植物浆液,用于分散纸浆中的纤维。《天工开物》所说的"形同桃竹叶,方语无定名"(P227)的纸药水汁,通常是指毛桃子、香兜子或毛痴(长汀土语叫"蓝")这类植物浆液,它们对性脆的竹纸还有润滑的功用。从加工竹麻丝到制成纸浆,整个作料过程是古代手工造纸工序最多、费工最大的技术环节,对纸张的耐久性、洁白度、均匀度等性能都具有重要的影响。

(9)抄纸,这是造竹纸的主要和关键工序。对此,宋应星《天工开物》有较为详细的记载:"两手持帘入水,荡起竹麻入于帘内""然后覆帘,落纸于板上,叠积千万张。"(P227)这种"荡料入帘,覆帘压纸"的技法,就是先用极细竹丝编成的帘架荡入溶有纸浆的槽中，使部分纸浆粘着竹帘形成一层纸膜，然后将帘倒覆，使湿纸膜脱离竹帘平铺在案板上。（参见图 16-19）这道工序在造纸过程中是最费力的，抄纸工匠需站在纸槽旁重复着舀水、抬起竹帘等动作，每次承受的重量重达 20 公斤。另外抄纸时还得靠经验，抄得轻纸会太薄，抄得太重纸又会嫌厚，完全凭工匠的手法。

图 16-19 《天工开物》“荡料入帘”(左)和“覆帘压纸”图

资料来源：潘吉星《天工开物译注》第 227 页。

（10）压榨去水，待案板上的湿纸膜“数满则上以板压”（P227），以排出纸页中的水分。重物挤压之下纸膜也慢慢成形，成为一张张四四方方的纸张。手工造纸每日每个工匠平均只能做 300 到 500 张纸。

（11）揭纸焙干，最后“以轻细铜镊逐张揭起焙干”（P228）。所谓揭纸（也称“松纸”），就是把本来粘连在一起的纸坯分页，是手工造纸的另一道技术性很强的关键工序，弄不好纸张就破损报废。在《天工开物》中，用以焙干纸张的夹巷是两道土砖砌成的砖墙，砖块之间有空隙能让热气透出。

焙纸时先在夹巷内生火，然后将一张张湿纸摊在墙上，从空隙中散发的热气使纸张慢慢干燥，干透后揭起来就是一张可使用的纸了。（参见图16-20）透火焙干后，整个造纸过程就完成了。

图16-20 《天工开物》“透火焙干”图

资料来源：潘吉星《天工开物译注》第228页。

与今日流传的古造纸法比较，《天工开物》关于竹纸制造技术的记述，不仅工艺流程完整，而且定量也很准确，表现出明代我国造纸术的高度成熟，其中的竹浆造纸可说是现代木浆造纸的先驱。同时不难看出，从砍竹到作料再到抄纸，整个竹纸制作技艺是一门复杂、耗时的经验性生产技术，需要依靠天时地利人和之利，经过较长时间才能做出优良纸张，可谓智慧和勤劳的结晶。

考虑到宋应星曾任汀州府推官达3年之久，且有“凡造竹纸，事出南方，而闽省独专其盛”的认知，说《天工开物》有关造竹纸的技术内容主要是福建造纸经验的总结是可信的。比较流传千年的福安市潭头镇半坑村的造纸工艺[①]，可以推断，早在宋元时期，福建先民已基本形成规范如宋应星所说的竹纸手工生产工艺，并在明清得到不断完善。至于为什么《天工开物》没有提及元代开始竹纸生产大多有天然漂白（“曝日”）这道工序，有学者猜测这可能是由于竹纸造法在不同地区并不完全相同或者明代以后又有所改进所致。当然，无论是宋应星还是其后的他人，对竹纸工艺的总结只能是最基本的，难以全面描述生产过程，更无法取代人民群众的无限创造力。据深谙传统技术的造纸工匠介绍，利用福建地产天然黄竹，也能加工造出诸如唐代宣纸般的名贵纸品。[②] 2008 年 11 月，记者在厦门市民家中看到了保存至今依然柔软的乾隆年间地契（参见图 16-21）。该地契纸虽已有近 300 年的历史，但依然柔软如昔，颇有韧性。据说这种纸是专为契约而制的高档纸，类似宣纸但比宣纸更柔软耐久，是清代闽西和闽

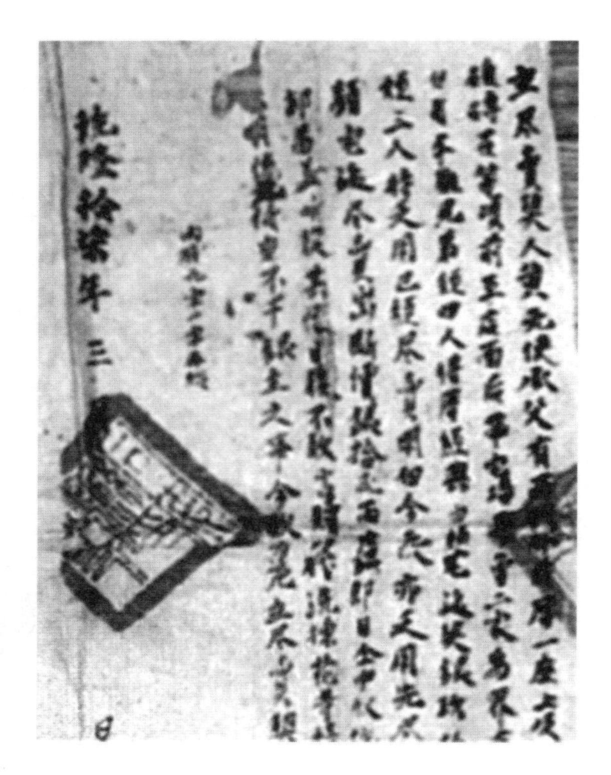

图 16-21　保存至今柔软依旧的乾隆年间地契

资料来源：《厦门日报》2008-11-13(4)。

---

① 详见郑长灵等《福建山村：千年手工造纸工艺得保存》，中国纸业信息网，2008 年 4 月 22 日。

② 详见郑长灵等《福建山村：千年手工造纸工艺得保存》，中国纸业信息网，2008 年 4 月 22 日。

北一带以竹纤维为主要原料,用最传统的古法制作而成的。[1] 契约纸的发现,说明福建古老造纸工艺技术尚有许多内涵有待发掘。

三、连史纸:寿纸千年

正是有了上述较为完整、准确的工艺流程和不断进取的精神,宋元尤其是明清福建生产出技术含量高、产量大、品质和知名度俱佳的连史纸。"其厚不异于常,而其坚数倍于昔,其边幅宽广亦远胜之。价直既廉而卷轴轻省,海内利之。"[2]据考证[3],连史纸出现于唐元和元年(806 年)的武夷山区(一说始创于邵武的连氏兄弟,故又名"连四纸""连泗纸"[4])。宋元时,连史纸已成为"妍妙辉光,皆世称也"[5]的纸中精品,其中质厚耐水的"连二大纸"已被江南蚕民广泛用作蚕种纸,并催生出一批专业抄纸作坊。[6] 迨至明季,通过工艺技术的不断改进,厚薄均匀、洁白如玉、吸水易干、着墨鲜明、久不变色的连史纸,成为贵重书籍、碑帖、契文、书画、扇面等的专用纸(参见图 16-22),是明清我国盛极一时的文化纸。

---

① 《三百年前地契今日柔软依旧》,载《厦门日报》2008-11-13(4)。

② (明)胡应麟:《少室山房笔丛·甲部·经籍会通四》,转引自叶德辉《书林余话(卷上)》,第 267 页。

③ 艾世民:《比宣纸还珍贵的连史纸》,载《江南都市报》2007-03-11。

④ 详见《闽北日报》2002 年 8 月 8 日 A3 版或《闽北日报》2008 年 4 月 25 日方玉瑞发表的《明清时邵武著名的"连史纸"》一文。

⑤ (明)高濂:《遵生八笺·燕闲清赏笺(中卷)·论纸》。

⑥ (元)王祯:《东鲁王氏农书译注·农器图谱集之十六·蚕缫门·蚕连》。

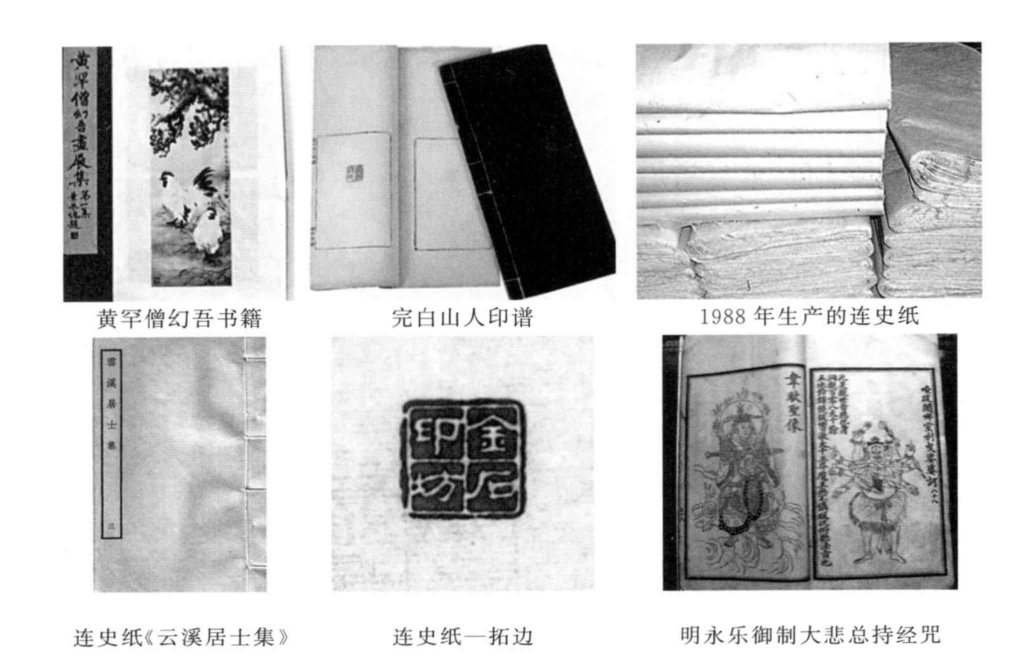

黄罕僧幻吾书籍　　完白山人印谱　　1988年生产的连史纸

连史纸《云溪居士集》　　连史纸—拓边　　明永乐御制大悲总持经咒

图 16-22　连史纸及其印品

资料来源：江西省铅山县天柱山乡浆源村“铅山连史纸发展社”。

不过，传承1200余年，素有“寿纸千年”美称的连史纸，并不单指宋应星《天工开物·杀青》所记载的熟料纸，还包括盛行于福建邵武、连城以及江西铅山家庭手工作坊的生料纸。从闽浙赣至今保持最古老最完整的江西铅山生产工艺看，这种生料纸是将嫩竹浸泡碾烂后，直接用于打浆造纸。由于缺少碱法蒸煮、漂白制浆等工序，生料连史纸往往品质不高，只能用作火纸或糙纸，是我国传统手工纸的一大品类。显然，熟料竹纸的生产更能体现古代福建造纸工艺的进步和水平。值得一提的是，在高档连史纸制作技艺中，将经过碱液处理及蒸煮后的竹麻丝做成圆形竹饼，放置到山坡上进行长达半年之久的天然漂白，利用日晒夜露氧化洗去竹料纤维中的染色木素，以得到白净纤维原料的做法，具有科学和历史价值。相比近代采用的化学漂白粉，日光漂白不会引入氯离子，对纤维素的降解作用较小，利于保持纸张较好的耐久性和洁白度，并且避免了工业漂白产生的环境污染问题。无疑，耗工费时的连史纸制作技艺，不仅见证了我国手工造纸技术发展至高峰时的历史，而且对今天和未来造纸业的发展有所启迪。

造纸为中国古代四大发明之一，是我国传统技术的精华，对世界文明影响很大。尽管竹纸生产出现时间较晚，技术难度也较大，但经宋元先民的不断探索与改进，在明代已达到完全成熟阶段，以福建、江西生产的连史、毛边等为代表的竹纸已跃居全国纸业前列。抚明追宋，在建本雕版印刷的强力拉动下，宋元福建出现了造纸业兴旺发达，造纸技术不断突破，产量和质量名列全国前茅的喜人景象，这无疑是福建先民对社会进步和科技发展的又一重大贡献。

第十七章　矿冶业的繁盛与先进的冶铸技术

宋代的福建草莽初辟，资源丰富，矿产种类甚多，是我国东南主要矿冶基地之一，呈现一派“矿石云涌，炉炭之焰，未之有熄”[①]的兴盛景象，矿冶业和冶铸技术有了长足的发展。

第一节　矿冶业的繁盛及其特点

矿冶生产，福建古已有之。福州古称“冶城”，即“以越王冶铸为名”[②]。考古发现亦证明，从先秦至汉初，福建一直是我国铜铁冶铸业较为发达的地区之一。不过，这一情况未能延续，直到中唐以后，福建矿产业才有所恢复，但在全国仍处落后地位。进入宋代，随着社会经济的大发展，福建矿冶业重现昔日辉煌，成为福建手工业发展最快和最具特点的行业之一。[③]

一、蓬勃发展的矿冶业

借助唐代发展势头，北宋初期福建矿冶业就呈现良好开局，有银场 27

① (宋)李觏:《直讲李先生文集》卷一六“富国策第三”。

② (宋)乐史:《太平寰宇记》卷一〇〇“江南东道十二・福州”。

③ 本部分内容参考了陈衍德《宋代福建矿冶业》，载《福建论坛》1983 年第 2 期。

处，铁场 20 处，铜、铅场各 28 处，矿场数均居全国首位。[①] 伴随着全国"山泽兴发"[②]矿冶业上升时期的到来，从宋初至熙宁（1068—1077 年）元丰（1078—1085 年）间，福建矿冶生产进入蓬勃发展时期。原无金、锡矿场的福建此时也设置了金场 4 处、锡场 5 处[③]；银场则有 72 处（增长 167%）、铜场 44 处（增长 57%）、铅场 31 处（增长 11%），比宋初均有较大的增加，矿场数都居全国首位；唯有铁场减少多处，降至 11 处。（参见表 17-1）对此，《三山志》有一段翔实的记述："坑冶，自国初至祥符（960—1016 年），闽惟建、剑、汀、邵有之。天禧中（1017—1021 年），州始兴发。至皇祐（1049—1054 年），银才两场尔，铁独古田莒溪仅有也。嘉祐（1056—1063 年）之后，银冶益增。熙宁间（1068—1077 年），铜、铅乃盛。崇宁（1102—1106 年），用事者仰地宝为国计，检踏开采，所至散漫。政和（1111—1118 年）以来，铁坑特多。至于今（约 1182 年），矿脉不绝，抽收拘买，立数之外，民得烹炼，于是诸县炉户籍于官者始众云。"[④]"用事者"指王安石变法，是全国矿冶蓬勃发展的政治因素。福建矿冶传统强区是建州、南剑州、汀州和邵武军等山区州军，而天时（政策）、地利（矿藏）、人和（炉户）促使福州等沿海州军的崛起，正是宋代矿冶业蓬勃发展的有力佐证。

---

① （元）马端临：《文献通考》卷一八"征榷考五·坑冶"。

② （元）脱脱：《宋史》卷一八五"食货志下七·阬（同"坑"）冶"。

③ 关于福建产金起始年代，史料记载有出入：《新唐书》说唐代建州将乐县已有金矿，《闽杂记》称宋统一福建的太平兴国三年（978 年）"定天下产金处凡六州，福州、汀州其一也"；而《宋会要辑稿》《元丰九域志》《宋史》则认为宋统一福建时闽地尚无金矿。笔者倾向唐末五代福建已产金，且有一定规模，否则难以解释《册府元龟》记载的闽国王审知、王延钧和王继鹏向中原进贡"金花银器一百件，各五千两""金器一百两""金器六事二百两，金花细缕银器三千两"等史实。

④ （宋）梁克家：《三山志》卷一四"版籍类五·炉户"。

表 17-1　宋初至元丰初福建矿场数及全国比较表

	金	银	铜	铁	铅	锡
矿场数目	4	72	44	11	31	5
在全国所居位次	2	1	1	2	1	4
占全国总数的%	26.7	37.5	62.0	13.9	39.7	8.1

资料来源:《宋会要辑稿·食货三三》,《元丰九域志》卷九,《宋史·地理志》以及胡寄馨《宋代银铜矿考》(载《社会科学(福建)》二卷1、2期合刊)。

至于宋代福建矿冶的产量,史籍虽没有明确记载,但我们可以从岁课额中间接推算出来。根据"熙丰法·二八抽分制"即20%的税率,以及《宋会要辑稿·食货三三》中有关岁课量的记载(参见表17-2),可粗略统计福建矿冶业产量及在全国所占比重。其中,元丰元年(1078年)福建银的产量为345000两(即表17-2中的岁课量乘以5,下同),占全国总产量的32%,位居第一。铅(5477295斤)的产量亦颇可观,仅次于广南东路而位居第二。此外,金(755两)、铜(1902710斤)均名列全国第三,铁(163260斤)在全国也算中等水平。自然,由于政府无法完全禁止民间私自采炼,其实际产量当比这些统计数字更高一些。总之,熙、丰间福建已成为我国主要矿区之一,而银、铅的产量尤高,其生产规模与唐代相比,实有天壤之别。如元祐年间(1086—1094年)兴发的宁德宝瑞场,"盛时,岁收银四十万两,商税五百余缗"①。正因为福建白银量多价低,北宋王朝曾在闽地"差官置场和买"大肆收购白银,且一度达到"逐年二十七万两数"之巨,结果导致福建市场白银日益匮乏,引起闽学者的反对②,最终导致南宋建炎三年(1129年)"岁减(上供银)三分之一"③诏令的出台,绍兴元年(1131年)再次又重申"减闽中上供银三分之一"④。

---

① (宋)梁克家:《三山志》卷一四"版籍类五·炉户"。

② (宋)廖刚:《高峰文集》卷一"投省论和买银劄子"。

③ (清)徐松:《宋会要辑稿·食货三四之一七"坑冶杂录"》;(元)脱脱:《宋史》卷一七九"食货志下一·会计"。

④ (元)脱脱:《宋史》卷二六"本纪第二十六·高宗三"。

表 17-2 北宋熙、丰年间福建金属矿岁课及全国比较表

	金(两)		银(两)		铜(斤)		铁(斤)		铅(斤)	
	熙宁年间	元丰元年	熙宁年间	元丰元年	熙宁年间	元丰元年	熙宁年间	元丰元年	熙宁年间	元丰元年
岁课量	167	151	45689	69000	462197	380542	31581	32652	972162	1095459
在全国所居位次	2	3	4	1	2	3	9	9	2	2
占全国总岁课量(%)	2.2	1.4	11.1	32.0	4.3	2.6	0.6	0.6	11.7	11.9

南宋的矿冶产量,从全国来看,绍兴间(1131—1162年)矿场数虽多于北宋,其产量却不如前者,乾道间(1165—1173年)产量继续大幅度下跌。①就福建来说,总的趋势也是下降。据统计②,南宋初期福建铜、铁、铅产量分别为元丰元年的28.5%、122.5%和5.1%,乾道二年(1166年)福建铜、铁、铅产量分别为南宋初的11.4%、100%和23.2%。与全国比较看,南宋初年福建铜、铅下降的幅度大于全国,此后则小于全国。以铜为例,元丰元年荆湖南路的铜产量近3倍于福建,至乾道二年其铜产量仅及福建的28%。而以铁来说,南宋初年福建铁即超过元丰元年,此后亦无下降,而全国则一降再降。总之,南宋时全国矿产下降的幅度越来越大,而福建下降的幅度越来越小,表明南宋福建矿冶业仍是我国具有较强生产力和持久力的地区之一。

值得一提的是,除金、银、铜、铁、铅、锡等大宗矿产外,宋元福建还生产矾、水银和水晶等。据《宋史》记载③,"去海甚迩,大山深阻"的漳州之东,"有采矾之利"。水银产于邵武,曾经置过务④。水晶则开采于元大德初年(约1297年)的"漳州漳浦县大梁山(《八闽通志》作"大帽山及梁山")"⑤,在

① (元)脱脱:《宋史》卷一八五"食货志下七·阬冶"。

② 陈衍德:《宋代福建矿冶业》,载《福建论坛》1983年第2期。

③ (元)脱脱:《宋史》卷一八五"食货志下七·矾"。

④ (清)徐松:《宋会要辑稿·食货三三之五》。

⑤ (明)宋濂:《元史》卷一九"成宗纪";(明)黄仲昭:《八闽通志(上册)》卷二六"食货·物产·漳州府·货之属·水晶"。

留存至今的元代碑刻中仍可见“大发漳浦县吏率领人夫前交大良山王溪平采到水晶呈吉底成功”等字样[①]，与史载基本吻合。可以说，凡《宋史·食货志》上开列的，福建几乎无一不有，矿藏种类远较唐以前为多。

二、矿冶业的发展特点

与全国各地比较，蓬勃发展的福建矿冶业有自己的特点。首先，矿冶开发范围遍布八闽。在宋代福建八州军中，即使辖区最小的兴化军，其莆田县亦“海滨有铁沙场，舟载陆运凡数十里，依山为炉，昼夜火不绝”[②]，“比屋鬻器”[③]，蔚成风气。矿冶生产遍布福建路各州军，这在全国是罕见的。

其次，数种金属同场并产的现象比较普遍。宋代福建许多矿场都是数种金属并产，有银铜铅锡并产的，也有银铜铅（如建州龙焙监、漳州毗婆火深场等）、银铜锡、银铅锡、铜铁铅、金银铅并产的，还有银铜（如浦城之因浆，尤溪之安仁、杜塘、洪面子等大场）、银铅、铜铅（如南宋建宁府大挺场）、金铜、金银并产的，合计共 48 场，占福建矿场总数的 51%，在全国亦名列前茅。[④] 又如南剑州顺昌县的新发、新丰、安仁、王丰、瞻国、高才、杜唐、青铜、龙逢、小安仁、龙泉、宝应、招化、丰嵒、梅营、新菩萨等 16 家铜场，皆是铜银同场并产的坑冶所在。[⑤] 具体而言，熙宁间兴发的福州长溪玉林场，熙宁六年（1073 年）“收银五百七十八两，铅四千九百五十斤。七年，收银一千三百六十七两，铜一十万八百四十八斤”[⑥]，是一个典型的银铜铅同场并产的矿场。

再次，矿场多数规模不大。元丰元年（1078 年）建州 8 铜场平均每处产铜不到 1 万斤，福州 2 铜场是年共产铜 95308 斤，平均每处亦不过 4 万多斤。与广南东路比较看，元丰初以前福建路共设铜场 44 处，广南东路不

① 王文径：《漳浦历代石刻》，漳浦县博物馆 1994 年自印本，第 66 页。

② （明）周瑛：弘治《兴化府志》卷一二“货殖志”引《绍熙志》。

③ （宋）李心传：《建炎以来系年要录》卷八五“绍兴五年二月乙酉”。

④ 详见陈衍德：《宋代福建矿冶业》，载《福建论坛》1983 年第 2 期。

⑤ （清）徐松：《宋会要辑稿·食货三三之三·坑冶上》。

⑥ （宋）梁克家：《三山志》卷一四“版籍类五·炉户”。

过才 5 处,然元丰元年福建铜课量仅及广东的 3%。福建各铜场规模之小,由此可见。[①] 铅矿的规模亦不大,元丰初以前闽、粤所设场数大致相同,但元丰年间闽铅课量仅及粤的 34%。[②] 综观表 17-1 和表 17-2 可以看出,宋初至元丰初福建各金属矿场数目与各金属矿税课量在全国所占比例,后者大都远低于前者。事实上,能载入《宋史·地理志》中的福建有名场(坑),金不过古田金坑、上杭钟寮金场、泰宁磥磜金场 3 处;铁不过永春倚洋铁场、安溪青阳铁场、德化赤水铁场、长汀莒溪铁务、邵武宝积等三铁场,光泽新安铁场计 8 处;铜不过邵武龙须铜场 1 处;锡不过长汀上宝锡场 1 处。银最多,计有古田宝兴银场,永福黄洋、保德二银场,长溪玉林银场,建安石舍、永兴、丁地三银场,浦城余生、蕉溪、舫竹三银场,嘉禾(建阳)瞿岭四银场,政和天受银场、剑浦大演、石城二银场,将乐石牌、安福二银场,沙县龙泉银场,尤溪、宝应等九银场,龙岩大济、宝兴二银场,长汀归禾、拔口二银务,宁化龙门新旧二银坑,光泽太平银场,泰宁江源银场,建宁龙门等三银场共 40 处。[③]

最后,如前所述,宋代中后期福建矿场衰落幅度远低于全国。北宋末叶,由于官府控制、剥削加强以及各地矿源经久开采普遍出现产量递减成本递增现象,全国矿冶业由盛转衰,福建矿冶生产也从熙、丰年间的高峰上跌落下来。但是,其衰落程度不如别地严重,新矿场仍时有兴发,如元祐年间(1086—1093 年)兴发的宁德宝瑞银场,至靖康中(1126 年)虽关闭了3/4 的矿坑,"岁犹收千二百六十七两"[④];绍圣元年(1094 年),"建州浦城县唐岱坑银铜矿滋盛,可置场冶"[⑤]。政和三年(1113 年)以后福州各县兴发的铁坑为数也不少,仅长溪一县就达"四十一所"[⑥]。到了南宋初期,由于战乱原因全国矿冶业进一步衰退,绍兴三十二年(1162 年)全国矿场停废率

① (清)徐松:《宋会要辑稿·食货三三之一一~一二·坑冶上》。
② (清)徐松:《宋会要辑稿·食货三三之一五~一六·坑冶上》。
③ (元)脱脱:《宋史》卷八九"地理志五·福建路"。
④ (宋)梁克家:《三山志》卷一四"版籍类五·炉户(坑冶附)"。
⑤ (清)徐松:《宋会要辑稿·食货三四之二一"坑冶杂录"》。
⑥ (宋)梁克家:《三山志》卷一四"版籍类五·炉户"。

竟高达约43.65%[1]，是年福建矿场的停废率仅19%[2]。此后福建除有些旧矿场仍继续开采外，新矿场也不断兴发，仅银、铜坑就分别“兴发三十二处”[3]，如南宋初年汀州“银坑发泄，岁代建昌、临川输银六千两”[4]，乾道六年（1170年）“松溪县瑞应场及政和县赤石、松溪一带，（银坑）近于发泄”[5]，嘉定十四年（1221年）“浦城之因浆，尤溪之安仁、杜塘、洪面子……多系铜银共产大场，月解净铜万计……银各不下千两”[6]。此外，绍兴至淳熙年间（1131—1189年）福州各县共开发铁场近20处，且大多有实际课额[7]；绍熙三年（1192年）建宁府大挺铅场“日来兴发浩瀚”[8]；至元至元二十九年（1292年），福建行省仍“发民一万凿山炼银，岁得万五千两”[9]。由于新矿场的不断兴发和增设，绍兴三十一年（1161年）福建上供银仍有163261余两，约占全国上供银总数的67.6%[10]，所占比重较元丰元年（为32%）有大幅度的增长，铜（约12000斤）产量也与今广东、四川等持平，占全国出产总量的第一位，福建成为宋代我国矿冶业发展的最大亮点。

第二节　先进的冶炼技术

随着矿冶业的发展和繁盛，宋代福建冶炼技术达到了相当高的水平，“灌钢法”炼钢、“吹灰法”冶银、“胆铜法”炼铜以及铜砷合金等一系列先进

---

① （元）脱脱：《宋史》卷一八五“食货志下七·阬冶”。

② 详见陈衍德：《宋代福建矿冶业》，载《福建论坛》1983年第2期。

③ （清）徐松：《宋会要辑稿·食货三三之一八～一九》。

④ （明）黄仲昭：《八闽通志（上册）》卷三八“秩官·名宦·郡县·汀州府·［宋］·江璃”。

⑤ （清）徐松：《宋会要辑稿·食货五六之七》。

⑥ （清）徐松：《宋会要辑稿·食货三四之二三“坑冶杂录”》。

⑦ （宋）梁克家：《三山志》卷一四“版籍类五·炉户”。

⑧ （清）徐松：《宋会要辑稿·职官四三之一七八“（提点坑冶铸钱司）”》。

⑨ （明）黄仲昭：《八闽通志（下册）》卷八五“拾遗·福州府·［元］”。

⑩ （清）徐松：《宋会要辑稿·食货六四之五四～五五“上供”》。

的工艺技术得到开发和应用。

一、炼铁三法与灌钢法

《宋会要辑稿·食货》载:“泉州清溪县(即今安溪县)青阳场,咸平二年(999 年)置。”[①]《宋史·食货志》则说:庆历五年(1045 年),“泉州青阳铁冶大发,转运使高易简不俟诏,置铁钱务于泉,欲移铜钱于内地”[②]。明嘉靖《安溪县志·坑冶》进一步指出:“青阳铁场在龙兴里,宋熙宁(1068—1077年)开,今废。”[③]以上三则文献记载皆表明,以泉州青阳为代表的福建冶铁业进入强劲发展时期。1962 年,在安溪县尚卿乡青洋村发现面积 10 多万平方米的冶铁遗址,其中墩仔、矿坍尾、后炉、上场等 8 处铁渣层堆积尤厚,附近大湖仑、苦坑仑等处至今尚残存几十个矿井,有的矿井长达 2 里多。[④]史料记载的差异,说明宋代泉州青阳铁场的发展经历了波折和高峰。不过,从遗存毗连成片达数十公里,铁渣堆积厚度往往高达数米的情况看,当时青阳场的开采与冶炼时间延续相当长,是宋代福建规模较大的冶铁场之一。

冶铁业的兴盛带动了采冶技术进步。据梁克家《三山志》记载,当时福州“炉户”的冶铁炉依其功能或大小有“高炉”“平炉”“小炉”之分[⑤],能炼出生铁、镭铁(熟铁)和钢铁。“初炼去矿,用以铸锡器物者,为生铁。再三销拍,又以作锞者,为镭铁,亦谓之熟铁。以生柔相杂和,用以作刀剑锋刃者,为刚(钢)铁。”[⑥]按照行业的称呼,高炉和小炉用于将铁矿石熔为生铁,两者的不同在于高炉不仅容量比小炉大(大约 1 座高炉可顶 2 座小炉),而且

---

① (清)徐松:《宋会要辑稿·食货三三之四·坑冶上》。

② (元)脱脱:《宋史》卷一八〇“食货志下二·钱币”。

③ (明)林有年:嘉靖《安溪县志》卷一“坑冶·地舆类”。

④ 详见福建省地方志编纂委员会《福建省志·文物志》(方志出版社 2002 年版),第 21 页。另见福建省情资料库·地方志之窗·福建省志·文物志·第一章古遗址·第一节古文化遗址·四、古矿冶遗址·青阳冶铁遗址。

⑤ (宋)梁克家:《三山志》卷一四“版籍类五·炉户”。

⑥ (宋)梁克家:《三山志》卷四一“土俗类三·物产·货·铁”。

是一种可连续作业的炼铁炉。由于生铁熔点低，便于浇铸、连续加工成形和大量生产，冶铸工艺成熟简便，因而有的高炉一次可炼生铁上万斤，高炉的数量往往成为衡量一个地区炼铁业发达程度的重要指标。南宋初中期仅福州长溪（今霞浦）一县就有“高炉八，岁输各三千一百一十七文省……小炉一，岁输一千三百文省”[①]，成为宋代福建钢铁业“大发”的有力注脚。

由于含碳量高，生铁虽硬但脆，不耐碰击，易毁坏，为改进其性能，我国古代发明了一系列生铁加工技术。《三山志》中的“再三销拍，又以作锞者”，疑似铸铁柔化术中的白心或黑心韧性铸铁法，前者是在氧化气氛下（即把生铁加热成液态或半液态）对生铁进行搅拌脱碳热处理，后者则是在中性或弱氧化气氛下，对生铁进行石墨化热处理。这一工作往往是在平炉中完成的，即将高炉的生铁水引入，然后将其加工成熟铁甚至钢。在冶铁业发达的长溪县，就有这样的“平炉四”[②]。

宋代福建冶铁业的发展主要体现在冶钢技术的应用。这种“生柔杂和”的冶钢法，就是沈括所记述的“灌钢法”。“所谓钢铁者，用柔铁屈盘之，乃以生铁陷其间，泥封炼之，锻令相入，谓之‘团钢’，亦谓之‘灌钢’。”[③]灌钢技术（亦称“炒钢技术”）创始于魏晋而推广于宋代，其原理是将熔化的生铁与熟铁合炼，生铁中的碳会向熟铁中扩散，并趋于均匀分布，且可除去部分杂质，而成优质钢材。“灌钢法”是中国冶金史上的一项独创性发明，具有工艺操作简便，原料易得，可以连续大规模生产，效率高等优点，在坩埚炼钢法发明之前，一直是世界上最先进的炼钢技术。如前所述，以福州长溪为代表的福建冶铁业，最迟至南宋早期（1182 年）就成功将这一技术应用到工业冶铁生产中，能冶出制造武器及农具的优质钢铁，表明宋代福建冶铁技术已迈入全国先进行列。

---

① （宋）梁克家：《三山志》卷一四“版籍类五·炉户”。

② （宋）梁克家：《三山志》卷一四“版籍类五·炉户”。

③ （宋）沈括：《梦溪笔谈校正》（上）卷三“辩证一”。

二、冶银工艺与吹灰法

福建是宋代我国产银最重要的地区，不仅建、福、汀、漳、南剑和邵武六州军产银，约占宋初全国州军数的 26%，而且在建州还设有银监。[①] 银监位于建州建安县（今建瓯）南乡秦溪里的官营银场，初设于北宋开宝八年（975 年），太平兴国三年（978 年）（《舆地纪胜》作“太平兴国二年”）升为“龙焙监”，辖有永兴、永乐、黄沙、褶纸、大挺、东平和松溪 7 场，分布于建安县附近的 200 里范围之内，为北宋四大银监之一。[②] 熙宁五年（1072 年），龙焙监课额为 10277 两[③]，约占福建课额总数的 1/4。

冶银是一项繁重的劳动，据赵彦卫《云麓漫钞》记载[④]，银的采冶要经过如下几个步骤：一是采矿，“每石壁上有黑路乃银脉，随脉凿穴而入，甫容人身，深至十数丈，烛火自照”。《八闽通志》则具体指出松溪县南的东山“旧产银矿，有穿穴十余，深邃盘曲，莫究深浅，取矿者必举火以入”[⑤]。二是碎矿，“所取银矿皆碎石，用臼捣碎，再上磨，以绢罗细”。三是洗矿，亦即选矿，“然后以水淘，黄者即石，弃去；黑者乃银”。建州龙焙监则可以把矿石细分为白矿、黄礁矿、黑牙矿、松矿、水壤矿、黑牙礁矿、光牙矿、土卯白矿、马肝礁矿、桐梅礁矿、赤生铜矿、红礁夹生白矿等 12 种之多[⑥]。四是炼矿，“用面糊团入铅，以火煅为大片，即入官库，俟三两日再煎成碎银，每五十三两为一包。……它日又炼，每五十两为一锭，三两作火耗”。据当地坑户总结，银从采掘到炼成，“大抵六次过手，坑户谓之过池，曰：过水池、铅池、灰池之类是也”。道道工序完成后，“坑户为油烛所熏，不类人形”，劳作

---

① （元）脱脱：《宋史》卷一八五“食货志下七·阬冶”。

② （宋）乐史：《太平寰宇记》卷一〇一“江南东道十三·龙焙监”；（宋）王象之：《舆地纪胜》卷一三四“福建路·邵武军·景物下·龙焙监”。

③ （清）徐松：《宋会要辑稿》卷一七五六六“食货三三之九”。

④ （宋）赵彦卫：《云麓漫钞》卷二。

⑤ （明）黄仲昭：《八闽通志（上册）》卷六“地理·山川·建宁府·松溪县·东山”。

⑥ （宋）乐史：《太平寰宇记》卷一〇一“江南东道十三·龙焙监”。另马肝礁矿、赤生铜矿、红礁夹生白矿等，应是以铜为主的矿石，可见龙焙监属下坑场是银铜并生。

之辛苦，由此可见一斑。

宋代福建有许多银铜并采矿场，如何能从银铜混合的矿石中把两种金属分别冶出，是当时面临的难题。福建坑户因地制宜地采用了“吹灰法”炼银。据考证[①]，吹灰法冶炼贵金属的原始形式出现在东汉末年，方法的原理是：金与银和金属铅很容易形成合金。当金银粉与铅在熔炉中共炼时，金、银溶入铅中，成为低熔点的铅坨，下沉到炉底，溶渣则上浮。分出铅坨，放在风炉的灰坯中熔烧时，铅即氧化成 PbO（即蜜陀僧），部分在鼓风时被吹去，而大部分会熔化（熔点 880℃）渗入灰中，这样黄金、白银便留在灰坯中得以提纯。不过，将这一实验方法用于工业冶银，则兴盛于宋代。北宋同安苏颂记述说：岭南、闽中银铜冶处将银铜矿石加铅煎炼，银随铅出（变为银铅合金）。然后开地作炉，炉内放木叶灰，叫做“灰池”。投入银铅合金再煅，铅则渗入灰池下面，留在灰上的就是银。[②] 这种方法实际是汉代从银矿中提炼白银之吹灰法的创新应用。

此外，宋代福建民间还有一种可熔炼白银在市上流通的“银行”。北宋蔡襄在其“教民十六事”中提到：“银行辄造次银出卖，许人告捉。”[③]显然，这是银制品的二次加工，冶银工艺的延伸。

三、成熟的胆水浸铜法

利用胆水浸铁成铜即“胆铜法”，是宋代冶铜技术的一项革新。胆铜法是利用铁自铜化合物中取代铜而生产铜的方法，分为“胆水浸铜”与“胆土煎铜”。[④] 早在宋以前，由于长期冶铜的实践和炼丹术士的应用，胆铜法逐渐为人们所熟悉，胆水浸铜法在北宋末年发展成工业规模的湿法冶金技术，其胆铜年产量一度颇为可观。

---

① 赵匡华：《狐刚子及其对中国古代化学的卓越贡献》，载《自然科学史研究》1984 年第 3 期。

② （清）陈梦雷：《古今图书集成・食货典》卷三四二“铅部”。

③ （宋）梁克家：《三山志》卷三九“土俗类一・戒谕”。

④ （元）脱脱：《宋史》卷一八五“食货志下七・阬（同“坑”）冶”。

作为世界上最早的湿法冶金工艺，胆铜法的胆水是一种含有硫酸铜(古文献上所说的石碌或胆矾)的矿泉，将铁置入这种溶液之后，发生化学反应，铁取代了铜，成为含铁的硫化物，而铜则游离出来。“胆水浸铁，水中自有铜性，遇铁澀住，故烹铁而得铜也。”[①]在宋代福建，胆水浸铜的具体做法是：“堤泉为池，疏池为沟，布铁其中，期以浃旬，铁化为铜。”[②]“以生铁锻成薄片，排置胆水槽中浸渍数日，铁片为胆水所薄，上生赤煤，取刮铁煤入炉，三炼成铜。大率用铁二斤四两，得铜一斤。”[③]这样的铜产量，无论是古今都十分可观，标志着宋代福建湿法炼铜技术趋向成熟。

据《宋会要辑稿》记载，建中靖国元年(1101年)，福建有建州的蔡池、汀州的赤水和邵武军的黄齐等3处矿场采用湿法炼铜这一先进技术。[④]宋代福建铜产量之所以能在全国名列前茅，除大规模火法炼铜外，与胆水浸铜法在民间的推广应用不无关系。在这里，胆水是一种价值较高的矿产，是湿法炼铜得以存在和发展的前提条件。据《八闽通志》记载，汀州上杭县北平安里的金山(今紫金山)有颇具规模的天然胆水，分为上中下三池。“其上下二池有泉涌出，中一池则蓄上池之流。相传宋时县治密迩其池，水赤味苦，饮则伤人，惟浸生铁，可炼成铜。”[⑤]丰富的胆水资源，成熟的炼铜技术，为宋代福建胆水浸铜法的广泛应用提供了物质和技术保证。由于湿法炼铜工艺可在常温下进行，大大降低了冶铜成本，为福建乃至全国铜冶事业的可持续发展指明了道路。

四、铜砷合金冶炼新法

宋代沈括《梦溪笔谈》、方勺《泊宅编》、王象之《舆地纪胜》、胡太初《临汀志》以及《渑水燕谈录》、《春渚纪闻》等史志笔记，均记载了北宋真宗年间

① (宋)梁克家：《三山志》卷六“地理类六·海道”引叶庭珪语。

② (宋)赵蕃：《章泉稿》卷五“截留纲运记”。

③ (元)脱脱：《宋史》卷一八〇“食货志下二·钱币”。

④ (清)徐松：《宋会要辑稿·食货三四之二五·坑冶杂录》。

⑤ (明)黄仲昭：《八闽通志(上册)》卷八“地理·山川·汀州府·上杭县·金山”。

(998—1022年)福建长汀炼金术士王捷的传奇故事。王捷年少时曾做过锻工,采过矿炼过铁,并自制农具、菜刀。后来拜了一位自称羽士的师傅学习"铅汞黄金之术",随其在浙赣边界山中建炉冶炼,从含金铜矿中提炼出黑里透红、色泽光亮的鸭觜金(或鸦嘴金、鸭嘴金,另说是从铁矿中炼出的),是一种外表颜色类似黄金的合金。经过不断探索和反复试验,王捷终于熟练掌握了黄金(鸭觜金)和白金(白银)的冶炼方法,并先后向朝廷"进黄金四千九百两,白金万有二千七百四十两"①,缓解了宋真宗年间的经济危机,被人称为"烧金王先生"②、"富国先生"③。

从冶金技术发展史看,王捷所炼白金(白银)实际是砷白铜,属铜砷合金范畴。这种以砷与铜合炼的白铜外表与银相似,刚出现时常被当作白银使用。在我国,最早记载铜砷合金制法的是11世纪末福建浦城何薳的《春渚纪闻》,并推重"近世王捷"为砷白铜制法第一人④。"薛驼,兰陵人,尝受异人煅砒粉法,是名丹阳者。余尝从惟湛师访之,因请其药,取药帖,抄二钱匕相语曰:'此我一月养道食料也,此可化铜二两为烂银,若就市货之,煅工皆知我银,可再入铜二钱,比常直每两必加二百付我也。'其药正白,而加光璨(同"粲"),取枣肉为圆,俟溶铜汁成,即投药甘锅中,须臾,铜中(汁)恶类如铁屎者,胶著(着)锅面,以消石搅之,倾槽中,真是烂银,虽经百火,柔软不变也。"⑤即在冶炼时氧化砷被还原为砷,溶解在铜中。何薳称这种砷白铜为"烂银",其制法为"煅砒粉法"。砷白铜的生产是古代合金冶炼技术上出色的成就。作为炼金奇士,王捷的"白金"无疑是我国最早规模生产的铜砷合金,是炼金术研究向现实生产力转化的一个例证。

作为新金属的创造者之一,王捷死后朝廷"仍出所进金铸为宝牌,分给

---

① (宋)胡太初:《临汀志·仙佛》。

② (宋)王辟之:《渑水燕谈录》卷九"杂录"。

③ (宋)王象之:《舆地纪胜》卷一三二"福建路·汀州·仙释·富国王捷"。

④ (宋)何薳:《春渚纪闻》卷一〇"记丹药·序丹灶"。

⑤ (宋)何薳:《春渚纪闻》卷一〇"记丹药·丹阳化铜"。

在京宫观并诸州天庆观及名胜景宫观去处”[1]。南宋梁克家记载，宋代地方官每逢节日要率官属朝谒“金宝牌”，他还作了如下说明：“大中祥符六年(1013年)，有进烧金法，以铁为之，凡百余两为一饼，每饼幅解为八片，为之鸭嘴金。真宗令上方铸为金牌数百。天禧元年(1017年)，玉清昭应宫成，遂颁天尊万寿金宝牌，镇天下名山福地。”[2]陆游《老学庵笔记》亦称：“天禧中，以王捷所作金宝牌赐天下。”[3]可见，王捷上供的金银合金在有宋一代一直被视为稀有贵重之物，这在冶金技术发达的我国是少见的。

显见，作为宋初我国尚待开发的偏远地区，福建汀州能出现像王捷这样有全国影响的人物，且主要贡献在冶金领域，从一个侧面说明宋元福建采冶技术的发达。

第三节　发达的铜铁铸造业

冶炼技术的进步，促进了福建铸造业的发展。无论是技术精湛的铜币制造，还是大型铜铁佛像的铸造，以及民间炼铁业的兴盛，都表明宋元福建冶金技术后来居上的发展趋势。

一、建州丰国监铜币

“铜产饶、处、建、英、信、汀、漳、南剑八州，南安、邵武二军，有三十五场。”[4]宋代福建发达的铜冶业，引起了中央政府的重视。北宋咸平三年(1000年)(《宋史》作“咸平二年”)，朝廷在建州建安正式设丰国监，为宋初

① (宋)胡太初等：《临汀志·仙佛》。
② (宋)梁克家：《三山志》卷三八“寺观类六·道观(山附)·闽县天庆观”。
③ (宋)陆游：《老学庵笔记》卷九。
④ (元)脱脱：《宋史》卷一八五“食货志下七·阬(同“坑”)冶”。

四大铜钱监之一，年铸铜钱量为30万贯至34万400贯不等。[①] 南宋初，由于矿源枯竭和战乱破坏，四大监中的江州广宁和池州永丰均被裁并，而丰国监铸钱量仍相当可观，“泉司供给铜、锡六十五万余斤”[②]，“建州丰国监额二十万贯”[③]，铸造技术亦日趋成熟，所铸铜钱在两宋时当称上品。“凡铸钱用铜三斤十两，铅一斤八两，锡八两，得钱千，重五斤。唯建州（丰国监）增铜五两，减铅如其数。”[④]1996年3月，在建瓯市芝城镇第一中心小学教学大楼施工现场，发现了堆积厚近3米的大量铜渣，表明此处即为宋建州丰国监铸币遗址。[⑤]

据文献记载[⑥]，包括丰国监在内的宋代钱监，其整个铸钱工艺大致可分为三道工序：一曰沙模作，即先制作铸钱的沙模。汉代铸钱已经采用了铜质母范的方法，即先用泥土制成非常精美的凹模祖范，然后铸出凸模铜母范，用它可以造出无数的凹模泥范，由此制出的铜钱大小和式样完全一致。二曰磨钱作，原来是用手工来锉平钱的突起边缘，到宋代，已经改为叠串在一起用车刀车平，在技术上有了进步。三曰排整作。丰国监经宋真宗、仁宗、英宗、神宗、哲宗、徽宗、钦宗、高宗八朝共29个年号，既铸小平、折二、折三小钱，亦铸当五、当十、当十五大钱[⑦]，皆制作精美，品类甚佳。

在我国漫长的封建社会中，钱币的铸造不仅历史悠久，经验丰富，而且工艺技术属一流水准。据《宋会要辑稿》记载，淳熙二年（1175年）二月“建宁府丰国监已行住罢，今二年间并不兴铸”[⑧]。就是说，从北宋咸平三年

---

① （清）徐松：《宋会要辑稿·食货一一之一～食货一一之二》。另丰国监铸钱历史最高额34万400贯出现在北宋大观年间（1107—1110年）。

② （元）脱脱：《宋史》卷一八〇“食货志下二·钱币”。

③ （清）徐松：《宋会要辑稿·食货一一之二》。

④ （元）脱脱：《宋史》卷一八〇“食货志下二·钱币”。

⑤ 福建省地方志编纂委员会：《福建省志·文物志》，方志出版社2002年版，第21页。

⑥ （宋）张世南：《游宦纪闻》卷二。

⑦ （元）脱脱：《宋史》卷一八〇“食货志下二·钱币”。

⑧ （清）徐松：《宋会要辑稿·职官四三之一七四“（提点坑冶铸钱司）”》。

(1000 年)至南宋乾道九年(1173 年),丰国监的铸钱历史长达 174 年[①],为宋代我国存续时间最长的铸钱所之一。丰国监的设立和长存,对于先进技术在闽地扩散和引导福建民间铸造工艺升级均有不可忽视的贡献。宋代"泉之乐具"[②]即泉州铜制乐器在全国颇负盛名,就是其中的典型例证。即使在严禁"销钱"制器的南宋嘉定十五年(1222 年)前后,"泉州尉官尝补铜缇千余斤,光烂如金,皆精铜所造"[③]。此外,南宋乾道年间(1165—1173 年)汪大猷知泉州时,"三佛齐(今苏门答腊)请铸铜瓦三万,诏泉、广二州守臣督造付之"[④]。此事虽未成,但泉州高超的铸铜技术曾远播海外似无疑。1973 年,泉州南安出土了一件记载南宋淳熙十三年(1186 年)蔡氏火葬墓买地的"铁地券"。在长 39 厘米、宽 32 厘米、厚 1.3 厘米的铁质平面上,铸了阳文 254 个字,这些字迹今天仍清晰可见(该铁券现藏于泉州海交馆),从中不难看出宋代铸币工艺对其的影响。考虑到宋初建州太平通宝大铁钱和建安龙焙监五十两大银锭,银、铜、铁币并造,这在宋以前的八闽是难以想象的,福建遂成为宋代我国铸钱业发达的地区之一。值得一提的是,随着民间铸造工艺的大幅提高,北宋后期福建还出现了几可乱真的"假币"并流入经济发达地区,引起朝廷的震怒。"福建民或私铸转入淮、浙、京东等路者,所由州县官司皆治漏逸之罪,不以赦免。"[⑤]

二、福州开元寺铁佛

在福州开元寺铁佛殿内,有一尊巨型阿弥陀铁佛。铁佛为坐像,头挽螺髻,身披袈裟,结跏趺坐在莲花座上。头部实心,躯干中空,外披泥贴金,法相庄严肃穆,通高 5.92 米,宽 4 米,重达 52 吨,是目前国内最大铁佛之

① 南宋绍兴初曾因"范汝为作乱,权罢建州鼓铸,寻复旧"[(元)脱脱:《宋史》卷一八〇"食货志下二·钱币"]。

② (元)脱脱:《宋史》卷一八〇"食货志下二·钱币"。

③ (清)徐松:《宋会要辑稿·刑法二之一四四"禁约三"》。

④ (元)脱脱:《宋史》卷四〇〇"汪大猷传"。

⑤ (元)脱脱:《宋史》卷一八〇"食货志下二·钱币"。

一(参见图 17-1)。由于有厚达 280 毫米的贴金过渡层,故铁佛表面不能吸粘磁铁,从而引出"古佛由来皆铁汉,凡夫但说是金身"(铁佛殿前明末曾异所撰联语)的说法。据《榕城纪闻》记载[①],清顺治十六年(1659 年)重建铁佛殿时,在佛座下发现银塔一座,上题"宋元丰癸亥(六年,1083 年)正月初一日立,刺史刘瑾",可知铁佛的铸造年代当不晚于北宋元丰年间,是研究古代冶炼技术的珍贵实物。

图 17-1　福州开元寺巨型铁佛

资料来源:福州市鼓楼区档案局(馆)。

由于史载语焉不详,今人对铁佛的铸造方法、铸造年代和铸造地点存在较大分歧。关于铸造方法,专家大多倾向于铁佛是采用熔模精密制造法(即失蜡法)铸造的。这是因为蜡表面光滑,采用此法易于精雕细琢,方能产生今日所见的艺术效果。不过,由于蜡本身强度有限,如果采用失蜡法,在蜡模外加上沉重的外壳,很容易造成蜡模变形,工艺要求相当高。此外,根据铁佛的壁厚及重量,采用失蜡法,也需要好几吨的蜡,这在当时是很高的成本。

① (清)海外散人:《榕城纪闻》,载中国社会科学院历史研究所清史研究室《清史资料(第 1 辑)》(中华书局 1990 年版)。

关于铸造年代，专家们也存在争议。"根据史料记载的推测和铁佛原貌的外部特征，铁佛很可能铸造于宋代。"来自福建博物院的研究员梅华全、王振镛如是说。[①]梅华全进一步指出，铁佛本身的工艺造像特点体现了宋代的特点：唐代佛像的发髻多丰满高耸，但到了宋代就变得矮小；唐代的造像身材魁梧刚健，线条有力，面庞庄严肃穆，衣褶线条少，刚劲流畅，少弯曲折叠，但是宋代造像的面庞和身材则更世俗化，纤细柔和，接近普通百姓形象，衣褶丰富细腻；同时佛像对襟开得很低，也与唐代风格相反。(参见图 17-2)不过也有专家认为不排除是唐代铸造的可能性。

图 17-2　开元寺铁佛近图

资料来源：《福建省志・文物志》彩图十九。

关于铸造地点，有专家认为，如此巨大的铁佛很有可能是在现场铸造的，因为铁佛所在地周边当年就是比较发达的冶炼场所(现冶山路一带)，《三山志》曾记载开元寺东南的化成坊"旧铁冶坊，冶铸之所"[②]。在冶金领域，重量是个很重要的参数，因为它直接关系到冶铸水平。以开元寺铁佛如此重量，即使现代铸造也非轻而易举之事，可见唐宋时福建的冶金与成型技术是多么的发达，在中国古代冶金史上占有重要的地位。

值得一提的是，早在宋大中祥符三年(1010 年)，南剑州南平县就曾"以铁铸真武像祀之"[③]，并为此专门建造了一座铁像堂，福建以铁铸像传统可见一斑。

① 李坚等：《尽快把福州开元寺内铁佛列为"国保"》，载《福建日报》2005-04-19。

② (宋)梁克家：《三山志》卷四"地理类四・罗、夹城坊巷・化成坊"。

③ (明)黄仲昭：《八闽通志(下册)》卷七八"寺观・延平府・南平县・铁像堂"。

三、漳州南山寺铜钟

除福州开元寺铁佛外，在漳州市南山寺（宋元时称“崇福禅寺”）内，至今还保存着一口元代铜钟。大钟通高为2.26米，钟身高为1.85米，口径1.28米，重1.3吨。钟钮为双耳蒲牢，钟身中部一条粗大的凸棱纹，将其分为上、下两部分，上、下又各有5个大方格，方格内没有铸任何图案，只有下部一些格内刻有铭文，铜钟造型古朴、大方（参见图17-3）。

图17-3 漳州南山寺元代大铜钟

资料来源：漳州新闻网·旅游·漳州人也不曾见过的南山寺“镇寺五宝”；王福谆《古代大铜钟（续1）》。

根据钟身铭文所载，该钟铸于元延祐三年（1316年），出自于“三山（即福州）炉主萧大有”之手。结合南宋梁克家《三山志》的记载和上文关于福州开元寺巨型铁佛的讨论，可以断定元代“漳州路南山崇福禅寺（钟身铭文）”的这口大铜钟出自于福建铸造名家之手。

在铸造工艺方面，南山寺铜钟的钟口，既非六耳波形，也不是八耳波形，而是五耳浅波形，这在我国古钟中是非常特殊的。进一步考察发现[①]，福建各地现存古钟中，平口钟、六耳波形钟、八耳波形钟很少，大多为五耳

① 王福谆：《古代大铜钟（续1）》，载《铸造设备与工艺》2012年第4期。

波形钟。如现存最早的龙岩后唐天成二年(927 年)铜钟和政和后晋天福四年(939 年)铜钟,均为五耳波形钟。至于南安北宋皇祐三年(1051 年)铁钟、泉州净慈禅院南宋绍兴二年(1132 年)铜钟、龙岩元大德十年(1306 年)铁钟、石狮布金院元至正二十四年(1364 年)重达 3000 斤的巨型铜钟(现存泉州开元寺藏经阁),也都是五耳波形钟。直到明清时,泉州崇福寺明洪武二十年(1387 年)铜钟、南平明宣德六年(1431 年)郑和铜钟,以及泉州甘露戒坛清康熙九年(1670 年)铜钟等,仍采用五耳波形钟的形式。可见,五耳波形钟是福建古钟的一大区域特点。

四、民间铁业的兴起及其原因

在中国冶金史上,铸造技术占有重要的地位,以至于铸造既作为成形工艺而存在,又成为冶炼工序中的一个组成部分,达到了“冶”与“铸”密不可分的地步。这一点在宋代福建民间铁业表现得同样突出。

据《三山志》记载,在拥有高炉、平炉和小炉最多的长溪县(今霞浦),北宋政和(1111—1118 年)以来就有包括师姑洋坑、新丰可段坑、南平北山、铜盘等处、东山小乾铁砂坑、柄羊埕铁坑二以及新南、安民二里大溪岭下等铁坑等在内的大小铁坑(或铁场)共计 41 所。① 福建冶铸业开发较早的泉州,北宋中期就出现了全国知名的永春倚洋、安溪青阳、德化赤水三大铁场②,形成围绕戴云山麓的区域冶铁中心。随着民间铁业的兴盛,晋江的石菌、卢湾、牛头屿、长箕头,惠安的卜坑、黄崎、嶕头、许埭、港尾、沙溜、卢头、峰前、牛埭,永春的东洋、肥湖,以及德化的信洋、上田、邱埕等地,也纷纷加入到冶铁大潮中来。③ 此外,闽北邵武的宝积等三铁场,光泽的新安铁场,也被《宋史》视为福建路的知名铁场。④ 浦城仁风场曾一次出铁 4 万

---

① (宋)梁克家:《三山志》卷一四“版籍类五・炉户”。

② (元)脱脱:《宋史》卷八九“地理志五・福建路”。

③ (清)黄任:《乾隆泉州府志(一)》卷二一“田赋・历朝杂课・铁课”。

④ (元)脱脱:《宋史》卷八九“地理志五・福建路”。

斤,“赴信州铅山场浸铜处”[1],作为浸铜的原料。有人做过统计,说南宋初期福建路铁坑“兴发八十三处,停闭三十三处”[2],几乎遍及八闽所有州县。冶铁业的大发展,带动了铸造技术进步。除传统制品外,宋代福建各地还不时出现一些新的冶铸品种,如北宋宣和年间(1119—1125年),安溪就有人用铁瓦盖屋[3];在福州涌泉寺香积厨里,至今还保存着四口970多年前铜铁合铸的巨锅,其中最大的一口直径1.67米,深0.8米,可一次煮米500斤,供千人食用。值得一提的是,早在北宋福建生铁不仅自给自足,而且还大量运销浙江等地,“庆历三年(1043年),发运使杨告乞下福建严行禁法,除民间打造农器、锅釜等外,不许私贩下海。两浙运司奏:‘当路州军,自来不产铁,并是福、泉等州转海兴贩,逐年商税课利不少,及官中抽纳折税,收买打造军器,乞下福建运司晓示,许令有物力客人兴贩,仍令召保,出给长引,只得诣浙路去处贩卖。’本州今出给公据”[4]。显然,福建成为江南各地铁供给的主要来源。

正是由于这股势不可挡的民间力量,使北宋末到南宋福建铁业逆全国一降再降大势顽强攀升,形成福建乃至中国矿冶史上的一大亮点。究其原因,除科技进步因素外,还取决于福建当时的特殊时空环境。一是省内市场的强劲拉动。宋代尤其南宋时,福建沿海和山区不断得到开发,围海造田,垦辟山田,兴修水利,农田精耕细作,这些都无疑增大了民间对铁制工具的需求。二是海外市场的畅通获利。宋代泉州港“金银铜铁海舶飞运”[5],深受海外各国欢迎,尤其是泉州出口的生铁、铜鼎、铁鼎、铁钉等成为国际市场的畅销货,促进了港口及其腹地先民的冶铸热情,“煮铁而出之模,则鼎釜之利及于旁郡”[6]。三是充沛人力资源的推动。宋代福建“地狭

---

① (清)徐松:《宋会要辑稿·食货三三之二二·坑冶上》。
② (清)徐松:《宋会要辑稿·食货三三之二〇·坑冶上》。
③ (清)黄任:《乾隆泉州府志(三)》卷六五“方外·仙道·宋·黄惠胜”。
④ (宋)梁克家:《三山志》卷四一“土俗类三·物产·货·铁”。
⑤ (清)黄任:《乾隆泉州府志(一)》卷二一“田赋·历朝杂课·市舶税课”。
⑥ (宋)黄岩孙:宝祐《仙溪志》卷一“物产”。

人稠”现象十分突出，迫使大批农民转而从事各种手工业劳动，“取资于坑冶”[①]成为首选，从而为矿冶业的发展提供了大批劳动力。此外，适于民间采冶的小型矿藏遍布八闽，也是宋代福建民间铁业得以兴起的重要原因。总之，特殊的时空因素使原本矿产资源并不丰富的福建，在南宋出现了领先全国的铁业发展格局，其背后原因值得后人深思。

最后值得一提的是，以泉州清源山老君与三世佛造像、云霄宋代“四面石佛”浮雕、福州南宋墓出土的寿山石雕为代表的石雕工艺（参见图 17-4），位居国内三甲的福州木雕，以及福州漆器（参见图 17-5）、福州绢画和扇、永春纸织画和福州花灯等具有地方特色的民间手工艺，无不显示宋元福建手工艺技术的进步。

老　君

三世佛

四面石佛

人首鱼身俑

龙　俑

① （明）黄仲昭：《八闽通志（上册）》卷二〇“食货”。

拱手女俑　　　　舞　俑　　　　马　俑

图 17-4　技艺精湛的石雕工艺举隅

资料来源：泉州海外交通史博物馆；《福建省志·文物志》彩图十八；《厦门日报》2007-07-04(10)；福建博物院。

图 17-5　福州南宋许峻与黄昇墓出土的雕漆银粉盒(左中)和黑色纻胎葵形漆奁盒

资料来源：福建博物院。

第六编　闽籍学者的科技思想

思想是指导科技活动和取得科技成果的核心要素。宋元福建科技的大发展，与闽籍学者科技思想的进步密不可分，这些思想也深深影响着福建乃至中国和世界科技发展的未来。

第十八章　曾公亮的军事科技思想

在人类发展史上，军事历来是科技创新和科技应用的首选领域，因而其著作成为科技思想的富集地，这一点在曾公亮主持撰修的《武经总要》中表现得尤为突出。

第一节　曾公亮与《武经总要》

曾公亮（999—1078年），字明仲，泉州晋江人，"少力学问，能文章"，宋天圣二年（1024年）以进士第五名入仕，历任地方、集贤院、天章阁、三省六部、枢密院等职，官至宰相，是一位"平生善读书，至老不倦。博识强记"[1]

① （宋）杜大珪：《名臣碑传琬琰集（中）》卷五二"曾太师公亮行状"。

且“明练文法，更践久，习知朝廷台阁典宪”[①]的学者型名臣。

曾公亮一生著述颇丰，曾提举修《新唐书》《英宗实录》《游艺集》，参与编写《武经总要》《太常新礼》《庆历祀仪》《庆历编敕》等，另有个人文集30卷，可惜除《武经总要》外，其余皆已失传。[②] 作为一部前无古人的总结性军事著作和人类科技史上的重要文献，《武经总要》是今人窥视曾公亮军事科技思想的重要窗口。

《武经总要》是宋朝廷在“元昊既叛，边将数败”[③]的军事危机下诏修编定的。宋仁宗庆历三年（1043年）十月，时任集贤校理的曾公亮，与司天监杨惟德以及翰林学士、承旨丁度等奉旨“同加编定”[④]《武经总要》。该书历时近4年而成[⑤]，共40卷[⑥]，335篇，50余万字，其卷帙之浩大、体例之完备、内容之丰富，非以前任何一部兵书所能比拟。

作为我国古代最具影响力的军事百科全书，《武经总要》在编纂理念和内容筛选方面均有重大突破。在编纂理念上，曾公亮倡导“垂之空言，不若见之行事”[⑦]即贯彻理论到实践的指导原则。《武经总要》分前、后两集。前集收“制度”十五卷，“边防”五卷[⑧]。“制度”是全书核心内容，不仅讨论兵制，还涉及从选将到练兵，从营法到阵法、战地到风俗、攻城到守城、水攻到火攻、器械到赏罚等军事作战的诸多方面，形成一个相对完整的军事知识体系。“边防”五卷，主要从军事角度记述了北宋中叶沿边地区的地理方

---

① （元）脱脱：《宋史》卷三一二“曾公亮传”。

② 详见张小平《宋人年谱二种》（三秦出版社2008年版），第25～32、152～153页。

③ （宋）晁公武：《郡斋读书志·后志》卷二。

④ （宋）曾公亮：《武经总要·仁宗皇帝御制叙（序）》。

⑤ 详见姜勇《〈武经总要〉纂修考》，载《图书情报工作》2006年第11期。另《中国兵书集成（第3—5册）·武经总要编辑说明》称“康定元年（1040）始纂，庆历三年（1043）完成”；李约瑟《中国科学技术史》、杜石然《中国科学技术史稿》也持有类似的看法。

⑥ 现流传的43卷本由40卷本增衍而成，“边防”增2卷，“占候”增1卷，内容仅作些微增益。

⑦ （宋）曾公亮：《武经总要·后集原序》，载张小平《宋人年谱二种》（三秦出版社2008年版），第452页。

⑧ “制度”“边防”，以及“故事”“占候”等标题是宋仁宗加上去的。

位、政区沿革、山川河流、道路关隘、重要寨堡，以及辽与西夏的简单地理情况等。后集收“故事”十五卷，“占候”五卷。“故事”十五卷，从前代兵法典籍中选录精言、术语，列为182门，每门下辖若干经典战例，凡1070则。[①]“占候”五卷，主要考述军事阴阳相关内容，包括天地、五行、太阳、太阴、星宿、风角、云气、太乙、六壬、遁甲等。从现存的唐李筌《太白阴经》、杜佑《通典》(有“兵典”和“边防”各十五卷)以及宋初许洞《虎钤兵经》(亦作《虎钤经》)等比较看，在军事百科全书编纂史上，将丰富理论与翔实战例(包括武器装备)结合起来的，曾公亮是第一人。在内容筛选上，《武经总要》注重“取当世兵械，绘出其形，纪新制”(卷一三“器图”)。在这一思想指导下，《武经总要》详尽记叙和介绍了北宋时期军队所使用的各种冷兵器、热兵器(火药兵器)以及军事工程器械等，尤其是前集卷十的“攻城法”、卷十一的“水攻·水战·火攻”、卷十二的“守城”和卷十三的“器图”，不仅有器械的形制构造和使用方法的文字说明，而且绘有超过250幅的示意图或构造图，重视军事科技的编纂理念跃然纸上。对此，后世研究者给予了高度评价。明末茅元仪《武备志》在“阵练制”“军资乘战”“军资乘攻”“军资乘守”“军资乘水”“军资乘马”等部分中明确出现“《武经总要》曰”25次，范景文《战守全书》中出现“《武经总要》曰”更是多达142次[②]，英国科技史家李约瑟在其《中国科学技术史》军事技术分册中单引用《武经总要》的插图就达47幅之多，对其文字的引用次数就更多而难以统计了。

当然，作为以国家力量编辑出版的一部新类型兵书，《武经总要》无疑是集体智慧的结晶。但不可否认的是，“修《武经总要》多所裁定”[③]、曾与枢密副使欧阳修“考天下兵数及三路屯戍多少、地理远近”[④]的曾公亮，在其中起着主要和关键的作用，成为宋仁宗“御制”序言中唯一两次提及的编

---

① 李新伟：《〈武经总要〉纂修体例研究》，载《军事历史研究》2011年第1期。

② 引用次数根据刘俊文总编纂《中国基本古籍(数据)库》的检索“武经总要曰”条目统计。

③ (宋)杜大珪：《名臣碑传琬琰集(中)》卷五二“曾太师公亮行状”。

④ (元)脱脱：《宋史》卷三一九“欧阳修传”。

撰人员，并盛赞“公亮等编削之效，浸逾再闰，沉深之学，莫匪素蕴”[①]。《武经总要》不仅被誉为我国最珍贵的军事百科全书，也是世界科技史上的一部重要文献，其中蕴含着曾公亮有关武备制度、冷兵器制造攻防和对火器时代来临的科技认知。

第二节　重视武备制度中的科技含量

所谓武备制度，用明郑魏挺《武经总要》“后跋”中的话说，就是“大而攻围之筹略，战守之法度，小而楼橹之规制、器械之形模”[②]。最大化地发挥军事科技的作用，将前人的成就与当代的新创造纳入武备制度当中，是《武经总要》编撰者的一贯追求。

一是在城防布局方面，注重发挥数量和空间的功效。如城墙高厚比，曾公亮建议参照《太白阴经》中的规定，“平陆筑城，下阔于上倍，其高又于下倍。假如城高五丈，则下阔二丈五尺，上阔一丈二尺五寸”（卷一二“守城”）。宋代城墙是由夯土而筑，也就是所谓版筑，城墙和墙壁完全基于同一的构筑方法和技术基础。为了使夯土稳定，墙身的断面就要成为一个梯形。大概保持陡壁的角度在70度左右，角度太大夯土就难于稳定，太小则容易为敌人爬上。城墙高度、城基厚度、城顶厚度按4∶2∶1比例计算出的城墙陡壁大概为82.9度，这样的城墙高厚比，使所筑的城墙既节省工料，又坚固耐久。又如城上火力点布置，曾公亮倡导组织交叉火力的马面。马面又称敌台，即是城墙每隔一段距离向外修筑的凸出墩台。《武经总要》中记载的马面平面有长方形和半圆形两种，通常每隔70米左右就设马面一座。马面宽度为12米到20米，凸出墙垣外8米到20米，这样可使相邻两马面及当中的城墙间可组织弓矢、投石的交叉火力网，不留死角地打击

① （宋）曾公亮：《武经总要·仁宗皇帝御制叙（序）》。

② （明）郑魏挺：《武经总要·后集·后跋》。

接近或攀登城墙的敌人。马面的出现,打破了长期存在的城上单面作战布局的局限性,开创了多面立体的作战布局。再如团楼的出现。“团楼,此城角团所设”(卷一二“守城”),是指围绕在弧形墙角上所建的敌楼(亦称敌团)。《武经总要》记载的弧形墙角和团楼,是基于这样的战术考虑:假设在战争中攻守双方的石砲射程相同,若攻城一方在城角顺两面城身方向各架砲,并在最远射程处施放,则方形城角完全暴露在砲石攻击之下,守方的砲无法打到敌方砲车。弧形城角和团楼正是为躲避攻方石砲的夹击而设计的,它们与马面形成完整的区域防御体系。(参见图 18-1)

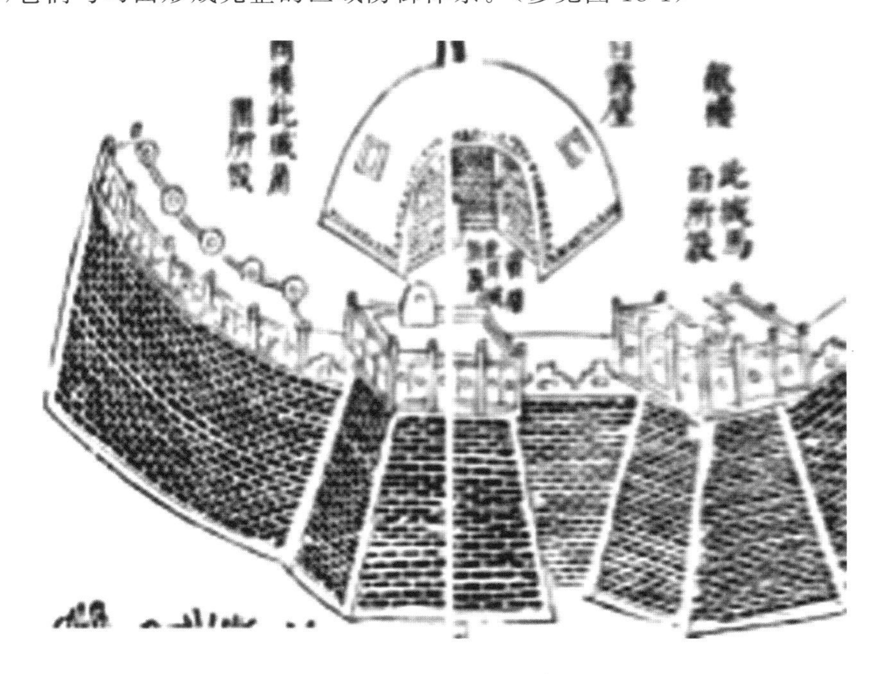

图 18-1 建在弧形城角上的团楼

资料来源:《中国兵书集成(第 3—5 册)·武经总要》第 535～536 页。

二是在情报系统方面,注重声学与密码学知识的运用。《武经总要》前集卷十二“守城”器具中,绘有“瓮听”图两种,并附有文字说明云:“瓮听,用七石瓮覆于地道内,择耳某(聪)人坐听于瓮下,以防城中凿地道迎我。”“瓮听”是古代中国人利用声音在固体中比在空气中传播更快的声学效应的生动实例，是古代军事上防止敌方挖掘地道突袭、侦察敌人动态的一种科学方法。在《武经总要》中，类似利用声学共鸣现象的例证还有“地听”和“空胡鹿”。“地听，于城内八方穴地如井，各深二丈，勿及泉，令听事聪审者，以新瓮自覆于井中，坐而听之。凡贼至，去城数百步内，有穴城凿地道者，皆声闻瓮中，可以辨方向远近。”（卷一二“守城”）“选聪耳少睡者，令卧枕空胡鹿，其胡鹿必以野猪皮为之，凡人马行在三十里外，东西南北皆响闻。”（卷六“警备法”）后一种方法实质上是以野猪皮做成的称为“空胡鹿”的卧枕来代替瓮，因此在实战中更加方便和实用。除“瓮听”“地听”“卧枕空胡鹿”外，《武经总要》前集卷十五“字验”还记录了我国乃至世界最早的军事密码学。“军中咨事，若以文牒往来，须防泄漏。以腹心报覆不惟劳烦，亦防人情有时离叛。今约军中之事，略有四十余条，以一字为暗号。……凡偏裨将校，受命攻围，临发时以旧诗四十字，不得令字重。每字依次配一条，与大将各收一本。如有报覆事，据字于寻常书状或文牒中书之，加印记，所请得所报知，即书本字，或亦加印记。如不允，即空印之，使众人不能晓也。”这是说明作战中如何使用传递情报的密码即所谓“字验”的方法。其法是用40个字的一首五言律诗来表示，把不含重复的40字诗与40条情报内容依次相对并具体搭配，编上相应的数字代号，从1至40。密码本只能由军中主将掌握，每次使用时，可根据所需传递情报内容，在新抄写的这首诗应加符号的字下面，加上规定的符号即可。对方收到这首诗后，查对密码本就能译出情报内容。

三是在野外生存方面，注重力学知识的运用。把浮力用于军事，宋代以前已出现。西汉《淮南万毕术》就有“鸿毛之囊，可以渡江”[①]的记载，意思是说，一个袋里装上许多羽毛，由于水的浮力，竟至可以载人渡江。从原理上看，这想法甚为可贵，但仔细想来，总使人疑心那浮力难以支撑人的体重。而《武经总要》中所提供的“浮囊”法，却和今日的救生圈非常类似：“浮囊者，以浑脱羊皮吹气令满，系其空束于腋下，人浮以渡。”（卷一一“水战·

① （汉）刘安：《淮南万毕术》，第6页。

济水”)向羊皮囊中吹气而不是实之以羽毛,应当说在思想上是一个很大的飞跃。说明人们已经意识到,空气像其他物体一样,可以占有一定的体积。后世军队的渡水法都沿袭此理。清刘岳云在《格物中法》中指出:“韩信以木罂渡……与武经总要浮囊、皮船大抵相同,魏源之瓠片鵞(同“鹅”)翎、藤马,亦相承沿袭。”[①]在力学知识运用方面,《武经总要》前集卷六“寻水泉法”中的竹制汲水器还涉及了虹吸原理:“凡水泉有峻山阻隔者,取大竹去节,雄雌相合,油灰黄蜡固缝,勿令气泄。推行首插水中五尺,于竹末烧松桦薪或干草,使火气自竹内潜通水所,则水自中逆上。”用现代物理学的观点去解释,当然是大气压的作用。但当时的人们设计这一方法时,是不会认识到大气压力的。他们所想到的,只能是因空气占有体积,烧松薪或干草时,烧掉了空气,这体积便被水占有,于是可将水引出。在当时的条件下,能认识并做到这一点已经是了不起的进步了。

四是在定向定平方面,注重磁学与光学知识的运用。《武经总要》前集卷十五“乡导”有以下记载:“鱼法:用薄铁叶剪裁,长二寸、阔五分,首尾锐如鱼形,置炭火中烧之,候通赤,以铁钤钤鱼首出火,以尾正对子位,蘸水盆中,没尾数分则止,以密器收之。”从现代的知识看,所谓“鱼法”是一种利用强大地磁场的作用使铁片磁化的方法。把铁片烧红,令“正对子位”(即正对北方),可使铁鱼内部处于较活动状态的磁畴顺着地球磁场方向排列,达到磁化的目的。蘸入水中,可把磁畴的规则排列较快地固定下来。而鱼尾朝北略为向下倾斜,使鱼体更接近地球磁场方向,可起增大磁化程度的作用。《武经总要》用于定向的指南鱼制法,是人类历史上的第一次人工磁化记录,其蕴含的有关地磁偏角原理的认知,也比欧洲早了整整500年。[②]定平技术在军事中有广泛应用,建筑、桥梁、水攻等都需要水准测量。然而水平测量的难处不在平,而在距离,正如清代陆世仪在《思辨录辑要》中说:“欲识水平必须有法。盖地形高卑,在咫尺犹易辨,若一里二里以至数十百

① (清)刘岳云:《格物中法》卷二“水部”。

② 一直到1544年,德国人哈特曼(George Hartmann)才发现地磁倾角;1600年,英国人吉尔伯特才懂得使用地磁场使铁片人工磁化。

里，非有法何由辨乎？武经总要载水平法……无远不可识。”《武经总要》中的“水平仪”，则巧妙地用视觉原理解决了远距离测平难题。“水平者，木槽长二尺四寸，两头及中间凿为三池。池横阔一寸八分，纵阔一寸三分，深一寸二分。池间相去一尺五寸，间有通水渠，阔二分，深一寸三分。三池各置浮木，木阔狭微小于池箱，厚三分，上建立齿，高八分，阔一寸七分，厚一分。槽下转为关脚，高下与眼等。以水注之，三池浮木齐起。眇目视之，三齿齐平，则为天下准。或十步或一里乃至数十里，目力所及置照版（板）度竿，亦以白绳计其尺寸，则高下丈尺分寸可知，谓之水平。”（卷一一“水攻”）观测时，首先将水注入水平槽的池子中，三浮木随之浮起，其上的立齿尖端当然会保持在同一水平线上，观测者即可借立齿尖端水平地瞄望远处的度竿。由于度竿的刻度太小，于是间接地利用“照版”巧妙地解决了这一问题：当观测者见到照板上的黑白交线与其瞄准视线齐平时，则召持板人停止移动，并记下度竿上所对应的刻度。（参见图 18-2）由于照板目标较大，所以可测距离被扩大：人眼视角极限是 1/60 度，照板高 4 尺，设最大可测距离为 X，则 arctan(4/X)＝1/60，X≈13750 尺，约合唐代的 9.17 里。[①] 值得一提的是，《武经总要》收录的“水平”观测法现代仍在使用，如在跨越河流进行水准测量时，有时因视线较长而无法直接读取水准尺上的刻度，只好在水准尺上装照板来测取读数。不同的是，现代用望远镜十字线的横线对准水准尺的红白交线。

① 唐代 1 里＝300 步，1 步＝5 尺。

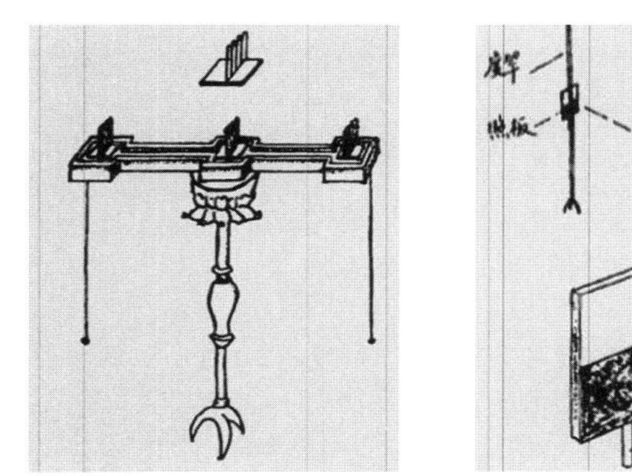

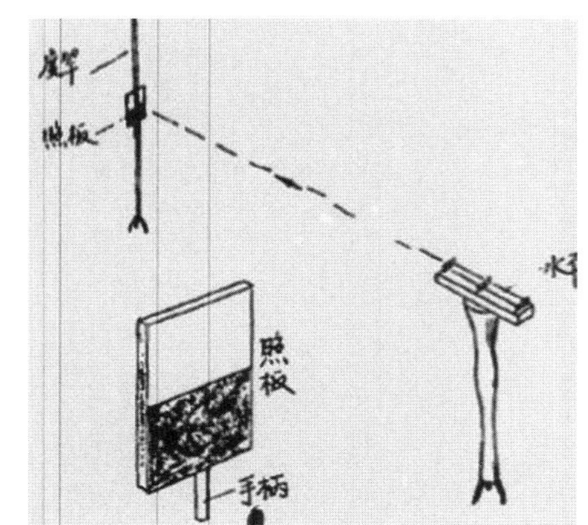

图 18-2　《武经总要》中经改正的水平仪(左)及其测量方法示意图

资料来源:冯立升《中国古代的水准测量技术》,载《自然科学史研究》1990 年第 2 期;朱诗鳌《漫话古代水准测量》,载《武汉水利电力学院学报》1978 年第 3～4 期。

第三节　强化冷兵器制造攻防系统

宋代是我国冷兵器发展的高峰期。无论是冷兵器的设计制造水平还是攻防系统性方面,《武经总要》都达到了古代社会集大成的历史高度。

据统计[①],《武经总要》中冷兵器有 91 种,包括长杆刀、枪各 7 种,短柄护体刀、剑 3 种,攻城专用枪 5 种,攻城兵器与掘城工具并用的 5 种,守城专用枪 4 种,斧和叉各 1 种,鞭、锏、棒、椎等杂式兵器 12 种,防护器具 4 种,护体甲胄 5 种,马甲 1 种,单弓 4 种,箭 7 种,弓箭装具 5 种,单弩 6 种,复合式床子弩 7 种,砲 19 种;另外有 50 多种城战器械、6 种战车和 5 种战船。为便于兵器的制造与使用,曾公亮开启了在大型兵书中附以大量插图之先河。尤为可贵的是,在《武经总要》收录的 160 余幅军械图中,曾公亮不仅采用了近似轴测投影(如卷十二的"卧车砲""旋风车砲"等)、平行投影(如卷十三的"骑兵旁牌""步兵旁牌一种二色"等),以及零件图和装配图相

① 张国祚:《中华骄子 奇工巨匠》,龙门书局 1995 年版,第 51 页。

结合[如卷十二的“猛火油柜”(参见图18-3)]的画法,而且在图样文字的说明部分,包括了军用器械的名称,各零件的高度、宽度、长度和其用制,以及每一零件的材料和重量、加工工艺和装配方法等工程制图应有的技术事项,极大提升了军械图在制造攻防中的实用效果。如卷十二中的“旋风砲”的文字说明,既包括各部零件的技术要求如冲天柱“长一丈七尺,径九寸,下埋五尺八,置夹柱木二”,还注明实际操作注意事项“凡一砲五十人拽,一人定放五十步外,石重三斤半。其柱须埋定,即可发石,守则施于城上战棚左右”等。这些技术要求条文,简明扼要,包括对材料的要求,视图中难以表达的尺寸、形状和位置的安装,零部件的性能和质量要求,以及各种器械的使用功能,可以说是集中国古代兵器制造图样资料之大全。

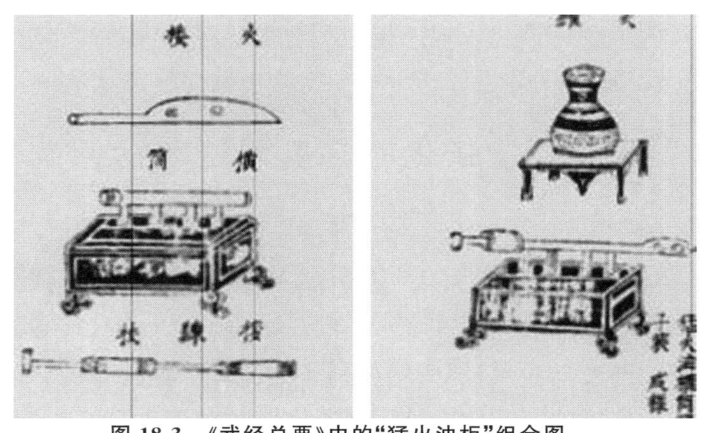

图18-3 《武经总要》中的“猛火油柜”组合图

资料来源:《中国兵书集成(第3～5册)·武经总要》第637～638页。

曾公亮还在《武经总要》中对武器的性能提出自己的见解。“兵不精利,与空手同;甲不坚密,与袒裼同;弩不及远,与短兵同;射不能中,与无矢同;中不能入,与无镞同。”(卷一三“器图”)即重视格斗兵器的杀伤力、防具的防护性、射远兵器的射程和精度。要批量生产高性能的武器,国家必须有统一标准的武器制造系统。因此,曾公亮在编写《武经总要》时,曾派人到开封的造兵工署“南北作坊”和“弓弩院”[1]收录了大量的武器图谱，并详细记载各种武器的制作工艺、生产技术以及制作流程，最终令《武经总要》成为一部武器制作的“标准化说明书”，为后来编写《熙宁法式》启迪了思路。“《武经总要》一书，仅就兵器制造而言，也是一部极有价值的著作。”[2]

相较设计与制造，曾公亮更加重视对冷兵器攻防系统性的强化，努力做到“器械名数，攻取之具，守拒之用，并形图绘，悉以训释”[3]。

一是城池布局与冷兵器配套的综合化。为了提高各种冷兵器的使用效果，《武经总要》构建了一个以城门为中心，突出重点、点线结合、综合配套的坚固城防体系（参见图18-4）。瓮城（亦称马面城）、羊马墙（设有箭楼、门闸、雉堞等）、护城壕（即护城河）等形成城垣外侧的远射系统，且羊马墙可与城邑主垣一同组成高低交织的火力网络。战棚、弩台、敌楼是环城全线防御的重点防御设施，配有床子弩、抛石机、滚木檑石等重型兵器和器械，形成城上十步一设的火力堡垒。完整的城池防御体系，有利于各种冷兵器的综合配套，以达到“度其便利，以强弩丛射，飞石并击毙之”（卷一二“守城”）的杀敌守城目的。

二是攻防两用的抛射武器的主力化。弩和砲（抛石机），因可攻可守，攻击距离可长可短，被曾公亮视为军队的主力武器。《武经总要》收录的弩分为踏张弩和床弩两大类。木弩、黑漆弩、雌黄桦梢弩、黄桦弩、白桦弩、跳镫弩等踏张弩因射程较近，一般用于步兵野战；双弓床弩、三弓斗子弩、大合蝉弩、小合蝉弩、斗子弩、手射弩、二弓弩、次三弓弩等床弩因威力大，射程远（如二弓弩射程可达300步，约合今420米），攻防皆可，得到曾公亮的格外关注，详细记载了各种床弩所用的箭、张发人数和射程。曾公亮认为砲乃“军中之利器也，攻守师行皆用之”（卷一二“守城”），《武经总要》中记载的砲近20种，分大、中、小三种类型。大型砲如五梢砲、七梢砲是固定炮架，形体巨大，较多用于城战；中型砲如单梢砲、虎蹲砲、车行砲等多装有车

---

① （元）脱脱：《宋史》卷一九七“兵志十一·器甲之制”。

② 杜石然：《中国科学技术史稿（下册）》，科学出版社1982年版，第8页。

③ （宋）曾公亮：《武经总要·仁宗皇帝御制叙（序）》。

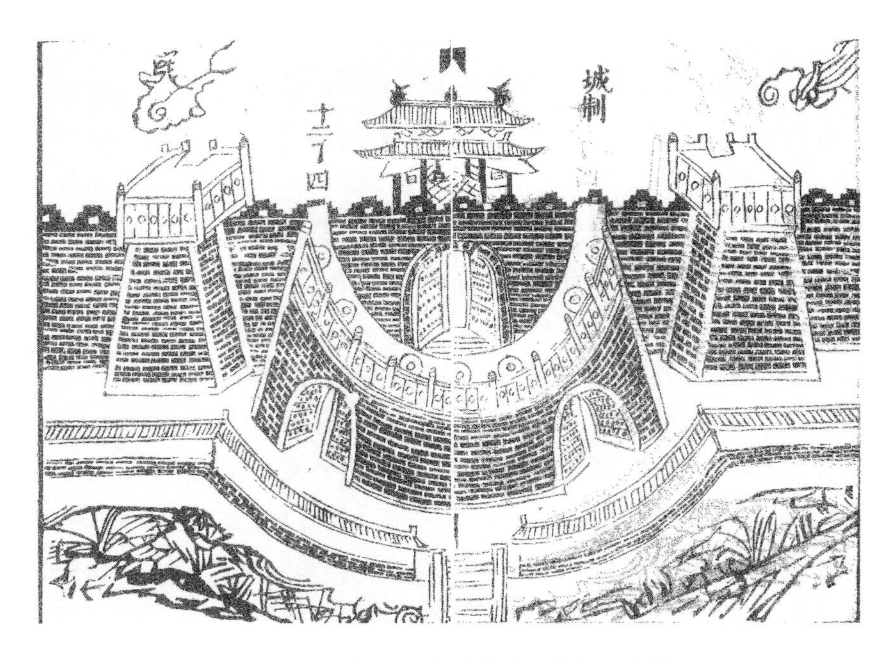

图 18-4 《武经总要》中的城市防御布局图

资料来源:《中国兵书集成(第 3—5 册)·武经总要》第 529～530 页。

轮,移动性强,城战野战均可使用;小型砲如手砲,仅用两人便可施放,一般在双方近距离交战时使用。值得一提的是,曾公亮等兵器研制者还巧妙地把轻重型射远冷兵器(弓、弩、砲)的射远功能,同利用化学能的火药火器的燃爆等功能结合在一起,创制出一种既能增强射远冷兵器的杀伤、摧毁威力,又能增加火器作战距离的新式兵器,为军事技术的发展做出了杰出贡献。

三是城战攻守武器系统的精细化。在《太白阴经》的基础上,曾公亮增加了唐代至宋初城池攻防作战的实践材料,使得《武经总要》记载的 50 余种城战器械更为精细化,其中攻城器械包含了信息侦察(如侦察瞭望用的巢车和望楼车)、交通攀登(如填塞和通过护城壕用的填壕车、壕桥和折叠桥,攀登城墙用的飞梯、竹飞梯、蹑头飞梯、云梯、避檑木飞梯、行天桥等)、工程作业(如掘城用的辖辒车、木牛车、尖头木驴,钩搭和撞击城墙用的搭车、搭天车、钩撞车,挖掘地道用的地栿,纵火焚烧城门用的火车等)、掩护器械（如木幔、行女墙、木女墙等）等四大类，守城器械有以攻为守的破坏性武器（如专用于反飞梯、木幔等攻城武器的绞车，从城上向下击砸的各种滚木檑石，撞击式的撞车、铁撞木，拍打式的狼牙拍、连枷棒，焚烧灼烫式的飞炬、燕尾炬、游火铁箱、行炉等）、抵御进攻的遮挡器械（如抵御攻城敌军矢石的布幔、皮帘、木立牌、竹立牌，在要隘和通道处设置的陷马坑、地涩、鹿角木、铁蒺藜、搊蹄，在城门等处设置暗道机关等）、预防和补救损失的后勤器械［如侦听敌军挖掘地道的地听（亦称瓮听），修补城墙城门被破坏部分的木女头和塞门刀车，以及唧筒、水囊、水袋等灭火器材］等三大类，分工之细致，设计之巧妙，为后世武器学家所惊叹！

此外，为提升攻防机动性，《武经总要》记载了许多装备各种作战武器以协助士兵作战的"战车"，主要有车身小巧的独轮战车（如虎车、运干粮车、巷战车等）和安有四轮的大型战车（如豕车、枪车等）。除陆地战车外，《武经总要》还记载了多种宋朝战船，有装备有砲车、檑石、铁汁等器械的水战主力船型楼船，有船速很快、冲击力较大的大型战船走舸，还有隐蔽性更强的斗舰，比较平稳的海鹘，以及蒙冲、游艇等轻型快速的小船。

第四节　奠定火器时代的科技基础

虽然身处冷兵器大发展的宋代，但曾公亮敏锐地觉察到火器是未来兵器发展的重要方向。而火器的发明离不开火药，火药配方及其标准化成为《武经总要》的一大亮点。

火药是中国古代的四大发明之一。据考证[①]，以生产生活特别是军事应用为标志，火药的发明应在唐末五代至北宋初年间。作为一个新生事物，早在曾公亮关注火器之前，就曾有"兵部令史冯继昇等进火箭法"（一种将一小型火药包缚在箭杆上，点燃后用弓弩或弹力装置射出去的武器的制

① 周嘉华：《化学与化工志》，上海人民出版社 1998 年版，第 169～171 页。

造方法)[1],“神卫兵器军队长唐福献亲制火箭、火毬、火蒺藜”[2],“冀州团练使石普自言能为火毬、火箭”[3]等事件发生,从而引起宋政府的重视。据史料记载[4],天圣元年(1023年),朝廷在开封设立了专门制造攻城和守城器械的“广备攻城作”,其下设的二十一作中,就有“火药作”一项。在此背景下,曾公亮等人将搜集筛选的三个火药配方编入官修御定的《武经总要》,标志着我国的火药发明在走过药物学家对硝、硫、炭特性的研究,以及炼丹家对硝、硫、炭混合物燃爆试验的探索过程后,进入了军事家把硝、硫、炭按一定组配比率制成火药、火器用于战争的新阶段,这在兵器发展史上具有开创新时代的意义。此后,火药研制者的主要任务,是致力改良火药性能,增加火器品种。

在《武经总要》前集卷十一和卷十二,记载了三种火药的详细配方:

毒药烟毬火药法:“毬重五斤,用硫黄一十五两[5]、草乌头五两、焰硝一斤十四两(《四库全书》作“焰硝一斤十四两、草乌头五两”)、芭豆五两、狼毒五两、桐油二两半、小油二两半、木炭末五两、沥青二两半、砒霜二两、黄蜡一两、竹茹一两一分、麻茹一两一分,捣合为毬。贯之以麻绳一条,长一丈二尺重半斤为弦子,更以故纸一十二两半、麻皮十两、沥清(青)二两半、黄腊(蜡)二两半、黄丹一两一分、炭末半斤,捣合涂傅于外。若其气熏人,则口鼻血出。二物并以砲放之,害攻城者。”(卷一一“火攻”)

火砲(同“炮”)火药法:“晋州硫黄十四两、窝黄七两、焰硝二斤半、麻茹一两、干漆一两、砒黄一两、定粉一两、竹茹一两、黄丹一两、黄蜡半两、清油一分、桐油半两、松脂一十四两、浓油一分。右[6]以晋州硫黄、窝黄、焰硝同捣,罗砒黄、定粉、黄丹同研,干漆捣为末,竹茹、麻茹即微炒为碎末,黄蜡、

---

① (元)脱脱:《宋史》卷一九七“兵志十一·器甲之制”。

② (清)徐松:《宋会要辑稿·兵二六之三七“马政杂录下”》。

③ (宋)李涛:《续资治通鉴长编》卷五二“咸平五年九月戊午”。

④ (清)徐松:《宋会要辑稿·职官三〇之七“东西八作司”》。

⑤ 此处按当时制度:1斤=16两,1两=10钱,1钱=10分计量。

⑥ “右”指文中右边竖写的文字,即上述“火药法”的配方。

松脂、清油、桐油、浓油同熬成膏，入前药末旋旋和匀。以纸伍(《四库全书》作“五”)重裹衣，以麻缚定。更别镕松脂傅之，以砲放。”(卷一二“守城”)

蒺藜火毬火药法：“以三枝六首铁刃，以火(《四库全书》作“药”)药团之，中贯麻绳，长一丈二尺，外以纸并杂药傅之。又施铁蒺藜八枚，各有逆须。放时，烧铁锥烙透令焰出。火药法：用硫黄一斤四两、焰硝二斤半、粗炭末五两、沥青二两半、干漆二两半，捣为末。竹茹一两一分、麻茹一两一分，剪碎。用桐油、小油各二两半、蜡二两半，镕汁和之。外(《四库全书》无此字)傅用纸十二两半、麻一十两、黄蜡二两一分(《四库全书》作“黄丹一两一分”)、炭末半斤，以沥青二两半、黄蜡二两半，熔汁和合周涂之。”(卷一二“守城”)

分析上述三种火药武器及其配方，可以发现，硝石(焰硝)、硫磺(黄)、木炭是《武经总要》“火药法”最基本、最主要的成分。桐油、清油、浓油等油类既是燃料，更是黏合剂；干漆、沥青、黄蜡、麻茹、竹茹、松脂等都是可燃质的填加物；砒霜、巴豆、狼毒、草乌头等有毒物则作为施放毒烟的附加剂，它们皆是火药火器的组成部分。进一步分析还可发现，若不计黏合剂、填加物和附加剂，只考虑火器中硝、硫、炭[①]三种有效成分，则这三种火药配方中硝、硫、炭所占的百分比如表 18-1 所示[②]。

表 18-1　《武经总要》中三种火药配方所含硝、硫、炭的比例

火药名称	火药配方		
	硝：(两)/(%)	硫：(两)/(%)	炭：(两)/(%)
毒药烟毬	30 两/60.0%	15 两/30.0%	5 两/10.0%
火　　砲	40 两/53.3%	21 两/28.0%	14 两/18.7%
蒺藜火毬	40 两/61.5%	20 两/30.8%	5 两/7.7%

注：在火砲火药配方中，窝黄算粗硫黄，松脂可代替木炭。

① 毒药烟毬、蒺藜火毬只算内球方中所列木炭。

② 由于理解不同，学者对《武经总要》三种火药配方中硝、硫、炭所占百分比的计算结果差别很大，特别是硝含量，最低(毒药烟毬)至 27%，最高(蒺藜火毬)达 61.5%，详见李约瑟《中国科学技术史·(第五卷第七分册)军事技术·火药的史诗》(科学出版社 2005 年版)。

从火药及火药武器的发展史来看,《武经总要》火药配方中硝、硫含量之比,已从唐代炼丹家原始的1∶1,增加到2∶1甚至近乎3∶1[①],与后世黑火药中硝占3/4的配方更为接近。[②] 这样的配方火药,既可作为由弓、弩、火铳及抛石机发射的纵火剂,也可作为火枪及其类似武器的喷火剂,更可作为由抛石机发射的鞭炮或炸弹的炸药,说明人类火药配方的探索已经脱离了初始阶段,各种药物成分有了比较合理的定量配比,这无疑是火药制造史上的重大进步。对此,英国学者李约瑟在第16届国际科学史大会上曾给予高度评价,认为:"在《武经总要》中,记载着三种关于火药的配方,它们是所有文明国家中最古老的配方。"[③]

火药是火器时代的科技基础。从《武经总要》有关毒药烟毬、火砲、蒺藜火毬以及"火药鞭箭"(一种利用竹竿弹力发射火药燃烧物的装置)[④]、"铁嘴火鹞"(一种用抛石机发射的木制火药纵火剂装置)[⑤]、"竹火鹞"(一种用抛石机发射的竹制鹞形火药纵火剂装置)[⑥]、"霹雳火毬"[⑦]等的记载中不难看出,曾公亮等人已经认识到,为达到不同的军事目的而改变硝、硫、炭的比例,同时增减配方中的其他成分,就可以制作出作用不同的火药武器。[⑧] 的确,历史正是沿着这条轨迹向前发展,其主要看点是火药硝石含量从低硝爆燃向高硝爆炸的方向不断探索。人类史上第一次真正的火药爆炸描述出现在《武经总要》前集卷十二"霹雳火毬":"用干竹两三节,径一寸半,无罅裂者存节,勿透。用薄瓷如铁钱三十片,和火药三四斤,裹竹为

---

① 若将"窝黄"排除在"粗硫黄"之外,则"火砲火药法"中的硝、硫含量比为40∶14。

② 现代黑色标准火药的硝、硫、碳的比例,美国为74%∶10%∶16%,德国为75%∶10%∶15%。

③ (英)李约瑟:《关于中国文化领域内火药与火器史的新看法》,载《科学史译丛》1982年第2期。

④ 详见《中国兵书集成(第3—5册)·武经总要》,第626~627页。

⑤ 详见《中国兵书集成(第3—5册)·武经总要》,第634~635页。

⑥ 详见《中国兵书集成(第3—5册)·武经总要》,第634~636页。

⑦ 详见《中国兵书集成(第3—5册)·武经总要》,第640、643页。

⑧ 就整体而言,由于含硝量偏低,含硫量偏高,添加物多而杂,《武经总要》所记载的火药武器主要是用于燃烧的纵火器。

毬，两头留竹寸许。毬外加傅药（火药外傅药，注具火毬说）。若贼穿地道攻城，我则穴地迎之，用火锥烙毬，开声如霹雳然。以竹扇簸其烟焰，以熏灼敌人[放毬者合（含）甘草]。”[①]北宋末年至明初，这种高硝的爆炸性火药开始广泛用于制造“霹雳（火）砲”或“信砲”（即用薄竹或硬纸等薄壁容器装置的爆炸性投射物）、“震天雷”[亦称“铁火砲”，即用抛石机发射的金属（铸铁）壳炸药炸弹或手榴弹甚至地雷]等各种创新火器中。[②] 迨至明代中期，抗倭名将戚继光在《纪效新书》一书中给出了一个用于“鸟嘴铳”的火药配方，其中含硝石 75.7％、硫 10.6％、柳木炭 13.7％，“这似乎是现存的中国最早的火绳枪火药配方记载”[③]。这一非常接近于近代西方化学家们所建立的黑火药的理论硝石量的配方，被后世兵书如《武备志》等传承光大。以上的历史发展轨迹表明，从早期的火药混合物的爆燃，到火药被置于薄壁（密封）容器里爆炸，再到爆炸可能强烈到足以使金属壳发生破裂性爆炸，最后高硝火药在金属管手铳或臼炮膛内快燃推出射弹，这一切都是火药混合物中硝石成分缓步而持续上升的结果。因此，“从《武经总要》（1044 年）给出的成分发展到《武备志》（1628 年）的近代火药，可能是中国实验的结果，而不是来自欧洲知识的影响”[④]。这一评价无疑是中肯和有见地的。

从重视武备制度中的科技含量，到强化冷兵器制造攻防系统，再到奠定火器时代的科技基础，曾公亮《武经总要》中的军事科技思想，是中国古代科技思想宝库中的重要组成部分，值得深入发掘和学习借鉴。

---

① （宋）曾公亮：《武经总要·前集》卷一二“守城”。另《火龙经》（刊于 1412 年）（上集）卷三、《武备志》（1628 年）卷一三〇也有相同的记载。

② 详见（英）李约瑟《中国科学技术史·（第五卷第七分册）军事技术·火药的史诗》（科学出版社 2005 年版），第 134～156 页。

③ （英）李约瑟：《中国科学技术史·（第五卷第七分册）军事技术·火药的史诗》，科学出版社 2005 年版，第 303 页。

④ 帕廷顿语，转引自（英）李约瑟《中国科学技术史·（第五卷第七分册）军事技术·火药的史诗》（科学出版社 2005 年版），第 298 页。

第十九章　苏颂的科技创新思想

作为中国封建社会知识分子的杰出代表，苏颂不仅是 公元 11 世纪的科技巨星，而且在实践中体现出深邃的创新意识和思想。

第一节　苏颂：公元 11 世纪的科技巨星

图 19-1　苏颂画像

资料来源：《厦门日报》2007-03-07(14)。

苏颂，字子容，宋真宗天禧四年(1020年)出生于福建同安(现福建省厦门市同安区)芦山堂一个仕宦家庭。(参见图 19-1)苏颂自幼聪颖好学，22 岁考中进士。他从政五十余载，从地方官到中央官吏，历北宋仁宗、英宗、神宗、哲宗、徽宗五朝，73 岁荣膺宰相，是一位忠君爱国、品德高尚、为官清正、慎重稳健、举贤任能的名臣贤相。南宋大理学家朱熹称苏颂"道德博闻，号称贤相，立朝一节，终始不亏"[①]。苏颂于建中靖国元年(1101

① (宋)苏颂：《苏魏公文集》附录二"苏魏公同安特祠文・(朱熹)代同安县学职事乞立苏丞相祠堂状"。

年)薨于润州(今江苏镇江市),赠司空封魏国公,又追谥“正简”。苏颂一生博学多才,著述颇丰,见于著录的达 11 部之多,现传世的有《苏魏公文集》(七十二卷)、《新仪象法要》(三卷)、《魏公题跋》(一卷)、《苏侍郎集》(一卷)、《魏公谈(谭)训》(十卷)等,内容涵盖政治、外交、文化和科技等多个领域,是我国历史上难得的人才。《宋史》评论说:“自书契以来,经史、九流、百家之说,至于图纬、律吕、星官、算法、山经、本草,无所不通。……朝廷有所制作,必就而正焉。”①

纵观苏颂的一生,他在天文仪器、本草医药、机械制图、星图绘制等科技领域的成就远远超过了其政绩,是一颗闪耀在公元 11 世纪的科技巨星,曾为中华民族创造了多项世界之最。苏颂校编的《本草图经》,集历代药物学著作和中国药物普查之大全,是世界药物史上的杰作之一,明代著名医学大师李时珍曾给予很高的科学评价。苏颂一生最大的贡献在于研制建造的水运仪象台,该大型仪器设备兼有观测天体运行、演示天象变化的功能,并能准确计时,是世界上最早出现的集测时、守时和报时为一体的综合性授时天文台。在这个领域,苏颂的发明创造比欧洲的罗伯特·胡克早 6 个世纪。水运仪象台还是世界上第一个装置擒纵机构的钟表、现代天文台跟踪机械转仪钟的祖先、现代天文台圆顶的远祖,堪称中国古代的第五大发明。水运仪象台之后,苏颂充分发挥原始创新精神,又研制成功了世界上第一台假天仪,将中国古代天文仪器研究推向一个高峰。苏颂撰写的《新仪象法要》是一部编排合理,结构紧凑,材料翔实的世界级科学巨著,该书不仅详细介绍了水运仪象台的设计及使用方法,绘制了世界现存最早最完备的机械设计图纸,而且所附星图具有多方面科学价值。此外,苏颂一生还写了 20 多首科学诗,是我国最早写科学诗的诗人。

苏颂突出的科技成就引起了现代国内外学者的高度评价。英国剑桥大学著名科技史专家李约瑟博士曾赞扬说:“苏颂是中国古代和中世纪最

① (元)脱脱:《宋史》卷三四〇“苏颂传”。

伟大的博物学家和科学家之一，他是一位突出的重视科学规律的学者。”[①]原中国科学院院长卢嘉锡则称苏颂“探根源，究终始，治学求实求精；编本草，合象仪，公诚首创。远权宠，荐贤能，从政持平持稳；集人才，讲科技，功颂千秋”[②]。

作为古代世界伟大的科学家和博物学家，苏颂在科学研究和创造发明活动中所体现出的思想，值得今人探讨和学习。

第二节　善于继承，勇于创新，重视科学规律

科技的基石是继承，科技的灵魂是创新。善于继承，勇于创新，是贯穿苏颂科技活动的一根主线，是苏颂重视科学规律的集中体现。无论是水运仪象台的研制，还是《本草图经》的编撰和星图的绘制，苏颂的科技创新，总是在全面继承前人的科技成就的基础上开始的。

在中国天文学史上，出现过很多以水力运转的天文仪器。为苏颂提供借鉴的就有三台：东汉张衡的浑天仪（早期对浑仪和浑象的统称）、唐代一行和梁令瓒的铜浑仪、北宋初年张思训的太平浑仪。这三台仪器都有其巨大的科技成就：张衡创“漏水转浑象”、一行和梁令瓒创“报时与浑象一体化”、张思训创“楼阁式天文仪器”，他们的工作为中外科技史工作者所称赞。正是在张衡、一行、张思训三位大师高水平科研成果的基础上，苏颂充分发挥勇于创新的科学精神，才取得水运仪象台那样的世界性贡献。在流传至今的苏颂《新仪象法要》一书中，出现“此出新意也”“此出新制也”“今（之）所创也”“乃新制也”等字眼的地方不下10处[③]，表达了作者强烈的创新意识。以“新”字当头，苏颂把张衡开创的用漏壶滴水稳定性来控制齿轮

① 转引自颜中其《中国宋代科学家——苏颂》（吉林文史出版社1986年版），第158页。

② 转引自管成学《苏颂与〈新仪象法要〉研究》（吉林文史出版社1991年版）扉页。

③ 典型如《新仪象法要译注》第7、17、35、37、38、44、45页。

系机械传动，发展成了使水运仪象台望筒随被观测天体同步旋转的最初的转仪钟；把一行、张思训开始实践的反映天体旋转的齿轮系机械传动作为一种代表时间流逝的新装置，发展为世界上最早的水运钟表的擒纵器，取得了超越前人的伟大成就。古代天文仪器最能标志科学技术和工艺制造水平。在水运仪象台的研制过程中，为了实现继承与创新的完美结合，苏颂严格实行一套科学的研究程序：接受任务（1086 年）、组织科研团队、收集分析资料、设计初步方案、天文数学与传动理论计算、制成木质模型（1088 年）、经调试和试运转、组织鉴定、制成铜质水运仪象台（1092 年）、交付使用、写出设计说明书——《新仪象法要》（1096 年），这样系统和完整的科研程序，凸显了苏颂对科学规律的高度重视。

《本草图经》载药图 933 幅，恢复了本草书药物图的本来面貌，完成了中国药学史上药物标本图续绝复兴的伟大事业。《本草图经》新增药 103 种，载单方千首之多，在全面继承前人医药成就的基础上，苏颂把博物学内容引入本草学。《本草图经》引述自然科学、社会科学著作约 200 种，内容涉及动物学、植物学、矿物学、冶金、化学、物理学以及史学、经学、哲学、文字学、民俗学、训诂学、宗教学等。在星图绘制方面，苏颂在巩固唐初以来圆横结合先进星图画法的基础上，他还新创了两幅圆图[①]，因而苏颂星图具有推算星度的技术资料的价值。此外，苏颂在横图中的黄道表示方法，开创了现代星图的黄道画法，这是值得大书一笔的。

如果说水运仪象台、《本草图经》和星图属于继承创新和集成创新的话，那么假天仪则属天文仪器研究中的原始创新。假天仪，这是现代的名称，也叫天象仪，它是一种普及天文知识的仪器，人坐在里面，可以看到模拟的星空和天体运行规律。据史料记载，最先提出这一设想的人是参与校验苏颂水运仪象台的翰林学士许将等。“前所谓浑天仪者，其外形圆，可遍布星度；其内有玑、有衡，可仰窥天象。今所建浑仪像，别为二器，而浑仪占测天度之真数，又以浑象置之密室，自为天

① 详见本书第三章第二节“《新仪象法要》及其科学价值”。

运，与仪参合。若并为一器，即象为仪，以同正天度，则浑天仪象两得之矣。”[①]这一将浑象和浑仪以浑象为基础“并为一器”的外行建议，得到朝廷的批准，并命苏颂等人实施之。苏颂据此创制的假天仪，“大如人体，人居其中，有如笼象，因星凿窍，如星以备。激轮旋转之势，中星、昏、晚（应作“晓”），应时皆见于窍中。星官历翁，聚观骇叹，盖古未尝有也”[②]。“有如笼象”的完整空球形，“因星凿窍，如星以备”的星宿位置，“中星、昏、晓”能“应时皆见于窍中”的与真实天球同步运转，说明苏颂“即象为仪，以同正天度”的创新仪器与现代假天仪的原理是一致的。而我们今天在北京天文馆天象厅里看到的假天仪，那是花费了几亿元建造的现代化光学设备。可以想象，苏颂于 900 多年前的这项创造，其难度之大，工程之艰，设计之巧，运算之精，是当时世界上其他国家所望尘莫及的。据王振铎先生复原研究[③]，苏颂研制的假天仪是一个用竹条编制、直径约 5 尺的球体，表面用不透明的纸绢裱糊，并根据布算凿出大小不一的星孔。假天仪球体安置在有经纬规环设施的方木柜基座，人吊坐球中通过搬转球体枢轴可尽情观览人造星空（参见图 19-2）。值得一提的是，在没有发明电灯以前，数千颗星座的表现，如借助灯火则不便于旋转，利用香火则烟气太多亦不便观察，而“因星凿窍”巧借球外光线的睿智设计，说明苏颂又一次将勇于创新的旗帜高高举起在中世纪世界科技之巅。

① （元）脱脱：《宋史》卷八〇“律历志十三・纪元历”。另《宋会要辑稿・运历二》有类似但更为翔实的记载。

② （清）徐松：《宋会要辑稿・运历二之二四“铜仪”引〈通略〉》；（宋）王应麟：《玉海》卷四“天文・仪象・天道仪象・元祐浑天仪象”。

③ 王振铎：《中国最早的假天仪》，载《文物》1962 年第 3 期。

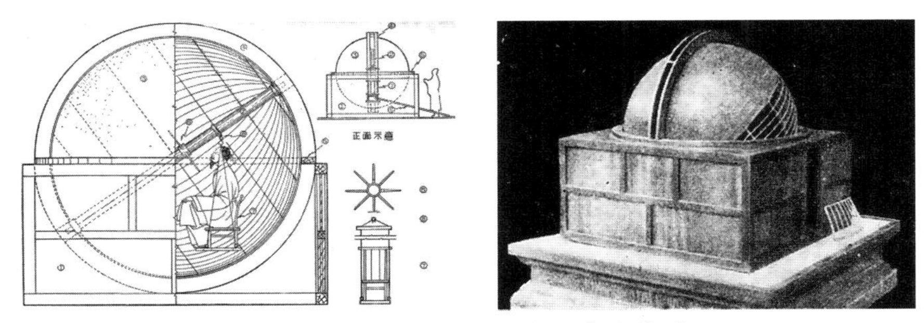

图 19-2　假天仪复原图(左)及解剖模型

资料来源:王振铎《中国最早的假天仪》。

第三节　知人善任,科学组织,重视团队精神

苏颂一生多次主持大规模的科技创新活动,表现出卓越的人才观和组织能力,体现了他重视发挥团队精神的科学领导理念。

嘉祐二年(1057 年),也就是苏颂在中央任职的第五年,他以集贤校理(校正医书的官员)身份参与领导了《嘉祐补注神农本草》的编辑工作,从中发现了现存本草书籍的两大弊端:一是历代本草陈陈相因,以讹传讹;二是宋代本草已失药图,致使中药难以准确辨识。于是,苏颂提请朝廷重新编写图文并茂的新本草,以造福民众。朝廷依苏颂所请,任命他为总编撰官,领导这部世界"药物史上的杰作之一"[①]《本草图经》的编撰工作。接受任务后,苏颂提出了官民合作的编撰思路,一方面充实和强化校正医书局的力量和作用,另一方面加强对民间资源的动员,诏令全国的医生、药农、民众按苏颂的要求采集标本、绘画药图、填写说明,呈送京师。正是由于组织

① 李约瑟语,转引自颜中其《中国宋代科学家——苏颂》(吉林文史出版社 1986 年版),第 160 页。

有力，官民合心，苏颂才能有众多的药物标本以供鉴别，用来自实际的药物说明考证历代本草书籍，消除了许多药学史上以讹传讹的沉疴顽症；才能有近千幅的药图收入书中，恢复了本草书药物图的本来面貌，完成了中国药学史上药物标本图续绝复兴的伟大事业。

苏颂重视发挥团队精神的科学领导理念在研制水运仪象台的工作中表现得尤为突出。水运仪象台是我国古代的重大创新工程，苏颂深刻认识到人才在其中的重要性。因此，立项伊始，他就在全国范围内选拔研发人员，以组建优秀的科研团队。首先，苏颂发现了擅长天文、历法和数学的吏部守当官韩公廉，“通《九章算术》，常以钩股法推考天度”，奏请皇帝调韩公廉协助他研制水运仪象台。接着，苏颂又走出汴京（今开封），到外地寻访人才。他探寻到郑州原武县主簿兼任寿州州学教授王沇之在机械制造方面学有专长，苏颂将其调入汴京，“充专监造作兼管句收支官物”。第三，苏颂在都作院发现了监造军械很有专长并有行政管理才能的尹清，命他“部辖指画”，统管全部组织工作。然后，苏颂又全面考察了北宋专职天文历算的科研机构——翰林天文院和太史局的科研人员，选出“夏官正周日严、秋官正于太古、冬官正张仲宣”等担任制度官；又选出“局生袁惟几、苗景、张端节、刘仲景，学生候永（《玉海》为“允”）和、于汤臣”从事测验晷影、漏刻等日常工作。苏颂一面不拘一格考核、选拔优秀科研人员，一面积极筹组研制水运仪象台的专门机构——元祐浑天仪象所，形成当时国内最优秀的科研团队。[①] 强大的核心能力、合理的知识结构、科学的人才梯队、严密的组织管理，表现出苏颂卓越的人才观和组织能力。

苏颂的知人善任还表现在假天仪的创制活动中。当皇帝接受翰林学士许将的请求，要求苏颂在成功研制水运仪象台之后再创制假天仪时，“颂因其家所藏小样而悟于心。令公廉布算，数年而器成”[②]。一个“数年而器

① （宋）苏颂：《新仪象法要译注》卷上“进仪象状”。另据《宋会要辑稿·运历二》所引《玉海》作局部改动。

② （清）徐松：《宋会要辑稿·运历二之二四“铜仪”引〈通略〉》；（宋）王应麟：《玉海》卷四“天文·仪象·天道仪象·元祐浑天仪象”。

成”的庞大创新工程，若没有一个精干的研发团队共同努力是难以完成的，而韩公廉正是这个团队的核心成员，从而印证了苏颂对其“通《九章算术》，常以钩股法推考天度”能力的评价。

第四节　科技人文，兼蓄并重，重视融合创新

苏颂一生科技与人文兼蓄并重，这一优势不仅体现在重大科技创新中，而且在日常科技实践中也表现得十分突出，这一点不难从他的科学诗中看出。①

作为一位诗人，苏颂时常以诗歌的创新形式举证技术方法、传播科学知识，介绍观察成果，揭示事物本质。在《苏魏公文集》中，这类作品就有20余首，题材涉及天文、地理、农牧、水利、矿产、动植物等科技领域。苏颂的科学诗不仅是我国古代诗海中的一颗奇贝，而且为后人了解其科学思想和科技贡献开辟了新天地。

在苏颂的科学诗中，最有名的当属卷三的五言长诗《石缝泉》，诗中记载了熙宁九年（1076年）苏颂以知州身份在杭州首创管道自来水的盛事。诗前加序写道：“石缝泉，清轻而甘滑，传闻有年矣。前此数欲疏引入州治，久不克就。予至，则命工人寻旧迹，相地架竹，旬月而水悬听事（指厅堂）。又析一支以给中堂，一支以入西阁，其下流则酾出外庑。往来取汲，人以为利。因抒长篇，以纪其功云。”寥寥数语，交代了自来水工程的前因后果和创作目的。接下来，苏颂用诗记载了亲自勘察和领导施工的经过：“我昨寻胜游，偶见为心恻。料工度山原，举步过门戟。”“剪裁竹千竿，接联笕万尺。派别起中阿，架空逾下稷。不及浃旬间，已到堂皇侧。吐溜始涓涓，循除俄虢虢（同“虢虢”）。”管道施工技术跃然纸上。然后写自来水工程完工后，官

① 本部分内容参考了田育诚等《试评苏颂的科学诗》，载庄添全《苏颂研究文集——纪念苏颂首创水运仪象台九百周年》，鹭江出版社1993年版。

民饮用的欢腾场面。再写引水目的："环流随启处，玉音闻几席。尘土汩以消，形容清可觌。谁知薄领中，有此山林适。若非仕江乡，何由见奇迹。智者必乐水，君子以观德。岂徒狎而玩，宁嗟渫不食。良嘉上善功，所至为利泽。"该诗写作不久前杭州曾大旱，饥疫流行，死者殆半，皆因井水污浊，不堪饮用所致，故苏颂引泉水入城，不是为玩水而修，而是为清洁饮水、治理污染、美化城市、造福人民而修。诗的最后"兹泉虽未大，其用已为益。犹有膏润资，更期酾导力。来哲倘不遗，庶几成远绩"。对杭州水利设施与后辈们寄予殷切希望，希望继续兴修水利，造福民众。在《石缝泉》一诗中，苏颂既翔实地记载了整个自来水工程勘察和施工过程，又抒发了以水利造福民众的人文情怀，可谓科学诗的佳作。

在缺少借鉴的情况下，将科技注入诗歌创作科学诗，苏颂颇费一番功夫。文繁诗简，当诗歌不能尽善尽美地表达作者的创作意图时，苏颂只好采用"诗前加序"或"诗中自注"的多元形式深化主题。在"乐土民勤不带牛，观农时得看耕搂(耧)"(《苏魏公文集》卷十二"和通判白同朝散见别")一句中，苏颂注曰："随犁下粟谓之搂种。"这种农具叫"耧车"，使用时用人力或畜力牵引，一人挽耧，种子放在漏斗里，通过下端三个耧足插入土中。它将开沟、播种、培土几道工序一起完成，既节省了人力物力，又提高了播种质量和效率。由苏颂诗中自注看，北宋时期我国已广泛使用这种先进的农具了。诗人歌咏耕耧技术，有利于农业技术的传播，达到"嘉此岁事和，乐哉民共悦"(卷三"奉陪府公赛雪桥公庙纪事兼呈倅幕诸君")的利民效果。

诗以描写形象取胜，科学以揭示内涵为本，而苏颂则将两者有机地结合起来，创作了气势宏大，别于他人咏潮的杰作《观潮三首》：其状"万叠银山横一线，千挝鼍鼓震重城"；其速"缓如积雪飞霜路，急似砯崖转石雷"；其因"来无源委逢秋盛，信有盈亏应月生"；其时"今古循环曾不涸，谈天闳辩岂能名"(《苏魏公文集》卷十)。显见苏颂不仅自己具有对月地关系、月亮引潮力等的正确认识，而且有能力将这些科学知识以美的韵味加以传播，使人们在喜闻乐见中辨析潮汐现象。

作为伟大的科学家和精通诗文歌赋的大师，苏颂常常以优美的诗句表达他对事物的独到见解："天下岂无宝，此宝常旷乏。浑然肖天质，不与璆璠杂"（卷二"和丘与权秘校咏宝寄林成之进士"），指出或有共生矿的现象。描写海棠"繁若百枝然宝炷，深于三入染纁红"（卷八"又和内院海棠"），运用染色的技术状其色彩。"玉液三重酿，神丹九炼形"（卷六"谢太傅杜相公惠吴甘"），浓缩了酿酒、炼丹的工艺过程。"水族诚万钟，兹鱼非众俦。形庞而味异，名与畜豕侔"（卷二"与丘成凌林四君同赋食河豚"），指出水中鱼类的区别。"寒凝一雨成飞雪，泰长三阳应上坤"（卷十"次韵祷雪有感"）道出飞雪的成因，又歌其功用"不知滋液功多少，且慰东皋首种人"（卷十"又两绝"），将"瑞雪兆丰年"的经验化为诗行"共喜时和成美岁，预知氛祲不能侵"（卷十"又和十二月十一日雪"）。水变为雪，雪又变为雪水，内部发生了一系列的变化，它对农作物的生长极有益处。诗人以经验的诗句，启迪人们进一步探研雪的奥妙。此外，苏颂诗中对契丹马的饲养技术、辽人的牧羊经验、建茶的制作工艺、矮松的生态特征、修竹的移栽季节、纸帐的纸功用、历律的物候特征，以及北方的地质地貌、气候物象等亦有科学记载和经验描述，可谓题材广泛，内容丰富。

将科学主题提炼为精美的诗句融入诗行，从而实现科学之真与艺术之美的巧妙结合，这就是苏颂科技诗的灵魂，是苏颂重视文理融合创新思想的最好体现。

第二十章　宋慈的法医学思想及其影响

宋慈(1186—1249 年),字惠父,福建建阳县童游里人,进士出身,曾在广东、福建、江西、湖南四任南宋省一级的刑事审判官——提点刑狱官(简称提刑),在监督刑狱、诉讼,平反冤案,打击不法官员方面积累了丰富的经验。(参见图 20-1)在此基础上,宋慈"博采近世所传诸书,自《内恕录》以下凡数家,会而粹之,厘而正之,增以己见,总为一编,名曰《洗冤集录》(《洗冤集录序》)"。在书中,宋慈不仅较详细地撰写了法医检验工作的具体内容,而且还涉及有关条令、初检、复检、工作防护、伤病员救治和法医检验报告等方方面面,说明 750 年前的宋慈不仅有一整套工作规范,还形成了一个较为完整的思想体系。这一思想体系随着《洗冤集录》的广泛传播深远影响中外学术界。[①]

图 20-1　宋慈像

资料来源:《洗冤集录译释》扉页。

① 本部分内容参考了黄瑞亭《〈洗冤集录〉今释》,军事医学科学出版社 2007 年版;熊思量《宋慈与〈洗冤集录〉之研究》,福建师范大学硕士学位论文(2007 年)。

第一节 恤刑慎狱，直理刑正

恤刑慎狱，直理刑正，是中华法系即儒家法律思想的基本内容，也是宋慈编写《洗冤集录》的指导思想。

所谓“恤刑慎狱”，用朱熹的话说，就是“狱讼……系人性命处，须吃紧思量，犹恐有误也”[①]，“明谨用刑而不留狱”[②]，认为决狱理刑是关系到人的死生、直枉屈伸的大事，必须慎之又慎。作为理学的追随者，宋慈在《洗冤集录序》开宗明义地说：“狱事莫重于大辟，大辟莫重于初情，初情莫重于检验。盖死生出入之权舆，幽枉屈伸之机括，于是乎决。”宋慈认为，只有通过严密的检验，才能保证断案审判不冤不枉，才能体现儒家“决狱谨慎”的主流法律思想。同时，宋慈也清醒地认识到，恤刑慎狱的关键在于执法官吏的职业道德，因此在《洗冤集录》一书中，宋慈不仅将《宋刑统》和《宋刑统疏》中的有关法令、检验制度以及检验人员失职罚则等内容录入其中，而且根据自己的实践经验，提出了法医检验的注意事项。宋慈反对验尸时“遥望而弗亲，掩鼻而不屑”（《洗冤集录序》），要求官吏“躬亲诣尸首地头”（二，检复总说上）亲自验尸，提倡对案子“审之又审”（洗冤集录序）；强调检验要真实，“命官检验不实或失当，不许用觉举原免”（一，条令），故意不真实验尸者，即使坦白了也不能免除处分；规定验尸不扰民、不接触当地官员和当事人，保证“定验无差”（二，检复总说上）；对检验官吏违法行为引用《宋刑统》：“诸尸应验而不验；或受差过两时不发；或不亲临视；或不定要害致死之因；或定而不当，各以违制论。”（一，条令）

所谓“直理刑正”，就是重实据、不轻信口供，重事实、依理断案的司法思想。宋慈《洗冤集录》中明确指出：“凡血属入状乞免检，多是暗受凶身买

---

① （宋）黎靖德：《朱子语类》卷一一〇。

② （宋）朱熹：《朱熹集》卷一六“奏推广御笔指挥二事状”。

和，套合公吏入状，检官切不可信凭。”（二，检复总说上）“凡官守戒坊外事。惟检验一事，若有大段疑难，须更广布耳目以合之，庶几无误。如斗殴限内身死，痕损不明，若有病色，曾使医人、巫师救治之类，即多因病患死。若不访问，则不知也。虽广布耳目，不可任一人，仍在善使之，不然，适足自误。”“凡体究[①]者，必须先唤集邻保，反复审问。如归一，则合款供；或见闻参差，则令各供一款。或并责行凶人供吐大略，一并缴申本县及宪司，县狱凭此审勘，宪司凭此详复。”“须是多方体访，务令参会归一[②]。切不可凭一二人口说，便以为信。”（三，检复总说下）宋慈在《洗冤集录·疑难杂说下》记载这样一个案例：“广右有凶徒谋死小童行，而夺其所赍。发觉，距行凶日已远。囚已招伏：‘打夺就推入水中’。尉司打捞已得尸于下流，肉已溃尽，仅留骸骨，不可辨验，终未免疑其假合，未敢处断。后因阅案卷，见初验体究官缴到血属所供，称其弟原是龟胸（即鸡胸）而矮小。遂差官复验，其胸果然，方敢定刑。”这种重证据，不轻信口供的直理刑正思想，贯通宋慈《洗冤集录》全书。

事实上，《洗冤集录》中的“洗冤”二字，正是宋慈“恤刑慎狱，直理刑正”思想的精炼概括。“洗”，不是“改”或“无”，也不是“平”或“洗除”，而是“洗雪”。这与宋朝“理雪制度”有关，即被告不服而申诉，由官府“理雪”。“冤”，不是简单的错误，而是指“屈枉”“冤枉”，其深刻含义在于“洗冤泽物，当与起死回生同一功用矣”（《洗冤集录序》）。因此，我国古代学者将《洗冤集录》改为《无冤录》、《平冤录》刊行，外国学者将《洗冤集录》译成《洗除错误：十三世纪的中国法医学》（*The Washing Away of Wrongs：Forensic Medicine in Thirteenth-Century China*）或《改错误的书》或《洗冤录或验尸官教程》（*The Hsi Yuan Lu*，or *Instructions to Coroners*），都偏离了宋慈写这本书的初衷和本意，缺乏对儒家法律思想的透彻理解。

① “体究”乃察访调查，分析研究，即判案前的调查研究工作。

② “参会归一”，即综合分析判断的方法。

第二节 由表及里，系统观察

受封建礼教和宋朝法典的制约，《洗冤集录》本质上是一部指导尸体外表检验的法医学书籍。正如宋慈所指出的那样，《洗冤集录》“如医师讨论古法，脉络表里，先以洞澈”（《洗冤集录序》）。这种用传统医学方法，由表及里、由尸表现象探究死亡本质的法医学，与以剖验尸体解决死因问题为标志的现代法医学有很大的不同，突出了系统观察的地位和作用。

系统观察的要诀之一是“问”。宋慈针对不同案件、不同尸体、不同场所、不同人群“问”的内容也不同。“问”官员、公吏、报案人、家属、左邻右舍、行凶人、同狱人、在场证人、奴婢的主人（包括契约），还要“问”天气情况、河流地形、火源风势、季节更换、人员往来、民俗习惯、风土人情，有时还要“问”凶手或被害人生前是左利还是右利、被害人或自残者职业工种及性格喜好、死者生前疾病情况、有无看病及医案、何时报案？问之又问、“审之又审”，问得一清二楚，审后“洗冤泽物”（《洗冤集录序》）。可以说，《洗冤集录》全书充满了“问”的学问。

系统观察的要诀之二是“看”。在书中，宋慈看到自缢者拿着白练扣好死结上吊，看到凶手把他人绞死后伪装上吊，看到死者被人死后分尸，看到一个人被凶手打入铁钉死亡，看到投河或死后入水，看到一个人跳楼或死后抛尸，看到一个人在火灾中烧死或死后被焚尸，林林总总，不可枚举。正是通过看现场、看痕迹、看周围环境、看尸体、看伤口，宋慈得以判断伤亡事件是死者所为抑或他人所为。在“详细检验，务要从实”（六，初检）原则指导下，《洗冤集录》对于自杀、他杀或病死“看”得十分仔细，通过案例对溺死与非溺死、自缢与假自缢、自刑与杀伤、火死与假火死等详加区分，并列述各种猝死情状，是该书的精华所在。

系统观察的要诀之三是“参”。这是在“问”与“看”的基础上，运用“参会归一”（《检复总说下》）综合分析方法，把各方面材料互相参证，以查清案件的真实情况。在宋慈看来，凡案件中涉及人身伤、亡、病、残、生理状态、人身认定(体源、尸源)及有关方面问题，均应根据检验所见，结合现场情况，参考一般案情，进行综合分析，利用排除法，去伪存真，由表及里，参会归一，作出正确结论。以“刃物所伤透过者”为例，“须看内外疮口，大处为行刃处，小处为透过处。如尸首烂，须看其原衣服，比伤着去处。尸或覆卧，其右手有短刃物及竹头之类，自喉至脐下者，恐是酒醉撺倒，自压自伤”(四，疑难杂说上)。鉴别伤口属性、比对其他物证、排除他杀嫌疑，宋慈对锐器贯通伤的观察可谓面面俱到，检验方法也与现代法医学如出一辙。

通过系统观察，宋慈提出了血脉坠下(尸斑)的发生机制与分布，腐败的表现和影响条件，缢死的绳套分类、缢沟的特征及影响条件，勒死的特征及其与自缢的鉴别，溺死与外物压塞口鼻死的尸体所见，骨折的生前死后鉴别，各种刃伤的损伤特征、生前死后及其他杀的鉴别，防御性损伤的发现，致命伤的确定，有关未埋尸、离断尸以及悬缢、水溺、火烧、临高扑死(坠落)等各种死亡情况下的具体现场检验方法，内容之系统、涉猎之广泛、研究之深刻，以及理论与实践结合之紧密，无不使历代法医学家惊叹不已。

总之，《洗冤集录》关于各种死的伤痕情况和体表特征，以及检验中应注意的问题，大都是作者实际观察所得的经验之谈，基本上符合现代法医科学知识，是我国古代由表及里，系统观察方法的一次成功实践，是“集宋以前尸体外表检验经验之大成的法医学著作”①。

第三节　以因求果，重视实验

《洗冤集录·疑难杂说下》开篇介绍了一个案例：有一村民被人用镰刀砍死，没人承认。检验官吏便召集村民将所有镰刀收集来，夏天的阳光下，七八十把镰刀中有一把“蝇子飞集”。于是，检验官吏指认刀主为凶手，“杀

① 贾静涛:《中国古代法医学史》，群众出版社 1984 年版，第 70 页。

人者叩首服罪”。这便是历史上有名的苍蝇集聚案例，是利用血腥集蝇原理破案的一个科学实验。这段记载告诉我们，在检验实践中，宋慈不仅熟练掌握系统观察方法，而且也十分注重实验方法的辅助作用，力图通过科学实验研究尸体现象、损伤和死亡原因，从而将古代法医学提升到一个新的高度。

如以尸骨血荫辨别生前死后伤方面，宋慈初步运用了现代科学上的光学原理。“骨伤损处，痕迹未见，用糟、醋泼罨尸首，于露天以新油绢或明油雨伞覆欲见处，迎日隔伞看，痕即见。”（八，验尸）“将红油伞遮尸骨验。若骨上有被打处，即有红色路、微荫；骨断处其接续两头各有血晕色；再以有痕骨照日看，红活，乃是生前被打分明。”（十八，论骨脉要害去处）骨伤时由于生前体表遭受暴力袭击，力量达于骨质，骨膜上的毛细血管或骨质内的营养血管损伤破裂，血液渗入骨质内，被骨细胞吸收，便有红色血荫渗入骨头里面，洗刷不褪，是为血荫。宋慈的这种观察血荫的方法，已包含了一种简单的光学实验，即不透明物对光线的选择吸收实验。由于光线通过油绢或明油雨伞（不透明物），被吸收了的部分影响观察的光线（选择吸收），因而骨伤造成的血荫易于被看出。现代法医学上采用紫外线照射检验骨伤正是此理。

又如在谈到洗罨伤口时，宋慈要求“多备葱、椒、盐、白梅，防其痕损不见处，借以拥罨”（八，验尸）。由于蜀椒与葱、盐、糟、白梅（初熟的青梅子腌渍而成，酸剂）混合使用，可以消毒、去污、吊伤、通关节，使伤口不受外界细菌感染，减轻伤口原有炎症，将伤口固定起来，这与现代法医学上用酒精擦拭伤处以消毒去污，以酸来沉淀和保护伤口，使伤痕更明显，其道理是一样的。这里，可以把它看作一个比较粗糙的生理实验，即生物体（细菌）及肌肉组织对化学试剂（酸剂——白梅、醋，碱剂——糟、盐）的反应实验。

再如，宋慈曾讲到如果检验人员受贿用芮草（又名茜草，可作染料和药用）投入醋内涂抹伤痕，使伤损处“痕皆未见”，则“以甘草汁解之，可见”（八，验尸），这是甘草汁和芮草的反应，说明两者相克：芮草能染色使伤痕不见，而甘草汁则能破之。

尽管上述实验较为简单，但宋慈这种从已知的因去求未知的果，正是现代科学实验思想的精髓。

第四节　对后世的深远影响

在《洗冤集录序》中，宋慈曾说过他一生只从事一个职业——检验断案，一生只专心著述一本书——《洗冤集录》。这虽是谦逊之词，但也透露出《洗冤集录》是宋慈事业的精髓所在。通过《洗冤集录》，宋慈的思想曾深远影响着我国司法界。

作为我国法医学的丰碑，《洗冤集录》一刻梓问世，就受到了朝廷的极大重视，并命颁行全国，成为法医官吏案头必备之书。历经元、明、清直至民国数百年，《洗冤集录》及以《洗冤集录》为蓝本的编辑著作一直是官府奉为刑狱案件中尸伤检验的指南，形成具有中华民族独特创见的法医学传统。

最早对宋慈《洗冤集录》进行增补、集注性研究的是元代赵逸斋的《平冤录》和王与的《无冤录》(1308 年)，后者传至明洪武十七年(1384 年)予以重刊，并流传海外，影响极大。比较发现，《无冤录》不仅保持了今已失传《平冤录》的部分内容(特别是与《洗冤集录》的差异内容)，而且还指出了《洗冤集录》中的一些错误，介绍了元代的检验条令。此外，《无冤录》还介绍了元代法医学与刑事侦查有密切关系的重要文献——《结案式》(一名"检尸式")。《结案式》充分吸收发展了宋慈《洗冤集录》的各种尸体检验方法和技术，是元代考试儒吏的有关民刑案件的通式，颁布于大德元年(1297 年)。[①] 此外，元代还以《宋提刑洗冤集录》为名重刻了《洗冤集录》，并附有宋慈手迹《洗冤集录序》一文。该元椠本共 5 卷 53 篇，是《洗冤集录》流传

① 黄显堂：《宋慈〈洗冤集录〉研究中的失误与版本考证述论》，载《图书馆工作与研究》2005 年第 4 期。

至今最早的刊本。

明清之际，围绕宋慈《洗冤集录》，官方或学者先后出现了数十种法医检验专著。其中较为重要的有：

一是王樵、王肯堂的《洗冤录》（又名《洗冤录笺释》），刊附于所著《大明律附例笺释》（1612 年）。该书为《洗冤集录》节要本，共 30 篇，起自“论沿身骨脉”，终于“阴脱伤”，是后世采用最多的《洗冤集录》演变版本。

二是王明德的《洗冤录补》，刊附于所撰《读律佩觿》（1673 年）。王明德将在王肯堂《洗冤录》原文后提出自己见解的作为“附说”，补充自己经验的叫作“附说补”。《洗冤录补》是宋慈《洗冤集录》产生以来所做补注最多之作。

三是清廷律例馆的《律例馆校正洗冤录》（又称《校正本洗冤录》或是《洗冤录》）四卷（1694 年）。是书以宋慈《洗冤集录》为主，以王明德《洗冤录补》为辅，采元明清 20 余种司法检验书籍之长汇编而成，不仅在许多方面增补了宋慈以后司法检验的经验和成就，而且将《洗冤集录》发展成“结案式”“检尸式”“检验体式”“尸格”等法律形式，是我国第一个官本《洗冤集录》体系，成为后世增补和注解的底本。

四是王又槐、李观澜的《洗冤录集证》（1796 年）。该书是搜集了一些实践过的验案附在《律例馆校正洗冤录》后而成，是一部较有价值的检验类书籍，曾被翻译成多国文字流传海外。

五是阮其新的《补注洗冤录集证》五卷（1832 年，童濂 1843 年刊印）。该书是在王又槐、李观澜《洗冤录集证》的基础上增补加注而成，是晚清至民国流传最广最完整的类宋慈《洗冤集录》版本。

六是许梿的《洗冤录详义》（1854 年）。该本不仅是博采 30 余家之长的《校正本洗冤录》补注本，而且详义中有大量作者自己的见解。此外，许梿曾考察 230 余幅枯骨，绘制成“现拟尸图”正合面各 1 幅（参见图 20-2），全身骨图 2 幅，单独骨图 10 余幅，汇集成《检骨补遗考证》附书刊行。

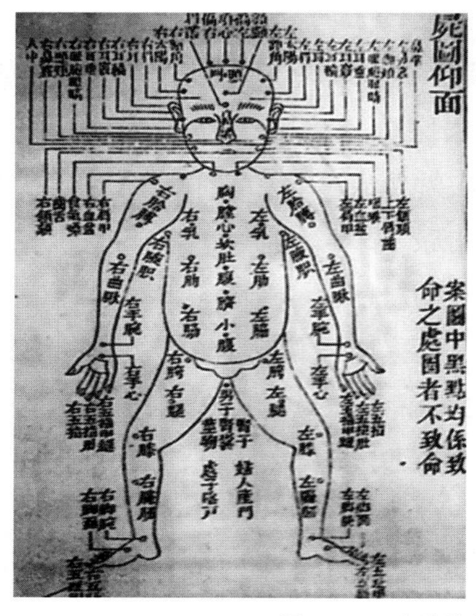

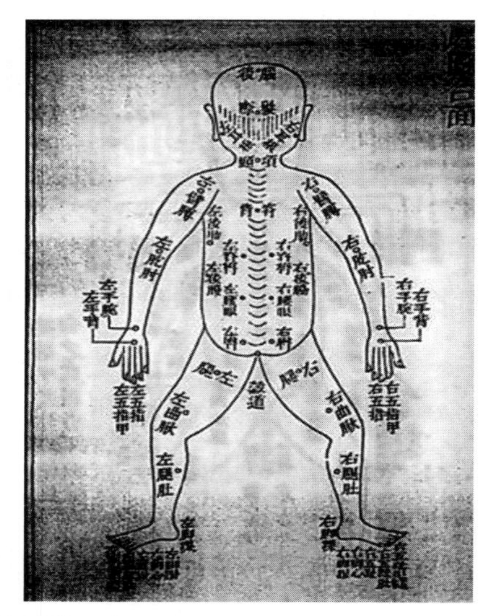

图 20-2　晚清许梿绘制的正合面尸图

资料来源：王云海《宋代司法制度》扉页图六。

此外，陈芳生的《洗冤集说》(1687 年)[①]、郎廷楝的《洗冤汇编》(1710 年)[②]、国拙斋的《洗冤录备考》(1777 年)[③]、曾恒德的《洗冤录表》(1780 年)[④]、瞿中溶的《洗冤录辨证》(1827 年)[⑤]、姚德豫的《洗冤录解》(1832 年)[⑥]、阮其新的《宝鉴篇》(1832 年)[⑦]、文晟的《重刊补注洗冤录集证》(1844 年)[⑧]、刚毅的《洗冤录义证》(1891 年)[⑨]等，都是这一时期较有代表性的宋慈《洗冤集录》增补阐释之作。

---

① 此本以宋慈《洗冤集录》为蓝本，参考《无冤录》《结案式》《读律佩觿》诸书汇集而成。

② 该书刊有大清律例规定的检验法令 11 条，书后还附有疑案 15 篇。

③ 该书在验骨、踏伤、自缢等方面有独到的经验。

④ 本书是刊附在曾恒德所编《大清律表》之后，目的是为了便于记忆。

⑤ 该书附有尸格、尸图的考证。

⑥ 书中对尸体和活体检查有许多独到的见解。

⑦ 刊于阮其新所著《补注洗冤录集证》书后，是便于记忆洗冤录而编写的歌诀。

⑧ 书中多有个人经验的总结，并附刊有“续筋法”。

⑨ 该书的最大特点是收录了近代解剖学的骨图。

可见,从元直至清晚期,学者或官方从未间断对宋慈《洗冤集录》的增补阐释工作。虽然这些著作均未离开或超出《洗冤集录》的系统、内容和水平,但延续了具有中华民族独特创见的法医学传统,并对现代法医学产生影响。我国现代法医学奠基人林几教授曾通过科学实验,证实了《洗冤集录》有关红油伞遮尸骨验血荫鉴别生前死后伤方法的合理性及其现代科学研究价值。[①] 有学者进一步指出,现代法医学就是在《洗冤集录》成就基础上发展起来的。[②]

“业绩垂千古,洗冤传五洲。”宋慈的《洗冤集录》,不仅对我国司法检验产生了深远影响,而且对世界法医学发展也有巨大贡献[③],是宋元闽人闽学的杰出代表之一。

① 林几:《骨质血荫在紫外线下之观察》,载黄瑞亭等《〈洗冤集录〉今释》(军事医学科学出版社 2007 年版),第 116 页。

② 贾静涛:《中国古代法医学史》,群众出版社 1984 年版,第 69 页。

③ 详见本书第二章第四节“《洗冤集录》及其法医学成就”。

第二十一章　朱熹的科学思想及其成就

朱熹，字元晦，后改字仲晦，号晦庵、晦翁，别号紫阳，谥号"文"，因晚年定居于建阳考亭，学者亦称考亭先生。（参见图 21-1）祖籍徽州婺源（宋属安徽，今属江西），南宋建炎四年（1130 年）生于南剑州尤溪县城外的郑氏馆舍，庆元六年（1200 年）卒于建阳，葬于建阳唐石理大林谷（今建阳黄坑镇后塘村大林谷）。据《宋史》记载，"熹登第五十年，仕于外者仅九考，立朝才四十日"[①]，即朱熹一生中，除在浙江、江西、湖南做官约 3 年外，其余 67 年都在福建活动。作为宋代理学（新儒学）的集大成者，朱熹一生深研各种典籍，认为《诗》多讲男女情爱，《书》为伪书，《礼》是秦汉后作品，《易》是卜辞，《春秋》三传皆历史，指出"四书"（《大学》《中庸》《论语》《孟子》）才真正能体现出以孔子为代表的中华文化的内在本质。朱熹把它们联成一体，并精加注释，成就《四书章句集注》。而以其中《大学句章》"格物致知"补传最能代表他的思想，且对后世影响最大。除了传注儒家经典、建构格致论乃至整个理学体系，朱熹还在格物致知的框架中对自然界事物进行了深入的研究，取得了一定的成就，尤其是他提出的以"气"为起点的宇宙演化学说、地以"气"悬空于宇宙之中的宇宙结构学说、天有九重以及天体运行轨道的

① （元）脱脱：《宋史》卷四二九"道学三·朱熹传"。

思想、大地表面升降变化的规律等，都具有重要的科学价值。[①]

图 21-1 朱熹中(左)晚年“对镜写真”石刻画像

资料来源:《厦门晚报》2012-10-20(5);张立文《朱熹评传》扉页。

第一节 提出具有力学性质的以气为起点的宇宙演化学说

朱熹曾经指出:“天地初间只是阴阳之气。这一个气运行,磨来磨去,磨得急了,便拶许多渣滓;里面无处出,便结成个地在中央。气之清者便为天,为日月,为星辰,只在外,常周环运转。地便只在中央不动,不是在下。”[②]在这里,朱熹运用阴阳相互作用以及日常生活中的磨面作类比,描绘了一幅宇宙演化图景。在朱熹看来,宇宙的初始是由阴阳之气构成的气团,气团不断做旋转运动;阴阳二气相互作用,就像磨面那样,“磨来磨去”,而且经过了分化,“清刚者为天,重浊者为地”,于是,重浊之气聚合为“渣滓”,便在中央形成了地,清刚之气则在地的周围形成天以及日月、星辰。

① 本部分内容参考了乐爱国《朱子格物致知论研究》,岳麓书社 2010 年版。

② (宋)黎靖德:《朱子语类》卷一。

朱熹以磨作类比，阐述阴阳二气化生天地的过程，很可能受到二程（即程颢、程颐）的启发。如二程曾经指出："天地阴阳之变，便如二扇磨，升降盈亏刚柔，初未尝停息，阳常盈，阴常亏，故便不齐。譬如磨既行，齿都不齐，即不齐，便生出万变。"[①]但重要的是，朱熹通过这一类比，提出了"一个处于不停顿的旋转运动中的、由阴阳二气组成的庞大气团，由于摩擦和碰撞的作用、旋转而引起的'渣滓'向中心聚拢的机制以及清浊的差异等原因所造成的以地球为中心，在其周围形成天和日月星辰的天地生成说"[②]。英国科学史家梅森（Stephen F. Mason）所著《自然科学史》在阐述朱熹的这一思想时指出："他（朱熹）认为在太初，宇宙只是在运动中的一团混沌的物质。这种运动是旋涡式的运动，而由于这种运动，重浊物质与清刚物质就分离开来，重浊者趋向宇宙大旋流的中心而成为地，清刚者则居于上而成为天。大旋流的中心是旋流的唯一不动部分，因而地必然处于宇宙的中心。"[③]对于朱熹的这一科学思想，科学史家给予了很高的评价。席泽宗很早就认为，朱熹的这个学说比起前人有三大进步："一是他的物质性。""二是他的力学性，考虑到了离心力。""三是联系到地质现象。"[④]杜石然等所编著《中国科学技术史稿》认为，朱熹的天地生成说具有"力学的性质"，"虽然还只是猜想的、思辨性的，但是在当时的历史条件下，是一种有价值的见解"[⑤]。天文学史家陈美东认为，朱熹的论述"是中国古代最精彩的天地生成说，与近代康德—拉普拉斯星云说有相似之处"[⑥]。科学史家董光壁则根据朱熹的这一科学思想对于天文学发展的贡献，论定"他是一位有创造力的科学家"[⑦]。

---

① （宋）程颢、程颐：《河南程氏遗书》卷二上。

② 杜石然：《中国科学技术史稿（下册）》，科学出版社 1982 年版，第 106 页。

③ （英）斯蒂芬·F·梅森：《自然科学史》，上海译文出版社 1980 年版，第 75 页。

④ 席泽宗：《中国科学技术史·科学思想卷》，科学出版社 2001 年版，第 2 页。

⑤ 杜石然：《中国科学技术史稿（下册）》，科学出版社 1982 年版，第 106 页。

⑥ 陈美东：《中国科学技术史·天文学卷》，科学出版社 2003 年版，第 503 页。

⑦ 董光壁：《作为科学家的朱子》，载《朱子学与 21 世纪国际学术研讨会论文集》（三秦出版社 2001 年版），第 332～333 页。

第二节　确立新浑天说地位的地以气悬空于宇宙的宇宙结构学说

在宇宙结构方面，朱熹赞同浑天说。他说："浑仪可取，盖天不可用。试令主盖天者做一样子，如何做？只似个雨伞，不知如何与地相附着。"[①]早期的浑天说认为，"天如鸡子，地如鸡中黄，孤居于天内，天大而地小。天表里有水，天地各乘气而立，载水而行"[②]。但是，当天半绕地下时，日月星辰如何从水中通过？这是困扰古代天文学家和思想家的一大理论难题。为此，朱熹在北宋张载"地在气中，虽顺天左旋，其所系辰象随之"[③]的基础上，进一步提出地以"气"悬空于宇宙之中的宇宙结构学说。

如上所述，朱熹已经从宇宙演化的角度明确提出"地便只在中央不动，不是在下"。为了进一步说明地悬空于宇宙之中，朱熹从两个方面入手：其一，宇宙中充满着"气"，"气"支撑着地；其二，天体之"气"不停运行。他认为，正是由于"气"的不停运行，才使得地能够悬空于宇宙之中。朱熹依据邵雍所说"天依形，地附气，其形也有涯，其气也无涯"，以及《黄帝内经》所载"黄帝问于岐伯曰：'地有凭乎？'岐伯曰：'大气举之'"，认为天体的运转"但如劲风之旋"，"地则气之渣滓，聚成形质者；但以其束于劲风旋转之中，故得以兀然浮空，甚久而不坠耳"[④]。他还说："天运不息，昼夜辗转，故地搉(榷)在中间。使天有一息之停，则地须陷下。惟天运转之急，故凝结得许多渣滓在中间。""天以气而依地之形，地以形而附天之气。天包乎地，地特天中之一物尔。天以气而运乎外，故地搉在中间，隤然不动。使天之运

① (宋)黎靖德：《朱子语类》卷二。

② (唐)房玄龄：《晋书》卷一一"天文志上"。

③ (宋)张载：《正蒙·参两篇》，载《张载集》，第11页。

④ (宋)朱熹：《楚辞集注》卷三"天问"。

有一息停，则地须陷下。”[1]朱熹的这些见解可能也与二程有关。如二程曾说：“今所谓地者，特于天中一物尔。如云气之聚，以其久而不散也，故为对。”[2]重要的是，朱熹对此作了进一步的论证和具体的说明。

关于朱熹的宇宙结构，杜石然的《中国科学技术史稿》指出：“朱熹的这一见解，取消了张衡以来浑天家所谓地‘载水而浮’，‘天表里有水’的严重缺欠，把浑天说的传统理论提高到新的水平。”[3]天文学史家陈美东认为，朱熹的宇宙结构理论“是对宋以来宇宙理论发展的集大成的、又富创意的成果。……确立了新浑天说的地位，并开拓了浑天说发展的正确方向”[4]。

在朱熹的宇宙结构中，由于地以“气”悬空于宇宙之中，日月行星有了运行的空间。朱熹说：“天积气，上面劲，只中间空，为日月来往。地在天中，不甚大，四边空。”同时，朱熹还据此解释了月亮盈亏、日食以及月中黑影等现象。他说：“月只是受日光。月质常圆，不曾缺，如圆球，只有一面受日光。望日日在酉，月在卯，正相对，受光为盛。……有时月在天中央，日在地中央，则光从四旁上受于月。其中昏暗，便是地影。望以后，日与月行便差背向一畔，想去渐渐远，其受光面不正，至朔行又相遇。日与月正紧相合，日便蚀，无光。月或从上过，或从下过，亦不受光。”[5]

朱熹讨论过地是否运动的问题。朱熹说过地“在中央不动，不是在下”，但这里所谓“不动”可能是指地不下坠。朱熹讨论过“地之四游”。据《朱子语类》载[6]：问：“何谓‘四游’?”朱子曰：“谓地之四游升降不过三万里……春游过东三万里，夏游过南三万里，秋游过西三万里，冬游过北三万里。今历家算数如此，以土圭测之，皆合。”僩(僴)曰：“譬以大盆盛水，而以虚器浮其中，四边定四方。若器浮过东三寸，以一寸折万里，则去西三寸。

① (宋)黎靖德：《朱子语类》卷一。

② (宋)程颢、程颐：《河南程氏遗书》卷二下。

③ 杜石然：《中国科学技术史稿(下册)》，科学出版社1982年版，第106页。

④ 陈美东：《中国科学技术史·天文学卷》，科学出版社2003年版，第506页。

⑤ (宋)黎靖德：《朱子语类》卷二。

⑥ (宋)黎靖德：《朱子语类》卷八六。

亦如地之浮于水上，差过东方三万里，则远去西方三万里。南北亦然。然则冬夏昼夜之长短，非日晷出没之所为，乃地之游转四方而然尔。”朱子曰：“然。”用之曰：“人如何测得如此？恐无此理。”朱子曰：“虽不可知，然历家推算，其数皆合，恐有此理。”显然，朱熹赞同“地之四游”说。此外，朱熹还说：“今之地中，与古已不同。汉时阳城是地之中，本朝岳台是地之中，岳台在浚仪，属开封府。已自差许多。……想是天运有差，地随天转而差。今坐于此，但知地之不动耳，安知天运于外，而地不随之以转耶？”

第三节　重塑与初现的天有九重以及天体运行轨道思想

中国古代很早就有“九天”的说法。屈原《问天》有“圜则九重，孰营度之”“九天之际，安放安置”之问。[①] 然而，《吕氏春秋》中的“九天”是指：“中央曰钧天”“东方曰苍天”“东北曰变天”“北方曰玄天”“西北曰幽天”“西方曰颢天”“西南曰朱天”“南方曰炎天”“东南曰阳天”。[②] 直到南宋初年，洪兴祖的《楚辞补注》对“九天”的注释仍然是：“东方皞天，东南方阳天，南方赤天，西南方朱天，西方成天，西北方幽天，北方玄天，东北方变天，中央钧天。”[③]显然，这些说法都不具有天有九重的含义。

朱熹认为，屈原《问天》中的“九天”，“即所谓圜则九重者”，而所谓“九重”，就是指：“自地之外，气之旋转，益远益大，益则益刚，究阳之数，而至于九，则极清极刚，而无复有涯矣。”[④]这里明确提出天有九重。朱熹还明确指出：“《离骚》有九天之说，注家妄解，云有九天。据某观之，只是九重。盖天运行有许多重数。里面重数较软，至外面则渐硬。想到第九重，只成硬

① (宋)朱熹:《楚辞集注》卷三“天问”。
② (秦)吕不韦:《吕氏春秋》卷一三“有始览第一·有始”。
③ (宋)洪兴祖:《楚辞补注》卷三“天问章句”。
④ (宋)朱熹:《楚辞集注》卷三“天问”。

壳相似，那里转得又愈紧矣。”在朱熹的宇宙结构中，自地之外分为九重，第九重，与硬壳相似；“星不是贴天”，而是在九重天之间，随天而转。朱熹又说：“天无体，只二十八宿便是天体。”[①]因此，日月五星是在二十八宿以下的各重天中运行。甚至有科学史家指出：“从朱熹已有的论述，兼及他所推崇的张载左旋说来看，朱熹所说已经涉及了如下思想：天体是分层次分布的，计有九重。第九重为天壳，第八重为恒星，其下依次是土星、木星、火星、太阳、金星和水星、月亮。”[②]

关于日月五星绕地旋转的方向，朱熹赞同张载所谓“天左旋（由东向西），处其中者顺之，少迟则反右矣”的说法，反对“日月五星右行”之说，并且还进一步解释说：“盖天行甚健，一日一夜周三百六十五度四分度之一，又进过一度。日行速，健次于天，一日一夜周三百六十五度四分度之一，正恰好。比天进一度，则日为退一度。二日天进二度，则日为退二度。积至三百六十五日四分日之一，则天所进过之度，又恰周得本数；而日所退之度，亦恰退尽本数，遂与天会而成一年。月行迟，一日一夜三百六十五度四分度之一行不尽，比天为退了十三度有奇。进数为顺天而左，退数为逆天而右。”[③]显然，朱熹的左旋说以日和月的周日视运动为依据，而传统的右旋说则以日的周年和月的周月视运动为依据，虽说两者皆不符合日月的真实运动，但从日月食观测和制订历法的实用来说，右旋说较左旋说有价值，故一般历法家大体采右旋说。

不过，朱熹赞同“天左旋，日月亦左旋”，这就把日月五星的旋转方向与天的旋转的方向统一起来，并据此得出有创见的新成果。据《朱子语类》载：“问：‘经星左旋，纬星与日月右旋，是否？’曰：‘今诸家是如此说。横渠说天左旋，日月亦左旋。看来横渠之说极是。只恐人不晓，所以《诗传》只载旧说。’或曰：‘此亦易见。如以一大轮在外，一小轮载日月在内，大轮转急，小轮转慢。虽都是左转，只有急有慢，便觉日月似右转了。’曰：‘然。但

① (宋)黎靖德：《朱子语类》卷二。

② 陈美东：《中国科学技术史·天文学卷》，科学出版社2003年版，第506页。

③ (宋)黎靖德：《朱子语类》卷二。

如此，则历家'逆'字皆着改作'顺'字，'退'字皆着改作'进'字'。"[①]对于这段对话，李约瑟认为，朱熹"谈到'大轮'和'小轮'，也就是日、月的小'轨道'以及行星和恒星的大'轨道'"，因此，"不能匆匆忙忙地假定中国天文学家从未理解行星的运动轨道"[②]。还有科学史家说："这里更形象而明确地以圆环来论述天和日、月运行的轨道，且圆环有大小之别。这应是他们关于天和日、月等循着大小不同的圆环形轨道运行的思想的表述。"[③]

第四节　敏锐观察和精湛思辨的大地表面升降变化规律

朱熹对大地形成与地表变化作过研究。据《朱子语类》载："'天地始初混沌未分时，想只有水火二者。水之滓脚便成地。今登高而望，群山皆为波浪之状，便是水泛如此。只不知因什么时凝了。初间极软，后来方凝得硬。'问：'想得如潮水涌起沙相似？'曰：'然。水之极浊便成地，火之极清便成风霆雷电日星之属。'"[④]在这里，朱熹根据直观的经验推断，大地是在水的作用下通过沉积而形成的。对此，科学史家们指出："朱熹的这些看法，是对客观事实的粗略观察与思辨性推理的产物，虽然在今天看来，把水的冲力作为地壳变动的动力，是十分幼稚的见解，而且大地也不是朱熹所说的全由沉积的作用而成，但这却是以一种自然力的作用去解释自然现象的大胆尝试，而且以上的一些看法同我们现今关于沉积岩生成的认识有某些共同之处。所以朱熹的这些看法是很可贵的。"[⑤]

---

① (宋)黎靖德：《朱子语类》卷二。

② (英)李约瑟：《中国科学技术史·(第四卷)天学(第二分册)》，科学出版社 1975 年版，第 547 页。

③ 陈美东：《中国科学技术史·天文学卷》，科学出版社 2003 年版，第 506 页。

④ (宋)黎靖德：《朱子语类》卷一。

⑤ 杜石然：《中国科学技术史稿(下册)》，科学出版社 1982 年版，第 106 页。

关于地表的升降变化，朱熹指出："常见高山有螺蚌壳，或生石中，此石即旧日之土，螺蚌即水中之物。下者却变而为高，柔者变而为刚，此事思之至深，有可验者。""今高山上多有石上蛎壳之类，是低处成高。又蛎须生于泥沙中，今乃在石上，则是柔化为刚。天地变迁，何常之有？"[①]对这一奇异地貌景观，北宋大科学家沈括曾做过深入研究。当他发现河北太行山麓的"山崖之间，往往衔螺蚌壳及石子如鸟卵者，横亘石壁如带"时，机敏地推断说"此乃昔之海滨"。沈括还进一步指出，此地"今东距海已近千里。所谓大陆者，皆浊泥所湮耳"[②]，以泥沙的淤积作用正确地解释了华北平原的成因。正是在借鉴沈括研究成果的基础上，朱熹明确提出了地表升降变化的规律，认为地表"下者变而为高"的升降变化"有可验者"，是常有的现象。对此，梅森认为，朱熹的见解"代表了中国科学最优秀的成就，是敏锐观察和精湛思辨的结合"[③]，充分肯定朱熹对于地表升降变化的研究与推论具有重要的科学价值。

当然，朱熹对于自然界事物的研究，由于其目的是为了"穷得那形而上之道理"[④]，其理学的成分稍多，而科学的成分略微不足。比如，朱熹的天文学研究较多的只是从思想上把握宇宙的演化与结构，而对当时在天文观测和历法方面的研究进展关注不够，对宇宙结构理论的某些具体的细节方面，尤其是在定量方面，研究不足，以至于明清之际的天文学家王锡阐指出："至宋而历分两途，有儒家之历，有历家之历。儒者不知历数，而援虚理以立说；术士不知历理，而为定法以验天。"[⑤]正所谓"儒者之通天人，至律历而止"[⑥]。

此外，蔡襄的科技为民思想和郑樵的科学分类思想也是宋元福建闽籍学者科技思想的重要组成部分。蔡襄（1012—1067年），字君谟，号莆阳居

① (宋)黎靖德：《朱子语类》卷九四。
② (宋)沈括：《梦溪笔谈校正(下)》卷二四"杂志一"。
③ (英)斯蒂芬·F. 梅森：《自然科学史》，上海译文出版社1980年版，第75页。
④ (宋)黎靖德：《朱子语类》卷六二。
⑤ (清)王锡阐：《晓庵新法·原序》。
⑥ (元)脱脱：《宋史》卷六八"律历志一"。

士，又号蔡福州，兴化仙游慈孝里（今仙游县枫亭镇）人，后迁居莆田蔡土宅（今莆田市城厢区霞林街道）。作为一位对家乡科技事业有突出贡献的闽籍官员，蔡襄从北宋庆历四年至嘉祐五年（1044—1060 年）两知福州，两知泉州，一任福建路转运使，前后长达 10 余年。在福建任职期间，蔡襄创制了名重天下的北苑小龙团茶、主持修建了海内第一桥——洛阳桥、撰写了世界园艺学名著《茶录》和《荔枝谱》，有力推动了宋代福建科技事业的发展，体现出一位关心民间疾苦，重视发展经济的古代科技官吏的思想品质。郑樵（1104—1162 年），字渔仲，号夹漈，兴化县广业里下溪（今涵江区新县镇霞溪村）人。郑樵几乎以一生的精力编纂《通志》（200 卷）一书，在其《二十略》（52 卷）中，为探求事物的规律，他曾把历代典章制度和科学文化分为 20 类，其中涉及科技的有天文、地理、图谱、金石、灾祥、昆虫草木等，是我国古代科学分类的重要历史文献。尤其《艺文略》的知识系统建构、《图谱略》的实学图文关系、《昆虫草木略》的生物分类等，是值得深入探讨的人类思想宝库。

参考书目

宋以前

陈澔注:《礼记》,上海古籍出版社 1983 年版。

孙希旦:《礼记集解》,中华书局 2007 年版。

孙诒让撰,王文锦等点校:《周礼正义》,中华书局 2013 年版。

赵晔撰,徐天祜音注,苗麓校点,辛正审订:《吴越春秋》,江苏古籍出版社 1999 年版。

袁康等辑录:《越绝书》,上海古籍出版社 1985 年版。

吕不韦撰:《吕氏春秋》,载《四部丛刊初编·子部》。

司马迁:《史记》,中华书局 1972 年版。

司马迁撰,裴骃集解,司马贞索隐,张守节正义:《史记》,中华书局 2011 年版。[①]

班固撰,颜师古注:《汉书》,中华书局 1962 年版。

班固:《汉书》,中华书局 2005 年版。

司马彪:《后汉书》,中华书局 1982 年版。

陈寿撰,裴松之注,陈乃乾点校:《三国志》,中华书局 1959 年版。

---

① 由于研究周期较长(前后 20 余年)以及对史料科技价值认知的变化,导致文中部分引用古籍出现多个版本,这种现象在《诸蕃志》《云麓漫钞》《本草纲目》《四库全书总目(提要)》《古今图书集成》《读史方舆记要》等表现得尤为突出。

陈寿撰，裴松之注：《三国志》，中华书局2011年版。

房玄龄等：《晋书》，中华书局1974年版。

沈约：《宋书》，中华书局1974年版。

萧子显：《南齐书》，中华书局1972年版。

魏收：《魏书》，中华书局1974年版。

姚思廉：《陈书》，中华书局1972年版。

李延寿：《南史》，中华书局1975年版。

魏徵等：《隋书》，中华书局1973年版。

刘安：《淮南万毕术》，中华书局1985年版。

徐岳撰，甄鸾注：《数术记遗》，载《续修四库全书·子部·天文算法类》。

刘徽注，李淳风注释：《九章算术》，载《文渊阁四库全书·子部·天文算法类》。

刘徽注，李淳风注释：《九章算术》，中华书局1985年版。

沈莹撰，张崇根辑校：《临海水土异物志辑校》，农业出版社1988年版。

陶潜撰，汪绍楹校注：《搜神后记》，中华书局1981年版。

葛洪：《西京杂记》，中华书局1985年版。

萧统选，李善注：《(昭明)文选》，上海书店1988年版。

萧统选，李善注：《(昭明)文选》，上海古籍出版社1998年版。

刘昫等：《旧唐书》，中华书局1975年版。

李吉甫：《元和郡县图志》，中华书局1983年版。

杜佑：《通典》，商务印书馆1935年版。

张九龄等：《唐六典》，载《文渊阁四库全书·史部·职官类》。

白居易：《白氏长庆集》，载《四库丛刊初编·集部》。

陆羽著，沈冬梅编著：《茶经》，中华书局2010年版。

欧阳询：《艺文类聚》，上海古籍出版社1999年版。

徐坚：《初学记》，中华书局1962年版。

徐坚：《初学记》，中华书局2004年版。

徐坚等著:《初学记》,中华书局 2010 年版。

苏敬等撰,尚志钧辑校:《新修本草》,安徽科学技术出版社 1981 年版。

欧阳詹:《欧阳行周集》,上海古籍出版社 1993 年版。

韩偓著,齐涛笺注:《韩偓诗集笺注》,山东教育出版社 2000 年版。

黄滔:《唐黄御史文集(唐黄先生文集)》,载《四部丛刊初编·集部》。

静、筠二禅师编撰,孙昌武等点校:《祖堂集》,中华书局 2007 年版。

宋　元

欧阳修等:《新唐书》,中华书局 1975 年版。

薛居正等:《旧五代史》,中华书局 1975 年版。

马令:《南唐书》,载《丛书集成初编》第 3851 册。

徐松:《宋会要辑稿》,中华书局 1957 年版。

脱脱等:《宋史》,中华书局 1977 年版。

王钦若、杨亿等:《册府元龟》,中华书局 1960 年版。

司马光:《资治通鉴》,载《文渊阁四库全书·史部·编年类》。

司马光等:《资治通鉴》,中华书局 1956 年版。

李焘:《续资治通鉴长编》,中华书局 1979 年版。

李涛:《续资治通鉴长编》,上海古籍出版社 1987 年版。

李心传编撰,胡坤点校:《建炎以来系年要录》,中华书局 2013 年版。

马端临:《文献通考》,中华书局 1986 年版。

梁克家修纂,福州市地方志编纂委员会整理:《三山志》,海风出版社 2000 年版。

胡太初等:《临汀志》,福建人民出版社 1990 年版。

黄岩孙:宝祐《仙溪志》,福建人民出版社 1989 年版。

乐史:《太平寰宇记》,中华书局 1999 年版。

乐史撰,王文楚等点校:《太平寰宇记》,中华书局 2007 年版。

乐史:《太平寰宇记》,载刘俊文总编纂《中国基本古籍(数据)库》书编号 16840。

王象之:《舆地纪胜》,中华书局 1992 年版。

祝穆:《方舆胜览》,上海古籍出版社 1991 年版。

祝穆撰,施和金点校:《方舆胜览》,中华书局 2003 年版。

朱熹:《楚辞集注》,上海古籍出版社 1979 年版。

朱熹著,郭齐等点校:《朱熹集》,四川教育出版社 1997 年版。

朱熹:《朱子全书(第陆册)·四书章句集注》,上海古籍出版社、安徽教育出版社 2002 年版。

朱熹撰,刘永翔等校点:《朱子全书(第贰拾壹册)·晦庵先生朱文公文集(二)》,上海古籍出版社、安徽教育出版社 2002 年版。

朱熹撰,刘永翔等校点:《朱子全书(第贰拾贰册)·晦庵先生朱文公文集(三)》,上海古籍出版社、安徽教育出版社 2002 年版。

朱熹撰,徐德明等校点:《朱子全书(第贰拾叁册)·晦庵先生朱文公文集(四)》,上海古籍出版社、安徽教育出版社 2002 年版。

朱熹撰,戴扬本等校点:《朱子全书(第贰拾肆册)·晦庵先生朱文公文集(五)》,上海古籍出版社、安徽教育出版社 2002 年版。

朱熹撰,曾抗美等校点:《朱子全书(第贰拾伍册)·晦庵先生朱文公续集》,上海古籍出版社、安徽教育出版社 2002 年版。

朱熹撰,郑明等校点:《朱子全书(第拾肆册)·朱子语类(一)》,上海古籍出版社、安徽教育出版社 2002 年版。

黎靖德:《朱子语类》,中华书局 1985 年版。

刘克庄:《后村先生大全集》,商务印书馆 1919 年版。

刘克庄:《后村先生大全集》,载《四部丛刊初编·集部》。

方勺:《泊宅编(三卷本)》,中华书局 1983 年版。

陈藻:《乐轩先生集》,清抄本。

毕仲衍撰,马玉臣辑校:《中书备对辑佚校注》,河南大学出版社 2007 年版。

杨亿口述,黄监笔录,宋庠整理:《杨文公谈苑》,上海古籍出版社 1993 年版。

杨亿:《武夷新集》,福建人民出版社 2007 年版。

庄绰撰，萧鲁阳点校：《鸡肋篇》，中华书局1983年版。

程颢、程颐：《河南程氏遗书》，载《二程集》第1册，中华书局1981年版。

张载：《张载集》，中华书局1978年版。

韩元吉：《南涧甲乙稿》，中华书局1985年版。

唐慎微：《重修政和经史证类备用本草》，人民卫生出版社1957年版。

王灼：《糖霜谱》，中华书局1985年版。

洪迈：《夷坚志》，中华书局1981年版。

洪迈：《容斋随笔》，蓝天出版社2006年版。

蔡襄：《蔡忠惠公文集》，载《北京图书馆古籍珍本丛刊·集部·宋别集类》。

蔡襄：《蔡襄全集》，福建人民出版社1999年版。

蔡襄：《荔枝谱》，中华书局1985年版。

蔡襄等著，陈定玉点校：《荔枝谱（外十四种）》，福建人民出版社2004年版。

蔡襄：《茶录》，载陈定玉《荔枝谱（外十四种）》。

宋子安：《东溪试茶录》，载陈定玉《荔枝谱（外十四种）》。

黄儒：《品茶要录》，载陈定玉《荔枝谱（外十四种）》。

赵汝砺：《北苑别录》，载陈定玉《荔枝谱（外十四种）》。

熊蕃：《宣和北苑贡茶录》，载陈定玉《荔枝谱（外十四种）》。

方大琮：《铁庵集》，载《文渊阁四库全书·集部·别集类》。

方大琮：《铁庵集》，载《钦定四库全书·集部5》。

方大琮：《铁庵集》，载刘俊文总编纂《中国基本古籍（数据）库》书编号40769。

黄榦：《勉斋集》，载《文渊阁四库全书·集部·别集类》。

华岳：《翠微南征录》，载《文渊阁四库全书·集部·别集类》。

徐玑：《二薇亭诗集》，载《文渊阁四库全书·集部·别集类》。

王十朋：《梅溪后集》，载《文渊阁四库全书·集部·别集类》。

真德秀:《西山文集》,载《文渊阁四库全书·集部·别集类》。

真德秀:《西山先生真文忠公文集》,载《四部丛刊初编·集部》。

谢枋得:《叠山集》,载《文渊阁四库全书·集部·别集类》。

陈傅良:《止斋先生集》,载《文渊阁四库全书·集部·别集类》。

陈傅良:《止斋文集》,载《四部丛刊初编·集部》。

秦观:《淮海集》,载《文渊阁四库全书·集部·别集类》。

卫泾:《后乐集》,载《文渊阁四库全书·集部·别集类》。

张舜民:《书墁录》,载《文渊阁四库全书·子部·小说家类》。

张世南:《游宦纪闻》,中华书局1981年版。

张世南撰,张茂鹏点校:《游宦纪闻》,中华书局2014年版。

叶梦得著,李欣校注:《石林燕语》,三秦出版社2004年版。

欧阳修撰,李伟国点校:《归田录》,中华书局1981年版。

蔡绦撰,沈锡麟等点校:《铁围山丛谈》,中华书局1983年版。

姚宽撰,孔凡礼点校:《西溪丛语》,中华书局1993年版。

陆游撰,李剑雄等点校:《老学庵笔记》,中华书局1979年版。

陆游著,疾风选注:《陆放翁诗词选》,浙江人民出版社1958年版。

陆游著,钱仲联校注:《剑南诗稿校注》,上海古籍出版社1985年版。

唐慎微:《证类本草》,载刘俊文总编纂《中国基本古籍(数据)库》书编号41085。

苏颂著,王同策等点校:《苏魏公文集》,中华书局1988年版。

苏颂校编,尚志钧辑校:《本草图经》,安徽科学技术出版社1994年版。

苏颂撰,陆敬严等译注:《新仪象法要译注》,上海古籍出版社2007年版。

程大昌:《演繁露》,载刘俊文总编纂《中国基本古籍(数据)库》书编号04807。

谢维新等:《事类备要·外集》,载刘俊文总编纂《中国基本古籍(数据)库》书编号41846。

李俊甫:《莆阳比事》,载《续修四库全书·史部·地理类》。

吕颐浩:《忠穆集》,载《文渊阁四库全书·集部·别集类》。

赵汝适:《诸蕃志》,中华书局1985年版。

赵汝适:《诸蕃志》,中华书局1996年版。

赵汝适著,杨博文校释:《诸蕃志校释》,中华书局2000年版。

赵汝适原著,(德)夏德、(美)柔克义合注,韩振华翻译并补注:《诸蕃志注补》,新华彩印出版社2000年版。

周去非:《岭外代答》,上海远东出版社1996年版。

周去非著,杨武泉校注:《岭外代答校注》,中华书局1999年版。

朱彧撰,李伟国点校:《萍洲可谈》,中华书局2007年版。

沈括著,胡道静校正:《梦溪笔谈校正》,上海古籍出版社1987年版。

沈括:《梦溪笔谈》,岳麓书社1998年版。

岳珂:《九经三传沿革例》,载《文渊阁四库全书·经部·五经总义类》。

李觏:《直讲李先生文集》,载《四部丛刊初编》第140册。

廖刚:《高峰文集》,载《文渊阁四库全书·集部·别集类》。

赵彦卫:《云麓漫钞》,载《文渊阁四库全书·子部·杂家类》。

赵彦卫:《云麓漫钞》,商务印书馆1936年版。

赵彦卫:《云麓漫钞》,中华书局1985年版。

赵彦卫著,傅根清校点:《云麓漫钞》,中华书局1996年版。

赵彦卫著,张国星校点:《云麓漫钞》,辽宁教育出版社1998年版。

杨时:《杨时集》,福建人民出版社1993年版。

赵蕃:《章泉稿》,载《丛书集成初编》第2026册。

王辟之撰,吕友仁点校:《渑水燕谈录》,中华书局1981年版。

何薳撰,张明华点校:《春渚纪闻》,中华书局1983年版。

楼钥:《攻媿集》,载《文渊阁四库全书·集部·别集类》。

杜大珪:《名臣碑传琬琰集》,载刘俊文总编纂《中国基本古籍(数据)库》书编号09750。

晁公武:《郡斋读书志·后志》,载刘俊文总编纂《中国基本古籍(数据)库》书编号09983。

曾公亮:《武经总要》,载《中国兵书集成(第3—5册)》,解放军出版社、辽沈书社1988年版。

阮逸、胡瑗撰:《皇祐新乐图记》,中华书局1985年版。

周密:《癸辛杂识·别集》,载《文渊阁四库全书·子部·小说家类》。

周密:《癸辛杂识·续集》,中华书局1988年版。

周密著,钱之江校注:《武林旧事》,浙江古籍出版社2011年版。

林之奇:《拙斋文集》,载《文渊阁四库全书·集部·别集类》。

陶谷:《清异录》,载《文渊阁四库全书·子部·小说家类》。

陈师道:《后山谈丛》,载《文渊阁四库全书·子部·小说家类》。

王应麟:《玉海》,广陵书社2003年版。

王应麟:《困学纪闻》,《四部丛刊三编·子部》第33册。

宋慈著,罗时润等译:《洗冤集录译释》,福建科学技术出版社1980年版。

宋慈著,高随捷等译注:《洗冤集录译注》,上海古籍出版社2008年版。

洪遵:《泉志(补印本)》,商务印书馆1939年版。

晁载之:《续谈助》,中华书局1985年版。

张舜民:《画墁录》,载《文渊阁四库全书·子部三四三·小说家类》。

施宿撰:《中国方志丛书·嘉泰会稽志》,成文出版社1983年版。

江少虞:《宋朝事实类苑》,上海古籍出版社1981年版。

胡寅:《斐然集》,载《文渊阁四库全书·集部·别集类》。

朱端章编:《卫生家宝方》,中国科学技术出版社1994年版。

朱端章:《卫生家宝产科备要》,人民卫生出版社1956年版。

杨士瀛著,王致谱校注:《仁斋小儿方论》,福建科学技术出版社1986年版。

杨士瀛撰,孙玉信等点校:《仁斋直指方》,第二军医大学出版社2006年版。

钱闻礼:《伤寒百问歌》,人民卫生出版社1960年版。

郑樵:《通志》,载《文渊阁四库全书·史部·别史类》。

郑樵:《夹漈遗稿》,中华书局1985年版。

胡宏:《皇王大纪》,载《文渊阁四库全书·史部·编年史》。

陈元靓:《事林广记》,中华书局1999年版。

郑侠著,郑宛华等集校:《西塘集》,河南荥阳郑氏1995年刊本。

太平惠民和剂局编,刘景元整理:《太平惠民和剂局方》,人民卫生出版社2007年版。

陈自明编,明薛己校注:《外科精要》,人民卫生出版社1982年版。

寇宗奭:《本草衍义》,载《续修四库全书·子部·医家类》。

徐梦莘:《三朝北盟汇编》,文海出版社1977年版。

徐兢:《宣和奉使高丽图经》,中华书局1985年版。

李纲著,王瑞明点校:《李纲全集》,岳麓书社2004年版。

吕颐浩:《忠穆集》,载《文渊阁四库全书·集部·别集类》。

叶适:《水心先生文集》,载《四部丛刊初编·集部》。

吴自牧:《梦粱录》,文海出版社1981年版。

黄公度:《知稼翁集》,载《文渊阁四库全书·集部·别集类》。

朱松:《韦斋集》,载《文渊阁四库全书·集部·别集类》。

刘弇:《龙云集》,载《文渊阁四库全书·集部·别集类》。

谢枋得:《叠山集》,载《文渊阁四库全书·集部·别集类》。

胡仔:《(苕溪)渔隐丛话前后集》,载《文渊阁四库全书·集部·诗文评类》。

苏辙:《栾城集》,上海古籍出版社1987年版。

洪兴祖:《楚辞补注》,载《文渊阁四库全书·集部·楚辞类》。

陈元靓编,耿纪朋译:《事林广记》,江苏人民出版社2011年版。

佚名:《家山图书》,载《文渊阁四库全书·子部·儒家类》。

《元典章》,中国书店1990年版。

《元典章》,载刘俊文总编纂《中国基本古籍(数据)库》书编号04292。

元大司农司编,马宗申译注:《农桑辑要译注》,上海古籍出版社2008年版。

王祯:《农书》,上海古籍出版社1994年版。

王祯撰,缪启愉等译注:《东鲁王氏农书译注》,上海古籍出版社2008年版。

汪大渊著,苏继庼校释:《岛夷志略校释》,中华书局1981年版。

熊禾:《勿轩集》,载《文渊阁四库全书·集部·别集类》。

熊禾:《熊勿轩先生文集》,载《丛书集成初编》第2407册。

洪希文:《续轩渠集》,载刘俊文总编纂《中国基本古籍(数据)库》书编号40970。

吴海:《闻过斋集》,载《文渊阁四库全书·集子·别集类·金至元》。

陶宗仪:《说郛》,载《文渊阁四库全书·子部·杂家类》。

陶宗仪:《辍耕录》,载《文渊阁四库全书·子部·小说家类》。

王恽:《秋涧先生大全集》,载《四部丛刊初编·集部》。

释宗泐:《全室外集》,载《文渊阁四库全书·集部·别集类》。

保八:《周易系辞述》,北京图书馆出版社2004年版。

周致中:《异域志》,中华书局1985年版。

周达观著,夏鼐校注:《真腊风土记校注》,中华书局1981年版。

范德机:《范德机诗集》,载《文渊阁四库全书·集部·别集类》。

李士瞻:《经济文集》,载《文渊阁四库全书·集部·别集类》。

袁桷:《清容居士文集》,载《文渊阁四库全书·集部·别集类》。

贡师泰:《玩斋集》,载《文渊阁四库全书·集部·别集类》。

(意大利)马可·波罗著,沙海昂注,冯承钧译:《马可波罗行记》,中华书局2004年版。

(摩洛哥)伊本·白图泰著,马金鹏译:《伊本·白图泰游记》,宁夏人民出版社2000年版。

明　清

宋濂等:《元史》,中华书局1976年版。

上海书店编:《二十五史·元史》,上海古籍出版社1986年版。

黄仲昭:《八闽通志(上下册)》,福建人民出版社2006年版。

何乔远:《闽书》,福建人民出版社1995年版。

王应山纂修,陈叔侗等校注:《闽大记》,中国社会科学出版社2005年版。

王应山:《闽都记》,海风出版社2001年版。

王应山:《闽都记》,方志出版社2002年版。

王世懋:《闽部疏》,载《丛书集成初编》第3161册。

周瑛等:弘治《兴化府志》,清同治十年林庆贻重刊明弘治十六年本。

周瑛等:《重刊兴化府志》,福建人民出版社2007年版。

曹学佺:《大明一统名胜志·泉州府志·惠安县》,载《四库全书存目丛书·史部》。

张岳:嘉靖《惠安县志》,上海古籍书店1963年版。

张岳:嘉靖《惠安县志》,载刘俊文总编纂《中国基本古籍(数据)库》书编号16634。

冯继科等:嘉靖《建阳县志》,上海古籍书店1963年版。

林有年主纂,凌文斌等点校:嘉靖《安溪县志》,国际华文出版社2002年版。

宋应星:《天工开物》,广东人民出版社1976年版。

宋应星著,潘吉星译注:《天工开物译注》,上海古籍出版社2008年版。

余洛等校编:(十四家本)《木兰陂集》,莆田市图书馆藏。

徐𤊹:《荔枝谱》,载陈定玉《荔枝谱(外十四种)》。

李时珍:《本草纲目》,载《文渊阁四库全书·子部·医家类》。

李时珍:《本草纲目》,人民卫生出版社1982年版。

李时珍:《本草纲目》,中国书店出版部1988年版。

李时珍著,张志斌等校注:《本草纲目》,辽海出版社2001年版。

李时珍:《本草纲目》,人民卫生出版社2004年版。

李时珍:《本草纲目》,载刘俊文总编纂《中国基本古籍(数据)库》书编号06637。

周文华:《汝南圃史》,载《续编四库全书》第1119册。

周文华:《汝南圃史》,载刘俊文总编纂《中国基本古籍(数据)库》书编号05854。

陈懋仁:《泉南杂志》,载《丛书集成初编》第3161册。

徐光启:《农政全书》,载《文渊阁四库全书·子部·农家类》。

徐光启著,石声汉校注:《农政全书》,上海古籍出版社1979年版。

程大位著,梅荣照等校释:《算法统宗校释》,安徽教育出版社1990年版。

王祎:《青岩丛录(及其他一种)》,中华书局1991年版。

高濂:《遵生八笺》,甘肃文化出版社2004年版。

高濂:《遵生八笺》,山西科学技术出版社2014年版。

蔡有鹍等:《蔡氏九儒书》,载《四库全书存目丛书·集部·总集类》。

郑若曾:《筹海图编》,载《四库全书存目丛书·史部》。

何孟春:《馀冬序录摘抄内外篇》,中华书局1985年版。

(朝鲜李朝)郑麟趾:《高丽史》,载《四库全书存目丛书·史部》。

《文渊阁四库全书》,台湾商务印书馆1972年版。

《(景印)文渊阁四库全书》,台湾商务印书馆1986年版。

《钦定四库全书》,上海古籍出版社2003年版。

永瑢、纪昀等:《四库全书总目》,中华书局1965年版。

永瑢、纪昀等编著:《四库全书总目提要》,台湾商务印书馆1983年版。

永瑢、纪昀等:《四库全书总目》,海南国际新闻出版中心1996年版。

张廷玉等:《明史》,中华书局1974年版。

陈梦雷等:《古今图书集成》,中华书局1934年版。

陈梦雷等:《古今图书集成》,鼎文书局1977年版。

陈梦雷等:《古今图书集成》,中华书局、巴蜀书社1986年版。

吴任臣:《十国春秋》,中华书局1983年版。

陈寿祺等:道光《福建通志》,台湾华文书局1968年版。

陈寿祺:《左海文集》,载《续修四库全书·集部·别集类》。

黄任等:《乾隆泉州府志》,上海书店出版社2000年版。

李维钰原本,沈定均续修,吴联薰增纂:《光绪漳州府志》,上海书店出版社 2000 年版。

朱学曾等:道光《晋江县志》,福建人民出版社 1990 年版。

沈钟等:乾隆《安溪县志》,厦门大学出版社 1988 年版。

叶和侃等:乾隆《仙游县志》,上海书店 2000 年版。

廖必琦等:乾隆《莆田县志》,清乾隆二十三年刻本。

廖必琦等:乾隆《兴化府莆田县志》,成文出版社 1974 年版。

陈池养:《莆田水利志》,成文出版社 1974 年版。

董浩等编纂:《全唐文》,中华书局 1983 年版。

彭定球等编纂:《全唐诗》,中华书局 1960 年版。

李调元辑:《全五代诗》,中华书局 1985 年版。

吴之振等:《宋诗钞》,中华书局 1986 年版。

曹庭栋编:《宋百家诗存》,载《文渊阁四库全书·集部·总集类》。

顾祖禹辑著:《读史方舆记要》,中华书局 1955 年版。

顾祖禹撰,贺次君等点校:《读史方舆记要》,上海古籍出版社 1995 年版。

顾祖禹撰,贺次君等点校:《读史方舆记要》,中华书局 2005 年版。

陆廷灿:《续茶经》,载《文渊阁四库全书·子部·谱录类》。

吴其浚:《植物名实图考》,载刘俊文总编纂《中国基本古籍(数据)库》书编号 05219。

林枫著,黄启权点校:《榕城考古略》,海风出版社 2001 年版。

叶德辉:《书林清话》,岳麓书社 1999 年版。

叶德辉:《书林余话》,岳麓书社 1999 年版。

陆心源:《仪顾堂题跋》,载《续修四库全书·史部·目录类》。

瞿镛:《铁琴铜剑楼藏书目录》,载《续修四库全书·史部·目录类》。

施鸿宝:《闽杂记》,福建人民出版社 1985 年版。

周亮工著,来新夏校点:《闽小纪》,福建人民出版社 1985 年版。

郑杰:《闽中录》,清光绪刊本。

郭柏苍:《闽产录异》,岳麓书社1986年版。

刘岳云:《格物中法》,载刘俊文总编纂《中国基本古籍(数据)库》书编号04819。

陆世仪:《思辨录辑要》,载刘俊文总编纂《中国基本古籍(数据)库》书编号40555。

廖文英:《南康府志》,成文出版社1970年版。

茅元仪辑:《武备志》,华世出版社1984年版。

陈元龙:《格致镜原》,载《文渊阁四库全书·子部·类书类》。

张一兵校点:《深圳旧志三种·嘉庆新安县志》,海天出版社2006年版。

杨澜:《临汀汇考》,清光绪四年刻本。

王锡阐:《晓庵新法》,载《文渊阁四库全书·子部·天文算法类》。

(日)丹波元坚编纂,李洪涛主校:《杂病广要》,中医古籍出版社2002年版。

近现代

张元济主编:《四部丛刊初编》,上海书店出版社1926年版。

张元济主编:《四部丛刊初编》,上海书店出版社1989年版。

张元济主编:《四部丛刊三编》,上海书店出版社1985年版。

王云五主编:《丛书集成初编》,商务印书馆1936年版。

王云五主编:《丛书集成初编》,中华书局1985年版。

陈衍等:民国《福建通志》,民国十一年刊本。

陈衍等:民国《福建通志》,广陵古籍刻印社1986年版。

李熙修纂,政和县地方志编纂委员会点校:民国《政和县志》,厦门大学出版社2010年版。

洪清芳:民国《尤溪县志》,尤溪县方志委1985年刊本。

何振岱:《西湖志》,海风出版社2001年版。

《续修四库全书》,上海古籍出版社2002年版。

《四库全书存目丛书》,齐鲁书社1997年版。

《福建省志·文物志》,方志出版社2002年版。

福建省情资料库·地方志之窗·福建省志·文物志。

《福州市志(第一册)》,方志出版社1998年版。

《漳州市志》,中国社会科学出版社1999年版。

《永春县志》,语文出版社1990年版。

《平潭县志》,方志出版社2000年版。

张天主编:《闽清县志》,群众出版社1993年版。

徐晓望主编:《福建通史(第一卷)·远古至六朝》,福建人民出版社2006年版。

徐晓望主编:《福建通史(第二卷)·隋唐五代》,福建人民出版社2006年版。

徐晓望主编:《福建通史(第三卷)·宋元》,福建人民出版社2006年版。

徐晓望主编:《福建通史(第四卷)·明清》,福建人民出版社2006年版。

尤玉柱主编:《漳州史前文化》,福建人民出版社1991年版。

杜石然等:《中国科学技术史稿(上下册)》,科学出版社1982年版。

唐文基:《福建古代经济史》,福建教育出版社1995年版。

周济主编:《福建科学技术史研究》,厦门大学出版社1990年版。

周济主编:《八闽科学技术史迹》,厦门大学出版社1993年版。

周济主编:《八闽科苑古来香——福建科学技术史研究文集》,厦门大学出版社1998年版。

周济等主编:《苏颂研究论文新编》,中国文化出版社2008年版。

福建省泉州海外交通史博物馆编:《泉州湾宋代海船发掘与研究》,海洋出版社1987年版。

乐爱国著:《朱子格物致知论研究》,岳麓书社2010年版。

福建省博物馆编著:《福州南宋黄昇墓》,文物出版社1982年版。

《文物考古工作三十年(1949—1979)》,文物出版社1979年版。

《中国考古学年鉴(1989年)》,文物出版社1990年版。

《东南考古研究(第一辑)》,厦门大学出版社1996年版。

《东南考古研究(第三辑)》,厦门大学出版社2003年版。

《中国考古学会第四次年会论文集》,文物出版社1983年版。

《文物集刊(第3期)》,文物出版社1980年版。

《新中国考古五十年》,文物出版社1999年版。

欧潭生:《闽豫考古集》,海潮摄影艺术出版社2002年版。

彭适凡:《中国南方古代印纹陶》,文物出版社1987年版。

《民族学研究(第四辑)》,民族出版社1982年版。

《百越民族研究》,江西教育出版社1990年版。

《福建历史文化与博物馆学研究》,福建教育出版社1993年版。

《福建历史文化与博物馆学研究》,福建教育出版社1996年版。

葛剑雄:《西汉人口地理》,人民出版社1987年版。

中国社会科学院考古研究所等:《满城汉墓发掘报告》,文物出版社1980年版。

孙机:《汉代物质文化资料图说》,文物出版社1991年版。

《魏晋南北朝隋唐史资料(第19辑)》,武汉大学文科学报编辑部1987年版。

《马克思恩格斯选集》卷4,人民出版社2012年版。

三王文物史迹修复委员会编:《闽国史汇》,暨南大学出版社2000年版。

郑振满等编:《福建宗教碑铭汇编·兴化府分册》,福建人民出版社1995年版。

《北京图书馆古籍珍本丛刊·集部·宋别集类》,书目文献出版社1998年版 。

冀朝鼎:《中国历史上的基本经济区与水利事业的发展》,中国社会科学出版社1981年版。

张芳著:《中国古代灌溉工程技术史》,山西教育出版社2009年版。

《平准学刊第三辑》，中国商业出版社1986年版。
缪启愉：《四民月令辑释》，农业出版社1981年版。
王毓瑚：《中国农学书录》，农业出版社1964年版。
闵宗殿：《中国农学系年要录》，农业出版社1989年版。
季羡林：《季羡林文集·（第九卷）糖史（一）》，江西教育出版社1998年版。
戴裔煊：《宋代盐钞制度研究》，华世出版社1982年版。
《福建渔业史》，福建科学技术出版社1988年版。
《中国古代史常识·专题部分》，中国青年出版社1980年版。
王寒枫编著：《泉州东西塔》，福建人民出版社1992年版。
罗英著：《中国石桥》，人民交通出版社1959年版。
茅以升主编：《中国古桥技术史》，北京出版社1988年版。
梁思成：《中国建筑史》，百花文艺出版社1998年版。
林申清编：《宋元刻牌记图录》，北京图书馆出版社1999年版。
张秀民：《中国印刷史》，上海人民出版社1983年版。
方彦寿著：《建阳刻书史》，中国社会出版社2003年版。
北京图书馆编：《中国版刻图录（第一册）》，文物出版社1961年版。
张丽娟等：《宋本》，江苏古籍出版社2002年版。
陈红彦：《元本》，江苏古籍出版社2002年版。
冀淑英：《自庄严堪善本书目》，天津古籍出版社1985年版。
潘吉星：《中国造纸技术史稿》，文物出版社1979年版。
王文径编：《漳浦历代石刻》，漳浦县博物馆1994年自印本。
张小平：《宋人年谱二种》，三秦出版社2008年版。
张国祚等：《中华骄子 奇工巨匠》，龙门书局1995年版。
中国科学院中国自然科学史研究室：《中国古代科学家》，科学出版社1959年版。
周嘉华等：《化学与化工志》，上海人民出版社1998年版。
颜中其等：《中国宋代科学家——苏颂》，吉林文史出版社1986年版。

管成学:《苏颂与〈新仪象法要〉研究》,吉林文史出版社1991年版。

庄添全等:《苏颂研究文集——纪念苏颂首创水运仪象台九百周年》,鹭江出版社1993年版。

黄瑞亭等主编:《〈洗冤集录〉今释》,军事医学科学出版社2007年版。

熊思量:《宋慈与〈洗冤集录〉之研究》,福建师范大学硕士学位论文(2007年)。

贾静涛:《中国古代法医学史》,群众出版社1984年版。

王云海主编:《宋代司法制度》,河南大学出版社1992年版。

廖育群等:《中国科学技术史·医学卷》,科学出版社1998年版。

赵璞珊:《中国古代医学》,中华书局1983年版。

席泽宗:《中国科学技术史·科学思想卷》,科学出版社2001年版。

陈美东:《中国科学技术史·天文学卷》,科学出版社2003年版。

张立文:《朱熹评传》,南京大学出版社1998年版。

武夷山朱熹研究中心编:《朱熹与中国文化》,学林出版社1989年版。

武夷山朱熹研究中心编:《朱子学与21世纪国际学术研讨会论文集》,三秦出版社2001年版。

陈支平主编:《林惠祥教授诞辰100周年纪念论文集》,厦门大学出版社2001年版。

吴淑生:《中国染织史》,上海人民出版社1986年版。

安溪开先令詹敦仁纪念馆筹建理事会:《詹敦仁学术研究资料汇编》,2000年刊本。

德化县颜氏宗亲联谊会:《龙浔泗滨颜氏族谱》,2013年刊本。

泉州《清源留氏族谱》,福建省图书馆藏。

陈进国:《事生事死:风水与福建社会文化变迁》,厦门大学博士论文,2002年。

吴文良:《泉州宗教石刻》,科学出版社1957年版。

陈达生等编译:《泉州伊斯兰教石刻》,宁夏人民出版社、福建人民出版社1984年版。

粘良图:《晋江碑刻选》,厦门大学出版社2002年版。
章巽:《我国古代的海上交通》,商务印书馆1986年版。
庄为玑等:《海上丝绸之路的著名港口——泉州》,海洋出版社1989年版。
黄乐德:《泉州科技史话》,厦门大学出版社1995年版。
中国科学院自然科学史研究所主编:《中国建筑技术史》,科学出版社1985年版。
王洪涛著,王四达编:《晚蚕集》,华星出版社1993年版。
《福建公路史》,福建科学技术出版社1987年版。
叶文程主编:《中国古外销瓷研究论文集》,紫禁城出版社1988年版。
叶文程等著:《福建陶瓷》,福建人民出版社1993年版。
曾玲:《福建手工业发展史》,厦门大学出版社1995年版。
《中国古代窑址调查发掘报告集》,文物出版社1984年版。
徐本章等:《德化瓷史与德化窑》,华星出版社1993年版。
中国硅酸盐学会编:《中国陶瓷史》,文物出版社1982年版。
中国硅酸盐学会编:《中国古陶瓷论文集》,文物出版社1982年版。
谢道华:《建阳市文物志》,厦门大学出版社1997年版。
福建省博物馆:《德化窑》,文物出版社1990年版。
福建省地质土壤调查所学术研究与中央地质调查所合作:《地质矿产报告第三号》,福建建设厅地质土壤调查所1931年印行。
马文宽等:《中国古瓷在非洲的发现》,紫禁城出版社1987年版。
熊海棠:《东亚窑业技术发展与交流史研究》,南京大学出版社1995年版。
朱培初:《明清陶瓷和世界文化的交流》,轻工业出版社1984年版。
李东华:《泉州与我国中古的海上交通》,台北学生书局1986年版。
《中国与海上丝绸之路》,福建人民出版社1991年版。
张星烺编注,朱杰勤校订:《中西交通史料汇编(第二册)》,中华书局2003年版。

陈维稷:《中国纺织科学技术史(古代部分)》,科学出版社1984年版。

李仁溥:《中国古代纺织史稿》,岳麓书社1983年版。

《中国大百科全书·纺织》,中国大百科全书出版社1984年版。

巩志:《中国贡茶》,浙江摄影出版社2003年版。

庄晚芳:《中国茶史散论》,科学出版社1988年版。

滕军著:《中日茶文化交流史》,人民出版社2004年版。

唐圭璋编,王仲闻订补:《全宋词》,中华书局1965年版。

潘承弼、顾廷龙编著:《明代版本图录初编》,开明书店1941年版。

郭金彬:《宋代福建数学发展之特色》,载周济《八闽科苑古来香》。

(英)李约瑟:《中国科学技术史·(第一卷)总论》,科学出版社1975年版。

(英)李约瑟:《中国科学技术史·(第四卷)天学》,科学出版社1975年版。

(英)李约瑟:《中国科学技术史·(第五卷)地学》,科学出版社1976年版。

(英)李约瑟:《中国科学技术史·(第一卷)导论》,科学出版社1990年版。

(英)李约瑟:《中国科学技术史·(第四卷第一分册)物理学》,科学出版社2003年版。

(英)李约瑟:《中国科学技术史·(第四卷第三分册)土木工程与航海技术》,科学出版社2008年版。

(英)李约瑟:《中国科学技术史·(第五卷第七分册)军事技术》,科学出版社2005年版。

(英)斯蒂芬·F.梅森:《自然科学史》,上海译文出版社1980年版。

(英)伯纳·路易著,马肇椿等译:《历史上的阿拉伯人》,中国社会科学出版社1979年版。

(英)T.F.卡特:《中国印刷术的发明和它的西传》,商务印书馆1957年版。

（日）丹波元胤:《中国医籍考》,人民卫生出版社 1956 年版。

（日）木宫泰彦著,胡锡年译:《日中文化交流史》,商务印书馆 1980 年版。

（日）桑原骘藏著,陈裕菁译:《蒲寿庚考》,中华书局 1954 年版。

（日）平宗室编:《茶道古典全集》,淡交社 1957 年版。

（美）珀金斯著,宋海文等译:《中国农业发展史 1368—1968》,上海译文出版社 1984 年版。

（美）钱存训:《纸与印刷》,科学出版社、上海古籍出版社 1990 年版。

（法）费琅编,耿升等译:《阿拉伯波斯突厥人东方文献辑注》,中华书局 1989 年版。